X線CT

産業・理工学でのトモグラフィー実践活用

戸田裕之 著

共立出版

はじめに

近年では，X線トモグラフィーを産業用，ないしは科学研究用に利用する機会が増えてきている。様々な業種の製造業で，金属，セラミックス，ポリマー製の工業製品，部品，素材などの性能，品質，信頼性，寸法・形状などの評価が行われている。また，シンクロトロン放射光施設では，X線トモグラフィーを用いた最先端の科学研究が盛んになりつつある。しかしながら，これに必要な素養，知識，技術，学術体系などは，現在までの大学の工学部の教育ではカバーされていない。そこで，それらを網羅し，合わせて応用例なども盛り込んだ専門書の執筆を期待する声が多く聞かれる。

X線トモグラフィーに関する専門書・テキストはこれまでにも多数出版されているが，医学・歯学を対象としたものがほとんどであった。私の知る限り，Oxfordからシンクロトロン放射光を利用したX線トモグラフィーの英文書が発刊されているに過ぎない。著者もそのうち1つの章を分担したが，多数の著者の共著では，いきおいそれぞれの得意な所を書くのみで，必要な技術を漏れなくカバーするような専門書にはなりにくい。

そこで，この書は，各種構造・機能材料の研究，開発などに携わる産官学の研究者や大学院生，および工業製品や部品の開発，設計，生産などに携わる技術者に向けて，基礎から応用まで，物理から工学まで，ソフトからハードまでをすべてカバーするX線トモグラフィーのバイブルとして企画した。ただし，著者の浅学のため，当初の意気込み通りとなっているか，少々不安である。もし不備や誤りがあれば，ご指摘願いたい。

最後に，本書の出版にご理解・ご協力いただいたすべての方，特に，全編を査読いただいた元SPring-8の鈴木芳生博士，様々な助言・協力をいただいた日本検査機器工業会 夏原正仁氏（島津製作所），図面等を提供いただいた浜松ホトニクス（株）山本雄三氏やSPring-8の上杉健太朗博士を始めとする産官学の方々，データ解析などに協力された九州大学 清水一行特任助教，一部の図面作成をお願いした大学院生の藤原比呂君と秘書の湯浅由美さん，そして1年半以上にわたり休みや寝る時間を削る執筆活動に耐えてくれた家族に衷心より感謝する。

2018年10月　著者

目　　次

第1章　歴史と現状　　1
1.1　医療用X線トモグラフィーの歴史　　1
- 1.1.1　黎明期　　1
- 1.1.2　1970年代以降の状況　　2
1.2　医療用以外のX線トモグラフィーの歴史と現状　　3
- 1.2.1　シンクロトロン放射光を用いたX線マイクロトモグラフィー　　6
- 1.2.2　産業用X線CTスキャナーを用いたX線トモグラフィー　　7
- 1.2.3　要素技術の発展　　10

第2章　X線イメージングの基礎　　15
2.1　吸収コントラスト　　16
- 2.1.1　吸収係数とコントラスト　　16
- 2.1.2　様々なX線の吸収過程　　20
2.2　位相コントラスト　　30
- 2.2.1　X線の屈折　　30
- 2.2.2　X線の位相シフト　　33

第3章　3D画像再構成　　43
3.1　投影データ　　43
- 3.1.1　基本的な計測方式　　43
- 3.1.2　投影データ　　46
3.2　画像再構成の基礎　　48
- 3.2.1　ラドン変換とラドン空間　　48
- 3.2.2　投影定理　　50
3.3　画像再構成法　　53
- 3.3.1　代数的再構成法　　53
- 3.3.2　フィルター補正逆投影法　　59
- 3.3.3　畳み込み逆投影法　　73
- 3.3.4　コーンビーム再構成法　　76

3.3.5 特殊な画像再構成 84
3.4 画像再構成の実際 90

第4章 ハードウェア　97
4.1 X線源 97
4.1.1 X線の発生 97
4.1.2 X線管球 103
4.1.3 小型電子加速器 120
4.1.4 放射性同位体 122
4.1.5 シンクロトロン放射光 124
4.2 フィルター 149
4.3 位置決めステージ 150
4.3.1 試料回転ステージ 152
4.3.2 その他の位置決めステージ 154
4.4 検出器 156
4.4.1 検出器の特性評価 157
4.4.2 各種検出器 163
4.4.3 シンチレーター 194
4.4.4 カメラとシンチレーターとのカップリング 207
4.4.5 フォトンカウンティング計測 212
4.5 その場観察用デバイス 217
4.5.1 変形・破壊挙動の in-situ 観察 217
4.5.2 生体の in-vivo 観察 219

第5章 応用イメージング技法　225
5.1 結像型 X 線トモグラフィー 225
5.1.1 フレネルゾーンプレートを用いた結像光学系 227
5.1.2 ミラーを用いた結像光学系 236
5.1.3 複合屈折レンズ 240
5.1.4 多層膜ラウエレンズ 243
5.2 位相コントラストトモグラフィー 244
5.2.1 X 線の伝播に基づく方法 244
5.2.2 ツェルニケ位相差顕微鏡 248
5.2.3 干渉計を利用した方法 251
5.2.4 X 線ホログラフィー 255
5.3 高速トモグラフィー 257
5.3.1 シンクロトロン放射光施設 258

5.3.2	産業用 X 線 CT スキャナー	260
5.3.3	X 線源以外の技術要素	260

5.4 元素濃度のトモグラフィー ... 261
    5.4.1 吸収端差分イメージング ... 261
    5.4.2 XANES トモグラフィー ... 264
    5.4.3 蛍光 X 線トモグラフィー ... 265

5.5 多結晶トモグラフィー ... 266
    5.5.1 液体金属修飾法 ... 267
    5.5.2 回折コントラストトモグラフィー ... 268
    5.5.3 3D - XRD ... 270
    5.5.4 X 線回折援用結晶粒界追跡 (DAGT) ... 271

5.6 その他のトモグラフィー ... 274

第 6 章　X 線 CT スキャナーと応用例　　281

6.1 汎用産業用 X 線 CT スキャナー ... 282
6.2 高エネルギー産業用 X 線 CT スキャナー ... 292
6.3 高分解能産業用 X 線 CT スキャナー ... 295
6.4 高機能産業用 X 線 CT スキャナー ... 296
6.5 インライン検査用装置 ... 298
6.6 シンクロトロン放射光を用いた X 線トモグラフィー ... 303
    6.6.1 投影型 X 線トモグラフィー ... 303
    6.6.2 結像型 X 線トモグラフィー ... 305
    6.6.3 位相コントラストトモグラフィー ... 307
    6.6.4 高速トモグラフィー ... 309
    6.6.5 元素濃度のトモグラフィー ... 310
    6.6.6 多結晶組織のトモグラフィー ... 311

6.7 装置・条件の選定 ... 314
    6.7.1 装置選定 ... 314
    6.7.2 3D イメージングの実際 ... 317
    6.7.3 試料サイズと X 線エネルギーの選定 ... 317

第 7 章　3D 画像の基礎　　321

7.1 3D 画像の構造 ... 322
7.2 3D 画像の吟味 ... 327
7.3 ノイズ ... 328
    7.3.1 標準偏差 ... 328
    7.3.2 ノイズパワースペクトル ... 330

- 7.4 コントラスト ... 334
  - 7.4.1 基本的考え方 ... 334
  - 7.4.2 定量評価 ... 335
- 7.5 空間分解能 ... 336
  - 7.5.1 基礎的事項 ... 336
  - 7.5.2 空間分解能の評価 ... 344
  - 7.5.3 空間分解能の計測 ... 348
- 7.6 アーティファクト ... 355
  - 7.6.1 X線と物体の相互作用によるアーティファクト ... 355
  - 7.6.2 装置に起因するアーティファクト ... 359
  - 7.6.3 撮像条件に起因するアーティファクト ... 363
  - 7.6.4 再構成に起因するアーティファクト ... 365

第8章 3D画像処理と3D画像解析　369

- 8.1 フィルタリング ... 369
  - 8.1.1 平滑化フィルター ... 370
  - 8.1.2 エッジ検出・強調フィルター ... 374
  - 8.1.3 周波数フィルター ... 377
- 8.2 セグメンテーション ... 379
  - 8.2.1 閾値を用いた単純なセグメンテーション ... 380
  - 8.2.2 エッジ検出フィルターの利用 ... 383
  - 8.2.3 領域成長法 ... 384
  - 8.2.4 ウォーターシェッド法 ... 385
  - 8.2.5 機械学習を利用したセグメンテーション ... 387
- 8.3 各種画像処理 ... 388
  - 8.3.1 膨張・縮退処理 ... 388
  - 8.3.2 膨張・縮退処理画像の差分 ... 390
  - 8.3.3 細線化処理 ... 390
  - 8.3.4 空間分割 ... 391
- 8.4 3D描画 ... 392
  - 8.4.1 仮想断面表示 ... 392
  - 8.4.2 サーフェスレンダリング ... 393
  - 8.4.3 ボリュームレンダリング ... 394
- 8.5 幾何学的定量解析 ... 397
- 8.6 3Dイメージベースシミュレーション ... 401
- 8.7 3D表現 ... 405
- 8.8 効果的なプレゼンテーション ... 406

第 9 章　4D 画像解析　　409
- 9.1　位置合わせ 410
  - 9.1.1　アフィン変換 410
  - 9.1.2　各種位置合わせ手法 411
- 9.2　粒子追跡 413
  - 9.2.1　2 フレーム間の粒子追跡 415
  - 9.2.2　階層的追跡法 422
  - 9.2.3　3D 歪みマッピング 424
  - 9.2.4　局所破壊抵抗マッピング 427
- 9.3　リバース 4D 材料エンジニアリング 429

第 10 章　寸法・形状計測　　435
- 10.1　装置技術 436
- 10.2　計測精度 438
  - 10.2.1　標準化 438
  - 10.2.2　計測精度の不確かさ 439
- 10.3　リバースエンジニアリング 441

索　引　　445

第 1 章 歴史と現状

1.1 医療用X線トモグラフィーの歴史

1.1.1 黎明期

　ドイツ人のレントゲンにより 1895 年に X 線が発見されたとき，彼がまず聴衆に示したデモンストレーションは，彼の手の透過像で骨を見せるものであった．人々は，X 線を用いれば軟組織や骨，金属などの物質の判別を高いコントラストで行うことができ，医療に有効であることには，すぐに気がついた．そのため，それから 20 年と経たないうちに，第一次世界大戦ではレントゲン設備を積んだ車両が戦傷者の治療に活用されていた．このように，X 線イメージングは，医療の分野で瞬く間に拡がった．

　これと同時に，X 線が物質内部を 3D で見ることに使えそうだと気づいた人々もいた．ボヘミアの数学者ラドンにより，画像再構成の理論が発表されたのは，1917 年のことである[1]．しかし，彼は純粋な数学者であり，これを X 線トモグラフィー (X-ray computed tomography) に応用することは，思いつかなかったかもしれない．その後，約半世紀の時を隔て，コーマックは 1963 年に画像再構成のいくつかの数学的な原理を定式化した[2]．その後，イギリス人の技術者ハンスフィールドは，図 1.1 に示す商業レベルの X 線 CT スキャナーを開発した[3]．コーマックとハンスフィールドは，その功績から，1979 年に揃ってノーベル医学生理学賞を受賞している．その間にも，ボカージュは，1921 年に X 線源とフィルムを同時に反対方向に並進させる装置で断層撮影を提案している[4]．これに先立ち，X 線源のみを動かすアイデアは，既に 1914 年頃より見られる．このような技術は，"Planigraphy" などと呼ばれている．その後，グロスマンにより，図 1.2 の線源とフィルムを円弧上に動かす装置が開発されている[5]．彼は，"Tomograph" という言葉を初めて用いたとされる．これは，古いギリシャ語の "tomos"（slice の意）と写真を表す接尾辞の "graph" を合わせたものである．彼の装置は，1934 年にザニタスというドイツの会社から市販もされている．ただし，この方法は，被写体内部のある領域に関心領域 (Region of interest) を設定し，観察対象とする平面以外をぼけさせるもので，得られる画像は，現在の X 線 CT のそれとはまったく異なっている．一方，我が国では，1945 年頃，当時東北帝国大学の高橋信次が「X 線廻転撮影法」

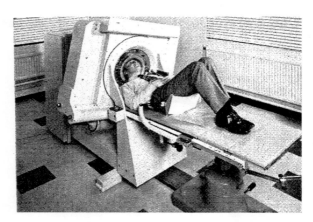

図 1.1 ハンスフィールドがウィンブルドンのアトキンソン・ムーリー病院に設置した X 線 CT スキャナー[3]

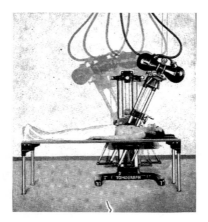

図 1.2 グロスマンによる X 線トモグラフィー装置[5]

の研究を開始している[6]。一連の研究には，スリット (Slit) で絞った X 線を体軸に垂直に照射しながらフィルムも同期させて回転させ，サイノグラム（後述：Sinogram）を得る技術も含まれている[6]。撮影後，図 1.3 のように画用紙を載せた回転台と得られた X 線写真とを並べ，紙とペンで横断面を描く。これは，撮影にフィルムを用いなければいけないアナログ時代に，現代の X 線 CT スキャナーの原型を提示した先駆的な研究と言える。

1.1.2　1970 年代以降の状況

　ハンスフィールドが X 線 CT スキャナーを初めて人体に用いたのは，1971 年 10 月 1 日で，ロンドンのアトキンソン・ムーリー病院の脳腫瘍の検査である。その後，1980 年には早くも稼働中の医療用 X 線 CT スキャナーが 1 万台を超えたとされ，現在ではとうてい数え切れないほどである。このような装置の普及は，高性能化の恩恵もある。シェによれば，米インテルの共同創設者ムーアが 1965 年に唱えた半導体集積密度に関する法則のように，スキャンに要する時間が約 2.3 年で半減するペースで X 線トモグラフィーは高速化を続けている（図 1.4）[7]。これは，X 線トモグラフィーがデジタル技術の向上ととも

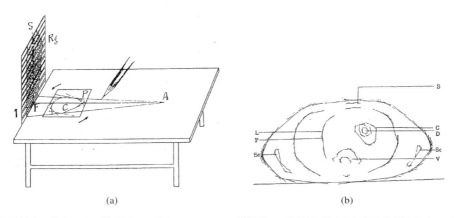

図 1.3 (a) 高橋信次の論文にある模式図。X 線トモグラフィー撮影後，画用紙を載せた回転台と得られた X 線写真とを並べ，紙とペンで横断面を描く様子[6]。(b) は，得られた手書きの断層像[6]。図中，S：鎖骨，C：空洞，D：壊死組織，Sc：肩甲骨，V：脊椎，L：肺，P：胸膜である

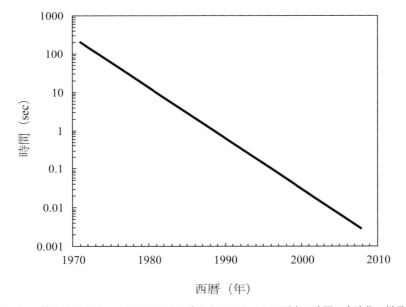

図 1.4 X 線トモグラフィーの 1 スライス当たりのスキャンに要する時間の高速化の様子[7]

に発展してきたことを物語っている。また，空間分解能 (Spatial resolution) も，開発当初は 1.5 mm を超えていたものが 1980 年代には 1 mm を下回り，現在では，数百 μm の病巣を検出可能になっている[8]。そのような技術開発の結果として，X 線トモグラフィー技術は放射線診断を飛躍的に高度化し，医学の発展に大きく貢献してきたことは，周知のとおりである。

1.2　医療用以外の X 線トモグラフィーの歴史と現状

コーマックのノーベル賞記念講演では，彼の発明が初めまったく注目されない中で，スイス雪崩研究

表 1.1　X 線トモグラフィーの分類

分類		対象の大きさ	X 線照射	X 線エネルギー	分解能レベル	ニーズの例
医療用		大（人体）	低線量必要	40〜60 keV	0.1〜1 mm	高速・高精細・低被爆・VR
産業用・科学研究用	マイクロトモグラフィー	小（小型部品や微細構造，欠陥など）	制限なし	数〜100 keV	0.1〜10 μm	高分解能・定量性・位相コントラスト・元素選択…
	それ以外	大（大型部品・製品全体）	制限なし	〜1 MeV	0.1 以下〜1 mm	欠陥検出・長さなど計量…

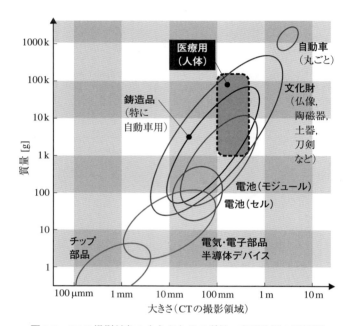

図 1.5　CT の撮影対象の大きさとその質量，応用分野の関係[11]

所から問い合わせがあったというエピソードが語られている[9]。同じように，3D で物体を見ることが医学以外でも有用ということは，X 線トモグラフィーの黎明期から多くの人々の頭にあった。例えば，アトキンソン・ムーリー病院での脳の検査から 7 年後の 1978 年には，ドイツ BAM のライマース等により，医療用 X 線 CT スキャナーを用いた木材，セラミックス，プラスチック，考古学遺物などの 3D 観察が行われている[10]。

　以下では，主に空間分解能とその向上という観点で，医療用以外の X 線トモグラフィー技術の発展の歴史を見てみる。表 1.1 は，用途によって X 線トモグラフィーを大ざっぱに分類したものである。表に示したマイクロトモグラフィーの定義は，一義的には定まらないが，一般には，空間分解能または画素サイズが 50 μm 程度以下，ないし場合によっては 1 μm 前後以下のものを指すことが多い。表 1.1 の分類は，あくまで便宜的なもので，対象物の化学組成などによって大きく異なる。したがって，3 者の重なりは，かなり大きいことに注意が必要である。図 1.5 は，各応用分野で X 線 CT の撮影対象とするものの大きさと質量を俯瞰するものである。撮影領域の大きさの 500〜1000 分の 1 程度が空間分解能の上限値である（一般には，空間分解能は，その 1〜数倍に低下）。

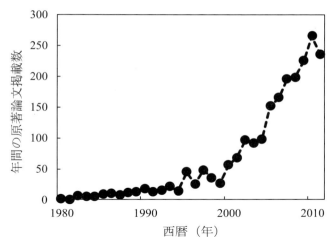

図 1.6 検索語「マイクロトモグラフィー」を含む原著論文数の推移を文献データベース Scopus で検索した結果。医学・薬学などは除いてある

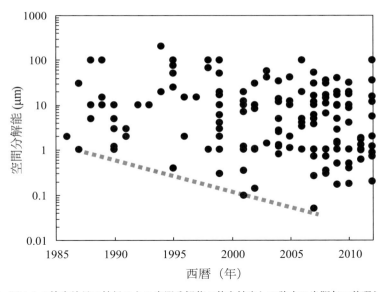

図 1.7 図 1.6 の検索結果で抄録にある空間分解能の値を抽出して論文の出版年で整理したもの

　図 1.6 は,「マイクロトモグラフィー」(Microtomography) をキーワードや抄録に含む原著論文をデータベース (Scopus) で検索し,その掲載数の年別の推移を見たものである。図 1.6 の論文には,シンクロトロン放射光施設での X 線トモグラフィーと産業用 X 線 CT スキャナーの両方に関するものが含まれている。1980 年代以降,2016 年までに 2,461 報の論文が発表されている。論文数は,2000 年以降急増しており,さらに 2004 年以降は,その増加のスピードが増しているように見受けられる。図 1.7 は,これらの論文の抄録にある空間分解能の値を出版年でプロットしたものである。この中には,応用研究と装置開発の両方の研究が含まれている。X 線トモグラフィーでは,不要であれば空間分解能は低く抑えられるためか,図 1.7 の空間分解能と西暦には,一見明瞭な関係がないようにも見える。しかし,図中の点線

のように，空間分解能の上限値辺りを結んでみると，年代ごとのチャンピオンデータが見えてくる。これらは，ほとんどがシンクロトロン放射光 (Synchrotron radiation) を用いた研究である。以下に，その進歩を俯瞰する。

1.2.1 シンクロトロン放射光を用いた X 線マイクロトモグラフィー

イギリスのエリオット等によるマイクロトモグラフィーに関する最初の報告[12]の翌年には，米国 MIT のグロッジンズ[13]が，そしてさらに翌年の 1984 年には韓国のチョウ等[14]が，それぞれシンクロトロン放射光を X 線トモグラフィーに用いる場合の理論的な検討結果を発表している。特に，グロッジンズは，1 µm の空間分解能が得られる条件を提示している。同じく，1984 年には，実際にシンクロトロン放射光を用いた実験が米国のトンプソン等[15]により報告されている。これは，スタンフォード・シンクロトロン放射光施設 (SSRL) で行われた実験で，単色の X 線ファンビームと Si (Li) 素子を 1 次元に配列した検出器 (Detector) の組み合わせで，豚の心臓を 1 mm 以上の低い空間分解能で可視化した実験である。その後，1980 年代のうちに，より高分解能を追求した研究が日立製作所の平野，宇佐見，鈴木等を含む各国の研究グループにより行われている[16]〜[21]。米国エクソンのフラナリー等は，米国ブルックヘブン国立研究所の国立シンクロトロン放射光施設 (NSLS) で高分解能シンチレーター (Scintillator) を冷却した 330 × 512 要素の CCD カメラと光学レンズとを組み合わせ，10 µm の空間分解能を達成している[16],[17]。実験セットアップの構成は，スペック以外は現在とほぼ同じである。これにやや遅れ，米国のローレンス・リバモア国立研究所のキニー等は，SSRL で同様なセットアップを用い，初め偏向電磁石 (Bending magnet) のビームラインで 20 µm[18]の，そして翌年には，ウィグラー (Wiggler) のビームラインで 10 µm の空間分解能を達成している[19]。これとほぼ時を同じくして，日立製作所のグループは，高エネルギー物理学研究所・放射光実験施設 (KEK-PF) で高空間分解能 X 線用撮像管を用いることで，X 線像の直接検出を試みている[20],[21]。彼らは，21 keV の X 線エネルギーで SiC ファイバー強化アルミニウムや隕石の 3D 画像を取得し，フラナリーやキニーと同程度の空間分解能を得ている[20],[21]。

ところで，S/N 比 (Signal to noise ratio, S/N ratio) を落とさずに空間分解能を上げるためには，試料に入射する X 線の光量（単位時間・単位面積当たりのフォトン数）を劇的に増やす必要がある。そのためには，APS（米国：1996 年利用開始），ESRF（フランス：1994 年利用開始）や SPring-8（日本：1997 年利用開始）といった第 3 世代と呼ばれるシンクロトロン放射光施設の登場を待たなければならなかった。図 1.6 で見られる 2000 年以降の文献数の急増は，第 3 世代のシンクロトロン放射光施設などの活用によるところが大きい。例えば，ESRF のコッホ等[22]，APS のワン等[23]，SPring-8 の上杉等[24]は，1 µm の空間分解能を 1998 〜 2001 年に報告している。また，それより少し劣るものの，ドイツ DESY のベックマン等[25]，および NSLS のダウド等は 1999 年に 2 µm[26]，そしてスイス SLS のスタンパノニ等[27]は，2004 年に 1.4 µm の空間分解能を報告している。この空間分解能 1 µm という値は，フレネルゾーンプレート (Fresnel zone plate) やミラーなどの結像素子を用いない投影型 X 線トモグラフィー (Projection-type X-ray tomography) の物理的な限界である。その後，後述する結像型トモグラフィー (Imaging-type X-ray tomography) の実用化が各施設でなされ，空間分解能は，さらに 1 桁以上の向上が達成されている[28]。また，高輝度や高干渉性といった放射光の特性を活かした高速トモグラフィー (Fast tomography) や位相コントラストイメージング (Phase contrast imaging) など，現在では高空間・時間分解能，高コントラストイ

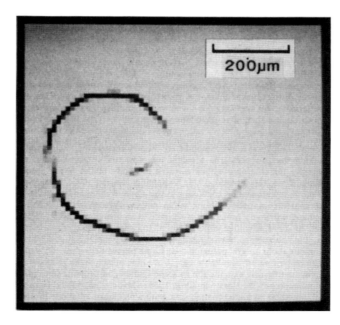

図 1.8 エリオット等によるマイクロトモグラフィーの最初の応用例[12]。熱帯産淡水巻き貝の断層像。渦巻き状の殻が何とか見える

メージングが日常的に利用できる環境が整っている。

位相コントラストイメージングに関しては，第 2 章および第 5 章で触れるが，可視光を考えて後にノーベル物理学賞を受賞したオランダ人のツェルニケが位相コントラストイメージングの原理を発表したのは，1942 年とかなり古い[29]。その後，ボンゼとハートにより X 線を用いた位相コントラストイメージングに応用されたのは，その 20 年以上後のことである[30]。さらに約 30 年後には，当時日立製作所の百生等により，生体組織の X 線トモグラフィー観察に応用されている[31]。

1.2.2 産業用 X 線 CT スキャナーを用いた X 線トモグラフィー

マイクロトモグラフィーの最初の報告は，1982 年のイギリスのエリオット等によるものと思われる[12]。彼らは，X 線管から発生した X 線をピンホール (Pin hole) で絞り，15 μm の高空間分解能を得ている[12]。図 1.8 は，そのときに得られた画像である。巻き貝の殻が何とか可視化できている。同じ年に，アメリカン・サイエンス・アンド・エンジニアリング社のバースタイン等は，線形加速器 (Liniac) を用いる X 線 CT スキャナーを紹介し，ロケットエンジンへの応用（図 1.9）を報告している[32],[33]。これは，高エネルギー X 線 (〜 15 MeV) を用いた大型部品の低い空間分解能 (2 mm) での可視化例である。同じ会社のスガンは，1985 年に X 線管を用い 50 μm の空間分解能を達成した例を報告している[34]。また，1984 年には，米国・フォードのフェルドカンプにより，コーンビーム再構成法 (Cone beam reconstruction) が提案されている[35]。その後，彼は，焦点サイズ (Focal spot size) 50 μm のマイクロフォーカス X 線管を用い，100 〜 125 μm の空間分解能を達成したことを報告している[36]。一方，筑波大学の青木等は，1988 年の発表で，マイクロフォーカス (Microfocus) X 線源から放射状に拡がる X 線による拡大投影により，2

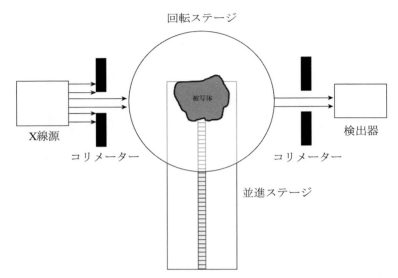

図 1.9 アメリカン・サイエンス・アンド・エンジニアリング社のロケットエンジン用 X 線 CT スキャナーの模式図[32],[33]

次元投影ではあるが，10 μm の空間分解能を得ている[37]。これは，同じ頃，シンクロトロン放射光を用いて達成されたのと同等の空間分解能レベルである。このような状況の中，1989 年には米国非破壊試験協会 (ASNT) が産業用 X 線 CT スキャナーに関する初めての会議をシアトルで開いている。この中では，ヴィッカース等によるコーンビーム法を用いた産業用 X 線 CT スキャナーの報告などが見られる。この頃には，米国のローレンス・リバモア国立研究所とサンディア国立研究所が産業用 X 線 CT スキャナー技術の開発の報告を活発に行っている。

　これと平行して，産業用 X 線 CT スキャナーを試作・製造する企業も現れるようになった。1981 年には，米国サイエンティフィック・メジャメント・システムズのホプキンス等が ^{137}Cs，^{192}Ir などの放射性同位体を利用した線源を用い，医療用トモグラフィー (40〜60 keV) より高い X 線エネルギー (300〜600 keV) を利用できる X 線 CT スキャナーとその鉄などへの応用を報告している[38]。この場合の空間分解能は，医療用トモグラフィー装置と同程度の 1〜2 mm であった。また，この時代には，敢えて低いガンマ線エネルギーしか得られない ^{241}Am を用いて産業用 X 線 CT スキャナーを組み，医療用 CT スキャナーとの比較を行う報告も見られる[39]。その後，上述のアメリカン・サイエンス・アンド・エンジニアリング社は，1984 年に数メートル径のロケットエンジン検査用で，当時世界最大の X 線 CT スキャナーを製作した[32],[33]。同じ頃，東芝は，1982 年に日本で初めて鉄鋼試料専用の高エネルギー X 線 CT スキャナー（図 1.10：管電圧 420 kV）を製造している[40]。これは，当時の新日本製鐵で用いられ，ステンレス鋼中のポロシティーや鋼の腐食などの事例が報告されている[40]。一方，自動車検査用としては，1991 年に日立製作所がライナックを用いて製造した X 線 CT スキャナーがマツダでエンジンの検査に用いられた。その装置の外観を図 1.11 に示す。また，ユニークな応用例として，1995 年に日立製作所により燃料集合体の燃焼挙動の検査用の X 線 CT スキャナーが製造され，茨城県大洗町にある高速増殖炉・常陽の炉体の側に設置されて，現在も現役で稼働している。

　マイクロトモグラフィーに関しては，1988 年度に当時の通産省の委託研究：「石炭ガス化用セラミッ

1.2 医療用以外のX線トモグラフィーの歴史と現状　9

図 1.10 東芝が 1982 年に日本で初めて製造した高エネルギー X 線 CT スキャナー[40]（東芝 IT コントロールシステム（株）岩澤純一氏の御厚意による）

図 1.11 日立製作所が 1991 年に製造した自動車エンジン検査用の X 線 CT スキャナー（（株）日立製作所 佐藤克利氏の御厚意による）

クスタービンの要素技術開発」でマイクロフォーカス X 線 CT スキャナーが設計・製作され，欠陥検出に用いられている。また，1994 年には，初めて市販の X 線 CT スキャナーが出現している[41]。国内では，1999 年に島津製作所および東芝により，マイクロトモグラフィー用の X 線 CT スキャナーが製作されている。図 1.12 は，当時の X 線 CT スキャナーの外観を示した写真である。

図 1.12 島津製作所が 1999 年に製造したマイクロトモグラフィー用 X 線 CT スキャナー（(株) 島津製作所 夏原正仁氏の御厚意による）

1.2.3 要素技術の発展

イメージインテンシファイアーは，テンプル大学のチャンバーレインによって 1941 年に発表された。1952 年にはウェスティングハウスが，国内では 1956 年に東芝と島津製作所がそれぞれ製品化に成功している。しかし，検出器の完全なデジタル化は，もっと後になってからである。現在では，イメージインテンシファイアーは電荷結合素子 (CCD) カメラと組み合わせて用いられる。

後にその功績で揃ってノーベル賞を受賞した米国ベル研究所のボイルとスミスが CCD カメラを発明したのは 1969 年であった。1970 年に The Bell System Technical Journal に掲載された彼らの論文に対して，ノーベル物理学賞が 2009 年に与えられている。その後，アメリカのフェアチャイルド社は，1973 年に初めて CCD カメラの商業生産に乗り出した。折しも，宇宙望遠鏡や無人探査機などで検出器が必要というニーズもあり，科学用途の CCD カメラの開発が進展した。X 線トモグラフィー技術とほぼ時を同じくして現れた CCD カメラをシンチレーター，レンズなどと組み合わせることで，X 線画像をデジタルで記録することができるようになる。

その後，1995 年には，高性能な大面積 X 線検出器であるフラットパネルディテクター (Flat panel detector) が開発された。一方で，ウォンラスにより CMOS カメラが発明されたのは 1963 年である。しかし，実際に CMOS カメラが実用化されたのは，半導体微細加工技術が発展した 1990 年代である。1990 年頃には高速度カメラとして，フォトロン社の Fastcam などの MOS カメラが市販されていたのをご記憶の方も居られよう。その後，2000 年代には全画素一斉に電子シャッターが作動するグローバルシャッター機能をもった CMOS カメラが市販されている。さらに，アメリカのフェアチャイルド社とドイツの PCO 社，イギリスのアンドール・テクノロジー PLC 社は，2010 年頃，sCMOS カメラと呼ばれる高性能な科学計測用 CMOS カメラを相次いで製品化した。現在では，高読み出しノイズの克服により，高いフレームレートと高解像度，広いダイナミックレンジを兼ね備えた検出器として，CMOS カメラが広く使われるようになっている。写真乳剤の感光により画像を得る X 線フィルムの時代の後，画像をデジタル情報として保存できる各種デバイスが出現し，発展を遂げたことは，X 線トモグラフィー技術発展の鍵となったと言える。

X線源に関しては，1982年に創業したファインフォーカス社がマイクロフォーカスX線源を商業ベースで製造した。マイクロフォーカス化することで，物体をX線源のより近くに設置することが可能になり，高空間分解能化に貢献できる。これに少し遅れて，浜松ホトニクスは，1992年に日本で初めてマイクロフォーカスX線源の開発に成功している[42]。マイクロフォーカスのX線源は，産業用X線CTスキャナーで重要なマイクロトモグラフィーを実現するためには，欠くことができない技術である。現在では，シンクロトロン放射光施設，X線管，ライナックなど，用途に合わせてX線源を選択できる。2013年に開始された経済産業省のプロジェクトでは，産業技術総合研究所と日立製作所により，卓上型放射光装置を用いたX線CTスキャナーが開発されるなど，その選択肢も拡がってきている[43]。

　さらには，1.1.2節で触れたコンピュータの発達も，X線トモグラフィーの発展を支える重要な要素である。ハンスフィールドの初期の実験では，1枚の断層像を画像再構成 (Image reconstruction) するのに，大型計算機で2.5時間かかったとされる。X線トモグラフィーと時を同じくして登場した1970年代のマイクロコンピュータとその1980年代の普及を通し，X線トモグラフィーに関する計算環境は，著しく改善された。実際に，2000年頃には，いわゆるパーソナルコンピュータがX線CTスキャナーの再構成や3D描画に用いられ始めている。

　各種要素技術の発展に支えられてX線トモグラフィーは発達し，技術的には成熟しつつあるように思われる。現状として，産業用X線CTスキャナーでもナノトモグラフィーなどと称するものが利用でき，より高空間分解能，高コントラストの3Dイメージングが可能になっている。また，in-vivoトモグラフィーや形状計測に利用できる産業用X線CTスキャナーなど，高機能なX線CTスキャナーも，用途に合わせて利用することができる。

　2011年には，ドイツでX線トモグラフィーによる寸法計測についてのガイドラインが定められるなど[44],[45]，標準化の動きも見られる。また，2010年前後からは，電子基板などの製造ラインにX線CTスキャナーが設置され，品質管理の飛躍的向上に繋がっている。これは，スキャンに要する時間の短縮を追求し，インラインで全数検査をするものである。

　一方，応用技術の開発も進んでいる。X線トモグラフィーにより単に物体内部の構造を3Dで可視化し，そのサイズ，形状，空間分布などを計測するだけではなく，機械工学や材料工学で現象解明の鍵となる物理量を定量的に計測する試みである[46],[47]。例えば，歪みや応力拡大係数，J積分などの機械工学的な諸量や，多結晶金属の結晶方位，損傷，化学成分などの材料工学的な諸量などである。これにより，単に内部を見るだけではなく，優れた実証性を担保することができる。

参考文献

[1]　J. Radon: Berichte Sächsischen Akademie der Wissenschaft, 69(1917), 262–279.
[2]　A.M. Cormack: Journal of Applied Physics, 34((1963), 2722–2727.
[3]　G.N. Hounsfield: The British Journal of Radiology, 46(1973), 1016–1022.
[4]　A.E.M. Bocage: French Patent No. 536464, (1921)
[5]　G. Grossman: The British Journal of Radiology, 8(1935), 733–751.
[6]　高橋信次：臨床放射線, 21(1976), 1037–1045.

[7] J. Hsieh: Computed tomography Principles, Design, Artifacts, and Recent Advances, Wiley Interscience, Bellingham, Washington, (2009).

[8] 平尾芳樹：国立科学博物館技術の系統化調査報告第 12 集，医療用 X 線 CT 技術の系統化調査報告，産業技術史資料情報センター, (2008), 93.

[9] A. Cormack: Nobel Lecture, (1979), (https://www.nobelprize.org/nobel_prizes/medicine/laureates/1979/cormack-lecture.pdf)

[10] P. Reimers, H. Heidt, J. Stade and H.-P. Weise: Materialprüfung, 22(1980), 214–217.

[11] 富澤雅美，山本輝夫：電気学会誌, 136(2016), 755–758.

[12] J.C. Elliot and S.D. Dover: Journal of Microscopy, 126(1982), 211–213.

[13] L. Grodzins: Nuclear Instruments and Methods, 206(1983), 541–545.

[14] Z.H. Cho, K.S. Hong and O. Nalcioglu: Nuclear Instruments and Methods in Physics Research, 227(1984), 385–392.

[15] A.C. Thompson, J. Llacer, L.C. Finman, E.B. Hughes, J.N. Otis, S. Wilson and H.D. Zeman: Nuclear Instruments and Methods in Physics Research, 222(1984), 319–323.

[16] B.P. Flannery, H.W. Deckman, W.G. Roberge and K.L. D'Amico: Science, 237(1987), 1439–1444.

[17] K.L. D'Amico, H.W. Deckman, J.H. Dunsmuir, B.P. Flannery, and W.G. Roberge: Review of Scientific Instruments, 60(2016), 1524–1526.

[18] J.H. Kinney, Q.C. Johnson, M.C. Nichols, U. Bonse, R.A. Saroyan, R. Nusshardt and R. Pahl: Review of Scientific Instruments, 59(1988), 196–197.

[19] J.H. Kinney, Q.C. Johnson, M.C. Nichols, U. Bonse, R.A. Saroyan, R. Nusshardt and R. Pahl: Review of Scientific Instruments, 60(1989), 2471–2474.

[20] Y. Suzuki, K. Usami, K. Sakamoto, H. Shiono and H. Kohno: Japanese Journal of Applied Physics, 27(1988), L461-L464.

[21] T. Hirano, K. Usami and K. Sakamoto: Review of Scientific instruments, 60(1989), 2482–2485.

[22] A. Koch, C. Raven, P. Spanne and A. Snigirev: Journal of the Optical Society of America A, 15(1998), 1940–1951.

[23] Y. Wang, F.D. Carlo, I. Foster, J. Insley, C. Kesselman, P. Lane, G. Laszewski, D.C. Mancini, I. McNulty, M.-H. Su and B. Tieman: Proc. SPIE 3772, Developments in X-Ray Tomography II, (1999), 318–327.

[24] K. Uesugi, Y. Suzuki, N. Yagi, A. Tsuchiyama, T. Nakano: Nuclear Instruments and Methods in Physics Research A, 467–468(2001), 853–856.

[25] F. Beckmann and U. Bonse: Proc. SPIE 3772, Developments in X-Ray Tomography II, Denver, Colorado, (1999), 179–187.

[26] B.A. Dowd, G.H. Campbell, R.B. Marr, V.V. Nagarkar, S.V. Tipnis, L. Axe and D.P. Siddons: Proc. SPIE 3772, Developments in X-Ray Tomography II, (1999), 224–236.

[27] S. Heinzer, T. Krucker, M. Stampanoni, R. Abela, E. Meyer, A. Schuler, P. Schneider and R. Muller: Proc. SPIE 5535, Developments in X-Ray Tomography IV, (2004), 65–76.

[28] Y. Suzuki and H. Toda: Advanced Tomographic Methods in Materials Research and Engineering, Oxford University Press, (2008), 181–201.

[29] F. Zernike: Physica, 9(1942), 686–698.

[30] U. Bonse and M. Hart: Applied Physics Letters, 6(1965), 155–156.

[31] A. Momose, T. Takeda, Y. Itai, K. Hirano: Nature Medicine, 2(1996), 473–475.

[32] P. Burnstein, R.C. Chase, R. Mastronardi, and T. Kirchner: Materials Evaluation, 40(1982), 1280–1284.

[33] P. Burnstein, P.J. Bjorkholm, R.C. Chase and F.H. Seguin: Nuclear Instruments and Methods in Physics Research, 221(1984), 207–212.

[34] F.H. Seguin, P. Burnstein, P.J. Bjorkholm, F. Homburger and R.A. Adams: Applied Optics, 24(1985), 4117–4123.
[35] L.A. Feldkamp, L.C. Davis and J.W. Kress: Journal of Optical Society of America A, 1(1984), 612–619.
[36] L.A. Feldkamp and G. Jesion: Review of Progress in Quantitative Nondestructive Evaluation, 5A(1986), 555–566.
[37] S. Aoki, M. Oshiba and Y. Kagoshima: Japanese Journal of Applied Physics, 27(1988), 1784–1785.
[38] F.F. Hopkins, I.L. Morgan, H.D. Ellinger, R.V. Klinksiek, G.A. Meyer, J.N. Thompson: IEEE Transactions on Nuclear Science, 28(1981), 1717–1720.
[39] W.B. Gilboy, J. Foster and M. Folkard: Nuclear Instruments and Methods, 193(1982), 209–214.
[40] 田口勇，中村滋男：日本鐵鋼協會々誌, 71(1985), 1685–1691.
[41] M. Stauber, R. Müller: Osteoporosis, Volume 455 of the series Methods In Molecular Biology, (2008), 273–292.
[42] 平野雅之：非破壊検査, 58(2009), 219–222.
[43] 産業構造審議会産業技術環境分科会　研究開発・イノベーション小委員会評価ワーキンググループ:三次元造形技術を核としたものづくり革命プログラム（次世代3次元内外計測の評価基盤技術開発）プロジェクト技術評価結果報告, (2017).
[44] VDI/VDE 2617-13: VDI, Duesseldorf, 2011. (2011).
[45] VDI/VDE 2630-1.3: VDI, Duesseldorf, 2011. (2011).
[46] 戸田裕之，小林正和，鈴木芳生，竹内晃久，上杉健太朗：非破壊検査, 58(2009), 433–438.
[47] 小林正和，大川嘉一，戸田裕之，上杉健太朗，鈴木芳生，竹内晃久：日本金属学会誌, 77(2013), 375–384.

第2章 X線イメージングの基礎

　図2.1に示すように，X線は，波長の短い，つまりエネルギーの大きな電磁波である。このうち，波長が0.1〜10 nm程度の軟X線（これに対応するX線エネルギーは，0.124〜12.4 keV：Soft X-ray）は，厚い物体を透過しないため，シリコンや炭素，酸素，水素，窒素などの軽元素からなる生体やポリマーなどのイメージングに利用される。一方，硬X線 (Hard X-ray) の波長はそれより短く，原子サイズ（〜0.1 nm）よりも小さい。このため，硬X線は，厚みのある物体でも透過する傾向が強い。また，最近では，硬X線と軟X線の間の2〜6 keVのX線エネルギー範囲を"Tender X-ray"と称して区別する呼び方もある。これは，空気中での自由飛程は短いが，シンクロトロン放射光施設では結晶分光器を用いるようなX線エネルギー領域を指している。

　ちなみに，図2.1のX線の波長λとエネルギーEの関係は，よく知られている以下の式で計算できる。

$$E = h\nu = \frac{hc}{\lambda} \tag{2-1}$$

ここで，hはプランク定数 (6.63×10^{-34} Js)，νは振動数，cは光速 (3×10^8 m/s) である。1.24をnm単位の波長λで割れば，単位をkeVとして，X線エネルギーがおおよそ計算できることは覚えておくと便利である。1 eVは，電子が1 Vの電圧で加速されたときに獲得するエネルギーであり，SI単位系では1.6×10^{-19} Jになる。また，X線の波長はnmで表すことが多いが，軟X線より短波長側では，Åも用いられる (1 nm = 10 Å)。

　X線を用いてイメージングを行う場合，図2.2に示すように，いくつかの方式が考えられる。まず，材

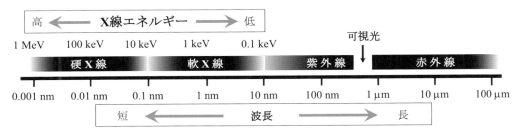

図2.1 X線を含む各種電磁波の波長とエネルギーの関係

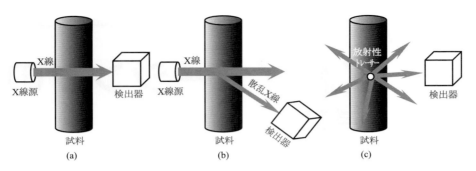

図 2.2 X線などを用いたイメージングの様式。(a) 透過像を取得するもの，(b) 散乱したX線を検出するもの，そして (c) 物体内部から出るガンマ線などを検出するもの

料・機械工学では，(c) のタイプを用いることは，稀であろう。(a) のタイプは，後述のように，密度と原子番号の効果を分離することが難しい。一方，(b) のタイプを用いれば，物体内部の密度分布などを計測することが可能である[1]。以下では，最も広く使われている図 2.2 (a) の透過型のX線イメージングを念頭に，X線の吸収 (Absorption) と位相シフト (Phase shift) という2つの現象を記述する。これらは，それぞれ吸収コントラストトモグラフィー (Absorption contrast tomography)，および位相コントラストトモグラフィー (Phase contrast tomography) という2つの技法に対応する。この章では，これらを順に解説する。

なお，書籍によっては，X線の吸収と減衰 (Attenuation) を区別しているものもある。例えば，後述のように，光電効果はX線の物理的な吸収をもたらすが，コヒーレント散乱ではX線は吸収されない。しかしながら，物体の前後にX線源と検出器を置くイメージング実験を想定すると，たとえコヒーレント散乱の場合であっても，物体を透過した後のX線強度の低下が観測される。したがって，X線の散乱の場合も吸収の場合も，見かけ上，X線の吸収と捉えることができる。そこで，本書では，X線の吸収，散乱，いずれの現象が支配的な場合も，特に必要がない限り，すべてX線の吸収として統一して表記している。

2.1　吸収コントラスト

2.1.1　吸収係数とコントラスト

(1) 吸収係数

図 2.3 に示すように，シンクロトロン放射光施設で得られるような単色X線 (Monochromatic X-ray) が均一な密度と化学組成をもつ厚み L の物体に入射する単純なケースを想定する。物体に入射する前と透過した後のX線の強度をそれぞれ，I_0，I とする。I は，ランベルト・ベールの法則 (Lambert-Beer law) により，以下のように与えられる。

$$I = I_0 e^{-\mu L} \tag{2-2}$$

ここで，μ は，線吸収係数 (Linear absorption coefficient) である。μ は，X線の波長および物質の密度と原子番号に依存する係数で，単位はSI単位系ではなく，[cm^{-1}] で表示されることが多い。X線は，程度の

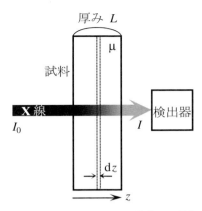

図 2.3 強度 I_0 の単色 X 線が均一な密度と化学組成をもつ厚み L の物体に入射する。物体を透過した後の X 線の強度 I を考える

差こそあれ物体に吸収されるので，I は I_0 より常に小さくなる。試料がある場合とない場合の X 線強度を実験的に計測すれば，式 (2-2) より，線吸収係数の値を求めることができる。また，線吸収係数が物体内部で一定ではなく，内部に局所的に線吸収係数が異なる場所がある場合，X 線が吸収される程度が場所により異なることになる。それに対応する明暗のコントラストが透過像に現れ，その領域の存在や形を認識することができる。これが，吸収コントラストイメージングの基本である。式 (2-2) は，試料中で電子密度の異なる領域，つまり第 2 相や粒子，空隙などを X 線が通過する際に X 線が屈折 (Refraction)，あるいは界面で反射するような場合には，正確ではない。これは，例えばシンクロトロン放射光や X 線管で焦点サイズが非常に小さなものを用いる場合，つまり 2.2.2 節 (3) で述べる空間的コヒーレンス (Spatial coherence，ないしは Lateral coherence，Transverse coherence) が高い X 線ビームを利用する場合に相当する。

図 2.3 で，X 線が入射する側の表面から距離 z の位置にある微小厚み dz の領域を考える。位置 z での X 線強度を $I(z)$ とすると，X 線の減衰が μdz に比例することから，式 (2-3) が得られる。この微分方程式を境界条件 $I(0) = I_0$ を用いて解くことで，式 (2-2) は得られる。

$$\frac{dI}{I(z)} = -\mu dz \tag{2-3}$$

もし，線吸収係数が物体内部で均一でないときは，位置 z での線吸収係数を $\mu(z)$ とすると，式 (2-2) は，X 線の経路に沿う積分を用いて以下のように書ける。

$$I = I_0 e^{-\int_0^L \mu(z) dz} \tag{2-4}$$

また，X 線管などを用いるとき，X 線は単色ではなく，エネルギーの分布をもっている。そのような場合，次式のように，X 線のエネルギースペクトルについて積分する必要がある。

$$I = \int_E I_0(E) \, e^{-\int_0^L \mu(z, E) dz} dE \tag{2-5}$$

ここで，$I_0(E)$ と $\mu(z, E)$ は，入射 X 線の強度と線吸収係数を X 線のエネルギーの関数として表したものである。式 (2-4) および式 (2-5) は 1 次元であるが，線吸収係数は，z 軸に垂直な x-y 面内でも分布をもつ

ため，一般にはこれを 2 次元の検出器で撮影することになる．試料を回転させながら多くの方向から撮影し，X 線トモグラフィーの画像再構成アルゴリズムを用いることで，線吸収係数の 3D 分布が再構成できる．これが X 線トモグラフィーの基本的な原理である．

ところで，線吸収係数の X 線エネルギー依存性のため，物体を透過した後の X 線のエネルギースペクトルは，入射 X 線のものと異なることになる．また，物体に入射後，低エネルギーの X 線ほど急速に減衰するので，7.6.1 節で後述するビームハードニングと呼ばれるアーティファクトを生じることになる．

ところで，線吸収係数は物質の密度 ρ に依存するため，線吸収係数を密度で除すことで，密度に依存しない係数を定義できる．これを質量吸収係数 μ_m (Mass absorption coefficient) と呼ぶ．

$$\mu_\mathrm{m} = \frac{\mu}{\rho} \tag{2-6}$$

例えば，同じ元素では，気体，液体，固体で密度は大きく異なるし，構造材料には様々なサイズの空隙が含まれていることも多いので，質量吸収係数が便利なことも多い．質量吸収係数の単位は，一般に $[\mathrm{cm}^2/\mathrm{g}]$ である．

この他にも，原子吸収係数 (Atomic absorption coefficient) μ_a，モル吸収係数 (Molar absorption coefficient) μ_M などが用いられる．単位は，それぞれ $[\mathrm{cm}^2/\mathrm{atom}]$ と $[\mathrm{cm}^2/\mathrm{mol}]$ である．これらの各種吸収係数の間には，以下に示す関係がある．

$$\mu = \mu_\mathrm{m}\rho = \mu_\mathrm{a}\rho_\mathrm{a} = \mu_\mathrm{a}\rho\left(\frac{N_\mathrm{A}}{A}\right) = \mu_\mathrm{M}\left(\frac{\rho}{A}\right) \tag{2-7}$$

ここで，A は原子量 $[\mathrm{g/mol}]$，N_A はアボガドロ数 (6.02×10^{23} atoms/mol)，ρ_a は原子密度 $[\mathrm{atoms/cm}^3]$ である．μ_a は，原子断面積 (Atomic cross section) とも呼ばれ，一般に σ と標記されることも多い．原子断面積とは，光子が原子 1 個と相互作用する確率である．これに単位体積当たりの原子数をかけることで，X 線の吸収の程度が評価できる．図 2.3 の透過像の話に戻ると，微小厚みの領域で X 線の吸収というイベントが何回起こるかをイベント数 W で表すと，下記のようになる．

$$W = I(z)\rho_\mathrm{a}\mathrm{d}z\mu_\mathrm{a} = I(z)\mu\mathrm{d}z \tag{2-8}$$

何種類かの原子が混合した合金や化合物の場合，それを構成する j 個の元素による吸収の確率は，基本的に算術的に加算できる．つまり，合金や化合物などの質量吸収係数 $\mu_\mathrm{m}^\mathrm{mix}$ は，単位質量当たりの断面積の総和になる．式 (2-9) は，混合則 (Rule of mixture) と呼ばれる．

$$\mu_\mathrm{m}^\mathrm{mix} = \sum_{i=1}^{j} \mu_\mathrm{m}^i x_i \tag{2-9}$$

ここで，μ_m^i は i 番目の元素の質量吸収係数，x_i はその質量分率である．混合則は，後述する吸収端 (Absorption edge) から充分に離れた X 線エネルギーの場合，10 keV 以上の X 線エネルギーで数％以下，1 keV 以上では 2％以下の誤差で質量吸収係数を与える[2]．

(2) 吸収係数の調べ方

各元素，各 X 線エネルギーでの線吸収係数などの値は，ハンドブックやデータベースで調べることができる[3]〜[6]．以下でもしばしば用いる文献 [3] は，アメリカ国立標準技術研究所の物理計測研究所のも

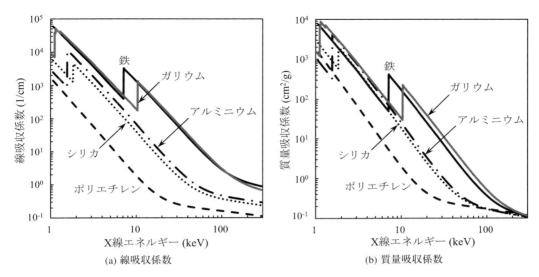

図 2.4 代表的な三大構造材料（ポリマー，セラミックス，金属）の線吸収係数と質量吸収係数のX線エネルギー依存性[3]。ポリマーとしては高密度ポリエチレン，セラミックスとしてシリカ，金属にはアルミニウムと鉄を載せている。5.5.1 節で示す結晶粒界の 3D イメージングに使うガリウムも参考のために載せてある

ので，原子番号 90 以上までの元素や化合物の吸収端，吸収係数，断面積の詳細なデータ，例えば X 線エネルギー依存性などが得られる。文献 [5] は，ローレンス・バークレー国立研究所の X 線光学センターのもので，元素や化合物の複素屈折率，透過率などの詳細なデータが得られる。その他，スマートフォンで使うアプリで吸収端や透過率などのデータが簡単に調べられるものもあり，実験中に手元で使えて便利である[6]。

図 2.4 は，文献 [3] のデータベースを用い，線吸収係数と質量吸収係数の X 線エネルギー依存性を描いたものである。図 2.4 には，高密度ポリエチレン，シリカ，アルミニウム，鉄といった代表的な構造材料などを載せている。吸収係数は，高エネルギーほど急激に小さくなることがわかる。図 2.4 では，鉄の 7 keV 付近などで吸収係数がジャンプする所が見られるが，これは吸収端であり，最内殻（この場合には，K 殻）の電子の束縛エネルギー (Binding energy) に相当する。各元素の K 殻に関する吸収端である K 吸収端は，表 2.1 にまとめてある[4]。非常に粗い近似として，K 吸収端のエネルギーは，Z^2 に比例する。また，Z の大きな材料は大きな X 線吸収を示すが，吸収端の存在のため，所々逆転も生じる。吸収係数の X 線エネルギー依存性には，低エネルギー部分の線形の領域（例えば，アルミニウムでは，およそ 30 keV 以下）と，高エネルギーでのフラットな領域（アルミニウムでは，およそ 100 keV 以上）が存在する。これは，2.1.2 節で述べる支配的な吸収機構の遷移による。X 線マイクロトモグラフィーによく使われる X 線エネルギーの範囲は，5〜50 keV 程度と思われるが，その範囲には，元素によっては，吸収端や線形の領域とフラットな領域の遷移域が含まれる。また，20〜100 keV 以上では，各材料の吸収係数が近づくため，イメージングを行っても，コントラストが得られにくくなる。これも 2.1.2 節で詳述する。

質量吸収係数は，ヴィクトリーンの式 (Victoreen formula) と呼ばれる式 (2-10) の経験式からも見積もることができる[7]。

$$\mu_\mathrm{m} = \frac{\mu}{\rho} = C\lambda^3 - D\lambda^4 + \frac{\sigma_\mathrm{KN} N_\mathrm{A} Z}{A} \tag{2-10}$$

表 2.1 代表的な元素に対するヴィクトリーンの式（式 (2-10)）の係数 C と D の値，および Z/A の値。C_1 と D_1 は K 吸収端以下の値で，C_2 と D_2 は K 吸収端以上の値である[4]。表中には，各元素の K 吸収端の値も付記している

元素	C_1	D_1	K 吸収端 (keV)	C_2	D_2	Z/A
Be	0.365	0.00213				0.4438
C	1.22	0.0142				0.4995
N	2.05	0.0317				0.4997
O	3.18	0.0654				0.5000
Mg	11.3	0.539				0.4934
Al	14.4	0.803				0.4818
Si	18.2	1.10				0.4984
Ca	55.8	7.56				0.4990
Ti	75.6	12.3	4.96	5.15	0.153	0.4593
V	86.9	15.1	5.46	6.14	0.203	0.4514
Cr	99.0	18.2	5.99	7.24	0.268	0.4614
Mn	112	22.3	6.54	8.51	0.344	0.4550
Fe	126	27.2	7.11	9.95	0.433	0.4655
Co	141	33.2	7.71	11.6	0.535	0.4581
Ni	158	40.1	8.33	13.4	0.651	0.4769
Cu	176	48.3	8.98	15.6	0.779	0.4564
Zn	195	57.7	9.66	17.8	0.937	0.4589
Ga	216	68.6	10.37	20.2	1.13	0.4446
Mo	555	336	20.00	56.2	7.73	0.4377

ここで，C と D は原子番号 Z によって異なる係数，$\sigma_{\rm KN}$ は波長が短い場合の補正で，クライン-仁科の断面積 (Klein - Nishina cross section) である[8]。式 (2-10) の計算に必要な C，D，$\sigma_{\rm KN}$ $N_{\rm A}$ などの値は，代表的な元素について，表 2.1，表 2.2 にまとめてある[4]。なお，C と D は，吸収端前後で値が異なることには注意が必要である。式 (2-10) から計算した質量吸収係数と文献 [3] のデータベースをアルミニウムに関して 5 〜 60 keV で比較すると，その差は，最大で 5% 弱に収まっている。

式 (2-10) と表 2.1 より，質量吸収係数の値は，原子番号の増加とともに単調に増加する傾向にあることがわかる。つまり，原子番号が近い場合や，原子番号が離れていても式 (2-9) で計算される合金や化合物の吸収係数が近い場合，吸収コントラストが得られにくくなる。一方，中性子などを用いると，水素やボロン，リチウム，カドミウム，ガドリニウムなど，非常に大きな質量吸収係数をもつ元素が原子番号によらず散在する。一方で，鉛や金など，X 線に対しては大きな質量吸収係数をもつ元素でも，中性子はあまり強く吸収されないものもある。これは，X 線が原子核の外側にある電子と相互作用するのに対し，中性子は原子核と相互作用し，吸収・散乱されるためである。そこで，X 線と中性子を相補的に利用することで，様々な元素の違いを充分なコントラストでイメージングすることができる。

2.1.2 様々な X 線の吸収過程

X 線が物体に吸収される機構にはいくつかあり，用いる X 線のエネルギーによって変化する。様々な X 線吸収機構の寄与は，式 (2-11) のように算術的に加算することができ，これにより物体の X 線吸収を知ることができる。

$$\mu = \mu_{\rm a} \rho \left(\frac{N_{\rm A}}{A}\right) = \left(\mu_{\rm a}^{\rm pe} + \mu_{\rm a}^{\rm incoh} + \mu_{\rm a}^{\rm coh} + \mu_{\rm a}^{\rm pair} + \mu_{\rm a}^{\rm trip} + \mu_{\rm a}^{\rm ph.n}\right) \rho \left(\frac{N_{\rm A}}{A}\right) \tag{2-11}$$

表 2.2 ヴィクトリーンの式（式 (2-10)）の $\sigma_{KN}N_A$ の値[4]

エネルギー (keV)	$\sigma_{KN}N_A$ (cm²)
62.0	0.329
41.3	0.350
31.0	0.362
24.8	0.368
20.7	0.374
17.7	0.378
15.5	0.381
13.8	0.383
12.4	0.385
11.3	0.386
10.3	0.388
9.5	0.389
8.9	0.390
8.3	0.391
7.8	0.392
7.3	0.393
6.9	0.394
6.5	0.394
6.2	0.394
5.9	0.395
5.6	0.395
5.4	0.395
5.2	0.395
5.0	0.396
4.8	0.396
4.6	0.396

ここで，μ_a^{pe}，μ_a^{incoh}，μ_a^{coh}，μ_a^{pair}，μ_a^{trip}，$\mu_a^{ph.n}$ は，それぞれ光電吸収 (Photoelectric absorption)，インコヒーレント散乱（非干渉性散乱：Incoherent scattering），コヒーレント散乱（可干渉性散乱：Coherent scattering），電子対生成 (Pair production)，三対子生成 (Triplet production)，および 光核反応 (Photonuclear absorption) に対応する原子断面積である．ここで，コヒーレント散乱とは，X 線の散乱前後で X 線の位相に関係がある場合のことを意味する．コヒーレント散乱では，同一の入射 X 線に曝された物体中の電子は，すべて同じ位相で振動するので，それらの電子が発生させる散乱 X 線も同位相となり，互いに干渉する．一方，インコヒーレント散乱では，X 線の散乱前後で X 線の位相に関係性がない．また，X 線の散乱は，弾性散乱 (Elastic scattering) と非弾性散乱 (Inelastic scattering) に区別できる．前者は，散乱前後で X 線のエネルギーが変化しない場合で，後者は，その逆である．

式 (2-11) の μ_a^{trip} および $\mu_a^{ph.n}$ は，20 MeV 以下の X 線エネルギーに対しては，無視できるほど小さい[9]．そこで，吸収コントラストを利用した X 線イメージングでは，一般に下記のように近似できる．

$$\mu = \left(\mu_a^{pe} + \mu_a^{incoh} + \mu_a^{coh} + \mu_a^{pair}\right)\rho\left(\frac{N_A}{A}\right) \tag{2-12}$$

最も重要な X 線の散乱プロセスは，非弾性のインコヒーレント散乱である．これは，その功績によりノーベル物理学賞を受賞したアメリカの物理学者コンプトンにちなみ，コンプトン散乱 (Compton

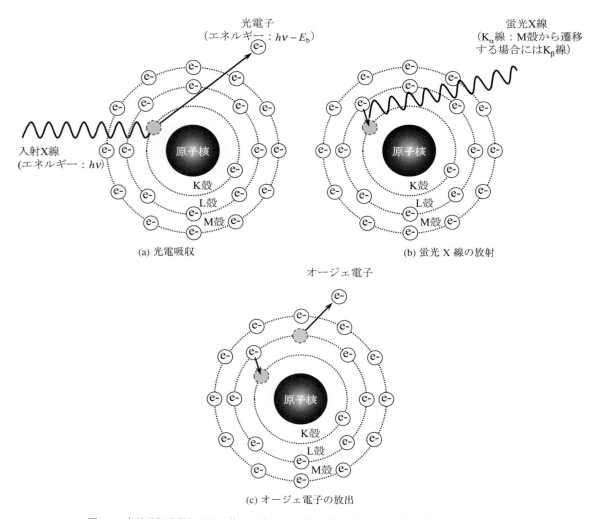

図 2.5 光電吸収過程とそれに伴って生じる蛍光 X 線の放射とオージェ電子の放出の模式図

scattering) と呼ばれる。一方，コヒーレント散乱は，束縛を受けていない自由な荷電粒子 (Charged particles) による散乱と，原子核に強く束縛された軌道電子による散乱とに分けられ，前者はトムソン散乱 (Thomson scattering)，後者はレイリー散乱 (Rayleigh scattering) と呼ばれる。

X 線と原子の相互作用の詳細は他[10]に譲るとして，以下では，これらの過程を順に見ることにする。これにより，吸収コントラストトモグラフィーの基本をより良く理解することができる。

(1) 光電吸収

図 2.5 (a) に示すように，X 線エネルギーが K 殻などの電子の結合エネルギー E_b より大きな時，入射 X 線は，全エネルギーを電子に与え，電子は原子からはじき出される。この現象を光電効果 (Photoelectric effect) と呼ぶ。この現象の説明により，アインシュタインは，1921 年にノーベル賞を授けられている。K 殻の電子の結合エネルギーは，K 吸収端とも呼ばれ，各元素の値は，表 2.1 にある。はじき出された電

表 2.3 代表的な元素に対する吸収端のエネルギー値[3]

(keV)

元素	K	L_I	L_{II}	L_{III}	M_I	M_{II}	M_{III}	M_{IV}	M_V
C	0.28	0.020	0.0064						
O	0.53	0.024	0.0071	0.0071					
Mg	1.30	0.089	0.051	0.051					
Al	1.56	0.12	0.073	0.073	0.0084				
Si	1.84	0.15	0.099	0.099	0.011	0.0051			
Ti	4.97	0.56	0.46	0.46	0.060	0.035	0.035		
Fe	7.11	0.85	0.72	0.71	0.093	0.054	0.054	0.0036	0.0036
Cu	8.98	1.10	0.95	0.93	0.12	0.074	0.074	0.0016	0.0016

子は大きな運動エネルギーをもち，光電子 (Photoelectron) と呼ばれる．光電子の運動エネルギー E_{pe} は，アインシュタインの関係式 (Einstein relation) で表される．

$$E_{pe} = h\nu - E_b \tag{2-13}$$

K 吸収端よりも低いエネルギーの X 線では，L 殻，M 殻からしか電子がはじき出されない．そして，X 線エネルギーが K 吸収端を超えると，K 殻から電子がはじき出されるようになり，吸収係数が 1 桁程度大きくなる．参考までに，X 線イメージングの対象となるいくつかの元素の各吸収端のエネルギーを表 2.3 にまとめた[3]．この中で，例えば L_I 吸収端は L 殻の 2s 軌道に，L_{II}，L_{III} 吸収端は L 殻の 2p 軌道に，それぞれ相当する．L 殻の吸収端のエネルギーは，K 殻のエネルギーよりも 1 桁，ないしそれ以上小さいことがわかる．また，光電吸収は，入射 X 線のエネルギーと電子の結合エネルギーが近いときほど生じやすい．

ところで，光電吸収による X 線の吸収係数は，以下のように表される．

$$\mu_{pe} = k\rho Z^\alpha \lambda^\beta \tag{2-14}$$

ここで，$\alpha \approx 4 \sim 5$，$\beta \approx 3 \sim 3.5$，k は定数である．光電吸収による断面積は，原子番号 Z の 4〜5 乗に比例するので，元素が異なれば X 線吸収の度合いも大きく異なり，X 線イメージングには非常に有利である．また，原子番号が大きな材料が X 線の遮蔽に用いられる理由も，式 (2-14) から明らかである．光電子のエネルギーやスピンの状態を調べて電子のエネルギー分布を得る光電子分光 (Photoelectron spectroscopy) は，光電効果のよく知られた応用例である．また，光電子を電子光学系によって拡大・投影する光電子顕微鏡 (Photoelectron microscope) も知られている．これにより，シンクロトロン放射光を用いた軟 X 線の領域で，数十 nm の高空間分解能のイメージングが可能である[11]．また，同じく軟 X 線領域の円偏光を用いることで，X 線磁気円二色性 (X-ray magnetic circular dichroism) を活用した強磁性体の磁区構造の観察が可能である[12]．

光電吸収で電子がはじき出された跡には，電子の空孔が残る．この状態は不安定なので，多くの場合，図 2.5 (b) のように，L 殻など外殻の電子がこの空孔を埋めるべく遷移する．このとき，遷移前後の軌道では電子の結合エネルギーに差があるため，その差の分のエネルギーをもった X 線が放射される．これを蛍光 (Fluorescence) と呼ぶ．蛍光 X 線のエネルギーは，蛍光を発した原子に依存する．これが高感度な化学分析手法として利用されていることは，周知のとおりである．

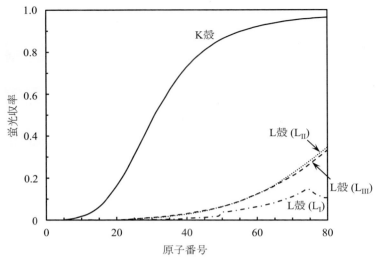

図 2.6 各元素に対する蛍光収率[13]

　一方,図 2.5 (c) のように,空孔を埋めるために生じた結合エネルギーの差は,電子を放出することでも基底状態のエネルギーに緩和される。放出された電子は,オージェ電子 (Auger electron) と呼ばれる。オージェ電子は元素に特有のエネルギーをもつため,オージェ電子分光法 (Auger electron spectroscopy) と呼ばれる化学分析に利用される。オージェ電子の平均自由行程 (Mean free path) は非常に短いため,表面分析として利用される。

　緩和過程で蛍光 X 線が放出される確率は,蛍光収率 (Fluorescence yield) ω である[13]。逆に,オージェ電子が放出される確率は,$1 - \omega$ となる。

$$\omega = \frac{1}{1 + a_y Z^{-4}} \tag{2-15}$$

ここで,$a_y = 1.12 \times 10^6$ である。式 (2-15) から,原子番号の大きな原子は蛍光 X 線を放射し,軽元素ではオージェ効果が支配的になることがわかる。例えば,蛍光収率はアルミニウム,鉄,スズに対し,それぞれ 0.025,0.29,0.85 となる[13]。各元素の L 殻も含めた電子による蛍光収率は,図 2.6 にまとめてある[13]。図 2.6 からは,相対的に L 殻の蛍光収率がかなり低いことがわかる。

(2) コンプトン散乱

　まず,軌道電子の結合エネルギーより大きなエネルギーをもつ入射 X 線を考える。光子が束縛の弱い外殻の電子と衝突し,運動エネルギーを得た電子が反跳電子 (Recoil electron) としてはじき飛ばされ,同時に散乱 X 線のエネルギーが低くなる（つまり,波長が長くなる）現象をコンプトン効果 (Compton effect) という。図 2.7 は,これを模式的に描いたものである。この場合,エネルギーおよび運動量は,保存される。これを利用すれば,コンプトン散乱による波長の変化 $\Delta\lambda$ は,以下のように求められる。

$$\Delta\lambda = \frac{h}{m_e c}(1 - \cos\theta) \tag{2-16}$$

ここで,m_e は電子質量,θ は散乱角である。式 (2-16) から,波長の変化は,散乱角が大きな後方散乱ほ

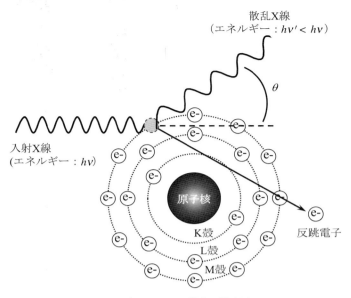

図 2.7 コンプトン散乱の模式図

ど大きくなることがわかる。

コンプトン効果は，高いX線エネルギーで光電効果よりも支配的になる。また，低エネルギーのX線では，偏向角 θ は 90 度より大きくなり，後方散乱 (Backscatter) の傾向が強くなる。一方，高エネルギーのX線では，θ は 90 度より小さくなり，前方散乱 (Forward scattering) の傾向が強まる。外殻電子は，低結合エネルギーのため，散乱X線のエネルギーロスは，比較的小さくなる。そのため，散乱X線は，原子との相互作用を続けることができる。また，散乱X線は，X線イメージングでは画質などに悪影響を与える要因にもなる。一方，反跳電子は，自由電子として振る舞い，他の原子の所に行って空孔を埋める役割を果たす。

同じ非弾性散乱でも，強い束縛を受ける軽元素の内殻電子では，ラマン散乱が生じる。ラマン散乱は可視光領域で生じることが知られているが，シンクロトロン放射による高輝度X線を利用したX線ラマン散乱分光法 (X-ray Raman scattering) として，X線でも軽元素の電子構造の解析などに利用されている。

コンプトン効果が生じる確率は，電子密度のみに依存し，物質の原子番号には依存しない。そのため，原子当たりの断面積は，物質の原子番号 Z に弱い依存性しか示さない。つまり，コンプトン散乱では，低コントラストしか得られないことになる。

(3) コヒーレント散乱

コヒーレント散乱は，10 keV 以下などと低いエネルギーをもつX線と物質の相互作用である。この場合のX線エネルギーは，電子の結合エネルギーより低い。コヒーレント散乱には，トムソン散乱とレイリー散乱の 2 種類がある。この違いは，電子が原子に強く束縛されているかどうかによる。コヒーレント散乱では，入射X線が電子を共鳴振動させる。結果として，図 2.8 のように，原子は，入射X線とまったく同じ波長のX線を入射X線とは異なる方向に放射する。したがって，X線と物質の間でエネルギーのやりとりは生じない。この場合，散乱X線の角度分布は，前方に偏ることが知られている。ま

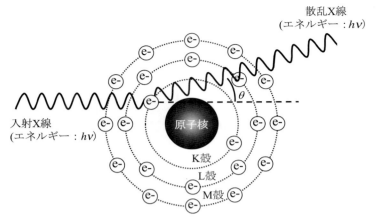

図 2.8　コヒーレント散乱の模式図

た，入射 X 線と散乱 X 線の位相関係は，保存されることになる。

コヒーレント散乱は，X 線イメージングにおいて，光電効果やコンプトン散乱，電子対生成ほど重要ではないが，その存在は意識すべきである。なぜなら，散乱された X 線は，入射 X 線と異なるパスを通るため，X 線イメージングでは画像にぼけを生じさせる。また，よく知られているように，コヒーレント散乱は，結晶に対して X 線の回折 (Diffraction) を生じさせる。この場合の回折の角度は，X 線の波長と結晶の格子面間隔に依存する。一方，コンプトン散乱では散乱に伴い波長が長くなるので，入射 X 線とは干渉せず，面間隔などを計測する X 線回折の測定には関係しない。

トムソン散乱では，断面積は X 線エネルギーに依存しない。一方，レイリー散乱の場合，断面積は，物質の原子番号のおよそ 2 乗に比例する。レイリー散乱は，原子番号が小さな物質では，100 keV 以上で無視できるほど小さくなる。

(4)　電子対生成

入射 X 線のエネルギーが 1.022 MeV 以上のとき，電子対生成が可能となる。これは，電子と陽電子の静止エネルギー（いずれも $m_e c^2 = 511$ keV）の和に相当する。図 2.9 のように，入射 X 線が原子核の電場と相互作用して消滅し，X 線光子のエネルギーのほとんどは，陽電子と電子の運動エネルギーになる。原子 1 個当たりの反応断面積は，物質の原子番号のおよそ 2 乗に比例する。電子対生成が無視できなくなるのは，およそ 10 MeV 以上の高エネルギー X 線の場合である。発生した陽電子は不安定な存在で，物質中の電子と遭遇して消滅する（陽電子消滅）ことが知られている。

また，入射 X 線のエネルギーが 2.044 MeV 以上のとき，確率は電子対生成の半分以下と低いが，電子の場と相互作用して電子が反跳し，三対子生成が生じる。

(5)　光核反応

光核反応とは，高エネルギー X 線と原子核との相互作用で，X 線光子の全エネルギーが原子核に与えられ，光子が消滅する現象である。これに伴い，中性子や陽子，π 中間子などが放出される。一般に，この反応は，7〜20 MeV 以上と非常に高い X 線エネルギーで生じ，X 線イメージングでは重要ではない。

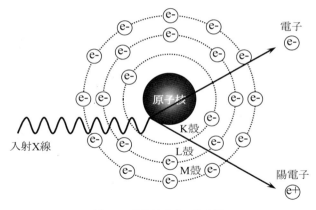

図 2.9　電子対生成の模式図

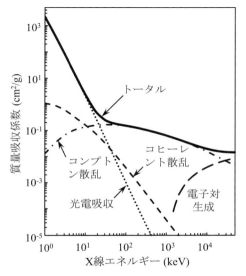

図 2.10　炭素の質量吸収係数と X 線エネルギーの関係[3]。X 線と物質の様々な相互作用効果の寄与がわかるように示している

(6) 支配的な吸収・散乱プロセス

　式 (2-12) のように，三対子生成と光核反応を除き，光電吸収，インコヒーレント散乱，コヒーレント散乱，および電子対生成の質量吸収係数への寄与を見てみる。図 2.10 〜図 2.13 は，文献 [3] のデータベースを用いて描いた，炭素，アルミニウム，鉄，およびジルコニウムの質量吸収係数の X 線エネルギー依存性である。いずれの材料でも，数十〜 100 keV の X 線エネルギーまでは，光電吸収が支配的である。それ以上，10 〜数十 MeV 以下では，コンプトン散乱が，そしてそれ以上では電子対生成が支配的となる。コンプトン散乱による吸収は，X 線エネルギーに対してあまり変化しないのに対し，2.1.2 節 (1) および (2) で見たように，光電吸収および電子対生成による寄与は，それぞれ Z の 4 〜 5 乗，および 2 乗に比例して増加する。そのため，Z が大きくなるほど，コンプトン散乱が支配的な領域が狭くなる。いずれの材料でも，光電吸収が支配的な領域では，式 (2-14) で示した顕著な X 線エネルギー依存性が見られ

28　第 2 章　X 線イメージングの基礎

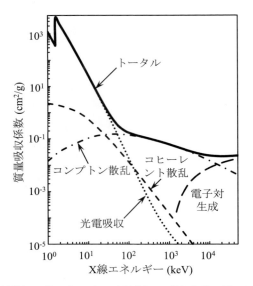

図 2.11　アルミニウムの質量吸収係数と X 線エネルギーの関係[3]。X 線と物質の様々な相互作用効果の寄与がわかるように示している

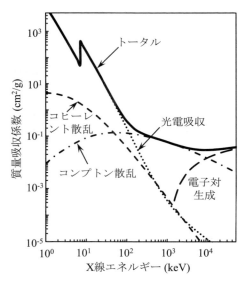

図 2.12　鉄の質量吸収係数と X 線エネルギーの関係[3]。X 線と物質の様々な相互作用効果の寄与がわかるように示している

る。これは，良好なイメージング条件を得るには，X 線エネルギーの調整が重要であることを示唆する。

図 2.14 では，同じく文献 [3] のデータベースを用い，軽元素から水銀などの重元素までの元素に対し，いくつかの X 線エネルギーに対して質量吸収係数の変化を示した。エネルギー 10 keV の X 線に対しては，特に原子番号 15 番程度までの範囲で質量吸収係数が大きく変化している。一方，エネルギーが 100 keV では，質量吸収係数の変化は乏しい。また，同じく 1 MeV の X 線では，質量吸収係数の変化はほとんど見られない。これは，吸収コントラストを利用した X 線イメージングでは，高エネルギーとな

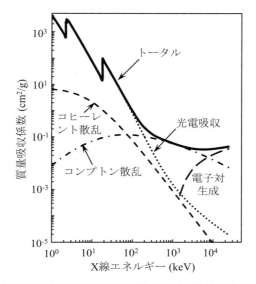

図 2.13 ジルコニウムの質量吸収係数と X 線エネルギーの関係[3]。X 線と物質の様々な相互作用効果の寄与がわかるように示している

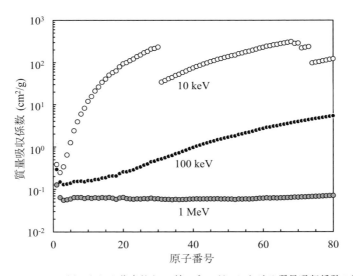

図 2.14 X 線トモグラフィーに用いられる代表的な X 線エネルギーにおける質量吸収係数の原子番号依存性[3]

るほどコントラストが付きにくくなることを意味している。十分なコントラストを得るためには，数十 keV ないし 100 keV 程度以下の X 線エネルギーが適していることがわかる。この範囲では，図 2.10〜図 2.13 からわかるように，概ね光電吸収が支配的である。用いる X 線エネルギーの具体的な選定は，このようなコントラストの強弱以外にも，必要な S/N 比や空間分解能を得るために考慮すべき事項を検討する必要がある。これらは，まとめて第 6 章に記述する。

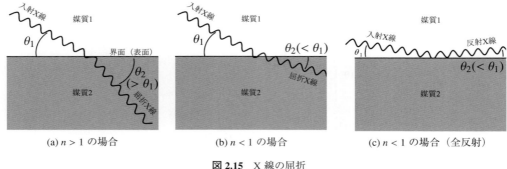

図 2.15 X 線の屈折

2.2 位相コントラスト

2.2.1 X 線の屈折

(1) スネルの法則

高校の物理では，入射角と屈折角の関係を表すスネルの法則 (Snell's law) を学ぶ。これは，入射角 θ_1 (Incident angle) と屈折角 θ_2 (Angle of refraction) の間の関係式である。

$$\cos\theta_1 = n\cos\theta_2 \tag{2-17}$$

高校の教科書に出てくる図は，図 2.15 (a) のようなもので，媒質 1 として空気，媒質 2 として水や透明なプラスチックなどを想定し，入射光を可視光として描かれている。可視光の領域では，水やポリマー，ガラスなどの屈折率 n は，1.3 〜 1.8 の値をとることが多い。一方で，X 線の周波数は，電子の結合状態に関する共鳴周波数よりも高い。そのため，n は，1 よりも小さくなる。ただし，1 からのずれ量は，たかだか 10^{-5} 程度である。したがって，X 線の屈折挙動を模式的に描くと，図 2.15 (b) に示すようになる。X 線が表面に直交するように入射する場合には屈折は生じず，θ_1 が小さくなるほど屈折が大きくなる。そして，θ_1 が臨界角 (Critical angle) θ_c よりも小さい場合，X 線は，図 2.15 (c) のように全反射 (Total reflection) する。X 線が全反射を示すことは，コンプトンによって，早くも 1923 年には報告されている[14]。式 (2-17) で $\theta_2 = 0$ とし，$\beta = 0$ の仮定の下で後出の式 (2-18) を代入すると，$\theta_c \approx \sqrt{2\delta}$ (δ は後出) となる。θ_c の値は，シリコンに 10 keV の X 線を入射する場合には約 3.1 mrad，20 keV では約 1.6 mrad と，mrad オーダーの小さな値をとる。

図 2.15 (c) の場合，媒質 2 の表面を緩やかな凹面にすると，X 線を集光することができる。これは，シンクロトロン放射光施設などで X 線イメージングにもよく使われる X 線集光ミラー (X-ray condenser mirror) の原理である。あまり浅い角度で X 線を入射すると，ある幅をもつ X 線ビームをカバーするため，X 線ミラーを長くする必要が生じる。そのため，なるべく大きな臨界角が得られる方が有利である。後出の式 (2-19) から，δ は，表面物質の密度に比例する。そこで，より大きな臨界角を得るため，X 線ミラーの表面には，白金，ロジウム，ニッケルなどの重い元素が用いられる。例えば，充分に表面研磨したシリコンなどの基板に接着層を挟んで金属薄膜が 30 〜 100 nm 程度コーティングされる。通常，ミ

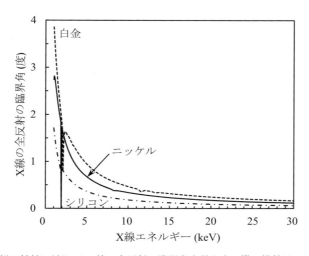

図 2.16 密度の異なる3種類の材料に対してX線の全反射の臨界角を見たもの[5]。横軸は，X線エネルギー。白金（密度 21.5 g/cm³）とニッケル（密度 8.9 g/cm³）は，X線ミラーの表面層として，またシリコン（密度 2.3 g/cm³）は，その基板としてそれぞれ用いられる材料である

ラーの表面粗さは，0.5〜1 nm 程度，ないしそれ以下に抑えられる。

図 2.16 は，3種類の材料で全反射の臨界角のX線エネルギー依存性を示している[5]。X線エネルギーが高くなると，全反射の臨界角が小さくなることがわかる。また，臨界角の大きさは，物質により大きな違いがある。全反射の臨界角が途中で大きく低下している点は，各元素のK吸収端に相当する。ここで，X線ミラーをある入射角に固定し，エネルギー分布をもつX線を入射することを考える。図 2.16 より，あるエネルギー以上の高エネルギーX線は，全反射せずに物体を透過することがわかる。これを利用することで，X線ミラーは，高エネルギーX線をカットするフィルター (Filter) としても用いられる。例えば，モノクロメーター (Monochromator) で分光されたX線には，高次光 (Higher-order radiation) が存在する。高次光が計測に影響を与えるような各種実験では，X線ミラーを利用することで，高次光をカットすることができる。

また，X線が全反射するときは，本来は高い透過能をもつはずのX線の物体への侵入深さを nm オーダーに抑制できる。これにより，表面近傍からの散乱X線のみを選択的に分析することができる。

(2) 複素屈折率

一般に，物体内部を進行中のX線が物体により吸収される場合の屈折率は，複素屈折率 (Complex refractive index) $\hat{n}$ を用いて表される。$\hat{n}$ は，自由電子近似により，以下のように表される。

$$\hat{n} = 1 - \delta + i\beta \tag{2-18}$$

$$\delta = \frac{N_a Z \rho e^2 \lambda^2}{2\pi A m_e c^2} \tag{2-19}$$

$$\beta = \frac{\mu\lambda}{4\pi} \tag{2-20}$$

ここで，N_a はアボガドロ数，A は質量数，ρ は密度，$e^2/(m_e c^2)$ は古典電子半径である。実部の δ は屈折や位相差を表し，X線の位相シフト (Phase shift) は δ に依存する。ただし，多くの物質について $Z/A \approx 0.5$

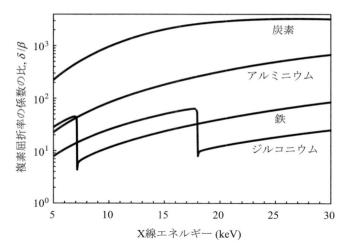

図 2.17 複素屈折率の係数 δ と β の比を X 線エネルギーに対してプロットしたもの[5]。屈折や位相によるコントラストを使う場合に，吸収コントラストよりどのくらい有利かを示す指標

となるので，δ は密度に比例することになる。このことから，位相コントラストイメージングでは，物体内部の密度に関する情報が得られることになる。また，虚部 β は X 線の吸収を表し，線吸収係数に単純に比例する。ただし，上式は，吸収端近傍では成立しないことには注意が必要である。式 (2-14)，(2-19)，(2-20) から，δ と β は，下記の X 線エネルギー依存性をもつことがわかる。

$$\beta \propto E^{-4}, \quad \delta \propto E^{-2} \tag{2-21}$$

図 2.17 は，軽元素から重元素までのいくつかの元素に対して，文献 [5] のデータベースを利用して δ と β を計算したものである。δ/β は，X 線エネルギーとともに増加し，逆に軟 X 線に対しては，小さな値をとる。実際の δ/β の値は，広い X 線エネルギー範囲にわたって，軽元素では 1000 程度，アルミニウムの辺りの元素で 100 程度，鉄やジルコニウムでも 10 程度以上となる。そのため，X 線イメージングでは，異相間の線吸収係数の差を利用するよりも，密度差による位相シフトを利用する方が，強いコントラストを得られる。このように，位相シフトによるコントラストは，ほとんどすべての構造・機能材料で利用でき，また少なくとも光電吸収が支配的な X 線エネルギー範囲では，有効である。

位相コントラストイメージングでは，吸収コントラストでは得られないリッチな情報が得られることが多い。逆に，吸収端の利用などにより，吸収コントラストでは見えるが，位相コントラストでは見えないものもある。これらは，相補的に用いることができる。ただし，単純に X 線強度を計測しているだけでは，位相情報は現れてこない場合が多い。位相コントラストを得るためには，基準となる何らかの参照波と干渉させることによる位相 ⇔ 強度間の変換が必要となる。このためには，ある程度空間的にコヒーレントな X 線が必要である。また，第 5 章で述べる特別なセットアップを組む必要がある。位相コントラストイメージングを実施し，そして得られた画像を解釈するには，多かれ少なかれ困難が伴うことも事実である。また逆に，単純に吸収コントラストでイメージングしているつもりでも，位相の効果が重畳して内部構造のサイズを見積もり損なったり，あり得ない構造を誤認したり，吸収係数に基づき材質の特定をする場合に誤りを犯すこともある。これらについては，5.2 節の実施方法，および 6.6.3 節

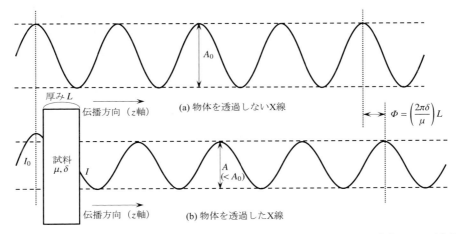

図 2.18 強度 I_0 の単色 X 線が厚み L の物体に入射し，物体を透過した後の X 線の振幅 A の変化，および位相シフト Φ を表す模式図

の応用例の中で触れる．また，コヒーレンスとは何かについては，2.2.2 節 (3) で述べる．

2.2.2 X 線の位相シフト

(1) 位相シフト

位相コントラストイメージングは，物体を透過した X 線の位相シフトを計測して白黒濃淡の画像を得る手法である．具体的な技法の解説は第 5 章に譲るとして，ここでは，X 線の位相シフトとは何かをもう少し深く見ておく．

単色 X 線が厚み L の物体を通過する場合を想定すると，図 2.18 のように，X 線の吸収による減衰と位相シフト Φ が同時に生じる．ここで，単色とは，波長の分布がない単一波長のことを意味する．物体を透過する前と後の X 線の強度は式 (2-1) で表されるが，その比 $\frac{I}{I_0}$ を用いて X 線の減衰を表すと，以下のように同じく透過前後の X 線の振幅 (Amplitude) で表される．

$$\frac{I}{I_0} = \left(\frac{A}{A_0}\right)^2 \tag{2-22}$$

一方，位相シフトは，物体中の X 線の進行速度が真空中とは異なることにより生じる．次元を 1 つ上げて X 線の波面 (Wavefront) と物体の関係を模式的に 2 次元で見たのが図 2.19 である．前述のように，X 線の屈折率は 1 より小さいので，物体を通過した後の X 線の波面は前方に少し膨らむことになる[15]．位相シフトは，図 2.19 のような波面の変形量を表す．このとき，X 線の進行方向は，図 2.19 の波面に垂直な方向になる．したがって，波面が湾曲したところでは，隣接する波が重畳して干渉し合う．このとき，物体から検出器までの距離に応じて，フレネル回折 (Fresnel diffraction)，ないしはフラウンホーファー回折 (Fraunhofer diffraction) による干渉縞が観察される．これは，2.2.2 節 (2) で解説する．

ところで，位相シフトは，次式のように式 (2-18) の複素屈折率の δ と X 線の波長で表すことができる．

$$\Phi = \left(\frac{2\pi\delta}{\lambda}\right)L \tag{2-23}$$

また，δ が物体内部で均一ではないとき，以下のようになる．

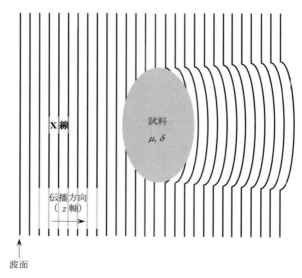

図 2.19 単色 X 線が物体に入射し，物体を透過した後の X 線の波面が変化する様子を表す模式図

$$\Phi = \left(\frac{2\pi}{\lambda}\right) \int_0^L \delta(z) \mathrm{d}z \tag{2-24}$$

つまり，位相シフトとは，複素屈折率の実部が 1 からどのくらい減少するかを表す δ を，X 線の進行方向である z 軸方向に投影したものとなる．これは，線吸収係数が物体内部で均一ではないとき，式 (2-4) で局所的な線吸収係数を X 線の経路の方向に投影したのと同じである．検出できる最小の位相シフトは，5 % (0.05 rad) 程度とされる[16]．δ は，z 軸に垂直な x-y 面内で分布をもつため，試料を回転させながら多くの方向から定量的に計測すれば，δ の 3D 分布が再構成できる．これが位相コントラストを使用する X 線トモグラフィーの原理である．

下記では，電子に注目し，δ を様々な元素からなる化合物や合金に関して表してみる[17]．

$$\delta = \frac{r_e \lambda^2}{2\pi} \sum_k \rho_a^k (Z_k + f_k) \tag{2-25}$$

ここで，$r_e = e^2/(m_e c^2)$ は古典電子半径，f_k は原子散乱因子の補正項の実部で，各パラメーターの添え字 k は，k 番目の元素であることを示す．吸収端近傍を除けば f_k は無視できるので，δ は，次式で表せる．

$$\delta = \frac{r_e \lambda^2 \rho_e}{2\pi} \tag{2-26}$$

ここで，ρ_e は電子密度である．δ は単純に電子密度に比例するので，既に式 (2-19) で見たように，密度に比例することになる．逆に，吸収端近傍では，第 5 章で触れるように，吸収端の情報を利用した元素濃度のマッピングが可能である．また，式 (2-24) と式 (2-25) より，次式が得られる[17]．

$$\Phi = \int \sum_k \rho_a^k p_k \, \mathrm{d}x \tag{2-27}$$

$$p_k = r_e \lambda (Z_k + f_k) \tag{2-28}$$

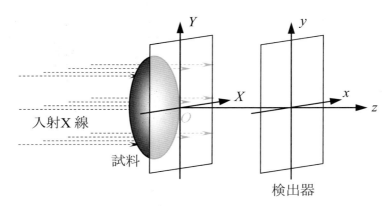

図 2.20 コヒーレントな単色 X 線が物体に入射し，透過した X 線を 2 次元検出器で観察するケースを想定する。試料の直ぐ後の (X, Y) 面から距離 z の所にある検出器の面を表す (x, y) 面での X 線の強度を考察する

ここで，p_k は，吸収コントラストの場合の原子吸収係数 μ_a に対応するもので，X 線位相シフトの断面積に相当する。結局，吸収と位相の違いは，p_k と μ_a の違いに帰着する。ここで，p_k と μ_a の比は，X 線エネルギーと原子番号に依存する。特に，軽元素に対して，この比は 100 〜 1000 の大きな値をとるが，これは図 2.17 で確認済みである。

(2) X 線の回折とイメージング

図 2.19 のように波面が変形している場合，近接する波が部分的に重なり，干渉が生じる。これを回折縞 (Diffraction fringe) と呼ぶ。一般に，回折縞は，界面や表面付近を通過した波で特に明瞭に認められる。また，検出器と物体の距離により，回折縞の様相は異なる。つまり，検出器と物体の距離が長い場合にはフラウンホーファー回折，短い場合にはフレネル回折が生じる。いずれの現象も，後述のように，X 線イメージングで活用されている。また，このような回折縞の生じ方は，X 線のコヒーレンスによって変化する。すなわち，コヒーレンス長 (Coherence length) が小さい場合には白黒のフリンジのペアーとして見られるが，コヒーレンス長が大きな場合，複数の回折縞が界面などを挟んでその両側に見られる。逆に，コヒーレンス長がかなり小さくなると，回折縞が消滅する。

図 2.20 に示すように，コヒーレントな単色 X 線を用いた 2 次元のイメージングを想定する。これは，シンクロトロン放射光などを想定している。このとき，フレネル回折が生じる場合の検出器の位置での X 線の振幅 $\psi(x, y)$ は，下記のようになる[18]。

$$\psi(x, y) = \frac{i \exp(ikz)}{\lambda z} \iint q(X, Y) \exp\left[\frac{ik}{2z}\left\{(x - X)^2 + (y - Y)^2\right\}\right] dX dY \tag{2-29}$$

ここで，k は波数 (Wavenumber) で，$k = \lambda/2\pi$ である。$q(X, Y)$ は，試料を通過した直後 ($z = 0$) の X 線の振幅分布である。式 (2-29) は，物体から検出器までの距離を図 2.20 に示す座標系で表し，それをテイラー展開したものの第 4 項までを採用して近似したものである（フレネル近似）。また，X 線管を用いる場合など，平面波 (Plane wave) ではなく，点光源から出る X 線を用いる場合，単純に拡大倍率 M で補正することで波動関数 (Wave function) が得られる[18]。一方，同じ条件で第 3 項までに留めたものは，次式で表されるフラウンホーファー回折である[18]。

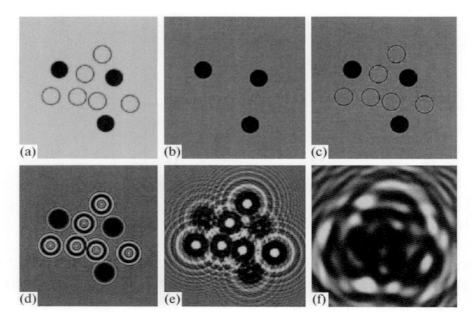

図 2.21 (a) は，12.4 keV の単色 X 線でイメージングする物体。これは，黒い X 線を吸収する円 3 個と白い X 線を吸収しない円 6 個（いずれも直径 5 μm）を含んでいる。(b) ～ (f) は，カメラと検出器の間隔が，それぞれ 0.1 mm, 1 mm, 10 mm, 100 mm, 1000 mm の画像をシミュレーションにより求めたもの[20]

$$\psi(x,y) = C \iint q(X,Y) \exp\left\{\frac{ik}{z}(xX - yY)\right\} dXdY \tag{2-30}$$

ここで，C は定数である。この積分の中身は，$q(X,Y)$ のフーリエ変換になっている。

一般に，物体中の関心のある構造のサイズを D とするとき，フレネル回折は，以下のように試料と検出器が比較的近い場合に現れる。

$$z < \frac{D^2}{\lambda} \tag{2-31}$$

ただし，検出器が試料にかなり近いときには，フレネル回折は現れない。これを近接領域と呼ぶ。この場合には，X 線の吸収コントラストのみが利用できる。また，$F = \frac{D^2}{\lambda z}$ は，フレネル数 (Fresnel number) と呼ばれる。これは，幾何光学の現象である屈折と波動光学の現象である回折の境界を示す無次元数である[19]。$F \gg 1$ では，幾何光学近似が成り立ち，屈折が支配的と考えられる[19]。一方，$F \ll 1$ の条件では，多数の回折縞が構造の周囲に形成される[19]。また，第 1 フレネルゾーンの半径 (The radius of the first Fresnel zone) r_{FZ} は，以下の式で表される。

$$r_{FZ} = \sqrt{\lambda z} \tag{2-32}$$

$F \ll 1$ の条件は，D が第 1 フレネルゾーンの半径よりもはるかに小さい場合に相当する。例えば，エネルギー 20 keV の X 線（$\lambda = 0.062$ nm）で $D = 5$ μm の場合，試料と検出器を 30 mm 離すと $F \approx 13$ となり，フレネル回折が支配的となる。

図 2.21 は，X 線を吸収する構造と吸収しない構造を両方含む物体を試料−検出器間距離 0.1 ～ 1000 mm の条件で撮像するシミュレーションの結果である[20]。図 2.21 の (b) ～ (f) はフレネル数で，それぞれ 2500, 250, 25, 2.5, 0.25 に相当する。$F \gg 1$ で z が非常に小さい場合には，X 線吸収のない構造は見え

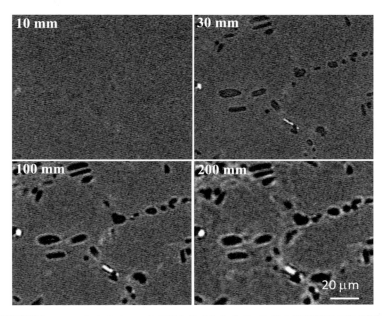

図 2.22 試料－検出器間隔を 10 mm から 200 mm まで変化させたときの 3D 像の仮想断面の変化[21]。試料は，Al–7％ Si 合金

ないが，試料と検出器間の距離が大きくなるに従って徐々に界面が強調され，その存在が明瞭に可視化できることがわかる。また，$F \approx 1$ の (e) では，多数のフリンジが見える。一方，$F \ll 1$ の (f) では，もはや元の構造がわからないほど像が乱れている。図 2.21 (c), (d) ($F \gg 1$) では，物体内部の構造の周囲に白黒対の回折縞（フリンジ）が見られる。これを利用したイメージングを屈折コントラストイメージング (Refraction contrast imaging) と称する。屈折コントラストイメージングでは，物体内部の異相や粒子，空隙などの構造のおおよその形が画像中に保持される。そして，それらの構造と基地の界面に白黒濃淡のフリンジが現れることで界面が強調される。そのため，この領域は，界面検出領域とも呼ばれる。界面への入射角が比較的浅い場合は，偏向角が大きくなり，フリンジがより明瞭に現れる。また，画像のコントラストは，位相シフトに依存する。屈折コントラストイメージングでは，特殊なデバイスを用いることなく試料と検出器の間の距離を調整するだけで，微細な構造の検出能が上がる効果や，吸収コントラストではまったく見えないものが可視化できるようになる効果が期待できる。

図 2.22 は，エネルギー 20 keV の単色 X 線を用い，アルミニウム合金中に分散したシリコン粒子を実際にシンクロトロン放射光を用いて可視化したものである[21]。図 2.22 の右上の断層像で，比較的小さめの黒いシリコン粒子（直径 5 μm 程度）が $F \approx 13$ に相当する。例えば，アルミニウムとシリコンは，原子番号の差が 1 で，図 2.22 の左上の断層像で示すように，試料と検出器の距離が短い場合には，シリコン粒子を区別することができない。図 2.22 で距離 30 mm の条件では，$r_{FZ} \approx 1.4$ μm である。r_{FZ} が空間分解能程度になる距離 20～30 mm 辺りでは，シリコン粒子の形態やサイズの情報をあまり損なわず，かつエッジの検出ができていることがわかる。

屈折コントラストイメージングを利用するためには，空間的コヒーレンスがある程度高い必要がある。そのためには，シンクロトロン放射光を用いるのが一般的である。ただし，X 線管の場合でも，充分に

小さな焦点サイズのX線管を用いる場合には，屈折コントラストを利用することが可能である[22],[23]。また，界面でのX線の屈折に加え，たとえX線の発散角 (Divergence angle) が非常に小さいシンクロトロン放射光を用いた場合でも，X線源の見込み角の効果が重畳する。例えば，X線源の実効的な大きさを500μm，X線源と試料間の距離を50mとすれば，見込み角は10μradとなる。これは，試料−検出器間の距離30mmに対し，約0.3μmの発散を生じさせる。実際には，見込み角はこれよりかなり大きくなることもある。このような場合，X線の屈折によるフリンジとX線の発散による画像の拡大により，線吸収係数とサイズの定量性が損なわれている点には，注意すべきである。

一方，フラウンホーファー回折は，下記のように試料と検出器がかなり離れたときに生じる。

$$z > \frac{D^2}{\lambda} \tag{2-33}$$

式 (2-30) の積分を計算すると，$\psi(x, y)$ は $\mathrm{sinc}\left(\frac{kD}{2z}\right)$ （ここで，$\mathrm{sinc}(x) = \frac{\sin(x)}{x}$）に依存することがわかる。この振幅分布は，もはや物体の構造に対応するものではなく，物体によって生じるX線の振幅分布のフーリエ変換になる。また，X線の強度は，$\mathrm{sinc}^2\left(\frac{kD}{2z}\right)$ に比例する。X線イメージングではX線の強度を観測するので，フラウンホーファー回折の場合にはフーリエ変換の絶対値の平方を観測していることになる。そのため，単に逆変換を行っても物体に関する情報は回復できないことになる。

ところで，観察対象の構造が第1フレネルゾーンの半径に近い場合には，界面に生じるフリンジは，物体による位相変調の情報を含んでいる。この場合，複数の試料−検出器間距離で，画像は大きく変化する。複数の距離で画像を取得し，X線の波面の変形を定式化した強度伝播方程式を解くことによって位相情報を回復するX線ホログラフィー (X-ray holography) 法がESRFのクロテンス等によって提案され，実際にシンクロトロン放射光を用いた研究に利用されている[24]。

(3) コヒーレンス

X線のコヒーレンス（可干渉性）を評価することにより，2.2節で述べてきた干渉縞の現れやすさや明瞭さを理解することができる。コヒーレンスを高めることで，位相コントラストイメージングやX線ホログラフィー，コヒーレントX線回折顕微法 (CXDM: Coherent X-ray diffraction microscopy)[25]，波面分割干渉法 (Wave-front shearing interferometry)[26]など，X線の位相を利用した各種X線イメージング技法が利用できる。また，結像型X線トモグラフィー (Imaging-type X-ray tomography)[27]などを実施する上でも，コヒーレンスは重要である。一方，コヒーレンスの高さゆえ，スペックルノイズ (Speckle noise)[28]が発生して，逆にX線イメージングが困難になることもある。コヒーレンスの評価は，これらを定量的に把握し，改善する上で重要である。

これまでのこの章の議論は，単色X線や平面波，すなわち100％完全なコヒーレント条件を想定した説明であった。しかしながら，現実のX線は，完全に単色ではあり得ない。また，光源は無限遠方に存在するものではなく，有限の距離だけ離れた位置に存在する。点光源 (Point light source) という言葉があるが，X線が放出される領域は，やはりある大きさを有している。現実的には，多くの場合，コヒーレントでもインコヒーレントでもない，その中間の状態のX線を利用する場合が多い。ここでは，コヒーレンス長という概念を用い，その程度を評価する。

ところで，ヤングによる2重スリットを用いた干渉実験[29]は，高校の物理で光の波動性を学ぶおなじ

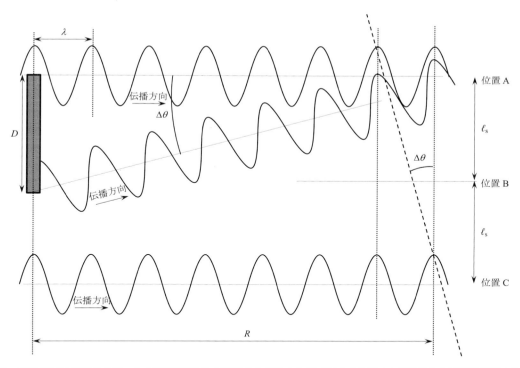

図 2.23 波長が同じで波面が揃った X 線が距離 D だけ離れた位置から出て微小な角度 $\Delta\theta$ だけ異なる方向に進行する場合の模式図。位置 A から波面に沿って横方向に ℓ_s だけ移動した位置 B では逆位相になり，さらに ℓ_s だけ横方向に移動した位置 C では，再び同位相になる。これにより，空間的コヒーレンスに関するコヒーレンス長 ℓ_s を定義する

みの教材である．スリットとスクリーンとの間の距離を考えて2つのスリットから出た光の光路差を計算すれば，光が強め合う条件を知ることができた．ただし，高校の教科書では，ヤングの実験で干渉縞が見られる条件には言及していない．実際には，光源のサイズ，2 重スリットの間隔，光源からスリットまでの距離，および光の波長により，干渉縞は消滅，ないしは不明瞭になる．

これを図 2.23 を用いて考える．波長が同じで波面が完全に揃った単色 X 線が距離 D だけ離れた位置から出て，微小な角度 $\Delta\theta$ だけ異なる方向に進行している．これは，スリットなどを想定している．両方の X 線の波面のピークが揃う位置 A から，波面に沿って横方向に ℓ_s だけ移動した位置 B では両者が半波長ずれて逆位相になり，さらに ℓ_s だけ横方向に移動した位置 C では，再び同位相になる様子がわかる．つまり，このように X 線が干渉するとき，光の進行方向に垂直な面内で，どの位の距離の範囲で X 線同士の干渉が生じるかを空間的コヒーレンスに関するコヒーレンス長で定義する．図 2.23 より，ℓ_s は，以下のように与えられる．

$$\ell_s = \frac{\lambda}{2\Delta\theta} \tag{2-34}$$

観測面と光源の間の距離を R とすると，$\Delta\theta = \frac{D}{R}$ となり，ℓ_s は以下のように表される．

$$\ell_s = \frac{\lambda R}{2D} \tag{2-35}$$

一般に，小さな光源から遠ざかるほど光の波面の乱れが少なくなり，X 線の伝播方向に直交する方向の振幅と位相がよく揃う．式 (2-35) により，これをコヒーレンス長という尺度で空間的コヒーレンスの高

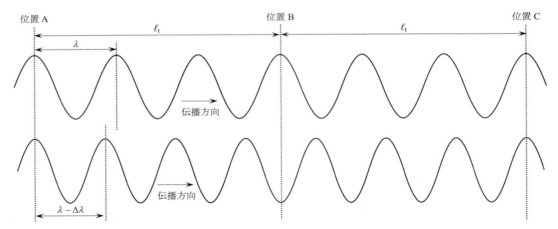

図 2.24 波長が $\Delta\lambda$ だけ異なる X 線がまったく同じ方向に伝播する場合の模式図。位置 A で同位相であった X 線は，ℓ_t だけ進行した後に互いに逆位相になり，さらに ℓ_t 進行した後には再び同位相になる。これにより，時間的コヒーレンスに関するコヒーレンス長 ℓ_t を定義する

低で表現できる。また，エネルギーが低い X 線ほど，高い空間的コヒーレンスを得やすいこともわかる。ちなみに，冒頭に述べたコヒーレント，インコヒーレントのとき，コヒーレンス長は，それぞれ無限大，および 0 になる。

空間的コヒーレンスが充分でない場合，スリットやピンホールを挿入することで，その挿入位置を仮の光源とみなすことができる。この場合，スリットやピンホールを設置する位置とその開口サイズで空間的コヒーレンスと強度を制御することになる。この他，シリコンなどの結晶によってブラッグ回折を利用することでも，光源を見かけ上小さくできる[30]。さらに，非対称結晶を用いることで，仮想的に光源を離れた距離に置くことも可能となる[30]。逆に，空間的コヒーレンスが高すぎる場合，光学素子の欠陥や不均一性，ベリリウム窓などに起因するスペックルノイズが発生する。この場合，黒鉛を塗布した板，紙，ないし紙やすりなどからなる拡散板が用いられ，これを回転して X 線の経路に挿入することで空間的コヒーレンスを下げ，スペックルノイズを抑えることができる[30]。

シンクロトロン放射光では，空間的コヒーレンスを高くできるという恩恵が大きい。SPring-8 を例に取って，定量的にコヒーレンス長を求めてみる。SPring-8 の標準アンジュレータ光源で X 線エネルギー 10 keV のときの光源の鉛直方向の大きさは，16 µm 程度とされる[31]。この場合，光源から実験ハッチまでの距離を 100 m と仮定すると，空間的コヒーレンスは，約 390 µm となる。光源から観察面までの距離を取るという意味では，BL20XU などの長中尺ビームラインを利用すると有利になる。一方，水平方向のビームサイズは，0.6 mm 程度と比較的大きい。そこで，場合によっては，水平方向のビーム幅だけを制限するスリットを挿入する必要が生じる[32]。

次に，図 2.24 のように，まったく同じ方向に進行する X 線がわずかに異なる波長を有する場合を考える。空間的コヒーレンスの場合と同様であるが，今度は，X 線の進行する方向の位相のずれを考える。両方の X 線の波面のピークが揃う位置 A から，X 線が ℓ_t だけ進行した位置 B では半波長ずれて両者が逆位相になり，さらに ℓ_t だけ進行した位置 C では，再び同位相になる。つまり，同一光源から発した X 線が干渉するとき，どの程度の波長の差の範囲で X 線同士の干渉が生じるかを時間的コヒーレンスで表現

する。図 2.24 の上段の X 線に対しては $\ell_t = N\lambda$ とすると，下段の X 線に対しては $\ell_t = \left(N + \frac{1}{2}\right)(\lambda - \Delta\lambda)$ となるから，時間的コヒーレンス（Temporal coherence，ないしは Longitudinal coherence）に関するコヒーレンス長 ℓ_t は，下記のようになる。

$$\ell_t = \frac{\lambda^2}{2\Delta\lambda} \tag{2-36}$$

これも，空間的コヒーレンスの場合と同様に，シンクロトロン放射光を例に取って見積もってみる。SPring-8 の 2 結晶分光器により得られる単色 X 線は，$\lambda/\Delta\lambda \sim 10000$ 程度の単色性 (Monochromaticity) を有する[33]。20 keV の X 線エネルギーを考えると，時間的コヒーレンスは約 0.31 µm となる。これは，X 線の光路差がこの程度以下であれば，実験的に干渉縞が観察できることを意味している。

最後に，シンクロトロン放射光施設などでモノクロメーターを用いて X 線を分光することを考える。よく知られた X 線回折のブラッグ条件 $2d\sin\theta = n\lambda$ は，X 線の反射角度 θ と波長 λ の関係を表す。モノクロメーターでシリコン結晶などを用いて波長を選別する場合，X 線ビームの角度発散の変化を介して空間的コヒーレンスにも関係する[34]。このような場合，コヒーレンスを時間的コヒーレンスと空間的コヒーレンスに分離するのは適切ではないとされ，両者を統合した相互コヒーレンス (Mutual coherence) による記述が必要になる[34]。詳細は，他書[34]を参照されたい。

参考文献

- [1] T.T. Truong and M.K. Nguyen: INTECH Open Access Publisher, (2012).
- [2] D.F. Jackson and D.J. Hawkes: Physics Reports, 70(1981), 169–233.
- [3] Physical Measurement Laboratory (PML), National Institute of Standards and Technology (NIST): X-Ray Form Factor, Attenuation and Scattering Tables, NIST, U.S. Commerce Department, USA, (2011). URL https://www.nist.gov/pml/x-ray-form-factor-attenuation-and-scattering-tables（2017 年 3 月に検索）
- [4] International Tables for X-Ray Crystallography, Vol.3, Physical and Chemical Tables, editors C.H. Macgillavry and G.D. Rieck, D. Reidel Publishing Company, (1985).（ウェブ (http://xdb.lbl.gov/xdb.pdf) で公開されている：2017 年 8 月に検索）
- [5] The Center for X-Ray Optics (CXRO), Lawrence Berkeley National Laboratory (LBNL), X-ray interactions with matter calculator, URL http://henke.lbl.gov/optical_constants/（2017 年 3 月に検索）
- [6] X-ray Utilities, Sam's X-rays - Applications for Synchrotrons, URL https://www.sams-xrays.com/xru（2017 年 3 月に検索）
- [7] J.A. Victoreen: Journal of Applied Physics, 20(1949), 1141–1147.
- [8] O. Klein and Y. Nishina, Zeitschrift für Physik, 52(1928), 853–868.
- [9] 加藤秀起：日本放射線技術学会雑誌，70(2014), 684–691.
- [10] 例えば，D.F. Jackson and D.J. Hawkes: Physics Reports, 70(1981), 169–233.
- [11] K. Horiba, Y. Nakamura, N. Nagamura, S. Toyoda, H. Kumigashira: Review of Scientific Instruments, 82(2011), 113701.
- [12] B.T. Thole, P. Carra, F. Sette and G. van der Laan: Physical Review Letters, 68(1992), 1943–1946.
- [13] M.O. Krause: Journal of Physical and Chemical Reference Data, 8(1979), 307–327.
- [14] A.H. Compton: Philosophical Magazine, 45(1923), 1121–1131.
- [15] 百生敦：放射光，10(1997), 23–35.

[16]   P. Cloetens, M. Pateyron-Salomé, J.Y. Buffière, G. Peix, J. Baruchel, F. Peyrin and M. Schlenker: Journal of Applied Physics, 81(1997), 5878–5886.
[17]   A. Momose: Japanese Journal of Applied Physics, 44(2005), 6355–6367.
[18]   J.M. Cowley: Diffraction Physics, 3rd Edition, North Holland, (1995).
[19]   八木直人，鈴木芳生: Medical Imaging Technology, 24(2006), 380–384.
[20]   V. V. Lider and M. V. Kovalchuk: Crystallography Reports, 58(2013), 769–787.
[21]   日高達真，戸田裕之，小林正和，上杉健太朗，小林俊郎：軽金属, 58 (2008), 58–64.
[22]   S. W. Wilkins, T. E. Gureyev, D. Gao, A. Pogany and A. W. Stevenson: Nature, 384(1996), 335–338.
[23]   D. Gao, A. Pogany, A. W. Stevenson, and S. W. Wilkins: Imaging and Therapeutic Technology, 18(1998), 1257–1267.
[24]   P. Cloetens, W. Ludwig, J. Baruchel, D. Van Dyck, J. Van Landuyt, J.P. Guigay and M. Schlenker: Applied Physics Letters, 75(1999), 2912–2914.
[25]   西野吉則，石川哲也：放射光, 19(2006), 3–14.
[26]   鈴木芳生：放射光, 18(2005), 75–83.
[27]   Y. Suzuki and H. Toda: Advanced Tomographic Methods in Materials Research and Engineering, ed. John Banhart, Oxford University Press, (2008), Section 7.1.
[28]   M. Awaji, Y. Suzuki, A. Takeuchi, H. Takano, N. Kamijo, S. Tamura, and M. Yasumoto: Nuclear Instruments and Methods in Physics Research Section A, 845(2001), 467–468.
[29]   繁政英治，矢橋牧名：放射光, 19(2006), 33–40.
[30]   百生敦：放射光, 20(2007), 43–49.
[31]   高野秀和，香村芳樹：放射光, 19(2006), 314–322.
[32]   鈴木芳生：光学, 42(2013), 303–308.
[33]   Y. Suzuki, A. Takeuchi, H. Takenaka and I. Okada: X-Ray Optics and Instrumentation, 2010(2010), article ID 824387, 6 pages, doi:10.1155/2010/824387.
[34]   山崎裕史，石川哲也：放射光, 20(2007), 18–25.

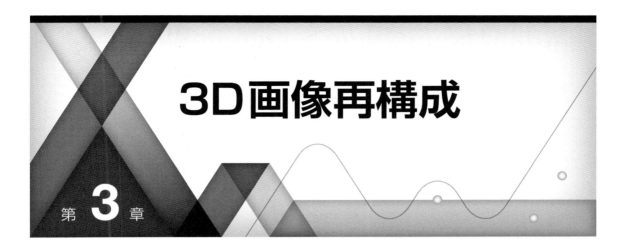

第3章 3D画像再構成

　画像再構成とは，2次元ないしは3次元の物体にX線を透過させ，透過X線を1次元ないし2次元の観測量として計測して低い空間次元に落とし込んだときに，元の高次の画像を復元することを言う。

　1917年にラドンが著した論文 *"On the determination of functions from their integrals along certain manifolds"*（原文はドイツ語で，これはジョージア工科大学のローナーによる英訳）では，冒頭に「平面内で，任意の線積分に沿うすべての積分が適切な正則条件を満たすように求められるか？」，そして「そのとき，点関数は，一意的に求められるか？また，その方法は？」という問題提起の後，それらが数学的に証明されている[1]。トモグラフィーという言葉さえ未だなく，2次元の検出器やコンピュータも実用されていない時代にもかかわらず，それらの証明の後，3Dなど，より次元が大きな場合についても議論されている。彼の卓見が偲ばれる。

　それから半世紀以上の時が流れ，1970年代に医療用X線CTスキャナーが実用化されてから後，様々なX線CTスキャナーの機構の実用化とそれに対応する各種画像再構成手法が開発されてきた。これらには，人体のX線被爆の程度，数学的な解法の難しさ，空間分解能，時間分解能，ノイズ，アーティファクト，機構やデバイスの複雑さなど，様々な長所と短所がある。多岐にわたる各種技法の詳細は，この章の中だけでは，とてもカバーしきれない。また，画像再構成アルゴリズムの厳密な数学的導出も，限られた紙面による制約により割愛した。そのため，これらが必要になったときには，専門の優れた成書を参照いただきたい[2]～[7]。本章では，シンクロトロン放射光施設でのX線トモグラフィーと産業用X線CTスキャナーで現在使われている何種類かの画像再構成法の基本的な事項を概観することで，これらの使い分けや，画像再構成をする上で注意すべき点が何かが理解できるようにしたい。

3.1　投影データ

3.1.1　基本的な計測方式

　ここでは，複雑な3D画像再構成の理解を容易にするため，医療用X線トモグラフィーの黎明期に見られた1枚の2次元断層像を取得する技法など，単純な方式から順に見ていく。そのため，X線トモグ

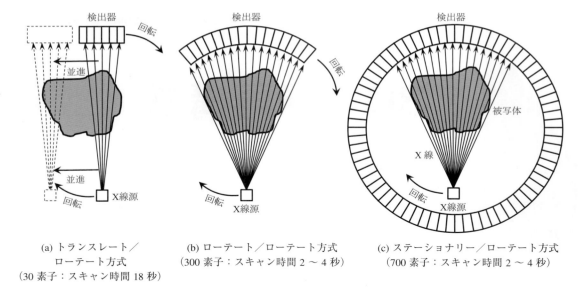

(a) トランスレート／
ローテート方式
（30 素子：スキャン時間 18 秒）

(b) ローテート／ローテート方式
（300 素子：スキャン時間 2〜4 秒）

(c) ステーショナリー／ローテート方式
（700 素子：スキャン時間 2〜4 秒）

図 3.1 1979 年当時に既に使用されていた医療用 X 線 CT スキャナーの 3 つのタイプ[8]。ハンスフィールドがノーベル賞を受賞した際の記念講演で紹介したもの

ラフィーの発展の時系列にほぼ沿う形で技法の概要を見ることにする。

　図 3.1 に示すのは，ハンスフィールドがノーベル賞を受賞した際の記念講演で紹介した，当時，既に使用されていた医療用 X 線 CT スキャナーの方式である[8]。彼が 1971 年に X 線 CT スキャナーを初めて臨床検査に用いてからわずか 8 年で，X 線トモグラフィー技術は，急速な進歩を遂げた様子を垣間見ることができる。図 3.1 (a) は，検出器と X 線管球 (X-ray tube) が人体を挟んで同じ方向に並進（トランスレート：Translate）することで人体をカバーし，かつこれが同時に人体の回りを回転（ローテート：Rotate）するトランスレート／ローテート方式と呼ばれるものである。これは，古典的な分類によれば，第 2 世代 CT と称されるものである。ハンスフィールドは，検出器が 30 個の検出素子群から構成され，撮影時間は 18 秒としている。X 線は，30 個の検出素子をカバーするように数〜十数° 拡がっている。これは，ナローファンビーム (Narrow fan beam) と呼ばれる。なお，古典的な分類による第 1 世代 CT は，検出器が 1 ないし 2 個で，細く絞ったペンシルビーム (Pencil beam) を用いる。この場合，スキャンには 300 秒程度要したとされる。一方，図 3.1 (b) は，ローテート／ローテート方式と呼ばれるものである。X 線管球から出るファンビーム（Fan beam：扇状に拡がる X 線ビーム）が人体を透過し，線源に対向する円弧状配列の検出器に入射する。ハンスフィールドの説明では，検出器は 300〜500 素子で，撮影時間は 3 秒以内とある。これがいわゆる第 3 世代 CT である。最後の図 3.1 (c) は，ステーショナリー／ローテート方式と呼ばれ，円周上に配置された多数の検出素子の内側を X 線管球が回転しながらファンビームを照射する。これが第 4 世代 CT で，ハンスフィールドによる説明では，700〜1000 個の検出素子により，3 秒以内の撮像が可能としている。ちなみに，第 5 世代 CT では，電子ビームを偏向コイルで偏向させてリング状のターゲットに当てることで X 線を発生させ，その X 線発生位置を逐次回転させることで高速スキャンを実現している。

　ここまで見たものは，1 枚の断層像を得る手法である。人体の長手方向の情報は，患者の乗るベッド

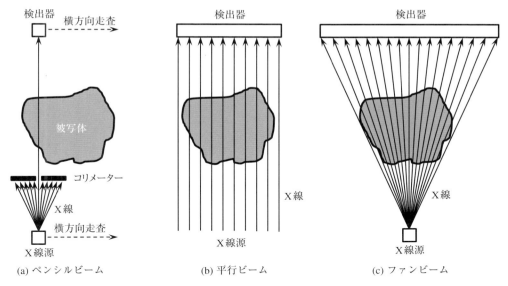

図 3.2 1 次元情報（ある投影角度での透過 X 線強度のラインプロファイル）から 2 次元情報（ある仮想断面での線吸収係数の分布）を求める場合の X 線ビーム形状

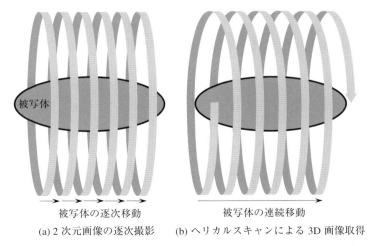

図 3.3 第 6 世代 CT と呼ばれるヘリカルスキャン方式の医療用 X 線 CT スキャナーとそれ以前の方式の 3D 画像取得方法．X 線源の軌跡を描いたもの

を少し動かしては停止して撮像するのを繰り返し，2 次元画像を多数取得していた（いわゆるステップスキャン）．1 次元の情報，すなわちある投影角度での透過 X 線強度のラインプロファイルからある断層での線吸収係数の 2 次元分布を求める場合の X 線ビーム形状を図 3.2 にまとめた．

一方，第 6 世代 CT と呼ばれるヘリカルスキャン (Helical scan) 方式の X 線 CT スキャナーは 1989 年に登場し [9],[10]，図 3.3 のようにベッドを連続的に動かしながら撮影し，3D 画像を高速で得ることを長所としている．この場合，被写体内部のどの位置もすべての入射方向からの投影像が得られないので，画像再構成のためには上下の投影データからの補間が必要になる．そのため，補間再構成法と呼ばれる手

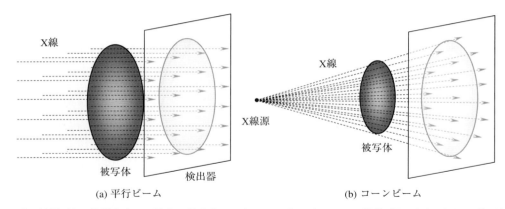

(a) 平行ビーム　　(b) コーンビーム

図 3.4 2次元情報（ある投影角度での透過X線強度の2次元マッピング）から3D情報（ある仮想断面での線吸収係数の3D分布）を求める場合の代表的なX線ビーム形状

法が用いられる．この手法は，シンクロトロン放射光施設でのX線トモグラフィーや産業用X線CTスキャナーではあまり使われていないため，本書では割愛する．興味のある方は，他書などを参照されたい[2]～[7],[11]．1990年代のフラットパネルディテクターなどの登場に伴い，いわゆるコーンビーム (Cone beam) CTが実用されるようになった．これは，第7世代CTと呼ばれるもので，ある投影角度での透過X線強度の2次元マッピングを直接2次元検出器で計測し，数百〜数千枚の2次元断層をスタックした形の3D画像を1回の計測で計算する手法である．産業用X線CTスキャナーでも，この技法は用いられている．

最後に，2次元投影像から3Dの線吸収係数分布を求める場合のX線ビームの形状を図3.4にまとめておく．シンクロトロン放射光施設でのX線トモグラフィーでは，X線源と検出器との距離が22メートル（佐賀県立九州シンクロトロン光研究施設のバイオ・イメージングビームラインBL07の場合）から248メートル（SPring-8の高分解能イメージングビームラインBL20XUの場合）程度にもなるため，図3.4 (a)のように，ほぼ平行ビームとみなせるX線が利用できる．

3.1.2 投影データ

簡単のため，1次元的に配列する検出器と単色X線の平行ビームを組み合わせ，吸収コントラストを利用したX線トモグラフィーを用いて試料の断層像を取得する場合を想定する．図3.5は，これを模式的に示している．X線トモグラフィーでは，試料が静止し，検出器とX線源がこの位置関係を保ったまま回転するか，逆に検出器とX線源が固定され，試料が回転する．一般に，前者は，医療用のX線CTスキャナー，後者は，シンクロトロン放射光施設でのX線トモグラフィーや産業用X線CTスキャナーに相当する．この場合，試料のすべての部分がX線ビームの幅，および検出器の視野範囲に収まることが必要となる．また，試料のすべての位置にすべての方向からX線が入射された画像を取得することが基本となる．平行ビームを試料に入射する場合，回転角は，180°で充分なことは自明である．図3.5の座標原点Oは，この回転の中心である．

X線トモグラフィーで測定されるデータは，物体を透過した後のX線の強度Iである．この場合，透過X線強度Iは，検出素子の配列方向の座標tと投影の角度θとの関数$I(t,\theta)$となる．$I(t,\theta)$が表すライ

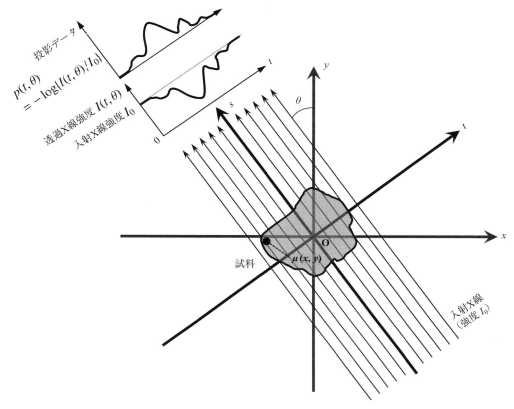

図 3.5 ある投影角度 θ, ある位置 t での透過 X 線強度 $I(t)$ のラインプロファイルと投影データ $p(t,\theta)$ の関係を示す模式図

ンプロファイルは，通常，16 bit など高階調の白黒濃淡画像として表示される．第 2 章の式 (2-4) より，$I(t,\theta)$ と物体に入射する前の X 線の強度 I_0 との比の対数は，下記のように表される．

$$p(t,\theta) = -\log \frac{I(t,\theta)}{I_0} = \int_{-\infty}^{\infty} \mu(t\cos\theta - s\sin\theta, t\sin\theta + s\cos\theta)\,\mathrm{d}s \tag{3-1}$$

ここでは，$\mu(x,y)$ を t-s 座標系で表している．$p(t,\theta)$ は投影データと呼ばれ，物体内部の局所的な線吸収係数 $\mu(x,y)$ の X 線ビーム経路に沿う線積分となっている．投影データを得るためには，入射 X 線の強度 I_0 も計測しておく必要があることは，式 (3-1) から明らかである．トモグラフィー法は，投影データから元の線吸収係数の 2 次元分布を画像再構成し，画像の形で表示することで物体内部の構造や外形などを評価するための手法である．2 次元の断層像を積み上げれば 3D 画像となるため，図 3.5 が X 線トモグラフィー法の基本と言える．この問題の数学的解法を提示したものは，第 1 章で触れたラドンによるラドンの定理である．式 (3-1) は，関数 $\mu(x,y)$ から関数 $p(t,\theta)$ への 2 次元ラドン変換である．X 線 CT スキャナーの計測は，投影角度を変化させながら収集した 1 セットのラドン変換と考えてよい．また，逆ラドン変換によって物体の像を解析的に求めるという逆問題は，X 線トモグラフィーの画像再構成である．これについては，次節で解説する．

本章の画像再構成は，試料内部の線吸収係数の分布を再構成することを想定して記述されている．しかし，例えば 2.2.2 節 (1) で述べた位相シフトのように，物体内部で均一ではない他の物理量を考え，その

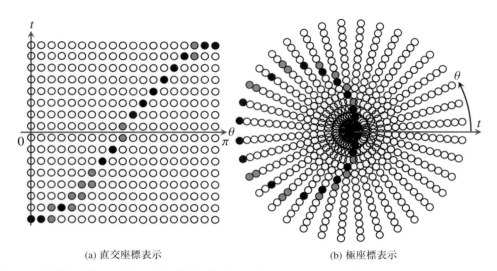

(a) 直交座標表示　　　　　　　　　(b) 極座標表示

図 3.6 図 3.5 の物体中に描かれた黒い円状の領域の軌跡を 16 素子の検出器で全方向から撮像したときの投影データ $p(t,\theta)$ をラドン空間で模式的に描いたもの。(a) は，θ を横軸に，t を縦軸にとる直交座標表示で，サイノグラムと呼ばれる。(b) では，t を半径にとる極座標で表示している。

局所的な値が X 線の経路方向に投影されたデータとして，多くの方向から計測・記録できるような場合には，その物理量の試料内部の 3D 分布が本章で述べる画像再構成手法を用いて計算できることになる。

3.2　画像再構成の基礎

3.2.1　ラドン変換とラドン空間

x-y 座標系から角度 θ だけ傾き，t 軸方向に原点から t だけ離れた直線の方程式は，以下のように表される。

$$t = x\cos\theta + y\sin\theta \tag{3-2}$$

そこで，式 (3-1) のラドン変換は，デルタ関数を用いて，次式のように表現できる。

$$p(t,\theta) = \iint_{-\infty}^{\infty} \mu(x,y)\,\delta(x\cos\theta + y\sin\theta - t)\,dxdy \tag{3-3}$$

$p(t,\theta)$ の空間は，ラドン空間と呼ばれる。

例として，図 3.5 の物体中に描かれた黒い円状の領域の投影データを直交座標と極座標で模式的に表示したのが図 3.6 である。平行ビームの投影は，極座標表示では，原点を中心として放射状に配置される。このとき，180° 分の投影データがあれば，ラドン空間は隙間なくカバーされることになる。図 3.5 の黒い円のように，回転中心から離れた位置にある内部構造の軌跡は，直交座標では三角関数で，極座標では原点を通る円となる。特に，図 3.6 (a) の直交座標の場合は，正弦曲線の sinusoid にちなみ，サイノグラム (Sinogram) と呼ばれる。回転中心からの位置が離れた構造ほど，直交座標で表示したラドン空間では正弦波の振幅が大きくなり，一方，極座標表示では円の半径が大きくなることが理解できる。極座標表示の場

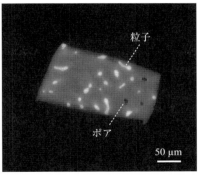
(a) 再構成像

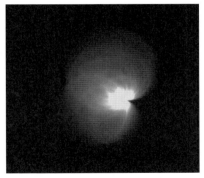
(b) ラドン空間（極座標表示）

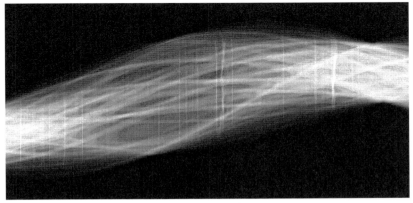
(c) ラドン空間（直交座標表示）：サイノグラム

図 3.7 実際にシンクロトロン放射光を用いた X 線トモグラフィー実験で得られた投影データの再構成像は (a)。(b) と (c) は，その場合の投影データをラドン空間で表示したもの。(b) は極座標表示，(c) は直交座標表示で，いわゆるサイノグラムである。試料はアルミニウム–銅合金で，平行ビームを用い，投影数 1800 で撮像したもの

合，原点は，値が定まらない特異点になることには注意が必要である。また，ラドン変換には，反転して撮像したときに同一の画像が得られるという対称性：$p(t,\theta) = p(-t,\theta+\pi)$，1 周すると元に戻るという周期性：$p(t,\theta) = p(t,\theta+2n\pi)$，2 つの画像にある係数を掛けて足し合わせたもの（$af_1(x,y) + bf_2(x,y)$；ここで，a, b は定数）のラドン変換は，両者のラドン変換の和（$ap_1(t,\theta) + bp_2(t,\theta)$）に等しいという線形性などの性質がある。さらには，原画像を角度 φ だけ回転して，点 (x,y) を点 $(x',y') = (x\cos\varphi - y\sin\varphi, x\sin\varphi + y\cos\varphi)$ に写したとすると，そのラドン変換は，角度方向に φ だけ移動することになる。これは，図 3.6 を用いると理解が容易である。

図 3.7 では，シンクロトロン放射光を用いて Al-Cu 合金を撮影して得られた仮想断面とラドン空間を示している。ここで白く写る点状の構造は，Al_2Cu という組成をもつ金属間化合物の粒子である[12]。物体内部に多数の構造がある場合には，図 3.7 のように，直交座標で見ると振幅と位相の異なる多数の正弦波が重畳する形となり，極座標系では原点を通る多数の円が重畳する形となる。

サイノグラムは，$\mu(x,y)$ のラドン変換を画像として表示するものである。また，$\mu(x,y)$ を再構成するのに必要なデータを表す。サイノグラムを用いることで，X 線トモグラフィーの撮像の結果を簡便に確

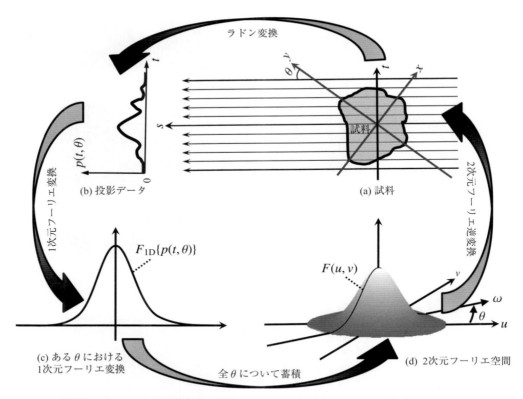

図 3.8 フーリエ変換法のプロセスを表す模式図。投影データ $p(t,\theta)$ を 1 次元フーリエ変換する。$0 \leq \theta < \pi$ に対して欠損なく投影を得て 2 次元フーリエ空間を埋めれば，$F(u,v)$ は，完全に記述できる。最後に，$F(u,v)$ を 2 次元フーリエ逆変換することで，元の物体の線吸収係数分布 $\mu(x,y)$ を得る

認することができて便利である。例えば，回転中心や拡大率など，X 線トモグラフィー撮像の重要なパラメーターを求めたり，ファンビームなどの場合，画像再構成に必要なデータに欠損がないかを視覚的に評価することができる。シンクロトロン放射光施設での X 線トモグラフィーや産業用 X 線 CT スキャナーなど，2 次元検出器を用いて 3D 画像を再構成する場合でも，検出器の水平方向の 1 ライン分の全データを含む 2 次元データ構造をサイノグラムとして表示することができ，サイノグラムの有用性は同様である。例えば，図 3.7 (c) のサイノグラムには，縦方向に幾筋もの白い線が見える。これは，撮影中に，ある回転角度のときにビームのふらつきが生じ，入射 X 線強度が一時的に強くなる（画像が白くなる）という軽微なトラブルが生じたことに対応している。また，これは，図 3.7 (b) の表示で，原点から放射状に白い直線が伸びていることでも確認できる。

3.2.2 投影定理

投影定理 (Projection theorem) は，中央断面定理 (Central slice theorem)，ないしフーリエ断面定理 (Fourier slice theorem) などとも呼ばれる[13]。これを図 3.8 に模式的に示す。試料回転角度が θ のときに撮影された投影データを $p(t,\theta)$ とする。$p(t,\theta)$ の変数 t についての 1 次元フーリエ変換 $F_{1D}\{p(t,\theta)\}$ は，物体中の線吸収係数分布 $\mu(x,y)$ の 2 次元フーリエ変換を $F(u,v)$ とするとき，$F(u,v)$ の原点を通る θ 方向のフーリ

エスペクトルに他ならない．ここで，(u,v) は，実空間 (x,y) に対する周波数空間の角周波数の直交座標表示である．つまり，これを式で示すと，以下のようになる．

$$\mu(x,y) = F^{-1}[F_{1D}\{p(t,\theta)\}] \tag{3-4}$$

よって，投影データ $p(t,\theta)$ を $0 \leqq \theta < \pi$ の試料角度の範囲で欠損なく得ることにより，$F(u,v)$ は，完全な形で記述できることになる．そのため $F(u,v)$ を 2 次元逆フーリエ変換すれば，撮影した物体の線吸収係数分布 $\mu(x,y)$ が求められ，物体の 2D 画像が描ける．これは，フーリエ変換法 (Fourier transform method) と呼ばれる，X 線トモグラフィーの画像再構成の解析的なアルゴリズムである．

以下に，数学的にこの手法の理解を深めてみる．$\mu(x,y)$ の 2 次元フーリエ変換 $F(u,v)$ は，2 次元フーリエ変換の定義により，以下のように表される．

$$F(u,v) = \int_{-\infty}^{\infty}\int_{-\infty}^{\infty} \mu(x,y)\, e^{-2\pi i(xu+yv)}\mathrm{d}x\mathrm{d}y \tag{3-5}$$

角周波数を ω として，これを極座標 (ω,θ) に変換すると，以下のようになる．

$$F(\omega\cos\theta, \omega\sin\theta) = \int_{-\infty}^{\infty}\int_{-\infty}^{\infty} \mu(x,y)\, e^{-2\pi i\omega(x\cos\theta + y\sin\theta)}\mathrm{d}x\mathrm{d}y \tag{3-6}$$

一般に，(x,y) 座標から (t,s) 座標への変換では，以下のヤコビ行列 $|J|$ を用いた関係が成立する．

$$|J| = \left| \begin{array}{cc} \dfrac{\partial x}{\partial t} & \dfrac{\partial x}{\partial s} \\ \dfrac{\partial y}{\partial t} & \dfrac{\partial y}{\partial s} \end{array} \right| \tag{3-7}$$

これを用いた下記の積分変数の変換が可能になる．

$$\mathrm{d}t\mathrm{d}s = |J|\mathrm{d}x\mathrm{d}y \tag{3-8}$$

ただし，この場合には元々回転だけであるから，微小面積に変化はなく（つまり，$|J|=1$），結局 $\mathrm{d}x\mathrm{d}y = \mathrm{d}t\mathrm{d}s$ と変数変換できる．これと式 (3-1)，式 (3-2) を合わせると，式 (3-6) は，以下のように変形できる．

$$\begin{aligned} F(\omega\cos\theta, \omega\sin\theta) &= \int_{-\infty}^{\infty}\int_{-\infty}^{\infty} \mu(x,y)\, e^{-2\pi i\omega t}\mathrm{d}t\mathrm{d}s \\ &= \int_{-\infty}^{\infty}\left\{\int_{-\infty}^{\infty} \mu(x,y)\,\mathrm{d}s\right\} e^{-2\pi i\omega t}\mathrm{d}t \\ &= \int_{-\infty}^{\infty} p(t,\theta)\, e^{-2\pi i\omega t}\mathrm{d}t \end{aligned} \tag{3-9}$$

最後の式は，投影データ $p(t,\theta)$ の変数 t についての 1 次元フーリエ変換の形になっている．上記のプロセスを逆にたどり，最後に 2 次元逆フーリエ変換を行うのがフーリエ変換法による画像再構成である．

図 3.9 は，図 3.7 で示した Al-Cu 合金の X 線トモグラフィーによるイメージングで得られた再構成像，投影データの 1 次元フーリエ変換，その後の座標変換のための再プロット，およびその 2 次元逆フーリエ変換の様子を示している．これにより，処理プロセスのおおよそのイメージがつかめるであろう．

このように，フーリエ変換法の中身はフーリエ変換であり，演算は高速である．ただし，計算機が未発達だった時代には，逆フーリエ変換はかなり計算時間がかかったことも，この手法が広く用いられな

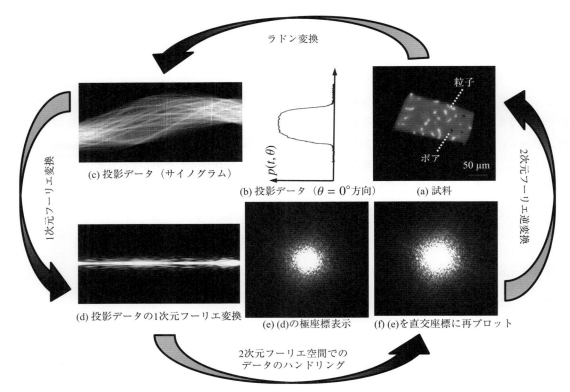

図 3.9 図 3.7 で示したシンクロトロン放射光による X 線トモグラフィー実験で得られた投影データの再構成プロセス。(a) は，再構成後の断層像。(b) は，$\theta = 0°$ 方向の投影データ。(c) は，それを 180° 分集積したサイノグラム。(d) は，投影データを 1 次元フーリエ変換したもの。(e)，(f) は，2 次元フーリエ逆変換前に座標を変換した後のデータを表示したものである

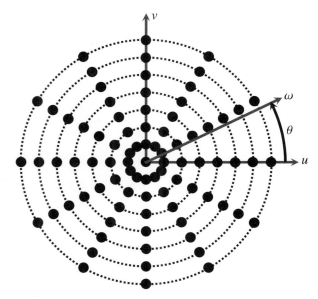

図 3.10 多くの角度で得た投影データで埋められる周波数空間の模式図

かった理由の一つである。また，一連の計算過程を見ると明らかなように，極座標で表される周波数空間は，多くの角度で計測する投影データで埋められる。これは，図 3.10 に示すように，原点から半径方向に伸びる線分に沿うフーリエ変換を与える。図 3.10 の丸印は，実際に物体のフーリエ変換が計算される位置を模式的に示している。図 3.10 では，フーリエ変換のデータ密度が原点から離れるに従って，大きく低下することがわかる。式 (3-5) から式 (3-6) に移る過程で直交座標から極座標に変換したのとは逆に，実際のフーリエ変換法では，極座標から直交座標への変換が必要になる。このとき，$F(u,v)$ を表す直交座標による格子点と $F(\omega\sin\theta, \omega\cos\theta)$ を表す極座標の格子点は大きくくずれているため，再構成後の画像にはこれに対応するアーティファクトが生じることになる。図 3.10 から，高周波成分になるほど，その誤差が大きくなることがわかる。図 3.9 ではわかりにくいが，外縁に近づくほど，画像がぼけて形状も変化している。

3.3　画像再構成法

3.3.1　代数的再構成法

(1) 基本原理

　代数的再構成法 (Algebraic reconstruction technique) は，英語の頭文字をとり，ART と呼ばれることが多い。後述のフィルター補正逆投影法と比較して，計算時間がかかるため計算コストが高くなるが，画像ノイズやアーティファクトの低減効果が期待でき，少ない投影でも画像再構成ができるというメリットもある。このため，TEM（Transmission electron microscopy：透過型電子顕微鏡法）トモグラフィーや SPECT (Single photon emission computed tomography)，PET (Positron emission tomography) によく用いられる他，低線量を目的として医療用 X 線トモグラフィーにも用いられる。代表的な手法は，逐次再構成法 (Iterative reconstruction method) である。また，イギリス人の技術者ハンスフィールドが最初の画像再構成に用いたのも，この画像再構成法である[14]。

　1 次元の投影データから元の線吸収係数の 2 次元分布を再構成することを想定した図 3.11 より，その根本の考え方は，容易に理解できるであろう。図 3.11 (a) は，試料を含む全領域を 2×2 の同じ大きさの小さな領域に分割し，横方向に検出素子が並んだ画素数 2 の検出器で多方向から撮影する。各領域の線吸収係数 $\mu_1\sim\mu_4$ は未知数となり，2 方向から投影 $p_1\sim p_4$ を計測することで得られる 4 元の連立方程式を解くことで求めることができる。各領域の中では，線吸収係数の局所的な分布があるかもしれない。また，表面付近では局部的に外部の空気の部分が小領域に含まれている。これらをすべて平均したものが $\mu_1\sim\mu_4$ になる。同様に，図 3.11 (b) は，3×3 分割の場合である。この場合，斜めからの投影も含め，3 方向から投影 $p_1\sim p_9$ を計測して 9 元の連立方程式を立てることで，$\mu_1\sim\mu_9$ の 9 個の未知数を求めることができる。図 3.11 のような連立方程式は，ガウスの消去法 (Gaussian elimination)[15]や LU 分解 (Lower-upper decomposition)[16]などの手法で解くことができる。

　ところで，縦横の領域分割の方向を基準にして斜めの方向から試料に X 線を入射する場合，各領域を横切る長さは，縦方向や横方向から X 線を入射する場合とは異なることになる。このことは，重みを表す係数を導入することで連立方程式に反映する必要がある。X 線ビームの幅が各領域より小さな場合に

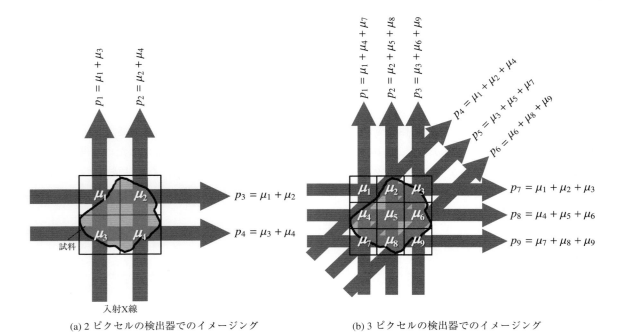

(a) 2ピクセルの検出器でのイメージング　　　(b) 3ピクセルの検出器でのイメージング

図 3.11 代数的再構成法の模式図

も，同様の考慮が必要である．すべての連立方程式は，下記のように書き表される．

$$Af = p \tag{3-10}$$

ここで，f は未知数である線吸収係数のセットを表す．また，p は，投影データを表し，ラドン空間のすべての値を含んでいる．f は，領域の数（2次元画像再構成後の画素数）を K として，K 次元の列ベクトルとなる．そして，p は，1次元検出器の検出素子数を M，投影数（Number of projections：ビュー数）を N として，MN 次元の列ベクトルである．また，係数行列 A（システム行列などとも呼ばれる）は，各X線ビーム経路に及ぼす各画素の影響を表す重み（検出確率）を集めたもので，MN 行 K 列のマトリックスである．実用的なX線イメージングでは，f はかなり大きな値をとるので，ほとんどの係数が0となる．係数行列 A は，用いる装置やその幾何学的な配置・条件に対して，事前に計算しておくことになる．逆に言えば，検出素子の感度むらなどの実用的な条件を係数行列に反映することで考慮できることがこの手法の長所とも言える．係数行列 A の決定方法は，文献 [17] に詳述されているので参照されたい．

式 (3-10) から列ベクトル f を求めるには，単純にマトリックス A が正則であればよい．ただし，マトリックス A の逆行列 A^{-1} が求められる場合であっても，マトリックス A は非常に大きく，画像再構成の計算には時間とメモリーを相当消費するであろうことは想像に難くない．例えば，筆者が現在，シンクロトロン放射光を用いたX線トモグラフィーで最もよく使う装置と計測の条件では，K は約 $2000 \times 2000 = 4 \times 10^6$ である．また，M は，約 2000 画素とすることが多い．N は，通常 1500 〜 1800 投影としており，画質などの面で必要性がある場合には，3600 投影まで増やしている．つまり，$MN = 3.6 \sim 7.2 \times 10^6$ となる．したがって，未知数，方程式の数とも 10^6 オーダーと膨大であり，A^{-1} を直接求めて f を解くのは，とても実用的とは言えない．

一般に，高精細な画像を得るため，投影数を増やすなど MN を大きくとった場合，$MN > K$ となり，いわゆる優決定系となる。一方，ドリフト対策や時間分解能を優先する場合には，N は 900 投影程度とする場合もあり，$MN = 1.8 \times 10^6$ となる。このように投影数不足の場合には，劣決定系となる。そのような場合に画像再構成を行う方法は，多数報告されている。以下ではその代表的な手法を紹介する。

式 (3-10) の一般的な解法は，下式の最小二乗解を見つけることである[14]。

$$\chi^2 = |Af - p|^2 \tag{3-11}$$

これは，長方行列に対して逆行列に相当するものを求めるということであり，ムーア・ペンローズ逆行列（擬似逆行列）[18] として知られている。

代数的再構成法のメリットの一つは，角度欠損のある場合や，TEM トモグラフィーなど，回転角度が 60° 以下などとかなり制約がある場合にも，それなりの画像再構成が可能な点にある。また，試料の材質や密度があらかじめわかっている場合や，試料の外側の空気に関しては，その情報をあらかじめ取り入れた画像再構成の計算が可能である。領域の分割サイズも，必ずしも統一する必要はない。例えば，試料外部を粗く，試料内部を細かくするとか，関心のある領域のみ高精細に分割するなどといった工夫により，画像再構成に必要な投影数を効率的に減らすことができる。

(2) 逐次再構成法

式 (3-10) の問題を解く基本的な手法は，ポーランド人の数学者カチュマジュが 1937 年に発表した方法である[19]。この方法は，後にアメリカのゴードン等によって TEM トモグラフィーの 3D 画像再構成に用いられた[20]。以下に，この手法を紹介する。

式 (3-10) を連立方程式の形で表示すると，下記のようになる。

$$
\begin{aligned}
a_{11}\mu_1 + a_{12}\mu_2 + a_{13}\mu_3 + \cdots + a_{1K}\mu_K &= p_1 \\
a_{21}\mu_1 + a_{22}\mu_2 + a_{23}\mu_3 + \cdots + a_{2K}\mu_K &= p_2 \\
&\vdots \\
a_{MN1}\mu_1 + a_{MN2}\mu_2 + \cdots + a_{MNK}\mu_K &= p_{MN}
\end{aligned}
\tag{3-12}
$$

$(\mu_1, \mu_2, \cdots, \mu_K)$ で表される 2 次元画像は，K 次元の空間に存在する 1 点に相当する。この空間では，式 (3-12) の各式は，超平面を表す。

ここで，解法の過程を理解しやすくするため，最も単純なケースを仮定する。つまり，図 3.11 (a) のような単純な投影で，$K = 2(\mu_1, \mu_2)$，$MN = 2$ の場合である。

$$a_{11}\mu_1 + a_{12}\mu_2 = p_1 \tag{3-13}$$

$$a_{21}\mu_1 + a_{22}\mu_2 = p_2 \tag{3-14}$$

図 3.12 は，ローゼンフィールド達の表現にならい，この場合の逐次再構成法による解法を模式的に表したものである[21]。μ_1-μ_2 平面上で，式 (3-13) の 2 つの方程式は，2 本の直線となる。また，その交点は，解ベクトルを示す。まず，2 つの画素の線吸収係数を μ_1^0 と μ_2^0 と推定する。これは，とりあえず 0 とお

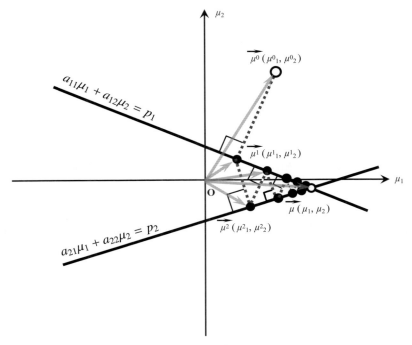

図 3.12 逐次近似画像再構成法による解法プロセスを表す模式図

くこともできる[22]し，後述するフィルター補正逆投影法で得られる画像や過去の同じような試料の画像をここに入れることもできる。この点から 1 つ目の直線（式 (3-13)）に垂線を降ろす。これは，最初の投影により新しい線吸収係数の組：μ^1_1 と μ^1_2 を得ることに相当する。次に，この点から 2 つ目の直線（式 (3-14)）に垂線を降ろし，線吸収係数の値を更新する。これを繰り返せば，実際の μ_1 と μ_2（図 3.12 の白丸）に逐次，漸近させることができる。この収束が成立しないのは，図 3.12 から明らかなように，式 (3-13) と式 (3-14) の直線が平行な場合，つまり同じ方向から 2 回投影してしまった場合である。ただし，一般的にはこの解法には計測の精度が影響し，結果的に完全に 1 点には収束しないことも想定される。

式 (3-12) の場合に戻ると，この反復計算は，下式で表される[17]。

$$\vec{\mu^i} = \vec{\mu^{i-1}} - \frac{(\vec{\mu^{i-1}} \cdot \vec{a^i} - p^i)}{\vec{a^i} \cdot \vec{a^i}} \vec{a^i} \tag{3-15}$$

これは，$\vec{\mu}(\mu^i_1, \mu^i_2, \ldots, \mu^i_K)$ が i 番目の方程式による超平面に投影される場合を表す。ここで，$\vec{a^i}$ は，i 番目の方程式の係数行列，右辺の分母は，$\vec{a^i}$ 同士の内積の形になっている。ここで，式 (3-15) の $\vec{\mu^i} \cdot \vec{a^i}$ は投影を表し，右辺第 2 項の残りの部分は，逆投影に相当する。式 (3-15) では，補正値を加算ないし除算をして画素値を更新しているが，補正値を掛けて補正する乗算型のフィードバックも用いられる[23]。多次元の計算の場合，正解への収束は時間がかかる。また，ノイズが多い計測の場合には，正解からかなり離れた領域を予測値がさまようことになる。例えば，図 3.13 は，図 3.12 の模式図の場合でノイズやアーティファクトが大きいものと仮定し，さらに 3 つ目の投影を加えたものである。この場合，3 本の直線の交点は，1 つに定まらないことがわかる。この場合，直線が囲む領域付近に擬似的な解があるも

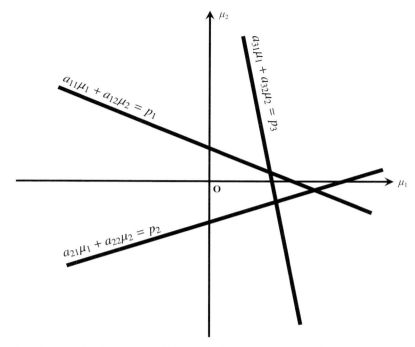

図 3.13 ノイズやアーティファクトがある場合の逐次近似画像再構成法の問題点を表す模式図

のとみなして探索することになる。

　この他，計算をいつ打ち切るかは，計算コストの問題と，解の発散を防ぐという 2 つの意味で重要である。打ち切りの判定方法は，一定回数の繰り返しの後，計算を打ち切るという単純な考えの他，更新による値の変化が一定限度より少なくなる，ないしあらかじめ決めておいた画質などの基準を満たす時に打ち切ることが考えられる。

　一般に，収束までにかかる時間を減らすために，緩和パラメーターが導入される。

$$\vec{\mu^i} = \vec{\mu^{i-1}} - \lambda_i \frac{(\vec{\mu^{i-1}} \cdot \vec{a^i} - p^i)}{\vec{a^i} \cdot \vec{a^i}} \vec{a^i} \tag{3-16}$$

ここで，λ_i は，緩和パラメーターで，計算の繰り返し数や画像によって異なる。λ_i が 1 から少し大きくなると，計算時間が短縮されることが報告されている[22]。

(3) 実用的な画像再構成法

　代数的再構成法，逐次再構成法の発展と応用は，X 線トモグラフィーやそれ以外の 3D イメージングの分野でめざましいものがある。しかし，様々な手法の名称や略称は，必ずしも統一されていないように見受けられる。ここでは，それらを純粋な逐次再構成法と統計的処理を行うもの，物理モデルを用いるものといった観点でまとめる。

　同時代数的再構成法 (Simultaneous algebraic reconstruction technique: SART) は[24]，画素値の更新を 1 つの投影角度のデータを用いて同時に行う手法である。これは，上記の ART 法で画素値の更新を "ray - by - ray" 方式で行うのとは異なっている。SART 法は，1984 年にアンダーソン等により提案された。この手

法の登場により，計算量の削減が図られると同時に，ノイズなどに起因する誤差の伝播を低減することができるようになった。一方，同時逐次再構成法 (Simultaneous iterative reconstruction technique: SIRT) は，1972 年にギルバート等により初めて提案された[25]。これは，すべての投影角度で計算を行ってから，全方向の X 線ビームによる補正値を平均し，画素値を "point - by - point" で更新するものである。SART 法よりも計算時間がかかるものの，より正確な画像再構成ができるとされる[17]。この手法は，TEM トモグラフィーでは，ART 法とともに多用されている。この他，ART 法で扱う連立方程式をいくつかの任意のブロックに分割して計算する手法も用いられている[26]。その観点では，上述の SART 法は，1 つの投影角度で撮ったデータをブロックとする場合で，SIRT 法は，すべての方程式を 1 つのブロックとするという，両極端な場合に相当する。

統計的逐次再構成法 (Statistical iterative reconstruction) は，1975 年にハーウィッツが初めて発表し[27]，続いてシェップ等が不完全データから最尤推定値を導く期待値最大化 (Expectation maximization: EM) のアルゴリズムを提案している[28]。これは，基本的には，計測される光子の計数統計の考え方を画像再構成プロセスで考慮し，画素値の期待値を求めるものである。最尤推定－期待値最大化 (Maximum likelihood - expectation maximization: ML - EM) 法[28]や，最大事後確率推定－期待値最大化 (Maximum a posteriori estimation - expectation maximization: MAP - EM)[29]として，SPECT，PET など，特に計測データの誤差が大きなイメージングの場合に用いられる。このうち，ML - EM 法は，計測される光子の数がポアソン分布に従うとの仮定の下，ある投影データが得られる条件付き確率を最大化するように画像を推定するものである。S/N 比 (Signal-to-noise ratio, S/N ratio) がよく，被写体内での吸収の補正やコリメーターの開口径に依存するぼけを考慮した空間分解能補正などを同時に行えるという利点がある。一方で，計算時間が長いという欠点もある。一方，MAP - EM 法では，被写体の先験情報を制約条件として画像再構成の評価式に加え，事後確率最大化推定に基づき画像再構成をするもので，画質向上に有利とされる。ML - EM 法を高速化した，サブセット化による期待値最大化法 (Ordered subset - expectation maximization: OS - EM) 法[30]は，現在 SPECT や PET の分野で多く用いられている。OS - EM 法は，投影データをサブセット（Subset：部分集合）に分割し，サブセット単位で順投影，逆投影，画像の更新を行うことで，全投影データを用いて画像を 1 回更新する場合に比べ，収束速度や収束性を高くできるというメリットがある。また OS - EM 法には，サブセットを小さくすると，リミットサイクル (Limit cycle) と呼ばれる周期解に収束してしまうという欠点があることが知られている。これを解決するために提案されたのが，DRAMA (Dynamic row - action maximum likelihood algorithm) 法である[31]。

モデルベース逐次再構成法 (Model - based iterative reconstruction: MBIR) の考え方は，何種類かに分類することができる[32]。1 つ目は，X 線イメージングの計測系を精密にモデル化するものである。物体を表す各ボクセル（Voxel：3D 画像の画素。2 次元のピクセルに相当する。Volume と pixel（ピクセル）からの造語とされる）が立方体であることを考え，それを投影する効果を精密にモデル化したり[33]，X 線源がある有限の大きさをもつことを考え，X 線源の異なる位置から出た光子が検出器の 1 つの検出素子に入る様子をモデル化するものである[34]。また，2 つ目は，X 線の光子と物体の相互作用をモデル化するものである。例えば，X 線管球から出た白色 X 線は，より長波長の X 線は表面近傍で急速に減衰し，より短波長の X 線は容易に透過するという，X 線吸収の非線形な効果が生じる。これにより生じるアーティファクト（いわゆるビームハードニング）は，このプロセスをモデル化して考慮することで，大幅

に低減することができ，画質の向上に繋がる[35]．また，あらかじめわかっている被写体の情報を考慮する手法も，多く報告されている．例えば，隣の画素との間の画素値が急変する場合，これが合理的かどうかを被写体に関する予備知識を基に判断し，ノイズの低減と空間分解能の保持を両立させようとするものである[36]．

3.3.2 フィルター補正逆投影法

(1) 逆投影法

フィルター補正逆投影法 (Filtered back projection: FBP) は，現在までに X 線 CT で広く用いられてきた重要な画像再構成法である．その説明をする前に，基礎となる逆投影法 (Back projection) について述べる．逆投影とは，順投影したときの X 線の方向に沿って，ただし方向は逆向きに，投影データを試料の位置に戻す処理である．

逆投影は，概念はともかく，実際の手法はわかりにくいかもしれない．そこで，代数的再構成法のときに図 3.11 を用いて行ったように，ごく小さなデータを実際に扱ってみて理解したい．図 3.14 に示すように，正方形の単純な形をした物体を縦横それぞれ 5 分割し，分割した各領域の線吸収係数を手計算で求める．25 マスの中央には，非常に線吸収係数の高い（値が 10 で周囲の 10 倍）領域が 1 マスだけある．これは，定性的には，ポリマーでできた試料の中央に鉄製の角柱を埋め込んであるような例に相当する．この試料に対し，平行ビームによる投影を 4 方向から行い，合計 28 の投影データを取得する．図 3.14 には，この投影データも一緒に書き込んである．これを，図 3.11 の代数的再構成法の場合とは異なり，逆投影で解くことで物体内の線吸収係数の分布を求めてみる．

とりあえず $p_1 \sim p_5$ の投影データを見てみれば，p_3 の値は大きく，p_1, p_2, p_4, p_5 は小さいといったように，投影データは試料内部の線吸収係数をうまく反映していることがわかる．したがって，すべての角度で得られた投影を試料の位置に戻し，各マスで順次，加算すれば，中央の線吸収係数 10 の領域の吸収の大きさは強調され，元の線吸収係数分布が再現できるように思える．これが逆投影の元となる考え方である．実際に，図 3.15 では，図 3.14 のモデルに対してこのプロセスを実行してみる．図 3.15 (a) 〜 (c) では，4 方向からの投影を順次，物体の 5×5 のマスに逆投影している．例えば，一番左の縦方向の投影 p_1 の値である 5 を左端の縦の 5 マスすべてに割り当てる．英語では，逆投影のことを "Smear back" と表現するが（Smear：塗料などを塗り付けるの意），正にそのような要領である．これを $p_1 \sim p_{28}$ のすべての投影データに対して実行し，各マスではその都度，値を加算していく．結果として得られる図 3.15 (d) では，試料の中央に線吸収係数の高い領域が 1 マスだけあるという，物体中の線吸収係数分布がある程度再現されていることがわかる．逆投影を式 (3-2) を用いて数式で表現すると，下式のようになる．

$$\mu_b(x, y) = \int_{-\infty}^{\infty} p(x\cos\theta + y\sin\theta, \theta)\, d\theta \tag{3-17}$$

ここで，$\mu_b(x, y)$ は，単純な逆投影によって得られる線吸収係数の値である．また，図 3.16 には，ある投影角度 θ で，$t = x\cos\theta + y\sin\theta$ という方程式で表される直線に沿った逆投影を模式的に示している．この線分上の点は，x, y の値にかかわらず，すべて同じ t の値を有する．したがって，この線分に沿う逆投影は，同一線分上のすべての点の再構成に，同じ寄与をすることは図 3.15 で見たとおりである．

ここで，$\mu_b(x, y)$ は，物体中の線吸収係数の分布 $\mu(x, y)$ とは，かなり異なっていることに注意が必要で

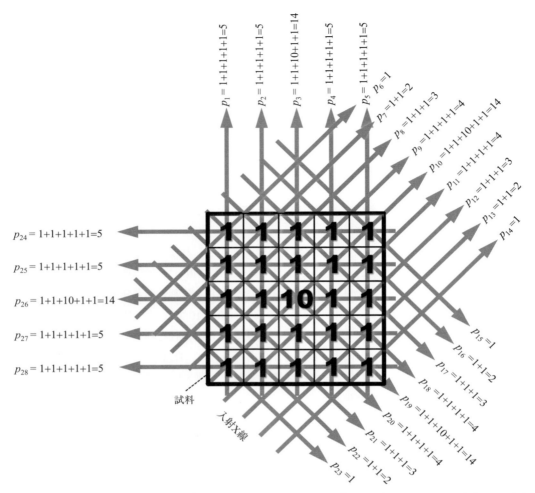

図 3.14 5×5 画素に分割した正方形状物体（線吸収係数が 1 で，中央のみ 10）の X 線イメージングの模式図。4 方向から投影データを取得する

ある．実際，図 3.15 と図 3.14 を見比べると，中央の線吸収係数のピークは低くなり，かつ横に拡がっていることがわかる．これは，逆投影の過程で，線吸収係数が低い周囲の領域の影響を受け，最終的に得られる画像がぼけている（ぼけ：Blurring）ことを表している．この場合，$\mu_b(x,y)$ と $\mu(x,y)$ との関係は，以下のようになることが知られている[37]．

$$\mu_b(x,y) = \mu(x,y) * h_p(r) \tag{3-18}$$

ここで，$h_p(r)$ は，点拡がり関数 (Point - spread function)，ないしはぼけ関数 (Blurring function) と呼ばれる関数である．式中の「$*$」は，畳み込み (Convolution) 演算の記号を表している．いま，点状の領域の中心からの距離を r とすると，$h_p(r)$ は，下記のように表される[37]．

$$h_p(r) = \frac{1}{\sqrt{x^2 + y^2}} = \frac{1}{r} \tag{3-19}$$

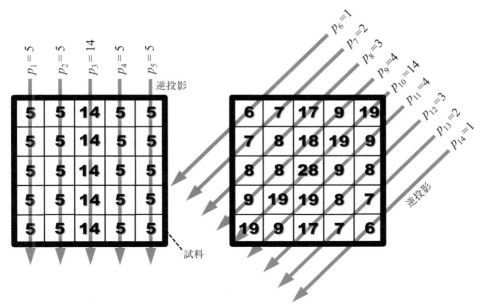

図 3.15 投影データを順次逆投影し，元の線吸収係数分布を再構成するプロセスの模式図

この式により，単純に逆投影した場合の画像のぼけ方は，物体中の位置によらないこと，そして図3.14のような点状の領域に対しては，回転対称の形状を呈することがわかる。

次に，逆投影による画像のぼけ具合を実際のX線CT装置で得られた投影像を用いて見てみることにする。図3.17は，産業用X線CTスキャナーを用い，文房具として使われる丸いマグネットを可視化したものである。その主な材質はポリマーで，中央に円筒型の磁石（鉄系）が埋め込んであり，構造は図3.15と似ている。逆投影して積算する投影数が少ないときには磁石の存在はわかりにくいが，投影数を徐々に増やしていくと，次第に中央にある磁石の存在がよく認識できるようになる。しかしながら，図3.17 (d)のように，充分に投影数が多いときでも，試料の外形は確認できず，中央の磁石もかなりぼけていることがわかる。

より複雑な構造をもった物体の場合でも，それを無数の点状の領域の集合体とみなせば，全体的に

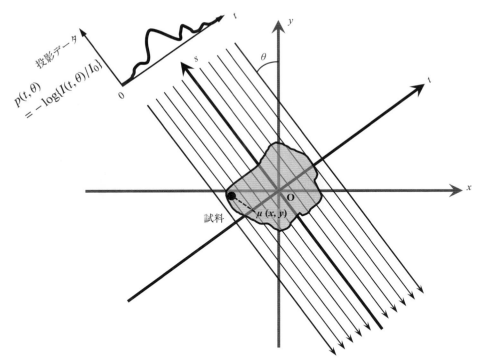

図 3.16 ある投影角度 θ，ある位置 t での投影データ $p(t,\theta)$ とその逆投影の関係を示す模式図

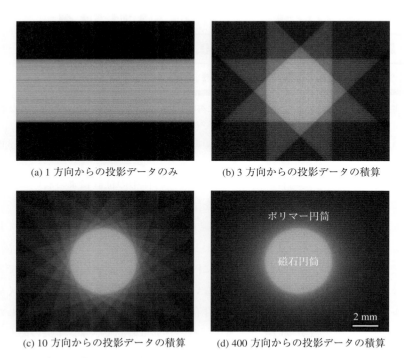

(a) 1 方向からの投影データのみ

(b) 3 方向からの投影データの積算

(c) 10 方向からの投影データの積算

(d) 400 方向からの投影データの積算

図 3.17 文房具の磁石を産業用 X 線 CT 装置で撮像したもの。投影数は 400 投影で，フィルター補正なしに各方向からの投影データを逆投影して積算したもの

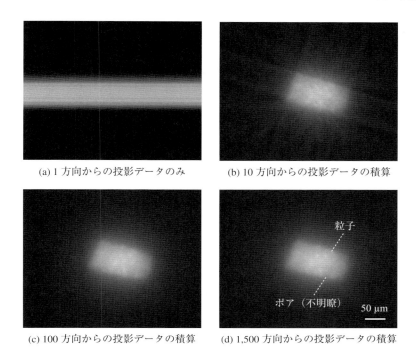

(a) 1 方向からの投影データのみ　　(b) 10 方向からの投影データの積算

(c) 100 方向からの投影データの積算　　(d) 1,500 方向からの投影データの積算

図 3.18 図 3.7 で示したアルミニウム–銅合金の投影データで，フィルター補正なしに各方向からの投影データを逆投影して積算したもの

ぼけ関数を畳み込んだ，ぼけた画像が得られることになる．この例として，図 3.7 で示したアルミニウム－銅合金の投影データ[12]を用い，図 3.17 と同様にフィルター補正なしに逆投影して積算したものを図 3.18 に示す．試料の内部構造は，高 X 線吸収の領域（Al_2Cu 金属間化合物粒子）と基地（アルミニウム）の間の線吸収係数の差が大きく，非常に明瞭に区別できる．しかしながら，図 3.17 とは異なり，粒子の数が多く全体的に若干複雑な構造に見える．このような場合には，さらに逆投影によるぼけの影響が大きく，単純に逆投影しただけでは，粒子の存在やその位置，形状などがわかりにくい．

(2) フィルター補正逆投影法

単純に逆投影した場合に生じるぼけを補正することで，図 3.14 〜図 3.18 で見たシンプルな逆投影を実用できるようにしたのがフィルター補正逆投影法である．以下では，投影定理に立ち返り，その導出を概観する．

まず，式 (3-5) まで戻り，今度は逆フーリエ変換を用いて，逆に物体中の線吸収係数分布 $\mu(x,y)$ を $F(u,v)$ で記述してみる．

$$\mu(x,y) = \int_{-\infty}^{\infty}\int_{-\infty}^{\infty} F(u,v)\, e^{2\pi i(xu+yv)} \mathrm{d}u\mathrm{d}v \tag{3-20}$$

図 3.8 や図 3.10 で既に見たように，(u,v) は，実空間 (x,y) に対する周波数空間の直交座標表示である．今度は，これを極座標 (ω,θ) で表すことにする．式 (3-7)，式 (3-8) のときと同じように，(u,v) 座標から (ω,θ) 座標への変換で，$|J|$ を考える．

$$|J| = \begin{vmatrix} \dfrac{\partial u}{\partial \omega} & \dfrac{\partial u}{\partial \theta} \\ \dfrac{\partial v}{\partial \omega} & \dfrac{\partial v}{\partial \theta} \end{vmatrix} \quad (3\text{-}21)$$

ここで，直交座標と極座標の間には，$u = \omega \cos\theta$，$v = \omega \sin\theta$ の関係があるので，結局，積分変数の間には，下記の関係式が得られる．

$$\mathrm{d}u\mathrm{d}v = |J|\mathrm{d}\omega\mathrm{d}\theta = \omega\,\mathrm{d}\omega\mathrm{d}\theta \quad (3\text{-}22)$$

したがって，式 (3-20) は，以下のように表示できる．

$$\mu(x, y) = \int_0^{2\pi} \int_0^{\infty} F(\omega\cos\theta, \omega\sin\theta)\, e^{2\pi i \omega(x\cos\theta + y\sin\theta)}\, \omega\, \mathrm{d}\omega\mathrm{d}\theta \quad (3\text{-}23)$$

以下，途中の計算は，省略する．この辺りはブックの書籍に詳しいので，興味のある方は，そちらを参照されたい[37]．概略的には，θ に関する積分を $0 \sim \pi$ と $\pi \sim 2\pi$ の 2 つに分割し，後者を位相差 π の位相シフトと見なし，さらにフーリエ変換の対称性：$F(\omega, \theta + \pi) = F(-\omega, \theta)$ を利用する．結局，ω に関する積分範囲は，$-\infty \sim +\infty$ にまで拡張され，式 (3-23) は，以下のようになる．

$$\mu(x, y) = \int_0^{\pi} \int_{-\infty}^{\infty} F(\omega\cos\theta, \omega\sin\theta)\, e^{2\pi i \omega(x\cos\theta + y\sin\theta)}\, |\omega|\, \mathrm{d}\omega\mathrm{d}\theta \quad (3\text{-}24)$$

式 (3-9) で見たように，$F(\omega\cos\theta, \omega\sin\theta)$ は，投影データ $p(t,\theta)$ の変数 t についての 1 次元フーリエ変換である．これを改めて $P(\omega, \theta)$ と表示すると，式 (3-24) は，最終的に以下のようになる．

$$\mu(x, y) = \int_0^{\pi} \left\{ \int_{-\infty}^{\infty} P(\omega, \theta)\, e^{2\pi i \omega t}\, |\omega|\, \mathrm{d}\omega \right\} \mathrm{d}\theta \quad (3\text{-}25)$$

ただし，ここでは，式 (3-2) を再度用い，回転した座標を用いて表示している．改めてこの式を眺めると，角度 θ における投影データの 1 次元フーリエ変換 $P(\omega, \theta)$ について，$P(\omega, \theta)|\omega|$ という量を考え，その逆フーリエ変換をしたものが中括弧内の積分である．$P(\omega, \theta)|\omega|$ は，投影データをフーリエ変換したものを，さらに周波数応答が $|\omega|$ の関数でフィルタリングしたものになる．これが，この手法がフィルター補正逆投影法と呼ばれるゆえんである．ちなみに，図 3.19 は，図 3.9 で示した投影データの 1 次元フーリエ変換についてフィルター補正を施した例である．

フィルター補正の後，式 (3-25) の外側の積分によって，ある点 (x, y) を通る，フィルター補正した投影を全部足し合わせることで，その点の線吸収係数 $\mu(x, y)$ が画像再構成できるというのが式 (3-25) の意味するところである．最後の逆投影は，数式としては式 (3-17) で，また模式的には図 3.14 〜 図 3.18 で，それぞれ既に確認済みである．

ここで，角度 θ におけるフィルター補正後の投影データを，以下のように改めて $q(t, \theta)$ とおく．

$$q(t, \theta) = q(x\cos\theta + y\sin\theta) = \int_{-\infty}^{\infty} P(\omega, \theta)\, |\omega|\, e^{2\pi i \omega(x\cos\theta + y\sin\theta)}\mathrm{d}\omega \quad (3\text{-}26)$$

これを用いて，フィルター補正逆投影法の 3 つの重要なプロセスをもう一度まとめておく．また，これを模式的に示したものが図 3.20 で，そちらも同時に確認して欲しい．

3.3　画像再構成法　65

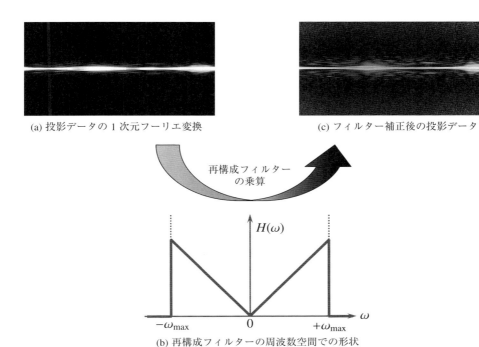

(a) 投影データの1次元フーリエ変換

(c) フィルター補正後の投影データ

(b) 再構成フィルターの周波数空間での形状

図3.19　図3.9で示した投影データの1次元フーリエ変換について，フィルター補正（ラマチャンドラン－ラクシュミナラヤナンフィルター）を施した例

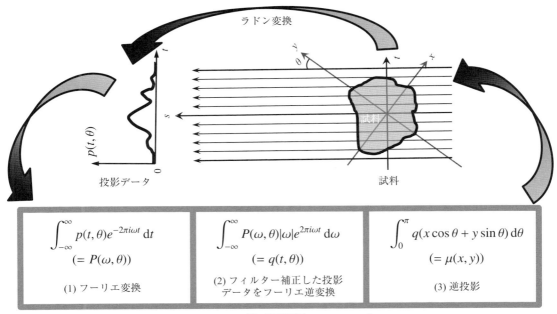

$$\int_{-\infty}^{\infty} p(t,\theta) e^{-2\pi i\omega t}\, \mathrm{d}t$$
$$(= P(\omega, \theta))$$

(1) フーリエ変換

$$\int_{-\infty}^{\infty} P(\omega,\theta)|\omega| e^{2\pi i\omega t}\, \mathrm{d}\omega$$
$$(= q(t, \theta))$$

(2) フィルター補正した投影データをフーリエ逆変換

$$\int_{0}^{\pi} q(x\cos\theta + y\sin\theta)\, \mathrm{d}\theta$$
$$(= \mu(x, y))$$

(3) 逆投影

フィルター補正逆投影法の3ステップ

図3.20　フィルター補正逆投影法のプロセスを表す模式図。投影データ $p(t,\theta)$ をフーリエ変換し，次にこれをフィルター補正した後に逆変換し，最後に逆投影することで，元の物体の線吸収係数分布 $\mu(x,y)$ を得ることができる

$$P(\omega, \theta) = \int_{-\infty}^{\infty} p(t, \theta) e^{-2\pi i \omega t} dt \tag{3-27}$$

$$q(t, \theta) = \int_{-\infty}^{\infty} P(\omega, \theta) |\omega| e^{2\pi i \omega t} d\omega \tag{3-28}$$

$$\mu(x, y) = \int_{0}^{\pi} q(x\cos\theta + y\sin\theta) d\theta \tag{3-29}$$

式 (3-27) 〜式 (3-29) は，それぞれ投影データの 1 次元フーリエ変換，それをフィルター補正したものの逆フーリエ変換，およびその逆投影に相当する．

　実際にこの効果を確認するため，単純な逆投影で画像再構成した図 3.14 のモデルに対して，フィルター補正のプロセスを手計算で実行してみる．図 3.21 (a) 〜 (c) では，4 方向からの投影をすべてフィルター補正した後，順次，物体の 5×5 のマスに逆投影している．用いたフィルターは，後出の図 3.27 と図 3.28 の実空間の形状を見ると理解しやすい．例えば，一番左の縦方向の投影 p_1 の値である 5 に再構成関数を掛けた後の値は，$q_1 = 0$ となっている．ここで，式 (3-26) と同様に，q_i は，i 番目の位置でのフィルター補正後の投影データである．投影データ $p_1 \sim p_{28}$ に対応するフィルター補正後のデータ $q_1 \sim q_{28}$ に対して逆投影を実行した結果が図 3.21 (d) である．この図から，試料の中央の線吸収係数の高い領域の線吸収係数がきちんと求められており，単純な逆投影の場合の図 3.15 よりも，はるかに精度良く線吸収係数分布が再現されていることがわかる．

　ところで，式 (3-1) の計測や式 (3-29) の逆投影をすべての角度で連続的に実行することは，実用的にはできない．実際に投影データを取得するプロセスは，数百から数千枚といった必要な枚数の画像を，試料を回転させながら取得するものである．この必要枚数を与えるのがサンプリング定理 (Sampling theorem) で，実際にこれを規定するのがナイキスト周波数 (Nyquist frequency) である．また，図 3.5 や図 3.16 のように投影データを t 方向に連続的に計測したり，線吸収係数を連続的な関数として求めることも，現実にはできない．この場合，実際の計測に利用できる検出器の画素数や画素サイズなどに応じて，試料をある大きさを有する画素の集合体とみなすことになる．例えば，3D の場合では，再構成後の画像は，ボクセルを基本とするデジタル情報として表現される．どの程度の大きさのボクセルが必要になるかも，試料のサイズと必要とする空間分解能の値などに照らして，やはり後述のサンプリング定理によって規定される．この辺りは，実際の計測を行う上で重要で，第 7 章でまとめて述べる．

　最後に，フィルター補正の効果を理解するため，前節の単純な逆投影で用いた投影データを改めてフィルター補正逆投影法で画像再構成したものを図 3.22 と図 3.23 に示す．いずれの場合も，フィルター補正なしの場合とは異なり，試料の輪郭，内部構造とも鮮明に再現されていることがわかる．図 3.22 では中央の磁石部分の X 線吸収が非常に大きくノイズが目立つ画像であるが，図 3.17 で見えていなかった試料の外径が明瞭に確認できる．図 3.23 でも，多数存在する粒子や空隙（ボイド）がきれいに分離できていることがわかる．

(3) 再構成フィルター

　式 (3-28) の $|\omega|$ は，そのフーリエ空間におけるランプ波形から，ランプフィルター (Ramp filter) と呼ばれる．一般的にはあまり意識されていないように思われるが，再構成フィルターの選定は，計測時のセットアップの選定やその条件の調整と同様か，時としてそれ以上に重要である．特に，可視化したい

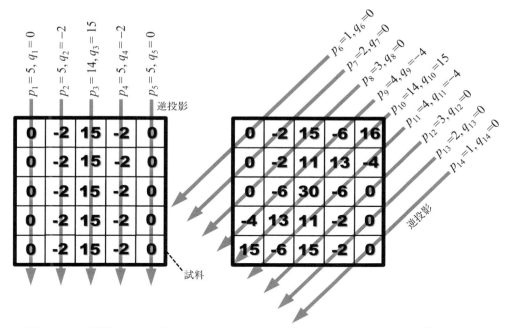

図 3.21 投影データをフィルター補正してから順次逆投影し，元の線吸収係数分布を再構成するプロセスの模式図

内部構造のサイズが空間分解能に近い場合，ノイズが多い場合，内部構造と基地の間に充分なコントラストが得られにくい場合には，フィルターの吟味は重要な意味をもつ。

一般的によく用いられる再構成フィルターの形状を図 3.24 に示す。まず，図 3.24 (a) は，$|\omega|$ そのものである。投影データの空間周波数の最高値を $\omega_{\max}$ とすると，計測できていない $\omega_{\max}$ 以上の高い周波数を画像再構成過程で考慮する必要はない。そのため，$\omega_{\max}$ 以上の高空間周波数領域をカット（カットオフ周波数：Cutoff frequency）した再構成フィルターが図 3.24 (b) のラマチャンドラン－ラクシュミナラヤナンフィルター（Ramachandran - Lakshminarayanan filter：長いので，略してラム－ラックフィルター (Ram - Lak filter) とも呼ばれる）である。この周波数領域での形を下式に示す。

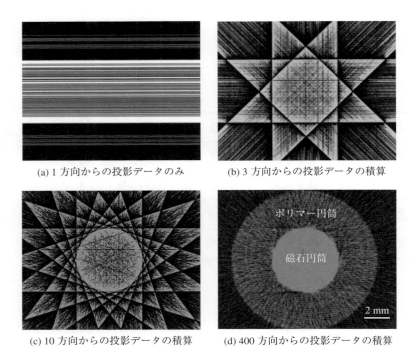

図 3.22 図 3.17 で示した文房具の磁石の投影データをフィルター補正逆投影法で再構成したもの

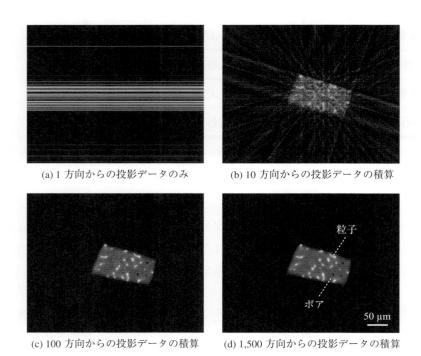

図 3.23 図 3.18 で示したアルミニウム–銅合金の投影データをフィルター補正逆投影法で再構成したもの

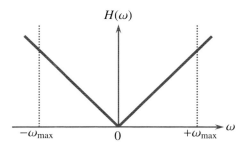
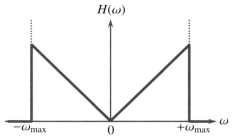
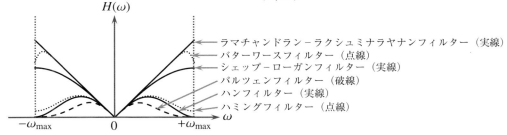

(a) $H(\omega) = |\omega|$ のランプフィルター

(b) ラマチャンドラン－ラクシュミナラヤナンフィルター

(c) 高空間周波数側を抑えるタイプの各種再構成フィルター

図 3.24 フィルター補正逆投影法の基本となる (a) ランプフィルター，および (b) その帯域を制限したラマチャンドラン－ラクシュミナラヤナンフィルター，さらに (c) その高周波数側の振幅を抑制する各種フィルター

$$H(\omega) = |\omega|\,\mathrm{rect}\left(\frac{\omega}{2\omega_{\max}}\right) \tag{3-30}$$

ここで，rect(x) は矩形関数で，$|x| < \frac{1}{2}$ で 1，$|x| > \frac{1}{2}$ で 0 となる。ラマチャンドラン－ラクシュミナラヤナンフィルターは，空間分解能では有利であるが，ノイズが強調されるという欠点がある。また，カットオフ周波数を超える高周波数成分を急激に切り捨てるフィルターは，数値計算の不確定性（Gibbs 現象）をもたらし，エッジ部分にアーティファクトを生じるとされる[38],[39]。そこで，ランプフィルターに様々な窓関数 (Window function) を掛けた形の再構成フィルターが用いられる。

図 3.24 (c) に示したシェップ－ローガンフィルター (Shepp - Logan filter) は，下記のように周波数空間でラマチャンドラン－ラクシュミナラヤナンフィルターに sinc(x) 関数を掛けた形となっている。

$$H(\omega) = |\omega|\,\mathrm{sinc}\left(\frac{\omega}{2\omega_{\max}}\right)\mathrm{rect}\left(\frac{\omega}{2\omega_{\max}}\right) \tag{3-31}$$

ここで，sinc(x) は，$y = \frac{\sin(\pi x)}{\pi x}$ で定義される。また，よりノイズを低減する必要がある場合には，図 3.24 (c) に示すハンフィルター (Hann filter, Hanning filter) が用いられる。

$$H(\omega) = |\omega|\left\{\frac{1 + \cos\left(\frac{\pi\omega}{\omega_{\max}}\right)}{2}\right\}\mathrm{rect}\left(\frac{\omega}{2\omega_{\max}}\right) \tag{3-32}$$

ハンフィルターは，$\omega_{\max}$ で 0 になるという形状のため，シェップ－ローガンフィルターと比べて，ノイズ成分が相対的に多い高周波成分がかなり除去され，画像がスムーズになる。

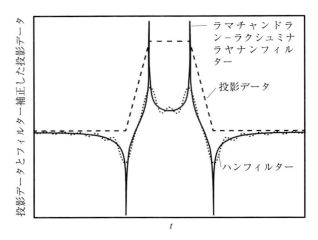

図 3.25 アルミニウム製の四角柱の試験片を柱の長軸周りに 30°回転して計測した投影データとそれをラマチャンドラン－ラクシュミナラヤナンフィルターおよびハンフィルターで補正した投影データ

図 3.24 (c) に示したハミングフィルター (Hamming filter) は，数学的には，以下の形をしている．

$$H(\omega) = |\omega| \left\{ 0.54 + 0.46 \cos\left(\frac{\pi\omega}{\omega_{\max}}\right) \right\} \mathrm{rect}\left(\frac{\omega}{2\omega_{\max}}\right) \tag{3-33}$$

ハミングフィルターは，ハンフィルターと似ているが，カットオフ周波数での振幅がハンフィルターのように 0 にまでは落ちず，ラマチャンドラン－ラクシュミナラヤナンフィルターの 8％ の値になる．また，ハミングフィルターの 0.54 と 0.46 をそれぞれ $\alpha, 1-\alpha$ として，カットオフ周波数での振幅などを調整する使い方もされている．

その他，ハンフィルターやハミングフィルターより低い周波数でランプフィルターから離れ，高周波成分の減衰が著しいパルツェンフィルター (Parzen filter)，逆にシェップ－ローガンフィルターよりもカットオフ周波数のより近傍だけをカットし，空間分解能が維持されるバターワースフィルター (Butterworth filter) をそれぞれ式 (3-34)，式 (3-35) に示す．

$$\begin{aligned} H(\omega) &= |\omega| \left\{ 1 - 6\left(\frac{\omega}{\omega_{\max}}\right)^2 \left(1 - \frac{\omega}{\omega_{\max}}\right) \right\} \quad \left(|\omega| \leq \frac{\omega_{\max}}{2}\right) \\ &= 2|\omega|\left(1 - \frac{|\omega|}{\omega_{\max}}\right)^2 \quad \left(\frac{\omega_{\max}}{2} \leq |\omega| \leq \omega_{\max}\right) \end{aligned} \tag{3-34}$$

$$H(\omega) = |\omega| \left\{ \frac{1}{\sqrt{1 + \left(\frac{\omega}{\omega_{\max}}\right)^{2m}}} \right\} \mathrm{rect}\left(\frac{\omega}{2\omega_{\max}}\right) \quad (m \geq 0) \tag{3-35}$$

ここで，m は次数で 4～10 程度の値をとる．次数が大きければ，よりシャープにカットオフされる．

図 3.25 は，アルミニウム製の四角柱の試験片をエッジオン（2 辺が X 線の入射方向に平行な状態）から 30°回転して計測した投影データと，それをラマチャンドラン－ラクシュミナラヤナンフィルター，およびハンフィルターで補正した投影データのラインプロファイルである．再構成フィルターを掛けた後の投影データは，図 3.15，図 3.17，図 3.18 で見られたぼけや拡がりを抑えるように，試料のエッジ部分が鋭く立ち上がり，その周囲の空気部分が負の値を取っている．このエッジ強調の効果が出る理由は，

3.3 画像再構成法　71

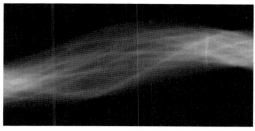
(a)投影データのサイノグラム
　（フィルター補正なし）

(b)フィルター補正後の投影データの
サイノグラム

図 3.26 図 3.7 のアルミニウム－銅合金の投影データをサイノグラムで示したもので，フィルター補正有無の効果を比較する図

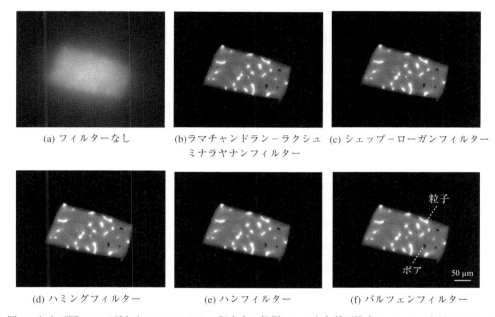

(a) フィルターなし　　(b)ラマチャンドラン－ラクシュ　　(c) シェップ－ローガンフィルター
　　　　　　　　　　　　ミナラヤナンフィルター

(d) ハミングフィルター　　(e) ハンフィルター　　(f) パルツェンフィルター

図 3.27 図 3.7 および図 3.18 で示したアルミニウム－銅合金の投影データを各種再構成フィルターを用いてフィルター補正逆投影法で再構成したもの

図 3.24 で見たように，空間的な変化を強調するような再構成フィルターの特性にある。これは，ハイパスフィルター（高域通過型フィルター：High pass filter）と呼ばれる特性である。また，後述する実空間で見た再構成フィルターの形（後出の図 3.29 および図 3.30 参照）を見ても理解できる。図 3.26 は，図 3.7 (b) の投影データでフィルター補正がある時とない時とをサイノグラムとして並べたものである。サイノグラム上でも，フィルター補正の効果は，はっきりと確認することができる。

(4) 再構成フィルターの選択

図 3.27 は，図 3.7 および図 3.18 で示したアルミニウム－銅合金の投影データを用い，上述の各種再構成フィルターを用いてフィルター補正逆投影法で画像再構成したものである。図 3.28 の拡大図を見るとノイズや細かい構造の差異がわかりやすい。ラマチャンドラン－ラクシュミナラヤナンフィルターや

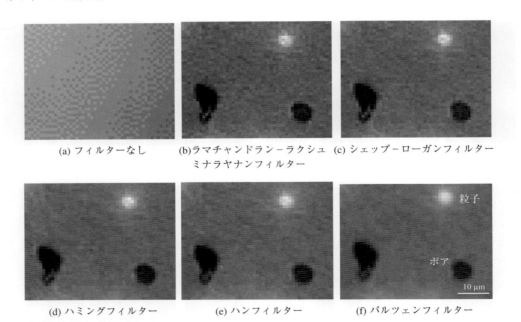

図 3.28 図 3.7 および図 3.18 で示したアルミニウム–銅合金の投影データを各種再構成フィルターを用いてフィルター補正逆投影法で再構成したもの。図 3.27 の拡大図

シェップ−ローガンフィルターのように高周波成分がかなり保存されるフィルターと，高周波成分がかなり除去されるハミングフィルターなどでは，図 3.27 のマクロな画像でも画像のスムーズさやシャープさにはっきりと差が出ている。前者では粒子やポアの輪郭がきれいに見える反面，基地中に見たい構造以下のノイズや画素値の揺らぎが見えている。図 3.24 (c) に示したように，ハミングフィルター，ハンフィルター，パルツェンフィルターは，この順により低い周波数でランプフィルターから離れる。図 3.28 (d) 〜 (f) では，その差異は明瞭である。

　以下では，いくつかの観点でフィルター補正逆投影法を見直しておきたい。ラマチャンドラン−ラクシュミナラヤナンフィルター，バターワースフィルター，シェップ−ローガンフィルターは，比較的空間分解能をよく保持する再構成フィルターと言える。一方，ハミングフィルター，ハンフィルター，パルツェンフィルターは，ノイズをよく除去できるグループである。ただし，ラマチャンドラン−ラクシュミナラヤナンフィルターを除けば，いずれの場合も線吸収係数の定量性は，多かれ少なかれ損なわれることになる。例えば，3D 再構成後の画素値によって，粒子や異物など，各種内部構造の化学組成や密度を定量的に精密計測したり，計測した画素値に閾値を定めて二値化し，セグメント化 (Segmentation) した特定の領域のサイズや体積率，数密度などを計測・評価するというニーズがある場合，フィルターの選択で，計測結果は，大きく異なることになる。そのような実験では，往々にしてシンクロトロン放射光を用いてよく単色化された X 線を用い，さらにカメラ長を極力短くして X 線の屈折の影響を避けるなど，実験装置や実験条件では充分に慎重な配慮がなされる。しかしながら，その上で，さらに適切な再構成フィルターを選択する必要があるということは，案外見落とされがちな盲点と言える。逆投影による画像再構成では，空間分解能とノイズ，あるいは定量性と画質の折り合いをいかに付けるかが問題で，すべてを満足する理想的な条件は存在しないことは，本節の内容からあらかじめ理解しておきたい。

X線トモグラフィーの空間分解能は，走査型電子顕微鏡など，我々が普段実験室で使い慣れている2次元可視化用の機器と比べ，大きく劣っているのが普通である（普通の光学顕微鏡は除く）。そのため，X線トモグラフィーでは，実効的な空間分解能に近い内部構造を評価する必要に迫られることが多い。したがって，第一には，自分が今行っている計測の実効的な空間分解能がどれくらいかをよく理解する，ないしはできればきちんとその都度実測しておくことが肝要である。そして，それを踏まえて再構成フィルターも，その選択を含めて検討することが可視化の成否にかかわる重要なポイントとなる。X線源のフラックス (Flux) 不足などで充分な露光時間が確保できない場合や，試料の化学組成やサイズを考えながらX線エネルギーなどを適切に調整できない場合などには，必然的にノイジーな画像が得られることになる。その場合，定量性を多かれ少なかれ犠牲にしてでも，ノイズ低減が必要になる。後者のケースは，X線エネルギーをシンクロトロン放射光のようには自由に変更できない産業用X線CTスキャナーで，特に問題になる。また，もし充分に吟味された条件でイメージングできたとしても，X線イメージングではフォトンノイズなどノイズが入り込むことが不可避であり，再構成フィルターの一通りの吟味は，避けては通れない。

ちなみに，SPring-8が提供する画像再構成プログラム[40]では，ハンフィルター，シェップ-ローガンフィルター，およびラマチャンドラン-ラクシュミナラヤナンフィルターが実装されている。このプログラムでは，ハンフィルターがデフォルトとなっており，筆者も通常はハンフィルターを用いている。また，市販の産業用X線CTスキャナーでも，複数の再構成フィルターを選択できるものが多い。

画像処理によく用いられる数値解析ソフトウェアMATLAB[41]では，組み込み関数 "iradon" としてフィルター補正逆投影法が利用できる。そのためのフィルターとして，ハンフィルター，ハミングフィルター，シェップ-ローガンフィルター，ラマチャンドラン-ラクシュミナラヤナンフィルターと余弦関数を窓関数にするものが準備されている。また，科学研究の画像解析に広く用いられ無料で利用できる画像処理ソフトウェアImageJ[42]でも，プラグインとしてフィルター補正逆投影法が利用でき，ハンフィルター，ハミングフィルター，シェップ-ローガンフィルター，パルツェンフィルターなどが準備されている。これらを用いることで，各種再構成フィルターを用いた再構成画像を手軽に評価してみることも可能であろう。ちなみに，このソフトウェアは，アメリカ国立衛生研究所でラスバンドにより開発されたものである。

3.3.3 畳み込み逆投影法

(1) 原理

一般に，2つの関数 $f(x)$ と $g(x)$ の畳み込み積分 (Convolution integral) は，下記のように表される。

$$f(x) * g(x) = \int_{-\infty}^{\infty} f(x-y)g(y)\,\mathrm{d}y \tag{3-36}$$

「*」は，式 (3-18) でも出てきた。式 (3-36) は，畳み込み，ないしは合成積などとも呼ばれる。これを用いた畳み込み定理 (Convolution theorem) は，下記のように表される。

$$F(f * g) = F(f)F(g) \tag{3-37}$$

ただし，$F(f)$，$F(g)$，$F(f * g)$ は，それぞれ，関数 $f(x)$ と $g(x)$，およびそれを畳み込み積分したものの

フーリエ変換である．したがって，2つの関数を畳み込み積分したものは，それぞれの関数をフーリエ変換したものの積を逆フーリエ変換したものに等しい．

$$f * g = F^{-1}\{F(f)F(g)\} \tag{3-38}$$

前節で見たフィルター補正逆投影法の式 (3-27) ～式 (3-29) は，投影データのフーリエ変換に再構成フィルターの関数を掛けて逆フーリエ変換した後，逆投影しているので，式 (3-38) の右辺に相当する．畳み込み定理は，このフィルター関数を実空間で表すことができれば，式 (3-36) の畳み込み積分により，これらを実空間での計算で代替できることを意味している．そうすれば，フーリエ変換と逆フーリエ変換の演算は，必要なくなることになる．このような実空間での画像再構成を畳み込み逆投影法 (Convolution back projection: CBP) と呼ぶ．ただし，実空間での演算を実現するためには，周波数空間での再構成フィルターの関数 $H(\omega)$ を逆フーリエ変換することで，式 (3-39) に示す再構成フィルターのインパルス応答 (Impulse response) $h(t)$ を求める必要がある．

$$h(t) = \int_{-\infty}^{\infty} H(\omega) e^{2\pi i \omega t} d\omega \tag{3-39}$$

以下に，フィルター補正逆投影法の式 (3-27) ～式 (3-29) に相当する畳み込み逆投影法のプロセスをまとめておく．

$$q(t, \theta) = h(t) * p(t, \theta) \tag{3-40}$$

$$\mu(x, y) = \int_0^{\pi} q(x \cos \theta + y \sin \theta) d\theta \tag{3-41}$$

$h(t)$ は，式 (3-40) の畳み込み積分では，カーネル (Kernel) になる．

(2) フィルター補正逆投影法との比較

　フィルター補正逆投影法と畳み込み逆投影法は，数学的には等価だが，実際の画像の再構成を行うに当たっては，畳み込み逆投影法を用いた方が計算式の近似などに伴う誤差が減るメリットがあるとされる[39]．一方，畳み込み関数の扱い難さを考えると，フィルター補正逆投影法の方が汎用的であると考えられる[39]．また，一般に，畳み込み積分よりも高速フーリエ変換 (Fast Fourier transform: FFT) の方が計算量的にも有利である．実際，実用的には，畳み込み積分でも離散フーリエ変換 (Discrete Fourier transform: DFT) を用いた形に記述し，高速フーリエ変換を利用して計算される場合が多い[43]．畳み込み積分を直接計算する場合と離散フーリエ変換を介して計算する場合の計算量は，画素数によっても違うが，数十倍異なることになる．

(3) 実空間での再構成フィルター

　これまで見てきた $|\omega|$ は積分できないので，その逆フーリエ変換は存在しないことになる．そこで，カットオフ周波数をもたないランプフィルターの実空間での形状を評価するため，積分可能な関数として $|\omega| e^{-\epsilon |\omega|}$ を定義する．すると，以下の畳み込み関数が得られる[44]．実際の形を見るには，その極限 $\lim_{\epsilon \to 0} |\omega| e^{-\epsilon |\omega|}$ を考えればよい[44]．

$$F^{-1}(|\omega| e^{-\epsilon |\omega|}) = \frac{\epsilon^2 - (2\pi t)^2}{\{\epsilon^2 + (2\pi t)^2\}^2} \tag{3-42}$$

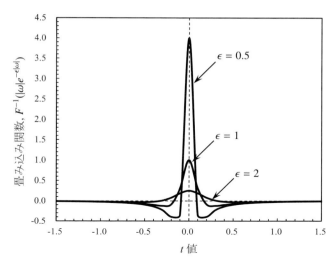

図 3.29 理想的な再構成フィルターのインパルス応答の形状。式 (3-42) で ϵ を 3 水準に変化させたもの

このインパルス応答の形を図 3.29 に示す[44]。ここでは，ϵ を 2, 1, 0.5 と次第に小さくしている。$t > \epsilon$ に対しては，式 (3-42) の極限は，$\frac{-1}{(2\pi t)^2}$ となる。図 3.29 では，ϵ が小さくなるほど，$t = 0$ 近傍で関数の値は鋭く立ち上がり，それと対をなすようにそのピークの近傍で負のピークが大きく，深くなっている。

次に，$|\omega_{max}|$ 以上をカットオフした式 (3-30) のラマチャンドラン–ラクシュミナラヤナンフィルターを式 (3-39) のように逆フーリエ変換する。すると，そのインパルス応答は，下記のようになる[45]。

$$\begin{aligned} h(t) &= \int_{-\infty}^{\infty} |\omega| e^{2\pi i \omega t} d\omega \\ &= 2(\omega_{max})^2 \operatorname{sinc}(2\omega_{max}\pi t) - (\omega_{max})^2 \operatorname{sinc}^2(\omega_{max}\pi t) \end{aligned} \quad (3\text{-}43)$$

ここで，$\omega_{max} = 1$ としたときのインパルス応答の形状を図 3.30 に示す。図 3.29 と比べると，激しい振動が見られるが，これはカットオフ周波数を超える高周波成分を急激に切り捨てる帯域制限をした影響である[17]。緩やかに 0 に落ちる窓関数をもつシェップ–ローガンフィルターやハンフィルターを用いれば，この振動は，低減することができる。これは，図 3.25 でも確認することができる。

ところで，サンプリング定理を意識すれば，情報を何ら損なうことなくインパルス応答を離散化することができる。そのためには，サンプリング周波数を ω_{max} の 2 倍にとる必要がある。ここで，サンプリング間隔 (Sampling interval) を Δ，n を整数とすると，離散化されたサンプリング点は，$t = n\Delta$ と表される。そのように離散化した実空間の再構成フィルターは，式 (3-44) のようになる[17]。

$$h(t) = h(n\Delta) = \begin{cases} \dfrac{1}{4\Delta^2}, & n = 0 \\ 0, & n: \text{even} \\ -\dfrac{1}{(n\pi\Delta)^2}, & n: \text{odd} \end{cases} \quad (3\text{-}44)$$

図 3.30 には，式 (3-44) のサンプリング点も丸印で示している。

このほか，シェップ–ローガンフィルターとハンフィルターのインパルス応答も，式 (3-45) と式 (3-46)

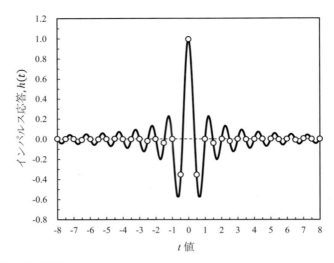

図 3.30 カットオフ周波数で帯域制限したラマチャンドラン－ラクシュミナラヤナンフィルターのインパルス応答の形状。ただし，$\omega_{max} = 1$ とした。図中には，式 (3-44) で示す実空間で離散化した再構成フィルターのサンプリング位置も丸印で示している

にそれぞれ示しておく[43]。

$$h(t) = h(n\Delta) = \frac{2}{\pi^2 \Delta^2 (1 - 4n^2)} \tag{3-45}$$

$$h(t) = h(n\Delta) = \begin{cases} \dfrac{1}{2\Delta^2}\left(\dfrac{1}{4} - \dfrac{1}{\pi^2}\right), & n = 0 \\ \dfrac{1}{2\Delta^2}\left(\dfrac{1}{8} - \dfrac{1}{\pi^2}\right), & n = \pm 1 \\ -\dfrac{n^2 + 1}{2\pi^2 \Delta^2 (n^2 - 1)^2}, & n: \text{even} \\ -\dfrac{1}{2\pi^2 \Delta^2 n^2}, & n: \text{odd} \end{cases} \tag{3-46}$$

3.3.4 コーンビーム再構成法

これまでは，シンクロトロン放射光を用いた X 線トモグラフィーのように，X 線が平行ビームと見なせる場合の画像再構成を見てきた。この節では，産業用や医療用の X 線 CT スキャナーのように，X 線源と検出器の距離が比較的短く，図 3.2 (c) や図 3.4 (b) で見たように，X 線の拡がりが無視できない場合の画像再構成法を概観する。この場合の画像再構成の考え方の基礎となるのも，これまでに詳しく見てきたフィルター補正逆投影法や畳み込み逆投影法であり，基本的にはそれらを充分に理解しておけばよい。図 3.2 (c) はファンビームと呼ばれ，この場合には，2 次元の画像再構成になる。一方，図 3.4 (b) の場合はコーンビームと呼ばれ，上下・左右に拡がる X 線ビームを用いた 3D 画像再構成が必要になる。以下に，これらを順に見ていく。

(1) ファンビーム再構成法

ファン状に拡がる X 線ビームを想定して 2 次元の画像再構成を考えるとき，検出器の配置には，いく

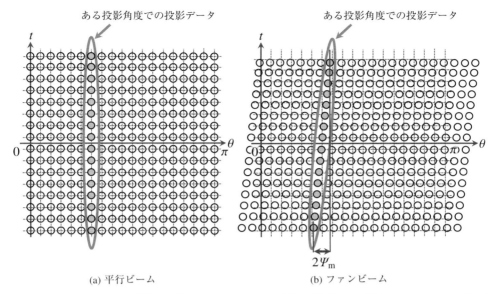

図 3.31 投影データをラドン空間で模式的に描いたもの。(a) は，X 線が平行ビームの場合。(b) は，ファンビームを用いて撮像したもの。いずれの図でも，ある投影角度での透過 X 線強度のラインプロファイルを与える投影データを灰色で示している。また，(b) では，(a) の平行ビームの場合の撮像位置を縦横の鎖線の交点で示している

つかのパターンが考えられる。1 つ目は，図 3.1 (b) の図のように，検出器が弓なりに湾曲した，もしくは検出素子が円弧状に配列した検出器の場合である。この場合には，隣り合う検出素子に入る X 線ビームの角度は，等しくなる。一方で，図 3.2 (c) のようにフラットな検出器の場合，隣り合う検出素子に入る X 線ビームの間隔は等しいものの，それらの間の角度は不等で，検出器の中心から離れるにしたがい，非線形に変化する。本書では，産業用 X 線 CT スキャナーを理解する上で重要な後者の場合を考える。

まず，リビニング処理，ないしはファンパラ変換（Fan-to-parallel rebinning，ないし Fan-parallel conversion）と呼ばれる手法を概観する。これは，まずファンビームによって得られた投影データを平行データの投影データに変換し，平行ビームの画像再構成法を適用する手法である。図 3.2 (c) のファンビームの場合を図 3.2 (b) の平行ビームの場合と比較すると，ファンビームの 1 つの投影角度の透過 X 線強度のラインプロファイルには，平行ビームの場合に前後の投影角度で得られるデータが含まれている。これは，ファンビームの拡がり角度（ファン角：Fan angle）を $2\Psi_m$ として，投影角度で $\pm\Psi_m$ の範囲に及ぶ。サイノグラムで模式的に見ると，図 3.31 のようになる。ファン角のため，ファンビームでは，180° よりも大きな投影角度範囲をカバーしないと（つまり，投影角度で $\pi + 2\Psi_m$），完全な投影データは得られない。

全投影データを見ると，当然のことながら，平行ビームとファンビームのいずれの場合も，ラドン空間は，ある程度隙間なくカバーされている。そのため，図 3.31 から明らかなように，平行ビームの投影データ $p(t,\theta)$ の座標 (t,θ) にある程度近い位置には，必ずファンビームで取得した投影データが存在する。そこで，ファンビームで実験的に取得した投影データを用い，平行ビームを仮定した座標 (t,θ) における投影データを内挿により計算する。そうすれば，平行ビームに対して用いられる画像再構成法がそのまま使えることになる。

まず，図 3.32 には，リビニング処理の説明で必要な各種パラメーターを示した。ここでは，点光源が

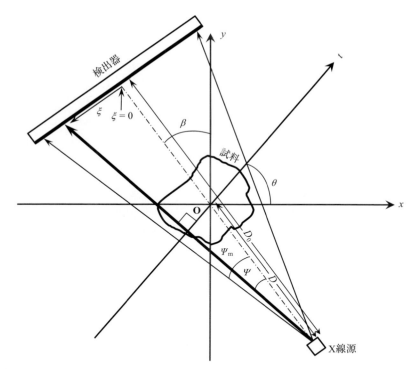

図 3.32 ある投影角度 β でファンビームを用いた投影データを取得する。リビニング法を用い，これを平行ビームの投影データに変換してから再構成することを考える。この図は，その場合の検出器，試料，X 線源の幾何学的な配置と各種パラメーターを示す模式図である

試料の回転中心から D の位置，検出器からは D_0 の位置に設置されている。そして，試料の x-y 基準座標から角度 β だけ回転した投影角度でイメージングすることを考える。X 線源から出た X 線は，試料を透過した後，フラットな検出器に入る。検出素子が配列している方向の座標を ξ とすると，この図から以下の関係式が得られる。

$$t = \frac{D\xi}{\sqrt{D_0^2 + \xi^2}} \tag{3-47}$$

$$\theta = \beta + \tan^{-1} \frac{\xi}{D_0} \tag{3-48}$$

これらを ξ および β に関して解くと，下記のようになる。

$$\xi = \frac{D_0 t}{\sqrt{D^2 - t^2}} \tag{3-49}$$

$$\beta = \theta - \tan^{-1} \frac{t}{\sqrt{D^2 - t^2}} \tag{3-50}$$

これを利用すれば，平行ビームの投影データがあるべき位置がファンビームを用いて取得した投影データのどの位置に相当するかを計算することができる。ただし，実際のイメージングでは，有限の数の投影角度と検出器の画素数のため，まったく同じ位置に両者は位置しない。これは，図 3.31 で既に確認済みである。そのため，近くにある計測点から内挿することで，平行ビームの投影データを計算すること

になる。このようなリビニングは，1枚のスライスの中だけで実行することもできるが，スライスに対してX線ビームが傾斜したような投影に対しては，複数のスライスに同時に書き込む手法も報告されている[46]。

ちなみに，数値解析ソフトウェアMATLAB[41]では，組み込み関数 "fan2para" を用いて，リビニング処理が簡便に実行できる。逆に，組み込み関数 "para2fan" を用いれば，平行ビームの投影データをファンビームのものに変換することもできる。また，余談ではあるが，"fanbeam" なる組み込み関数は，2次元画像からファンビームの投影データ（サイノグラム）を計算してくれる。ちなみに，ユニヴァーシティ・カレッジ・ロンドンとハーバード大学が開発したフリーの画像再構成プログラムNiftyRecでも，後に紹介するコーンビームやヘリカルスキャンも含めた画像再構成が可能である[47]。その他，MATLABとプログラミング言語Pythonのツールボックスとして提供されているASTRA[48]や中性子CT用に開発されたMuhRec[49]も多彩な再構成アルゴリズム／フィルターに対応しており，利用価値が高い。

ところで，あとで紹介する理由で，ファンビームを用いて取得した投影データから直接再構成する手法では，画像の中心から離れるに従ってノイズが増加する[50]。一方，リビニング法には，ノイズが画像中で均一になるという利点がある。これに関するシェによる単純化した見積もりによれば，ファンビームの投影データから直接再構成する手法では，リビニングしてから再構成した場合と比較し，ノイズの分散比で最大数倍にもなり，S/N比が悪化する[36]。また，リビニング法では，X線CTスキャナーのミスアライメントなどの補正も，リビニングと同時に実行できるという利点がある[51]。

次に，ファンビームを用いて取得した投影データから直接，画像再構成する手法を概観する。再構成を定式化する便宜のため，今度は，試料の回転中心の位置に仮想的な検出器を配置する。この様子を図3.33に示す。この場合の t, θ と ξ, β の関係式は，以下のようになる。

$$t = \xi \cos \Psi = \frac{D\xi}{\sqrt{D^2 + \xi^2}} \tag{3-51}$$

$$\theta = \beta + \tan^{-1} \frac{\xi}{D} \tag{3-52}$$

これらをフィルター補正逆投影法の式に代入した上で，式 (3-22) の要領で，積分変数を平行ビームに対する式の $dt d\theta$ から，ファンビームに対する式の $d\xi d\beta$ へと変換する。これを整理すると，図3.33の極座標 (R, ϕ) を用いた表示で，再構成画像 $\mu(R, \phi)$ が次式のように得られる[17]。その詳しい導出は，他書を参照されたい[17],[37],[50]。

$$\mu(R, \phi) = \frac{1}{2} \int_0^{2\pi} \frac{1}{U^2} \left\{ \int_{-\infty}^{\infty} p_F(\xi, \beta) h(\xi_1 - \xi) \frac{D}{\sqrt{D^2 + \xi^2}} d\xi \right\} d\beta \tag{3-53}$$

ここで，$p_F(\xi, \beta)$ はファンビームの投影データ，ξ_1 と U は，次式で表される[17]。

$$U = \frac{D + R \sin(\beta - \phi)}{D} \tag{3-54}$$

$$\xi_1 = \frac{D\{R \cos(\beta - \phi)\}}{D + R \sin(\beta - \phi)} \tag{3-55}$$

式 (3-53) 中には，$\frac{1}{U^2}$ という重みの乗算が含まれている。U は，再構成される画素から線源までの距離に関するパラメーターであり，場所によって変化する。

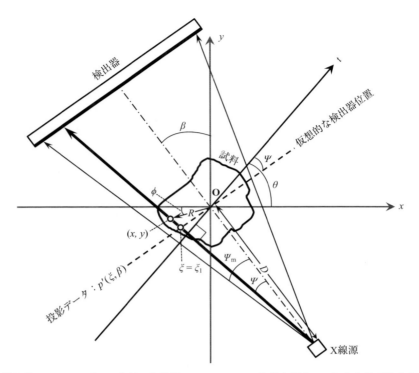

図 3.33 ある投影角度 β でファンビームを用いた投影データ $p'(\xi, \beta)$ の取得を行う．これを直接再構成することを考える．この図は，その場合の検出器，試料，X 線源の幾何学的な配置と各種パラメーターを示す模式図である．便宜的に試料の回転中心の位置に，仮想的な検出器を配置している

　実際にファンビームを用いて取得した投影データから直接再構成するには，まず投影データに $\frac{D}{\sqrt{D^2+\xi^2}}$ を掛けて修正することから始まる．次に，適切な再構成フィルターを畳み込んだ上で，重み $\frac{1}{U^2}$ を付けた逆投影を実行する．平行ビームの場合と比較して，式 (3-53) は複雑で，そのため再構成にかかる計算時間もかさむことになる．したがって，実用的にはリビニング法が用いられることも多い．

(2) コーンビーム再構成法

　一般に，産業用 X 線 CT スキャナーでは，図 3.4 (b) のように X 線管から発生したコーンビームが試料を透過した後，CCD カメラや CMOS カメラ，フラットパネルディテクターなどの 2 次元検出器に入る．この場合，得られた 2 次元の透過像のセットから 3D 画像を画像再構成するには，コーンビーム用の画像再構成法が必要になる．

　図 3.34 (a) および (b) は，それぞれ平行ビーム，およびコーンビームで取得した 1 枚の 2 次元透過像をラドン空間で見たものである．後者は，一見，放物面のように見えるが，実際には球の一部である．コーンビームで得た 1 枚の透過像のラドン空間は，検出器が無限に大きければ，図 3.35 (a) のように，球となる．球の直径は，X 線源から回転中心までの距離に等しい．さらに，試料を回転させて取得した 1 セットの投影データは，図 3.35 (b) のようにドーナッツ状の形態を取る．一般に，3D 画像再構成では，3D ラドン空間がすべて投影データで埋め尽くされていれば，完全な画像再構成ができる．図 3.35 (b) では，z 軸方向に原点から離れるに従って，データが取得できない影の領域 (Shadow zone) が存在する．検

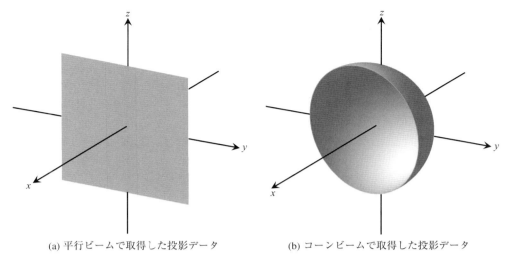

(a) 平行ビームで取得した投影データ (b) コーンビームで取得した投影データ

図 3.34 平行ビームおよびコーンビームで取得した 1 枚の 2 次元透過像をいずれもラドン空間で見たもの

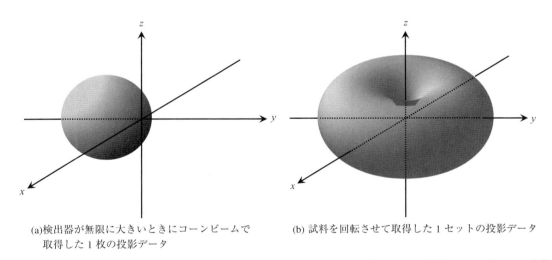

(a) 検出器が無限に大きいときにコーンビームで取得した 1 枚の投影データ (b) 試料を回転させて取得した 1 セットの投影データ

図 3.35 検出器が無限に大きいときにコーンビームで取得した 1 枚の 2 次元透過像，および試料を 360° 回転させて取得した 1 セットの投影データをいずれもラドン空間で見たもの

出器の上下方向中心に相当する断層（つまり，X 線源と同じ高さレベルの断層）では，実空間で物体を完全に再構成できる。しかし，上下方向に中心から離れた断層ほど，データの欠損のために画像再構成の精度が低下する[52]。これによる空間分解能の低下は，X 線源から試料までの距離と比較して試料が小さいときには問題にならないが，コーン角 (Cone angle) が大きくなるほど，また中心から上下に離れた断層ほど，より問題になる[52]。産業用 X 線 CT スキャナーでは，試料を X 線源に近付けて高倍率を稼ごうとすると，コーン角が大きくなるため注意が必要である。患者が静止し，検出器と X 線源がそれらの位置関係を保ったまま円軌道上を回転する医療用 CT スキャナーでは，検出器と X 線源が上下に動くとか，別の軌道を回るなどで追加の投影データを取得することで，影の領域を消す工夫も報告されている[52]〜[55]。一方，平行ビームで取得した 1 セットの投影データでは，図 3.36 のように，影となる領域は

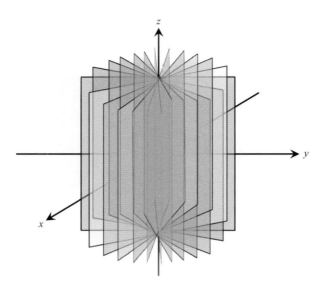

図 3.36 平行ビームを用い，試料を 360° 回転させて取得した 1 セットの投影データをラドン空間で見たもの

生じないので，同じ問題は生じない．

完全な画像再構成ができるかどうかは，トゥイの条件 (Tuy's sufficiency condition) によって規定される[56]．これは，試料を通る平面を回転させたときに，最低でも 1 回は X 線源と交差すれば，完全な画像再構成ができるという幾何学的な条件である．この条件が満たされない領域が図 3.34 (b) の影の領域である．例えば，回転中心に垂直な平面は，上述の検出器中心の断層を除いて，ラドン空間での影の領域に位置する．

以下では，近似的な画像再構成法であるフェルドカンプ法 (Feldkamp's algorithm) を概観する．フェルドカンプ法は，逆投影がコーンビームに対応したものである以外は，基本的にファンビーム再構成法と同様である．まず，画像再構成を定式化する便宜のため，やはり試料の回転中心の位置に仮想的な検出器を配置する．この様子を図 3.37 に示す．ここでは，点光源が試料の回転中心から距離 D の位置に設置されている．そして，試料の x-y 基準座標から角度 β だけ回転した投影角度で投影データ $p(\xi, \eta, \beta)$ をイメージングすることを考える．X 線源から出た X 線は，図 3.37 のように試料を透過した後，フラットな検出器に入る．ここで，検出素子が配列している方向の座標は ξ，また検出器上下方向の座標は η としている．

$$\mu(R, \phi, z) = \frac{1}{2} \int_0^{2\pi} \frac{D^2}{(D-S)^2} \left\{ \int_{-\infty}^{\infty} p(\xi, \eta, \beta) \, h(\xi_1 - \xi) \frac{D}{\sqrt{D^2 + \xi^2 + \eta^2}} \, d\xi \right\} d\beta \tag{3-56}$$

ここで，$\frac{D}{\sqrt{D^2+\xi^2+\eta^2}}$ は，入射角 Ψ の余弦に相当する．

$$\Psi = \cos^{-1} \frac{D}{\sqrt{D^2 + \xi^2 + \eta^2}} \tag{3-57}$$

実際にコーンビームを用いて取得した投影データから 3D 画像を再構成するには，まず投影データに $\frac{D}{\sqrt{D^2+\xi^2+\eta^2}}$ を掛けて逆投影を実行する．このフィルタリングは，検出器の横の列ごとに行う 1 次元のフィルタリングである．画像再構成は，上下の中心の平面上 ($\eta = 0$) では，ファンビームの画像再構成に一致

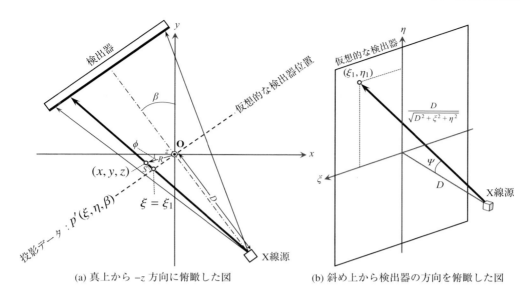

(a) 真上から $-z$ 方向に俯瞰した図　　(b) 斜め上から検出器の方向を俯瞰した図

図 3.37 ある投影角度 β でコーンビームを用いた投影データ $p'(\xi, \eta, \beta)$ の取得を行う。これをフェルドカンプ法で再構成することを考える。この図は，その場合の検出器，試料，X 線源の幾何学的な配置と各種パラメーターを示す模式図である。便宜的に試料の回転中心の位置に，仮想的な検出器を配置している

し，正確である。一方，中心から上下に離れるに従って，ぼけが生じることになる。これは，例えば 10° 以上などとコーン角が大きな場合には，注意が必要である。

フェルドカンプ法では，上記の重み付けが画素ごとに不均等になることによって，リングアーティファクトが発生することが知られている[57]。また，隣り合う断層の干渉効果 (Cross talk) によるアーティファクトも知られている[57]。その他，コーンビーム形状に起因して，試料の一部がコーンビームでカバーされず，はみ出す場合にもアーティファクトが発生する[57]。

これまで見てきたフェルドカンプ法は，前述のように近似的な画像再構成法である。数学的に厳密な画像再構成法を用いれば，コーン角が大きな場合にも，より精度の良い画像再構成が可能である。2 次元の平行ビームの場合には，投影定理を用いた画像再構成がそれに相当する。一方，コーンビームの場合，グレンジートは，コーンビームの投影データを線積分したものと 3D ラドン変換の 1 次導関数の関係を導いている (Grangeat's algorithm)[37],[58]。図 3.38 に示すように，検出器面上で線積分することで，試料に関する重み付けした面積分が得られる。これを X 線ビームの開き角で微分してリビニング処理する。さらに，その面に垂直な方向の距離を表すパラメーターで微分した後，3D 逆投影する。この手法は，実際の画像再構成に適用するには複雑過ぎることや，リビニング時の補完による誤差が大きいという問題もある。このほか，P-FDK 法（Parallel-FDK：FDK は，Feldkamp，Davis，Kress の 3 人のイニシャルで，フェルドカンプ法のことを指す）や T-FDK 法 (Tent-FDK) と呼ばれるリビニングによる手法も提案されている[59]。参考書を挙げておいたので，興味のある方は参照されたい。

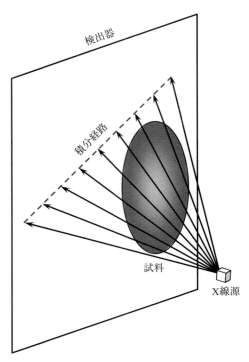

図 3.38 ある投影角度でコーンビームを用いた投影データを取得し，これをグレンジートのアルゴリズムで再構成することを考える．この図は，その場合の検出器，試料，X線源の配置と検出器面上の線積分を示したもの

3.3.5 特殊な画像再構成

(1) オフセットスキャン

X線ビームや検出器の幅よりも大きな試料をイメージングしたい場合のために，いくつかの手法が提案され，また実用されている．X線トモグラフィーでは，光学顕微鏡や電子顕微鏡観察のように自由に観察倍率を変化できることは，期待できない．むしろ逆に，倍率や空間分解能が固定されている場合も多い．また一般に，倍率を上げて高空間分解能で観察する場合には，空間分解能に反比例して観察できる視野（Field of view：略して FOV と表記される）は小さくなる．そのため，試料が大きくても内部構造の観察に一定の高い空間分解能が必要な場合には，図 3.39 (a) に示したように，試料が視野からはみ出さざるを得なくなる．この場合に 3D 画像が得られる範囲は，図 3.39 (a) の点線の円の範囲に限定される．

図 3.39 (b) および (c) は，オフセットスキャン (Offset scan) の撮像方法を模式的に描いたものである[60]．図 3.39 (b) の手法では，X線源と検出器をオフセットさせ，試料全体をカバーするように，透過像を何回かに分けて取得する．この場合，検出器をシフトさせながら複数枚の透過像を取得し，試料を回転させ再び複数枚の透過像を取得することを繰り返す．あるいは，通常の 180° 回転などのスキャンを行ったあと，検出器をシフトさせながら，同じスキャンを実施する．多くの場合，現実的には X線源と検出器を固定し，試料を検出器と平行に並進・回転させることになる．キリエレイス等は，回転軸ではなく，試料回転ステージ (Sample rotation stage) 上の試料を並進させる方法を最近報告し，図 3.39 (b) や (c) の手法との比較を行っている．以上のようにして得られた同じ投影角度の透過像は，継ぎ合わせて 1 枚の透過

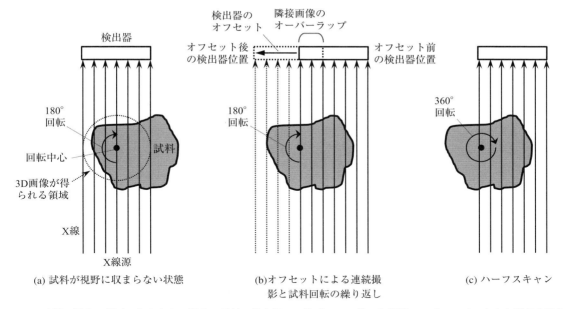

図 3.39 試料が観察の視野に収まらない場合の試料，検出器，X 線ビームの様々な関係。(b) と (c) は，大きな試料を限られたハードウェアでイメージングするための代表的な技法を示す

像とし，これを通常の手法を用いて画像再構成する．この場合，透過像の継ぎ合わせの精度がイメージングの成否の鍵となる．そのため，この手法のための様々な画像の位置合わせ (Image registration) 法が試行されている[61]．SPring-8 のイメージングビームラインでも，図 3.39 (b) の手法で得られた投影データを画像再構成するためのソフトウェアが公開されている[62]．また，後出の表 6.1 を見ると，市販の代表的な X 線 CT スキャナーでは，多くの装置でオフセットスキャンに対応していることがわかる．

ところで，著者が最近最もよく使うのは，2048 × 2048 画素の CMOS カメラで，これを 1800 投影で，式 (2-2) の I_0 画像なども含め，1900 枚程度の透過像を取得する．この投影データのサイズは，約 15.9 GB にもなる．ここで，例えば 2 つの投影像を重なりなしで継ぎ合わせるという単純な場合を想定すると，イメージングできる物体のサイズと投影データのデータ量は，いずれも 2 倍，再構成後の 3D 画像のデータ量は，4 倍になる．つまり，上記の例では，投影データは 31.8 GB，3D 画像のデータ量は，63.6 GB にも達することになる．このため，あまり多くのオフセットを行うのは，3D 画像再構成を行う上で現実的ではない．

一方，X 線トモグラフィーではあまり用いられないものの，それぞれの検出器位置で取得した投影データを画像再構成し，その後，得られた 3D 画像を継ぎ合わせることも現実には可能である．この手法は，透過型電子顕微鏡を用いたトモグラフィーなどで適用例が報告されている[63]．

図 3.39 (c) では，試料は半分程度が視野からはみ出しており，試料回転ステージの回転中心は，そちらの方向に寄せられている．こうすることで，試料を 360° 回転しながら透過像を取得することで，試料の全領域をイメージングすることができる[60]．後半の 180° 分の透過像は左右が反転され，前半 180° の投影データの対応する透過像と継ぎ合わされる（例えば，投影角 30° のデータと 210° のデータ）．ただし，この手法では，図 3.39 (b) のように 3 枚以上の透過像を継ぎ合わせることはできない．試料ステー

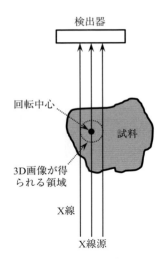

図 3.40　試料が観察の視野に収まらない場合で，完全に視野が試料の内部に存在する場合のイメージングの模式図

ジを動かせば，往々にして透過像の不完全な位置合わせにより誤差が生じる．しかし，この手法ではそのような誤差の心配は，しなくてよい．

ちなみに，このための画像再構成のソフトウェアは，ヨーロッパシンクロトロン放射光施設 (European Synchrotron Radiation Facility: ESRF) で開発され，一般に公開されている画像再構成のソフトウェア：PyHST の中にも含まれている[64]．

(2)　関心領域再構成法

関心領域（Region of interest：略して ROI と表記される）再構成法とは，大径試料の中で，特に注目すべき関心領域のみに X 線を照射して取得した不完全な投影データから，関心領域部分のみの画像再構成を行う技法を指す．ROI CT，ローカル CT (Local CT)，インテリア CT (Interior CT) などと様々な呼び方がなされる．医療用 X 線トモグラフィーでは，検出器のサイズなどハードウェアの制約から視野が制限され，これを克服するための技術と目される．しかし，最近では，心臓や脳の中の腫瘍，歯などの比較的小さな対象領域の 3D 観察を行いつつ，観察したい部位以外の被曝量を大幅に低減できる技術として活用されている．一方，シンクロトロン放射光施設での X 線トモグラフィーや産業用 X 線 CT スキャナーでは，低被曝化などのニーズは少なく，高空間分解能化に必然的に伴う狭視野化という問題への対策として重要である．図 3.40 のような状況で撮影を行った場合の実例を図 3.41 に示す[65]．視野の中心から端部（円周上）にかけてグレー値 (Grey value) が徐々に大きくなるアーティファクトが見られること，そして試料径が視野に比べて非常に大きい場合には，フラックス不足も相まって空間分解能や S/N 比も顕著に悪化することがわかる．

この場合の最も古典的な対処法は，サイノグラムの正弦曲線による外挿 (Cosine extension) や，ゼロパディング（Zero padding：ある領域をゼロの値で埋めること）と呼ばれる処理である[66],[67]．その他，既得画像を用いた方法[68]，逐次再構成法を用いて関心領域内の小領域の既知情報を活用する手法[69]，ウェーブレットをラドン変換のツールとして用いる手法[70],[71]，非圧縮センシングと圧縮センシングと呼ばれる 2 種類の厳密解法[72]など，実に様々な方法が今日までに提案されている．

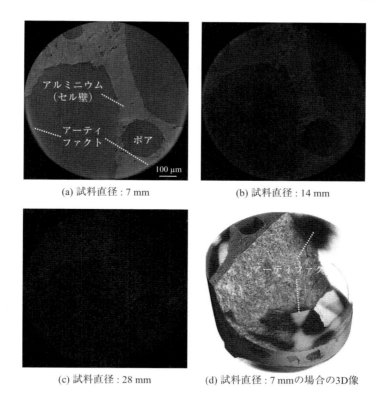

図 3.41 試料が観察の視野（この場合には，直径 1 mm）に収まらない場合で，完全に視野が試料の内部に存在する場合のイメージングの例。材料は，発泡アルミニウムで，セルを囲むセル壁（アルミニウム合金）とセル内の空気が写っている。(a) 〜 (c) は，試料直径を変えて同じ材料の同じ場所をイメージングしている。(d) は，(a) の 3D 像である。視野からはみ出す大径試料に通常の再構成を適用した場合のアーティファクトが見られる

このうち，筆者のグループの研究（参考文献 [71]）では，時間周波数解析の 1 つである離散ウェーブレット変換をフーリエ変換の代わりに用い，その局所性を利用した画像再構成を行っている。この研究では，関心領域外の X 線吸収係数の分布が関心領域の外縁での値で近似（外挿）できるものと仮定している。そのプロセスは，まずウェーブレット・ランプフィルターを作成した後，外挿処理を行う。次に，フィルター補正逆投影法のフーリエ変換・逆フーリエ変換（式 (3-27) 〜式 (3-29) に相当）の代わりに，投影データの 1 次元離散ウェーブレット変換と 2 次元逆離散ウェーブレット変換を行うというものである。結果として，図 3.40 のようなアーティファクトを低減でき，同時に S/N 比と空間分解能の向上（2 〜 4 倍）がシンクロトロン放射光を用いた構造材料の 3D イメージングで確認されている[71]。

各種手法に関して詳細を知りたい向きのために参考文献をそれぞれ挙げておいたので，参照されたい。

(3) ラミノグラフィー

ラミノグラフィーは，第 1 章の図 1.2 などでも紹介した 20 世紀前半から用いられた古典的な内部観察技術である。しかしここで説明するのは，いわゆるコンピュータラミノグラフィー (Computed laminography) であり，現在用いられている X 線トモグラフィーのヴァリエーションの 1 つと言ってもよい。ラミノグラフィーの代表的な実験装置の構成を模式的に図 3.42 に示す。X 線源と検出器は X 線トモグラフィーと同じで，試料回転ステージを X 線パスの方向に角度 ϕ だけ傾けた構成となっている。ただし，ラミ

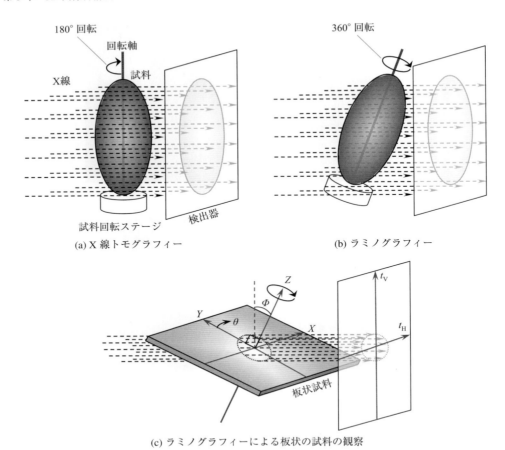

図 3.42 (a) と (b) は，通常の X 線トモグラフィーとラミノグラフィーの違い。試料の回転軸が検出器と平行ではなく，X線ビームに沿う方向に傾いている。したがって，(c) のように (a) の方式では見ることができない板状の試料の観察に適している。板状の試料が回転し，X 線は同じ所を照射し続けることになる

ノグラフィーの場合には，試料を 360° 回転させることになる。図 3.43 に，ラミノグラフィーの場合のラドン空間でのデータの分布を模式的に示す。ラミノグラフィーの場合でも，ラドン空間が完全には埋められないのは，コーンビームの場合と同じである。したがって，ラミノグラフィーは，平行ビームを用いた X 線トモグラフィーが適用できない場合に，空間分解能の低下やアーティファクトの発生を充分に承知した上で用いられるべき手法であろう。特に，板厚が大きな場合には，図 3.43 (b) のように Φ を大きくとる必要があり，ラドン空間の影の領域は，さらに大きくなる。このため，より顕著なアーティファクトが発生することになる。このように影の領域の影響が最も顕著に出るのは，板の厚み方向の断面である[73]。

ところで，図 3.42 (c) のような板材や電子基板など平たい物を切断せずに観察するのは，X 線トモグラフィーで投影角度を 180° より小さな値に限定することでも可能である。星野等は，投影角度を 150° に制限した通常の X 線トモグラフィーとラミノグラフィーによる画像を比較し，板に平行な断面では，ラミノグラフィーの方が試料の形状に忠実な再構成画像を得られると報告している[73]。これは，図 3.36 で回転範囲を 150° に限定したものを思い浮かべながら図 3.43 と比較すると，ラミノグラフィーでは，板

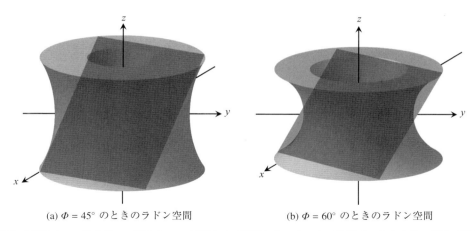

(a) $\Phi = 45°$ のときのラドン空間   (b) $\Phi = 60°$ のときのラドン空間

図 3.43 ラミノグラフィー法を用い，試料を 360° 回転させて取得した 1 セットの投影データをラドン空間で模式的に見たもの。回転軸の傾きの角度 Φ を変化させている

面方向にはるかに広く，かつ均一な領域が投影データでカバーされていることからも理解できる。

ラミノグラフィーの画像再構成には，試料回転軸の傾きを考慮した上で，通常の画像再構成の考え方を適用すればよい。フィルター補正逆投影法を用いる場合，投影データのフーリエ変換をフィルター補正したものの逆フーリエ変換をこれまでと同じくqと表示すると，その逆投影は，以下のように表される[73]。

$$\mu(X, Y, Z) = \int_0^{2\pi} q(t_H, t_V, \theta) \, d\theta \tag{3-58}$$

ここで，図 3.42 (c) に示す検出器面上の座標 (t_H, t_V) と試料座標 (X, Y, Z) は，下記の変換行列を介して結び付けられている。

$$T_{\theta,\Phi} = \begin{bmatrix} \cos\theta & \sin\theta & 0 \\ \sin\theta\sin\Phi & -\cos\theta\sin\Phi & \cos\Phi \end{bmatrix} \tag{3-59}$$

このほか，ラミノグラフィーでも試料の形状や材質（複素屈折率の実部の δ）などの先験情報を用いた逐次再構成法による再構成が試みられ，これにより上述の影の領域の影響をうまく低減できることが示されている[74]。

(4) 角度制限のある場合の画像再構成

板材や電子基板など平たい物を切断せずに観察するのは，X線トモグラフィーで投影角度を例えば 120° などと，180° より小さな値に限定することでも可能である。これは，透過型電子顕微鏡を用いたトモグラフィー観察でよく用いられる技法である。ラミノグラフィーが利用できる場合にはこれを用いればよいが，産業用 X線 CT スキャナーでは回転軸を傾けるのは物理的に困難なことも多い。その場合，ラドン空間が投影データで埋められないことによるミッシング・ウエッジ (Missing wedge) の問題にいかに対処するかが問題となる。これまで，関心領域再構成やラミノグラフィーと同様に，欠損した情報の影響を抑えられる同時逐次再構成法の利用，試料の先験情報を用いて欠損した情報をある程度回復する画像処理法の利用が報告されている[75]。必要な方は，透過型電子顕微鏡のトモグラフィーの解説論文を参照するとよい[75]。

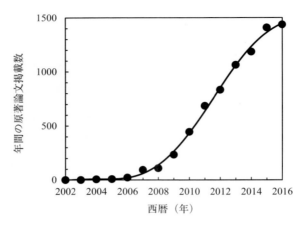

図 3.44 検索語「Tomography AND Reconstruction AND GPU」を含む原著論文数の推移を文献データベース Scopus で検索した結果

3.4　画像再構成の実際

　第 1 章で述べたように，2000 年頃には，パーソナルコンピュータが X 線 CT スキャナーの再構成や 3D 描画に用いられ始めている。1994 年には，カブラル等により GPU（Graphics processing unit：グラフィックスプロセッシングユニット）を用いた画像再構成に関する先駆的な論文（その被引用回数は，本書の発刊時点では 1,200 回を超えている）が発表されている[76]。ただ，この時代は CPU (Central processing unit) のクロック周波数が年々高くなり，シングルコアでの高速化が顕著だった（1994 年からの 10 年間でシングルコアでの画像再構成速度は，約 100 倍に向上[77]）ためか，GPU による画像再構成はすぐには実用されなかった。しかしその後，シングルコアの高速化の鈍化とマルチコア化が進み，並列計算 (Parallel computing) の環境が徐々に整っていった。図 3.44 に示すように，2010 年以降には，GPU を用いた画像再構成の方法論や応用を報告する学術論文が急増している。これは，OpenGL や DirectX といった API (Application programming interface) により，GPU を活用できる 3D プログラミング環境が整備されたことにもよる。GPU を用いた計算は，GPU コンピューティング (General-purpose computing on GPUs: GPGPU) と呼ばれる。現在では，学術論文の増加は鈍化しつつあるものの，実用的に GPU を用いた再構成が用いられるようになっている。

　GPU は，グラフィックス表示のための様々な画像処理を行い，その結果をディスプレイに表示するという機能に特化したハードウェアである。特に，大規模なデータを並列にパイプライン処理 (Pipeline processing) する高い並列計算能力が重要である。元々，画像処理用の LSI チップとビデオメモリーを載せたグラフィックスカードの形を採っていたが，現在ではパソコンなどに組み込まれた形でも流通している。

　表 3.1 は，高性能な CPU と GPU との比較である。図 3.45 には，参考までに表 3.1 に示した最新の GPU の外観写真を合わせて示す。CPU のコア数は，最大でも 30 以内であるが，GPU はその 100 倍以上もの多数のコアを搭載している。また，GPU のコア数は，約 1.4 年で倍になるペースで増加している[77]。一

表 3.1 高性能 CPU と高性能 GPU の比較

製品名	Intel Xeon Platinum 8180M	Intel Core-i9-7980XE
種別	CPU（サーバー）	CPU（パソコン）
コア数(シェーダユニット数)	28	18
動作周波数 (GHz)	2.5	2.6
最大メモリーサイズ (GB)	1500	128
メモリーの種類	DDR4-2666	DDR4-2666
TDP（熱設計電力）(W)	205	165
理論演算性能 (TFLOPS)	2.24	1.4976

製品名	AMD Radeon Pro Duo (Polaris)	NVIDIA Quadro GP100
種別	GPU	GPU
コア数(シェーダユニット数)	4608	3584
動作周波数 (GHz)	1.243	1.4
最大メモリーサイズ (GB)	32	16
メモリーの種類	GDDR5	HBM2
TDP（熱設計電力）(W)	250	235
理論演算性能 (TFLOPS)	11.456	10.3

図 3.45 最新の GPU の外観写真。表 3.1 の NVIDIA Quadro GP100（エヌビディア合同会社 林憲一氏の御厚意による）

方，GPU のコアクロック周波数は，CPU の半分程度に過ぎない．GPU の計算コアは，並列処理を実現するプロセッサのアーキテクチャのうち，SIMD (Single instruction multiple data) のように，複数コアが同一計算を行う場合にフルに能力を発揮する．そのため，GPU は，並列計算を高速にこなすことはできるが，並列度が低い計算の場合には計算速度が著しく低くなる．また，GPU はグラフィックス用メモリーを搭載しているが，メモリー容量自体は，CPU の数分の一〜百分の一程度と限られている．したがって，この範囲で実行可能な計算に分割できるような場合に限り，GPU の利用によって高速化を図ることができる．このほか，GPU には，消費電力が比較的大きいという特徴もある．総合的な演算性能は，表 3.1 の例では GPU の方が 10 倍くらい速い．また，表には記載されていないが，コストも相対的に低い．総じて，特定の計算についてはメリットが非常に大きいことがわかる．演算性能は，2003 年以降で見ても，

表 3.2　1,000 × 1,000 画素のカメラで撮影した 900 投影のデータを畳み込み逆投影法で再構成したときの 1 断層当たりの再構成時間の比較. 4 つの CPU と 1 つの GPU (NVIDIA Tesla C1060) で比較したもの[78]

	NVIDIA Tesla C1060	Xeon (E5420)	Intel Core 2 Duo	Intel Core 2 Quad	Itanium 2
種別	GPU	CPU	CPU	CPU	CPU
コア数	240	4	4	2	1
動作周波数 (GHz)	1.296	2.5	2.83	2.66	1.6
再構成所要時間 (sec/section)	0.11	0.82	1.02	1.94	3.72

CPU が 1.5 年で 2 倍の割合で増加しているのに対して, GPU では 1 年で 2 倍と急速に向上しており[77], 年々それらの間の差は, 拡がりつつある.

これに対応し, X 線トモグラフィーの画像再構成においても, GPU の恩恵は大きい. SPring-8 の上杉等は, シンクロトロン放射光と 1000 × 1000 pixels の CCD カメラを用い, 900 投影のデータを得て GPU で画像再構成している[78]. 彼らの画像再構成は, NVIDIA が 2006 年に提供を開始した GPU 向けの C 言語の統合開発環境 CUDA (Compute unified device architecture：クーダ) を用いて記述されている. 表 3.2 は, CPU と GPU の画像再構成時間を比較したものである[78]. この場合の画像再構成は, レイヤーごとに行われる. 次のレイヤーの生データの読み出しが画像再構成の計算と同時に実行でき, CPU に比べてかなりの高速化できるとしている. サイノグラムの読み出しにかかる時間は, SSD (Solid state drive) を用いれば 83 ms しかかからず, 画像再構成時間より短い. 一方, 画像再構成結果の保存は, 16 bit tiff 画像で 53 ms かかり, これは画像再構成と並んで全所要時間を律速する一要因となる.

伊野等は, コーンビームを用いた X 線トモグラフィーのフェルドカンプ法による画像再構成に GPU を利用している[79]. 彼らのデータは, 360 投影の 512 × 512 pixels の透過像で, やはり CUDA ベースの再構成計算を行っている. Core 2 Quad Q6700 CPU のパソコンに NVIDIA GeForce 8800 GTX GPU を用いた場合の再構成時間は 5.6 sec で, Xeon (3.06 GHz) を用いた場合の 135.4 sec の 24 倍に高速化されている[79]. この場合の初期化, 生データの読み出し, フィルター補正, 逆投影, 保存に要する時間は, それぞれ 0.1 sec, 0.1 sec, 0.8 sec, 4.2 sec, 0.4 sec である. 逆投影にかかる時間が 75 % とかなりの部分を占めている. また, 投影データを 1024 × 1024 pixels と高精細にした場合, 合計 4 GB となるデータを 0.5 GB ごとに分割し, 順次再構成している. 逆投影にかかる時間は 4.2 sec から 31.69 sec へと 7.5 倍になるが, 生データの読み出しにかかる時間は 0.14 sec から 6.67 sec へ, フィルター補正にかかる時間も 0.80 sec から 3.28 sec へ, 保存に要する時間も 0.37 sec から 2.42 sec へと, それぞれ 47.6 倍, 4.1 倍, 6.5 倍増加した[79]. そのため, 高精細データの場合には, データの読み出しなどがボトルネックとなるとしている.

GPU と並んで画像再構成の所要時間に大きな影響があるのが, 生データの読み出しおよび画像再構成後のデータの書き込みに用いられる記憶装置である. 現在でも, ハードディスクドライブ (Hard disk drive, HDD) が主流であるが, サンディスクが 2007 年に発売を開始した SSD (ソリッドステートドライブ：Solid state drive) は, 迅速なデータのアクセスを可能にする. X 線トモグラフィーの画像再構成においても, 高速化に資することが報告されている[78].

参考文献

[1] S.R. Deans: The Radon Transform and Some of Its Applications, Dover publications, Mineola, (1983), 204–217 (Appendix A).

[2] G.T. Herman: Fundamentals of Computerized Tomography: Image Reconstruction from Projections, Springer-Verlag, London, (2009).

[3] F. Natterer, and F. Wübbeling: Mathematical Methods in Image Reconstruction, The society for industrial and applied mathematics, Philadelphia, (2001).

[4] P. Grangeat, J.-L. Amans (Eds.): Three-Dimensional Image Reconstruction in Radiology and Nuclear Medicine, Kluwer academic publishers, (1996).

[5] G.L. Zeng: Image Reconstruction: Applications in Medical Sciences, Walter de Gruyter GmbH, Berlin/Boston, (2017).

[6] V. Palamodov: Reconstruction from Integral Data, Chapman and Hall/CRC, Boca Raton, (2016).

[7] G. Zeng: Medical Image Reconstruction: A Conceptual Tutorial, Springer-Verlag, Berlin, (2010).

[8] G.N. Hounsfield: Nobel Lecture, (1979), (https://www.nobelprize.org/nobel_prizes/medicine/laureates/1979/hounsfield-lecture.pdf)

[9] 木村和衛，片倉俊彦，鈴木憲二：断層撮影法研究会誌, 16(1989), 247–250.

[10] 森一生：特許公報 1990, 特許第 2128454 号.

[11] H. Hu: Medical Physics, 26(1999), 5–18.

[12] H. Toda, K. Shimizu, K. Uesugi, Y. Suzuki and M. Kobayashi: Materials Transactions, 51(2010), 2045–2048.

[13] H.H. Barrett and W. Swindell: Radiological imaging, The theory of image formation, detection, and processing, Academic press, New York, (1981).

[14] B.M. Thorsten: Computed Tomography, From Photon Statistics to Modern Cone-Beam CT, Springer-Verlag, Berlin-Heidelberg, Germany, (2008).

[15] J.E. Gentle: "§3.1 Gaussian Elimination" in Numerical Linear Algebra for Applications in Statistics, Springer- Verlag, Berlin, (1998), 87–91.

[16] W.H. Press, B.P. Flannery, S.A. Teukolsky and W.T. Vetterling: "§2.3 LU Decomposition and Its Applications." in Numerical Recipes in FORTRAN: The Art of Scientific Computing, 2nd ed., Cambridge University Press, Cambridge, (1992), 34–42.

[17] A.C. Kak and M. Slaney: Principles of Computerized Tomographic Imaging, Society of Industial and Applied Mathematics, Philadelphia, Pennsylvania, (1988).

[18] F. Natterer: The Mathematics of Computerized Tomography (Classics in Applied Mathematics), Society for Industrial and Applied Mathematics, (2001).

[19] S. Kaczmarz: Bulletin International de l'Académie Polonaise des Sciences et des Lettres. Classe des Sciences Mathématiques et Naturelles. Série A, Sciences Mathématiques, 35(1937), 355–357.

[20] R. Gordon, R. Bender and G.T. Herman: Journal of Theoretical Biology, 29(1970), 471–481.

[21] A. Rosenfeld and A.C. Kak: Digital Picture Processing, 2nd ed., Academic Press, New York, (1982).

[22] G.T. Herman: 1980, Fundamentals of Computerized Tomography: Image Reconstruction from Projections, Academic Press, New York-London, (1980).

[23] Y. Censor and S.A. Zenios: Parallel Optimization: Theory, Algorithms, and Applications, Oxford University Press, New York, NY, (1997).

[24] A.H. Andersen and A.C. Kak: Ultrasonic Imaging, 6(1984), 81–94.

[25] P. Gilbert: Journal of Theoretical Biology, 36(1972), 105–117.

[26] T. Elfving: Numerische Mathematik, 35(1980), 1–12.

[27] H. Hurwitz Jr.: Physical Review A., 12(1975), 698–706.
[28] L.A. Shepp and Y. Vardi: IEEE Transactions on Medical Imaging, 1(1982), 113–22.
[29] E. Levitan, and G.T. Herman: IEEE Transactions on Medical Imaging, 6(1987), 185–192.
[30] H.M. Hudson and R.S. Larkin: IEEE Transactions on Medical Imaging, 13(1994), 601–609.
[31] E. Tanaka, H. Kudo: Physics in Medicine & Biology, 48(2003), 1405–1422.
[32] M. Beister, D. Kolditz aand W.A. Kalender: Physica Medica, 28(2012), 94–108.
[33] J.-B. Thibault, K.D. Sauer, C.A. Bouman, J.A. Hsieh: Medical Physics, 34(2007), 4526–4544.
[34] R.L. Siddon: Medical Physics, 12(1985), 252–255.
[35] B. De Man, J. Nuyts, P. Dupont, G. Marchal, P. Suetens: IEEE Transactions on Medical Imaging, 20(2001), 999–1008.
[36] W. Xu and K. Mueller: Proceedings of the 2nd High Performance Image Reconstruction Workshop, Beijing, China, (2009) 1–4.
[37] T.M. Buzug: Computed Tomography: From Photon Statistics to Modern Cone-Beam CT, Springer, Berlin, Germany, (2008).
[38] H. Qu, F. Xu, X. Hu, H. Miao, T. Xiao and Z. Zhang: Proceedings of the 2010 Symposium on Security Detection and Information, Procedia Engineering, 7(2010), 63–71.
[39] 中野司，中島善人，中村光一，池田進：地質学雑誌, 106(2000), 363–378.
[40] JASRI / SPring-8 ：高分解能 X 線 CT 装置画像再構成手順書，http://www-bl20.spring8.or.jp/xct/manual/reconstruction_2004_07_04.pdf（2017 年 7 月に検索）
[41] MathWorks ホームページ：https://jp.mathworks.com/help/images/ref/iradon.html（2017 年 7 月に検索）
[42] ImageJ ホームページ：https://imagej.nih.gov/ij/plugins/radon-transform.html（2017 年 7 月に検索）
[43] SPring-8 BL20: Convolution Back-Projection (CBP) 法による X 線 CT 画像の再構成 version 2, http://www-bl20.spring8.or.jp/~sp8ct/tmp/CBP.A5.pdf（2017 年 7 月に検索）
[44] A. Rosenfeld, A.C. Kak: Digital Picture Processing, Academic Press, New York, NY, (1976).
[45] R.N. Bracewell and A.C. Riddle: The Astrophysical Journal, 150(1967), 427–434.
[46] E. Tanaka S. Mori T. Yamashita: Physics in Medicine & Biology, 39(1994), 389–400.
[47] NiftyRec 2.0 ホームページ：http://niftyrec.scienceontheweb.net/wordpress/（2017 年 7 月に検索）
[48] The ASTRA Toolbox ホームページ：https://www.astra-toolbox.com/#（2017 年 7 月に検索）
[49] ImagingScience4Neutrons ホームページ：http://www.imagingscience.ch/tools/（2017 年 7 月に検索）
[50] J. Hsieh: Computed Tomography Principles, Design, Artifacts, and Recent Advances, Second Edition, Wiley Interscience, Bellingham, WA, (2015), 101.
[51] W.A. Kalender: Computed Tomography: Fundamentals, System Technology, Image Quality, Applications, 3rd Edition, Wiley Interscience, Bellingham, WA, (2011), 316.
[52] T. Gomi: Recent Patents on Medical Imaging, 1(2009), 1–12.
[53] G.L. Geng and G.T. Gullberg: Physics in Medicine & Biology, 37(1992), 563–577.
[54] X. Yan and R.M. Leahy: Physics in Medicine & Biology, 37(1992), 493–506.
[55] H. Kudo, R. Clark, T.A. White and T.J. Roney: IEEE Transactions on Medical Imaging, 13(1994), 196–211.
[56] H.K. Tuy: SIAM Journal on Applied Mathematics, 43(1983), 546–552.
[57] G.L. Zeng and G.T. Gullberg: IEEE Transactions on Nuclear Science, 37(1990), 759–767.
[58] P. Grangeat: "Mathematical framework of cone beam 3d reconstruction via the first derivative of the radon transform," in Mathematical Methods in Tomography, ser. Lecture Notes in Mathematics, G. Herman, A. Louis, and F. Natterer, Eds. Springer Berlin Heidelberg, (1991), vol. 1497, pp. 66–97.
[59] L. Li, Z. Chen and G. Wang: Reconstruction algorithms. In Cone Beam Computed Tomography (Editor: C.C. Shaw).

Series: Imaging in Medical Diagnosis and Therapy (W.R. Hendee, Series Editor), Taylor & Francis, (2011).

[60] D. Schneberk, R. Maziuk, B. Soyfer, N. Shashishekhar and R. Alreja: AIP Conference Proceedings, 1706(2016), 110002.
[61] L.G. Brown: ACM Computing Surveys, 24(1992), 325–376.
[62] SPring-8 BL20: Offset CT Reconstruction procedure (2008.10.11 版，PDF 形式), http://www-bl20.spring8.or.jp/xct/manual/OffsetCTrec.pdf （2017 年 8 月に検索）
[63] A. Kyrieleis, M. Ibison, V. Titarenko, P.J. Withers: Nuclear Instruments and Methods in Physics Research A, 07 (2009) 677–684.
[64] A. Hammersley and A. Mirone: pyHST (High Speed Tomography in python version) software, ESRF, http://www.esrf.eu/home/UsersAndScience/Experiments/StructMaterials/ID19/microtomography.html（2017 年 8 月に検索）
[65] T. Ohgaki, H. Toda, K. Uesugi, T. Kobayashi, K. Makii, T. Takagi and Y. Aruga: Materials Science Forum, 539–543(2006), 287–292.
[66] R.M. Lewitt and R.H.T. Bates: Optik, 50(1978), 189–204.
[67] P.S. Cho, A.D. Rudd and R.H. Johnson: Computerized Medical Imaging and Graphics, 20(1996), 49–57.
[68] J. Lee, J.S. Kim and S. Cho: Journal of applied clinical medical physics, 15(2014), 252–261.
[69] P. Paleo and A. Mirone: Advanced Structural and Chemical Imaging. 3(2017), published online 2017 Jan 19. doi:10.1186/s40679-017-0038-1.
[70] F. Rashid-Farrokh, K.J.R. Liu, C.A. Berenstein and D. Walnut: IEEE Transactions on Image Processing, 6(1997), 1412–1430.
[71] L. Li, H. Toda, T. Ohgaki, M. Kobayashi and T. Kobayashi: Journal of Applied Physics, 102(2007), 114908, published online : doi: http://dx.doi.org/10.1063/1.2818374
[72] 工藤博幸: Medical Imaging Technology, 34 (2016), 186–197.
[73] 星野真人，上杉健太朗，竹内晃久，鈴木芳生，八木直人：放射光, 26(2013), 257–267.
[74] S. Harasse, W. Yashiro and A. Momose: Optics Express, 19(2011), 16560–16573.
[75] 馬場則男：顕微鏡, 39(2004), 4–10.
[76] B. Cabral, N. Cam, and J. Foran: Proceedings of the Volume Visualization, ACM, New York, USA, (1994), 91–98.
[77] G. Pratx and L. Xing: Medical Physics, 38(2011), 2685–2697.
[78] K. Uesugi, M. Hoshino, A. Takeuchi, Y. Suzuki, N. Yagi and T. Nakano: AIP Conference Proceedings, 1266(2010), 47–50. View online: http://dx.doi.org/10.1063/1.3478197.
[79] Y. Okitsu, F. Ino and K. Hagihara: Parallel Computing archive, 36(2010), 129–141.

第4章 ハードウェア

2008年10月, "Christmas could bring with it a new hazard as you wrap your gifts - X-ray-emitting sticky tape."[1] というセンセーショナルな見出しが新聞に踊った。これは，粘着テープを勢いよく剥がすとX線が発生するという，UCLAのカマラ等のネイチャーの論文に関するものであった[2]。これを契機に，摩擦ルミネセンス（Triboluminescence：物体を摩擦したり，破壊したり，変形させたりしたときに光を放出する現象）という言葉が広まり，実際にX線の発生を検知できたという報告例も相次いだ。カマラ等は，直ちにトライボジェニクスと称するベンチャー企業を立ち上げ，摩擦ルミネセンスに基づく小型X線源を作った。そして，ネイチャーの論文からわずか5年後には，重さ2.5kgにも満たない超小型のX線イメージング装置を作り，電卓のレントゲン写真まで撮って見せた[3]。X線に関する科学・工学用機器の進歩は，近年目覚ましいものがある。そのユーザーたる我々は，技術の最新の動向に鈍感ではいられない。今は，そんな時代である。

ただし，新しいものをただ追いかけるだけでは，X線トモグラフィーで満足のいく計測は期待できない。これは，X線CTスキャナーがいくつもの構成機器や技術要素からなり，それらの選定や設定，実験条件次第では，得られる3D像の画質が大幅に低下したり，時には見えるはずのものが見えなかったりするためである。観察対象の構造のサイズとX線CTスキャナーの空間分解能が比較的近い点も，その要因の一つである。その点は，汎用性の高い光学顕微鏡や各種電子顕微鏡など，スイッチを入れればそれなりに観察できる他の観察用機器とは，大きく異なる点である。

構成機器の選定や技術要素の理解，実験条件の設定を正しく行うための第一歩として，機器の原理や種類，評価方法などの基本的な理解を得るのがこの章の目的である。X線CTスキャナーを構成する一般的なハードウェアについて，X線の発生から検出まで，いくつかに分類して紹介する。

4.1　X線源

4.1.1　X線の発生

電磁波と原子の相互作用は，2.1.2節に記述した。一方，ここでは，電子線を中心とした荷電粒子

(Charged particles) 線と原子の相互作用を概観する。

(1) 制動放射

図 4.1 には，高速の電子が物質に入射したときに生じる相互作用を原子 1 個のレベルで模式的に描いた。また，そのときに物質から放射される X 線のスペクトルを模式的に図 4.2 に示す。図 4.1 (a) ～ (c) では，制動放射（Bremsstrahlung：ドイツ語を語源とする。発音は，[brɛmzʃtrɑːlʊŋ]）により連続 X 線 (Continuous X-ray) が発生する。連続 X 線は，図 4.2 で広いエネルギー範囲に分布していることがわかる。このような X 線を白色 X 線 (White X-ray) と呼ぶ。また，低エネルギー側ほど強度が高くなっていることもわかる（図中の点線）。

図 4.1 (a) では，電子が原子核と直接衝突する。1 回の衝突で電子は全運動エネルギーをなくし，制動放射により X 線が発生する。これは，高エネルギーの X 線を発生させる。図 4.2 のスペクトルの上限がこれで規定される（いわゆる，デュエーン－ハントの法則 (Duane - Hunt law)）。ただし，その発生は極めて稀な事象なので，図 4.2 の高エネルギー側の端部の X 線強度は，かなり小さくなっている。発生する X 線エネルギーの上限値：E_{max} は，X 線管球の管電圧 (Tube voltage) V_a [V] と電子の電荷 e ($= 1.602 \times 10^{-19}$ C) を用いて以下のように表される。

$$E_{max} = eV_a \tag{4-1}$$

なお，管電圧は，そのピーク値をキロボルトで表し，単位を [kVp] と表記されることも多いが，本書では [kV] と表記している。図 4.2 からもわかるように，管電圧 $V_a = 120$ kV のときには，$E_{max} = 120$ keV，100 kV のときには $E_{max} = 100$ keV となる。図 4.2 の破線のように，管電圧が同じで電子が衝突する物質が異なると，E_{max} は同じで強度が変化する。ちなみに，図 4.2 の実線は，X 線管球を用いて発生させた X 線のスペクトルを想定したものである。図 4.2 に見られる低エネルギー側の X 線強度の落ち込みは，X 線がターゲット自身や X 線管球の窓材で吸収されることに規定される。最近では，窓材にベリリウムを用いることも多く，その場合には低エネルギー側の X 線強度の落ち込みは限定的である。必要な向きは，式 (2-2)，式 (2-10) と表 2.1 のデータを用いて試算してみて欲しい。図 4.2 は，その他にも後述の特性 X 線のピーク，それにその右側にはターゲット材自身の K 吸収端による減衰が現れるなど，非常に複雑な様相を呈する。

図 4.3 は，制動放射により発生する X 線の平均エネルギーを X 線管球の管電圧の関数として示したものである[4]。平均エネルギーを知ると，線吸収係数を調べてイメージングに必要な管電圧や撮像可能な試料サイズを概算するのに便利である。6，70 kV 位の管電圧では，エネルギーの平均値は，管電圧のちょうど半分程度になっている。これは，覚えておくとよい[4]。

ところで，制動放射は，電子以外の荷電粒子でも発生する。入射する荷電粒子の質量と電荷をそれぞれ m と ze，物質の電荷を Ze とする（Z は原子番号）と，制動放射によって発生する X 線の強度を全エネルギー，全方向積分した全強度 I_b は，下記のようになる[4]。

$$I_b \propto \frac{Z^2 z^4 e^6}{m^2} \tag{4-2}$$

例えば，プロトン（Proton：陽子のこと）と α 粒子（ヘリウム原子 ^{4}He の原子核）の質量は，それぞれ電子の 1.8×10^3，7.3×10^3 倍である。そのため，電子による制動放射は，プロトンや α 粒子に比べて桁違

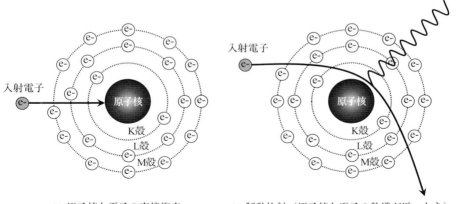

(a) 原子核と電子の直接衝突　　　(b) 制動放射（原子核と電子の軌道が近いとき）

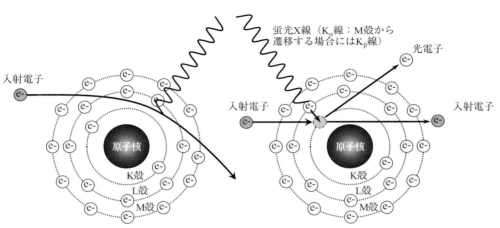

(c) 制動放射（原子核と電子の軌道が遠いとき）　　　(d) 内殻電子放出（蛍光X線の放射）

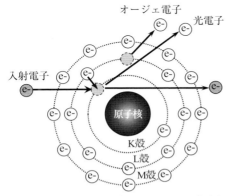

(e) 内殻電子の放出（オージェ電子の放出）

図 4.1　加速された電子と原子の様々な相互作用の模式図

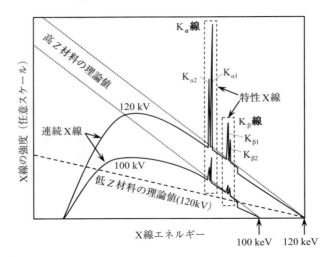

図 4.2 金属ターゲットに加速した電子線を入射したときに得られる X 線のスペクトルの模式図（点線）。破線は，点線と比べて原子番号の小さな物質に電子が衝突したときのスペクトルを，実線は，実際に X 線管球から発生した X 線のスペクトルをそれぞれ示す

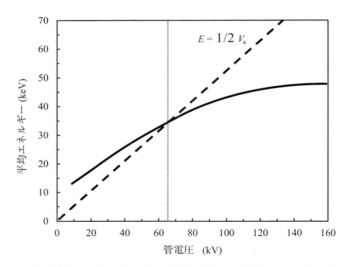

図 4.3 管電圧と制動放射により発生する平均エネルギーの関係の模式図。図中には，X 線エネルギーが管電圧のちょうど 1/2 になるときを破線で，またその破線と平均エネルギーの交点の管電圧を点線で示している[4]

いに大きい。また，式 (4-2) は，原子番号の大きな金属ターゲット (Target) を用いると，高い X 線強度が得られることを示している。

　電子が原子核と衝突しなければ，電子は図 4.1 (b) と (c) のように，原子核の近くを通過することが考えられる。その場合，電子は原子核のクーロン場の中で進路が曲げられ，また同時に減速する。これに伴い制動放射で X 線が発生することは，X 線管球などで X 線が得られる主要なメカニズムである。このように発生する X 線の強度は，入射する電子のエネルギーと物質の原子番号の増加とともに増加する。図 4.1 (b) と (c) を比べると，原子核のより近くを電子が通る図 4.1 (b) のような場合には，電子はより大

表 4.1 各種金属材料および電子放出材料の融点，熱伝導率および仕事関数[9]

材料	融点 (℃)	熱伝導率 (W/mK)	仕事関数 (eV)
Ag	961	425	4.5
Cu	1083	397	4.6
Co	1478	96	4.4
Fe	1539	78.2	4.5
Rh	1967	148	4.7
Zr	1855	22.6	4.1
Mo	2622	137	4.2
W	3382	174	4.5
LaB$_6$	2210	47	2.8
TiC	3067	33.5	3.5
TaC	3983	21.9	3.8
HfC	3928	30	3.4
NbC	3600	15.0	3.8

きく曲げられ，また減速も大きい。これに伴い，より高いエネルギーのX線が放射される。

電子のもつ運動エネルギーと制動放射のエネルギーの比は，X線の発生効率 (Efficiency of Bremsstrahlung production) η で与えられる。

$$\eta = KZV_a \tag{4-3}$$

ここで，$K = 9.2 \times 10^{-7}$(kV) は，定数である[5]。この式は，単位時間に発生するX線のエネルギー $KZV_a^2 J$（J は，電流）を電子のエネルギー $V_a J$ で割ることで得られる。管電圧が 100 kV のとき，銅とタングステンで η を計算すると，それぞれ 0.27％と 0.68％になる。つまり，ほとんどの投入エネルギーは，熱となって放散されることになる。入射電子から物質に伝達されるエネルギーは，そのほとんどが物質をイオン化させるだけでX線を発生させることはない。したがって，X線管球のターゲットは，温度上昇が著しい。そのため，耐熱性に優れ，周囲へ効率良く伝熱できる金属材料が適している。参考までに，表 4.1 には，各種金属の融点および熱伝導率を示している[9]。その意味でも，ターゲットの材料には，融点が高く熱伝導率に優れたタングステンなどが適していると言える。

(2) 特性X線

図 4.1 (d) の場合には，入射電子によりK殻から電子がはじき出され，原子は励起状態 (Excited state) となる。2.1.2 節で見たように，そこに外殻電子が遷移することで，蛍光X線が発生する。蛍光X線のエネルギーは，蛍光を発した原子に依存し，遷移前後の軌道の結合エネルギー差に相当するエネルギーをもったX線が放射されるため，特性X線 (Characteristic X-ray) と呼ばれる。このため，X線管球の場合には特性X線を発生させるために必要な最低の管電圧が存在し，これを励起電圧 (Excitation voltage) と呼ぶ。このうち，電子がL殻から遷移することで発生する特性X線を K_α 線，M殻やN殻からのものを K_β 線と表示する。図 4.2 で見られるいくつかの鋭いピークがそれである。通常，K_α 線と K_β 線は明瞭に区別できる。いずれも非常に狭いエネルギー範囲をもつため，単色X線が必要な実験では，特性X線が利用される。特性X線のエネルギー：E_c と物質の原子番号 Z の関係は，モズリーの法則 (Moseley's law) によって簡便に計算することができる[6]。

表 4.2 X線管球のターゲットに用いられる代表的な元素に対する特性X線のエネルギー値（eV単位）[8]

原子番号	元素	$K_{\alpha 1}$	$K_{\alpha 2}$	K_{α}（平均）	$K_{\beta 1}$
24	Cr	5414.72	5405.51	5411.65	5946.71
26	Fe	6403.84	6390.84	6399.51	7057.98
27	Co	6930.32	6915.30	6925.31	7649.43
29	Cu	8047.78	8027.83	8041.13	8905.29
42	Mo	17479.34	17374.30	17444.33	19608.30
45	Rh	20216.10	20073.70	20168.63	22723.60
47	Ag	22162.92	21990.30	22105.38	24942.40
74	W	59318.24	57981.70	58872.73	67244.30

$$\sqrt{\frac{E_c}{R_y}} = (Z - \sigma_n)\sqrt{\frac{1}{n_1^2} - \frac{1}{n_2^2}} \tag{4-4}$$

ここで，$R_y = 2.18 \times 10^{-18}$ J ≈ 13.6 eV で基底状態水素原子 ($Z = 1$) の電子束縛エネルギーに相当する。また，n_i は，K殻，L殻，M殻について，それぞれ1，2，3となる。σ_n は定数で，多電子系における水素原子モデルからの補正項に対応する。σ_n は，n_i と Z に依存するが，$Z < 30$ では，$\sigma_n \approx 1$ となる。したがって，K_α 線だけを考えると，次式のように簡略化される。

$$\sqrt{\frac{E_c}{R_y}} = (Z - 1)\sqrt{\frac{3}{4}} \tag{4-5}$$

表2.3で見たように，同じ軌道の電子にもわずかなエネルギー差があり，一般にこれを下付きの数字で表す。例えば，表2.3の L_I 殻（L殻の2s軌道）と L_{II} 殻，L_{III} 殻（L殻の2p軌道）のうち，K殻へは L_{III} 殻と L_{II} 殻のみから遷移でき，それぞれ $K_{\alpha 1}$ 線，$K_{\alpha 2}$ 線と区別して表記する。$K_{\alpha 1}$ 線，$K_{\alpha 2}$ 線の強度比は 2:1 で[7]，非常に近いので区別せずに用いられる。その場合の波長の値は，両者を加重平均したものが使われる[7]。

$$\lambda_{K_\alpha} = \frac{2\lambda_{K_{\alpha 1}} + \lambda_{K_{\alpha 2}}}{3} \tag{4-6}$$

ここで，λ_{K_α}，$\lambda_{K_{\alpha 1}}$，$\lambda_{K_{\alpha 2}}$ は，それぞれ平均，および L_{III} 殻と L_{II} 殻に対応する特性X線の波長である。なお，K_β 線は，これらよりさらに数分の一程度まで弱くなる。参考のために，X線管球のターゲットに用いられる代表的な金属元素に対する特性X線のエネルギーの値を表4.2にまとめておく[8]。X線を分析に用いる場合，式(4-2)で見た強度の原子番号依存性だけではなく，ターゲット材料の特性X線が分析対象の材料の特性X線と重ならないように配慮することも重要である。また，表2.1と表4.2から，例えば銅のK吸収端は 8.98 keV，$K_{\alpha 1}$，$K_{\alpha 2}$ はそれぞれ 8.05 keV，8.03 keV である。したがって，銅をターゲットとして用いた場合，発生する特性X線はターゲット材自身には比較的吸収されにくい。しかしながら，銅よりわずかに原子番号が小さな鉄（K吸収端 7.11 keV）やコバルト（K吸収端 7.71 keV）を含む試料に銅をターゲットとして発生させたX線を入射した場合には，試料による特性X線の吸収が顕著に生じ，蛍光X線が発生してバックグラウンドのレベルが上昇する。

上記の励起状態から戻るため，図 4.1 (e) の場合のように，オージェ電子が放出されることもあることは，第2章で見たとおりである。蛍光X線とオージェ電子のどちらが生じるかの確率を表す蛍光収率は，多くの元素に対して，既に図2.6にまとめてある。

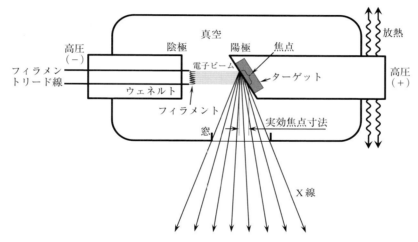

図 4.4 固定陽極 X 線管の構造を示す模式図

　図 4.2 には，X 線管球の場合に，その管電圧を変化させた場合の 2 つのスペクトルを示している。高電圧を印加した場合，特性 X 線，連続 X 線とも強度が増加している。一方，特性 X 線のピーク位置は材料固有のものであり変化しないが，連続 X 線のピークは高エネルギー側にシフトしていることがわかる。

4.1.2　X 線管球

　低圧のガス中に配置した電極間で放電を起こさせて電子を引き出すのがレントゲンの時代のクルックス管である。現在広く使われている X 線管球の構成は，基本的には 1913 年にクーリッジによって発明されたクーリッジ管と同じである。この節では，これらの構成要素を順に解説する。

　言うまでもなく，X 線管球は，産業用 X 線 CT スキャナーによるイメージングの可否や画質を規定する重要な構成機器である。その基本となる物理は，4.1.1 節で見たとおりである。図 4.4 に模式的に示す固定陽極 X 線管球は，電子を放出するフィラメント (Filament)（陰極：Cathode）と X 線を発生させるターゲット（陽極：Anode），それにそれらを包む 10^{-6} Pa 程度に真空封止された管容器からなる。これは，密閉型 X 線管球 (Sealed X-ray tube) と呼ばれる。また，管外に真空ポンプなどを設置し，常時，管内部を真空ポンプで排気する開放型 X 線管球 (Open X-ray tube) もある。開放型であれば，ターゲットやフィラメントなどを交換することもできる。陰極－陽極間には，5 ～ 600 kV 程度の高電圧が印加される。一般には，ターゲットは，一方向に X 線を照射するために傾斜しており（反射型），発生したコーンビーム状の X 線は，窓の部分から外部に出る。窓は，ガラスないしはベリリウムの薄膜（マイクロフォーカス管で 150 ～ 500 μm 程度）からなる。後出の表 6.1 に示す市販の X 線 CT スキャナーでは，特殊なカーボン材料も用いられており，また高エネルギーの場合には，アルミニウムも用いられることがわかる。ベリリウムには毒性があり，水とも反応するなど，取り扱いに注意を要する。また，$Z = 4$ と軽元素であり，X 線をよく透過する。例えば，500 μm 厚のベリリウム窓は，エネルギー 10 keV の X 線を 95 %，20 keV では 98 % 以上透過する。ターゲットの周囲には，熱伝導に優れた銅などの金属が配され，空冷や，場合によっては水冷や油冷などにより，高温になるターゲットをできるだけ冷却する工夫が施されている。

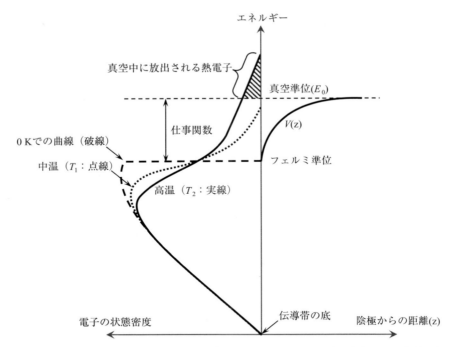

図 4.5 熱電子放出の概念を表す模式図。右半分は，陰極表面のポテンシャルを示す。左半分は，絶対 0 度および温度 T_1，T_2 ($T_1 < T_2$) での電子のエネルギー分布を示す

(1) 陰極

X 線を発生させるためには，電子を得る必要がある。金属が電子を放出する現象には，熱電子放出 (Thermionic emission)，光電子放出，電界放出 (Field emission)，二次電子放出などがある。このうち，X 線管球では，主として熱電子放出現象により得られる熱電子 (Thermion) を利用する。ちなみに，この熱電子放出は，シンクロトロン放射光施設の線形加速器の電子銃，真空管，昔テレビに用いられたブラウン管などでも利用されている。

熱電子放出は，伝導帯の自由電子にエネルギーを与えることで，自由電子が表面障壁を越えて放出される現象である。図 4.5 は，フェルミ－ディラック分布 (Fermi - Dirac distribution) により与えられる金属中の電子の状態密度と陰極表面のポテンシャルの関係を模式的に示したものである。電子を 1 つ真空中に飛び出させるために必要な最小のエネルギーは，仕事関数 (Work function) ϕ と呼ばれる。これは，図 4.5 に示すフェルミ準位と真空準位の差に相当する。また，この ϕ の値は，金属によって異なることが知られている。表 4.1 には，熱電子を利用する場合に用いられる代表的な材料について，仕事関数の値を示した[9]。温度が絶対 0 度のときには，図 4.5 の破線のようにフェルミ準位以下はすべて電子で満たされ，それ以上のエネルギーをもつ電子の存在確率は，0 である。フェルミ準位にある電子は，仕事関数以上のエネルギーを得られれば，真空中に放出される。仕事関数に相当するエネルギーを電子に与えるには，フィラメント加熱電流を流すことで，ジュール熱によりフィラメント金属を加熱すればよい。温度の上昇とともに，図 4.5 の左半分に示した点線（温度 T_1）のように，電子の存在確率が次第に高いエネルギー準位にまで及ぶようになる。図 4.5 の左半分の実線（温度 T_2 ただし，$T_2 > T_1$）では，曲線の上

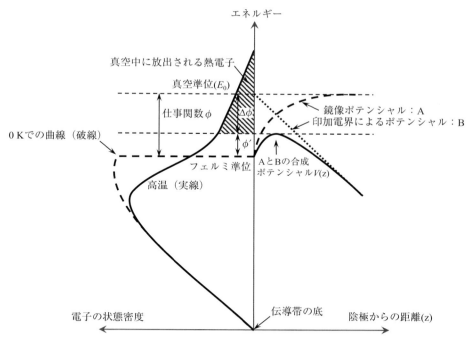

図 4.6 陰極面に電界がかかる場合の熱電子放出の概念を表す模式図。右半分は，陰極表面のポテンシャルを示す。左半分は，高温での電子のエネルギー分布を示す

端が真空準位を越えており，斜線部分に相当する量の電子の放出が生じるようになる。熱電子放出は表面障壁を越えたときに一気に生じるため，低エネルギー側に偏ったエネルギー分布になる。図 4.5 の右半分に示した陰極表面のポテンシャル $V(z)$ は，金属表面上で電子自身が作る鏡像ポテンシャルである。これは，電子と陰極との距離を z，真空準位を E_0 として，下式のように表される。

$$V(z) = E_0 - \frac{e^2}{16\pi\varepsilon_0 z} \tag{4-7}$$

ここで，ε_0 は真空の誘電率である。また，比較的高い電界 F がかかる場合には，図 4.6 のように，電界の傾きをもつ電界ポテンシャル分が加算される。

$$V(z) = E_0 - \frac{e^2}{16\pi\varepsilon_0 z} - eFz \tag{4-8}$$

このような場合には，実効的な仕事関数 ϕ' は，元の値から $\Delta\phi$ だけ低下することになる。このような電界の効果をショットキー効果 (Schottky effect) と呼ぶ。ショットキー効果により，ポテンシャル障壁の低下は，

$$z = \frac{1}{4}\sqrt{\frac{e}{\pi\varepsilon_0 F}} \tag{4-9}$$

の位置で最大となり，ϕ' は以下のようになる。

$$\phi' = \phi - \frac{e}{2}\sqrt{\frac{eF}{\pi\varepsilon_0}} \tag{4-10}$$

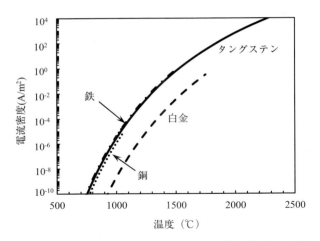

図 4.7 各種金属を X 線管球のフィラメントとして用いたときの熱電子の飽和電子流の密度と温度の関係。タングステン（実線），白金（破線），銅（点線），鉄（1点鎖線）のうち，タングステン以外の金属は，融点付近でプロットを打ち切っている

　熱電子放出を利用した電子の供給には，どのような材料が適しているであろうか？ 電界の効果がない場合，単位面積当たりに放出される熱電子の量を電流密度 J_c [A/m²] で表すと，以下のように表される[10]。これは，図 4.5 で真空準位より高いエネルギー分布（斜線部）を積分することで得られる。

$$J_c = \frac{4\pi m e k^2}{h^3} T^2 e^{-\phi/kT} \tag{4-11}$$

ここで，h はプランク定数，k はボルツマン定数，m は，この場合には電子の質量で，T は絶対温度である。この式は，リチャードソン－ダッシュマンの式 (Richardson - Dushman equation) と呼ばれる。式 (4-11) の右辺の係数部分は，一般に熱電子放出定数と呼ばれる。この係数は，金属の種類によらず一定で，その理論値は 1.20×10^6 [A/(m²·K²)] となる。理想的な場合の熱電子ビームの電流は，式 (4-11) の電流密度に陰極の面積を掛けることで求めることができる。

　また，電界の影響がある場合，下式のように，式 (4-11) の場合と比較して熱電子ビームの電流密度は増加する。

$$J'_c = \frac{4\pi m e k^2}{h^3} T^2 \exp\left(-\frac{\phi - \beta F^{1/2}}{kT}\right) \tag{4-12}$$

$$\beta = \frac{e}{2}\sqrt{\frac{e}{\pi\varepsilon_0}} \tag{4-13}$$

　ここで，電界の影響を考慮しない式 (4-11) を用い，タングステン，白金，銅，鉄の J_c 値を計算してみる。結果は，図 4.7 である。図中，融点が横軸の上限値より 900 ℃ 近く高いタングステン以外の金属については，融点付近でプロットを打ち切っている。耐熱性を考えると，融点よりかなり低い温度までしか実用に耐えないことは明らかである。この図を見れば，融点が高く高温強度に優れたタングステンは，ϕ は必ずしも小さくないものの，フィラメントの材料として適していることが理解できる。材料の成形性が良いこともタングステンが用いられる理由の一つである。また，他の金属材料では，熱電子放出が生じる前に溶解してしまう。タングステンフィラメントの作動温度は，2500 ℃ 程度とされる。その場合

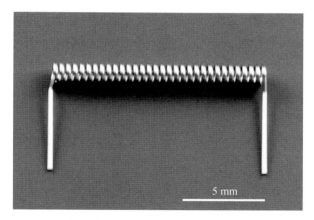

図 4.8 X線管球の陰極フィラメント部分（タングステン製）の写真（岳石電気（株）嶽石康昭氏の御厚意による）

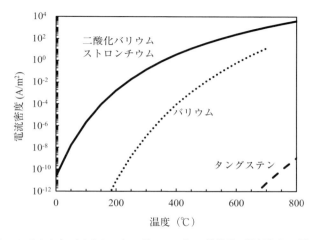

図 4.9 二酸化バリウムストロンチウムとバリウム，タングステンをX線管球の陰極として用いたときの熱電子の飽和電流の密度と温度の関係

の放出電流密度は，1000〜4000 A/m^2 程度とされている。

図4.8に市販のX線管球のタングステンフィラメントの写真を示す。タングステンの細線がコイル状に巻かれて使われている。X線管の陰極には，昔使われたミニチュア管タイプの真空管のように，傍熱式の陰極 (Indirectly heated cathode) も用いられる。構造としては，ニッケルなどの円筒の表面にバリウムやストロンチウムの酸化物をコーティングし，それとは絶縁した加熱用フィラメントを円筒内部に配置したものが報告されている[11]。酸化バリウムや酸化ストロンチウムなどの酸化物は，仕事関数が金属単体よりもはるかに低いという特徴がある[11]。これを利用すれば，700〜900℃と，タングステンフィラメントを直接加熱する場合よりもはるかに低い温度で陰極を動作させることができる[11]。これは，X線管球の長寿命化にもつながる。図4.9は，酸化物（二酸化バリウムストロンチウム：BaO-SrO, バリウムとストロンチウムの複合酸化物）からの熱電子放出をタングステンと比較したものである。タングステンよりはるかに低い温度で十分な電流密度が得られることがわかる。ここでは，二酸化バリウムスト

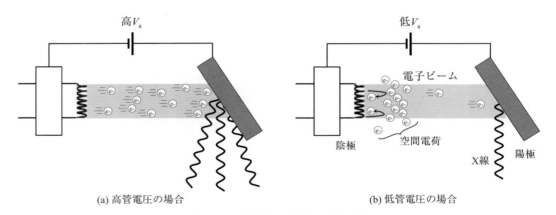

図 4.10 空間電位の影響を表す模式図

ロンチウムの仕事関数を 0.95 eV，リチャードソン−ダッシュマンの式の係数を 100 [A/(m²·K²)] とした。参考までに，表中に示したバリウムの仕事関数は，2.11 eV とした。酸化物のコーティングは，基材金属上にバリウムやストロンチウム，カルシウムなどの炭酸塩を塗布し，高温，高真空中で加熱処理することで作製することができる[12]。

フィラメントは陰極カップ (Cathode cup) と呼ばれる凹みの中に配置され，アノードの定められた位置に焦点 (Focal spot) を結ぶように設計されている。陰極カップをフィラメントから絶縁し，負のバイアス電圧をかけると，電子ビームを細く絞ることができる。これにより，電子放射があらゆる方向に生じる場合に比べ，明るい光源を得ることができる。例えば，バイアス電圧をかけない場合と比較し，−2000 V のバイアス電圧を陰極カップに印加することで，焦点サイズを 1/4 程度にまで小さくできるとの報告がなされている[13]。

図 4.10 (a) に示すように，$V_a > 40$ kV 程度と管電圧が高い場合には，フィラメントで発生したほとんどの熱電子は，陽極に達することができる。この場合，図 4.11 に示すように，フィラメント加熱電流を増やしてさらに多くの熱電子を放出させると，管電流（陽極電流）(Tube current) が増加する。一方，図 4.10 (b) に示すように，$V_a < 40$ kV 程度と管電圧が低い場合には，一部の熱電子は陽極に達するものの，残りは陰極付近に空間電荷 (Space charge) として残留する。空間電荷の存在は，陰極からの熱電子の放出を抑制する方向に働く。この場合にフィラメント加熱電流を増やしても，図 4.11 のように管電流は増加せず，飽和することになる。この空間電荷の効果は，熱電子放出が安定で制御しやすい理由になっている。このように空間電荷が支配的な場合，次式のチャイルド−ラングミュアの式 (Child - Langmuir equation) が成立する。

$$J_a = K \frac{V_a^{3/2}}{d^2} \tag{4-14}$$

ここで，K は定数，d は，陽極と陰極の間の距離である。図 4.12 に示す管電流と管電圧の関係の模式図で，式 (4-14) は，管電流が管電圧の 3/2 乗に比例して増加する左側の部分を記述する。一方，図 4.12 の右側では，フィラメント加熱電流を増やしたり減らしたりしてフィラメントの温度を調節することで，管電流を調整するような制御が可能である。このように，用いる X 線管球の焦点サイズや管電流，管電圧値により，管電圧を調整したときに管電流がほとんど変化しない場合と，敏感に変化する場合がある

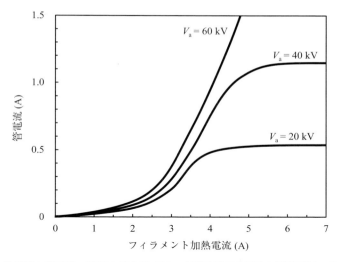

図 4.11 フィラメント加熱電流と管電流の関係を示す模式図。空間電荷が支配的な低管電圧の場合とフィラメント電流が支配的な高管電圧の場合を示している

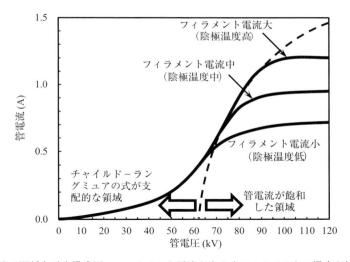

図 4.12 管電圧と管電流の関係を示す模式図。フィラメント電流が小さくフィラメントの温度が低い場合から,フィラメント電流が大きく熱電子放出が活発な場合の 3 つのケースを描いている

ことは,理解しておく必要がある。

ところで,走査型電子顕微鏡 (SEM: Scanning electron microscope) の電子光学系で,LaB_6 のようなタングステンより ϕ 値の小さな化合物を用いた電子ビームやフィールドエミッション(電界電子放出:Field emission)ガンを用いた SEM ベースの X 線 CT スキャナーも報告されている。ペリニによる最近のトライアルでは,フィールドエミッションガンを備えた SEM で,数 mm 角のバルク,薄膜,ナノワイヤーのタングステンをそれぞれターゲットとして用い,1000 nA,30 kV の電子ビームを用いて X 線を発生させている[14]。長さ 400 nm 〜 2 μm,幅 70 nm 程度のナノワイヤーをターゲットに用いたときに,透過像観察で最高 60 nm が分解できたとしている[14]。この場合の X 線のエネルギーは 10 keV 程度で,かつフ

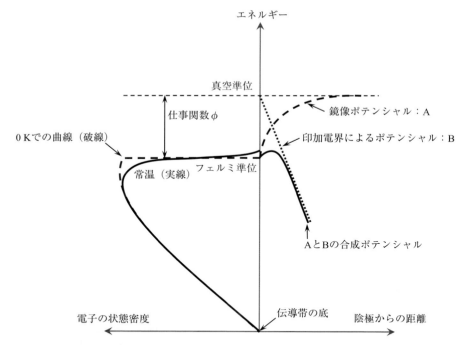

図 4.13 陰極面に高電界がかかる場合の電界電子放出の概念を表す模式図。右半分は，陰極表面のポテンシャルを示す。左半分は，常温での電子のエネルギー分布を示す

ラックスも小さいものの，微小な試料のディープサブミクロンサイズのミクロ構造を可視化できるようにする，非常に面白い試みと言える。

ここで，電界電子放出とは，高電界がかかっている場合に金属内部の電子が放出される現象である。図 4.13 は電界電子放出を模式的に示したものである。図 4.6 と比較して電界強度が著しく増加した場合 (GV/m のレベル)，ポテンシャル障壁の幅が非常に小さくなり，トンネル効果と呼ばれる量子力学的な現象によって電子が放出される。電界放出では，陰極を加熱する必要がないため，熱電子放出に対してコールドエミッション (Cold emission) とも呼ばれる。また，そのため電力消費が少ないというメリットもある。電界電子放出の場合の電流密度は，下記のような形をしたファウラー－ノードハイムの式 (Fowler-Nordheim equation) で与えられる。

$$J_c^F = AF^2 \exp\left(-\frac{B\phi^{3/2}}{F}\right) \tag{4-15}$$

ここで，A と B は ϕ に依存する定数である。上式から，放射電流密度は，電界に対して非常に大きな依存性をもつことがわかる。このため，1×10^9 (V/m) 台の電界で，わずかな電界の変化が放射電流密度をほぼ 0 から非常に大きな値まで，急激に変化させることになる。

(2) 陽極

電子線をターゲットに入射させることにより X 線が発生するときの物理現象に関しては，4.1.1 節で記述した。その中で述べた X 線のエネルギーと強度以外で重要な X 線管球の特性は，空間分解能であろう。図 4.14 は，焦点サイズが空間分解能に及ぼす影響の模式図である。焦点の左側の端点 A から出た X

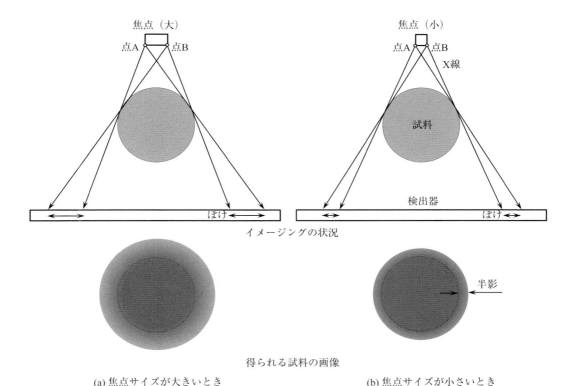

図 4.14 焦点サイズが画像のぼけに及ぼす影響を示す模式図

線と右端の点 B から出た X 線は，試料の同じ位置を通過した後，検出器の異なる画素で検出される．これが画像のぼけをもたらす．図 4.14 の (a) と (b) の比較より，焦点サイズが大きい場合には，このぼけ量が大きくなることは明らかである．図 4.14 の下半分には，可視化された試料の周りに半影 (Penumbra) が見られる．同じ理由で，陽極のターゲット以外の部分に衝突した電子が発生させた X 線も，空間分解能やコントラストの低下を招く．これは，時として全強度の 10 % にも達する．実際の X 線管球の陽極では，図 4.4 および図 4.15 のように，ターゲットを数～数十度，ターゲットから検出器に向かう方向から傾斜させる．実焦点の形状は，フィラメントの形状に対応した細長い長方形となる．一方，図中に示す実効焦点 (Effective focal spot) サイズは，検出器の方向から見た見かけの焦点サイズ（この図ではフィラメント長さ）である．空間分解能を考えるうえでは，これが重要である．同じ実効焦点のサイズを実現する場合，図 4.16 のように，ターゲット角が小さい方が，フィラメントを長くすることができる．後に示す表 6.1 では，市販の X 線 CT スキャナーでは，45° 程度と比較的大きなターゲット角の X 線管が使われていることがわかる．

実効焦点サイズを規定する重要な要素は，フィラメントの長さとコイル径，4.1.2 節 (1) で見た陰極カップによる電子ビームの収束，図 4.15 に示すターゲットの傾斜角（ターゲット角：Target angle），および管電圧と管電流である．一般に，管電圧を一定に保ちながら管電流を増加させた場合，および管電流は同じで管電圧が低い場合には，焦点サイズは大きくなる．実効焦点を小さくすることは，X 線 CT スキャナーの空間分解能が X 線管球に律速されている場合，空間分解能を向上させることに直接つなが

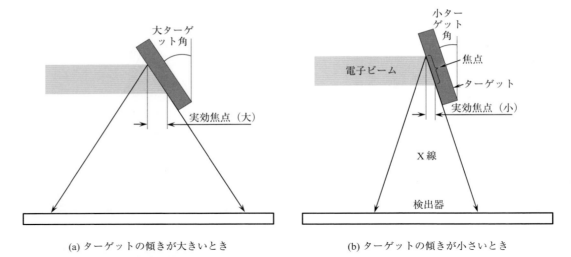

(a) ターゲットの傾きが大きいとき　　(b) ターゲットの傾きが小さいとき

図 4.15　ターゲットの傾き角の影響を表す模式図。ターゲット角を小さくすると，X 線が照射される範囲が狭くなる

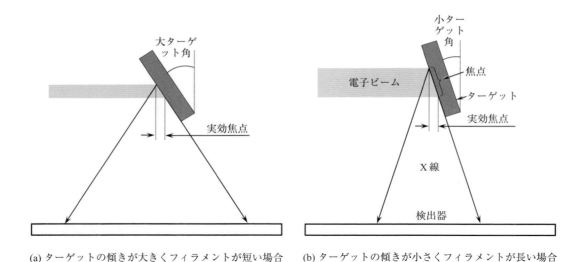

(a) ターゲットの傾きが大きくフィラメントが短い場合　　(b) ターゲットの傾きが小さくフィラメントが長い場合

図 4.16　ターゲットの傾き角の影響を表す模式図。同一の実効焦点サイズを担保するためには，ターゲット角が大きい場合には，(a) のようにフィラメント長さを短くする必要がある

る。一方，図 4.15 からわかるように，ターゲット角を小さくすると，X 線ビームの片側でターゲット自身による X 線の吸収が生じ，X 線を照射できる範囲が制限されるというデメリットも生じる。

　ところで，理想的には，制動放射により発生する X 線や蛍光 X 線の強度は，均一であることが望ましい。しかし，実際には，X 線強度は，均一からはほど遠い。これは，主にヒール効果（Heel effect，ないしは傾斜効果）と呼ばれる現象による。ここまで，図 4.15 や図 4.16 では，ターゲット表面で X 線が発生するかのように単純化して考えていた。しかしながら，実際には電子は，その運動エネルギーとターゲット材料によって規定される深さまで侵入し，ターゲット材料内部で X 線を発生させる。例えば，ポルドニオウスキー等のモンテカルロシミュレーションによれば，150 kV までの管電圧のときに，電子

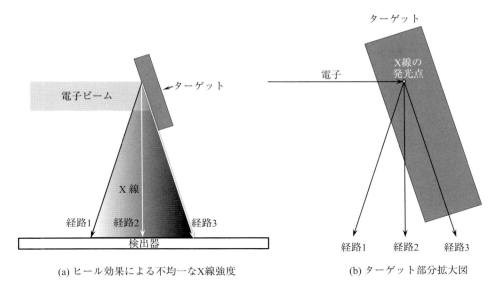

(a) ヒール効果による不均一なX線強度　　(b) ターゲット部分拡大図

図 4.17　ターゲットの傾きにより生じるヒール効果。(a) は，ヒール効果による X 線強度のむらを表す模式図。(b) はその拡大図で，陰極側から順に X 線の経路 1, 2, 3 を考え，それらの経路に沿って X 線がアノード中を伝播する距離の違いを表す模式図

は，タングステンターゲットに 14 µm 程度の深さまで侵入する[15]。そのため，図 4.17 に示すように，発生するコーンビームの中で陰極に近い側の X 線がアノードを透過する距離は相対的に短く，逆に陽極に近い側は長くなる。陽極側では，ターゲット自体がフィルターとして働くため，X 線が減衰し，中でも低エネルギー成分がなくなる。一方，陰極側ではその影響が小さく，高輝度のままで低エネルギー成分も残留する。また，その中間では，X 線強度とエネルギー分布の遷移が生じる。このように，特徴的な X 線強度分布が生じる。特に，ターゲット角が小さくなると，ヒール効果は，より顕著になる。図 4.18 は，ターゲット角が X 線スペクトルに及ぼす影響を模式的に示したものである。ターゲット角が小さい場合，連続 X 線の低エネルギー側は低くなり，かつピークが高エネルギー側にシフトしていることがわかる。また，ヒール効果の影響は，劣化した X 線管では，より強くなるので注意が必要である。

次に，発熱について述べる。前述のように，電子のもつエネルギーの 99 % 以上は熱となって放散される。このため，図 4.4 のように，ターゲットの周囲には熱伝導の良い材料を配し，熱伝達ないし熱放射により除熱される。また，ターゲット材料が蒸発したり溶融したりすることがないよう，冷媒などを用いて冷却される。この冷却の要否と程度は，X 線管球の出力などによって決まる。医療用 CT スキャナーでは，一般に，図 4.19 のように陽極を回転する構造が採用される。陽極は比較的熱容量が大きな構造とし，これを数千〜 10,000 rpm 程度と高速で回転させる。固定陽極の場合と比較して，より広い領域で X 線が発生し（典型的には数十倍），熱が小さな面積に集中することがないため，有利となる。一般に，許容できる負荷は，円板の直径を d，回転数を n_r として，$\sqrt{dn_r}$ に比例する。医療用 CT スキャナーでは，図 3.1 (b) に示したいわゆる第 3 世代 CT からは，この方式が用いられている。産業用 X 線 CT スキャナーの場合でも，高エネルギー・高出力の管球の場合には，この方式が採用される。ただし，局部的には 2000 ℃ 以上にもなる陽極を真空中で高速回転させるための軸受けや，高電圧を絶縁するための技

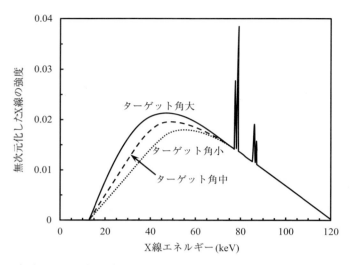

図 4.18 金属ターゲットに加速した電子線を入射したときに得られる X 線のスペクトルの模式図（実線）。破線，点線は，実線と比べてターゲット角を小さくしたときのスペクトルを示す

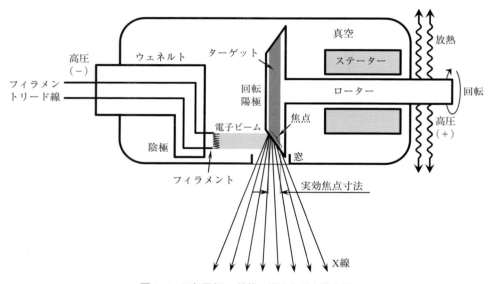

図 4.19 回転陽極 X 線管の構造を示す模式図

術が必要になる[16]。例えば，常温で液体となるガリウムを潤滑材に用いた液体金属潤滑動圧軸受けを用い，液体金属を介する伝導冷却によって冷却効率の向上が図られている[16]。回転陽極を用いた方式は，高出力で短時間の露光を行い，患者の入れ替えでクールダウンの時間を充分に取れるという特徴をもつ医療用 CT スキャナーには向いているが，産業用 X 線 CT スキャナーではマイナーな存在である。

図 4.20 に市販の X 線管球のタングステンターゲットの写真を示す。図 4.4 のような固定陽極の場合には，通常，銅をベースとし，電子が当たる部分にターゲットを埋め込んだ構造となっている。図 4.19 のような回転陽極の場合には，通常，TZM（Mo - 0.5Ti - 0.08Zr - 0.025C 合金）や MHC（Mo - 1Hf - 0.1C 合

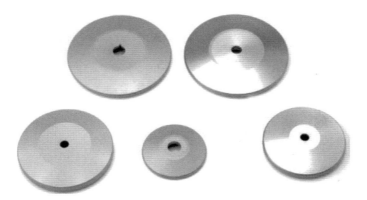

図 4.20 X線管球の回転陽極部分(タングステン製)の写真(東芝マテリアル(株)の御厚意による)

金)と呼ばれる分散強化したモリブデン合金製のディスクの表面にW-10%Re合金がコーティングされる。また、高温で大きな比熱をもつグラファイトと金属を貼り合わせることで熱容量を確保した構造も用いられる。タングステンへのレニウム(Re)の添加は、タングステンの高温での強度や延性を向上させ、繰り返し熱応力に対する抵抗も向上させるとされる[17]。さらに、純タングステンで1500Kを超えると生じる再結晶による結晶粒粗大化と粒界脆化を防止し、タングステンの破壊じん性値を大幅に改善することができる[18]。

(3) 高電圧装置

10〜数百kVになる管電圧と1〜数千mAになる管電流を供給するため、一般に、高圧トランス(Transformer)によって交流を昇圧し、得られた高電圧を高圧整流器(Rectifier)を介して直流にした後にX線管にかける。単相(Single-phase)電源を用いる場合、交流の1サイクル当たり2パルスが発生し、出力の山が連続するような電圧波形となる。また、3相(Three-phase)電源を用い、整流器6個を使用して全波整流(Full-wave rectification)する3相6ピーク形X線高電圧装置の場合、1サイクル当たり6パルスの山が重畳するような出力波形が得られる。また、整流器12個を使用する3相12ピーク形X線高電圧装置では、より電圧脈動率(Voltage ripple factor)の小さな出力波形が得られる。その他、インバータ(Inverter)式のX線高電圧装置も、一般によく普及している。インバータ式の場合、高周波インバータ部で数100Hz〜数10kHzの高周波の交流に変換してから高電圧発生部に印加し、その後昇圧および整流を行う。このため、より脈動の小さな直流が出力される。結果として、単相電源でも充分に平滑な出力が得られることになる。

(4) X線管球の寿命

X線管球の故障のほとんどは、発熱に起因する。例えば、アノードの溶解や破壊、ターゲット材料の蒸発と蒸着、フィラメント切れ、密閉型の場合の管容器の真空度の低下、回転陽極の場合のベアリングの損傷、管容器の破壊、油冷の場合に絶縁油の炭化による絶縁性能の低下などがその主なものである。
フィラメント切れに関しては、純タングステンに酸化トリウム(ThO$_2$)を用いることで、1900K程度と純タングステンより低い温度でより大きな電流密度が得られるとともに、長寿命化も達成できることが

図 4.21 市販 X 線管球の例。表 4.3 の COMET 社 MXR-601HP（(株) コムクラフト社 前田氏の御厚意による）

知られている[19]。例えば，酸化トリウムを 1〜2％添加したタングステン線を 2800 K 程度に短時間加熱すると，トリウムの単原子層が生成して，仕事関数が約 2.6 と非常に低くなる。このため，同じ温度での放出電流が桁違いに増加する。近年では，放射性物質である酸化トリウムを用いない炭化物系代替材料の探索も行われている[20]。仕事関数の小さな酸化物を用いた熱電子放出型の陰極については，既に触れた。カーボンナノチューブと電界放出を利用し，低電圧でも電子を放出する冷陰極型電子源を用いた X 線管球の報告も，近年増えている。これに関しては，2001 年の名古屋工業大学の杉江等の報告以降[21]，30 報以上の論文が出ている。この中では，焦点径が 1 µm を切るような X 線管球も報告されている[22]。

(5) 市販の X 線管球

2017 年 8 月現在の市販 X 線管球のうち，メーカーに問い合わせ，産業用 X 線 CT スキャナーに使われるという回答を得たもののスペックを表 4.3 にまとめた。すべて，固定陽極の X 線管球である。スペックの数値は，メーカーのホームページから直接得た[23]〜[25]。ただし，表中に特記したものは，日本検査機器工業会の X 線用解像度チャート試験片[26]などのテストチャートを用いて計測した透過像の空間分解能で，焦点寸法よりかなり小さな数値となる場合があるので注意が必要である。エンドユーザーが焦点サイズを計測するための手法は，ASTM などで規定されている（ASTM E1165-12 など）。

図 4.21 と図 4.22 は，それぞれ表 4.3 の中で出力が大きなものと小さなもの（マイクロフォーカス管）の代表的なものの外観を示す。エネルギー範囲は，管電圧で 5 kV から 600 kV 程度と広範囲におよぶ。管電流も，0.15 mA から 4900 mA と 4 桁以上に拡がる。出力で見ても，マイクロフォーカス用のものの 4.5 W 程度から，最大 4200 W のものまである。焦点サイズは，マイクロフォーカス管では，最小 250 nm にもなる。ただし，その場合の出力は，10 W 以下である。

マイクロフォーカス管には，開放型と密閉型の 2 つのタイプがある。密閉型は，これまで見てきたもので，一般に図 4.23 (a) のような反射型ターゲットを用い，微小な焦点と比較的大きな出力が得られる。また，メンテナンスフリーという点も長所と言える。一方，開放型は，通常，図 4.23 (b) のような透過型ターゲットを備え，密閉型よりさらに小さな焦点サイズと，前述のように，より短い焦点−試料間の距離により高拡大率が得られるのが特長である[27]。また最近では，表 4.3 に示したように，密閉型で透過型ターゲットを備えた製品もある。後出の表 6.1 に示す市販の X 線 CT スキャナーでは，主に反射型の

4.1 X線源

表 4.3 代表的な市販X線管球とそのスペック

メーカー	COMET								Feinfocus		
型名	MXR-601HP/11	MXR-451HP/11	MXR-320HP/11	MXR-225HP/11	MXR-160HP/11	MXR-100HP/20	MXR-75HP/20		FXE (Transmission)	FXE (Scanning)	
出力 (W)	700/1500	700/1500	800/1800	800/1800	800/1800	1000	1000		～10	～40	
管電圧 (kV)	600	450	320	225	160	100	75		～225	～225	
管電流 (mA)	3700/4100	4100/4200	4100/4200	4100	4100	3700	3700		0.001～1	0.001～1	
焦点サイズ (μm)	700/2000	400/1000	400/1000	400/1000	400/1000	1000	1000		0.3～	～10	
ターゲット材	W	W	W	W	W	W	W		W	W	
ターゲット角 (°)	11	11	11	11	11	20	20		-	-	
照射角度 (°)	40×30	40×30	40×30	40×30	40×30	40	40		170	150	
冷媒	油	油	油	水	水	水	水		-	-	
重量 (kg)	145	95	40	11	8	2.1	2.1		-	-	

松定プレシジョン

	XTR-Be	XTFR	XF80-80	XRC50-50	XPR600-30	XPR1200-30	XPR600-60	XPR1200-60	XPR600-100	XPR1000-100	XPR640-160	XM6	XM10	XF40-130	XF8-90	XF18-90
	～100	～60	～80	50	600	1200	600	1200	600	1000	640	6	10			
	5～50	6～60	20～80	5～50	20～30	20～30	20～60	20～60	20～100	20～100	20～160	10～40	10～60	～40	～8	～18
	2	1	2	1	20	40	10	20	6	10	4	0.03～0.15	0.033～0.166	0～0.3	0～0.088	0～0.2
	500～	100※	15～25※	70※	3000※	3000※	3000※	3000※	3000※	3000※	3000※	50～1000※	50～1000※	4※	3※	4※
	W	W	W	W	W	W	W	W	W	W	W	W	W	W	W	W
	-	20	-	-	-	-	-	-	-	-	-	-	-	-	-	-
	50	20	33	25	40	40	40	40	40	40	40	28	19	30	30	30
	油	油	空気	油	水	水	水	水	水	水	水	空気	空気	空気	空気	空気
	6	6	3.2	3	3.5	3.5	3.5	3.5	3.5	3.5	3.5	5	5	6	6	6

浜松ホトニクス

L9421-02	L10101	L10321	L9631	L9181-02	L9181-05	L12161-07	L12531	L11091	L10711-03	L10801
8	20	20	50	39	39	75	16	8	8	200
20～90	40～100	40～100	40～110	40～130	40～130	40～150	40～110	20～160	20～160	20～230
10～200	10～200	10～200	10～800	10～300	10～300	10～500	10～200	5～200	5～200	10～1000
5～	5～	5～	15～	5～	15～	5～	2～※	1～※	0.25～※	4～※
W	W	W	W	W	W	W	W	W	W	W
-	-	-	-	-	-	-	-	-	-	-
39	42	118	62	45	100	43	120	120	140	40
空気	空気	空気	空気	空気	空気	空気	空気	空気	水	水
10	10	10	12	11	11	20	19	62	72	98

X-ray WorX

XWT-160CT	XWT-190CT	XWT-225CT	XWT-240CT	XWT-300CT
350	350	350	350	350
20～160	20～190	20～225	20～240	50～300
50～3000	50～3000	50～3000	50～3000	50～2000
2000	2000	2000	2000	3000
W	W	W	W	W
-	-	-	-	-
30	30	30	30	30
水	水	水	水	水
36	36	50	50	69

※ 解像度チャート試験片等で計測した透過像の空間分解能値

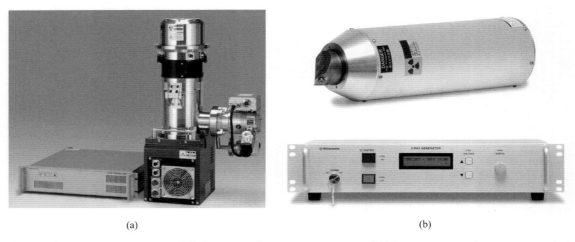

図 4.22 市販マイクロフォーカス X 線管球の例。(a) 表 4.3 の浜松ホトニクス（株）製 L10711-03 型（浜松ホトニクス（株）の御厚意による），および (b) 松定プレシジョン社製 XF40-130 型（松定プレシジョン（株）上柳豊寿氏の御厚意による）

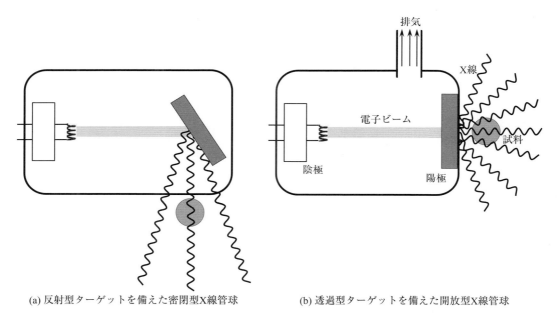

(a) 反射型ターゲットを備えた密閉型X線管球　　　(b) 透過型ターゲットを備えた開放型X線管球

図 4.23 マイクロフォーカス管の 2 つの形式の模式図

ターゲットを備えた X 線管が用いられていることがわかる。

　図 3.32 や図 3.37 では，ファンビームやコーンビームの光学系で，点光源と試料の回転中心との距離 D を考えて投影を議論した。この D は，図 4.4 や図 4.19 の窓からの距離ではなく，X 線管球内部にある焦点を基準とすることには注意が必要である。図 3.32 のように，点光源から検出器までの距離 D_0 を考えると，画像の拡大率 M は，下式で表される。D を小さくすることは，大きく拡大して投影し，空間分解能を稼ぎたいときに重要である。

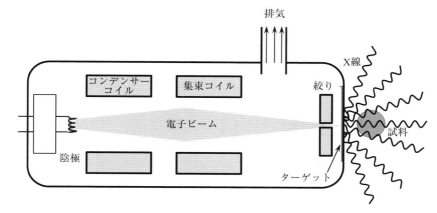

図 4.24 極小さな実効焦点をもつマイクロフォーカス管の模式図

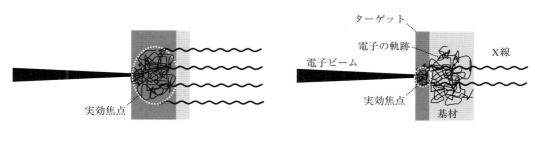

(a) ターゲットが厚い場合　　　　　　(b) ターゲットが薄い場合

図 4.25 透過型ターゲットからの X 線放射挙動の模式図

$$M = \frac{D + D_0}{D} \tag{4-16}$$

ところで，試料と焦点の間の最小の距離は，窓と焦点の間の距離で規定される．表 4.3 に記載したマイクロフォーカス管で透過型ターゲットを用いた開放型 X 線管球では，最小 0.5 mm 程度であるのに対して，反射型のターゲットを用いた密閉型 X 線管球では，7～数十 mm と相対的に大きくなっている．開放型 X 線管球で極小焦点サイズを追求する場合，図 4.24 のように，1 段または 2 段（コンデンサーコイル (Condenser coil) と集束コイル (Focusing coil) の組み合わせ）の電子ビーム光学系と対物絞り (Objective aperture) を用いて電子ビームを細く絞り，薄膜のターゲットに当てる．ターゲットには，ベリリウムなど軽元素の基材上に付けたタングステンの薄膜を用いる．電子がターゲットの表面から内部に侵入することは，既に述べた．電子は，図 4.25 に模式的に示すように，ターゲットの中で散乱により拡がり，電子ビーム径より大きな領域から X 線を発生させる．これが，この場合の実効焦点サイズとなる．管電圧が高くなれば散乱体積が大きくなり，実効焦点サイズも大きくなる．図 4.25 (b) のように薄いターゲットを用いると，実効焦点サイズを小さくすることができる．逆に，ターゲットが厚くなると，ターゲットの中で発生する X 線の強度は増加する．ただし，透過型のターゲットでは，発生した X 線は，ターゲットの中を透過しないと外部には出られない．そのため，厚いターゲットほど，ターゲット自身による吸収も大きい．ナセリは，シミュレーションにより，タングステンターゲット自身による吸収も考慮した X 線強度の最大値は，次の厚み t_{opt} (μm) のときに得られることを報告している[28]．

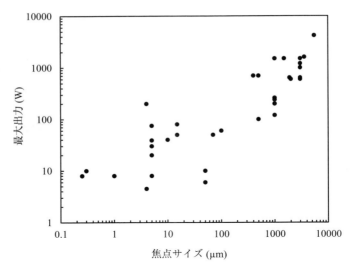

図 4.26 市販 X 線管球の焦点サイズと最大出力の関係。表 4.3 に示した全製品をプロットしたもの

$$t_{\rm opt} = -1.45 + 0.075E \tag{4-17}$$

ここで，E (keV) は，X 線エネルギーである。例えば，30 keV の X 線に対しては，透過型ターゲットの厚みの最適値は，約 1 μm となる。

一般に，X 線管球の輝度 (Brilliance) は，最大出力を焦点サイズ（面積）で除することで比較できる。しかしながら，マイクロフォーカスの X 線管球では，実効焦点サイズを小さくしようとすると，X 線出力も小さくなる。図 4.26 は，表 4.3 に示した全 X 線管球の焦点サイズと最大出力の関係を示したものである。焦点サイズが小さいところで若干のばらつきはあるものの，両者には，焦点サイズで 4 桁，最大出力で 3 桁にもわたって良い相関がある。

4.1.3 小型電子加速器

図 4.27 は，X 線が 10 % 透過するときの鉄試料の厚みを幅広い X 線エネルギーで計算したものである。これは，画質を考えれば，透過像の取得が何とかできる最大の試料厚みと考えてよい。表 4.3 で見たように，市販の X 線管球の管電圧の範囲は 5 〜 600 kV 程度である。それらの X 線管球で得られる最高の X 線エネルギーは 5 〜 600 keV であり，制動放射による平均の X 線エネルギーは，その 1/2 〜 1/3 程度と見積もられる。市販の X 線管球で得られる最高の X 線エネルギー 200 〜 300 keV でイメージングできる試料は，中実の鉄の場合，図 4.27 から厚みでたかだか 20 〜 30 mm 程度，同じく中実のアルミニウムの場合，70 〜 80 mm 程度に過ぎないことがわかる。それ以上の厚みの物を実験室でイメージングしたいときには，より高い X 線エネルギーを発生させる工夫が必要になる。

より高いエネルギーの X 線を利用するには，過去には 1920 年に発明されたヴァンデグラフ起電機 (Van de Graaff generator)，1942 年に発明されたベータトロン (Betatron) などが用いられた。現在では，小型電子加速器 (Compact electron accelerator) や放射性同位体（ラジオアイソトープ，Radioisotope：RI と略す）などが用いられる[29]。一般に，1 MeV レベル，ないしそれ以上の X 線エネルギーが必要で，かつフ

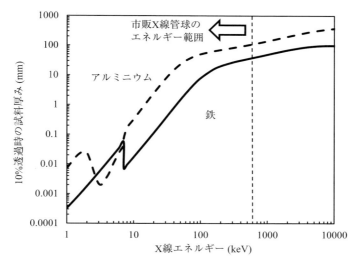

図 4.27 鉄（実線）およびアルミニウム（破線）製の試料に関し，入射 X 線の 10% が試料を透過するときの X 線エネルギー値と試料厚みの関係

ラックスが問題にならない場合には，放射性同位体が用いられる．そして，その小型で安価な特徴を活かした使い方がなされる．一方，1 MeV レベル，ないしそれ以上の X 線エネルギーと充分なフラックスの両方が必要な場合には，電子加速器を用いることになる．電子加速器は大型の設備であり，X 線管球や放射性同位体より，はるかに導入のコストはかさむ．しかしながら，これを用いれば，例えば数十 cm の厚さの鉄など，より厚く，密度の高い物体もイメージングの対象にすることができ，また同じ厚みの物であれば，放射性同位体より高速にイメージングできる可能性がある．さらに，放射性同位体のような取り扱いの難しさがない（つまり，電源を切ればすぐに X 線が止まる）という特徴もある．電子加速器は，1950 年代には，主に軍事利用を中心として製造され始めた[29]．そして現在では，軍用品のイメージングだけではなく，各種民生品のイメージングにも幅広く用いられている．また，シンクロトロンなどへの電子の入射器としても用いられる．

　線形加速器 (Linear Accelerator) のことを，リニアック (Lineac) ないしライナック (Linac) と呼ぶ．日本語では前者，英語では後者がポピュラーな呼び方のようである．電子ライナックは，図 4.28 に示すように，熱電子銃 (Electron gun)，バンチャー (Buncher)，加速管 (Accelerating waveguide) などからなる．図 4.28 には，構造が簡単で主に大型の装置に用いられる進行波型加速管の模式図を示した．進行波型加速管では，穴の開いた円板が等間隔に設置されている．基本的に，シンクロトロンへの入射用など，高エネルギーのものになっても加速管の構造は同様である．

　まず，熱電子銃で発生した電子をバンチャーでバンチと呼ばれる塊にする．線形加速器では，電子の進行方向にも，それと垂直な方向にも，電子が塊となったような電子ビームが得られる．一般に，パルスの幅は，数 µs，パルスの繰り返し周波数は，50 ～ 500 Hz である[29]．このため，デューティーサイクル（パルスがオンである時間の比率，Duty cycle）という意味では，0.1 ～ 0.01% のオーダーになる．加速管には，マグネトロン (Magnetron) やクライストロン (Klystron) などによって発生させた周波数 3 GHz 程度（いわゆる S バンド），ないし 9 GHz 程度（いわゆる X バンド）のマイクロ波を，導波管を介して

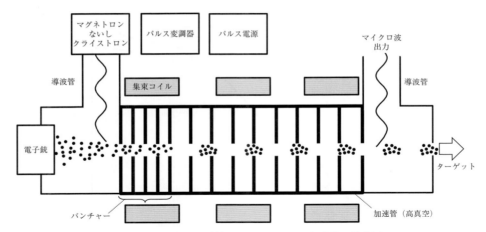

図 4.28　進行波型加速管を備えた小型電子加速器の模式図

導き，その空洞に電場を作る．クライストロンは，マグネトロンと比べて大型で高価であるが，周波数やパワーの制御が精密で，大出力の加速器に対応できる[29]．マイクロ波の速度を電子の速度と等しくすると，電子は加速管の中を常に加速電界を受けながら進み，加速される．一方，定在波型加速管は，長さ当たりの加速効率が高く，進行波型加速管より短くできるという利点がある．その後，加速器を出た電子をターゲットに衝突させて X 線を発生させる機構は，X 線管球の場合と同じである．その入熱の大きさから，大概の場合，ターゲットは水冷される．電子のターゲットへの侵入深さは，エネルギーが 1 MeV のときに数百 μm 程度，10 MeV のときには数 mm 程度となる[30]．そのため，例えば 9 MeV の加速器に対しては，ターゲット厚さは 2 mm 程度必要となる[30]．得られる X 線エネルギーの範囲は，概ね 1 ～ 15 MeV であり，中でも 3 ～ 9 MeV レベルの物が普及している[29]．焦点サイズは，典型的には 2 mm 程度であり，1 mm 以下とすることも可能である[29]．

注意すべき点は，2.1.2 節で述べた光核反応がターゲットで生じ，6 ～ 7 MeV 程度以上の X 線エネルギーのときには，中性子 (Neutron) や陽子，π 中間子なども同時に放出される[29]．この場合，これを考慮して中性子を吸収する適切な遮蔽材を配するなどの配慮が必要になる．また，検出器も高エネルギー X 線に対応した物を用いる必要があるが，これは後述する．

4.1.4　放射性同位体

一般的に使われる放射性同位体の半減期と発生するガンマ線のエネルギーを表 4.4 にまとめた[31]．よく知られているように，不安定な原子核が壊変されるときに放出される電磁波がガンマ線であるが，これまで述べてきた X 線と同じである．表 4.4 で，準安定状態のものには，metastable の頭文字の m を質量数の後に付けて表記している．表 4.4 でよくイメージングに使われるのは，ガンマ線のエネルギーの低い方から，^{241}Am（エネルギー 59.5 keV），^{75}Se（同 270 keV），^{192}Ir（同 310.5, 469.1 keV），^{137}Cs（同 662 keV），^{60}Co（同 1173, 1332 keV）などである．特徴は，単色ないしは 2 色のガンマ線（Bichromatic gamma ray：エネルギーが 2 つのエネルギーに集中しているガンマ線）が得られる点である．単色光を用いれば，X 線管球や小型電子加速器を用いる場合に用いるビームハードニング（後述）の問題は生じ

表 4.4 各種放射性同位体の半減期とガンマ線エネルギー[31]

放射性同位体	半減期 (sec)	γ線エネルギー (MeV)	放射性同位体	半減期 (sec)	γ線エネルギー (MeV)
^{3}H	3.9×10^{8}	-	^{129}I	5.0×10^{14}	0.038
^{7}Be	4.6×10^{6}	0.48	^{131}I	7.0×10^{5}	0.36
^{10}Be	4.7×10^{13}	-	^{133}Xe	4.5×10^{5}	0.08
^{14}C	1.8×10^{11}	-	^{134}Cs	6.5×10^{7}	0.61
^{22}Na	8.2×10^{7}	1.28	^{137}Cs	9.5×10^{8}	0.66
^{24}Na	5.4×10^{4}	1.37	^{137m}Ba	1.6×10^{2}	0.66
^{26}Al	2.3×10^{13}	1.84	^{133}Ba	3.3×10^{8}	0.36
^{32}Si	5.4×10^{9}	-	^{140}La	1.4×10^{5}	1.60
^{32}P	1.2×10^{6}	-	^{144}Ce	2.5×10^{7}	0.13
^{37}Ar	3.0×10^{6}	-	^{144}Pr	1.1×10^{3}	0.69
^{40}K	4.0×10^{16}	1.46	^{144}Nd	7.3×10^{22}	-
^{51}Cr	2.4×10^{6}	0.325	^{152}Eu	4.3×10^{8}	0.122
^{54}Mn	2.7×10^{7}	0.84	^{192}Ir	6.4×10^{6}	0.32
^{55}Fe	8.6×10^{7}	0.006	^{198}Au	2.3×10^{5}	0.41
^{57}Co	2.4×10^{7}	0.122	^{204}Tl	1.2×10^{8}	-
^{60}Co	1.7×10^{8}	1.17 & 1.33	^{207}Bi	1.0×10^{9}	0.57
^{66}Ga	3.4×10^{4}	1.04	^{222}Rn	3.3×10^{5}	0.51
^{68}Ga	4.1×10^{3}	1.07	^{218}Po	1.9×10^{2}	-
^{85}Kr	3.4×10^{8}	0.52	^{214}Pb	1.6×10^{3}	0.35
^{89}Sr	4.4×10^{6}	-	^{214}Bi	1.2×10^{3}	0.61
^{90}Sr	9.1×10^{8}	-	^{226}Ra	5.0×10^{10}	0.19
^{90}Y	2.3×10^{5}	-	^{228}Th	6.0×10^{7}	0.24
^{99m}Tc	2.2×10^{4}	0.14	^{234}U	7.9×10^{12}	0.05
^{106}Ru	3.2×10^{7}	-	^{235}U	2.2×10^{16}	0.19
^{106}Rh	3.0×10^{1}	0.51	^{238}U	1.4×10^{17}	0.05
^{112}Ag	1.1×10^{4}	0.62	^{239}Pu	7.6×10^{11}	0.05
^{109}Cd	4.0×10^{7}	-	^{240}Pu	2.1×10^{11}	0.05
^{109m}Ag	4.0×10^{1}	0.088	^{241}Am	1.4×10^{10}	0.06
^{113}Sn	9.9×10^{6}	0.392	^{252}Cf	8.2×10^{7}	0.04
^{132}Te	2.8×10^{5}	0.23	^{252}Fm	9.0×10^{4}	0.096
^{125}I	5.2×10^{6}	0.035	^{268}Mt	7.0×10^{-2}	-

※右の表に続く

ない．例えば，木材のイメージングなどでは，ガンマ線エネルギーの低い ^{241}Am が用いられる[32]．一方，鉄製の大型容器などでは，^{137}Cs や ^{60}Co が用いられる[33],[34]．文献 [33] では，3.7 GBq（ギガベクレル：10^{9} ベクレル，ベクレルは単位時間当たりの放射性同位元素の壊変数）の ^{137}Cs を用い，直径 440 mm のプレキシガラス容器内部のアルミニウム製の構造のイメージングが，また文献 [34] では，74 GBq の ^{137}Cs を用い，直径 60 mm のステンレス円柱のイメージングが，それぞれ報告されている．いずれの場合も，得られるフラックスは，X 線管球を用いる場合と比較して，1/100 のオーダーとされる[35]．これは，撮像に長時間を要し，かつ得られる画像の画質も劣るという結果をもたらすことになる．

放射性同位体を用いたイメージングでは，^{192}Ir などによる 2 色ガンマ線という特長を活かし，2 つの異なるエネルギーで得られた画像から，局所的な密度や平均原子番号などを定量的に求めることも可能である[36]．2.1.2 節 (1) および (2) で見たように，光電吸収の程度は X 線エネルギーの増加とともに減少

するのに対して，コンプトン散乱は，数MeVまではX線エネルギーの増加とともに活発になる．また，光電吸収は大きな原子番号依存性を示すのに対して，コンプトン散乱は，原子番号に依存しない．図2.10～図2.13でも，この傾向は再確認できる．このように，エネルギー依存性と原子番号依存性がまったく異なる2つの吸収・散乱プロセスが競合するため，2色のガンマ線を用いれば定量的な評価が可能になる．

4.1.5 シンクロトロン放射光

シンクロトロン放射光とは，シンクロトロンを周回する電子がその進行方向を磁石などによって変えられた時にシンクロトロンの接線方向に発生する電磁波のことを指す．制動放射の場合は電子の進行方向と加速度の方向が平行なのに対し，シンクロトロン放射の場合には両者が直交する．小さな線源サイズ，長いビームラインによるX線ビームの高い干渉性，高輝度が得られる点に加え，単色化も可能で，X線エネルギーが比較的自由に変更できるという長所をも併せ持つ．また，偏光性やパルス光であるという特徴も併せ持つ．これらの特徴により，高い空間分解能や優れた画質・S/N比が得られる点で，シンクロトロン放射光を用いて行うX線トモグラフィーは，X線トモグラフィー技術のフラッグシップと言っても過言ではない．

シンクロトロン放射光の発生は，1947年にラングミュア等によって初めて実験的に確認された．そのときのシンクロトロンの電子エネルギーは，70MeVであった．その後，高エネルギー物理学の研究のために建設された加速器を流用して放射光利用研究を行った第1世代放射光施設，1970年頃から偏向磁石による放射光を利用したSOR-RING（1975年）やフォトンファクトリー（1982年）などの第2世代放射光施設，次いでアンジュレータやウィグラーを用いて高輝度の放射光を利用するSPring-8やAPS（1996年，米国），ESRF（1994年，ヨーロッパ19カ国）などの第3世代放射光施設が順次，利用されてきた．図4.29は，SPring-8で得られるシンクロトロン放射光をX線管球などと比較する図である[37]．X線の輝度は，[photons/s/mm^2/mrad^2/0.1% band width]という単位で表されるが，同じ単位で回転陽極型X線管球の場合10^{9}程度なのに対し，第1世代放射光施設では10^{12}程度，第2世代放射光施設では10^{14}程度，SPring-8の標準型アンジュレータ光源では10^{19}～10^{20}にも達する．放射光施設の能力向上が数桁ずつのオーダーで飛躍的に実現されてきたことが理解できる．ちなみに，第4世代放射光は，ライナックの原理に基づくXFEL (X-ray free electron laser)ではなく，スウェーデンのMAX-IVなど，第3世代よりも低エミッタンスの放射光源を指す．図4.29で波長に注目すると，シンクロトロン放射光は赤外線や可視光から硬X線に至る広い範囲をカバーしていることがわかる．また，シンクロトロン放射光は，20～500ps程度持続するバンチが2ns～1μs間隔の周期で繰り返されるパルス光の列である．例えば，幅100psのバンチのバンチ長は，3cmになる．

ところで，シンクロトロン自体は，低エネルギーの電子を加速することができない．そのため，電子を最低でも数十MeVのエネルギーまで加速してから，シンクロトロンに入射する必要がある．つまり，シンクロトロンの一般的な構成は，図4.30に模式的に示すように，ライナックなどを用いて電子をあらかじめ加速する部分と，蓄積リング(Storage ring)とからなる．SPring-8に隣接する兵庫県立大学ニュースバルの場合には，極端紫外光から軟X線の領域を主に利用するため，図4.30 (a)のようにライナックから蓄積リングに直接入射する．一方，SPring-8の場合，GeVレベルのエネルギーでの入射となり，図

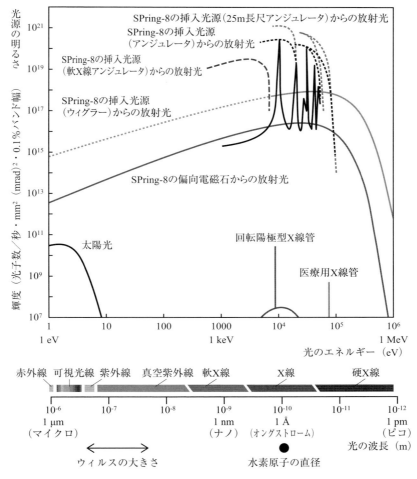

図 4.29 SPring-8 の放射光の輝度（提供元：理化学研究所）[37]

4.30 (b) のように，ニュースバルと同じ電子ライナックを電子シンクロトロン (Electron synchrotron) と組み合わせる．この他，電子を加速するための高周波電場と円形軌道にするための直流磁場を組み合わせたマイクロトロン (Microtron) もあるが，我が国ではあまり用いられていないので，本書では割愛する．以下には，図 4.30 の構成を順に解説する．

(1) 電子ライナック

シンクロトロン放射光施設の電子シンクロトロンの原理は，基本的には 4.1.3 節で紹介した小型電子加速器と同じである．異なるのは，そのサイズやエネルギーであろう．そこで，ここでは主に SPring-8 などを例にとり，そのスペックなどを中心に解説する．

表 4.5 は，国内の主要なシンクロトロン放射光施設の電子ライナック，および電子シンクロトロンの概要をまとめたものである[37]〜[40]．また，図 4.31 は SPring-8 の電子ライナックの外観の写真である[37]．SPring-8 の電子ライナックは全長 140 m あり，約 180 kV の電圧で駆動する電子銃から出る電子ビームを 1.0 GeV まで加速する[37]．用いられる電子銃は，4.1.3 節で紹介した熱電子型で，バリウムを含浸した

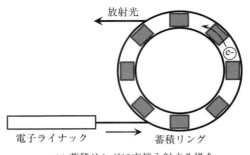

(a) 蓄積リングに直接入射する場合

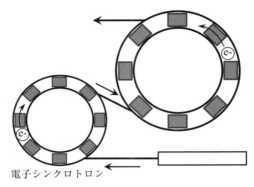

(b) 電子加速用の電子シンクロトロンを用いる場合

図 4.30　シンクロトロンの構成を示す模式図

 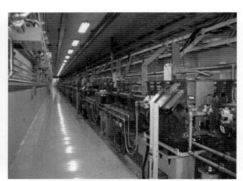

(a) 線形加速器初段部　　　　　　　　　(b) 線形加速器全体

図 4.31　SPring-8 の電子ライナックの写真[37]（提供元：理化学研究所）

多孔質のタングステンをフィラメント材料として用いている[37]。バリウム含浸後に高温で活性化すると，遊離したバリウムにより仕事関数が 1.6 eV 程度まで低下する。これにより，比較的低い温度で電子を放出させることができる。バンチャーを用いて電子ビームをバンチと呼ばれる塊にするのも，図 4.28 と同じである。電子ビームの加速には，これも既に 4.1.3 節で見たように，高周波電界が用いられる。SPring-8 の電子ライナックの加速管部分は，長さ 3 m の高周波加速管が 25 本接続された形となっている[37]。1 台の加速管は，81 セルの加速空洞から構成される[41]。加速管 1 本当たりの電子の加速は，約

表 4.5 X線マイクロトモグラフィーに利用できる代表的なシンクロトロン放射光施設の電子加速器[37]〜[40]

タイプ		ライナック＋電子シンクロトロンのタイプ	
施設名		SPring-8	あいちシンクロトロン光センター
所在地		兵庫県佐用町	愛知県瀬戸市
電子ライナック	エネルギー (GeV)	1	50
	形式	進行波加速管	進行波加速管
	加速管数	25	2
	ピーク電流 (mA)	2000（シングルバンチ） 350（マルチバンチ入射）	100
	パルス幅 (ns)	2（シングルバンチ） 40（マルチバンチ入射）	1
	繰り返し率 (Hz)	60	1
	高周波加速周波数 (MHz)	2856	2856
	全長 (m)	140	10
電子シンクロトロン	エネルギー (GeV)	8	1.2
	エミッタンス (nmrad)	230	200
	ビーム電流 (mA)	10	5
	繰り返し率 (Hz)	1	1
	高周波加速周波数 (MHz)	508.6	499.654
	周長 (m)	396	48

タイプ		ライナックタイプ	
施設名		フォトンファクトリー (KEKB)	九州シンクロトロン光研究センター
所在地		茨城県つくば市	佐賀県鳥栖市
電子ライナック	エネルギー (GeV)	2.5	0.26
	形式	進行波加速管	進行波加速管
	加速管数	240	6
	ピーク電流 (mA)	50	-
	パルス幅 (ns)	3	200
	繰り返し率 (Hz)	25	1
	高周波加速周波数 (MHz)	2856	2856
	全長 (m)	400	30

40 MeV である[41]。この加速管2本ごとにクライストロンから高周波電力が印加される[41]。これにより得られるエネルギー 1.0 GeV の高エネルギー電子ビームは、エネルギー圧縮システム (Energy compression system) 部でエネルギー幅を小さくしてから、隣接する兵庫県立大学ニュースバルの電子蓄積リングにはビーム輸送系を通って直接、また SPring-8 に対しては、まず電子シンクロトロンに入射される。エネルギー圧縮システムは、ライナックの末端に設置し、電子ビームのエネルギー分布に応じてバンチ長を伸ばすシケイン電磁石部分と、エネルギー変調をかけてエネルギー拡がりを圧縮する加速管部分から構成される[42]。エネルギー圧縮システムによりエネルギー安定度も向上し、大電流入射とエネルギー安定性向上（小電流時に 0.01 % rms (rms: Root mean square) 以下）の両方が達成された[42]。

ところで、シンクロトロン放射光施設で得られる電子ビームでは、大電流、高エネルギー、高品質が求められる。その品質を主に規定するのは、エミッタンス (Emittance) である。現在計画されているSPring-8-II でも、蓄積リングの低エミッタンス化（現行の約 2.4 nm rad から約 150 pm rad）が大きな目標となっている。加速器でビームの性質を示すのに用いるエミッタンスは、本来位相空間において粒子の

占める空間の体積を表す．電子ビームを考える場合，ビームの進行方向に対して横方向のエミッタンスを指すことが多い．エミッタンスが低いビームはサイズが小さく，方向もよく揃って平行なビームということになる．ここで，電子銃から出る電子ビームのエミッタンス（熱エミッタンス (Thermal emittance)）ε_{th} は，以下のように記述される．

$$\varepsilon_{th} = \sigma \sqrt{\frac{kT}{mc^2}} \quad (4\text{-}18)$$

ここで，σ は陰極のスポットサイズ，c は光速である．陰極からの放出電流は仕事関数と温度によって決定されるものの，エミッタンスは，仕事関数には依存せず，温度が同じであれば陰極のスポットサイズのみに依存する．したがって，陰極の半径を可能な限り小さくすることが重要である．ところで，式 (4-18) でわかるように，エミッタンスは，基本的には長さの次元をもつ．しかし，ビームの傾きに関係して mm・rad などという単位を用いたり，単位に π をつけて π mm・rad と表記することもある．その定義には，注意が必要である．

シンクロトロン放射光施設の電子ビームのエミッタンスは，上流に位置する電子銃の性能によって大きく左右される．ただし，ライナックで加速中にもエミッタンスは悪化する．これは，電子が自分で作った電磁場の影響を受けるためである．

(2) 電子シンクロトロン

ここで言う電子シンクロトロンとは，いわゆるブースターシンクロトロン (Booster synchrotron) のことで，蓄積リングへ入射する電子ビームのエネルギーを上げるために用いられる．これにより，蓄積リングで電子の加速を行わないトップアップ運転 (Top-up operation) が可能になる．常に一定強度のシンクロトロン放射光を発生させることができ，X線イメージングにとっては恩恵が大きい．円形加速器の中で，加速エネルギーの増加とともに磁界を変化させ，電子が一定軌道上を周回するものを特にシンクロトロンと呼ぶ．偏向電磁石 (Bending magnet) を円周上に配列して電子を擬似的に円運動させ，電子の軌道上に配した高周波空洞（図 4.32[43]）で高エネルギーまで加速する．シンクロトロンの場合，磁場をエネルギーの増加に合わせて強くし，電子が所定のエネルギーに達したところで取り出す．後述の「(3) 蓄積リング」と共通する部分も多いので，そちらも参照されたい．電子シンクロトロンは，蓄積リング (Storaging ring) と比較し，偏向電磁石の台数に比べて四極電磁石 (Quadrupole electromagnet) と六極電磁石 (Six-pole electromagnet) の台数が相対的に少ない．これは，電子ビームを貯蔵する必要性がないなど，シンクロトロンの用途の違いによるものである[41]．また，通常，偏向電磁石と四極電磁石が交互に並ぶ，FODO と呼ばれる構造をとっている．

SPring-8 の場合，電子ライナックで 1 GeV まで加速された電子ビームが 15°の角度で電子シンクロトロンにオンアクシス入射 (On-axis injection) 方式で入射される．これを 8 GeV まで加速し，蓄積リングに出射するということを 1 秒間隔で繰り返す[43]．内訳は，1 GeV の入射が 150 ms，電子の加速が 400 ms，8 GeV の電子ビームの出射が 150 ms，減速期間が 300 ms となっている[43]．電子シンクロトロンには，2 台のクライストロンがクライストロン室に設置されており，導波管を介して加速用の高周波電力を供給する[41]．シンクロトロンの軌道半径を大きくして磁界を強くすれば，より高エネルギーを得ることができる．シンクロトロンで加速された電子ビームは，図 4.32 (b) のように分岐部から図 4.33 で示すようなビーム輸送設備により蓄積リングまで輸送される．電子シンクロトロンのあるシンクロトロン棟は，

(a) 高周波加速空洞部

(b) シンクロトロン（左）とビーム輸送ライン（右）の分岐部分

(c) シンクロトロン用5連加速空洞

図 4.32 SPring-8 の電子シンクロトロンの写真[37],[43]（(a)：米原博人氏の御厚意による。(b) の提供元：理化学研究所。(c) は，SPring-8 の展示物を写真撮影した）

蓄積リングに対し高さで約 10 m 下がった位置にあり，図 4.33 のように蓄積リングの地下を通ってその内側に入り，内側から蓄積リングに接続されている。

(3) 蓄積リング

図 4.34 には，我が国，および世界の主要なシンクロトロン放射光施設の蓄積リングのサイズと蓄積電子エネルギーを示す。蓄積リングの周長で直径数 m から 1 km を超えるものまで，蓄積電子エネルギーでは 0.5 GeV 程度から SPring-8 の 8 GeV までと，様々な規模のシンクロトロン放射光施設が世界には存在する。我が国では，九州から関東にかけて，特に比較的低エネルギーのものと，世界一の蓄積電子エネルギーをもつ SPring-8 を両極とし，9 つものシンクロトロン放射光施設が存在する。蓄積リングの周長だけを見ると，ドイツの PETRA-III が 2009 年の 7 月に立ち上げられたとき，SPring-8 は世界最大という看板を明け渡している。一方，世界の潮流を見ると，2000 年以降ではフランスの SOLEIL，英国の Diamond，中国・上海の SSRF，スペインの ALBA など，エミッタンスが 4 nm.rad 以下と小さな 3 GeV クラスの高輝度中型放射光施設が建設されてきた。今後は，同様の高輝度中型放射光施設で，1 nm.rad，ないしそれ以下と，さらにエミッタンスが小さなものが増加するものと予想される。

偏向電磁石により電子が移動する方向と直角方向に加速度を与えた場合，図 4.35 (a) のような電気双極子放射 (Electric dipole radiation) が生じる。この場合，加速度は，図中の y 方向となる。図 4.35 (a) では，電子の移動速度 v を光速 c で正規化した $\beta (= v/c)$ が充分に小さい場合を示している。この場合の放射は，加速度がかかる方向とその反対方向で 0，それらと垂直な面内で最大となる。一方，相対論的な速度 ($\beta \approx 1$) をもつ電子から放射されるシンクロトロン放射光を実験室系 (Laboratory system) で見た場合，

130　第4章　ハードウェア

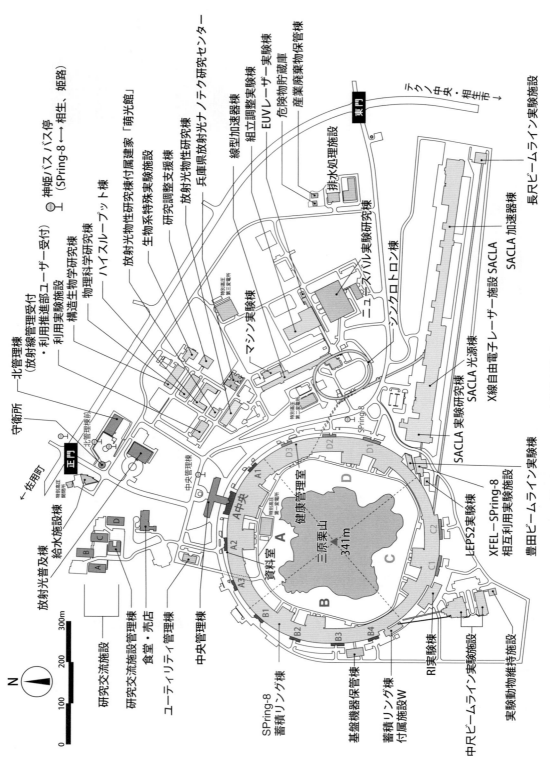

図4.33　SPring-8の全体構成[37]（提供元：理化学研究所）

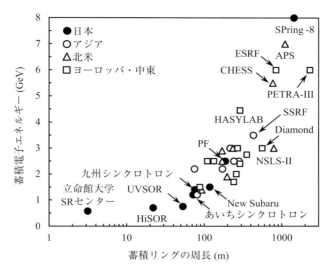

図 4.34 国内外の各種シンクロトロン放射光施設の蓄積リングのサイズ（周長）と蓄積電子エネルギー。黒い点が国内の施設

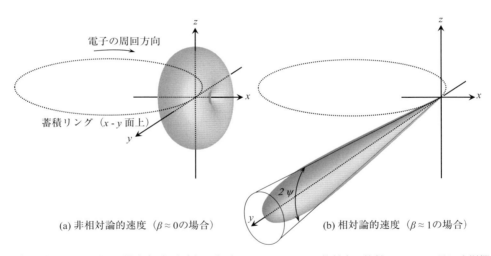

図 4.35 偏向電磁石による電子の横方向（x 方向）の加速がシンクロトロン放射光の放射パターンに及ぼす影響を表す模式図

図 4.35 (b) のように放射コーン (Radiation cone) と呼ばれる狭い領域に放射光が集中する。この場合の拡がり角を 2ψ とすると，以下のように与えられる。

$$\psi \approx \frac{mc^2}{E_e} \tag{4-19}$$

ここで，E_e は蓄積リングの蓄積電子エネルギーである。ちなみに SPring-8 の場合で $\beta = 0.999999998$ となり，1 GeV の蓄積電子エネルギーの場合でも，0.999999869 とほぼ光速とみなすことができる。現在利用できるシンクロトロン放射光施設の E_e の範囲で計算すると，図 4.36 に示すように，シンクロトロン放射光の拡がりは，[mrad] オーダーとなる。これにより，シンクロトロン放射光は，非常に高いフラッ

132　第4章　ハードウェア

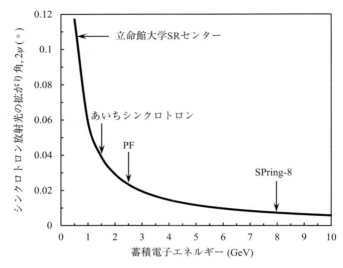

図 4.36　偏向電磁石から出るシンクロトロン放射光の拡がり角と蓄積リングの蓄積電子エネルギーの関係

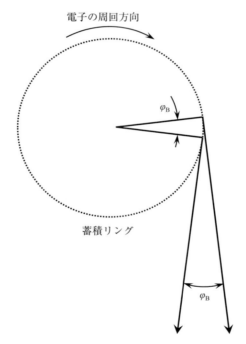

図 4.37　偏向電磁石によるシンクロトロン放射における水平方向の電磁波の重畳・拡がりを示す模式図

クスが小さな領域に鋭く集中するという，高い指向性が特徴であることが理解できる．偏向電磁石の場合には，電子が接線方向にシンクロトロン放射光を発生しながら軌道上を周回するため，蓄積リングと同じ水平面内ではシンクロトロン放射光が発散してしまう．この様子を図 4.37 に示す．発散角 φ_B は，偏向電磁石の長さに依存し，SPring-8 の偏向電磁石の場合は，4.04°とされる[37]．一方，電子の軌道と垂直な方向には，式 (4-19) で与えられるコリメーション (Collimation) が概ね維持される．SPring-8 の偏

表 4.6 X線マイクロトモグラフィーに利用できる代表的なシンクロトロン放射光施設の蓄積リングのエネルギーロス，全放射パワー，臨界エネルギーを式 (4-21)，式 (4-22)，式 (4-24) を用いて計算したもの[37]〜[40]

	E_e (GeV)	R (m)	I_{sc} (mA)	ΔE_e (keV)	P_{SR} (kW)	E_c (keV)
SPring-8	8.0	39.27	100	9230	923	28.9
あいちシンクロトロン光センター	1.2	2.7	300	68.0	2.04	1.4
フォトンファクトリー	2.5	8.66	300	399	120	4.0
九州シンクロトロン光研究センター	1.4	3.2	300	106	31.8	1.9
ニュースバル	1.5	3.2168	300	139	41.7	2.3
ESRF	6.0	23.4	200	4900	980	20.5
APS	7.0	38.9611	200	5450	1090	19.6
ALS	1.5	4.89	400	91.6	36.6	1.5
PETRA-III	6.0	22.92	100	4660	351	20.907

向電磁石の場合，28.9 keV のエネルギーをもつ X 線に対して，シンクロトロン放射光の拡がり角度は，0.0036° である[37]。

ところで，円軌道を周回する 1 個の電子により放射されるシンクロトロン放射光の瞬間的な放射パワー (Instantaneous radiation power)：P_e を全角度，全波長で積分すると，軌道の曲率半径（蓄積リングの半径ではない）を R として，以下のように与えられる[44]。

$$P_e = \frac{e^2 c E_e^4}{6\pi\varepsilon_0 (mc^2)^4 R^2} \tag{4-20}$$

シンクロトロン放射光の全パワーは，蓄積電子エネルギーに非常に強く依存することが理解できる。また，電子 1 個が蓄積リングを 1 周する間にシンクロトロン放射により失うエネルギー (Energy loss per turn) は，これを蓄積リング 1 周分積分することで，以下のようになる[44]。

$$\Delta E_e = \frac{e^2 E_e^4}{3\varepsilon_0 (mc^2)^4 R} \tag{4-21}$$

表 4.6 には，主要なシンクロトロン放射光施設の蓄積リングで ΔE_e を計算したものである。E_e と R を [GeV] と [m] という単位で表したとき，$\Delta E_e = 88.5 E_e^4/R$ で ΔE_e [keV] が概算できる。大型放射光施設では蓄積電子エネルギーが大きいため，エネルギーロスも非常に大きいことがわかる。逆に言えば，この分のエネルギーは，周回中に補填される必要がある。そのため，蓄積リングには，電子の高周波加速を行うための空洞部分と電子の軌道を曲げるための偏向電磁石が交互に配置されている。

実用的には，平均の蓄積電流値（これも表 4.6 に示している）を I_{sc} として，式 (4-21) に電子の個数を掛けて蓄積リングからの全放射パワー (Total radiation power)：P_{SR} として見た方がよい[44]。

$$P_{SR} = \Delta E_e \frac{I_{sc}}{e} \tag{4-22}$$

代表的なシンクロトロン放射光施設の P_{SR} の値は，表 4.6 にまとめてある。SPring-8 や ESRF などの第 3 世代大型放射光施設では，1 MW 前後の全放射パワーがあることがわかる。一方，式 (4-3) を用い，表 4.3 に示された各種 X 線管球からの放射パワーを計算すると，シンクロトロン放射光施設の方が数桁から最大で 8 桁程度上回ることが理解できる。

シンクロトロン放射光の光束密度（Flux density：フラックス密度）は，次式で与えられる[45]。

$$\frac{d^3 N}{dt d\Omega d\lambda/\lambda} = 3.46 \times 10^3 \gamma^2 \left(\frac{\lambda_c}{\lambda}\right)^2 \{1+(\gamma\Psi)^2\} \left\{K_{2/3}^2(\xi) + \frac{(\gamma\Psi)^2}{1+(\gamma\Psi)^2} K_{1/3}^2(\xi)\right\} \tag{4-23}$$

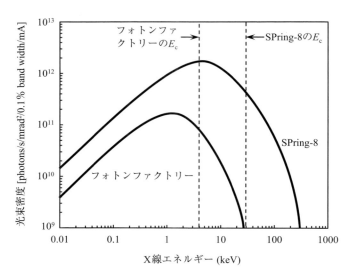

図 4.38 SPring-8 とフォトンファクトリーの蓄積リングの偏向電磁石から放射されるシンクロトロン放射光の光束密度と臨界エネルギーを比較する模式図

ここで，N は光子数，λ は X 線の波長，λ_c は X 線の臨界波長，Ω は光源からの放射の立体角，$\frac{1}{\gamma} = \sqrt{1-\beta^2}$，$\xi = \lambda_c\{1 + (\gamma\Psi)^2\}^{2/3}$，$K_{2/3}$ と $K_{1/3}$ は変形ベッセル関数で，ウィーデマンの本[46]にグラフが出ていて便利である．式 (4-23) の 2 番目の右端の括弧内の第 1 項と第 2 項は，それぞれ軌道面に平行および垂直な偏光成分を表す．また，λ_c は，次式から求められ，全放射パワーが λ_c をもって 2 分されるように定義されている[45]．臨界周波数 ω_c は，以下のように表される．

$$\omega_c = \frac{3}{2}\frac{\gamma^3 c}{R} \tag{4-24}$$

式 (4-23) より，シンクロトロン放射光は，広い波長範囲にわたる連続スペクトルになっていることがわかる．つまり，偏向電磁石により得られる X 線は，モノクロメーターで分光しなければ，白色 X 線である．これをグラフで見たものが図 4.38 で，赤外線から硬 X 線まで幅広い波長範囲の電磁波が放射されることがわかる．図中には，臨界波長に対応する臨界エネルギー E_c の位置も記されている．また，代表的なシンクロトロン放射光施設の臨界エネルギーの値は，表 4.6 に付記してある．X 線を利用する場合，蓄積電子エネルギーが高くなると，低エネルギー側の影響は小さく，高エネルギー側でエネルギー範囲が大きく増加する．金属材料などを X 線イメージングすることを考えると，SPring-8 レベルの高蓄積電子エネルギーの大型放射光施設が必要になることがわかる．

ちなみに，式 (4-23) の単位は，[photons/s/mrad²/0.1 % band width/mA] である．これは，単位時間当たり，相対的バンド幅当たり，水平・鉛直両方向の単位発散角当たり，蓄積電流 1 mA 当たりに放射される光子数である．一方，これを角度に関して積分したものがフラックス（Flux, 光束）である．また，光束密度を水平・鉛直両方向の実効的な光源サイズで割り，単位面積当たりに換算したものが輝度になる．シンクロトロン放射光の輝度は，多くの実験で成否を決める重要な指標となる．高輝度を得るためには，エミッタンスの小さな放射光施設が有利である．また，フラックスの最大値 F_{max} は $\lambda = 3.4\lambda_c$ のときに得られ，次式を用いて見積もることができる[47]．

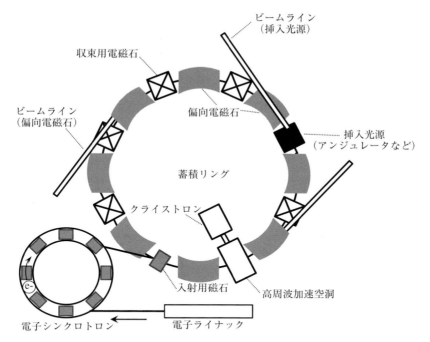

図 4.39 シンクロトロン放射光施設の蓄積リングの基本的な構成を示す単純化した模式図

$$F_{\max} \approx 1.29 \times 10^7 \gamma \tag{4-25}$$

次に，蓄積リングの基本的な構成の模式図を図 4.39 に示す．蓄積リングの役割は，円形に近い周回軌道上で電子を一定のエネルギーに保ちながら長時間貯蔵することにある．これを実現するために，偏向電磁石が多数軌道上に配されている．蓄積リングでは電子エネルギーを上げる必要がないので，偏向電磁石には直流が用いられる．SPring-8 の例では，0.68 T（テスラ）の偏向電磁石（図 4.40 (a)）が 88 台用いられ，偏向電磁石による曲率半径は，39.27 m となっている[37]．この偏向電磁石が二極の電磁石なのに対し，図 4.39 に模式的に示すように，軌道上には四極（図 4.40 (b)）および六極（図 4.40 (c)）の電磁石も配されている．前者は電子ビームの収束用であり，後者は閉軌道や焦点位置のズレを補正するために用いる．また，SPring-8 の場合，1 周のうち，7 m の直線部が 40 カ所，30 m の直線部が 4 カ所ある[37]．式 (4-21) で表される放射損失を補うための高周波加速空洞が導波管を介してクライストロンに接続され，直線部に配置されている．この原理はライナックと同じである．また，(4) で述べる挿入光源も直線部に配されている．電子ビーム自体は，図 4.40 (d) に示す楕円形断面をもつ真空チャンバーの中を伝播する．楕円形の由来は，電子ビームの断面形状に相似させたものとされる．また，チャンバー内部は，SPring-8 の場合，$10^{-8} \sim 10^{-6}$ Pa の超高真空に保たれている[37]．真空チャンバーは，非磁性体で真空特性が良く，放射化しにくいアルミニウム合金を押出し成形して作られる．

ところで，SPring-8 では 2004 年からトップアップ運転が行われている．通常，真空チャンバーのわずかな残留ガスによる散乱やバンチ内の電子同士の散乱により，蓄積電流は徐々に低下する[48]．これに対し，入射器からの電子ビーム入射を規則的かつ頻繁に繰り返せば，巨視的に蓄積電流が一定に保持されるというのがトップアップ運転である．以前は，図 4.41 に示すように，1 日 2 回，電子シンクロトロン

(a) 偏向電磁石

(b) 四極電磁石

(c) 六極電磁石

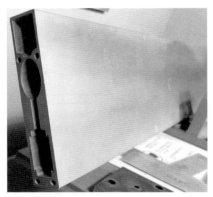
(d) 蓄積リングの真空チャンバー

図 4.40 SPring-8 の蓄積リングの構成機器。SPring-8 の展示物を写真撮影した

からの電子ビームの入射により蓄積電流値は約 100 mA まで上昇し，その後，半日かけて 75 mA 程度まで徐々に低下していた[37]。これに応じ，X 線イメージングで得られる画質も，入射前後で大きく変化していた。現在では，約 100 mA の蓄積電流に対し，1 分ないし 5 分ごとに 1～3 回程度の入射により[37]，蓄積電流の変動は，0.1 % 以下に抑えられている[48]。このため，X 線イメージングを行う場合，1 日のビームタイムを通じて蓄積電流の変動による画質や空間分解能の変化がないことが担保されている。現在では，トップアップ運転は，高輝度光源の運転方法として，世界の標準になっている[48]。

(4) 挿入光源

挿入光源（Insertion device：略して ID）は，偏向電磁石よりも輝度や指向性などの面で質の高いシンクロトロン放射光を得る目的で，偏向電磁石の間の直線部に挿入されるデバイスである。挿入光源には，アンジュレータ (Undulator) とウィグラー (Wiggler) の 2 種類がある。SPring-8 のような第 3 世代放射光施設では，これらのうち，特にアンジュレータの利用が多い。SPring-8 のビームラインで，BL20B2 のようにビームライン番号を表す数字の後に B が付くのが偏向電磁石の，BL20XU のように XU が付くものがアンジュレータの，そして BL08W のように W が付くものがウィグラーのビームラインである。挿入光源の例として，図 4.42 には，SPring-8 に展示されているアンジュレータの写真を示す。また，図 4.43 に

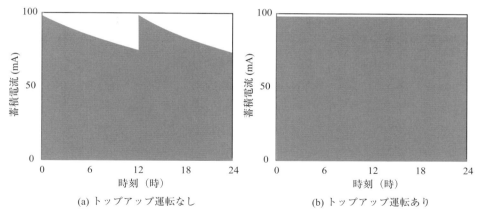

(a) トップアップ運転なし　　　　　　(b) トップアップ運転あり

図 4.41　トップアップ運転を行う場合と行わない場合の蓄積リングの蓄積電流値の変化を表す模式図[37]

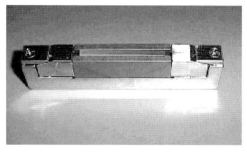

(a) SPring-8のアンジュレータ内部　　　(b) SPring-8のアンジュレータ（磁石部の拡大）

図 4.42　SPring-8 の蓄積リングのアンジュレータ（元 SPring-8 鈴木芳生氏の御厚意による）

は，挿入光源の模式図を示す．図 4.43 のように，永久磁石の N 極，S 極を交互に，かつ電子の軌道の上下で互い違いに多数配列させることで，周期的な磁場を作ることができる．この中に電子を飛行させると，電子は蛇行することになる．これにより，各磁石のところで発生した放射光が重畳し，強度と指向性が著しく増すことになる．上下の磁石の間隙（ギャップ：Gap）を変化させると磁場の強度は変化し，シンクロトロン放射光のエネルギーを変化させることができる．一般に，周期長を短くしながら高い磁場を得るため，磁石には，永久磁石が用いられる．SPring-8 では，ネオジム，鉄，ボロンを主成分として焼結したネオジム磁石（ギャップ 10 mm で最大磁場 0.78 T）が用いられる．なお，挿入光源を入れることで電子ビームが偏向しないように，下記の条件を満たすように磁石を配置・調整する必要がある．

$$\int B_z \, dy = 0 \tag{4-26}$$

ところで，図 4.43 の y 軸からの電子軌道の振れ角は，K パラメーターなる定数を用い，下記のように表される．

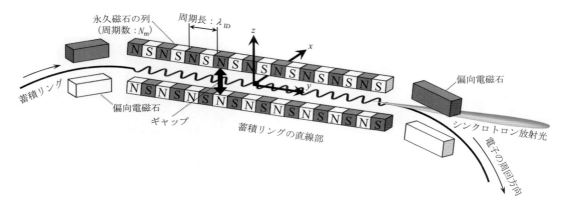

図 4.43 シンクロトロン放射光施設の蓄積リングに挿入された挿入光源からの放射光発生を示す模式図

$$\Phi_{\max} = \frac{K}{\gamma} \tag{4-27}$$

ここで，K は，下記のように表される。

$$K = \frac{eB_0 \lambda_{\mathrm{ID}}}{2\pi mc} \tag{4-28}$$

λ_{ID} は挿入光源の磁石の周期長（図 4.43 参照），B_0 は磁場の最大値である。一般に，$K \leqq 1$ はアンジュレータ，$K \gg 1$ はウィグラーの目安とされる。ただし，$K > 1$ のアンジュレータも用いられるので，実質的には，両者の区別は，得られる X 線のコヒーレント性による。アンジュレータとウィグラーでは，シンクロトロン放射光の特性は，まったく異なるものとなる。式 (4-28) より，比較的磁場が強い場合に $K \gg 1$ の条件を満たすことがわかる。ウィグラーの場合のスペクトルの形状は，図 4.44 (a) のようになり，図 4.38 の偏向電磁石のものと似ている[37]。しかし，偏向電磁石より高輝度で，かつ高エネルギー側にシフトしたものとなる。これは，ウィグラーでは，各磁石により放射される放射光の干渉が十分に生じず，単純に光子数でそれらが合算されるためである。そのため，磁石が $2N_{\mathrm{m}}$ 個配列している場合には，輝度は $2N_{\mathrm{m}}$ 倍になる。これに対して，アンジュレータでは，後述するように振幅の和であるため，干渉により強め合う条件下では，強度が N_{m}^2 に比例することになる。また，ウィグラーの場合の臨界エネルギーは，偏向電磁石よりかなり高くなる。一方，磁場を弱くすれば，ピークを低エネルギー側にずらすことも可能である。そのため，ウィグラーは，波長シフター (Wavelength shifter) とも呼ばれる。ちなみに，SPring-8 でウィグラーを備えたビームラインである BL08W では，周期長 $\lambda_{\mathrm{ID}} = 12\,\mathrm{cm}$，周期数 $N_{\mathrm{m}} = 37$，最小ギャップ 30 mm，最大の K 値は 9.89 となっている。

一方，アンジュレータの磁石の間隔は，ウィグラーより短く，また磁場も弱い。アンジュレータの場合には，図 4.44 (b) に示すように，得られるシンクロトロン放射光は，準単色光（ピンクビーム，Quasi-monochromatic beam）となる[37]。この場合の波長のバンド幅は，下記の式で表される。

$$\frac{\Delta \lambda}{\lambda} = \frac{1}{nN_{\mathrm{m}}} \tag{4-29}$$

例えば，SPring-8 の高分解能イメージング用ビームラインである BL20XU の場合，真空封止アンジュレータで周期長 $\lambda_{\mathrm{ID}} = 2.6\,\mathrm{cm}$，周期数 $N_{\mathrm{m}} = 173$，最小ギャップ 7 mm，最大の K 値は 2.12 である。したがって，$\Delta\lambda/\lambda$ は 5.8×10^{-3} 以下になる。ただし，これは，電子のエネルギー，位置，方向が完全に揃っ

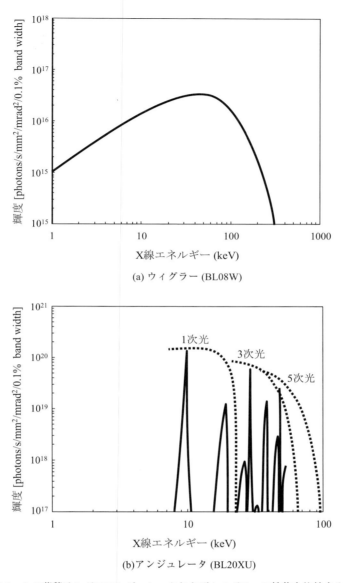

図 4.44 SPring-8 の蓄積リングのアンジュレータおよびウィグラーの性能を比較する模式図[37]

た理想的な場合の話である。現実の蓄積リングでは，電子のエネルギー分布によって，$\Delta\lambda/\lambda \lesssim 10^{-2}$ 程度が限界となる。式 (4-29) と図 4.44 (b) からわかるように，高調波（基本波の整数倍のエネルギーをもつ X 線：Harmonics）では，バンド幅はさらに狭くなる。図 4.44 (b) は，基本波とそれより高いエネルギーをもつ複数の高調波（基本的には，奇数次の高次光）が重畳するようなスペクトルを呈している。n 次高調波の波長 λ_n は，次式で与えられる。

$$\lambda_n = \frac{\lambda_{\mathrm{ID}}}{2n\gamma^2}\left(1 + \frac{K^2}{2} + \gamma^2\theta^2\right) \tag{4-30}$$

ここで，θ は，図 4.43 の y 軸（ビーム方向）と観測軸とのなす角である。y 軸上で最も波長が短くなり，

θ の増加とともに波長が長くなることがわかる．基本波は最も強いが，$K>1$ の場合には，高次の高調波も強まる．$K>1$ となるアンジュレータは，強磁場アンジュレータとも呼ばれ，高調波の発生を強調したアンジュレータとして位置付けられる[49]．

ところで，λ_n は K^2 に比例するため，式 (4-28) より，磁場の調整により λ_n が制御できることがわかる．アンジュレータには基本的に永久磁石を使うため，これは上下の磁石列の間のギャップを調整することを意味する．SPring-8 では，永久磁石をチャンバーの中に真空封止（真空度 3×10^{-8} Pa[37]）しており，最小ギャップを 8 mm まで小さくすることができる．そのため，アンジュレータの 1〜5 次光を使うことにより，5〜80 keV の X 線エネルギーの範囲をカバーすることができる[37]．一方，広いバンド幅をもつウィグラーでは，ギャップの調整は意味をなさない．

アンジュレータでは，磁石が $2N_m$ 個配列している場合，輝度は N_m^2 倍になる．これは，各磁石によって発生する放射光が干渉して強め合うためである．つまり，偏向電磁石やウィグラーより桁違いに明るい放射光が得られることになる．また，得られるシンクロトロン放射光の指向性も，非常に強くなる．シンクロトロン放射光の拡がり角 φ_u は，下記のように表される．

$$\varphi_u \approx \sqrt{\frac{\lambda}{N_m \lambda_{ID}}} = \frac{1}{\gamma}\sqrt{\frac{1+K^2/2}{2nN_m}} \tag{4-31}$$

$N_m \lambda_{ID}$ は，磁石列の長さである．例えば，図 4.44 (b) の最も左のピークに対し，φ_u は，3.7 μrad 程度になる．また，アンジュレータの基本波を考えると，偏向電磁石と比較して，拡がり角は $1/\sqrt{N_m}$ 程度になることがわかる．アンジュレータの輝度が高い理由は，ある特定の波長に対してだけ，個々の磁石によるシンクロトロン放射が光軸上で干渉によってちょうど強め合うと考えればよい．ただし，アンジュレータでも，全放射パワーは，偏向電磁石と同程度である．実際に，図 4.29 でも，アンジュレータのピークから外れた波長では，ウィグラーや偏向電磁石より弱い X 線しか観測されないことがわかる．

最後に，2.2.2 節 (3) で述べた空間的コヒーレンスに関しては，ガウス関数で近似するという仮定を置けば，アンジュレータから出るシンクロトロン放射光のビームサイズ σ は，以下のように表示される．ただしこの場合，ガウス関数は良い近似とは言えないので，次式は実効ビームサイズを正確に与えるものではないことに注意が必要である．

$$\sigma = \frac{\sqrt{\lambda N_m \lambda_{ID}}}{4\pi} \tag{4-32}$$

一方，同じく 2.2.2 節 (3) で述べた時間的コヒーレンスは，アンジュレータに対し以下のように表される．

$$\ell_t = \frac{\lambda^2}{2\Delta\lambda} = \frac{N_m \lambda_{ID}(1+K^2/2)}{4\gamma^2} \tag{4-33}$$

このように，時間的コヒーレンスは，アンジュレータの磁石列の長さを長くすることで改善される．その効果には，磁石列の長さの 1 乗に比例する．空間的コヒーレンスは，完全コヒーレント光源の場合，アンジュレータの長さにはよらない．

(5) ビームライン

SPring-8 を例にとると，図 4.45 に示すように，全部で 57 本（設置可能数：62 本）のビームライン (Beam line) がある[37]．このうち，X 線イメージングに用いられるのは，BL20XU, BL20B2, BL47XU,

4.1 X線源　141

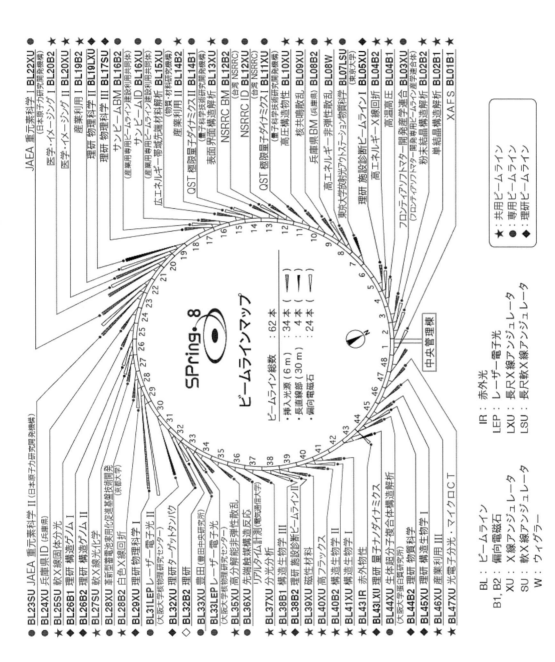

図 4.45　シンクロトロン放射光施設のビームラインの例[37]（SPring-8 のビームラインマップ）（提供元：理化学研究所。2017 年 4 月 1 日現在）

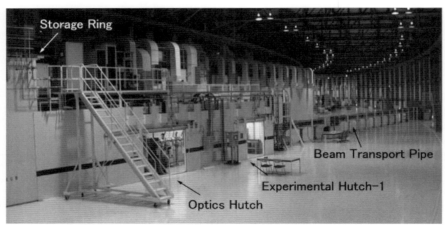

(a) 実験ホール内のビームライン外観

(b) 実験ホール外のビームライン外観

図 4.46 シンクロトロン放射光施設のビームラインの写真[37]（SPring-8 の BL20B2：SPring-8 上杉健太朗氏の御厚意による）

BL37XU，BL19B2 などである．ビームラインは，フロントエンド (Front end: FE) と光学ハッチ (Optics hutch)，実験ハッチ (Experimental hutch) に分けられる．SPring-8 では，光源からフロントエンド入り口までが 10 ～ 20 m，そこからフロントエンド終端までさらに 10 ～ 20 m あり，実験ホールの終端まで考えると，光源からの距離は約 80 m もある（図 4.46 (a)[37]）．BL20XU と BL20B2 は，ビームラインが実験ホールの外に出て，総延長 250 m 程度となる（図 4.46 (b)[37]）．実験ハッチには，後述する検出器や試料回転ステージが設置される．

さて，蓄積リングで発生したシンクロトロン放射光は，真空遮断のためのゲートバルブ，メインビームシャッター (Main beam shutter: MBS)，スリット (Slit)，ベリリウム窓などからなるフロントエンド（図 4.47 の写真[50]参照）に導入される．フロントエンドは，イオンポンプ，チタンゲッターポンプなどで超高真空に維持されている．また，収納部と呼ばれる場所に格納され，一般ユーザーは，立ち入りできない．この収納部は，蓄積リングで発生するガンマ線や中性子，余分なシンクロトロン放射光などを実験ホールに入れないように，厚いコンクリートの遮蔽壁に覆われている．フロントエンドの機能は，アンジュレータなどの光軸（図 4.43 の y 軸）近傍の良質なシンクロトロン放射光のみをビームラインに導い

図 4.47 シンクロトロン放射光施設のビームラインの例（SPring-8 の BL47XU：SPring-8 櫻井吉晴氏の御厚意による）[50]

たり，シンクロトロン放射光を遮断したりすることである．スリットなどで除去される，光軸から離れた不要なシンクロトロン放射光は XY スリットなどでカットして熱として処理されるため，フロントエンドは，高熱負荷への対処が重要になる．例えば，SPring-8 の BL20XU の場合，最小ギャップ 7 mm のときに，全パワーは 13.83 kW となる[51]．このほとんどがフロントエンドスリットに入り，スリットの開口が 0.5 mm（縦）× 0.8 mm（横）のとき，出力は約 290 W となる[51]．この差の約 13.5 kW が熱として処理されることになる．メインビームシャッターは，熱成分を遮断するアブソーバーと放射線成分を遮断するビームシャッターの総称で，操作時には両者が連動する[52]．例えば，メインビームシャッターを閉じる操作をすると，まずアブソーバーが閉まり，続いて自動でビームシャッターが閉じられる[52]．これは，冷却されていないビームシャッターに高熱負荷を与えないためである．SPring-8 の場合，ビームシャッターには 38 cm 厚のタングステンが，またアブソーバーには熱伝導の良い水冷銅ブロックが用いられ，いずれも圧縮空気のシリンダーで上下する[52]．

図 4.48 は，フロントエンドを制御する実験ハッチのビームラインワークステーションの画面である．一部のフロントエンドの機器は，一般ユーザーが実験ハッチからも簡単に制御できる．しかし，フロントエンドの機器のトラブルは，使用中のビームラインのモノクロメーターの破損や，場合によってはビームアボートを通じて他のビームラインの実験にも重大な影響を与えるため，十分な注意が必要である．詳しくは専門書を参照されたい[52]．

フロントエンドに関し，ユーザーが X 線イメージングを行う上で大事なことは，ベリリウム窓の存在である．ベリリウム窓は，図 4.49 に示すように，フロントエンドの超高真空（$10^{-8} \sim 10^{-7}$ Pa）と光学ハッチの高真空（$10^{-6} \sim 10^{-3}$ Pa）を遮断するとともに，約 3 keV 以上の硬 X 線のみを透過させるという機能をもつ[52]．SPring-8 のベリリウム窓は，水冷銅マスクに高純度ベリリウム箔を接合したもので，白色 X 線による熱負荷に耐える構造となっている．例えば，SPring-8 の BL20XU の光学ハッチの上流側には，厚

第4章　ハードウェア

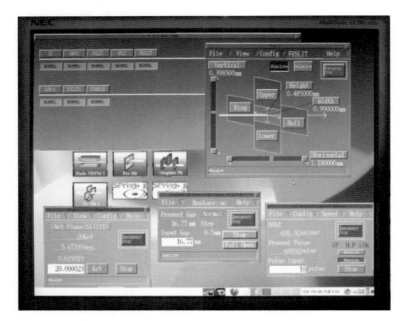

図 4.48　シンクロトロン放射光施設の実験ハッチにあるフロントエンドスリットおよびモノクロメータ制御用ビームラインワークステーションの画面（SPring-8 の BL20XU）

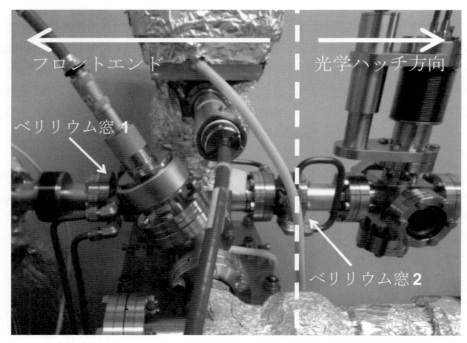

図 4.49　シンクロトロン放射光施設のビームラインのベリリウム窓（SPring-8 の BL20XU：SPring-8 上杉健太朗氏の御厚意による）

4.1 X線源 145

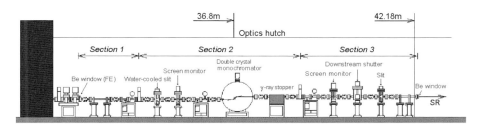

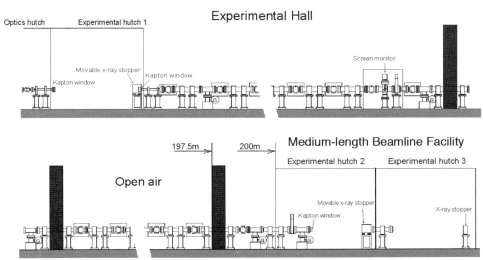

図 4.50 シンクロトロン放射光施設のビームラインの例[37]（SPring-8 の BL20B2：SPring-8 上杉健太朗氏の御厚意による）

さ 250 μm のベリリウム窓が 2 枚ある．光学ハッチの下流側は実験ハッチと共用で，60 μm 厚の PVD によるベリリウム窓（30 μm 厚のものを 2 枚貼り合わせ）がある．ベリリウム箔の表面粗さ，微量な不純物に起因する介在物粒子，およびポアなどの材料欠陥は，X 線イメージングで得られる画像にスペックルノイズ (Speckle noise) と呼ばれる縞模様や強度ムラを生じさせるので，注意が必要である．

　図 4.50 のように[37]，フロントエンドを出た X 線は，すぐに大気中に解放されるのではなく，やはり両端をベリリウムなどで封じた真空パイプ中を通り，分光器 (Monochromator) に導かれる．SPring-8 の BL20XU と BL20B2 の場合，分光器は光源から，それぞれ 46 m と 36.8 m の位置に設置されている．BL20XU には実験ハッチが 2 つあり，第 1 実験ハッチは光源から 80 m の位置にあり，利用できるビームサイズは，0.7 mm（垂直）×1.4 mm（水平），第 2 実験ハッチは光源から 245 m の位置にあり，ビームサイズは約 2 mm（垂直）×4 mm（水平）となる[37]．第 1 実験ハッチで分光器に Si (111) 面を用いた場合，10^{13} [photons/s/mm^2] のフラックスが得られる[37]．一方，BL20B2 には実験ハッチが 3 つあり，第 1 実験ハッチは光源から 42 m の位置にある．利用できるビームサイズは，75 mm（垂直）×5 mm（水平），第 2，第 3 実験ハッチは光源からそれぞれ 200 m と 206 m の位置にあり，ビームサイズは約 300 mm（垂直）×20 mm（水平）となる[37]．第 1 実験ハッチで分光器に Si (111) 面を用いた場合，6.5×10^9 [photons/s/mm^2] のフラックスが得られる[51]．

　分光器には，回折格子 (Diffraction grating)，多層膜 (Multilayer)，完全結晶 (Perfect crystal) などの方式が

(a) モノクロメーター外観 (BL20XU)　　(b) シリコン結晶とそのホルダー (BL20B2)

(c) モノクロメーター内部 (BL20B2)

図 4.51　シンクロトロン放射光施設のビームラインに設置されたモノクロメーターの写真[37]（SPring-8 の BL20XU・BL20B2：SPring-8 上杉健太朗氏の御厚意による）

ある．回折格子は，基板上に溝を多数，等間隔かつ平行に刻んだもので，軟 X 線などに用いられる．多層膜は，軽重 2 種類の薄膜を周期的に積層したものである．エネルギー分解能 (Energy resolution) $\Delta E/E$ が 10^{-2} 程度の粗い単色化になる一方で，バンド幅 (Bandwidth) は完全結晶と比べて 100 倍程度に拡がる．これは，小角散乱や，定量性を問題としない吸収コントラストによる X 線イメージングなどでは十分なスペックと言える．ESRF では，約半数のビームラインで多層膜の分光器が用いられている．一方，完全結晶の分光器では，10^{-4} 程度のエネルギー分解能が得られる．例えば，20 keV のエネルギーをもつ X 線では，波長 0.062 nm に対し，0.000006 nm 程度の波長分散に留まる．SPring-8 では，軟 X 線のビームラインを除き，ほとんどのビームラインで完全結晶を用いた 2 結晶分光器 (Double crystal monochromator) が用いられている．以下では，2 結晶分光器に触れる．

モノクロメーター（図 4.51 (a)）を用いて X 線を分光する場合の基礎は，以下のブラッグ条件である．

$$2d \sin\theta_B = n\lambda \tag{4-34}$$

この場合，d は格子面間隔，θ_B はブラッグ角である．ただし，1 つの結晶（図 4.51 (b)）のみによる回折では，X 線ビームがビームラインの軸外に出てしまうので，2 つ目の結晶を用いて入射ビームと平行に，実験ハッチ方向に向けて X 線ビームを導くのが 2 結晶分光器である．図 4.51 (c) に見えるように，各結晶には並進，回転のステッピングモーターが付いており，エネルギーを変えてブラッグ角が変化しても出射ビーム位置が一定に保たれるように，第 1 結晶が上下・前後に並進する．ユーザーは，実験ハッチ

から図 4.48 の画面にあるエネルギーと第 1 結晶の微調 ($\Delta\theta_1$) を動かし，両結晶が平行になりビームが試料に当たるように調整することになる．

ところで，ブラッグ条件より，基本波の他に波長が $1/n$ の n 次光も同じセットアップで分光器を通過する．これは，単色性を利用した定量解析で誤差を招いたり，アーティファクトの生成をもたらす可能性がある．図 4.51 (b) のような平板結晶による X 線回折の角度範囲は，ダーウィン幅 (Darwin width) ω として評価できる．つまり，モノクロメーターは，ブラッグ角を中心に，ダーウィン幅の角度分だけ X 線を回折することができる[53]．

$$\omega = \frac{2.12}{\sin 2\theta_B} \frac{r_e \lambda^2}{\pi V} C |F_{hr}| \exp\left\{-B\left(\frac{\sin\theta_B}{\lambda}\right)^2\right\} \tag{4-35}$$

ここで，$r_e = e^2/(m_e c^2)$ は古典電子半径，V はモノクロメーター材料の単位格子の体積，C は偏光因子，F_{hr} は原子散乱因子の実部からなる結晶構造因子，$\exp\left\{-B\left(\frac{\sin\theta_B}{\lambda}\right)^2\right\}$ はデバイワラー因子である[53]．F_{hr} と $\exp\left\{-B\left(\frac{\sin\theta_B}{\lambda}\right)^2\right\}$ は，文献 [53] に示されている．X 線エネルギーが 10 keV のときのダーウィン幅は，Si (111) に対しては 5.9″，Si (333) に対しては約 1.4″ と，およそ $1/n$ に比例する．100 keV になると，いずれも 10 keV のときの約 1/10 となる[53]．一方，高次高調波は，$(1/n)^2$ に比例する．これを利用し，n 次の高調波のダーウィン幅程度の角度だけブラッグ角からずらしてやることで，高調波カットミラーを用いずに，n 次の高調波をカットすることができる．Si (111) 反射を例にとると，結果として，基本波の強度がピークの 90～80％ になるように角度をずらせば，基本波の強度をあまり損なうことなく (333) 以上の高次をカットできる（(222) 反射は，禁制なので存在しない）．このような回折角度の調整をディチューン (Detune) と呼ぶ．

回折に用いる結晶には，主にシリコンが用いられる．その他の X 線分光結晶には，アンチモン化インジウム (InSb)，水晶 (SiO_2)，ダイヤモンド (C)，酸化アルミニウム (Al_2O_3)，ベリル，ホウ化イットリウム (YB_{66}) などがある．いずれも格子定数はシリコンより大きく，軟 X 線など，より低エネルギーに向いている．

ところで，分光器から数 m から 200 m 程度離れた所で X 線を用いるシンクロトロン放射光施設では，X 線の強度むらを防止するため，シリコン結晶の格子面間隔を完全に均一にする必要がある．これには，多結晶シリコンは適さないし，単結晶でも格子欠陥や固溶不純物原子を極限的に排除する必要がある．このため，SPring-8 では，純度 99.999999999％で浮遊帯域融解法 (Floating zone melting method) により一方向成長させた人工シリコンを用いる[52]．また，結晶の切断により導入される歪みも機械研磨とエッチングであらかじめ除去される[52]．SPring-8 BL20XU では，分光結晶は，Si (111) 面が表面に出た結晶と Si (220) 面が表面に出た結晶を切り替えることが可能である[37]．この 2 つの結晶により，それぞれ 7.62～37.7 keV と 37.7～61 keV のエネルギーの X 線が利用できる[37]．いずれも液体窒素による間接冷却方式で冷却される[37]．BL20B2 では，Si (111)：5.0～37.5 keV，Si (311)：8.4～72.5 keV，Si (511)：13.5～113.3 keV である[37]．よく知られているように，(hkl) 面の格子面間隔 $2d(hkl)$ は，次式で求めることができる．

$$2d(hkl) = \frac{2a}{\sqrt{h^2 + k^2 + l^2}} \tag{4-36}$$

ただし，a は格子定数で，シリコンの場合は，5.4310623 Å (25 ℃) 程度である．これに，3～27° 程度の

図 4.52 シンクロトロン放射光施設のビームラインの光学ハッチ（SPring-8 の BL20XU：SPring-8 上杉健太朗氏の御厚意による）

入射角を想定すると，各結晶でカバーできるエネルギー範囲が計算できる．ただし，Si (111) と比べて Si (311) は数分の一，Si (511) はさらにその数分の一のフラックスとなることには注意が必要である．逆に，エネルギー分解能は，以下の式のように光源の放射角度とスリットで決まる入射ビームの角度発散 φ と ω から，以下のように表される．

$$\frac{\Delta\lambda}{\lambda} = \sqrt{\varphi^2 + \omega^2}\cot\theta_B \tag{4-37}$$

よって，より高指数面を用いた場合には，エネルギー分解能が向上することになる．

分光器の後ろには，図 4.52 のように，ガンマ線ストッパー (Gamma-ray stopper) が設置される．蓄積リングで電子ビームが微量な残留ガス中を通ると，制動放射により数 GeV レベルのガンマ線が生じる．ガンマ線ストッパーは，これを止めるためのものである．なお，ガンマ線の発生も X 線管と同じ制動輻射であるが，シンクロトロン放射と同じように電子エネルギーが非常に高いため前方に指向性をもつ．このため，光軸近傍の狭い領域だけ遮蔽すればよい．SPring-8 では，厚み 30 cm ないし 35 cm の鉛ブロックが用いられ[52]，30 mm 程度オフセットした経路を単色 X 線が通る．その後ろには，図 4.52 に示すように，下流シャッター (Downstream shutter: DSS) がある．これは，分光後の単色 X 線を遮断するためのものである．DSS を閉じれば，ユーザーが実験ハッチで作業している間も分光器にはシンクロトロン放射光が照射されるため，分光器の熱的な安定性を担保できる．通常，厚さ 10 cm 程度の鉛を封入したブロックがエアシリンダによって上下する．SPring-8 では，下流シャッターに厚さ 9.4 cm の鉛が用いられる[52]．分光器の下流にもスリット (Transport channel slit: TC slit) があるが，特殊な実験を除けば，フロントエンドのスリットの方を用いる．

図 4.53　X 線 CT スキャナーに用いられるフィルターチェンジャーの例。カールツァイス（株）製 ZEISS Xradia 520 Versa 型（図 6.18）に組み込まれたもの（カールツァイス（株）速水信弘氏の御厚意による）

4.2　フィルター

　フィルターは，X 線管の窓材料やターゲットなどで生じる内生的な X 線の吸収に加え，金属の薄板を X 線源と試料の間に挿入することで，入射 X 線の強度を全体的に下げたり，入射 X 線のうち低エネルギー成分を選択的に減衰させるために用いられる。特に産業用 X 線 CT スキャナーにとっては重要な構成機器であり，後者に関連して，7.6 節で後述するビームハードニング (Beam hardening) と呼ばれるアーティファクトを低減する目的のために用いられる。挿入する金属の種類および板厚を変化させることにより，試料と装置に合わせた撮像条件に調整することができる。産業用 X 線 CT 装置では，複数のフィルターを備えたものや，なかには複数のフィルターから最適なものを自動で選択してくれるものもある。市販の産業用 X 線 CT スキャナーのフィルターチェンジャーの例を図 4.53 に示す。

　図 4.54 は，フィルターを挿入する効果を模式的に見たものである。フィルターを挿入することで，低エネルギー側の X 線強度が大きく低下し，X 線エネルギーのピークが高エネルギー側にシフトしている。後者は，ビームハードニングと呼ばれる現象で，これが試料の中で生じるとアーティファクトになる。そのため，あらかじめフィルターで低エネルギー成分を除去しておくことがアーティファクト防止策になる。図中のフィルター 2 は，K_α 線よりも低いエネルギーに吸収端をもつ元素で，吸収端より上の高エネルギー成分がほぼカットされていることがわかる。X 線回折などではこれを利用し，例えば銅をターゲットした管球とニッケルフィルターを組み合わせ，K_β 線や短波長側の連続 X 線を除去し，スペクトルのほとんどが K_α 線よりなる単色光に近い X 線を利用する。これは，ニッケルの吸収端が，K_α 線と K_β 線の間に位置するためである。図 4.54 で見た吸収端の効果は，3D イメージングを行う上では邪魔になることが多いと思われる。そのため，銀やスズなど，原子番号が概ね 40 以上で，数十 keV 程度の X 線エネルギーに吸収端をもつ元素は，条件によってはフィルターとして適さない。

　図 4.2 や図 4.18 で見たように，X 線管球では，ターゲット材料や管電圧，ターゲット角度などによって特徴的な X 線スペクトルをもつ。これを考慮し，どのエネルギー範囲の X 線を減衰させたいかを考えてフィルターの材質と厚みを選定することになる。例えば，アルミニウム，チタン，銅，ニオブの 4 種類

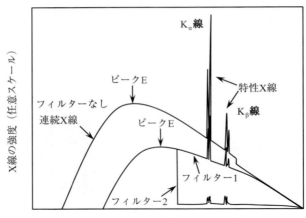

図 4.54 X線管を用いる場合にフィルターの有無がX線強度に与える影響の模式図。図示したX線エネルギー範囲に吸収端をもたない元素からなるフィルター1と、吸収端が横軸のほぼ中央に存在する元素でできたフィルター2の効果を図示している

の金属を用いるとする。原子番号は 13 〜 41 と大きく異なるので、第 2 章で見たとおり、X 線の減衰挙動は大きく異なることになる。ニコロフ等は、80 kV の管電圧でターゲットにタングステンを用いた場合（ターゲット角は、12°）、これらがまったく同じ X 線のピークエネルギー (48.0 keV) をとるようにフィルターの厚みを調整すると、それぞれ 4.1，0.50，0.11，0.05 mm になるとしている[54]。この場合のビーム強度を評価すると、それぞれフィルターなしの場合の 58.0，65.6，66.8，65.3 % になる[54]。これを管電流で調整すると、いずれのフィルターを用いても、ほぼ同じ X 線スペクトルを得ることができる[54]。

医療用の X 線 CT スキャナーでは、このように得られる X 線スペクトルを考慮した患者の被爆（特に表皮近くの X 線吸収）と管球の負荷を考えれば、最適なフィルター厚みが計算できる[54]。しかし、産業用 X 線 CT スキャナーでは、試料の被爆は通常問題にならないので、このような考察は適用できない。したがって、使用する X 線 CT スキャナーの X 線管のスペクトルがユーザーに把握されており、試料の断面形状が単純な場合には、第 2 章で見た線吸収係数の X 線エネルギー依存性を考慮するだけでフィルターの選択ができる。図 4.55 は、市販のマイクロフォーカス管を用い、ポリマー、アルミニウム、および鉄鋼の直径 1 mm 程度の円柱状試料がうまくイメージングできるように、X 線管の管電圧とフィルターを調整した場合の X 線スペクトルである。用いる X 線 CT スキャナーのスペックとしての X 線スペクトルがわからない場合には、実際にイメージングをして 3D 画像の良否を確認することで適切なフィルターを選択することも多い。

4.3　位置決めステージ

X 線 CT スキャナーでは、基本的に、少なくとも線源、試料回転ステージ、検出器の 3 つの機器が上下および左右方向で位置と配向が完全に合致している必要がある。また、各種スリットやゾーンプレート、コンデンサープレート、位相板などを用いる場合には、それらと検出器や試料回転ステージとの精密な

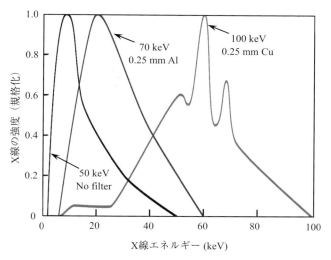

図 4.55 1本のマイクロフォーカス管を用い，管電圧とフィルターを調整してポリマー，アルミニウム合金，鉄鋼に合う X 線スペクトルに調整した場合の X 線スペクトルの模式図．縦軸は，最大強度で規格化したもの

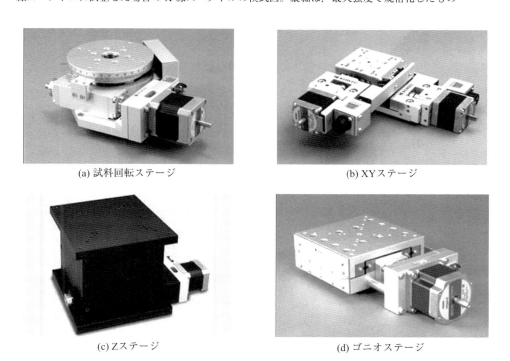

(a) 試料回転ステージ　　(b) XYステージ

(c) Zステージ　　(d) ゴニオステージ

図 4.56 X 線 CT スキャナーに用いられる各種ステージ類（神津精機（株）小島正道氏の御厚意による）

位置合わせも必要になる．これを実現するため，試料回転ステージ，XY ステージ (XY linear stage)，スライダーモジュール (Slider module)，ゴニオステージ (Goniometric stage) などを適宜用いることになる．これらの一例を図 4.56 に示す．特に，シンクロトロン放射光を用いて行う X 線トモグラフィーでは，実験ハッチの汎用性やユーザー実験の多様性などのため，これらを多く組み合わせる必要がある．このう

152　第 4 章　ハードウェア

ち，試料回転ステージなどは，得られる 3D 画像の空間分解能に直接影響したり，アーティファクトの発生に関連する。

　X 線トモグラフィーでは，後で式 (5-29) や式 (7-30) で見るように，線源の実効焦点サイズ，検出器の画素サイズや回転ステップで規定されるナイキスト周波数，試料回転ステージの位置精度，試料のドリフト，検出器などのうち，最も低い精度をもたらす 1 つの因子が律速段階的にシステムとしての空間分解能を規定する。このうち，4.1 節では線源について，第 7 章ではナイキスト周波数について，それぞれ述べている。残る試料回転ステージの位置精度と試料ドリフトは，特に高空間分解能のイメージングやシンクロトロン放射光を用いて行う X 線トモグラフィーの場合には，重要になる。また，一般的な産業用 X 線 CT スキャナーの場合であっても，3D 画像で実測した空間分解能が線源の実効焦点サイズやナイキスト周波数で説明がつかない場合，試料回転ステージの精度が装置の空間分解能を引き下げていることも考えられる。

4.3.1　試料回転ステージ

　X 線 CT スキャナーでは欠くことができない機器であるにもかかわらず，その重要性がほとんど意識されていないのが試料回転ステージであろう。X 線 CT スキャナーでは，試料重量に耐えながら試料を回転させるスラスト軸受け (Thrust bearing) が必要となる。求められる精度などに応じて，ボールベアリング (Ball bearing) を中心に，高空間分解能を志向する場合にはエアベアリング (Air bearing)，スライドガイド (Slide guide) 方式の滑り軸受けなどが用いられる。図 4.57 には，それぞれの機構を模式的に示す。
　一般に，産業用 X 線 CT スキャナーの場合，マイクロトモグラフィー仕様であっても，ボールベアリングを使用した汎用の回転ステージが用いられる。その場合，直径 5 cm 程度の試料回転ステージで耐荷重 (Load capacity) 2 〜 3 kgf，偏心量 (Eccentricity) 5 μm，面振れ (Surface runout) 20 μm 程度，また直径 20 cm 程度のもので耐荷重 30 kgf で偏心量 10 μm 程度，面振れ 20 μm 程度となる。また，直径 7 〜 10 cm のものが高精度を出しやすいとされ，最高で偏心量 0.5 μm 程度のものが利用できる。後出の表 6.1 から，市販の高空間分解能 X 線 CT スキャナーでは，耐荷重 2 〜 12 kgf 程度の回転ステージが用いられていることがわかる。特に，高精度試料回転ステージの場合，個体ごとに実力の性能が違うため，メーカーへの相談が必須になる。ここで，偏心量は回転半径方向の振れを，面振れは回転軸を法線とする面の角度振れをそれぞれ計測したものである。図 4.58 に偏心量および面振れの計測例を示す。ステージ上に真球を載せ，接触式ないしは非接触式で計測する方法が JIS で規定されている。偏心量や面振れなど，計測される回転の誤差は，半径方向および軸方向（上下方向）の変位やセンタリングのずれに歳差運動 (Motion of precession) などによる回転軸の角度の変動が重畳したものである。X 線トモグラフィーで重要なのは，ステージ上面ではなく，ステージ上面から最大で数十 cm 上方に位置する試料位置での上下・左右の変動である。したがって，上記のような試料回転ステージのスペックだけからは，空間分解能への影響を直接は判断できないことに注意が必要である。また，ラミノグラフィーなどで回転ステージを傾斜させる場合には，これ以上に精度が悪化するものと思われる。
　ステージ回転速度に関しては，図 4.59 (a) に示す一般的なウォームギア (Worm gear) 方式（ウォーム軸とウォーム歯車の組み合わせ）の場合，0.2 回転／sec 程度が限界である。シンクロトロン放射光などを用いた高速トモグラフィーの場合には，時としてさらに高速で試料回転ステージを回す必要が生じる。

(a) ボールベアリング方式

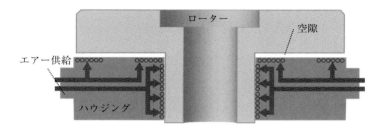

(b) 滑り軸受け（エアベアリング方式）

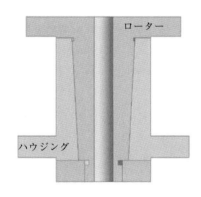

(c) 滑り軸受け（スライドガイド方式）

図 4.57 X 線 CT スキャナーに用いられる各種回転ステージ（神津精機（株）小島正道氏の御厚意による）

そのような場合，図 4.59 (b) に示すベルトドライブ方式で 2 回転／sec 程度，図 4.59 (c) に示すダイレクトドライブ方式で 5 回転／sec 程度が得られる。高精度な高速回転のためには，機器の選定だけでは不十分で，試料の重心位置を回転軸に正確に合わせるなどの配慮が必要である。

図 4.57 (b) のエアベアリング（回転ユニットとしては，エアスピンドル (Air spindle) と呼ばれる）方式の試料回転ステージの場合，偏心量を 100～200 nm に抑えることができ，耐荷重最大 10 kg 程度，直径最大 20 cm 程度のものが利用できる。一般に，滑り軸受けのような流体潤滑の場合，流体の粘度と摩擦係数は比例する。空気の粘度は潤滑油より 3 桁程度小さいため，エアベアリング方式は，摩擦損失や発熱が小さく高速向きと言える。また，クリーン環境や高温などの特殊環境にも強いというメリットもあ

154　第 4 章　ハードウェア

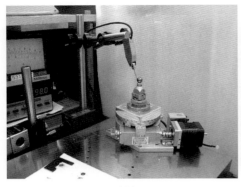
(a) 偏心

(b) 面振れ

図 4.58　X 線 CT スキャナーに用いられる回転ステージの偏心および面振れの計測例（神津精機（株）小島正道氏の御厚意による）

る．一方で，清浄なドライエアーを 0.5 MPa などと所定の圧力で安定的に給気する必要がある．なお，エアスピンドルの実際の偏心精度は，供給するエアの圧力・温度の安定性に強く依存するので，注意する必要がある．一方，図 4.57 (c) のスライドガイド方式の場合，耐荷重は 2 kgf 程度（直径で 20 cm）に制約されるものの，比較的安価，かつコンパクトながらも高精度な試料回転が得られる．その偏心量は，最高で 70 nm 程度（最大 200 nm 程度）を達成できる．ただし，隙間に潤滑油が入って油膜を形成することが必須である．隙間がなくなれば焼付くため，潤滑油が切れないようなメンテナンスが必要である．特に，使用しない期間が長きに及ぶシンクロトロン放射光実験などでは，注意が必要である．

　シンクロトロン放射光を用いて行う X 線トモグラフィーで空間分解能がサブミクロンの場合など，これ以上の回転精度が必要な場合，アクティブな偏心・面振れ抑制技術が必要となる[55]．例えば，フランス・パリ近郊のシンクロトロン放射光施設 SOLEIL での適用例が報告されている．これは，用いる試料回転ステージ固有の偏心や面振れの特性をあらかじめ計測しておき，XY ステージなどでフィードフォワード制御により補正を行うとともに，撮像中にも干渉計などを利用して偏心・面振れを計測しながら，フィードバック制御により追加的な補正を行うというものである[55]．

　第 3 章で紹介した第 6 世代 CT のヘリカルスキャン方式 X 線 CT スキャナーでは，スリップリング (Slip ring) 機構を搭載することで，ガントリーに取り付けられた X 線管と検出器への給電とデータ転送などを行いながら，一方向に連続回転できる．5.3 節で述べる高速トモグラフィーを実施するときにも，4.5 節で後述するその場観察用試験機や加熱炉などを回転ステージ上に載せたまま，回転ステージを多数回連続回転するため，スリップリングが用いられることがある．スリップリングは，銅製の導体金属円板を必要なチャンネルの分だけスタックして固定したもので，それぞれの円板が回転中も別々のブラシと常に接触する．これにより，回転ステージ上下をケーブルで繋ぐことなく，電源電圧やデータ信号のやりとりができる．

4.3.2　その他の位置決めステージ

　図 4.56 (b) の XY ステージや図 4.56 (c) の Z ステージを産業用 X 線 CT スキャナーに用いる場合，問題

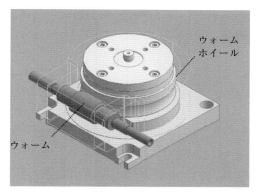

(a) ウォームギア方式

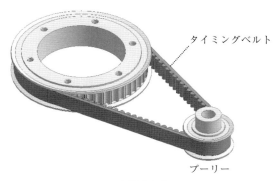

(b) ベルト駆動方式

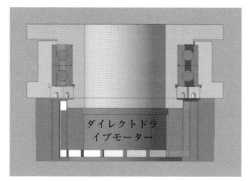

(c) ダイレクトドライブ方式

図 4.59 X 線 CT スキャナーに用いられる各種回転機構（神津精機（株）小島正道氏の御厚意による）

となるのは，ストローク量だけであろう．ただし，ラミノグラフィーでは，回転ステージ本体が入射 X 線に対して傾斜した状態で回転するため，XY ステージが脱落しないように注意が必要である．これを固定するため，磁石が用いられることもある．シンクロトロン放射光を用いて行う X 線トモグラフィーの場合には，試料を時々視野から退出させて I_0 画像（式 (2-2)，式 (3-1)）を取得する場合がある．その場合には，XY ステージが戻ってきたときの位置決めの再現性が問題となる．これは，繰り返し位置決

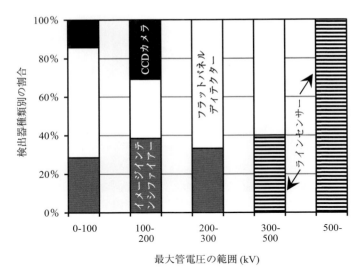

図 4.60　2017 年秋現在で市販されている主な産業用 X 線 CT スキャナーの最大管電圧と使われている検出器の種別

め精度として JIS でも規定されており，そのスペックはカタログにも記載されている。再現性は，主にモーターの発熱によって影響を受けるとされる。そのため，回転ステージに断熱材を入れるか，もしくはあらかじめ充分に動作させてから温度変動が少ない状態で用いるなどの対策がなされる。

　頻繁に検出器を付け外しするシンクロトロン放射光による X 線トモグラフィーの場合，図 4.56 (d) のゴニオステージを用いて検出器と試料回転ステージの回転軸のアライメントを精密に調整する必要がある。ゴニオステージでは，ステージはるか上方の空中に位置する点を回転中心とする円弧に沿ってゴニオステージ上面が動くことで，±10° 程度の範囲で検出器のあおり角 (Tilt angle) を微調整することができる。この調整と同時に検出器は左右，上下にも大きく変位するので，XY ステージとの併用が必須になる。

4.4　検出器

　検出器は，X 線トモグラフィーの歴史の中でも，これまでに紹介した X 線源や位置決めステージ以上に日進月歩で，またバリエーションも多い。そこで，ここでは現在よく用いられるいくつかの検出器に絞って解説することにする。例えば，揮尽性発光を示すイオン結晶を利用したイメージングプレート (Imaging plate) などは，以下の解説から割愛した。図 4.60 は，市販の主な産業用 X 線 CT スキャナーで使われている検出器の種類と最大管電圧の関係をグラフにまとめたものである。検出器は，CCD カメラ (Charge coupled device)，フラットパネルディテクター (Flat panel detector: FPD)，イメージインテンシファイアー (Image intensifier: I.I.)，ラインセンサーカメラ (Line sensor camera) に分類できる。ラインセンサーカメラ以外は，図 3.4 に示したような，2 次元情報をそのまま取得できる 2 次元検出器である。一方，ラインセンサーカメラは，図 3.1 や図 3.2 (c) で示したような，直線状，ないしはカーブした 1 次元の検出器である。図 4.60 からわかるように，管電圧が 450 kV 以上の場合にはラインセンサーが多く用いられる。また，300 kV 程度まではフラットパネルセンサーとイメージインテンシファイアーが用いられている。

また，低い管電圧で小さな試料を見る場合には，CCD カメラが用いられる。シンクロトロン放射光施設などでは，最近，CCD カメラに代わって CMOS カメラ (CMOS: Complementary metal-oxide-semiconductor) が用いられるようになっている。CMOS カメラは，産業用 X 線 CT スキャナーも含めて，今後ますます利用されるものと思われる。

本節では，まず各種検出器の性能を評価するために重要な指標を解説し，その後で各種検出器を見ることにする。

4.4.1 検出器の特性評価

X 線強度の計測に関しては，ゲイン (Gain)，量子効率 (Quantum efficiency: QE)，ノイズ (Noise)，ダイナミックレンジ (Dynamic range)，線形性 (Linearity) などが挙げられる。この他，検出できる X 線エネルギー範囲などは，シンチレーターとの組み合わせによって決まり，検出系全体の効率を左右する。これは，シンチレーターのパートで記述する。また，検出器の画素数と画素サイズは，可視光変換後に画像を拡大・縮小するグラスファイバーや光学レンズなどとの組み合わせにより，X 線イメージングでカバーできる試料サイズや実現可能な実効空間分解能に影響する。一方，時間分解能に関しては，検出器のフレームレート (Frame rate) やシンチレーターの減衰時間 (Decay time) などによって規定される。

(1) ゲイン

ゲインは，変換比 (Conversion ratio)，ないし感度 (Sensitivity) とも呼ばれる。検出器に入る光子は，電荷に変換されて検出器内に蓄えられ，さらに読み出し回路を経て電圧レベルに変換され，最後に AD 変換後に出力される。検出器のゲインは，画素当たりの電荷数と，DN (Digital Number) ないし ADU (Analogue-to-digital unit) で表される画素の出力信号の比として規定される。EM-CCD カメラなどを除く通常の CCD カメラの場合，前者では，1 個の電荷は 1 個の光子に相当する。また，後者の単位は，カウント数である。両者には線形の関係があり，ADU にゲインを掛けたものが計測される光子の数になる。ゲインは，素子の量子効率と電荷から電圧への変換の効率の両方に依存する。後者は，キャパシタンスと出力アンプのゲインとに依存する。一般に，ゲインを高くするとダイナミックレンジも広くなるが，同時にノイズも増えるので，両者のバランスを取るようにゲインを設定する必要がある。

ゲインの不均一性は，シェーディング (Shading) などと呼ばれ，画面の明るさが一様でなく広範囲に暗くなる領域が現れる。これは，あらかじめ求めたキャリブレーション用のデータを用いることで補正することができる。

(2) 量子効率

量子効率は，検出器に蓄積された光電荷の数を画素に入射した光子の数で割ったものとして定義される。当然，1 以下の数字をとることになり，1 に近いほど優れている。量子効率は，検出に用いる材料が何かを考えれば推定することができるが，個々の検出器について直接計測することはできない。また，量子効率は，検出器内部での信号処理によるノイズの増加など，画像情報の劣化は考慮しない。図 4.61 は，浜松ホトニクス社製 C4880-41S カメラ（4000×2624 画素，ピクセルサイズ 5.9 μm，裏面入射タイプ）と ESRF 製の FReLoN2000 カメラという 2 つの CCD カメラの量子効率を見たものである[57]。前者は，量子効率が入射光 460 nm（青色）のときに最大で約 50％，また 420～550 nm で 40％ 以上となっている。

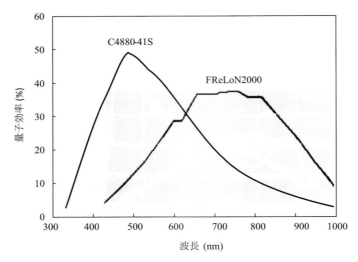

図 4.61 CCD カメラの量子効率の例[57]

後者は，500 〜 800 nm 程度の範囲（緑〜赤）で量子効率が高い．このように，検出器の量子効率には可視光の波長依存性があり，これを考慮してシンチレーターを選定することになる．CCD カメラでは，表面入射型では透明電極が光学的にフィルターとして作用し，量子効率が低下するのに対し，裏面入射の場合には広い波長範囲で高い量子効率が実現される．このように，検出器の機構は量子効率に影響する．

ところで，直接計測可能な量で，かつ各検出器で得られる画質の違いを評価するための実用的な指標として，量子検出効率 (Detective quantum efficiency: DQE) を用いる．量子検出効率は，以下のように与えられる[58]．

$$DQE = \frac{(SNR_{out})^2}{(SNR_{in})^2} \tag{4-38}$$

ここで，SNR_{in} および SNR_{out} は，それぞれ入力および出力画像の S/N 比である．ここで，入出力の信号をそれぞれ S_{in}, S_{out}, 入出力のノイズをそれぞれ N_{in}, N_{out} とすると，$SNR_{in} = S_{in}/N_{in}$, $SNR_{out} = S_{out}/N_{out}$ となる．ノイズのない理想的な検出器では，量子検出効率は，量子効率に等しくなる．SNR_{in}^2 は，入射光子のフラックスに対して線形に増加する．これにかかわる入力側のノイズは，フォトンノイズ（Photon noise：量子ノイズ (Quantum noise)，ショットノイズ (Shot noise) とも呼ばれる）である．これは，フォトンフラックスがその平均値を中心にランダムな揺らぎを呈することに起因する．露光時間を増やすなど撮像条件を調整すれば，SNR_{in} を改善することはできる．しかしながら，N_{in} はなくすことはできない．つまり，フォトンノイズは，不可避的なノイズである．一般に，X 線強度の揺らぎは，ポアソン統計に従うことが知られている．よく知られているように，あるデータがポアソン統計に従う場合，母数の平均値の平方根が標準偏差になる．そのため，画像信号の標準偏差に対応するフォトンノイズは，X 線の光子の数の平方根に比例して現れることになる．

$$\sqrt{S_{in}} = N_{in} \tag{4-39}$$

入力信号とフォトンノイズの関係を図示すると，図 4.62 のようになる．フォトンノイズ以外にも，蛍光の発光過程で発生する二次的な量子ノイズ (Secondary quantum noise)，X 線光子の吸収過程で散乱によっ

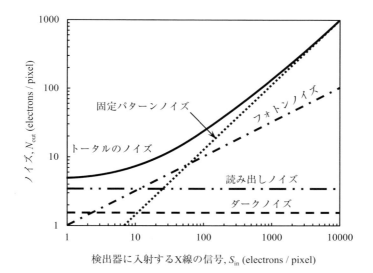

図 4.62　各種ノイズと検出器に入射する X 線強度の関係の例を示す模式図

て生じる過剰ノイズ (Excess noise) なども同様に式 (4-39) を満たす。

ところで，$G = S_{out}/S_{in}$ をゲインとすると，式 (4-38) は，以下のように書き換えられる[59]。

$$DQE = \frac{GS_{out}}{(N_{out})^2} \tag{4-40}$$

式 (4-39) の右辺は，出力信号，出力画像のノイズ，および検出器のゲインであり，いずれも計測可能な量となる。これによって，まったく異なる形式の検出器同士でも定量的な性能比較が可能である。なお，理想的な検出器は，$DQE = 1$ である。

(3) 飽和電荷量とダイナミックレンジ

飽和電荷量 (Full well capacity) は，各画素が飽和する電荷の量である。また，ダイナミックレンジは，飽和せず線形性を保てる最大の画像信号のレベルと，検出できる最小の信号レベルとの比で定義される。前者は飽和電荷量に，後者は実質的にバックグラウンドのノイズレベルで規定される。ダイナミックレンジは，一般的にビット (bits) 単位で表される。例えば，ダイナミックレンジが 10,000 の場合，$\log_2(10,000) = 13.3$ (bits) と表記される。

飽和電荷量は，検出器の画素のサイズや作動電圧によって変化する。画素の電荷が飽和すると，線形性が失われて定量性が損なわれるとともに，電荷が隣接する画素に漏れ出て隣接画素の計測値が影響を受けるブルーミング (Blooming) という現象が生じる。画素サイズが大きければ空間分解能は低下するが，一方で飽和電荷量が大きくなり，ダイナミックレンジは広くなる。広ダイナミックレンジの検出器を用いると，試料中の局所的な X 線吸収の差が非常に大きな場合であっても，それを画像の中でよく識別できる。また，定量性を担保した計測が可能になる。したがって，ダイナミックレンジは，感度，空間分解能と並んで検出器の重要な特性の一つである。

CCD カメラの場合を例にとると，広いダイナミックレンジを得るには，X 線を直接 CCD カメラに入射させるよりも，いったん可視光に変換してからカメラに入射させる方が有利である。X 線を直接 CCD

カメラに入射させる場合，X線エネルギー10 keVでは約3000個の電子・正孔対が生じる．各画素に蓄積できる電子・正孔対 (Electron-hole pair) の容量（10万～100万個）から，ダイナミックレンジは30～300程度になる[60]．一方，いったん可視光に変換してからCCDカメラに入射すれば，X線の光子1個につき数個の電子・正孔対が生じ，適切なシンチレーターと可視光の輸送系を選ぶことができれば，4桁～5桁の広いダイナミックレンジが得られる[60]．そのため，シンチレーターを用いてX線を可視光に変換した後，縮小型光ファイバー，または光学レンズを用いてCCDカメラに結像するのが一般的である[60]．

(4) ノイズ

入力側のS/N比に影響するノイズはフォトンノイズのみであるが，検出器から出力される画像には，フォトンノイズの他，読み出しノイズ (Read out noise)，ダークノイズ (Dark noise)，固定パターンノイズ (Fixed pattern noise) などが含まれる．

固定パターンノイズは，シンチレーターの微視構造，微視欠陥や厚さのむら，光ファイバーごとの透過能のばらつき，そして画素ごとの感度むらなどに起因する．固定パターンノイズの程度は，図4.62のように入力信号レベルに比例すると考えられる．固定パターンノイズには空間的な分布はあるが，時間的な変化はないので，フラットフィールド補正 (Flat field image correction) により除去することが可能である．この場合，試料なしで均一な入射光による画像を多数取得してそれらを平均化することで，高精度な画素ごとの補正が可能となる．

また，再構成プロセスでも，3.3.4節 (1) で記述した計算ノイズ (Calculation noise) が発生する．この他，第7章で述べるサンプリング定理を規定するナイキスト周波数に関し，これを超える周波数成分を有する画像で生じるエイリアシングノイズ (Aliasing noise) も，条件によっては問題となる．これらは，カメラから出力したデータを再構成した後に現れるノイズである．

ところで，読み出しノイズ，ダークノイズをそれぞれ N_r，N_d とし，フォトンフラックスを F (photons/pixel/s)，露光時間を τ (s)，検出器の量子効率を η_q，暗電流 (Dark current) を i_d とする．光子の数 N は，$F\tau\eta_q$ で表される．すべてのノイズ N_t は，式 (4-41) で表される[57]．

$$N_t = \sqrt{N + N_d^2 + N_r^2} = \sqrt{F\eta_q\tau + i_d\tau + N_r^2} \tag{4-41}$$

式 (4-41) より，光量不足の場合には，読み出しノイズの寄与が相対的に大きくなることがわかる．これは，ノイズと信号の関係をまとめた図4.62でも明らかである．また，画像のS/N比は，式 (4-42) で表される[57]．

$$SNR_{out} = \frac{F\eta_q\tau}{\sqrt{F\eta_q\tau + i_d\tau + N_r^2}} \tag{4-42}$$

光量不足の場合には，読み出しノイズが大きければ，S/N比が大きく低下することがわかる．式 (4-42) から，この場合にはフォトンフラックスと露光時間の増加が等価な効果を有することがわかる．S/N比の優れた検出器は，読み出しノイズや暗電流が低いものと言える．

読み出しノイズは，信号伝送や増幅回路，スイッチングなどの電子回路で発生する電気的ノイズである．ダークノイズが目立たない短時間露光でも出現する．そのため，特に低露光の場合に大きな影響が出る．その多少は，検出器の出力方式によって変化する．また，図4.62のように，露光量によって変化

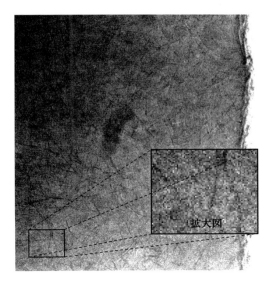 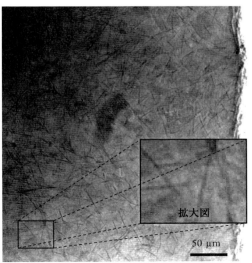

(a) 透過像　　　　　　　　　　　(b) 透過像20枚を平均化したもの

図 4.63 SPring-8 で取得した Al-7％Si 鋳物合金の透過像。露光時間を極端に短くして，故意に S/N 比の悪い画像を取得したのが (a)。これを単純に 20 回連続取得し，その 20 枚を平均化処理したものが (b)。(b) では，シリコンや鉄含有金属間化合物などが明瞭に可視化されている

しないものの，周波数依存性がある。例えば CCD カメラの場合，読み出し周波数が高くなると，読み出しノイズは急激に増加する。

一方，ダークノイズは，シリコンのようにエネルギーバンドギャップが狭い材料で，価電子帯の電子が内部で熱的に励起されて発生する。暗電流の発生量は不均一で，固定パターンノイズをもたらす。また，時間的揺らぎももつため，ランダムノイズとしても現れる。ダークノイズは，暗電流の平方根に比例することが知られている。また，暗電流は，次式のように温度依存性をもつ。

$$i_\mathrm{d} = CT^{3/2} e^{-E_\mathrm{g}/2kT} \tag{4-43}$$

ここで，C は画素の受光面積にかかわる定数，E_g はエネルギーバンドギャップである。これより，暗電流は，温度を 7 度下げるごとに，約 1/2 になることがわかる。そのため，暗電流を減らすためにペルチェ素子 (Peltier device) などを用いて素子を冷却する場合がある。実際，SPring-8 でも用いられている図 4.61 の浜松ホトニクス製 C4880-41S カメラでは，ペルチェ素子で −50℃ 程度に冷却することにより，ダークノイズが $1e^-/s$ 程度に抑えられている。ただし，検出器の冷却では，結露対策も必要となる。露光時間にもよるが，一般に，ダイナミックレンジの下限を規定する検出可能な最小信号レベルに対しては，室温付近ではダークノイズが支配的である。また，ダークノイズが無視できる程度に素子を冷却した場合，読み出しノイズが支配的となる。

図 4.63 には，ノイジーな画像を 20 枚連続撮像して平均化 (Averaging) した例を示す。これは，アルミニウム合金のミクロ組織の透過像を通常よりかなり短い露光時間として故意に悪い画質で取得したものである。この場合，試験片の厚みは 600μm，X 線エネルギーは 20 keV である。ノイズの統計的性質から，ノイジーな画像を平均化することで，画質が格段に向上することが理解できる。

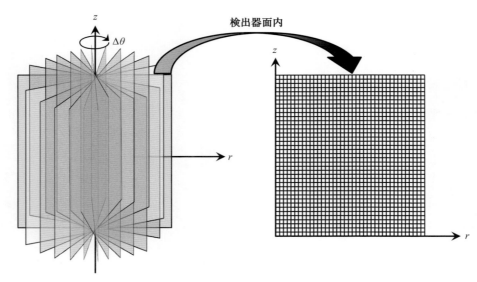

図 4.64 平行ビームを用い，試料を 180° 回転させて取得した 1 セットの投影データのラドン空間での表示

ところで，ビニング（複数画素の加算処理：Binning）処理は，画素当たりの光子数を向上させ感度が向上し，かつ読み出し回数削減による読み出しノイズ低減やフレームレート向上にもつながる。通常 2×2 などと表示されるが，これは水平・垂直の合計 4 画素を積算することを意味する。

(5) 画素

図 4.64 に示すように，2 次元検出器を用いる場合，検出器面内の縦，横の画素サイズは，空間分解能を決めるサンプリングピッチを規定する。2 次元検出器を用いて得られる画像は 3D であるので，もう一方向は回転ステージの回転ピッチ ($\Delta\theta$) で規定される。画素サイズに画素数を掛けたものが有効素子サイズである。検出器には可視光変換後に画像を拡大・縮小するグラスファイバーや光学レンズなどが組み合わせられるため，検出系の視野は，それらの拡大率ないし縮小率を考慮したものとなる。

一方，図 4.65 に示すように，受光部における電荷読み出し配線用の領域などを除いた有効使用領域が画素の面積に対して占める割合を開口率（Fill factor：フィルファクターとも呼ばれる）と呼ぶ。CMOS カメラでも，開口率は最大で 90 % 程度まで高くできる。CCD カメラでは機構により大きく異なるが，開口率 100 % のものも市販されている。開口率は，X 線の検出効率を決める重要な因子の一つである。

(6) フレームレートとデッドタイム

図 4.66 に示すように，露光時間 T_e と読み出しにかかる時間 T_r，それにデッドタイム (Dead time) を加えた 1 サイクルの時間 T_c の逆数がフレームレートである。露光と読み出しが並行して実行できる場合は，1 サイクルの時間はもちろん単純な加算とはならない。フレームレートの単位は，frames per second (fps) となる。また，図中の T_d は，シンチレーターの減衰時間である。この他，実際の 1 サイクルの時間には，用いる検出器にもよるが，蓄積された電荷をクリアするのに要する時間，シャッターの開け閉めに要する時間などが入る。また，ビニング処理や関心領域に撮像を限定する場合など，撮像のモードにも大きく依存する。検出器のスペックとして示されるフレームレートは，典型的な露光条件での値であ

(a) 開口率70%の検出器　　　(b) 開口率90%の検出器

図 4.65　検出器の開口率

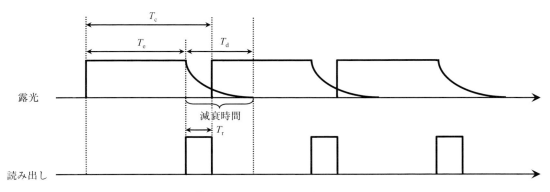

図 4.66　検出器のサイクルタイムとフレームレート

ることもあるし，場合によっては露光時間 0 の場合の値も用いられるので注意が必要である．

4.4.2　各種検出器

(1)　ラインセンサーカメラ

ラインセンサーカメラは，医療用 X 線 CT スキャナーの発展を支えてきた重要な検出器である．現在でも，例えばベルトコンベアで搬送される食品や医薬品，電子部品の異物検出や空港での手荷物検査など，非破壊観察や異物検出に幅広く使われている．図 4.67 に市販のラインセンサーカメラの例を示す．

ラインセンサーカメラとしては，図 4.68 に示すように，GOS:Tb，CsI:Tl，CWO などのシンチレーターとフォトダイオード (Photodiode) の組み合わせ（図 4.68 (a)），ないしは半導体検出器（図 4.68 (b)）が用いられてきた．前者では，シンチレーターで発生する可視光は，全方向に放射される．そのため，光を反射する材料や構造化シンチレーター (Structured scintillator) で可視光をうまく誘導したとしても，発生した光のうち，ごく一部のみがフォトダイオードで検知されることになる．後者では，これまで高エネルギー X 線に対して感度が高いシリコンなどが用いられてきた．近年では，CdTe や CdZnTe なども用い

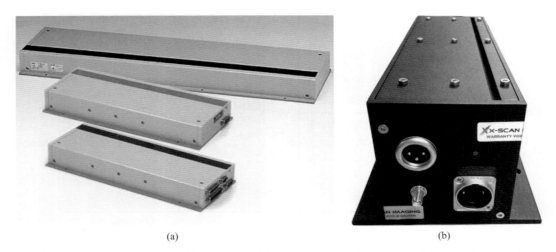

図 4.67 市販ラインセンサーの例。(a) 浜松ホトニクス（株）製 C9750 型（浜松ホトニクス（株）の御厚意による），および (b) X-SCAN 社製の XIH8800（（株）アドサイエンス土屋氏の御厚意による）

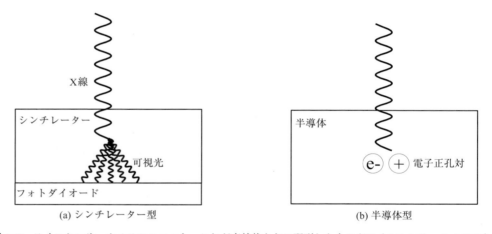

図 4.68 ラインセンサーカメラのユニット。これが直線状などに配列したものがラインセンサーカメラである

られている．これらは，むしろ後述するフォトンカウンティング（光子計数：Photon counting）用として利用される．ラインセンサーカメラでは，図 4.68 のような検出ユニットが，一般に 500〜1000 個程度，一定間隔で 1 次元的に配列する．ラインセンサーカメラで 3D 画像を得るためには，試料を試料回転ステージの回転軸方向に移動させながら 1 次元画像を連続的に取得し，2 次元画像を得る必要がある．X 線は，ちょうどラインセンサーカメラの視野分だけ試料に入射するように，図 4.69 (b) のようにコリメーターでファンビーム状に絞られる．図 4.69 (a) に示すように，平行ビームやコーンビームの場合には，高エネルギー X 線の前方散乱により，試料全面からの散乱 X 線が検出器の画素に入射する．一方，図 4.69 (b) のファンビームの場合には，幅方向からの散乱のみに限定することができ，前方散乱によるコントラストや空間分解能の低下を有効に防止することができる．

X 線ラインセンサーカメラのバリエーションとして，TDI (Time delay integration) タイプとデュアルエ

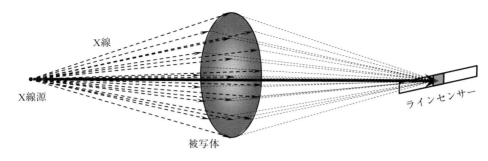

(a) コーンビームを使う場合

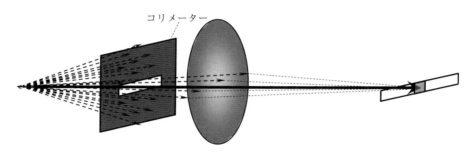

(b) ファンビームを使う場合

図 4.69 ラインセンサーとコーンビーム,ないしファンビームを組み合わせてイメージングをするときの高エネルギー X 線による前方散乱の程度を比較する模式図。ラインセンサーの特定の画素に入射する散乱 X 線の多寡が明らかである

ネルギータイプがある。前者は,検出素子列が 1 列ではなく,複数(典型的には 128 列など)並んだものである。複数列の加算平均により,S/N 比の高い画像を得ることができる[61]。後者は,X 線の伝播方向に検出素子が 2 段になっており,1 段目で低エネルギー,2 段目で高エネルギーの X 線を検知するものである[61]。物質の構成元素の同定などが可能になる。

(2) イメージインテンシファイアー

イメージインテンシファイアーは,電子増倍機構を有するため,感度が高いという特徴を有する。元々,星明かりや月明かりの下での暗視のため,主として軍事用に開発されたという歴史をもつ。一般に,構造や用いる材料により,第 1 世代〜第 3 世代に分類される。

第 1 世代のイメージインテンシファイアーは,光電子増倍管 (Photomultiplier tube) 方式である。図 4.70 (a) のような構造をもつ。入力側から順に,入射窓,入力側の蛍光面,光電陰極 (Photocathode),集束電極,陽極,出力側の蛍光膜,結合レンズ,可視光検出器(主として CCD カメラを用いる)からなる。ケースにはアルミニウムなどが用いられ,その内部は真空に保たれる。X 線は,まず光ファイバー状の構造を有する CsI 柱状結晶などの蛍光膜で可視光に変換される。次に,真空側の光電面(Sb_2Cs_3 など)で可視光は電子に変換される。この場合,発生する可視光のスペクトルと光電面の分光感度特性(量子効率と波長の関係,Spectral sensitivity)をマッチさせる必要がある。電子は,数十 kV の電位差によって生じる電場による電子レンズの作用で集束,加速され,出力側で薄く緻密な蛍光膜($ZnCdS:Ag$, $ZnS:Cu,Al$ な

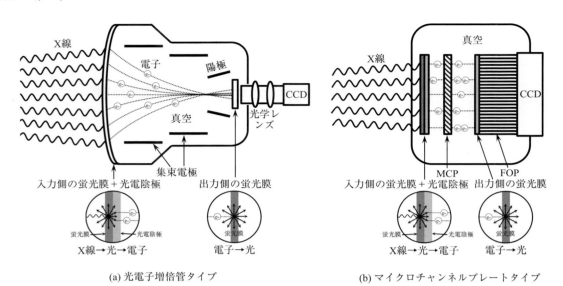

(a) 光電子増倍管タイプ　　　　(b) マイクロチャンネルプレートタイプ

図 4.70　代表的なイメージインテンシファイアーの構造を示す模式図

ど）に衝突する．加速された電子は，結果として多くの光子を発生させることになる．入射窓の材質はアルミニウムであるが，低エネルギー X 線を用いる場合にはベリリウム窓が用いられる．

内部を真空引きする関係で入射窓は球面になっているため，中心部が明るく周辺部が暗いというシェーディングが生じる[61]．また，外側へ行くほど画像が歪む，CCD カメラの電荷量が飽和することによるハレーション (Halation) が生じるといった欠点がある[61]．最近では，フラットパネルの感度が向上し，大径のものも利用できることから，イメージインテンシファイアーにとって換わりつつある．

第 1 世代のイメージインテンシファイアーのゲインは，電子の加速による光束ゲイン (Flux gain)，および集束による縮小率 (Minification gain) によって決まる．前者は，入力側の蛍光膜で発生する光子 1 個当たりに換算した，出力側の蛍光膜で発生する光子の数で定義される．通常，100 程度の値をとる．後者は，入力面の面積と出力面の面積の比で表される．したがって，印加電圧を下げればゲインを落とすことができる．例えば，入射窓のサイズが 25 cm，出力窓のサイズが 2.5 cm のイメージインテンシファイアーの縮小率は，約 100 となる．この場合のトータルのゲインは，光束ゲインと縮小率の積から 10,000 となる．入射窓のサイズとしては，12.5～40 cm 程度のものが利用できる．広視野のイメージインテンシファイアーは，縮小率によるゲインが大きい反面，像の歪みが出やすくなる．

第 2 世代のイメージインテンシファイアーでは，電子増倍のため，図 4.70 (b) のように電子レンズの代わりにマイクロチャンネルプレート (Microchannel plate: MCP) を用いる．マイクロチャンネルプレートは，直径 10 μm，長さ 1 mm 程度のガラスパイプがわずかに傾き多数束ねられたような構造をしている．両端に印加される電圧により，電子は繰り返しチャンネル壁に衝突し，その都度 2 次電子を放出することで電子増倍器として機能する．光電陰極とマイクロチャンネルプレート，出力側の蛍光面は，距離を置かずに配置する．マイクロチャンネルプレートの内部は，図 4.71 のようになっている．各チャンネル内部でそれぞれ電子が加速されるとともに数が増加する．高感度が必要な場合には，マイクロチャンネルプレートがスタックされて用いられる．光電陰極とマイクロチャンネルプレート，マイクロチャ

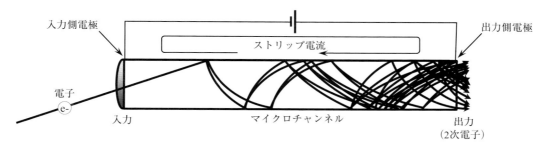

図 4.71 マイクロチャンネルプレートの構造と動作を示す模式図

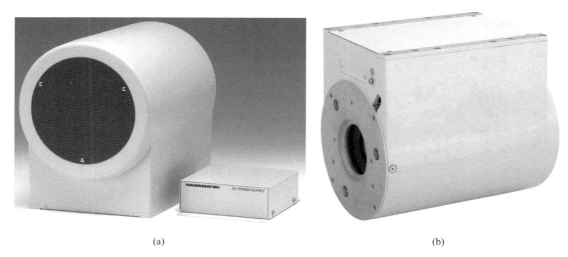

図 4.72 市販イメージインテンシファイアーの例。(a) 浜松ホトニクス（株）製 V10709P（浜松ホトニクス（株）の御厚意による），および (b) 東芝電子管デバイス（株）製 E5877J-P1K（東芝電子管デバイス（株）千代間仁氏の御厚意による）

ンネルプレートと蛍光面の間は，それぞれカソード電圧，スクリーン電圧が印加され，電子は加速されて誘導される。出力側で可視光に変換されたあとは，FOP（ファイバーオプティックプレート，Fiber optic plate）で CCD カメラへと導かれる。

第 2 世代のイメージインテンシファイアーと同じくマイクロチャンネルプレートを用いながら，光電面にヒ化ガリウム (Gallium arsenide, GaAs) やガリウムヒ素リン (Gallium arsenide phosphide, GaAsP) のような半導体結晶を用いて感度を上げたものが第 3 世代のイメージインテンシファイアーである。

このほか，複数の色で発色する蛍光膜を用いてそれをカラーカメラで撮像するカラーイメージインテンシファイアーや，高速に応答する蛍光膜を用いてフレームレートの大きなカメラで撮影する高速タイプのイメージインテンシファイアーなども利用できる。入射窓の材料にはアルミニウムが用いられるが，ベリリウムを用いたものも利用できる。これは，低エネルギー X 線でのイメージングを可能にする。

最後に，図 4.72 には現在市販されているイメージインテンシファイアーの代表的な製品の例を示しておく。

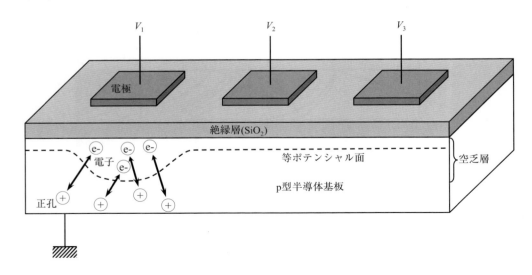

図 4.73　MOS キャパシターからなる CCD の基本構造の模式図

(3) CCD カメラ

CCD カメラは，シリコンウェハーに不純物のドーピングや酸化膜生成などの表面処理を施し，IC のように微細なパターンをウェハー上に転写して作られるチップを基本とする。CCD による画像信号は，電圧が矩形波の列をなしたものであり，矩形波の高さが各画素で検知した光子の数に比例する。市販の製品の中には，画素のサイズで最小 5 μm 程度まで，また画素数で最大 4,096 × 4,096 画素のものまで利用できる。4.4.1 節 (4) で記述したように，科学計測用には，ペルチェ素子上に CCD を載せて素子を $-30 \sim -100$ ℃ 程度にまで冷却することで，ダークノイズ低減を図る。ペルチェ素子とは，異種金属の接合部に電流を流すと，片側は加熱され，もう片側は冷却されるというペルチェ効果を利用した半導体素子である。また，なかには液体窒素を冷却に用いる CCD カメラもある。外気温と素子の温度の差が大きくなると結露や霜が付くため，これを防止するため，カメラヘッドは真空容器内に入れて封じられる。

　CCD カメラのイメージングの基本原理は，内部光電効果 (Internal photoelectric effect) である。これは，半導体に光を照射することで，価電子帯にある電子が禁制帯を飛び越えて伝導帯に励起され，物質内部の伝導電子が増加するというものである。発生した信号電荷を半導体内に蓄積し，必要なときに必要な位置に転送し読み出すのが CCD カメラの基本的な動作である。

　CCD カメラは，フォトダイオードかフォト MOS (Metal oxide semiconductor) の素子を基本とする。図 4.73 に MOS キャパシター (MOS Capacitor) の構造を模式的に示す。p 型半導体基板の上にシリカからなる絶縁層が配され，その上に薄いポリシリコン膜などの金属電極や ITO (Indium tin oxide) の透明電極が付く。これら 3 層の英語の頭文字を取って MOS と呼ばれる。ある電極に正の電圧を印加すると，p 型半導体内の正孔が電極から遠ざかり，電極直下に空乏層 (Depletion layer) が形成される。電極付近の p 型半導体は高い電位となり，周囲を接地電位の領域で取り囲まれた電位の井戸 (Potential well) が形成される。一方，フォトダイオードでは，p 型半導体の中に n 型半導体がインプラントされてダイオードを形成している。これに逆バイアスをかけることにより光電子が正孔から分離され，n 型半導体層内に蓄積される。図 4.73 では，シリコンと絶縁層との界面でシリコンの結晶が打ち切られており，シリコン原子の未結合

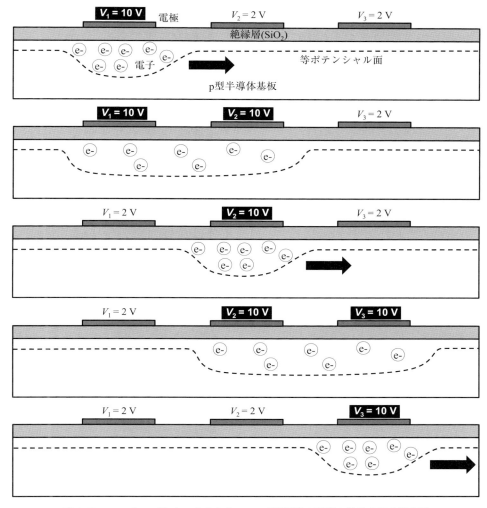

図 4.74 MOS キャパシターからなる CCD で電極間の電荷の輸送を示す模式図

手 (Dangling bond) がある。これにより，高密度の局在準位が禁制帯内に存在することになり，光電子を捕縛する。また，ノイズも発生しやすくなる。そのため，シリコンと絶縁層の間に n 型シリコンの層を挟むことで電位の井戸を界面から少し離れたところに作る，埋め込みチャンネル型の構造が用いられる。

電荷転送の基本原理を図 4.74 に示す。左の電極に 10 V の正の電位を印加した後に中央の電極に 10 V 正の電位を印加すると，電子は両方の電極の付近に拡がって分布する。その後，左の電極の電位を 2 V まで下げていくと，電子は中央の電極付近に集まってくる。さらに右側の電極へとこの操作を順次繰り返して行うことで，電荷は図の右方向へと半導体表面に沿って転送される。このように，1 つの電極を単位として電荷を転送することができる。電子が移動する機構は，電荷の偏在により発生した電位勾配による電子のドリフト（移動）である自己誘起ドリフト (Self-induced drift)，熱拡散 (Thermal diffusion)，および電圧を印加することで生まれた電位勾配によるフリンジ電界ドリフト (Fringing field drift) の 3 つからなる。

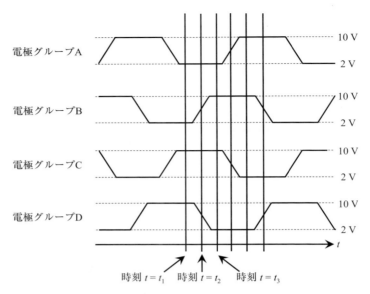

図 4.75 4 相駆動方式による CCD カメラにおける電極間の電荷輸送のタイミングチャート。図 4.76 の模式図に対応する

ただし，実際には，図 4.75 と図 4.76 に示すように，1 画素当たり 2 ～ 4 電極を配線し，同じグループの電極を結線して同じ電圧を印加する 4 相のクロックパルスにより電荷転送を行う場合が多い．図 4.75 と図 4.76 は，4 電極ごとに結線する 4 相駆動 (4-phase drive) 方式を示している．この方式は，広く普及している．時刻 t_1 では，電極グループ C と D に信号電荷があり，時刻 t_2 では，電極グループ B へ電荷が拡がり，逆に電極グループ D からは減少する．時刻 t_3 では，時刻 t_1 と比べ，電極 1 個分の転送が完了する．

2 相駆動方式の場合には，電極直下の半導体に不純物をドープし，その濃度勾配を作ることで電位勾配を形成する．この場合，電極は，蓄積電極と転送電極とに分けられる．取り扱える電荷量は制限されるものの，単純な構造で高いクロック周波数での駆動が可能になるため，高速動作に適している．一方，3 相および 4 相駆動の場合には，ドーピングは必要ない．また，蓄積電極と転送電極の区別もない．転送は，図 4.75 に示すようなクロックのタイミングのシーケンスによって決定される．4 相駆動方式では，画素当たりの電極の数や配線は増えるものの，転送できる電荷量が全体の半分の面積に相当するため，取り扱える電荷量が増えるというメリットがある．また，双方向への転送も可能である．

図 4.77 は，CCD カメラ全体で見たときの電荷転送の代表的な方式を 4 つ示したものである．図 4.77 (a) のインターライントランスファー (Interline transfer: IT) 方式は，受光部と転送部が独立した比較的複雑な構造をもつ．受光素子と遮光された垂直転送 CCD が 1 画素を構成しており，相対的に開口率が小さくなる．露光後，各画素の信号電荷は，直ちに隣の垂直転送 CCD に転送ゲートを通して転送される．この転送は，全画素一斉に，そして瞬時に行われる．その後，水平転送 CCD に 1 段ずつ転送され，出力回路で電荷から電圧へと変換されてから出力される．この転送は，次の露光の間に行われるので，シャッターは不要である．フレームトランスファー方式のように蓄積部を必要としないため，サイズを小さくすることができる．デッドタイムが少ないインターライントランスファー方式の CCD カメラは，連続露光を得意とし，デジカメの他，ビデオカメラなどにも用いられる．一方，垂直転送 CCD への電荷の漏

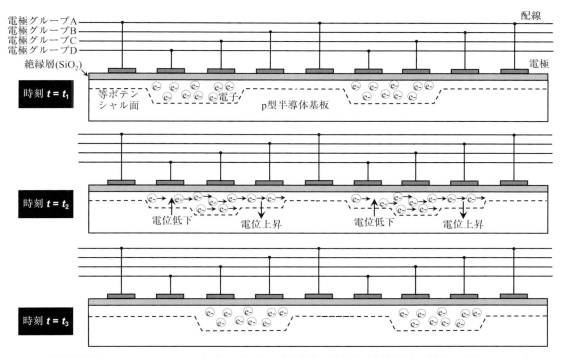

図 4.76 4 相駆動方式による CCD カメラにおける電極間の電荷輸送の様子を示す模式図。時刻は，図 4.75 のタイミングチャートに対応する

れによるスミア (Smear) が生じるという欠点がある。スミアとは，上下に白い糸を引くようなアーティファクトで，強力な入射光による信号電荷が隣接画素や CCD 転送領域に入り込んで画像がぼけるために生じる。また，インターライントランスファー方式の CCD カメラは遮光された領域が広いため，図 4.78 に示すようなマイクロレンズを付け，遮光部分に入射した光を集光して受光部に導く工夫により感度を向上させる。

出力回路の基本原理は電荷 Q を容量 C_C をもつコンデンサーの両端の電圧変化 ΔV_out に変換するものである。

$$\Delta V_\mathrm{out} = \frac{Q}{C_\mathrm{C}} \tag{4-44}$$

小さな容量のコンデンサーで変換すれば，高電圧が得られ有利であることがわかる。CCD カメラでは，一般に，フローティングディフュージョンアンプ (Floating diffusion amplifier: FDA) と呼ばれるアンプを採用する。前述のように，ダークノイズが無視できる程度に素子を冷却した場合，読み出しノイズが支配的となる。CCD カメラの読み出しノイズは，主にフローティングディフュージョンアンプを構成する MOSFET のチャネル抵抗に起因する熱雑音 (Thermal noise) である。また，その他にリセットノイズ (Reset noise)，$1/f$ ノイズ ($1/f$ noise) がある。前者は，フローティングディフュージョンアンプの静電容量をリセットするときに発生するもので，チャネル抵抗の熱雑音が混入してリセット電位に揺らぎが生じるために生じる。リセットノイズは，次式のように，絶対温度とコンデンサーの容量とに比例するた

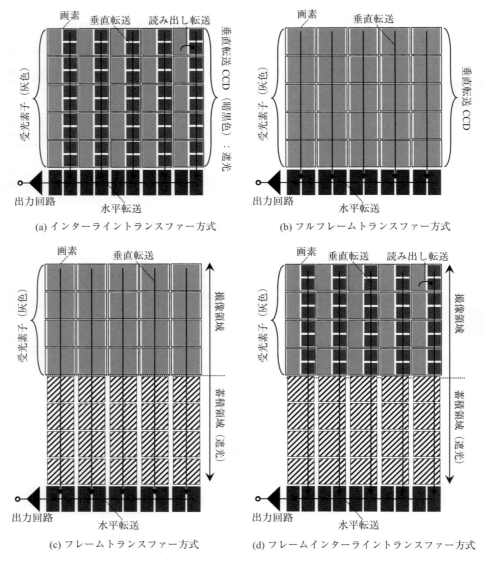

図 4.77 CCD カメラの電荷転送の代表的な方式を示す模式図

め[62]，kTC ノイズ (kTC noise) とも呼ばれる．

$$Q_{\mathrm{kTC}} = \sqrt{kTC_{\mathrm{C}}} \qquad (4\text{-}45)$$

ここで，Q_{kTC} はリセットノイズによる雑音の電荷量，k はボルツマン定数である．つまり，コンデンサー容量が小さいほどノイズの電荷量は抑制され，逆にノイズ電圧は大きくなる．CCD カメラの場合，電荷を完全に転送するので，走査領域では基本的に kTC ノイズが発生しない．CCD カメラは，このため CMOS カメラと比べて内生的に低ノイズと言える．また，リセットノイズは，リセット部の信号とデータ部の信号の両方にリセットノイズが載ることを利用し，両者の差分を取る CDS（Correlated double sampling：相関 2 重サンプリング）回路と呼ばれる外部の回路によって除去される．一方，1/f ノイズ

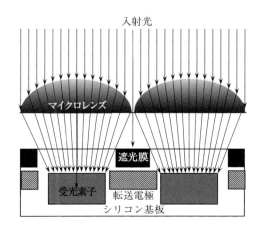 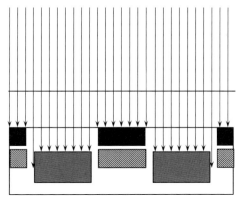

(a) マイクロレンズあり　　　　　　　(b) マイクロレンズなし

図 4.78　マイクロレンズによる集光の効果を示す模式図

は，シリコンの界面準位に起因するとされる．ノイズ量が周波数 f に反比例して減少するため，特に低周波域で問題となるノイズである．これも，CDS 回路により低減することができる．

ところで，チップ上に形成した特殊な出力レジスタによりイメージ増倍機能をもたせた高感度な電子増倍式 CCD (Electron-multiplying CCD: EM-CCD) カメラがある．EM-CCD カメラは，2002 年にテキサスインスツルメンツ社と E2V 社で別々に開発されている．EM-CCD カメラが X 線トモグラフィーで活躍する場面は多くはないが，微弱光を捉えたい場合や高速イメージング用途に向いている．EM-CCD カメラでは，検出器の最下段の電子が，画素ごとに増倍レジスタに転送され，読み出しノイズを抑えたまま電荷を最大数千倍まで増幅することができる[63]．この増倍レジスタは，数百段のレジスタからなり，通常の水平転送電極の電圧よりも高い電圧をかけることで高電界による衝突電離により電子増倍する[63]．読み出しノイズは，電子増倍により 1 以下にすることができるが[63]，暗電流は信号とともに増幅される．また，電子増倍によって検出素子から電荷が移動する際に発生する CIC ノイズ (Clock induced charge) が新たなノイズ源となる[63]．

図 4.77 (b) のフルフレームトランスファー (Full frame transfer: FF) 方式では，ほぼ全面が受光部である．信号電荷は，露光中に受光部の電位の井戸に蓄積される．次に，垂直転送 CCD により 1 段ずつ下方に転送され，水平転送 CCD で 1 画素ずつ出力される．これが終わると，次の段の垂直転送を始める．構造が単純で高画素数化が可能であり，画素サイズを大きくできる．受光部とは別に転送用の領域を設ける必要がないので，電荷を蓄積する領域をインターライントランスファー方式より広く取ることができる．そのため，高感度の他に広いダイナミックレンジという長所もあり，理科学計測用に広く用いられる．一方で，全画素の出力が完了するまで次の露光ができないため，読み出し中の時間がデッドタイムとなる．そのため，ビデオカメラのような連続露光には向かず，主にフレームレートの低い計測に用いられる．また，読み出し中に光が入射しないように，機械的なシャッターを設ける必要がある．ただし，このため露出時間の制御に限界ができ，また故障の原因にもなりやすい．

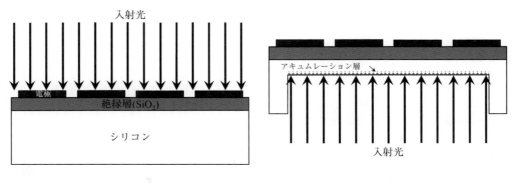

(a) 表面入射型　　　　　　　　　　　　(b) 裏面入射型

図 4.79　表面入射型 CCD と裏面入射型 CCD の構造の模式図

図 4.77 (c) のフレームトランスファー (Frame transfer: FT) 方式は，受光部と同じ画素数で完全遮光された蓄積部をもつ．露光後，全画素の信号電荷を一斉に蓄積部に転送し，次にフルフレームトランスファー方式と同じ要領で 1 段ずつ読み出す．受光部から蓄積部の転送は高速であり，転送中の受光による電荷生成は限定的である．また，蓄積部からの読み出し中に次の露光ができるというメリットがある．総じてデッドタイムが少なく，ビデオの撮影にも用いることができる．一方，蓄積部が必要なためチップサイズが大きくなる，スミアが生じる場合があるなどの欠点がある．なお，フルフレームトランスファー方式，フレームトランスファー方式とも，転送電極を光が透過する構造となっている．この対策として，透明電極を用いたり，裏面入射型 (Backside-illuminated) の構造を採用するなど，感度向上の対策が施される．

図 4.79 は，表面入射型と裏面入射型を比較したものである．図 4.79 (a) の表面入射型の CCD カメラでは，入射光が電極で吸収される他，表面の BPSG (Boron phosphor silicate glass) などの保護膜や酸化物膜などでも反射され，量子効率は大きく低下する．図 4.79 (b) の裏面入射型とすることで，図 4.80[64]に示すように量子効率が 40％ 程度から 90％ 程度にまで，大幅に向上する．また，表面入射型では受光素子に到達できなかった紫外線（波長 400 nm 以下）や近赤外線（波長 750 ～ 1400 nm）の一部も計測することができる．ただし，CCD カメラの裏面には，図 4.81 に示すもう一つの電位の井戸が存在し，表面の電極まで電荷を輸送できない[65]．そこで，裏面側にイオン打ち込みなどを行い，電荷が裏面から表面に向けて移動するような内部ポテンシャルを形成する[65]．表面層は，高不純物濃度の p 型半導体領域となっており，アキュムレーション (Accumulation) 層と呼ばれる．また，裏面入射型では，解像度対策のため，基板の厚さを 20 μm 程度以下まで薄くしている[65]．

図 4.77 (d) のフレームインターライントランスファー (Frame interline transfer: FIT) 方式は，画素がインターライントランスファー方式と同じ構造をもち，フレームトランスファー方式と同じ蓄積部を有する．高速フレーム転送により信号電荷を完全遮光された蓄積部に瞬時に転送できる．また，読み出し転送の前に垂直転送中に生じたスミアによる電荷を取り除くため，スミアの吐き出し転送を行う．これらにより，他の方式と比べ，スミアがほとんど生じないという大きな特徴がある．一方，チップサイズが大きく，消費電力も大きくなる．

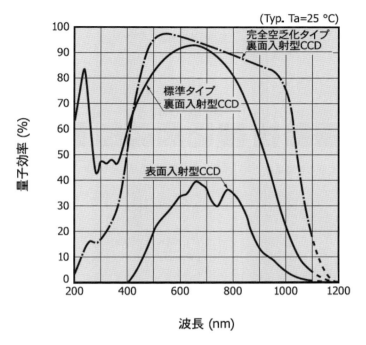

図 4.80　裏面入射型と表面入射型の CCD の分光感度特性の比較（浜松ホトニクス（株）の御厚意による）

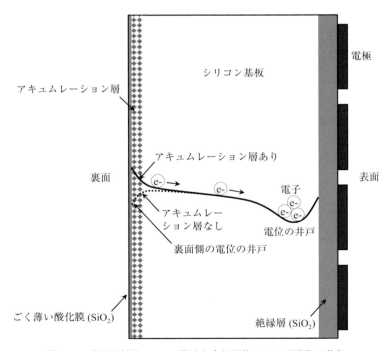

図 4.81　裏面入射型 CCD の構造と内部電位，および電荷の動き

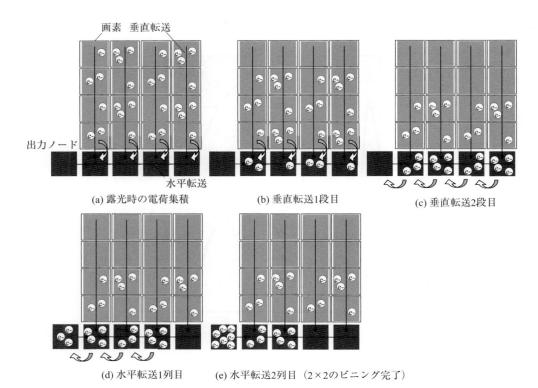

図 4.82 フルフレームトランスファー方式の CCD カメラで 2×2 のビニング処理をするときの基本的考え方

ここで，4.4.1 節 (4) で記述したビニング処理を電荷転送の観点から見ておく．図 4.82 は，フルフレームトランスファー方式の CCD カメラで 2×2 のビニング処理をするときの基本の考え方を模式的に表したものである．垂直方向の転送をして水平転送 CCD に信号電荷を 2 段分蓄積し，次に水平方向に転送するときにも出力ノードに電荷を 2 個分蓄積することで，2×2 個の画素の信号電荷を合算して処理することができる．また，2×2，4×4，8×8 などと合算する数を増やすことができる．1 画素ごとに読み出した後に数値加算する場合に比べて，読み出しが 1 回なので，読み出しノイズを低く抑えられる利点があり，信号レベルが低い場合に特に有効である．

最後に，参考までに市販されている各種理科学計測用 CCD カメラのスペックを表 4.7 〜 4.9 にまとめておく．ここでは，X 線を直接検出するための CCD カメラ，EM-CCD カメラ，およびそれ以外の CCD カメラで素子を冷却するものを示している．また，図 4.83 には，現在市販されている代表的な理科学計測用 CCD カメラの外観の写真を示した．表中の画素サイズは，X 線 CT スキャナーが必要とする空間分解能，試料サイズ，コーンビームによる拡大倍率，および後述する FOP や光学レンズによる拡大倍率などにより決定される．また画素数も同様に，後述のサンプリング定理を通して X 線 CT スキャナーの空間分解能を規定する．

(4) CMOS カメラ

CMOS カメラと CCD カメラを比較しても，光電変換と信号電荷の読み出し，増幅といった機能に違いはない．違いがあるのは信号電荷の読み出し方法であり，またそれを可能にする素子の微細構造で

4.4 検出器　177

表 4.7 代表的な市販の冷却 CCD カメラとそのスペック

メーカー	日本ローパー		
型名	PyLoN 2KB Ex	Blaze 400-LD	Sophia 2048B Ex
画素数	2048 × 512	1340 × 400	2048 × 2048
画素サイズ (μm)	13.5 × 13.5	20 × 20	15 × 15
表面入射/裏面入射	裏面入射	裏面入射	裏面入射
最高量子効率 (%)	97	97	97
読み出し速度 (Frames / sec)	3.2	35	3.2
読み出しノイズ (Electrons-rms)	3.5 @ 50 kHz	2.5 @ 100 kHz	4.5 @ 100kHz
冷却方式	液体窒素	ペルチェ+空冷／水冷	ペルチェ+空冷／水冷
最低冷却温度 (℃)	120	−95/ − 100	−90/ − 90
暗電流 (Electrons / pixel / sec)	0.1 @ −120 ℃	0.0005 @ −100 ℃	0.00025 @ −90 ℃
飽和電荷量 (Electrons)	800,000	180,000	150,000
ダイナミックレンジ (bit)	16	16	16

メーカー	PCO.AG			浜松ホトニクス
型名	pco.dimax HS1	pco.dimax HS4	Pco.dimax CS1	C8000-30
画素数	1000 × 1000	2000 × 2000	1296 × 1024	640 × 480
画素サイズ (μm)	11 × 11	11 × 11	11 × 11	14 × 14
表面入射/裏面入射	表面入射	表面入射	表面入射	裏面入射
最高量子効率 (%)	50	50	50	90 以上
読み出し速度 (Frames / sec)	7039	2277	3086	31.4
読み出しノイズ (Electrons-rms)	23	23	22	150 @ 31.4Hz
冷却方式	無し	無し	無し	ペルチェ+空冷
最低冷却温度 (℃)	常温	常温	常温	+5
暗電流 (Electrons / pixel / sec)	530 @ 20 ℃	530 @ 20 ℃	530 @ 20 ℃	-
飽和電荷量 (Electrons)	36,000	36,000	36,000	30,000
ダイナミックレンジ (bit)	12	12	12	12

メーカー	Thorlabs	BITRAN		
型名	8051M-USB-TE	BU-51LN	BU-62M	BQ-83E
画素数	3296 × 2472	1360 × 1024	2048 × 2048	1024 × 1024
画素サイズ (μm)	5.5 × 5.5	7.4 × 7.4	7.4 × 7.4	24 × 24
表面入射/裏面入射	表面入射	表面入射	表面入射	表面入射
最高量子効率 (%)	51% at 460 nm	60	55	75
読み出し速度 (Frames / sec)	4.5	17	16	3
読み出しノイズ (Electrons-rms)	< 10 e- at 20 MHz		12	13
冷却方式	ペルチェ	ペルチェ+水冷	ペルチェ+水冷	ペルチェ+水冷
最低冷却温度 (℃)	−10 @ 室温	−25	−35	−25
暗電流 (Electrons / pixel / sec)	0.1	-	7 @ 40 ℃	15.3 @ 25 ℃
飽和電荷量 (Electrons)	20,000	16,000	44,000	200,000
ダイナミックレンジ (bit)	14	16	16/12	16

メーカー	ANDOR	
型名	DF936N-FB-T2	ZYLA-5.5X-FO
画素数	2048 × 2048	2560 × 2160
画素サイズ (μm)	13.5 × 13.5	6.5 × 6.5
表面入射/裏面入射	裏面入射+ FOP	表面入射+FOP
最高量子効率 (%)	97	60
読み出し速度 (Frames / sec)	0.953	100
読み出しノイズ (Electrons-rms)	35 @ 5 MHz	0.9 @ 200 MHz
冷却方式	ペルチェ+空冷／水冷	ペルチェ+空冷
最低冷却温度 (℃)	−35	0
暗電流 (Electrons / pixel / sec)	0.09	0.14
飽和電荷量 (Electrons)	100,000	30,000
ダイナミックレンジ (bit)	16	16

表 4.8 代表的な市販の X 線直接検出用 CCD カメラとそのスペック

メーカー	日本ローパー		
型名	PI-MTE In-Vacuum	SOPHIA-XO:2048B	PIXIS-XO:2048B
画素数	2048 × 2048	2048 × 2048	2048 × 2048
画素サイズ (μm)	13.5 × 13.5	15 × 15	13.5 × 13.5
エネルギー範囲 (keV)	1.2 〜 30000	1.2 〜 30000	1.2 〜 30000
最高量子効率 (%)	96	96	96
読み出し速度 (Frames / sec)	0.42	3.2	0.44
読み出しノイズ (Electrons-rms)	3 @ 50 kHz	4.5 @ 100 kHz	3.5 @ 100 kHz
冷却方式	ペルチェ+水冷	ペルチェ+空冷／水冷	ペルチェ+空冷／水冷
最低冷却温度 (℃)	−55	−90/ −90	−70/ −70
暗電流 (Electrons / pixel / sec)	0.02 @ −50 ℃	0.00025 @ −90 ℃	0.002 @ −60 ℃
飽和電荷量 (Electrons)	100,000	150,000	100,000
ダイナミックレンジ (bit)	16	16	16

ANDOR			浜松ホトニクス
DO934P	DO936N	iKon XL "SO" 230	C8000-30D
1024 × 1024	2048 × 2048	4096 (H) × 4112 (V)	640 × 480
13 × 13	13.5 × 13.5	15 × 15	14 × 14
-	-	-	0.02 〜 10
-	-	95	-
4.4	0.953	> 0.5	31.4
18 @ 5 MHz	31.5 @ 5 MHz	23 @ 4 MHz	100 @ 31.4 Hz
ペルチェ+空冷／水冷	ペルチェ+空冷／水冷	ペルチェ+空冷／水冷	ペルチェ+空冷
−100	−100	−75	+5
0.0001 @ −100 ℃	0.0001 @ −100 ℃	0.0001 @ −75 ℃	-
-	-	150,000	30,000
16	16	16/18	12

BITRAN		XiMEA	
BK-501 X	BK-502 X	MH110XC-KK	MH160XC-KK
1024 × 1024	1024 × 1024	4008(H) × 2672(V)	4872(H) × 3248(V)
13 × 13	13 × 13	9 × 9	7.4 × 7.4
0.1 〜 1	1 〜 10	5 〜 100	5 〜 100
90	90	-	-
0.6	0.6	2.1	1.4
12 @ 1 MHz	12 @ 1 MHz	10	8
ペルチェ+空冷	ペルチェ+水冷	ペルチェ+空冷	ペルチェ+空冷
−35	−35	+12	+12
500 @ 20 ℃	−500 @ 20 ℃	40 @ 12 ℃	18 @ 12 ℃
100,000	100,000	60,000	30,000
16	16	14	14

Photonic Science			Raptor Photonics
PSL FDS 2, 83_M	PSL FDS6, 02_M	PSL Xray VHR 80	Eagle XO X-Ray
1940(H) × 1460(V)	2750(H) × 2200(V)	4008(H) × 2672(V)	2048 × 2048
4.54 × 4.54	4.54 × 4.54	16 × 16	13.5 × 13.5
5 〜 100	5 〜 100	5 〜 100	0.0012 〜 20
-	-	-	90
3.7	1.7	1.8	-
5 〜 6 @ 12.5 MHz	5 〜 6 @ 12.5 MHz	14 〜 15 @ 10 MHz	2.3 @ 75 KHz
ペルチェ+空冷	ペルチェ+空冷	ペルチェ+空冷	ペルチェ+空冷，水冷 or 液体窒素
−20	−20	−10	−90
0.05 @ −20 ℃	0.05 @ −20 ℃	0.5 @ −10 ℃	0.0004 @ −75 ℃
18,000	18,000	45,000	100,000
14	14	16	16

表 4.9 代表的な市販の EM-CCD カメラとそのスペック

メーカー	浜松ホトニクス		日本ローパー	
型名	C9100-23B	C9100-24B	Pro-EM-HS: 512BX3	Pro-EM-HS: 1024BX3
画素数	512 × 512	1024 × 1024	512 × 512	1024 × 1024
画素サイズ (μm)	16 × 16	13 × 13	16 × 16	13 × 13
最大 EM ゲイン	1,200	1,200	1000	1000
最高量子効率 (%)	> 90	> 90	95	95
読み出し速度 (Frames / sec)	1076	314	61	25
読み出しノイズ (Electrons-rms)	< 1 (EM gain 1200)	< 1 (EM gain 1200)	< 1 (EM Gain 1000)	< 1 (EM Gain 1000)
冷却方式	ペルチェ+水冷	ペルチェ+水冷	ペルチェ+空冷／水冷	ペルチェ+空冷／水冷
最低冷却温度 (℃)	−100	−80	−80/−90	−65/−65
暗電流 (Electrons / pixel / sec)	0.0005 @ −80 ℃	0.0005 @ −80 ℃	0.001 @ −70 ℃	0.002 @ −55 ℃
飽和電荷量 (Electrons)	370,000	400,000	200,000	80,000
ダイナミックレンジ (bit)	16	16	16	16

Raptor Photonics	ANDOR	
Falcon III	iXon-Ultra 888	iXon-Ultra 897
1024 × 1024	1024 × 1024	512 × 512
10 × 10	13 × 13	16 × 16
5000	1000	1000
95	> 95	> 95
34	26	56
0.01	< 1	< 1
ペルチェ+空冷，水冷 or 液体窒素	ペルチェ+空冷／水冷	ペルチェ+空冷／水冷
−100	−95	−100
0.0002	0.00011 @ −95 ℃	0.00015 @ −100 ℃
35000	80,000	180,000
16	16	16

BITRAN		Nüvü cameras
BU-66EM-VIS	BQ-87EM	CCD55-30
1920 × 1080	512 × 512	1024 × 1024
5.5 × 5.5	16 × 16	13 × 13
20	100	5000
50	90	90
55	55	17.5
1 (EM gain 20)	1 (EM gain 100)	< 0.1 @ 20 MHz
ペルチェ+水冷	ペルチェ+水冷	ペルチェ+水冷
−35	−50	−85
6 @ 0 ℃	400 @ 20 ℃	0.0004 @ −85 ℃
20,000	130,000	800,000
16	16	16

あろう。特殊なプロセスを経て製造される CCD カメラと比較し，CMOS カメラでは，標準 CMOS LSI の製造プロセスが用いられる。図 4.84 は，Intel 社の CPU の発売年と最小ゲート長の関係を示したものである[66]。最小ゲート長は 2 〜 3 年で 0.7 倍，面積で約半分になるペースで微細化がなされてきた[66]。CMOS カメラが実用化されたのは，半導体微細加工技術が発展し，最小ゲート長がおおよそ 0.35 μm に達した 1990 年代である[67]。微細加工技術の発達により，各画素に増幅 FET を配したり，固定パターンノイズを抑制するための回路を実装することで，高画質な画像が得られるようになった。また，既存の

(a) (b)

図 4.83 市販の理科学計測用 CCD カメラの例。(a) 浜松ホトニクス（株）製 C8000-30D 型（冷却 CCD カメラ：浜松ホトニクス（株）の御厚意による），および (b)（株）日本ローパー社製 PIXIS-XB 型（X 線直接検出用 CCD カメラ：（株）日本ローパー 原和幸氏の御厚意による）

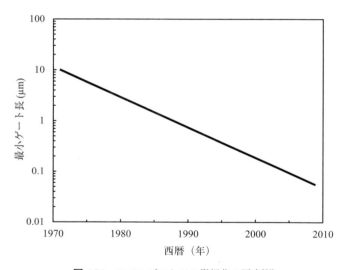

図 4.84 CMOS プロセスの微細化の歴史[64]

半導体製造プロセスを活用することで価格も低く抑えられる。これらの要因で，CMOS カメラの普及，CCD カメラからの代替は，近年急速に進んできた。このような中，2015 年 3 月には，Sony 社が CCD センサーの全面的な生産中止を発表した。今後も CCD カメラから CMOS カメラへの移行はますます加速するものと予測される。

　CCD カメラでは，各画素から出力部まで転送された信号電荷は，図 4.85 に示すソースフォロワアンプ (Source follower amplifier) によりインピーダンス変換される。ソースフォロワ回路は，電界効果トランジスター (Field effect transistor: FET) を使った基本的な増幅回路のうちの一つである。ゲート端子 (G) が入力，ソース端子 (S) が出力，ドレイン (D) が両者共通となっている。図 4.86 に示すように，入力信号に対して出力信号が追従するように動作するのがソースフォロワと呼ばれるゆえんである。理想的な状

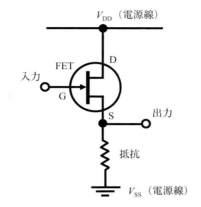

図 4.85 NMOS を用いたソースフォロアの基本回路

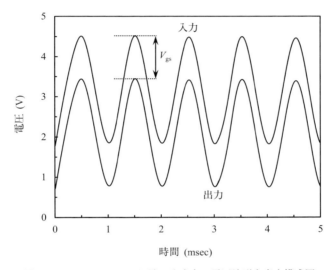

図 4.86 ソースフォロワ回路の入出力の電圧波形を表す模式図

態では，入力の電圧 V_{in} と出力の電圧 V_{out} は，次式のように等しくなる。

$$V_{out} = V_{in} \tag{4-46}$$

また，入力インピーダンスは高く，出力インピーダンスは $1/g_m$ 〜 数 $k\Omega$ 程度（g_m は，トランスコンダクタンス（FET の基本利得））と低くなるので，ソースフォロワアンプは，バッファーアンプとみなすことができる。ただし，実際には，V_{in} と V_{out} の比は 1 にはならず，増幅用 FET の閾値電圧 V_{th} とソースフォロワアンプの電圧ゲイン G_V から，以下の式のように表される[67]。

$$V_{out} = (V_{in} - V_{th})G_V \tag{4-47}$$

ここで，一般に，G_V は 0.7 〜 0.9 の値を取る[67]。また，電荷量の増幅率は，100 〜 10,000 倍程度となる[67]。画素の中で信号電荷量を増幅できるので，それ以降の転送などの段階で生じるノイズの影響は，

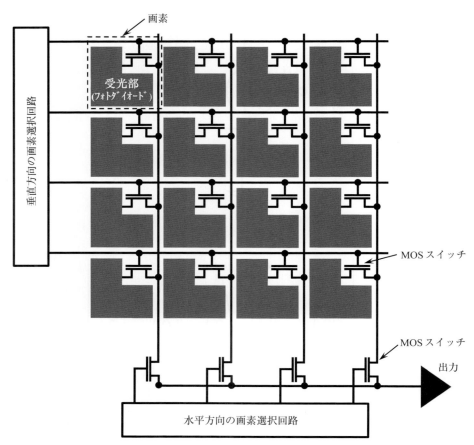

図 4.87 CMOS カメラのマクロな構造を示す模式図．単純化のため，各画素に増幅器をもたないパッシブピクセルセンサーとして描いている

次式のように相対的に非常に小さくなる．

$$N_\mathrm{t} = \sqrt{G_\mathrm{V}^2 N_\mathrm{pixel}^2 + N_\mathrm{readout}^2} \tag{4-48}$$

ここで，N_pixel は画素内で発生するノイズ，N_readout は画素外の読み出し回路や各種信号処理回路で生じるノイズである．一方，V_th の値は，トランジスターごとに異なり，10〜100 mV の範囲で変動する[67]．これは，同じ強さの入射光に対して，画素ごとに出力が大きく異なることを意味する．そのため，CMOS カメラでは，固定パターンノイズの発生が CCD カメラよりも大きな問題となる．

CMOS カメラの基本的な構造を図 4.87 に示す．また，市販の素子の外観を図 4.88 に示す．CMOS カメラは，ソースフォロワアンプを各画素がそれぞれもつアクティブピクセルセンサー (Active pixel sensor: APS) であり，増幅してから読み出す点が CCD カメラと異なっている．これは，ビット線とワード線という交差する 2 系統のアドレス信号線があり，その交点に FET が一つずつあるという DRAM の構造と同じである．各画素が受光して蓄積した信号電荷をカラム（列）方向の画素選択回路で選択し，ライン（行）方向の画素選択回路を用いて順次走査しながら信号を読み出す．読み出したい画素をカラムとラインの (x, y) 座標で指定し，該当する MOS スイッチをオンにすることで，増幅後の情報を読み出すことが

図 4.88 市販の CMOS イメージセンサーの例。浜松ホトニクス（株）製 S13101 型（浜松ホトニクス（株）の御厚意による）

できる。また，読み出しを特定領域に限定すれば，フレームレートを上げることができる。これは，配列どおりにしか読み出せない CCD カメラと大きく異なる点である。また，順次読み出しのため，低電圧の単一電源で駆動でき，消費電力も低いという特徴がある。ちなみに，CCD カメラでは，垂直 CCD，水平 CCD の駆動に合計 3 電源が必要となる。

　次に，1 つの画素が受光して電荷を得てから画像信号が出力されるまでの流れを模式的に図 4.89 に示す[62]。入射光は，フォトダイオードで光電変換され，ソースフォロワ回路に入力される。画素は，フォトダイオードの他，リセットパルスによりフォトダイオードの電位をリセットするリセット用 FET，負荷 FET − 増幅用 FET 間を導通状態にする行選択用 FET からなる。図 4.89 の列 CDS 方式では，ソースフォロワ回路を出た後，列信号線につながれた CDS 回路でリセット部の信号とデータ部の信号の差分をとり，固定パターンノイズなどが除去される。CDS 回路では，信号電圧が入力されているときにクランプ用 FET にクランプパルスを印加し，その端子の電圧をクランプ電圧にしてからクランプ用 FET をオフにする[67]。2 つ目の信号電荷に対しては，カップリングコンデンサーの存在により，両者の変化分の電位だけが端子間に現れる。それをサンプリング用 FET にサンプリングパルスを印加することでサンプリング用コンデンサーに保持すると，両信号の差分が得られる[67]。サンプリング用のコンデンサーで保持された信号電荷は，列選択回路の列選択パルスにより出力増幅器に導かれ，増幅されて出力画像となる[67]。ただし，CDS 回路自体のばらつきが固定パターンノイズの源になることや，動作タイミングによる負荷インピーダンスの変動により，固定パターンノイズが完全に除去できることは期待できない。

　図 4.89 では，各画素が 3 つの FET から構成される単純な場合を示したが，実際には図 4.90 のようにフォトダイオードの側に拡散容量 (Floating diffusion) を設け，両者の間に拡散容量への読み出しのための 4 つ目の FET を設置したものが多く用いられる。この場合，リセットされた拡散容量の電位がまず出力され，そこに信号電荷が転送された後に再び電位が出力される。両者には同じリセットノイズが含ま

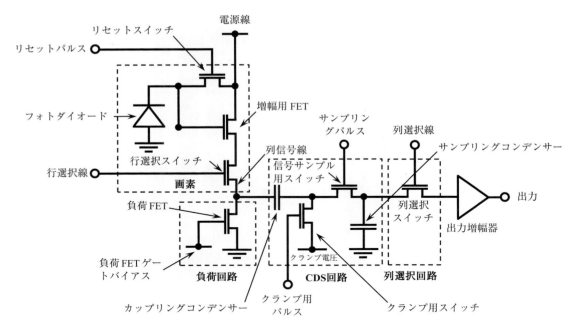

図 4.89 CMOS カメラの画素レベルの基本回路を示す模式図[65]

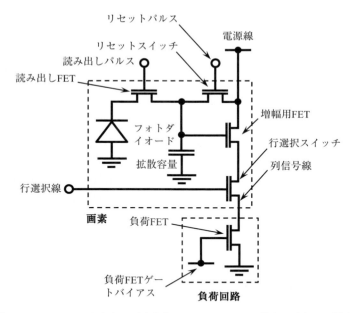

図 4.90 4 つの FET からなる画素をもつ CMOS カメラの基本回路を示す模式図

れるので，CDS 回路により，固定パターンノイズだけではなく，リセットノイズも除去できる．

ところで，一般的な CMOS センサーは，画素を行ごとに順次露光する方式のため，画面内で信号読み出しに時間差がある．そのため，露光時間に対して被写体の動きが速い場合，像に動体歪みが生じる．例えば，100 fps のフレームレートのとき，同じ画像の読み出しに，画素間で最大 0.01 sec の時間的なず

表 4.10　CCD カメラと CMOS カメラの主なノイズの比較

ノイズの種類		CCD カメラ	CMOS カメラ
ランダムノイズ	kTC ノイズ	アンプリセットノイズ	画素リセットノイズ
	アンプノイズ	$1/f$ ノイズ	$1/f$ ノイズ
		熱ノイズ	熱ノイズ
		−	RTS ノイズ
		−	出力アンプノイズ
	ダークノイズ	VCCD	−
		フォトセンサー	フォトセンサー
	フォトノイズ	カメラ種にかかわらず X 線イメージングで発生	
固定パターンノイズ	ダークノイズ	フォトセンサー	フォトセンサー
		VCCD	−
	感度むら	フォトセンサーなど	フォトセンサーなど
		−	増幅用 FET 閾値電圧 V_{th} のばらつき

れが生じる．そこで，画素内にこの時間分だけ信号電荷を蓄えるアナログメモリーを備えれば，全画素を同時に露光するグローバルシャッター (Global shutter) 機能が実現できる．グローバルシャッター機能を備えるためには，画素内にもう一つ FET などを追加することになり，画素の開口率を下げるか，または 1 画素のサイズを大きくする必要が出てくる．これに対して，行ごとにリセット，蓄積，読み出しを行い，行ごとに光電変換される時間がずれるものは，ローリングシャッター (Rolling shutter) 方式と呼ばれる．科学用 CMOS (Scientific CMOS, sCMOS) カメラには，ローリングシャッターに加え，グローバルシャッターを備えたものも多い．

　CMOS カメラは標準 CMOS LSI の製造プロセスによるため，AD 変換器を内部に組み込むことができる．AD 変換器は，各画素，カラム，最終読み出し部のいずれかに組み込むことができる．最終読み出し部に AD 変換器を入れると，ノイズが重畳してしまう．一方，各画素に AD 変換器を組み込むと，受光部の面積割合が低下してしまう．また，画素ごとのばらつきにより感度むらをもたらす．そこで，カラムに AD 変換器を設けるのが現在の主流である．AD 変換器で量子化（Quantization：連続量であるアナログデータをデジタルデータで近似的に表すこと）された後はノイズが重畳しないというメリットがある．N_{AD} bit の分解能（量子化ビット数：Quantization bit rate）をもつ AD 変換器を考えると，電圧のフルスケールを V_{FS} とするとき，$\frac{V_{FS}}{2^{N_{AD}}}$ 以下の信号は 1bit 以下の情報となり，量子化誤差 (Quantization error) となる．量子化誤差によって生じるノイズは，ランダムなノイズとみなすことができる．

　CMOS カメラのノイズに関して，CCD カメラのノイズと対比して表 4.10 にまとめておく．CMOS カメラでは，フォトダイオードの暗電流の発生量もかなり多い[62]．これは，CMOS カメラでは，標準 CMOS LSI の製造プロセスでソースないしドレインと基板との間の pn 接合をフォトダイオードとして利用しており，主として絶縁用 SiO_2 膜とフォトダイオードの境界付近で電子・正孔対が熱的に励起されて発生するためである[62]．これを避けるため，CCD カメラと同様に，埋め込み構造が採用される．これにより，暗電流は，1/10 程度にまで減少するとされる[62]．1 画素当たり 4〜5 個設けられている MOS FET のうち，増幅用 FET の閾値電圧 V_{th} によるノイズついては，既に述べた．画素回路のランダムノイズに関しても，この増幅用 FET に起因するものが多い[62]．特に，RTS ノイズ (Random telegraph signal noise, RTS noise) と呼ばれるノイズは，画素サイズの微細化に伴うゲート面積の減少とともに顕著に現れる．これ

(a)　　　　　　　　　　　　　　　(b)

図 4.91　市販の sCMOS カメラの例。(a) 表 4.11 の浜松ホトニクス（株）製 ORCA-Flash4.0 V3 型 (C13440-20CU)（浜松ホトニクス（株）の御厚意による），および (b) ANDOR 社製 Neo（右）および Zyla（左）（アンドール・テクノロジー Ltd 日高諭氏の御厚意による）

は，シリコン界面のトラップにキャリアが出入りすることで生じ，MOS FET のドレイン電圧の揺らぎとして現れる[62]。CMOS カメラにおけるリセットノイズは，主として画素のリセットノイズとして発生する。

　最後に，sCMOS カメラについて触れる。最近では sCMOS カメラの性能が向上し，様々な科学計測用途で CCD カメラに代替する傾向が見られる。これは，埋め込み型フォトダイオード，マイクロレンズ，列並列 AD コンバーター (Column parallel AD converter)，（真空）冷却，高低 2 水準の利得をもつ増幅器の併用，グローバルシャッター機能，裏面入射など，様々な工夫により，高い量子効率，低ノイズ，広いダイナミックレンジなどの特性が実現されたためである。参考までに，市販されている各種 sCMOS カメラのスペックを表 4.11 にまとめておく。表 4.7 ～ 4.9 の CCD カメラや EM-CCD カメラなどと比較するとよい。また，図 4.91 には，市販の sCMOS カメラの外観写真を示した。

(5)　フラットパネルディテクター

　表 4.7 ～ 4.9 および表 4.11 の各種 CCD カメラや sCMOS カメラでは，受光面のサイズは，一辺 8 ～ 64 mm 程度である。特に，sCMOS では，ほとんどが 20 mm 以下となっている。これに対して，薄型で高性能な大面積検出器がフラットパネルディテクターである。受光部の一辺が 50 mm 程度のものから，最大で 430 mm 程度のものまで利用できる。シンクロトロン放射光施設での X 線トモグラフィーで，特にウィグラーやアンジュレータのビームラインでは，CCD カメラや sCMOS カメラが用いられる。これに対し，フラットパネルディテクターは，主として産業用 X 線 CT スキャナーなどで，比較的大きな試料を撮像する場合や，試料を X 線源に近づけて高倍率を稼ぐ場合に重要な検出器と言える。後出の表 6.1 でも，市販の X 線 CT スキャナーの多くのモデルにフラットパネルディテクターが搭載されていることがわかる。また最近では，大きな有効受光面サイズの高性能なフラットパネルディテクターが利用できるようになり，イメージインテンシファイアーからの代替が進んでいる。同じ大面積検出器であるイメージインテンシファイアーと比較すると，フラットパネルディテクターには，像の歪みが少ないという利点がある。計測用途がますます重要になっている現在，これは重要なポイントと言える。

4.4 検出器

表 4.11 代表的な市販の sCMOS カメラとそのスペック

メーカー	ANDOR		
型名	Neo5.5	Zyla5.5	Zyla4.2 Plus
画素数	2560 (H) × 2160 (V)	2560 (H) × 2160 (V)	2048 × 2048
画素サイズ (μm)	6.5 × 6.5	6.5 × 6.5	6.5 × 6.5
表面入射／裏面入射	表面入射	表面入射	表面入射
最高量子効率 (%)	60	60	82
読み出し速度 (Frames / sec)	100	100	100
読み出しノイズ (Electrons-rms)	1.3 @ 560 MHz	1.2 @ 560 MHz	1.1 @ 540 MHz
冷却方式	ペルチェ+空冷／水冷	ペルチェ+空冷／水冷	ペルチェ+空冷／水冷
最低冷却温度 (℃)	−40	−10	−10
暗電流 (Electrons / pixel / sec)	0.007 @ −40 ℃	0.019 @ −10 ℃	0.019 @ −10 ℃
飽和電荷量 (Electrons)	30,000	30,000	30,000
ダイナミックレンジ (bit)	12/16	12/16	12/16
グローバルシャッター機能	○	○	×
	PCO AG			浜松ホトニクス
	Pco.edge5.5	Pco.edge4.2	Pco.edge3.1	C13440-20CU
	2560 (H) × 2160 (V)	2048 × 2048	2048 (H) × 1536 (V)	2048 × 2048
	6.5 × 6.5	6.5 × 6.5	6.5 × 6.5	6.5 × 6.5
	表面入射	表面入射	表面入射	表面入射
	60	82	60	82
	100	100	50	100
	1.5 @ 95.3MHz	1.4 @ 95.3 MHz	1.5 @ 105 MHz	1.4 @ 100Hz
	ペルチェ+水冷	ペルチェ+水冷	ペルチェ+水冷	ペルチェ+水冷
	+5	+5	+5	−30
	0.5 @ 5 ℃	0.5 @ 5 ℃	0.5 @ 5 ℃	0.006 @ −30 ℃
	30,000	30,000	30,000	30,000
	16	16	16	16
	○	×	○	×
	Thorlabs	日本ローパー		SPOT IMAGING
	Quantalux CS2100M-USB	KURO 1200B	KURO 2048B	RT
	1920 (H) × 1080 (V)	1200 × 1200	2048 × 2048	2448 (H) × 2048 (V)
	5.04 × 5.04	11 × 11	11 × 11	3.45 × 3.45
	表面入射	裏面入射	裏面入射	裏面入射
	61	95	95	66
	50	41	25	36
	< 1 @ 74.25 MHz	1.3 @ 200 MHz	1.3 @ 200 MHz	2.1
	なし（放熱タイプ）	ペルチェ+ 空冷／水冷	ペルチェ+ 空冷／水冷	ペルチェ+空冷
	-	−10/−25	−10/−25	−25
	20 @ 20 ℃	0.7 @ −25 ℃	0.7 @ −25 ℃	0.18 @ 20 ℃
	23,000	80,000	80,000	11,000
	16	16	16	12
	×	×	×	○
	FLI			
	KL400	KL2020		
	2048 × 2048	2048 × 2048		
	11 × 11	6.5 × 6.5		
	-	-		
	94	62		
	48	376		
	1.5	6		
	ペルチェ+水冷	ペルチェ+水冷		
	−40	−40		
	0.4 @ −20 ℃	1 @ 0 ℃		
	89,000	48,000		
	16	15		
	×	○		

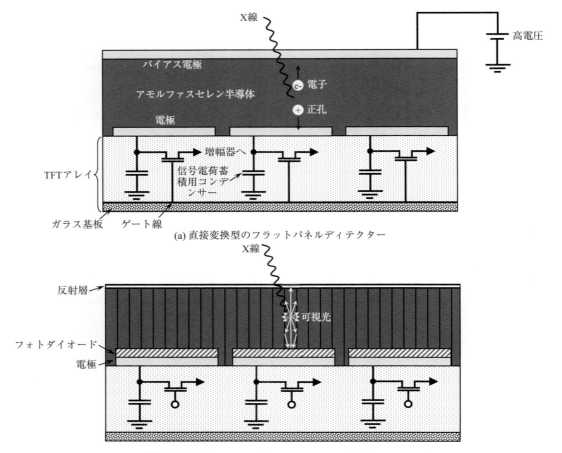

(a) 直接変換型のフラットパネルディテクター

(b) 間接変換型のフラットパネルディテクター（柱状結晶の場合）

図 4.92 2 種類の代表的なフラットパネルディテクターの構造を示す模式図

　フラットパネルディテクターは，液晶ディスプレイの基幹となる薄膜トランジスター (Thin film transistor: TFT) アレイを用いたものである．TFT は FET の一種である．ガラス基板などの上に半導体薄膜を作り，そこにスイッチング素子などに用いるトランジスターやゲート絶縁膜，電極，保護絶縁膜などを作り込んだものである．この製造技術は，液晶ディスプレイや薄型テレビに使用されてきたため，充分に成熟したものと言える．液晶ディスプレイでは，TFT を形成したガラス基板と対向電極を形成したガラス基板とで液晶層を挟み込み，TFT は，各画素の液晶に電圧を印加するスイッチとして機能する．一方，フラットパネルディテクターでは，TFT アレイは，2 次元読み出し回路として機能する．

　ところで，フラットパネルディテクターには，大きく分けて直接変換方式 (Direct conversion type) と間接変換方式 (Indirect conversion type) がある．図 4.92 には，両方式の機構を示す．読み出し機構などは CMOS の項を参照いただくとして，以下では，主に 2 種類の光電変換の機構とそれに用いる材料について詳述する．

　図 4.92 (a) の直接変換方式では，0.5～1 mm 厚程度のアモルファスセレン (Amorphous selenium, a‑Se) 半導体などからなる光電変換膜 (Photoconductive film) を用いて X 線を直接信号電荷に変換して画像化す

表 4.12 フラットパネルディテクターに用いることができる主な光電導体とその性質[69]

光電導体	減衰距離, δ (μm) 20 keV	減衰距離, δ (μm) 60 keV	E_g (eV)	$W_\pm$ (eV)	$\mu\tau$ (10^{-5}cm^2/V) Electron	$\mu\tau$ (10^{-5}cm^2/V) Hole
アモルファスセレン (a-Se) *	19	36	2.2	45 (10V/μm), 20 (30 V/μm)	0.03 - 1	0.1 - 6
多結晶ヨウ化銀 (HgI$_2$)	14	103	2.1	5	1 -100	0.1 - 1
多結晶テルル化亜鉛カドミウム (Cd$_{0.95}$Zn$_{0.05}$Te) *	27	79	1.7	5	$\sim$ 20	$\sim$ 0.3
多結晶ヨウ化鉛 (PbI$_2$)	14	104	2.3	5	0.007	$\sim$ 0.2
多結晶酸化鉛 (PbO) *	6	93	1.9	8 - 20	0.05	small
多結晶臭化タリウム (TlBr) *	8	130	2.7	6.5	small	0.15 - 0.3

*は，真空蒸着により製造したもの．それ以外は，PVD による

る．TFT と電極，信号電荷蓄積用のコンデンサーがマトリクス状に配列した TFT アレイ（図 4.92 の網掛け部分）があり，TFT アレイのほぼ全面を覆うように X 線変換膜とバイアス電極が積層されている．入射 X 線の強度に応じて励起された電子・正孔対の電荷は，光電変換膜に印加するバイアス電圧によって各画素の電極に移動した後，TFT アレイ内の信号電荷蓄積用のコンデンサーに蓄積される．直接変換型では，各層間のエネルギー障壁の存在により，電荷の輸送が遅延し，残像が残りやすいとされる．しかし，高電圧を印加して電荷を最寄りの電極に引きつける構造は，空間分解能的には有利である．各画素の TFT を ON/OFF してコンデンサーのチャージ電圧を順次読み出すことで，2 次元 X 線画像が得られる．この読み出しは，CMOS カメラと同様である．データバスラインの端部には，同じ基板上に増幅回路と AD 変換器が配され，読み出された電荷情報は，デジタル画像情報として出力される．

ここで，光電変換膜に用いられる材料について記述しておく．光電変換材料としては，アモルファスセレンの他，ヨウ化鉛 (Lead iodide, PbI$_2$) や酸化鉛 (Lead oxide, PbO)，臭化タリウム (Thallium bromide, TlBr) なども用いられ，テルル化亜鉛カドミウム (Cadmium zinc telluride, CdZnTe)，テルル化カドミウム (Cadmium telluride, CdTe)，セレン化カドミウム (Cadmium selenide, CdSe)，ヨウ化水銀 (Mercury iodide, HgI$_2$) などの物質も同様の効果が期待できる[68]．表 4.12 には，フラットパネルディテクターのような大面積用途に用いることができる各種光電導体とその性質を示す[69]．表中の δ は減衰距離 (Decay distance) であり，線吸収係数の逆数である．減衰距離は，入射 X 線が 63 ％ 減衰する入射面からの深さに相当する．量子効率 η_q は，厚み L_p の光電変換膜に対して，以下のように表される[69]．

$$\eta_q = 1 - e^{-\frac{L_p}{\delta}} \tag{4-49}$$

例えば，厚さ 1000 μm のアモルファスセレンを用いると，表 4.12 より，20 keV での量子効率は 1 となることがわかる．図 4.93 には，表 4.12 に示した各種光電導体の線吸収係数の X 線エネルギー依存性を示す[71]．量子効率だけを見ると，12 keV 程度以下の X 線エネルギーでは，他の光電導体の方が優れている．また，セレンの K 吸収端 (12.65 keV) 以上でも，酸化鉛や臭化タリウムの阻止能 (Stopping power) は，優れている．なお，式 (4-49) は，X 線源が単色光でない場合には，以下のようになる[4]．

$$\eta_q = \frac{\int_0^{E_{max}} \Phi(E)\left(1 - e^{-\frac{L_p}{\delta}}\right)dE}{\int_0^{E_{max}} \Phi(E)\,dE} \tag{4-50}$$

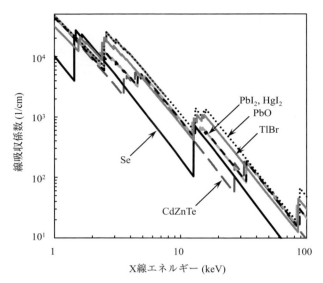

図 4.93 フラットパネルディテクターのような大面積用途に用いることができる各種光電導体の線吸収係数

ここで，$\Phi(E)$ は，X線スペクトルである．つまり，一般的なX線検出器では，検出器に入る光子の数が重要なのではなく，検出器に入るX線のエネルギーの積分値が重要ということがわかる．

ところで，光電変換膜で重要なのは，X線の減衰だけではない．表4.12 の E_g はバンドギャップである．電子・正孔対生成エネルギー (Electron-hole pair creation energy) $E_\pm$ については，多結晶材料について，以下の関係式が成り立つことが知られている[69]．

$$E_\pm = \beta_{lc} E_g \approx 3 E_g \tag{4-51}$$

ここで，β_{lc} は，定数（通常，2〜3 の値を取る）[72]である．光電変換膜で発生する電子・正孔対の数 $n_\pm$ は，次式のように入射X線のエネルギーを電子・正孔対生成エネルギーで割ったものに等しい．そのため，バンドギャップが狭いほど，量子効率には有利と言える[69]．

$$n_\pm = \frac{E}{E_\pm} \tag{4-52}$$

例えば，表4.12 から，強さ 10 V/μm の電場の場合，45 keV の X線光子 1 個に対し，1,000 個の電子・正孔対が発生することになる．

一方，アモルファスセレンの場合，表4.12 からもわかるように，式(4-51) は成立しない．アモルファスセレンの場合，以下のように，電子・正孔対生成エネルギーは，電界 F に反比例する[69]．

$$E_\pm = E_0 + \frac{B}{F} \tag{4-53}$$

ここで，B は，X線エネルギーに弱い依存性を示す定数で，20〜40 keV の範囲では $B \approx 4.4 \times 10^8$ eV·Vm^{-1}，$E_0 \approx 6$ eV である[69]．したがって，一般に用いられる程度の電場 (10〜20 V/μm) では，アモルファスセレンの電子・正孔対生成エネルギーは，数十 eV 程度と非常に大きくなる．ただし，高い量子効率を得るためには，電荷の発生量だけではなく，発生した電荷が再結合したりトラップされたりせず，効率良く

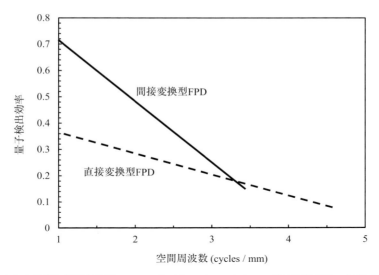

図 4.94 直接変換型と間接変換型のフラットパネルディテクターの量子検出効率の比較（模式図）[69]

電極で収集される必要がある．また，電圧を上げると普通の半導体に近づくが，完全になる前にアバランシュが起きる．表 4.12 の μ は，ドリフト移動度，同じく τ は，電荷キャリアの平均寿命である．これらに電場の強さを掛けた $\mu\tau F$ は，電荷キャリアがトラップないし再結合するまでの平均移動距離に相当する．発生したほとんどの電荷を電極で捉えるためには，$\mu\tau F$ は，光電変換膜の膜厚程度以上の大きな値を取る必要がある．

アモルファスセレンには，60 〜 70 ℃ と低温のプロセスで大面積にコートできるため安価であり，均一なレスポンスが得られるというメリットもある[68]．さらに大きなメリットとして，室温での低い暗電流と経験的に放射線損傷に強いという点もある[73]．また，原子番号が比較的小さいため ($Z = 34$)，高エネルギー X 線に対しては，それなりの膜厚が必要になること，高電圧（典型的には 10 kV 程度）を印加する必要があるといった注意点もある[68]．なお，高純度のアモルファスセレンは結晶化しやすいため，0.2 〜 0.5 % 程度のヒ素が添加される[68]．

図 4.92 (b) の間接変換方式では，シンチレーターを用いて X 線をいったん可視光に変換し，さらにその可視光の強度に応じた信号電荷に変換する．これがコンデンサーによって読み出しまで蓄えられるのは，直接変換型と同じである．一方，間接変換型では，シンチレーターで可視光が等方的に発生するため，これによりクロストークが生じたり，空間分解能が低下する可能性がある．特に，シンチレーターが厚い場合には，より多くの X 線を吸収する一方で，空間分解能は悪化してしまう．また，図 4.94 に示すように，量子検出効率の面では，直接変換方式が有利になる[70]．

シンチレーターには，タリウム活性化ヨウ化セシウム（Cesium iodide, CsI (Tl)）やテルビウム活性化酸硫化ガドリニウム（Gadolinium oxysulfide, Gd_2O_2S (Tb): GOS）が用いられる．テルビウム活性化酸硫化ガドリニウムで粉末のものは P43 と呼ばれる．図 4.95 には，それら 2 種のシンチレーター材の断面写真を示す[64]．ヨウ化セシウムの場合は，図 4.95 (a) のように柱状結晶となり，条件にもよるが，83 % 程度が柱状結晶内で反射するとされる[68]．このため，光は結晶壁にガイドされ，ある程度の割合がフォトダ

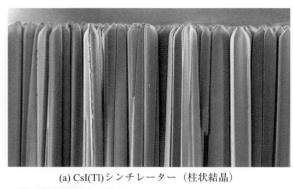

(a) CsI(Tl)シンチレーター（柱状結晶）

(b) GOSシンチレーター（粒状結晶）

図 4.95　シンチレーターの断面写真[63]（浜松ホトニクス（株）の御厚意による）

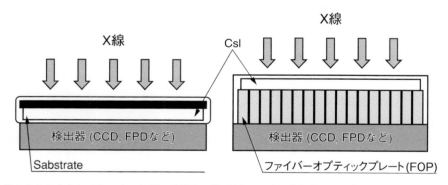

図 4.96　ヨウ化セシウムをシンチレーターに用いる場合の施工例。(a) は，基板上にヨウ化セシウムを蒸着し，これを裏返して検出器と結合する場合。(b) は，検出器とシンチレーターを結合するファイバーオプティックプレート上にヨウ化セシウムを蒸着する場合（浜松ホトニクス（株）の御厚意による）

イオードの方向に導かれることになる。このようなものを構造化シンチレーター (Structured scintillator) と呼ぶ。ヨウ化セシウムは，ガラスなどの基板上にシンチレーターを蒸着し，これを裏返してフォトダイオードに載せて密着させる場合の他，フォトダイオード上にシンチレーターを直接蒸着する場合，後述するファイバーオプティックプレート上に蒸着する場合などがある[64]。図 4.96 にそれらの断面の模式図を，また図 4.97 に市販の製品の例をそれぞれ示す。直接蒸着すれば蛍光の散乱を抑制でき，解像度の向上にも寄与できる[64]。また，ヨウ化セシウムの柱状結晶は，膜厚が増加すると結晶径が太くなり，

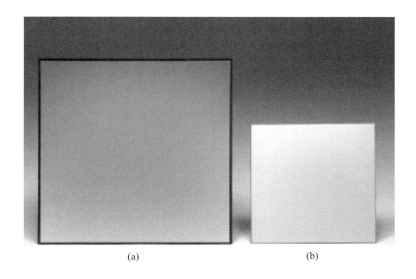

図 4.97 市販のヨウ化セシウムシンチレーターの例。(a) はアルミニウムやカーボンの基板上に蒸着したもの。(b) はファイバーオプティックプレート上に蒸着したもの（浜松ホトニクス（株）の御厚意による）

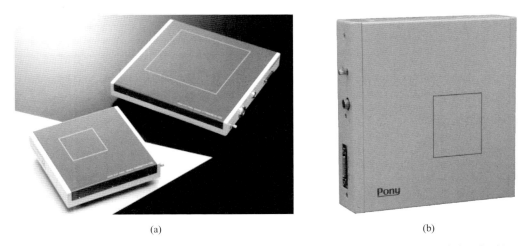

図 4.98 市販のフラットパネルディテクターの例。(a) 浜松ホトニクス（株）製品（浜松ホトニクス（株）の御厚意による），および (b) ポニー工業（株）社製 SID-A50 型（ポニー工業（株）山崎敏朗氏の御厚意による）

隣りの結晶との連結も生じ，空間分解能を低下させやすい。この他のヨウ化セシウムの注意点は，吸湿性と毒性，特にヨウ化セシウムに活性化物質として微量添加されるヨウ化タリウム (ITl) に毒性があることと，力学的にそう丈夫ではないことである[68]。シンチレーション現象の詳細に関しては，4.4.3 節で後述する。

最後に，参考までに，市販されている各種フラットパネルディテクターのスペックを表 4.13 にまとめておく。表 4.7 〜表 4.9 の CCD カメラや EM-CCD カメラ，表 4.11 の sCMOS カメラと比較するとよい。また，図 4.98 には，市販のフラットパネルディテクターの外観写真を示した。

表 4.13 代表的な市販のフラットパネルディテクターとそのスペック

メーカー	浜松ホトニクス	Rayence		
型名	C7942CA-22	0505A	1215A	2020A
画素数	2240 × 2344	1176 × 1104	2352 × 2944	1120 × 1120
画素サイズ (μm)	50 × 50	49.5	49.5	180
有効受光面サイズ (mm)	112 × 117.2	58 × 54	116.4 × 145.7	201.6 × 201.6
直接変換／間接変換	間接変換	間接変換	間接変換	間接変換
光電変換膜／シンチレーター	シンチレーター (CsI)	GOS/CsI	GOS/CsI	GOS/CsI
読み出し速度 (Frames / sec)	2	30(1x1) 90(2x2)	8(1x1) 32(2x2)	30
読み出しノイズ (Electrons-rms)	1100	< 4	< 3.4	8
暗電流 (Electrons / pixel / sec)	-	403	74	-
飽和電荷量 (Electrons)	2,200,000	16.384	16.384	32.768
ダイナミックレンジ (bit)	-	14	14	16

ANSeeN	ポニー工業	Acrorad	Xcounter (Acrorad)
ANS-FPD4X2S01S	SID-A50	FPD4x2	HYDRA FX35
32,768 pixel	237,568 pixel	237,552 pixel	3584 × 60
100	100	100 × 100	100 × 100
51.2 × 51.2	51.2 × 46.4	51.5 × 46.5	360 × 6
直接変換	直接変換	直接変換	直接変換
CdTe	CdTe	-	-
200	5-50 (1:1)	50	200 (Frame mode) 10,000 (TDS mode)
45,000	-	-	-
250 fA	-	-	-
20,000,000	-	-	-
14	12	12	12 (Frame mode), 18 (TDS mode)

4.4.3 シンチレーター

(1) 発光機構

シンチレーターには，有機材料，プラスチック，無機材料などがある．このうち，有機材料には，ナフタレン (Naphtalen: $C_{10}H_8$)，アントラセン (Anthracene: $C_{14}H_{10}$)，trans-スチルベン (trans-Stilbene: $C_{14}H_{12}$) などがある．いずれも実効原子番号が小さく，密度も $1\,\mathrm{g/cm^3}$ 程度と小さい．特徴として，減衰時間が数 ns と，後述する無機材料と比べて小さく，安価な点が挙げられる．また，発光は，無機材料のシンチレーターと比べて比較的弱めで，図 4.99 に示すように，阻止能も大幅に劣る[71]．有機シンチレーターをトルエンやキシレンなどの溶媒に溶かしたものが液体シンチレーターであり，ポリスチレンなどのプラスチックの中に配合したものをプラスチックシンチレーターと呼ぶ．これらは，いずれもアルファ線やベータ線の検出には向くが，X 線イメージングにはあまり用いられない．そこで，以下では，X 線トモグラフィーを考える上で重要な無機材料のシンチレーターに関して述べる．一般に，無機材料の方が発光は強く，図 4.99 のように阻止能も高く，またエネルギーに対する線形性にも優れるという傾向がある．

　無機材料の発光は，その離散的なエネルギー帯を用いて説明できる．図 4.100 は，これを模式的に描いたものである．シンチレーター材料に X 線が照射されると，価電子帯 (Valence band) の電子は，価電子帯に正孔を残して伝導帯 (Conduction band) に励起される．両者の間は禁止帯になっており，純粋な結

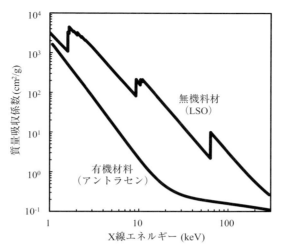

図 4.99 代表的な有機材料および無機材料のシンチレーターで質量吸収係数の X 線エネルギー依存性を見たもの[3]。有機材料としてはアントラセン，無機材料としては LSO を載せている

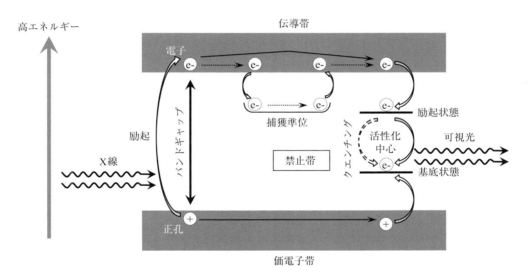

図 4.100 無機材料のシンチレーターの発光機構を示す模式図

晶では電子は存在し得ない。励起された電子が価電子帯に落ちて正孔と再結合するとき，価電子帯と伝導帯のバンドギャップに相当する余剰のエネルギーは，光子の放出により放散される。

　一般に，発光スペクトルの極大波長は，吸収スペクトルの極大波長よりも長波長側（低エネルギー側）に位置する。このように，入射光と発生光のエネルギーが異なる現象をストークスシフト (Stokes shift) と呼ぶ。これは，励起は，一番下の基底状態から励起状態への遷移であるのに対し，発光は第一励起状態の一番下の振動状態から基底状態への遷移に相当するために生じる。ストークスシフトによって，発生光はシンチレーター材料に吸収されずに外部に放射されることができる。また，ストークスシフトが大きい程，入射光と発生光のスペクトルの重なりが小さくなり，シンチレーター材料による発生光の自己吸収は減少する。

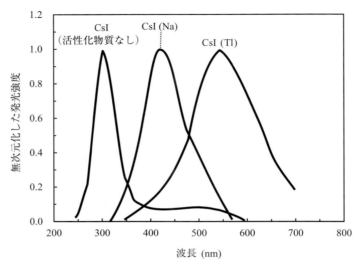

図 4.101 純粋なヨウ化セシウム，およびヨウ化セシウムにナトリウム，タリウムをドーピングしたシンチレーターが放射する可視光の波長スペクトルを表す模式図[73]

活性化物質 (Activator) を添加していないワイドバンドギャップ材料からの発光を利用したシンチレーター材料として，タングステン酸カドミウム (Cadmium tungstate, $CdWO_4$: CWO) やフッ化バリウム (Barium fluoride, BaF_2)，ゲルマニウム酸ビスマス (Bismuth germanium oxide, $Bi_4Ge_3O_{12}$: BGO) などがある。一般に，この場合の発光効率は低く，また放散されるエネルギーも，可視光を発光するには大き過ぎる。発光の機構は，フッ化バリウムの減衰の遅い成分や活性化材を添加しないヨウ化セシウムなどでは，励起子と格子の相互作用により歪んだ結晶格子に束縛された励起子である自己束縛励起子 (Self-trapped exciton) による発光である。一方，フッ化バリウムの減衰の速い成分は，価電子が最も束縛エネルギーの低い内殻準位へ遷移するときに生じるオージェフリー発光 (Core-valence luminescence: CVL) による。この発光は，ナノ秒程度と非常に短寿命であり，高速シンチレーターの発光機構として有用である。この他，タングステン酸カドミウムでは，WO_4^{2-} イオンが発光中心となり，タングステンとその周囲の酸素イオン O^{2-} の 2p 軌道間での電荷移動 (Charge transfer) 遷移が発光をもたらす。

一方で，可視光を効率よく発光するシンチレーターの多くは，活性化物質をドーピングしたものである。そのようなシンチレーター材料では，セリウム (Ce) やテルビウム (Tb)，ユウロピウム (Eu) などの希土類元素やタリウム (Tl)，ナトリウム (Na) などのイオンが禁止帯の中で発光中心 (Luminescent center) となる。活性化物質を添加したシンチレーター材料は，例えば，CsI (Tl)，YAG: Ce^{3+}（イットリウムアルミニウムガーネット：Yttrium Aluminum Garnet, $Y_3Al_5O_{12}$）などと表記される。活性化物質を添加した場合，図 4.100 のように，伝導帯の電子は捕獲中心にトラップされたりしながら活性化中心に達し，活性化物質の励起準位に位置する。一方，価電子帯の正孔は，活性化中心の基底準位の束縛電子を奪い，空位を生じさせる。そこに励起準位にある電子が遷移することで，可視光が発せられる。図 4.101 は，ヨウ化セシウムが発光する波長を示したものである[74]。純粋なヨウ化セシウムは，近紫外線を発する。これにナトリウムをドーピングすることによって 430 nm 程度を，またタリウムをドーピングすることでさらに長波長側の 550 nm 程度をそれぞれ中心として，可視光の範囲で発光するように調整できる。また，

表 4.14 代表的なシンチレーター用物質とその特性

物質名	密度 (g/cm³)	実効原子番号	屈折率	発光ピーク波長 (nm)	光子収率 (Photons / keV)	減衰時間 (ns)	減衰距離 (μm) 20 keV	減衰距離 (μm) 60 keV
BaF₂*	4.89	53	1.56	310	9.5	630	40	125
Bi₄Ge₃O₁₂ (BGO)*	7.13	75	2.15	480	8.2	300	9	150
CdWO₄*	7.90	64	2.25	470	13	12	14	137
NaI (Tl)	3.67	50	1.85	415	38	230	56	173
CsI (Tl)	4.51	54	1.80	540	65	1100	37	115
CsI (Na)	4.51	54	1.84	420	39	650	37	115
LiI (Eu)	4.08	52	1.96	470	11	1400	46	139
CaF₂ (Eu)	3.19	13	1.47	435	24	900	193	3024
LaBr₃ (Ce)	5.29	46	2.05	380	63	26	19	157
YAlO₃ (Ce) (YAP)	5.37	35	1.95	370	18	27	22	382
Y₃Al₅O₁₂ (Ce) (YAG, P46**)	4.56	32	1.82	550	17	70	30	530
Lu₂SiO₅ (Ce) (LSO)	7.40	66	1.82	420	25	47	13	218
Gd₂SiO₅ (Ce) (GSO)	6.71	59	1.85	440	9	60	20	69
LuAlO₃ (Ce) (LuAP)	8.34	65	1.94	365	17	17	14	234
Lu₃Al₅O₁₂ (Ce) (LuAG)	6.73	63	1.84	550	20	58	18	291
Gd₃Al₂Ga₃O₁₂ (Ce) (GAGG)	6.63	52	1.93	520	57	88	21	95
Gd₃Ga₅O₁₂ (Eu) (GGG)	7.1	53	1.96	595	44	140000	19	93
Gd₂O₂S (Tb) (P43** or Gadox)	7.34	60	2.2	545	60	1500	17	56
Lu₃Al₅O₁₂ (Pr) (LuAG)	6.71	63	1.84	310	16	26	18	292

*活性化剤なし，**粉末のものの呼称

活性化物質の添加は，発光の効率などにも大きな影響を与える。

代表的な活性化材であるセリウムなどの3価の希土類イオンでは，許容遷移である 5d - 4f 遷移に伴う効率の良い発光が生じ，しかも短時間で減衰する[75]。一方，ユウロピウムイオンには2価と3価のものがあり，濃度によってその比が変化する。Eu^{2+} のような2価の希土類イオンの 5d - 4f 遷移に伴う発光では，セリウムに比べて減衰時間がやや長くなる[75]。一方，Eu^{3+} のような3価の希土類イオンの 4f - 4f 遷移に伴う発光は，パリティ禁制遷移でスピン禁制遷移でもあり，蛍光寿命は長くなる[75]。また，タリウムの場合は，6s 6p - 6s 遷移に伴う発光に分類される[75]。

ここで，発生する光子の数を N_scin，電子・正孔対の数を $n_\pm$ として，式 (4-51) および (4-52) から，以下の関係が得られる[72]。

$$N_\mathrm{scin} = n_\pm \eta_\mathrm{lc} \eta_\mathrm{q}^\mathrm{lc} = \frac{E}{E_\pm} \eta_\mathrm{lc} \eta_\mathrm{q}^\mathrm{lc} = \frac{E}{\beta_\mathrm{lc} E_\mathrm{g}} \eta_\mathrm{lc} \eta_\mathrm{q}^\mathrm{lc} \tag{4-54}$$

η_lc，$\eta_\mathrm{q}^\mathrm{lc}$ は，それぞれ発光中心が励起される効率および発光中心の量子効率である。$\eta_\mathrm{q}^\mathrm{lc}$ は，シンチレーター材料のエネルギー帯と発光中心のエネルギーレベルの位置関係に，また η_lc は，捕獲中心などに，それぞれ依存するとされる[72]。実際にシンチレーターから放射される可視光の強度は，シンチレーターを透過してしまうX線の割合や，発生した可視光のシンチレーター自身による吸収も考慮する必要があることは，言うまでもない。

(2) 特性評価

表 4.14 は，代表的な無機シンチレーターとその各種特性をまとめたものである[76],[77]。

(a) 阻止能

表中の密度や実効原子番号 (Effective atomic number) は，検出効率や阻止能にかかわるものである．実効原子番号 Z_{eff} は，化合物に入射した X 線の減衰挙動を表す有用なパラメーターである．これは，化合物中の電子の総和とその化合物を構成する i 番目の元素の電子数の比である f_i と，i 番目の元素の原子番号 Z_i とを用い，以下のように表される．

$$Z_{\text{eff}} = \sqrt[\delta]{\sum_i f_i Z_i^\delta} \tag{4-55}$$

光電吸収が支配的な場合には，式中の係数 δ は 2.94 になるとされる．一方，X 線エネルギーが 100～600 keV とコンプトン散乱が支配的な X 線エネルギー範囲に対しては，3～3.5 という値が用いられる[78]．例えば，水は，水素（原子番号 1）と酸素（原子番号 8）からなり，実効原子番号は，$\sqrt[2.94]{0.2 \cdot 1^{2.94} + 0.8 \cdot 8^{2.94}} \approx 7.4$ となる．表 4.14 には，20 keV と 60 keV の 2 水準の X 線エネルギーに対する減衰距離も付記している．この減衰距離は，阻止能の指標となるものである．減衰距離より薄いシンチレーターを用いると，検出器の効率が低下することになる．また，減衰距離が長い場合に，減衰距離以上の厚みをもつシンチレーターを用いると，X 線 CT スキャナーの空間分解能の低下につながる．

(b) 発光波長

発光ピーク波長 (Emission peak wavelength) と光子収率 (Photon yield) は，いずれも検出器系の感度に関連する量である．シンチレーターの発光ピーク波長は，基本的に可視光検出器の光電面の分光感度特性とマッチングさせる必要がある．これにより，検出器系の効率が最適化できる．シンチレーターの発光ピーク波長は，用いる活性化物質の種類を変えることでも制御できることは，既述のとおりである．

(c) 光子収率

シンチレーターの感度を示す光子収率 L_y は，吸収エネルギー当たりの発光量で表され，式 (4-54) より，以下のように表される．単位は，光子数／keV ないし光子数／MeV である．

$$L_y = \frac{N_{\text{scin}}}{E} = \frac{\eta_{\text{lc}} \eta_{\text{q}}^{\text{lc}}}{\beta_{\text{lc}} E_g} \tag{4-56}$$

つまり，光子収率は，バンドギャップの狭い材料ほど優れることになる．一般に，活性化物質を添加しない場合の純物質のバンドギャップエネルギーは，フッ化物，酸化物，塩化物，臭化物，ヨウ化物の順に小さくなる[79]．そのため，この順に，後ろに行くほど高い光子収率が期待できる[79]．式 (4-51) では，各種光電変換材料で電子・正孔対生成エネルギー $E_\pm$ が $E_\pm = \beta_{\text{lc}} E_g \approx 3E_g$ の関係を満たすことを確認した．この係数 β_{lc} は，ヨウ化セシウムやヨウ化ナトリウム (Sodium iodide, NaI) では 3 だが，YAG では 5.6，タングステン酸カルシウム (Calcium tungstate, $CaWO_4$) では 7 になると報告されている[80]．一般的な X 線マイクロトモグラフィーでは，光子収率の多少の高低は問題にならない場合が多いが，むしろ光子収率の X 線エネルギーに対する線形性は重要である．図 4.102 には，光子収率の温度依存性をいくつかのシンチレーターに対して示した[81]．発光強度は，温度上昇とともに低下するものが多く，図中の BGO のように，室温付近でも大きく変化するものもある．また，常温から 80 ℃程度（ナトリウム活性化ヨウ化セシウムの場合[79]）の範囲でピークを示すものもある．

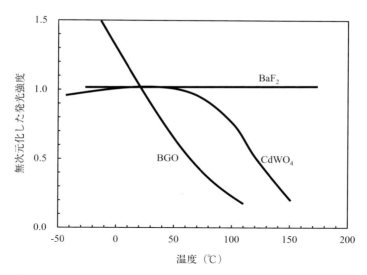

図 4.102 タングステン酸カドミウム (CdWO$_4$), ゲルマン酸ビスマス (BGO), およびフッ化バリウム (BaF$_2$) (いずれも表 4.14 に掲載) シンチレーターが放射する可視光の発光強度を無次元化したものの温度依存性[80]

(d) 屈折率

屈折率は，シンチレーター材料とグラスファイバーなどを介した検出器との接続で，それらの間のミスマッチを考慮するときに必要な材料特性である．例えば，後述のようにファイバーのコア材の屈折率 n_2 を 1.8 程度とする場合，接合面での損失を防ぐために，シンチレーターの屈折率も，なるべく 1.8 に近い方が望ましい．

(e) 立ち上がり時間と減衰時間

減衰時間 τ_d は，発光強度の減衰に必要な時間を示し，高速イメージングなどの場合に重要となる．これは，電子が励起状態から基底状態に戻るのに必要な時間である．一般に，減衰時間は，以下の法則に従い，$\tau_d \sim \lambda^2$ の関係があることが知られている[80]．

$$\tau_d = \frac{cm\lambda^2}{8\pi e^2 f n_{\mathrm{scin}}} \left(\frac{3}{n_{\mathrm{scin}}^2 + 2} \right)^2 \tag{4-57}$$

ここで，c は光速，m は電子の質量，λ は波長，n_{scin} はシンチレーター材料の屈折率，f は遷移の振動子強度である．つまり，紫外線や紫色の可視光を発するシンチレーターは，高速イメージングに向いていることになる．また，シンチレーターの発光強度 $I(t)$ は，以下に示すように，指数関数に従う減衰を示すことが知られている．

$$I(t) = I_0 e^{(-t/\tau_d)} \tag{4-58}$$

ここで，I_0 は，時間 $t = 0$ での $I(t)$ である．例えば，表 4.14 よりヨウ化セシウムの減衰時間は 1100 ns 程度であるが，立ち上がり時間 (Rise time) は 20 ns 程度と 2 桁程度小さい．そのため，実用的には，減衰時間の方がより大きな問題となる．また，活性化物質の濃度が増加すると，立ち上がり時間が減少することも知られている[79]．表 4.14 に示すように，タリウムをドープするシンチレーターは，光子収率は高いものの，長い減衰時間を呈する．一方，セリウムをドープしたものは，比較的短い減衰時間を示す．

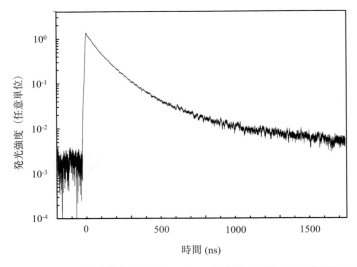

図 4.103　GAGG (Ce) の減衰特性（古河シンチテック（株）佐藤浩樹氏の御厚意による）

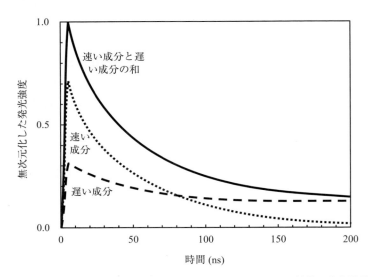

図 4.104　発光の減衰が速い成分と遅い成分の 2 つからなるシンチレーター材料の発光挙動を示す模式図

実際の減衰挙動のデータを GAGG (Ce)（ガドリニウムアルミニウムガリウムガーネット：Gadolinium aluminum gallium garnet, $Gd_3Al_2Ga_3O_{12}$）を例に取り，図 4.103 に示しておく。

ところで，一般に一つのシンチレーター材料にも多くの準安定状態があり，表 4.14 のデータなど，報告されている減衰時間は，それらが積算されたものになっている。実際に，多くの無機材料のシンチレーターは，減衰の速い成分と遅い成分の 2 つの和になっているものが多い。そのような減衰挙動を図 4.104 に模式的に示しておく。その場合の減衰挙動を考えるには，次式のように，式 (4-58) をそれぞれの強度の比に応じて加算すればよい。

$$I(t) = I_0^f e^{(-t/\tau_d^f)} + I_0^s e^{(-t/\tau_d^s)} \tag{4-59}$$

ここで，上付きの f と s は，それぞれ速い成分と遅い成分を示す．例えば，フッ化バリウムは，表 4.14 に示す 630 ns 遅い成分の他に，0.8 ns の速い成分を，またタリウム活性化ヨウ化セシウムも，3.34 ns 程度の速い成分をもつことが知られている[79]．

(f) 残光

残光 (Afterglow) と呼ばれる現象は，トラップから電子が熱的に解放されることに起因する蓄光現象で，時として数 ms 以上にも及ぶ．トラップの起源は結晶の欠陥や不純物であり，残光の程度は，同じ物質でも物質の作製プロセスや熱処理によって大きく異なる．また，不純物元素濃度にも依存する．残光の程度は物質によっても大きく異なり，例えばタリウム活性化ヨウ化ナトリウムでは 6 ms 経過後に最大 5 % にも達するのに対し，BGO のように 0.005 % 程度（3 ms 経過後）に留まるものもある[79]．

減衰と残光は，いずれもイメージングのタイムラグとなるため，高フレームレートを実現しようとするときには，障害となる場合がある．また，残光は，検出器のダイナミックレンジを下げることに繋がり，X 線トモグラフィーでは重要な特性と言える．

(g) その他

表にはないが，シンチレーター材料が粒状，バルク結晶，ないしは薄膜かなど，どのような形態で利用できるかも重要である．例えば，GOS などは，粉末にバインダーを添加して固めたネットワーク状の薄膜で，厚みが 5 〜 100 μm 程度に成形される．この場合の充填率は，1 よりかなり低いことになる．その他のものは，結晶ないし薄膜で用いられる．マイクロトモグラフィーの場合は，空間分解能を悪化させないために原則的に薄膜で利用されることになり，必要な空間分解能に応じた膜厚で用いる必要がある．薄膜の作製には，パルスレーザー堆積法，スパッタリング法，液相エピタキシャル法，ゾルゲル法，切断・研磨による方法などがある．また，4.4.2 節 (5) で紹介したヨウ化セシウムのように，柱状結晶を形成することで空間分解能を向上させることができるものもある．

ところで，薄膜が基板の上に形成されている場合，X 線の長時間の照射により局部的な剥離が生じ，画像に目に見える程度のむらを生じさせることがある．このようなシンチレーターの損傷のしやすさも，実用上は問題となる．この他，ヨウ化ナトリウムやヨウ化リチウム (Lithium iodide, LiI)，ヨウ化セシウム，ランタンブロマイド (Lanthanum bromide, LaBr$_3$) などの物質は，吸湿性・潮解性がある．そのため，図 4.105 に示すように，ケースに入れて大気から遮断した状態で市販されている．

(3) 各種シンチレーター材料の特徴

(a) タリウム活性化ヨウ化ナトリウム

タリウム活性化ヨウ化ナトリウムが高い光子収率を示すシンチレーター材料であることは，後に線形加速器による高エネルギー電子散乱の研究などでノーベル物理学賞を受けたアメリカのホフスタッターによって 1948 年に発見された．ヨウ化ナトリウムは，塩化ナトリウム型の結晶構造をもつイオン結晶で，{100} 面がへき開 (Cleavage) 面となる脆性破壊を呈する．表 4.14 に示すように，現在では，光子収率の面で，より優れたシンチレーター材料が多く見つかり実用化されている．しかし，ブリッジマン－ストックバーガー法により大型結晶が安価に製造できることもあり，ヨウ化ナトリウムは，現在でもガンマカメラ用などとして用いられている．表 4.14 に示した 230 ns の減衰時間の他に，150 ms 程度の遅い成分が全光子収率の 9 % 程度の割合で含まれる[76]．活性化材を含まないヨウ化ナトリウムは，減衰時間が

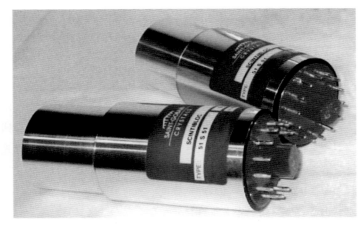

図 4.105 市販の無機シンチレーターの例。サンゴバン社製ランタンブロマイド・シンチレーター（セイコー・イージーアンドジー（株）の御厚意による）

100 ns 程度と短いものの，光子収率は低い。しかし，これを液体窒素温度程度に冷却すると，常温でのタリウム活性化材と同程度の光子収率になることが知られている[76]。

(b) タリウムないしナトリウム活性化ヨウ化セシウム

セシウムのイオン半径はナトリウムなどより大きく，ヨウ素イオンが立方体の角に，セシウムイオンが立方体の中心にそれぞれ配置される立方晶系の結晶構造をとる。この構造にはへき開面がないとされ，ある程度の柔軟性を備えている。また，ヨウ化ナトリウムよりも潮解性が弱いなど，取り扱いも容易である。ヨウ化ナトリウムとヨウ化セシウムは，いずれも 10 keV 程度以下の X 線エネルギーで光子収率が低下する。特に，ヨウ化セシウムの場合は，急速に減少する[76]。減衰時間に関しては，タリウム，ナトリウム，いずれをドープした場合も長いという特徴がある。一方，活性化材なしの場合，光子収率は 1/10 ないしそれ以下に落ちるものの，減衰時間は 10 ns 程度と，数十分の一に短縮される。

ヨウ化セシウムは，アルミニウムやアモルファスカーボンを基板とし，その上に蒸着することにより，4.4.2 節 (5) で紹介した柱状結晶を形成することができる。そのため，フラットパネルディテクターで多用されている。その他の特徴は，4.4.2 節 (5) などを参照されたい。

(c) ユウロピウム活性化ヨウ化リチウム

ユウロピウム活性化ヨウ化リチウムには，^{6}Li と ^{7}Li の 2 つの同位体がある。^{6}Li の存在比は 7.5 % であるが，^{6}Li と熱中性子の反応が生じることから，ユウロピウム活性化ヨウ化リチウムは，むしろ熱中性子の検出用として重要である。

(d) ユウロピウム活性化フッ化カルシウムおよびフッ化バリウム

ユウロピウム活性化フッ化カルシウム (Calcium fluoride, CaF_2) は，天然にも蛍石として産出される。加熱による発光や燐光を発するなどの性質をもつ。結晶構造は，カルシウムイオンが作る面心立方格子の正四面体空隙にフッ化物イオンが入る蛍石型の立方晶である。フッ化カルシウムでは，ユウロピウムをドープしたものがシンチレーター材料として用いられる。フッ化カルシウムは実効原子番号が小さいため，阻止能が低く，減衰時間もかなり長い。また，{111} 面をへき開面にもち，脆性破壊しやすい性質

をもつ。このような性質のため，その利用範囲は広くはない[76]。一方で，潮解性がなく蒸気圧も低いため，真空下など，特殊な環境でも用いることができるという特徴もある。

フッ化バリウムに関しては，1980 年代頃に数報の論文が出ている。フッ化カルシウムと同じ蛍石型構造をもち，へき開面も同じである。ブリッジマン－ストックバーガー法などで作製される。この物質は，活性化材なしでシンチレーターとして用いられる他，高出力赤外レーザー用光学材料などとして利用される。また，潮解性があることも知られている。シンチレーターとしては，表 4.14 に示す減衰の遅い成分の他，0.6 ns 程度の減衰の非常に速い成分を強度にして 2 割程度，紫外線の波長域にもつという特徴がある[76],[82]。前者は，自己束縛励起子による発光で，後者はオージェフリー発光である。この減衰の速い成分と大きな実効原子番号を活用するためには，減衰の遅い成分の存在が妨げとなる。フッ化バリウムを 200 ℃ 程度まで加熱すると，減衰の遅い成分のピーク強度が 1/10 以下にまで減少するのに対し，減衰の速い成分は温度に依存せず，ほぼ一定である。そこで，この性質を活かした利用も報告されている。

(e) セリウム活性化ランタンブロマイド

ランタノイドを用いた結晶のうち，バルク状態で透明でかつ発光できる元素は，ランタン，ガドリニウム，ルテチウムだけである。ランタンブロマイドは，2002 年にオランダのローフによって報告された[83]。GGG（ガリウムガドリニウムガーネット：Gadolinium gallium garnet, $Gd_3Ga_5O_{12}$）や LSO（ルテチウムシリコンオキサイド：Lutetium oxyorthosilicate, Lu_2SiO_5）などと並んで，1990 年代から 2000 年前後にかけて開発された新しいシンチレーター材料の一つである[84]。ランタンブロマイドは，UCl_3 型と呼ばれる六方晶系の結晶構造をもつ。高い光子収率と短い減衰時間，およびある程度の阻止能を兼ね備えており，高速応答を得意とする優れたシンチレーター材料と言える。また，温度によらず，光子収率がほぼ一定に保たれるというメリットもある。

同じハライド系結晶であるセリウム活性化塩化ランタン ($LaCl_3(Ce)$) も，ランタンブロマイドと同じ型の結晶構造をもち，同様の短発光寿命，高密度，高光子収率という特徴をもつシンチレーター材料である。

この物質にへき開面はないが，ヨウ化ナトリウムなどよりさらに強い潮解性を示すので[76]，アルミニウムなどのケースに封入して用いる必要がある。また，六方晶の異方性により，昇温・冷却時に熱応力を生じて破壊することがある。ランタンを含む化合物では，自然界に 0.09 % 含まれる ^{138}La から，789 keV と 1436 keV の γ 線が放出されるので，注意が必要である[84]。また，ランタンを精製しても取り除けない ^{227}Ac から出た α 線が 1850 keV ～ 3000 keV の間に連続スペクトルを形成する[84]。バリウムの K_α 線が 32.062 keV にあることも，使用上注意を要する点である。

(f) BGO

これ以降のシンチレーター材料は，すべて酸化物である。吸湿性や強度・靱性などの面で，上述のヨウ化物などより，概ね安定している。BGO は，1973 年にウィバー等により開発されたもので，活性化剤を添加することなく，それ自身のビスマスイオン (Bi^{3+}) のエネルギー遷移によりシンチレーターとして機能する。表 4.14 の中でも，実効原子番号が最も高く，優れた阻止能を示す。また，残光も少ない。ただし，光子収率が表 4.14 の中では最も低く，屈折率もかなり高い。その他，平滑な表面を得られにくく[76]，減衰時間が長いといった欠点もある。図 4.101 で見たように，発光強度の温度依存性が大きく，

高温では，光子収率がさらに低下する。一方で，液体窒素温度程度まで冷却すると，シンチレーターとして有効に機能する[76]。したがって，高エネルギーX線やγ線に特化した用途に限定される。チョクラルスキー法 (Czochralski method) により製造され，その後，切断・研磨が施される。

(g) セリウム活性化ペロブスカイト型アルミニウム複合酸化物 (ReAlO$_3$)

YAP（イットリウムアルミニウムペロブスカイト：Yttrium aluminum perovskite, YAlO$_3$）やLuAP（ルテチウムアルミニウムペロブスカイト：Lutetium aluminum perovskite, LuAlO$_3$）がこのグループに属する。これらは，チタン酸バリウム (BaTiO$_3$) と同様のペロブスカイト構造をもつ。直方晶の単位格子の各頂点に一種の金属原子が，そして単位格子の体心にもう一種の金属原子がそれぞれ位置し，酸素が立方晶の各面心に配位する。

ところで，工業用レーザーに最も多く用いられているのは，ネオジムをドープしたYAG (Nd) であるが，YAP (Nd) も同様の用途に用いられる。シンチレーター材料としてのYAP (Ce) は，YAG (Ce) よりも減衰時間が短く，発光ピーク波長が短いという特色をもつ。イットリウムをルテチウムに置換したLuAP (Ce) は，実効原子番号が約2倍と大きいため，阻止能に優れている。この材料は，1995年にモーゼス等によって初めて報告されている。YAP (Ce) と比較してさらに減衰時間が短く，表4.14に示した減衰時間17 nsの速い成分が全発光強度の80%を占めるという特色がある[76]。ただし，ルテチウムには，自然界に97.41%存在する安定な^{175}Luの他，放射性同位体である半減期3.8×10^{10}年の^{176}Luが2.59%存在することには注意が必要である。また，結晶の成長プロセスを安定化させるため，ルテチウムの一部をイットリウムに置換した$Lu_xY_{1-x}AlO_3$も報告されている。ただし，この置換により，発生光がシンチレーター材料内部で吸収されるようになるという問題点が指摘されている[76]。

(h) ガーネット型アルミニウム複合酸化物（$Re_3(Al, Ga)_5O_{12}$，$Re_3Al_2Ga_3O_{12}$）

YAGやLuAG（ルテチウムアルミニウムガーネット：Lutetium aluminum garnet, $Lu_3Al_5O_{12}$），GGG，GAGGがこのグループに属する。

YAG (Ce) は，1967年にブラッセ等により報告され，これまで多用されてきたシンチレーター材料の一つである。ガーネット構造は，$A_3B'_2B''_3O_{12}$の単位格子が8個含まれる立方晶系単位格子をもち，イオンAは12面体配位，イオンB$'$は8面体配位，イオンB$''$は4面体配位である。YAGの場合，AサイトにイットリウムイオンB$'$およびB$''$サイトにアルミニウムイオンが入る。LuAGでは，イットリウムの代わりにルテチウムが入る。このため，放射性同位体に注意が必要なことは，上述のとおりである。また，GGGでは，YAGのイットリウムとアルミニウムの代わりに，それぞれガドリニウムとガリウムが入る。さらに，GAGGでは，GGGのイオンB$'$として，アルミニウムが入る。

表4.14からわかるように，ガーネット型アルミニウム複合酸化物は，発光ピーク波長がかなり長く，屈折率が比較的小さいという特色をもつ。図4.61や図4.80に示したCCDカメラの分光感度特性のように，検出器によっては，600 nm程度かそれ以上に量子効率のピークをもつものも多い。そのような場合には，ガーネット型アルミニウム複合酸化物は有利と言える。図4.107には，例としてGAGG (Ce) の発光スペクトルを示す。YAGは，直径1 μm程度までの粉末状でも用いられ，その場合にはP46と呼ばれる。後述のP43と比べ，減衰時間が短く，発光ピーク波長も長いという特徴がある。また，セリウムの代わりにプラセオジム (Pr) をドープしたものは，発光波長がさらに短くなる。式 (4-57) よりわかるよう

(a) チョクラルスキー法で作製したGAGG (Ce) インゴット

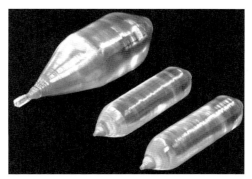
(b) チョクラルスキー法で作製したLuAG (Pr) インゴット

(c) インゴットから切り出したGAGG (Ce) シンチレーター

図 4.106 市販の無機シンチレーターの例。古河シンチテック（株）製 GAGG (Ce) および LuAG (Pr)（古河シンチテック（株）佐藤浩樹氏の御厚意による）

に，プラセオジムのドープにより減衰時間はかなり短くなり，さらに高速用途に適したシンチレーター材料となる。表 4.14 には，この例として LuAG (Pr) を載せている。阻止能の観点では，YAG (Ce) より LuAG の方が優れており，また GGG (Eu) や GAGG (Ce) は，高エネルギーになるほどその優位性が高まる。一方，光子収率では，YAG (Ce) や LuAG (Ce)，LuAG (Pr) は，表 4.14 でも平均的なレベルにある。また，GGG (Eu) や GAGG (Ce) は，その数倍の値を取り，かなり良好と言える。

GGG (Eu) の特徴は，YAG (Ce) などと比べて短残光で，検出器のダイナミックレンジで 16 〜 17 bit と，YAG (Ce) の場合の 10 bit 程度と比べてかなり広くできる点である[85]。ただし，減衰時間が非常に長いという欠点もある。一般に，セリウムをドープしたものは，ユウロピウムをドープしたものより減衰時間が短く，投影数が多く短時間露光が必要になるマイクロトモグラフィーに向いている。

バルクのシンチレーターが必要な場合，図 4.106 に示すように，チョクラルスキー法などで単結晶を得てから，切断，研磨する方法で作製される。一方，LuAG (Ce) では，0.07 % のセリウムをドープした厚み 2.9 μm の LuAG (Ce) フィルムを 150 μm 厚の YAG 基板上に付けた例が報告されている[86]。GGG (Eu) の場合，3 % 程度のユウロピウムが必要で，厚み 2 μm フィルムを 170 μm 厚の活性化剤なしの GGG 基板上に成膜した例が報告されている[86]。GGAG (Ce) の場合も同様で，いずれも液相エピタキシャル法で単結晶フィルムを作製したものである[86]。薄膜の場合，このように，透明な基板上に必要な空間分解能や

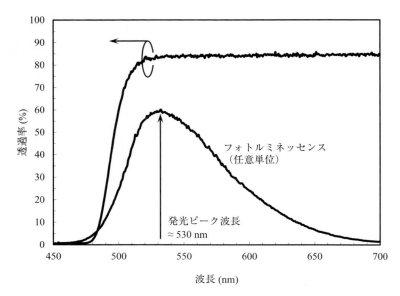

図 4.107 GAGG (Ce)（5 mm 厚）の透過率および励起波長 440 nm の時の発光スペクトル（古河シンチテック（株）佐藤浩樹氏の御厚意による）

用いる X 線エネルギーに応じて 1 〜 25 μm 程度の膜厚のシンチレーター材料が形成されることが多い。基板とシンチレーター材料の格子定数のミスマッチが 1 ％程度以内と小さいことは，品質の良いシンチレーター層の形成にとって重要である。

(i) 希土類ケイ酸塩（Re_2SiO_5）

LSO や GSO（ガドリニウムシリコンオキサイド：Gadolinium oxyorthosilicate, Lu_2SiO_5），YSO（イットリウムシリコンオキサイド：Yttrium oxyorthosilicate, Lu_2SiO_5）がこれに相当する。また，$Re^1_x Re^2_{(2-x)} SiO_5$ タイプの LGSO，LYSO も，この種類に属する。GSO (Ce) 結晶は，Ce 濃度が高い場合には淡黄色を呈する。日立化成の高木と深沢は，1983 年にジルコニウムの微量添加により，GSO (Ce) がシンチレーターとして利用できることを示した[87]。その後，シュルンベルジェ社のメルチャーは，1992 年にガドリニウムをルテチウムに置き換えた LSO (Ce) シンチレーターを報告している[88]。いずれの材料も，ガーネット型アルミニウム複合酸化物よりも 100 nm 程度短い発光ピーク波長と優れた阻止能を有する。

Re_2SiO_5 タイプの希土類ケイ酸塩に含まれる Si は，sp3 混成軌道のため 4 配位となり，SiO_4 正四面体をモノマーとする。このため，希土類ケイ酸塩は，ルテチウムやガドリニウム原子を SiO_4 四面体が取り囲む構造をとる。GSO と LSO は，化学式は Re_2SiO_5 で共通だが，結晶構造と性質は異なる。GSO は，空間群 P2 1/C の単斜晶に属し，(100) 面をへき開面とする。[010] 軸の熱膨張係数が他方向の数倍大きいため，製造時にへき開を呈する脆性破壊が発生する場合がある。一方，LSO は，空間群 C2/c の単斜晶であり，へき開面はもたない。

GSO (Ce) の場合，光子収率はセリウムが 0.5 at ％ のときに最大となり，1.5 at ％ 程度まで増加させると結晶が着色する。一方で，減衰時間はセリウム濃度が高くなると減少する。また，10 〜 20 ns と立ち上がり時間が長く，60 ns と減衰時間は比較的短いという特徴をもつ。その作製は，チョクラルスキー法，

ないしブリッジマン－ストックバーガー法による。

一方，LSO (Ce) は，GSO より短い減衰時間と良好な光子収率を併せ持つ。ただし，ルテチウムに含まれる ^{176}Lu は，LSO の 1 cm^3 当たり，240 cps のバックグラウンドノイズを発生させる[88]。また，素材として用いる Lu$_2$O$_3$ に起因する他の放射性同位体によるバックグラウンドも存在する[76]。また，LSO には，数秒にも及ぶ残光があることが報告されている。LSO の作製は，チョクラルスキー法による。LSO の他，作製が容易でコストも低い YSO の長所を活かし，ルテチウムを部分的にイットリウムに置換した LYSO も開発されている[76]。この場合，イットリウムの含有率は，5 ～ 70 % の範囲で自由に制御できる。LYSO の発光ピーク波長や減衰時間は LSO と大差ないが，ルテチウムとイットリウムの大きな原子番号の差により，阻止能の大きな低下は避けられない。一方，希土類元素の複合添加により，セリウムの分散状態が改善され，光子収率は向上するとの報告がある[89]。

(j) テルビウム活性化 GOS

GOS の結晶構造は，三方対称性をもつ。ガドリニウムイオンの周りに 3 つの硫黄イオンと 4 つの酸素イオンが結合し，内包された 2 個のガドリニウムイオンが単位格子を形成する構造をもつ。

テルビウム活性化 GOS は，3 価の希土類イオンである Tb^{3+} による 4f - 4f 遷移に伴う発光を利用したシンチレーターで，光子収率が非常に高く，減衰時間が長いという特徴をもつ。また，88 % の酸化ガドリニウムと 12 % の硫黄との間の化学反応などで作製できるため，比較的安価である。3 価の希土類イオン Pr^{3+} を作るプロチウム，ないしプロチウムにセリウムやフッ素を添加したものを活性化剤として用いることもある。セリウムやフッ素の添加には，光子収率と引き換えに残光を低減する狙いがある。粉末で用いられるために充填率が限られることや半透明であることを差し引いても，発光効率の面で有利である。テルビウムを活性化剤とする場合には，波長 545 nm に緑色の発光ピークを示す。厚い膜で用いられることや，粉末・多結晶で用いられるために粒子径・結晶粒径の問題があり，空間分解能には制約が大きい。

(k) タングステン酸カドミウム

タングステン酸カドミウムは，2 価の遷移金属 M と 6 価のタングステンを含むウルフラマイトと呼ばれる化合物 MWO$_4$ の一種で，単斜晶である。カドミウムとタングステンの原子は，酸素原子が作る非常に歪んだ 8 面体の中心に位置する。W - O 間の結合には，4 本の短い結合と 2 本の長い結合がある。この長く弱い結合は，特に単結晶材料で，(010) 面をへき開面とする脆性破壊をもたらす。タングステン酸カドミウムは，主におおよそ 50 ～ 60 μm 厚の薄膜として用いられている。より薄いシンチレーターを用いる場合には，ゾルゲルプロセスが適用されている。

タングステン酸カドミウムは，上述のように，電荷移動による発光を呈する。シンチレーター材料としてのタングステン酸カドミウムは，減衰時間も短く，残光も問題にならず，阻止能も比較的良好である。

4.4.4 カメラとシンチレーターとのカップリング

カメラをシンチレーターなどと組み合わせる場合，可視光を効率良く導いたり，像を拡大したり縮小したりするため，複数の光学レンズの組み合わせやグラスファイバーなどが用いられる。前者には，顕微鏡用の対物レンズなども用いられる。以下では，主にグラスファイバーの束を用いた光学素子（図

図 4.108 市販のファイバーオプティックプレートおよびファイバーオプティックテーパーの例。(写真提供：エドモンド・オプティクス・ジャパン(株))

4.110) について説明する。

　グラスファイバーを用いた光学素子のうち，図 4.108 左側の板状のものは，ファイバーオプティックプレート (Fiber optic plate: FOP)，図 4.108 右側のテーパー型のものは，ファイバーオプティックテーパー (Fiber optic taper: FOT) と呼ばれる。ファイバーオプティックプレートの素材は，コアとなる高屈折率のグラスファイバーを低屈折率の被覆ガラスの管に挿入し，コアとなるグラスファイバー同士の間隙を吸収体ガラスのファイバーで埋め尽くしたものである。この束を 500 〜 700 ℃ に加熱して引き伸ばす作業を繰り返す。得られた細いグラスファイバーの塊を切断，加工，研磨することで，ファイバーオプティックプレートが製造される。ファイバーオプティックテーパーの場合には，円筒状のビレットの両端を把持し，中央部を加熱しながら引っ張る。中央部のくびれ具合が所望する倍率に相当する段階で引張を止め，中央で切断することでファイバーオプティックテーパーが 2 個取りできる。ファイバーオプティックプレートでは，入射面と出射面の間で，像を倍率 1 倍で伝達する。最終製品中のファイバーの直径は 6 〜 25 µm 程度で，必要とする空間分解能に応じて選択される。一方，ファイバーオプティックテーパーは，大径側と小径側の直径の比に相当する倍率に像を拡大ないし縮小することができる。一般に，端面の直径は，CCD カメラや CMOS カメラなどのセンサーのサイズにマッチするようになっている。

　図 4.109 は，1 本のファイバーへの可視光の入射を模式的に描いたものである。ファイバーの軸に対して大きな角度 θ_1 で入射した光（図中，点線の矢印）は，コアガラスから被覆ガラスに入り，さらに吸収体ガラスに入って吸収される。そのため，隣接するファイバーに影響してクロストークを生じることはない。角度 θ_c で入射した光（図中，破線の矢印）は，コアガラスに入った後，コアガラスと被覆ガラスとの界面に沿って伝播する。θ_c は臨界角であり，θ_c より小さな角度 θ_2 で入射した光（図中，実線の矢印）は，コアガラス内面で全反射を多数回繰り返しながらファイバー内を伝播し，もう一方の端部へと導かれる。つまり，図 4.110 の円錐の内側で受光すれば，その光は，ファイバーによって効率的に伝達されることになる。この臨界角は，$n_1 \sim n_3$ をそれぞれ外部環境，ファイバーのコアおよび被覆材の屈折率として，以下のように表される。

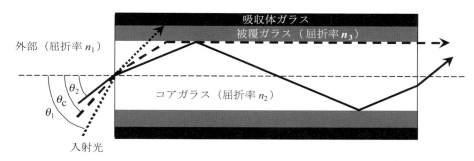

図 4.109 ファイバーオプティックプレートのファイバーへ可視光が入射するときの光伝播挙動の模式図

図 4.110 ファイバーオプティックプレートのファイバーへ可視光が入射するときに，ファイバー内面で全反射が生じるための入射光の範囲を示す円錐状の領域の模式図

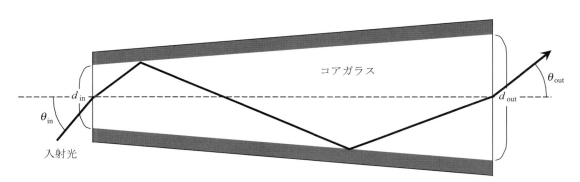

図 4.111 ファイバーオプティックテーパーのファイバーへ可視光が入射するときの光伝播挙動の模式図

$$NA = \sqrt{n_2^2 - n_3^2} = n_1 \sin\theta_c \tag{4-60}$$

ここで，NA は開口数 (Numerical aperture) である。開口数は，コア材と被覆材の屈折率の違いに依存することがわかる。ちなみに，市販のファイバーオプティックプレートの開口数は，0.35 〜 1.0 程度の値となっている。

一方，ファイバーオプティックテーパーは，図 4.111 のようになる。図 4.111 の場合には，小径側から入射し，大径側から外に出ることで像が拡大される。入射角と出射角をそれぞれ θ_{in} と θ_{out}，入射側と出射側の直径をそれぞれ d_{in}, d_{out} とすると，以下の関係式が成立する。

$$d_{\text{in}} \sin \theta_{\text{in}} = d_{\text{out}} \sin \theta_{\text{out}} \tag{4-61}$$

つまり，出射側では，ビームは絞られることになる．逆に，大径側から入射すると，ビームは入射時と比べて拡がって出て行くことになる．

ところで，産業用X線CTスキャナーなどで，シンチレーターのサイズがCCDやsCMOSなどの検出器のセンサーサイズより大きな場合，画像をファイバーオプティックテーパーにより縮小する必要がある．一方，シンクロトロン放射光を用いたX線マイクロトモグラフィーの場合，逆に拡大する必要も出てくる．前者の場合を想定し，光学レンズを用いる場合とファイバーオプティックテーパーを用いる場合で，効率を検討する．まず，光学レンズを用いる場合のカップリングの効率 η_{OL} は，粉末のシンチレーターを用いた場合（ランバート光源を想定），以下のようになる[91]．

$$\eta_{\text{OL}} = \frac{T_{\text{L}}}{1 + 4f^2(1+m)^2} \tag{4-62}$$

ここで，T_{L} はレンズの透過率，f は f 値でレンズの焦点距離を有効直径で割ったもの，m は縮小比である．一般に，T_{L} は，波長545 nmで0.7〜0.8となる．f 値は，1.2程度のレンズが使われる．また，m は，1〜10程度である[91]．一方，ファイバーオプティックテーパーの透過効率 η_{FOT} は，同じくランバート光源に対して，以下のようになる[91]．

$$\eta_{\text{FOT}} = \left(\frac{1}{m}\right)^2 \left(\frac{(n_2^2 - n_3^2)^{1/2}}{n_1}\right)^2 T_{\text{F}}(1 - L_{\text{R}})F_c \tag{4-63}$$

ここで，T_{F} はファイバーのコアの透過率，L_{R} はフレネル回折による表面での損失，F_c はファイバーコアの開口率である．T_{F} は，ファイバーのコア材の透過率 μ_{F} とファイバーの長さ l_{F} から，以下のように与えられる．

$$T_{\text{F}} = e^{-\mu_{\text{F}} l_{\text{F}}} \tag{4-64}$$

一般に，T_{F} は0.8程度，L_{R} はかなり小さな値をとり，F_c は0.85程度である[91]．ここで，$L_{\text{R}} = 0$，$n_1 = 1.0$（空気中），$n_2 = 1.8$，$n_3 = 1.5$ と仮定し，η_{OL} と η_{FOT} を比較したものが図4.112である．この場合の開口数は，約1となる．縮小比が2（拡大倍率0.5倍）の場合，ファイバーオプティックテーパーの透過効率が16.8 %であるのに対し，光学レンズの場合には1.4 %になる．ファイバーオプティックテーパーの方が12倍程度，効率が高い．また，透過効率を考えると，縮小比3程度以下がファイバーオプティックテーパーの実用範囲と言える．このように，ファイバーオプティックテーパーを用いることで，画素当たりの光子数を増加させ，検出器系の感度を向上させることができる．逆に，シンクロトロン放射光を用いたX線マイクロトモグラフィーなどでカップリングにより画像を拡大する必要がある場合，光学レンズでもカップリングの効率は0.2近くに達し，実用的なレベルとなる．

ただし，ファイバーオプティックテーパーやファイバーオプティックプレートを用いる場合，検出器への装着には，かなりの精度が必要になる[85]．CCDカメラなどは冷却して用いられることも多く，常温と使用温度の間のサーマルサイクルに耐えるような接着が必要になる．また，製造プロセスに起因する点状，ないし線状の欠陥（低感度の領域：Spot blemish, line blemish）や画像の歪みなども注意すべき短所である．

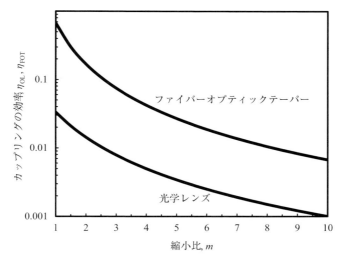

図 4.112 光学レンズを用いる場合とファイバーオプティックテーパーを用いる場合のカップリングの効率の比較

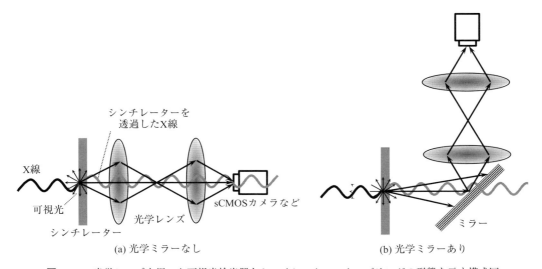

図 4.113 光学レンズを用いた可視光検出器とシンチレーターのカップリングの形態を示す模式図

ところで，光学レンズを用いる場合には，シンチレーターを透過した X 線によるガラスの劣化が問題となる．例えば，アクタガワは，エネルギー 1.24 keV の軟 X 線を数時間照射することで，ガラスの表面層が茶色に変色することを報告している[90]．また，X 線エネルギーが 65 keV の場合，70 sec 程度の照射でレンズに顕著な照射損傷が現れるとの報告もある[85]．ガラスの着色は，紫外線照射などにより，ある程度までは消去可能とされている[73]．光学ガラスの損傷・劣化対策としては，図 4.113 のように，可視光用ミラーを用いることで可視光と X 線のパスを分け，X 線が光学レンズを通らないようにするのが有効である．これは，X 線は光学レンズで反射されることなく，単に透過することを利用したものである．この対策は，シンクロトロン放射光施設で広く採用されている．また，ESRF では，図 4.114 に示すように，凸ミラーと凹ミラーとを組み合わせた対策も報告されている[85]．これは，X 線がほぼ直進するのに

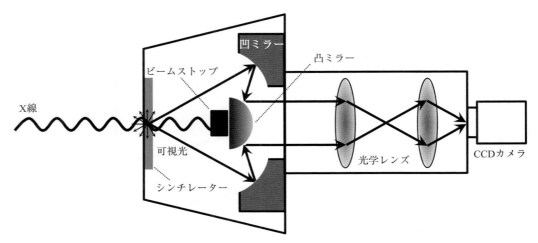

図 4.114 ESRF で開発された反射光学系を用いた検出器システムの模式図[85]

対し，シンチレーターにより発生する可視光は拡がりをもつことを利用したものである．図 4.113 および図 4.114 に示した対策は，シンチレーターを透過した X 線の照射によって可視光用のカメラが損傷・劣化するのを防止するのにも有効である．

4.4.5 フォトンカウンティング計測

　フォトンカウンティング (Photon counting) 型（ないしは単にカウンティング型とも呼ばれる）の X 線 CT スキャナーと通常の X 線 CT スキャナーで異なる点は，基本的にフォトンカウンティング検出器 (Photon counting detector: PCD) を用いるかどうかである．これまで 4.4 節で解説してきた検出器は，いわゆるエネルギー積分型検出器（Energy integrating detector：単に積分型とも呼ばれる）である．エネルギー積分型の検出器では，入射 X 線がいったん可視光に変換され，これが光電荷へと変換される．光電荷の量は，図 4.115 (a) に示すように，露光時間分だけ積算され，その積分値を X 線強度として計測する．この場合，特にノイズが多いときにはノイズの影響が強く出る可能性がある．一方，フォトンカウンティング検出器では，図 4.115 (b) に示すように，入射 X 線が発生させる光電子の一つ一つをカウントすることになる．フォトンカウンティング検出器による計測では，入射 X 線のエネルギーには左右されず，X 線の光子の数に比例した画像を得られることになる．また，原理的にはダイナミックレンジの限界がなく，計測した光子数に従って広いダイナミックレンジが得られる．図 4.116 は，低照度の場合に得られる画像の比較である．図中の線量が充分なとき（一番右の列）でもフォトンカウンティング検出器の方がきれいな画像が得られている．フォトンカウンティングの場合には，線量がさらに 1/800 になっても変わらず良好な画像が得られているのに対し，エネルギー積分型検出器の場合には，もはや画像にならないほどノイズの影響が大きくなる．さらに，フォトンカウンティング検出器は，画素サイズを小さくしても良好な画像が得られることから，高空間分解能化にも結び付く．

　このように，フォトンカウンティング検出器による計測では，ノイズやアーティファクトの抑制や高コントラスト化，高空間分解能化が可能なばかりか，X 線光子のエネルギーの計測や元素濃度マッピングなど，X 線トモグラフィーへの様々な機能性付与も可能になる．この技術は，今後，医療用 X 線 CT

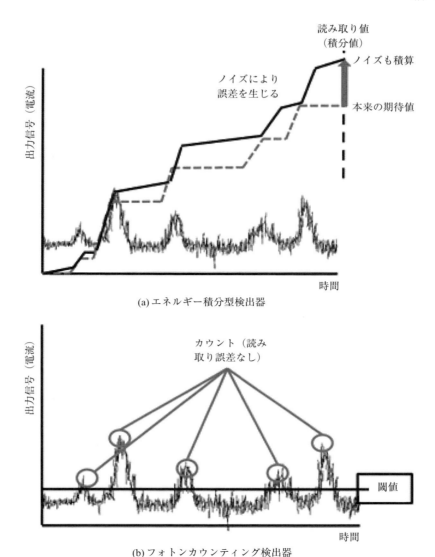

図 4.115 エネルギー積分型検出器とフォトンカウンティング検出器における検出器出力信号（(株) ANSeeN 小池昭史氏の御厚意による）

スキャナーだけではなく，産業用 X 線 CT スキャナーでも重要な技術と位置づけられる[92]。

(1) 構造

図 4.117 には，フォトンカウンティング検出器の構造を模式的に示した。基本的には，テルル化カドミウム (Cadmium telluride, CdTe) など，X 線を直接，光電荷に変換できる半導体をセンサーとし，それにフォトンカウンティング用の信号処理回路を付けたものとなる。X 線の入射により電子・正孔対が励起される。センサーには数百 V 程度のバイアス電圧が印加されており，光電荷は正の電圧のかかった電極に捕捉される。高電圧の印加は，センサー内部での電子・正孔の再結合を防止することにより，計測の精度の担保につながる。半導体は物理的に分割する必要はなく，小さめの電極を用いることで，検出器

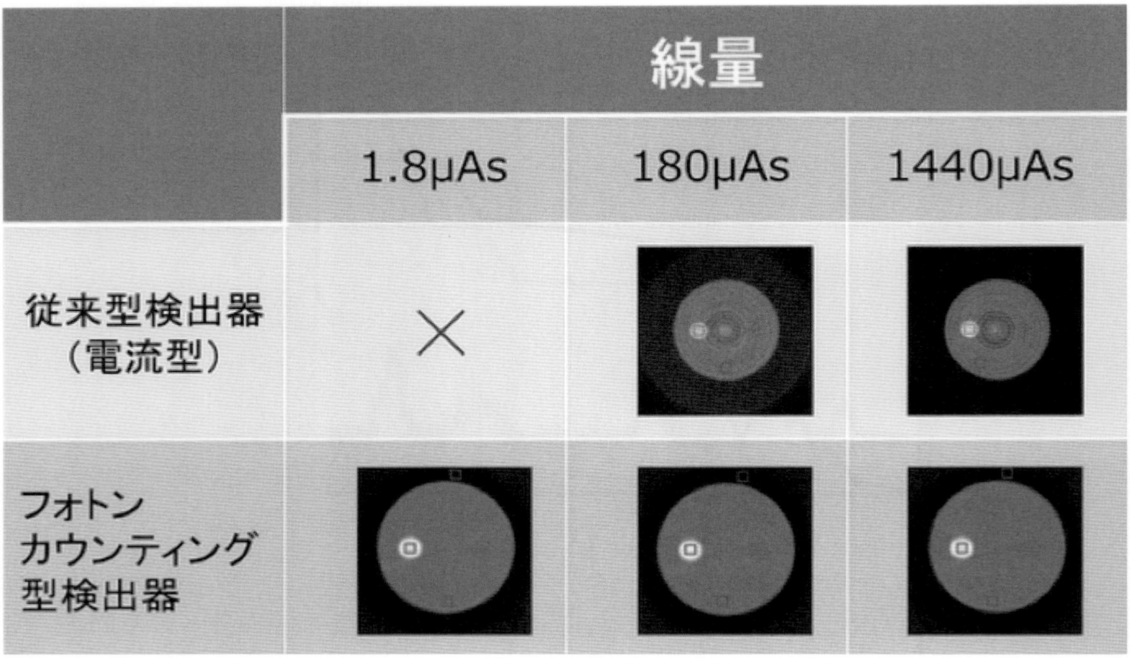

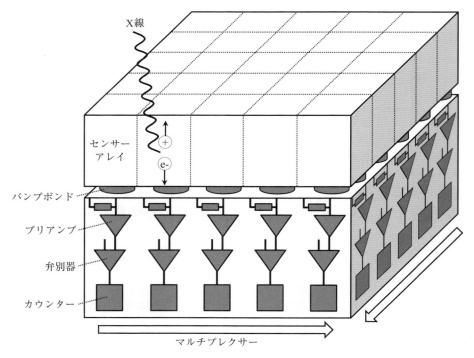

図4.116　エネルギー積分型検出器（従来型）とフォトンカウンティング検出器で得られた3D画像（断層像）と線量の関係。線量は，管電流値（A単位）と照射時間（s単位）を掛けた単位で表示している（（株）ANSeeN 小池昭史氏の御厚意による）

図4.117　フォトンカウンティング検出器の構造の模式図

表 4.15　フォトンカウンティング検出器に用いられる代表的な半導体材料とその特性[92]

材料	密度 (g/cm^3)	実効原子番号	減衰距離, δ (μm)		E_g (eV)	$\mu\tau$ (cm^2/V)		電子・正孔対生成エネルギー (eV/pair)
			20 keV	60 keV		Electron	Hole	
テルル化カドミウム (CdTe)	5.85	50	36	107	1.44	3.3×10^{-3}	2×10^{-4}	4.43
テルル化亜鉛カドミウム (Cd$_{0.9}$Zn$_{0.1}$Te)	5.78	49	35	110	1.572	$3 \sim 5 \times 10^{-3}$	5×10^{-5}	4.64
シリコン (Si)	2.33	14	438	5593	1.12	> 1	1	3.62

のピクセルサイズを設定できる．得られた信号は，ASIC (Application-specific integrated circuit) と呼ばれる集積回路に入り，プリアンプで増幅される．その後，パルス成形回路を通り，閾値を用いてパルスとノイズが分離された後，光子の数がカウントされる．この弁別器 (Discriminator) は，X線光子のエネルギー計測にも用いられる．

(2) 半導体

　フォトンカウンティング検出器に用いられる直接変換型の半導体検出器としては，上述のテルル化カドミウムの他，テルル化亜鉛カドミウムやシリコンが用いられる．この他，ヨウ化水銀やヒ化ガリウムなども報告されている．これらの材料の特性を表 4.15 に示す[93]（表 4.12 と表 4.15 でテルル化亜鉛カドミウムの $\mu\tau$ (cm^2/V) 値が違うが，これは材料の違いもあると思われるので，原典のままにしている）．テルル化カドミウムやテルル化亜鉛カドミウムは，表 4.14 のヨウ化セシウムや LSO，LuAG などと同レベルの阻止能を有することがわかる．テルル化カドミウムは，閃亜鉛鉱構造と呼ばれる構造をもつ．閃亜鉛鉱構造は立方晶系で，テルルが面心立方格子を作り，カドミウムが正四面体型の 4 配位位置に収まる構造となる．また，単結晶は，{110} 面に沿ってへき開する．一方，テルル化亜鉛カドミウムは，テルル化カドミウムのカドミウムの 10% 程度を亜鉛で置換した構造を取る．

　ところで，式 (4-51) で見たように，これらの材料の電子・正孔対形成エネルギーは，バンドギャップエネルギーの 3 倍程度となっている．例えば，テルル化カドミウムは 4.43 eV/pair の電子・正孔対形成エネルギーをもち，入射する 20 keV の X 線光子 1 個につき，平均で 4,500 個程度の電子・正孔対を形成する．また，電子の寿命と移動度の積である $\mu_e\tau_e$ は，10^{-3} cm^2/V 程度であり，シリコンなどと比べて数桁以上小さな値を取る．$\mu_e\tau_e$ と比較して，正孔に対する値 $\mu_h\tau_h$ は，1〜2 桁小さくなっている．$\mu_e\tau_e$ や $\mu_h\tau_h$ に電場の強さ F を掛けたものは，正孔や電荷がトラップないし再結合するまでの平均移動距離に相当する．発生したほとんどの電荷を電極で捉えるためには，センサー部分の膜厚は，$\mu_h\tau_h F$ の値より小さくする必要がある．カソードからの距離 z の位置における電荷収集効率 η_{cc} は，センサー部分の厚みを L_s として，以下のように与えられる[93]．

$$\eta_{cc} = \frac{\mu_e\tau_e F}{L_s}(1 - \exp\{-(L_s - z)/\mu_e\tau_e F\}) + \frac{\mu_h\tau_h F}{L_s}(1 - \exp\{-z/\mu_h\tau_h F\}) \tag{4-65}$$

テルル化カドミウムの $\mu_e\tau_e$ と $\mu_h\tau_h$ の値を表 4.15 から取り，$L = 100\,\mu m$，$F = 1\,V/\mu m$ とすると，$z = 10\,\mu m$ では $\eta_{cc} = 99.9\%$（このうち，式 (4-65) の第 1 項の寄与が約 9 割），$z = 50\,\mu m$（厚み方向の中央）では $\eta_{cc} = 99.3\%$，$z = 90\,\mu m$ では $\eta_{cc} = 98.0\%$（このうち，式 (4-65) の第 1 項の寄与が約 1 割）となる．この薄

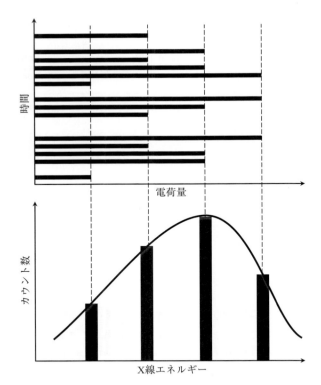

図 4.118 フォトンカウンティング検出器による X 線エネルギースペクトルの計測の原理を表す模式図

膜の両サイドの電荷収集効率の違いにより，X 線をカソード側から入射し，アノード側から電荷を収集する方が電荷収集効率は高いことが理解できる[93]。

ところで，フォトンカウンティング検出器では，1 つの光子が隣接する複数の画素に電荷を供給する電荷共有 (Charge shearing) が生じる。電荷共有は，X 線光子数のカウントに誤差をもたらすとともに，エネルギー情報も不正確になる。電荷共有が生じないためには，画素のサイズ w_s と L_s の比 L_s/w_s を考え，L_s/w_s が大き過ぎない，つまり画素が小さくなり過ぎないことが重要である。例えば，エネルギー 60 keV の X 線をテルル化カドミウムで検出する場合，L_s/w_s = 10 のときにはエネルギー分解能が悪化し，L_s/w_s = 18 では，もはやエネルギーの分解ができないとの報告がある[94]。

(3) X 線エネルギースペクトルの計測

入射 X 線のエネルギーと光電荷の数は，基本的に比例関係にある。そこで，比例関係が成り立つ範囲でこの電荷量を計測すれば，X 線光子のエネルギーを判別することができる。図 4.118 に模式的に示すように，この計測をある時間継続すると，X 線光子のエネルギーのヒストグラムが得られ，これが入射 X 線のエネルギースペクトルになる。また，エネルギーレンジごとの投影データを用いて特定の元素成分などのコントラストを強調することもできる。これをさらに進めると，エネルギーの弁別により，単色 X 線などを用いなくても，後述の吸収端差分イメージング法などを実施することができ，材料中の合金元素濃度分布の 3D マッピングが簡便に可能になる。また，X 線エネルギーが弁別できることを利用して，アーティファクト（ビームハードニング）を抑制するという用途もある。

4.5 その場観察用デバイス

　X線CTスキャナーは，現実の物質の内部構造や外形を中実に計測できるところに大きな利点がある。また，現実の物質や部品などの内部構造などが外乱によりどう変化するかを直接，精密に観察することは，X線CTスキャナーでしか実施できないと言っても過言ではない。そのような観察を実現するためには，X線CTスキャナーの試料回転ステージ上で，検討対象とする外乱などを再現する必要がある。この節では，これを可能にする各種デバイスを紹介する。ここで紹介する多くのものは，専用に設計されたものである。

　X線CTスキャナーの試料回転ステージは，ほとんどの場合には室温・大気中に置かれる。また，X線源と検出器は，試料から数十mm以上離して設置されることが多い。したがって，電子顕微鏡などと比べても，その場観察用のデバイスを設置するスペースは，充分にある。前述のように，X線CTスキャナーの空間分解能から必要とされる試料回転ステージの位置精度が決まる。一般に，高精度な試料回転ステージほど，耐荷重は小さくなる。したがって，試料回転ステージの耐荷重が許す範囲で，その場観察用のデバイスを設計して設置することが必要となる。また，産業用X線CTスキャナーについては，オプションや汎用品の形で供給されているものもある。

4.5.1　変形・破壊挙動のin-situ観察

　図4.119には，筆者の研究室で主にシンクロトロン放射光施設でのX線トモグラフィーで活用してきた材料試験デバイスを示す。すべて，材料工学・機械工学分野で用いられる材料試験機である。ほとんどの場合，負荷を中断して変位を固定して観察する中断観察 (Time - lapse in-situ observation) に用いるが，5.3節で紹介する高速トモグラフィーを利用した無中断観察 (Full in-situ observation) にも利用可能である。

　図4.119 (a)は，2003年から使っているもので，圧縮空気を用いるアクチュエーターを利用した引張・疲労試験機である。荷重を支えるロードフレームは，一般的な材料試験機で見られるピラー状とは異なり，円筒状となっている。材質はポリマー（ポリカーボネート）で，厚みは5 mmある。これは，試験片を回転させても，常に等価な条件でイメージングができることと，X線の吸収が少ないという2つの条件を満たす構造と材質となっている。この試験機で，最大2 kNまでの荷重下での引張，圧縮，疲労試験を実施している。

　今，この試験機を用いて，500 Nの荷重が発生する高強度鋼の引張試験を実施する場合を考える。標点間が0.7 mm角のシンクロトロン放射光X線トモグラフィー用の小型試験片には1020 MPa，ポリマーのロードフレームには0.3 MPaの負荷がかかる。一見，ロードフレームにかかる応力は非常に小さいように見える。しかし，ポリカーボネートの弾性率が2.25 GPaであるのに対して，鉄鋼の弾性係数は，その約100倍もある。このため，鉄鋼試験片の約1 mmの標点間の弾性伸びが約4.9 μmであるのに対し，高さ約40 mmのポリカーボネート部分は，それを上回る約5.7 μmの弾性変形を呈する。これは，試験機の剛性が非常に大きくほとんど変形しないという，一般の材料試験の感覚とはかけ離れたものである。この試験機の変形と引き換えに，図4.118 (a)の材料試験機は，総重量5 kgに抑えられており，空間分解能約1 μmに影響しない程度に試料回転ステージの偏心量・面振れ量を小さくすることに貢献している。

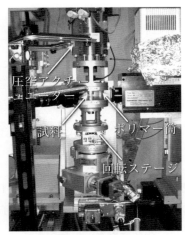

(a) 圧縮空気式引張・疲労試験機　　(b) 結像型CT用超小型試験機

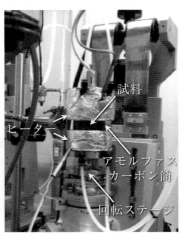

(c) ピエゾ式疲労試験機　　(d) 高温引張・クリープ試験機

図 4.119　回転ステージ上に設置できる各種材料試験機。筆者の研究室で試作・開発したもの

この試験機は，SPring-8 の BL20XU に常備されているので，興味のある方は連絡されたい。また，X線顕微鏡で高空間分解能を得る場合には，試料回転ステージの耐荷重は，さらに厳しくなる。図 4.119 (b) は手動試験機であり，試験機の重量を限界まで削った超小型試験機である。

この他，ストロークが必要ない場合には，図 4.119 (c) に示すピエゾアクチュエーターを用いた疲労試験機を用いている。また，高温での挙動を観察する場合には，図 4.119 (d) に示すヒーター付きの試験機を用いる。これを用い，アルミニウム合金の 500 ℃におけるクリープ変形挙動をその場観察することに成功している[95]。この場合，ロードフレームには，ポリマーと同じくらいX線吸収が小さいアモルファスカーボンの筒を用いている。

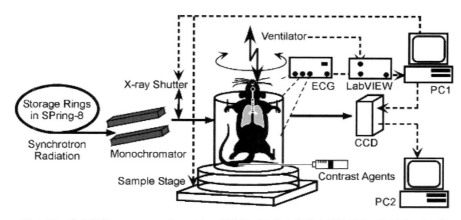

図 4.120　高分解能 in vivo – CT システムの概略図（九州大学 世良俊博博士の御厚意による）

4.5.2 生体の in-vivo 観察

薬剤開発には，特定遺伝子の操作が容易な小動物を用いた動物実験が必要であり，生きたまま高分解能で体内を撮影することが重要である。図 4.120 は，X 線源としてシンクロトロン放射光を用い，生きたままラット・マウスの冠動脈や細気管支の 3D 動態観察を可能とする試みの模式図である。生きた小動物を in-vivo 観察（イン・ビボ観察：生体の観察を意味する）するために，小動物の気道内圧と心電図を常にモニターし，X 線シャッターの開閉と露光の開始タイミングを気道内圧と心電図の信号とに同期させながら透過像を連続取得している。これにより，生体が細かく動くことによるモーションアーティファクトと呼ばれるアーティファクトをかなり軽減できている。この場合，高速 X 線シャッターを導入し，動物が浴びる放射線量をできるだけ減らすなどの工夫もなされている。

参考文献

[1]　K. Sanderson: Nature Digest, 5(2008), doi:10.1038/ndigest.2008.081211.
[2]　C.G. Camara, J.V. Escobar, J.R. Hird and S.J. Putterman: Nature, 455(2008), 1089–1092.
[3]　C.A. Clark: "Los Alamos / Tribogenics Create Highly Portable Imaging System", Los Alamos Daily Post, (2013), June 26, http://www.ladailypost.com/content/los-alamostribogenics-create-highly-portable-imaging-system.
[4]　J.M. Boone: In: Beutel J, Kundel HL, VanMetter RL, editors. Handbook of Medical Imaging, Bellingham, Washington, SPIE Press, 1(2000), 78.
[5]　H.A. Kramers: Philosophical Magazine, 46(1923), 836–871.
[6]　T.M. Buzug: Computed Tomography: From Photon Statistics to Modern Cone-Beam CT, Springer, Berlin, Germany, (2008).
[7]　日本化学会編：物質の構造Ⅲ：回折第 5 版，実験化学講座 11，丸善出版，(2006), ISBN 9784621073100.
[8]　International Tables for X-Ray Crystallography, Vol.3, Physical and Chemical Tables, editors C.H. Macgillavry and G.D. Rieck, D. Reidel Publishing Company, (1985).（ウェブ (http://xdb.lbl.gov/xdb.pdf) で公開されている：2017 年 8 月に検索）

[9] 日本金属学会編：金属データブック改訂 4 版，丸善株式会社, (2004), 228.

[10] O.W. Richardson: Philosophical of the Cambridge Philosophical Society, 11(1901), 286–295.

[11] M. N. Avadhanulu and P. G. Kshirsagar: A Textbook of Engineering Physics, S Chand & Co. Ltd., New Delhi, (1992), 348.

[12] 萩野實：表面科学, 8(1987), 472–479.

[13] T.M. Buzug: Computed Tomography: From Photon Statistics to Modern Cone-Beam CT, Springer, Berlin, Germany, (2008), 18–19.

[14] L.A.G. Perini, P. Bleuet, J. Filevich, W. Parker, B. Buijsse and L.F.Tz. Kwakman: Review of Scientific Instruments, 88(2017), 063706-1-10.

[15] G.G. Poludniowski and P.M. Evan: Medical Physics, 34(2016), 2164–2174.

[16] 藤田晃年，阿武秀郎：東芝レビュー, 66(2011), 24–28.

[17] E. Lassner and W.-D. Schubert: Tungsten: Properties, Chemistry, Technology of the Element, Alloys, and Chemical Compounds, Kluwer Academic / Plenum Publishers, New York, (1999), 256–258.

[18] 武藤睦治，市川国弘，永田晃則：材料, 40(1991), 882–888.

[19] R.L. Sproull and W.A. Phillips: Modern Physics: The Quantum Physics of Atoms, Solids, and Nuclei: Third Edition, Dover Publications, New York, (1980), 455.

[20] 山本慎一，青山斉：東芝レビュー, 69(2014), 57–59.

[21] H. Sugie, M. Tanemura, V. Filip, K. Iwata, K. Takahashi and F. Okuyama: Applied Physics Letters, 78(2001), 2578–2580.

[22] W. Sugimoto, S. Sugita, Y. Sakai, H. Goto, Y. Watanabe, Y. Ohga, S. Kita and T. Ohara: Journal of Applied Physics, 108(2010), 044507.

[23] （株）コムクラフトホームページ：http://www.comcraft.co.jp/products/05.html （2017 年 8 月に検索）

[24] 松定プレシジョン（株）ホームページ：https://www.matsusada.co.jp/product/xm/xunit/ （2017 年 8 月に検索）

[25] 浜松ホトニクス（株）ホームページ：http://www.hamamatsu.com/jp/ja/product/category/1001/3028/index.html （2017 年 8 月に検索）

[26] 一般社団法人日本検査機器工業会：工業会取扱製品情報ページ, http://www.jima.jp/content/assen.html#assen_d （2017 年 8 月に検索）

[27] 伊藤通浩：RADIOISOTOPES, 52(2003), 699–703.

[28] M.M. Nasseri: Nuclear Engineering and Technology, 48(2016), 795–798.

[29] R.W. Hamm and M.E. Hamm: Industrial accelerators and their applications, World Scientific, Singapore, (2012), 307–369.

[30] H.E. Martz, C.M. Logan, D.J. Schneberk, P.J. Shull: X-Ray Imaging: Fundamentals, Industrial Techniques and Applications, CRC Press, Boca Raton, (2017), 176–177.

[31] G. Claus: Introduction to radiation protection: practical knowledge for handling radioactive sources, Springer, Berlin, (2010), 323–325.

[32] J. Davis and P. Wells: Industrial Metrology, 2(1992), 195–218.

[33] R. Hoffmann and T. Kögl: Flow MeasurementandInstrumentation, 53(2017), 147–153.

[34] M.S. Rapaport and A. Gayer: NDT&E International, 24(1991), 141–144.

[35] D.C. Copley, J.W. Eberhard anf G.A. Mohr: JPM, (1994), 15–26.

[36] C. Rizescu, C. Besliu and A. Jipa: Nuclear Instruments and Methods in Physics Research A, 465(2001), 584–599.

[37] SPring-8 ホームページ：http://www.spring8.or.jp/ja/about_us/whats_sp8/facilities/accelerators/ など（2017 年 9 月に検索）

- [38] 高良和武編集委員長，光量子科学技術推進会議編：実用シンクロトロン放射光，日刊工業新聞社, (1997).
- [39] T. Kaneyasu, Y. Takabayashi, Y. Iwasaki and S. Koda: Proceedings of The 12th International Conference on Accelerator and Large Experimental Control System, Kobe, (2009), 307–309.
- [40] 高嶋圭史，保坂将人，山本尚人，高見清，高野琢，真野篤志，森本浩行，加藤政博，堀洋一郎，佐々木茂樹，江田茂，竹田美和: Proceedings of the 10th Annual Meeting of Particle Accelerator Society of Japan, Nagoya, (2013), 385–387.
- [41] 米原博人：放射光, 16(2003), 178–185.
- [42] T. Asaka, H. Dewa, H. Hanaki, T. Kobayashi, A. Mizuno, S. Suzuki, T. Taniuchi, H. Tomizawa and K. Yanagida: Proceedings of EPAC 2002, Paris, France, (2002), 2685–2687.
- [43] 米原博人：SPring-8利用者情報，ハイライト, 2(1997), 1–14.
- [44] K. Wille: Reports on Progress in Physics. 54(1991), 1005–1068.
- [45] 光量子科学技術推進会議（高良和武編）：実用シンクロトロン放射光，日刊工業新聞社, (1997).
- [46] H. Wiedemann: Synchrotron Radiation, Springer, Berlin, (2003).
- [47] 岸田惺志：X線散乱と放射光科学 基礎編，東京大学出版会, (2011).
- [48] 田中均，大熊春夫：SPring-8利用者情報, (2003), 298–304.
- [49] 冨増多喜夫：シンクロトロン放射技術，工業調査会, (1990), 131–133.
- [50] 櫻井吉晴，北村英男：SPring-8利用者情報, (1997), 6–8.
- [51] 上杉健太朗（放射光科学研究センター）：私信, (2017).
- [52] 大橋治彦，平野馨一編：放射光ビームライン光学技術入門 初めて放射光を使う利用者のために，日本放射光学会, (2008).
- [53] 柏原泰治：JAERI-Mレポート, 91-008, 日本原子力研究所, (1991).
- [54] E.L. Nickoloff and H.L. Berman: Radiographics, 13(1993), 1337–1348.
- [55] C. Engblom: "Overview of some Feedback- & Control systems in Synchrotron SOLEIL", The 11th International Workshop on Personal Computers and Particle Accelerator Controls (PCaPAC), Brazil, (2016).
- [56] A. King, N. Guignot, P. Zerbino, E. Boulard, K. Desjardins, M. Bordessoule, N. Leclerq, S. Le, G. Renaud, M. Cerato, M. Bornert, N. Lenoir, S. Delzon, J.-P. Perrillat, Y. Legodec and J.-P. Itié: Review of Scientific Instruments, 87(2016), 093704.
- [57] 戸田裕之，小林正和，鈴木芳生，竹内晃久，上杉健太朗：顕微鏡, 44(2009), 199–205, 2009.
- [58] S.M. Gruner, J.R. Milch and G.T. Reynolds: IEEE Transactions on Nuclear Science, 25(1978), 562–565.
- [59] C. Ponchut: Journal of Synchrotron Radiation, 13(2006), 195–203.
- [60] 伊藤和輝，雨宮慶幸，坂部知平：アレイ状CCDX線検出器の開発とタンパク質結晶構造解析への応用，第13回日本放射光学会年会・放射光科学合同シンポジウム概要集, (2001), 9-P-60.
- [61] 富澤雅美：非破壊検査, 63(2014), 221–231.
- [62] 阿部正英執筆，太田淳監修：CMOSイメージセンサーの最新動向–高性能化，高機能化から応用展開まで–，シーエムシー出版, (2014), 10.
- [63] D.J. Denvir and CG. Coates: Proc. SPIE., Biomedical Nanotechnology Architectures and Applications, 4626(2002), 502–512.
- [64] 浜松ホトニクス(株)：光半導体素子ハンドブック, https://www.hamamatsu.com/resources/pdf/ssd/05_handbook.pdf （2018年1月に検索）
- [65] 木村吉秀：顕微鏡, 45(2010), 257–263.
- [66] 柴田肇：Design Wave Magazine, (2009), 128–129.
- [67] 黒田隆男：映像情報メディア学会誌, 68(2914), 216–222.

[68] S. Risticj: Proceedings of Goran Conference on medical physics and biomedical engineering, Macedonia, (2013), 65–71.

[69] S. Kasap, J.B. Frey, G. Belev, O. Tousignant, H. Mani, J. Greenspan, L. Laperriere, O. Bubon, A. Reznik, G. DeCrescenzo, K.S. Karim and J.A. Rowlands: Sensors, 11(2011), 5112–5157.

[70] 山崎達也：日本写真学会誌第 70 巻別冊, (2007), 24–25.

[71] Physical Measurement Laboratory (PML), National Institute of Standards and Technology (NIST): X-Ray Form Factor, Attenuation and Scattering Tables, NIST, U.S. Commerce Department, USA, (2011). URL https://www.nist.gov/pml/x-ray-form-factor-attenuation-and-scattering-tables（2018 年 1 月に検索）

[72] G. Bizarri: Journal of Crystal Growth, 312(2010), 1213–1215.

[73] 鈴木芳生（東京大学非常勤講師，元高輝度光科学研究センター）：私信.

[74] T. Jing, A. Goodman, J. Drewery, G. Cho, W.S. Hong, H. Lee, S.N. Kaplan, V. Perez-Mendez and D. Wildermuth: Nuclear Instruments and Methods in Physics Research Section A, 368(1996), 757–764.

[75] 吉川彰：FBNews No.463, (2015), 1–6.

[76] G.F. Knoll: Radiation Detection and Measurement, 4th edition, Wiley India, Noida, Uttar Pradesh, (2011).

[77] 三枝健二，入船寅二，福士政広，齋藤秀敏，中谷儀一郎：放射線基礎計測学，医療科学社, (2001).

[78] S.R. Cherry, J.A. Sorensen and M.E. Phelps: Physics in Nuclear Medicine, 4th edition, Elsevier, Philadelphia, (2012).

[79] P.A. Rodny: Physical Processes in Inorganic Scintillators, CRC Press, Boca Raton, FL, (1997).

[80] G. Blasse and B.C. Grabmaier: Luminescent materials, Springer-Verlag, Berlin, (1994).

[81] C.L. Melcher, J.S. Schweitzer, A. Liberman and J. Simonetti: IEEE Transactions on Nuclear Science, 32(1985), 529–532.

[82] M. Laval, M. Moszynski, R. Allemand, E. Carmoreche, P. Guinet, R. Odru, J. Vacher: Nuclear Instruments and Methods in Physics, 206 (1983), 169.

[83] E. V. D. van Loef, P. Dorenbos, C. W. E. van Eijk, K. W. Kraemer and H. U. Guedel: Applied Physics Letters, 79 (2001), 1573.

[84] 鈴木敏和（放射線医学総合研究所）：「シンチレータにおける近年の動向について」，第 6 回 JRSM シンポジウム, (2011), 120–122.

[85] H. Graafsma and T. Martin: Advanced Tomographic Methods in Materials Research and Engineering, ed. John Banhart, Oxford University Press, (2008), Section 10.

[86] M.S. Alekhin, J. Renger, M. Kasperczyk, P.-A. Douissard, T. Martin, Y. Zorenko, D. A. Vasil'ev, M. Stiefel, L. Novotny and M. Stampanoni: OPTICS EXPRESS, 25(2017), 1251–1261.

[87] K. Takagi and T. Fukazawa: Applied Physics Letters, 42 (1983) 43–45.

[88] C.L. Melcher and J.S. Schweitzer: Nuclear Instruments and Methods in Physics Research Section A: Accelerators, Spectrometers, Detectors and Associated Equipment, 314(1992), 212–214.

[89] L. Qin, G. Ren, S. Lu, D. Ding and H. Li: IEEE Transactions on Nuclear Science, 55(2008), 1216–1220.

[90] J.Akutagawa, D.Yamamoto and W.Pong: Journal of Electron Spectroscopy and Related Phenomena, 82(1996), 75–77.

[91] S. Hejazi and D.P. Trauernicht: Medical Physics, 24 (1997), 287–297.

[92] K. Kan, Y. Imura, H. Morii, K. Kobayashi, T. Minemura, T. Aoki: World Journal of Nuclear Science and Technology, 3(2013), 106–108 (http://dx.doi.org/10.4236/wjnst.2013.33018 published online).

[93] P. Russo and A.D. Guerra: Chapter 2 "Solid-State Detector for Small-Animal Imaging", Molecular Imaging of Small Animals Instrumentation and Applications, Edited by H. Zaidi, Springer, New York, (2014).

[94] K. Spartiotis, A. Leppänen, T. Pantsar, J. Pyyhtiä, P. Laukka, K. Muukkonen, O. Mäännistö, J. Kinnari and T. Schulman: Nuclear Instruments and Methods in Physics Research Section A, 550(2005), 267–277.

[95] H. Toda, Z. A. B. Shamsudin, K. Shimizu, K. Uesugi, A.Takeuchi, Y. Suzuki, M. Nakazawa, Y. Aoki and M. Kobayashi: Acta Materialia, 61(2013), 2403–2413.

第 5 章 応用イメージング技法

　既に第 2 章では，X 線イメージングの基礎の解説の中で，吸収コントラストおよび位相コントラストについて述べた。この章では，位相コントラストや結像光学系 (Imaging optical systems) を用いた X 線トモグラフィー，高速 X 線トモグラフィー，化学成分や結晶方位の 3D マッピングなど，X 線トモグラフィーの各種応用イメージング技術を実際の技法の面から詳述する。これらは，主にシンクロトロン放射光施設で X 線トモグラフィーに用いる技術ではあるが，位相コントラストや結像光学系を用いた X 線トモグラフィーなどを中心に，産業用 X 線 CT スキャナーでも利用されている技術も含まれている。このような各種応用イメージング技術は，産業用 X 線 CT スキャナーでも，今後ますます重要になると思われる。

5.1　結像型 X 線トモグラフィー

　X 線トモグラフィーで高空間分解能を達成しようとする場合，X 線 CT スキャナーを構成する線源，試料，位置決めステージ，および検出器について，空間分解能に関連するすべての因子を考慮する必要がある。後に式 (5-29) や式 (7-30) を用いて見るように，それら因子の中で，最も低い精度をもたらす 1 つの因子がイメージングシステムとしての空間分解能を律速段階的に規定する。各種因子としては，上流である X 線源側から順に，① X 線源の実効焦点サイズ（産業用 X 線 CT スキャナーの場合に限る），②検出器の画素サイズや試料回転ステージの回転ステップで規定されるナイキスト周波数，③試料回転ステージを中心とする位置決めステージの位置精度，④試料などのドリフト，⑤ X 線のフレネル回折，⑥シンチレーターの厚みやシンチレーター材料の阻止能，⑦可視光の回折限界などで規定される検出器系の空間分解能が考えられる。

　投影型 X 線トモグラフィーの空間分解能の物理的な限界は，およそ 1 μm 弱である。本節では，これを超える高空間分解能を達成する技法を考える。まず，上記項目①に関しては，平行ビームを用いる大型シンクロトロン放射光施設では，まったく問題とならない。また，産業用 X 線 CT スキャナーでも，4.1.2 節 (5) で述べたように，現在利用できるマイクロフォーカス X 線管で焦点サイズ 250 nm，4.1.2 節 (1) で述べた電子ビームを利用した場合では最高 60 nm の空間分解能が透過像で得られている。次に，②は，画素数が多い検出器の選定や可視光に変換後の結像光学系による拡大投影，イメージング条件の選

定などでクリアできる。例えば，表 4.7 ～ 4.9 で見た CCD カメラと表 4.11 に示した sCMOS カメラでは，画素サイズの最小値は，それぞれ 5.5 μm と 6.5 μm である。また，4.4.1 節 (3) で述べたように，広いダイナミックレンジを得るため，X 線を直接 CCD カメラや sCMOS カメラに入射させるよりも，シンチレーターを用いて X 線をいったん可視光に変換してから検出するのが一般的である。X 線を可視光に変換した後，ファイバーオプティックテーパー，または光学レンズを用いて検出器に結像することで，実効画素サイズを 0.5 μm (実効空間分解能で，最高 1 μm に相当) 以下にすることは，充分に可能である。③に関しては，4.3.1 節で述べたように，機器の選定により試料回転ステージの偏心量で最高 70 nm 程度が達成できる。最後に，④については，温度調整やエイジングなどの対策が考えられる。このように，項目①～④は，空間分解能 1 μm を超える高空間分解能化を達成する上で，決して乗り越えられない障害ではない。

次に，項目⑤に関連する第 1 フレネルゾーンの半径を式 (2-32) を用いて計算する。エネルギー 20 keV の単色 X 線を用いて試料と検出器を 16 mm 離すというありふれた実験条件で，既に $r_{FZ} ≈ 1$ μm となり，投影型 X 線トモグラフィーの空間分解能の物理的な限界に達してしまう。この場合，画像中にフレネル回折による干渉縞が観察されることになる。項目⑥に関しても，阻止能の制約のため，投影型トモグラフィーで空間分解能 1 μm を大きく上回ることは，実用的ではない。また，項目⑦に関するレイリーの回折限界 (Rayleigh diffraction limit)：$δ_{DL}$ は，次式で表される。

$$δ_{DL} = 0.61 \frac{\lambda}{NA} \quad (5\text{-}1)$$

ここで，NA は開口数，λ は光の波長である。筆者が最近 SPring-8 で用いている LuAG (Ce) や GAGG (Ce) シンチレーターの発光ピーク波長 (520 ～ 550 nm) と光学レンズの開口数 (0.4) を用いると，$δ_{DL} ≈ 0.8$ μm となり，これも空間分解能 1 μm を上回るための障害となる。そこで，これら⑤～⑦の各項目をクリアするためには，X 線を可視光に変換する前に X 線の結像光学系を用いて拡大投影する必要がある。そのためには，X 線集光素子 (X-ray focusing optics) を X 線源と試料の間に置く方法と，試料と検出器の間に置く方法の 2 つが考えられる。高空間分解能を得るためには，後者の方が実用的であることが報告されている[1]。これを実現するために用いる X 線集光素子には，様々な原理のものが提案され，実用に供されている。

図 5.1 は，各種 X 線集光素子をキーワードや抄録に含む原著論文を文献データベース (Scopus) で検索し，その掲載数の年別の推移をまとめたものである。図 5.1 の論文には，集光素子のシンクロトロン放射光施設での試用，および各種集光素子を用いたイメージング応用実験の両方が含まれている。X 線集光素子に関しては，1952 年以降 2017 年までに，合計 2,327 報の論文が発表されている。そのうち，約 7 割を占めるのがフレネルゾーンプレートである。この他，2000 年頃からは複合屈折レンズ (Compound refractive lens) を用いた研究，2004 年頃からはカークパトリック－バエスミラー (Kirkpatrick - Baez mirror) を用いた研究，また 2009 年前後からは，多層膜ラウエレンズ (Multilayer Laue lens) を用いた研究が増えている。表 5.1 には，それぞれの X 線集光素子の特徴を簡単にまとめておく。5.1 節では，図 5.1 からわかるそれらの重要度に応じて，各種集光素子を順に解説する。

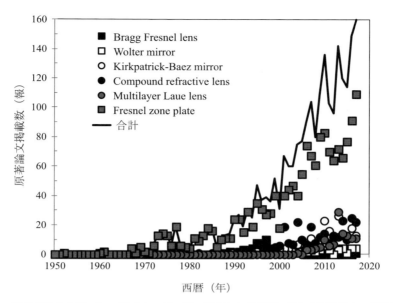

図 5.1 各種 X 線集光素子を用いた X 線イメージングの基礎および応用に関する原著論文の掲載数の年別推移

表 5.1 結像型 X 線マイクロ・ナノトモグラフィーに用いられる主な X 線集光素子の特徴のまとめ

X 線集光素子	原理	コンパクトさ	色収差	効率	光軸からのずれ	備考
複合屈折レンズ	屈折	○	有	～50%	無	シンプルで安価にできる
フレネルゾーンプレート	回折	○	有	～10%	無	汎用性大
カークパトリック-バエスミラー	全反射	×	無	～75%	有	アライメントの手間大
多層膜ラウエレンズ	ブラッグ回折	○	有	～80%	無	コマ収差大

5.1.1 フレネルゾーンプレートを用いた結像光学系

(1) 原理

　図 5.2 にフレネルゾーンプレートの顕微鏡写真，図 5.3 にその模式図を示す．フレネルゾーンプレートは，その中心から外周に向けて，格子の間隔が徐々に狭くなる円盤状で不等間隔の回折格子である．格子は同心円により形成され，実際には，X 線の吸収の大きな輪帯と吸収の小さな輪帯を交互に配して格子とする．格子の間隔を徐々に狭くする理由は，図 5.4 を用いて説明できる．まず，図 5.4 (a) では，等間隔の格子に単色 X 線の平行ビームが入射する単純な場合を想定する．よく知られているように，隣り合う格子を通り，同じ方向に回折する X 線の光路差が波長の整数倍になるとき，干渉により X 線は強め合うことになる．

$$d \sin \theta_m = m\lambda \tag{5-2}$$

ここで，d は格子間隔，m は回折次数 (Order of diffraction) で $0, \pm 1, \pm 2, \pm 3, \ldots$ の値を取る．また，θ_m は m 次光の回折角である．なお，0 次光は，回折せずにそのまま格子を通過するビームのことを指す．式 (5-2) より，格子間隔が狭くなれば，回折角は大きくなることがわかる．そこで，図 5.4 (b) の 2 次元の場合に格子間隔をうまく調整すると，X 線を 1 点に集光することができる．具体的には，図 5.4 (b) におい

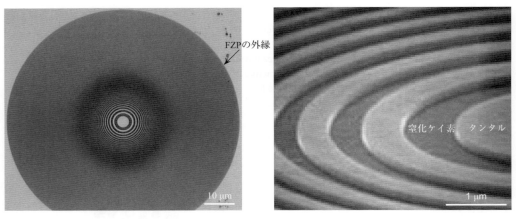

(a) 光学顕微鏡写真　　　　　　　　(b) FZP中央部の走査型電子顕微鏡写真

図 5.2 フレネルゾーンプレートの (a) 光学顕微鏡，および (b) 走査型電子顕微鏡による写真。(a) では，光学顕微鏡の空間分解能の関係で，中央部の格子しか見えていない。(b) では，図 5.3 に示す模式図に対応する 3D 構造が観察できる

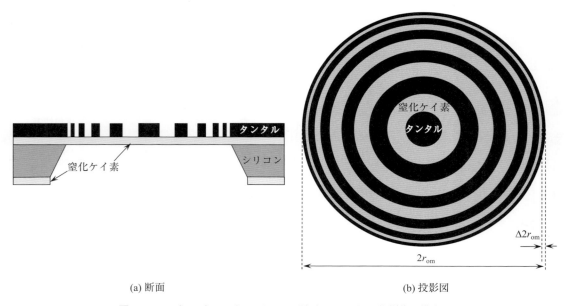

(a) 断面　　　　　　　　　　　　(b) 投影図

図 5.3 フレネルゾーンプレートの (a) 断面，および (b) 投影像の模式図

て，回折格子上で光軸から半径 r，角度 Θ の位置での格子の間隔 d_r を以下のようにすることで，1 次光の集光が実現できる。

$$d_r = \frac{\lambda}{\sin \Theta} \tag{5-3}$$

ただし，f を焦点距離 (Focal distance) として，$\tan \Theta = \dfrac{r}{f}$ である。実際のフレネルゾーンプレートは，光軸を中心にして図 5.3 (b) の 1 次元回折格子を軸対象に回転した図 5.5 のような円盤状の構造となる。1 次光のみを利用する場合などには，図 5.5 に示すように，フレネルゾーンプレートと焦点との間に OSA (Order sorting aperture) と呼ばれる円形の穴をもつ開口板を置く。この場合，小さな開口をもつ OSA を

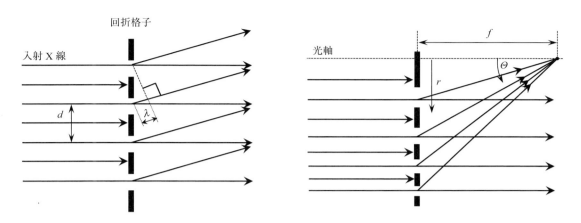

(a) 等間隔の回折格子　　　　　　　　　　　　(b) 格子間隔が徐々に変化する1次元回折格子

図 5.4　等間隔の回折格子と格子間隔が徐々に変化する回折格子に平行ビームが入射するときの X 線の回折挙動の違い

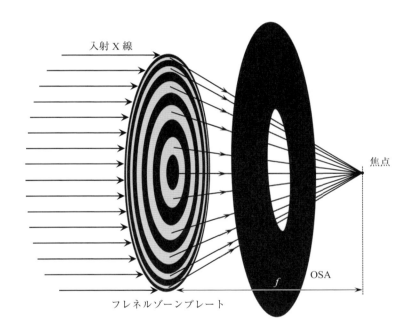

図 5.5　フレネルゾーンプレートを用いて平行ビームを集光する様子の模式図

焦点近くに置く方が望ましい。また，0 次光の除去には，センタービームストップ (Center beam stop) をフレネルゾーンプレートより上流に置くか，FZP に貼り付けることになる。

(2) 作製法

ほとんどの場合，フレネルゾーンプレートは，電子ビーム露光 (Electron-beam lithography) によって作製される[2]。まず，図 5.3 (a) のように，シリコン上に形成した窒化ケイ素，ないし炭化ケイ素の支持膜の上にタンタルや金などの金属膜を付け，さらにその上に酸化ケイ素の被膜を付ける。この上に電子

ビームレジストと呼ばれる感光性物質を塗布する．次に，レジスト上に電子ビーム露光によりフレネルゾーンプレートのパターンを描画する．得られたレジストパターンを利用し，反応性イオンエッチング法で酸化ケイ素のパターンを作製する．この酸化ケイ素のパターンをマスクとして，イオン流エッチングによって金属部分にパターンを転写する．この後，裏側の支持膜に窓を開けた後，フレームとする輪帯パターンの外側以外のシリコン部分を化学エッチングで除去することで，フレネルゾーンプレートが完成する．この手法で加工できるアスペクト比（パターンの高さ（深さ）と線幅の比）は，線幅 100 nm に対して，10～15 とされる[3]．

実用されるフレネルゾーンプレートでは，後述のように，金属部分で完全に X 線を阻止するのではなく，X 線をある程度透過させて回折効率を上げるように設計される[1]．この場合，金属部分の厚み t_FZP は，以下のように表される[1]．

$$t_\text{FZP}\, \delta = \frac{\lambda}{2} \tag{5-4}$$

ここで，δ は，式 (2-19) で表される複素屈折率の実部である．t_FZP が大きくなると，アスペクト比の大きな加工が必要となるため，なるべく δ が小さい材料，すなわちタンタルや金など高密度の金属が用いられる．例えば，タンタルを用い，X 線エネルギー 8 keV, 20 keV, 30 keV を想定すると，必要な厚みは，それぞれおよそ 1.8 µm, 4.4 µm, 6.7 µm となる．つまり，数十～数百 nm 幅になる最も外側の格子では，溝加工のアスペクト比は最大で数十にも達し，その加工は非常に困難となる．そのため，フレネルゾーンプレートの利用は，これまでもっぱら 10 keV 以下の低 X 線エネルギーに限られてきた．しかしながら，SPring-8 では，2017 年から 20 keV，2018 年からは 30 keV の高エネルギー X 線を用いた結像型 X 線マイクロ・ナノトモグラフィーのトライアルが始まっており，アルミニウムや鉄，チタン合金などで研究成果が出つつある[4]．この実現には，次節で触れるアポダイゼーション・フレネルゾーンプレート (Apodization Fresnel zone plate) の適用が鍵となっている．

(3) 形状の詳細と性能

$f \gg n\lambda/2$ のとき，球面収差 (Spherical aberation) は無視でき[1]，内側から n 番目の輪帯の半径 r_n は，以下のように近似できる．

$$r_n^2 = n\lambda f \tag{5-5}$$

より定量的には，$f \gg 2n^2\lambda$ のとき，回折限界の空間分解能になる．なお，球面収差は，入射 X 線の高さ（光軸からの距離）によって光軸上の異なる位置に焦点を結ぶことを意味し，像のぼけを生じさせる．焦点距離は，最も外側の格子間隔（最外輪帯幅：Outermost zone width）Δr_om と輪帯数 N_FZP，最外輪帯の半径 r_om により，次式で表される．

$$f = \frac{4 N_\text{FZP} \Delta r_\text{om}^2}{\lambda} = \frac{2 r_\text{om} \Delta r_\text{om}}{\lambda} \tag{5-6}$$

これにより，焦点距離には波長依存性があることがわかる．これを色収差 (Chromatic aberration) と呼ぶ．実際に実験を行う場合には，まず最初に，試料の組成や直径などに基づき用いる X 線の波長を決める．その後，式 (5-6) を用いれば，フレネルゾーンプレートの直径，ないし輪帯数と最外輪帯幅を用いて，焦点距離を計算することができる．中心にある円形領域の半径 r_1，およびフレネルゾーンプレートの直径 $2r_\text{om}$ は，以下のようになる．

$$r_1^2 = 2r_{om}\Delta r_{om} \tag{5-7}$$

$$2r_{om} = 4N_{FZP}\Delta r_{om} \tag{5-8}$$

フレネルゾーンプレートの場合，最外輪帯の半径は，焦点距離より充分に小さいので，以下のように開口数 NA が求められる。

$$NA = \frac{r_{om}}{f} = \frac{\lambda}{2\Delta r_{om}} \tag{5-9}$$

なお，開口数の定義は，前出の式 (4-60) による。式 (5-1) と式 (5-9) より，m 次の回折光について，フレネルゾーンプレート自体の空間分解能 δ_{FZP} は，以下のようになる。

$$\delta_{FZP} = \frac{1.22\Delta r_{om}}{m} \tag{5-10}$$

つまり，空間分解能の高いイメージングをするためには，最外輪帯幅の小さなフレネルゾーンプレートを作ればよいことがわかる。このためには，数十〜数百 nm レベルの微細加工が必要になる。実用的には，現在，硬 X 線に対して 25 nm 程度の最外輪帯幅をもつフレネルゾーンプレートが市販されている[5],[6]。また，最外輪帯幅 12 nm と，そのさらに半分程度のものも報告されている[7]。

式 (5-10) は，空間分解能が X 線エネルギーにはよらないことも示している。ただし，式 (5-10) の空間分解能を得るためには，式 (5-6) の色収差を考えて，次式に示す程度の X 線の単色性が必要となる。

$$\frac{\Delta\lambda}{\lambda} \leq \frac{1}{N_{FZP}} \tag{5-11}$$

一般に，輪帯数 N_{FZP} は，300 〜 3000 程度のものが用いられることが多い。SPring-8 の高分解能イメージング用ビームラインである BL20XU の場合，式 (4-29) より，アンジュレータにより得られるシンクロトロン放射光の波長のバンド幅 $\Delta\lambda/\lambda$ は 5.8×10^{-3} 以下であり，モノクロメーターで分光後は，さらに小さくなり 10^{-4} 以下になる。このシンクロトロン放射光の波長のバンド幅は，理想的なアンジュレータ放射の中心に関するものであり，現実には，リングのエミッタンスやエネルギー幅，取り出し角度範囲の拡がりなどによって，0.01 〜 0.02 くらいになる。したがって，フレネルゾーンプレートを用いるためには，モノクロメーターによる単色化が必須になる。

焦点深度 (Depth of focus) は，幾何光学的に正しい像面位置から光軸方向に検出器がずれることで生じるぼけを許容できる範囲（距離）を指す。X 線トモグラフィーでは，これがイメージングできる試料サイズを規定することになる。焦点深度 DOF は，以下のように表される。

$$DOF = \frac{\delta_{FZP}^2}{0.61\lambda} \tag{5-12}$$

これは，空間分解能を向上させると，観察できる試料サイズが急速に小さくなることを意味している。例えば，X 線エネルギー 20 keV で空間分解能 100 nm の場合，焦点深度は 161 μm，30 nm では約 15 μm と非常に小さくなる。通常は，試料の直径（厚み）をこの焦点深度程度に収めるという制約が生じる。一方，電子線トモグラフィーでは，たとえ加速電圧 1 MV 以上の超高加速電圧の大型透過型電子顕微鏡を用いたとしても，試料はたかだか厚さ数 μm の薄膜である。これは，電子顕微鏡の焦点深度は同じ空間分解能の X 線顕微鏡に比べてはるかに深いものの，電子線の透過力が非常に弱いため，深い焦点深度を

活かしきれないためである．したがって，試料サイズに式 (5-12) による制約があるとしても，結像型 X 線トモグラフィーで高空間分解能を追求するする意義は，充分に大きいと言える．

フレネルゾーンプレートを用いて結像光学系を組む場合，その回折効率は，露光時間などに直結する重要な因子である．図 5.3 で吸収の大きな部分（タンタル部分）で X 線が完全に遮蔽される場合を考えると，m 次の回折光に対する回折効率 η_{FZP} は，以下のようになる．

$$\eta_{FZP} = \begin{cases} 0.25 & (m=0) \\ \dfrac{1}{m^2\pi^2} & （奇数次） \\ 0 & （偶数次） \end{cases} \tag{5-13}$$

つまり，0 次光は 25％，1 次光は約 10％，3 次光は約 1.1％ の回折効率となる．−1（マイナス 1）次光は，やはり約 10％ の効率で外側に向かって発散する．また，偶数次の回折は，焦点の位置で打ち消し合う．合計すると，50％ の入射光が各次数の回折に寄与し，残りの 50％ は，フレネルゾーンプレートで吸収されることになる．

回折効率を上げるためには，図 5.4 のように吸収の大きな部分で X 線を阻止するのではなく，X 線を透過させてビームの位相を変調するとよい[1]．このためには，吸収の大きな部分を吸収の少ない部分と位相が π だけ異なる吸収の小さな物質に置き換える．これにより，フレネルゾーンプレートの奇数次の回折光の効率は，理想的には $\dfrac{4}{m^2\pi^2}$ に増加する[1]．例えば，1 次光に対する回折効率は，40％ 程度の値に相当する．しかしながら，X 線に対して吸収がなく位相のみを変化させる物質はないので，実用的には，X 線の吸収により回折効率はこれより低い値となる．式 (5-4) で示した最適なフレネルゾーンプレートの厚みは，複素屈折率の実部と虚部の比 $\beta/\delta = 0.2$ のときには約 9 割に，また $\beta/\delta = 0.5$ のときには約 8 割に，それぞれ減少するとされる[8]．

図 5.3 (a) のように，矩形をした格子形状を曲線とすれば，屈折の効果で理論的には 100％ の回折効率が得られる．このようなフレネルゾーンプレートをキノフォルム型 (Kinoform type) と呼ぶ．図 5.6 (a) にその模式図を示す．曲線状に加工するのは困難であるが，図 5.6 (b) のように階段状にしても，なお高い効率が得られる．図 5.7 は，NTT アドバンステクノロジ社製のキノフォルム型フレネルゾーンプレートを走査型電子顕微鏡で見たものである．

金属材料などをイメージングすべく 20〜30 keV 程度の高エネルギー X 線を用いる場合，最外輪帯のアスペクト比は，前述のように数十となり，加工が非常に困難となる．そこで，高エネルギー X 線用に用いることができるフレネルゾーンプレートとして，竹内等はアポダイゼーション・フレネルゾーンプレートを報告している[9]．アポダイゼーション・フレネルゾーンプレートは，図 5.8 に示すように，外周に向かうにつれて溝が徐々に浅くなるような構造をしている．これにより，光軸の垂直面内の強度分布がガウス分布に近いビームになるとされる[9]．アポダイゼーション・フレネルゾーンプレートでは，最外輪帯の溝は浅くてもよいため，加工に関する困難さは大幅に緩和される．この他，高エネルギー X 線に対して空間分解能をあまり犠牲にせずに回折効率を高くすることができるといった長所もある[9]．竹内等は，一見複雑に見える図 5.8 の構造が，従来のフレネルゾーンプレートの作製プロセスでエッチングの条件の調整だけで実現できるとしており，実用的にも優れた技術と言える．

次に，平行ビームではなく，X 線管球などの点光源をフレネルゾーンプレートから距離 a の光軸上に

(a) キノフォルム型フレネルゾーンプレート

(b) 擬似キノフォルム型フレネルゾーンプレート

図 5.6 キノフォルム型フレネルゾーンプレートとそれを階段状に擬似したキノフォルム型フレネルゾーンプレートの模式図

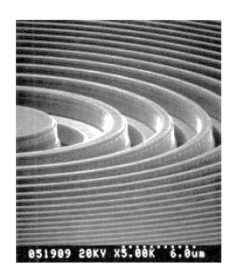
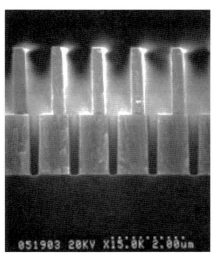

図 5.7 キノフォルム型フレネルゾーンプレートの外観の走査型電子顕微鏡写真（左）とその断面の走査型電子顕微鏡写真（右）（NTT アドバンステクノロジ（株）板橋聖一氏の御厚意による）

置き，図 5.9 のように球面波を入射させる場合を考える．フレネルゾーンプレートによって図 5.5 と同様な回折が生じ，フレネルゾーンプレートから距離 b の光軸上に集光される．この場合，近軸近似 (Paraxial approximation, $r_{om} \ll a, b$) により，下記のレンズの公式 (Lens formula) が成り立つ．

$$\frac{1}{f} = \frac{1}{a} + \frac{1}{b} \tag{5-14}$$

また，X 線では，$\theta \ll 1$ のため $\cos\theta = 1$ で，正弦条件が近似的に成立する．このため，図 5.9 に示す θ_1 と θ_2 は，以下のアッベの正弦条件 (Abbe sine condition) を近似的に満足する．

$$\frac{\sin\theta_1}{\sin\theta_2} = const. \tag{5-15}$$

図 5.8 アポダイゼーション・フレネルゾーンプレートの模式図

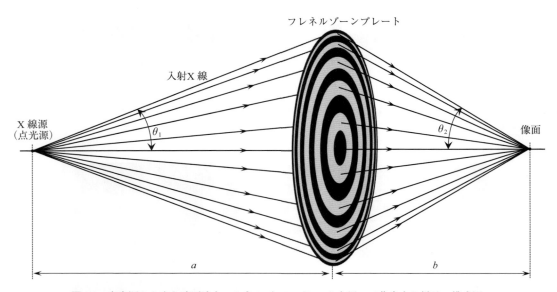

図 5.9 点光源から出た球面波をフレネルゾーンプレートを用いて集光する様子の模式図

これは，可視光の場合の無限に薄いレンズと同等である．光軸から離れた物点の像も歪むことがなく，良好な結像光学系が組めることを意味する．

(4) 照明系

　フレネルゾーンプレートを用いた結像光学系では，適切な照明系を用いることによって，X 線顕微鏡としての空間分解能を向上させることができる．フレネルゾーンプレートでの回折を考えたときの空間分解能は，式 (5-9) および (5-10) により，フレネルゾーンプレートの開口数に依存することを学んだ．一方，照明系を考えるとき，空間分解能は，フレネルゾーンプレートの開口数に加え，照明系のビームの収束角 (Convergent angle) にも依存する[1]．つまり，両方のレンズの開口がマッチングすることが必要になる．空間分解能を考えた最適な組み合わせは，照明系のゾーンプレート（コンデンサーゾーンプレート (Condenser zone plate)）の開口数がフレネルゾーンプレートの開口数の 1.5 倍になるときとされる[1]．この場合の空間分解能は，およそ $0.57\lambda/NA$ で表され，平行ビームをそのまま入射光として用いる場合の $0.82\lambda/NA$ よりも，大幅に改善される[1]．また，竹内等は，コンデンサーゾーンプレートの開口数をフレネルゾーンプレートの半分に設定することで，空間分解能を若干犠牲にしながらフレネルゾーンプレートの直径の約半分の視野を確保した実験例を報告している[11]．

　照明系には，図 5.10 に示すように，クリティカル照明 (Critical illumination) とケーラー照明 (Köhler

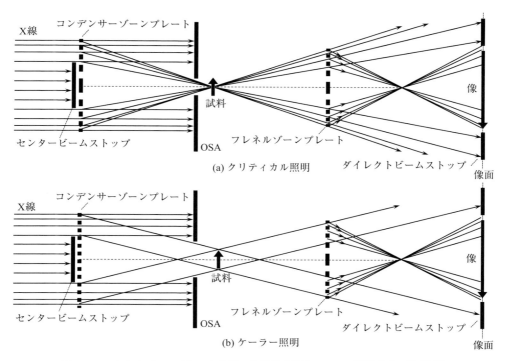

図 5.10　フレネルゾーンプレートを用いた結像光学系の 2 つの照明形式の模式図[1]

illumination) がある[1]。図 5.10 (a) のクリティカル照明では，光源像が縮小されて被照射面に形成される。照明効率は高いものの，視野が数 μm と狭くなることから，X 線イメージングではあまり用いられない[1]。一方，図 5.10 (b) のケーラー照明では，コンデンサーゾーンプレートを通った X 線は同じ角度で偏向し，光源像の縮小は生じない[1]。ここで，ケーラー照明に用いるコンデンサーゾーンプレートの例を図 5.11 に示す[10]。図 5.11 (a) に示す環状で等間隔の格子の場合，X 線の強度は，図 5.11 (b) のように光軸からの距離に反比例する。このため，X 線強度を平準化するための拡散板 (Diffuser) の挿入が必要になる。図 5.11 (c) のように 8 つの台形状の領域からなるセクターコンデンサーゾーンプレート (Sector condenser zone plate) の場合，図 5.11 (d) のように，視野全体にわたって比較的均一な X 線強度が得られる[10]。ただし，入射光がコヒーレントな場合，スペックルノイズが発生するため，セクターコンデンサーゾーンプレート自体を光軸の周りに回転させるか，それともセクターコンデンサーゾーンプレートと試料の間に拡散板を入れる必要が生じる[10]。また，セクターコンデンサーゾーンプレートを回転させる場合には，透過像の取得と回転を同期させるなどの配慮も必要になる。文献 [10] で用いられたセクターコンデンサーゾーンプレートは，400 nm 間隔の 8 角形格子となっており，内接円径 1 mm で，素材としては 1.6 μm 厚のタンタルを用いている[10]。

なお，フレネルゾーンプレートを用いたマイクロ・ナノトモグラフィーは，市販の産業用 X 線 CT スキャナーでも利用できる[12]。その場合にもコンデンサーゾーンプレートを用いた照明系が採用されている。

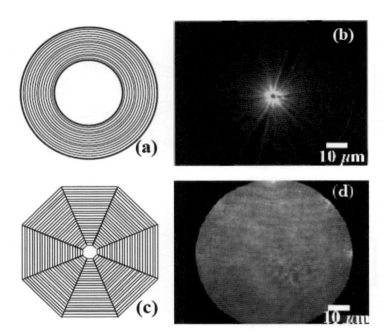

図 5.11 2 種類のコンデンサーゾーンプレートの模式図とそれぞれのコンデンサーゾーンプレートを用いたときの X 線強度分布を示す画像[10] (Reproduced from Author: Y. Suzuki, A. Takeuchi, K. Uesugi, and M. Hoshino: Hollow-Cone Illumination for Hard X-ray Imaging Microscopy by Rotating-Grating Condenser Optics, AIP Conference Proceedings 1365, 160 (2011))

5.1.2 ミラーを用いた結像光学系

第 2 章の図 2.15 および図 2.16 では，X 線の全反射を見た．これを利用して結像光学系を組むことも可能である．その代表的なものがカークパトリック–バエスミラーとウォルターミラー (Wolter mirror) である．なお，ウォルターは，ドイツ人なので本来はヴォルターミラーであろう．しかし，本稿では慣用表現に従って表記する．余談ではあるが，バエスの娘は，世界的なフォークシンガーのジョーン・バエスである．

以下では，ミラーによる集光の原理を簡単に見た後，それぞれのミラーについて触れる．

(1) ミラーによる集光の原理

X 線が全反射するとき，回転楕円面（Spheroid，ないしより正確には，Ellipsoid of revolution）と回転放物面 (Paraboloid) は，ミラーの理想的な形状と言える．前者は，点光源からの X 線を 1 点に，後者は，平行ビームを 1 点に，それぞれ集光する．これらは，2 次元の集光と言える．一方，図 5.12 に示す光軸方向の湾曲（曲率半径 r_m）と光軸に垂直な方向の湾曲（曲率半径 r_s）のうち，どちらか 1 方向のみに集光することを考える．平面が 1 方向のみに楕円形状に湾曲した曲面を楕円筒面 (Elliptic cylinder mirror) と呼ぶ．楕円筒面をもつミラーにより，X 線は線状に集光される．これは，1 次元の集光である．ここで，d_{in} を光源からミラーまでの距離，d_{ref} をミラーから像点までの距離，θ_{in} を X 線の視斜角 (Glancing angle) とすると，下記の関係が成り立つ[13]．

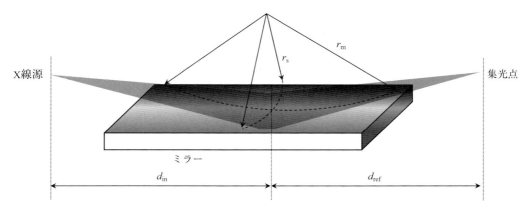

図 5.12 2次元のX線集光を考え，光軸に沿う湾曲と光軸に垂直な湾曲を考えるときの模式図

$$r_\mathrm{m} = \frac{2d_\mathrm{in}d_\mathrm{ref}}{(d_\mathrm{in}+d_\mathrm{ref})\sin\theta_\mathrm{in}} \tag{5-16}$$

$$r_\mathrm{s} = \frac{2d_\mathrm{in}d_\mathrm{ref}\sin\theta_\mathrm{in}}{(d_\mathrm{in}+d_\mathrm{ref})} \tag{5-17}$$

一般に，r_s は数十〜100 mm の値を取るのに対し，r_m は 100 m 〜 10 km と非常に大きな値となる[13]。したがって，光軸方向の湾曲は，平面ミラーの弾性的な曲げ変形を利用して実現することができる。一方，光軸に垂直な方向の湾曲は，ミラーの表面加工により形成することになる。光軸方向の湾曲では，曲率半径が非常に大きいので，楕円筒面を円筒面に近似しても誤差は小さい。

ところで，ミラーの反射率 R に及ぼす表面粗さの影響は，理想的な鏡面による反射率 R_0 に表面粗さによる減衰因子を掛けることで求められることが知られている[13]。

$$R = R_0 \exp\left\{-\left(\frac{4\pi\sigma_\mathrm{rms}}{\lambda}\right)^2 \sin^2\theta_\mathrm{in}\right\} \tag{5-18}$$

ここで，σ_rms は，平均二乗表面粗さ (Root-mean-square surface roughness, rms roughness) である。これを $\sigma_\mathrm{rms} = 0.1 \sim 6$ nm について計算してまとめたのが図 5.13 である[14]。なお，図 5.13 は，$\theta_\mathrm{in} = 4$ mrad のときの計算結果である[14]。この条件では，およそ 18 keV 以上をカットするローパスフィルターとして機能することがわかる。表面粗さの影響は非常に大きく，平均二乗表面粗さを 1 nm 以下にすることが実用上重要であることが理解できる。

全反射を利用したミラーの他，多層膜を利用したミラーもよく使われる。多層膜は，屈折率の異なる物質を 1 〜 10 nm 程度の厚みで交互に数十〜数百層積層したものである[13]。このような構造は，結晶がその結晶格子面間隔の広狭によって回折するのと同じで，各層の厚みに従って回折条件を満たす波長のX線のみを強く反射することになる。これは，後述する多層膜ラウエレンズにも利用されている現象である。多くの場合，X線のミラーに対する視斜角は，1 次の回折ピークが生じる角度に設定される。多層膜ミラーでは，このように，X線の反射だけではなく分光をも同時に行うことができるという特色がある。

ところで，表面が精密に回転楕円面，ないし回転放物面になったミラーを加工するのは，かなり難しい。その代わりとして，2 枚の円筒面ないし楕円筒面のミラーを直交させた光学系がよく用いられる。これが，図 5.14 に示すカークパトリック–バエスミラーである。なお，カークパトリックとバエスの論文

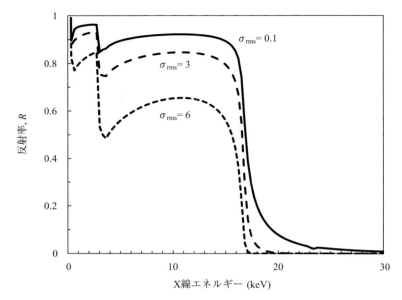

図 5.13 X 線ミラーの反射率の X 線エネルギー依存性。表面粗さ（平均二乗表面粗さ）を変化させてその影響を見たもの

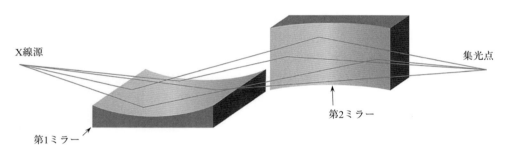

図 5.14 カークパトリック−バエスミラーによる集光の様子の模式図

には，球面を使った場合のみが記述されている。本稿では，2枚のミラーを直交させた光学系を広くこう呼ぶことにする。光軸に垂直な方向に湾曲したミラーを研削加工で作製すると，曲率半径が固定されるため，視斜角を変更すると焦点距離が変化する。そのため，光軸方向に湾曲したミラーが用いられる場合が多い。

(2) カークパトリック−バエスミラー

カークパトリック−バエスミラーは，直交した2枚のミラーのうち，最初のミラーで1次元的に集光し，2番目のミラーでは，最初のミラーでは集光されない方向に集光する。用いるミラーの例を図 5.15 (a) に示す。カークパトリック−バエスミラーの場合に空間分解能を規定するのは，ミラーのミスアライメント，および球面収差である。球面収差の低減のためには，ミラー面は，円筒面ではなく楕円形状とする。ミラー表面の曲面形状を得るには，図 5.15 (b) のようなベンダーを用いて平滑なミラーの形状を能動的に制御するか，それともミラー表面をあらかじめ楕円筒面に研削加工することになる。ベンダーは，主に円筒面の形成に用いられるが，両端をクランプして両端での曲げモーメントを非対称に制御す

(a) ミラー　　　　　　　　　　　　　(b) ベンダー

図 5.15　市販の X 線ミラーおよびそのベンダーの外観写真。フランス WinlightX 社の製品（(株)トヤマ 井原氏の御厚意による）

ることで，近似的に楕円筒面とすることができる。カークパトリック－バエスミラーでは，2 枚のミラーにより非点収差が完全に除去されるという利点がある。また，従来の表面加工方法が応用できる，ベンダーにより形状を制御できるといった点で，実用性がある。ただし，特にベンダーを用いる場合には，冷却系も含めてかなり大がかりなセットアップとなる。また，このため光軸上にミラーを簡単に出し入れできず，アライメントの調整の大変さも否めない。この他，ビームが光軸から逸れてしまう点も，汎用性を損なうデメリットと言える。さらに，焦点距離が長い点も，セットアップをさらに大規模にする要因である。このような理由もあり，これまで産業用 X 線 CT スキャナーには用いられていない。

カークパトリック－バエスミラーの大きな特色は，色収差がない点である。これは，以下に述べるウォルターミラーも同様である。これまで見たように，フレネルゾーンプレートの場合には，式 (5-6) に示すように，焦点距離が X 線の波長によって変化する。一方，全反射の場合の反射角は，X 線の波長に依存せず，焦点距離も変化しない。ただし，FZP と異なり，空間分解能の限界は波長に依存して変化することになる。また，図 2.16 で見たように，X 線エネルギーが高くなると全反射の臨界角が小さくなるため，ローパスフィルターとしても用いることもできる。このため，シンクロトロン放射光施設では，カークパトリック－バエスミラーなどは，集光だけでなく，アンジュレータの高次高調波や 2 結晶分光器の高次光をカットするのにも用いられる。

ミラーの基材は，溶融シリカないしは炭化ケイ素で，これにニッケルや金，プラチナなどをコーティングしたものが用いられる。表面は，充分に研磨される。近年では，1 nm 以下の精度での加工を可能にする EEM (Elastic emission machining) 法が用いられている[15]。

(3) ウォルターミラー

図 5.16 には，ウォルターミラーの模式図を示す。ウォルターミラーは，内面が回転非球面となっており，回転楕円面もしくは回転放物面と回転双曲面とが 1 つの焦点を共有する形で構成されている。2 回の反射により，焦点で 1 点に集光する。ウォルターミラーでは，アッベの正弦定理を近似的に満たすとされ[16]，優れた結像特性と高い集光効率を期待できる。単一のミラーでは除去不可能なコマ（Coma：最近ではコマ収差 (Comatic aberration) という言い方も見かける）は，2 枚の鏡面により極端に低減できる。なお，コマとは，光軸外の 1 点を光源とする光が像面において 1 点に集束しない収差をいう。これは，集光素子に X 線が当たる場所ごとに，倍率が変化することによる収差と言い換えることもできる。

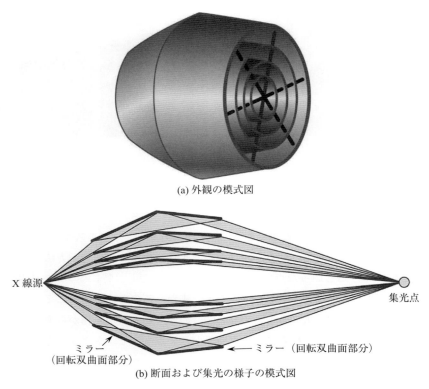

(a) 外観の模式図

(b) 断面および集光の様子の模式図

図 5.16 ウォルターミラーとその断面における集光の様子の模式図

また，2回の反射により，回転放物面鏡を1枚だけ用いる場合と比較して，焦点距離が約半分になる。ただし，非球面で構成されるウォルターミラーの内面を精密加工したり，ミラーの加工精度を精密に計測することは極めて難しく，その実用性は，限定的と言える。

5.1.3 複合屈折レンズ

(1) X線レンズの原理

屈折現象を利用したレンズは，可視光に対しては，当たり前のように用いられる。一方，2.2.1 節で述べたように，X線の屈折率 n の1からのずれ量は，たかだか 10^{-5} 程度に過ぎない。したがって，可視光で用いられるようなレンズは，X線ではまったく機能しない。複合屈折レンズは，図 5.17 のように単レンズを光軸上に直列に多数並べることでX線領域における屈折レンズを実現するアイデアと言える。1996年にスニギレフにより初めてその可能性が示された[16]。X線の場合，屈折率は1より小さいので，各単レンズは，凹面形状をしている。シンクロトロン放射光施設の平行ビームを用いる場合，凹面形状には，回転放物面が用いられる。ただし，数学的に厳密な一般解は4次方程式で，デカルトの卵型面 (Cartesian oval) と呼ばれる。また，楕円は，平面波の場合の厳密な特殊解である。

図 5.18 は，1つの両凹レンズの模式図である。凹面の曲率半径を r_{RL} とすると，焦点距離は以下のように表される[3]。

$$f_1 = \frac{r_{RL}}{2(1-n)} = \frac{r_{RL}}{2\delta} \tag{5-19}$$

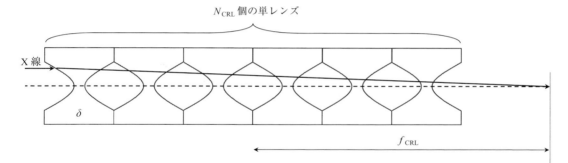

図 5.17 複合屈折レンズの模式図

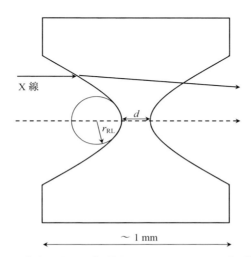

図 5.18 複合屈折レンズを構成する 1 つの両凹レンズの模式図

これが図 5.17 のように N_{CRL} 個だけ直列に並ぶと，複合屈折レンズの焦点距離 f_{CRL} は，以下のようになる。

$$\frac{1}{f_{CRL}} = \frac{1}{f_1} + \frac{1}{f_2} + \cdots + \frac{1}{f_{N_{CRL}}} = \frac{2N_{CRL}\delta}{r_{RL}} \tag{5-20}$$

結果として，複合屈折レンズの焦点距離は，$\frac{r_{RL}}{2N_{CRL}\delta}$ となり，凹面の曲率半径が小さいほど，また多数のレンズを並べるほど，焦点距離は短くなる。例えば，アルミニウムに直径 500 μm の円孔を開けて焦点距離を 1 m とするには，式 (5-20) より，X 線エネルギー 20 keV の場合で 92 個，30 keV では 208 個の単レンズを並べる必要がある。ただし，あまり多数のレンズを並べると X 線の吸収が大きくなることは，容易に想像できる。図 5.17 でもわかるように，吸収の影響は，光軸から上下に離れるほど顕著になる。これにより有効な開口が制限され，空間分解能も低下する。このため，X 線用屈折レンズの設計では，複素屈折率を考えて，δ/β がなるべく大きくなるように X 線エネルギーやレンズの材質を選定することになる[13]。式 (2-21) や図 2.17 で見たように，δ/β は X 線エネルギーが増加するほど，また軽元素となるほど増加する。このため，複合屈折レンズでは，アルミニウムやカーボン，リチウム，ベリリウム，ボロンなど X 線吸収の小さな材料と高エネルギー X 線の組み合わせが用いられる。また，レンズ自体の厚み

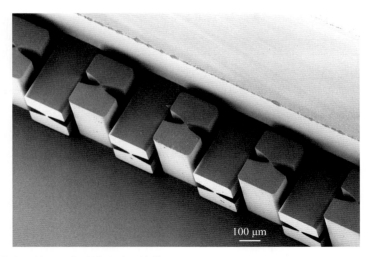

図 5.19 市販の X 線複合屈折レンズの外観写真。材質が SU-8 ポリマーのドイツ・カールスルーエ技術研究所 (Karlsruhe Institute of Technology IMT) 製複合屈折レンズ（(株) ASICON の御厚意による）

も，数十 μm レベルに抑えることが重要である。

　X 線イメージングで重要な点焦点を得るには，カークパトリック－バエスミラーでそうしたように，単レンズを 90°回転させながら並べればよい。図 5.19 には，SPring-8 でも 10 年以上の使用実績がある市販の複合屈折レンズの例である。図 5.19 では，単レンズのそのような配列が確認できる。

(2) 実用例

　参考文献 [17] のスニギレフによるトライアルでは，アルミニウムに図 5.18 に示した穴間の最小厚み $d = 25\,\mu m$，直径 500 μm 程度の円孔を 30 個開けた簡易なものを用いている。複合屈折レンズの全長は，約 19 mm である。これを用い，ESRF で X 線エネルギー 14 keV で焦点距離 1.8 m の実験を行っている。彼らは，レンズの厚い部分での吸収がゲインを規定するとして，円孔の直径は 250 ～ 600 μm の範囲がよいとしている。これは，シンクロトロン放射光施設の X 線ビームサイズにマッチするもので，都合がよい。

　この少し後になって，レンゲラー等は，回転放物面の複合屈折レンズを用い，5 ～ 200 keV の X 線エネルギーを用いた集光と 300 ～ 500 nm の空間分解能達成を報告している[18]。この場合，単ミラーのスタック数 N_{CRL} を変えることで，焦点距離の調整を行っている。また，その数年後には，同じグループが複合屈折レンズを X 線トモグラフィーに応用し，サブミクロンの空間分解能を得ている[19]。

　この他，ダドチック等は，内径 200 μm のガラスキャピラリーにエポキシを詰め，空気のバブルを作って複合屈折レンズとし，APS で試用している[20]。そして，複合屈折レンズは，X 線管球を用いたイメージングに適したデバイスであると結んでいる[20]。このように，複合屈折レンズは，ありふれた素材でシンプルな構造として作製できるため，様々な工夫により，安価で汎用性のある X 線用レンズになる可能性がある。

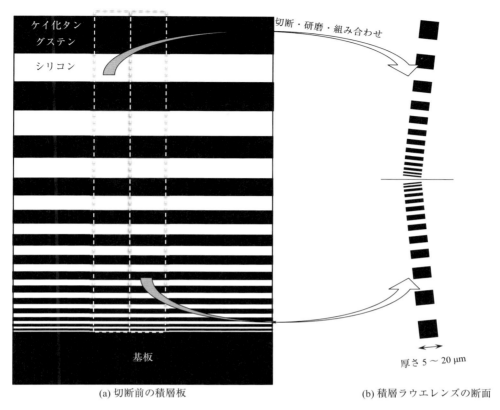

(a) 切断前の積層板　　(b) 積層ラウエレンズの断面

図 5.20　多層膜ラウエレンズの積層，切断による作製過程の模式図

5.1.4　多層膜ラウエレンズ

　多層膜ラウエレンズは，新しい作製方法に基づく X 線集光素子である。10 keV 以上の X 線に対して大きな開口数と 10 nm 以下の焦点サイズを達成可能な高性能な結像素子と言える[21]。これまで見たように，フレネルゾーンプレートでは，電子ビーム露光を利用してアスペクト比 10〜15 程度の構造を作製するのが普通である。一方，多層膜ラウエレンズでは，図 5.20 に示すように，まず DC マグネトロン・スパッタリングによって平滑基板上に多層膜を積層する。このとき，最外線幅の方から順に積層することで，高空間分解能を担保することができる。その後，基板上に積層した多層膜を垂直方向に切断・研磨して組み合わせることで，多層膜ラウエレンズが得られる。これにより，アスペクト比が最大で数千程度の構造も作製可能である[22]。

　カン等は，2008 年に図 5.20 に示す多層膜ラウエレンズを初めて報告している。彼らは，電子密度の高い方の層にケイ化タングステン (WSi_2)，低い方の層にシリコンを用い，最外線幅 5 nm，厚み 15 μm の多層膜ラウエレンズを作製した。これを用い，エネルギー 19.5 keV の X 線を 1 次元的に集光し，16 nm の焦点サイズを得ている。フレネルゾーンプレートと異なり，X 線回折のブラッグ条件 $2d\sin\theta = n\lambda$ を満たすことで，高空間分解能と同時に，約 31 % の高い回折効率を得ている。

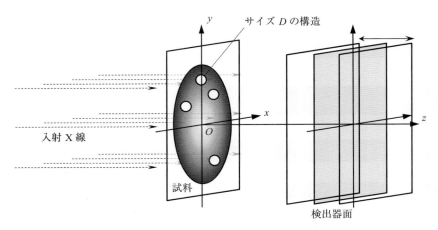

図 5.21 X 線が物体に入射し，透過した X 線を 2 次元検出器で観察するケースを想定する．試料の位置の (x,y) 面から距離 z の位置にある検出器での X 線の強度を計測する

5.2 位相コントラストトモグラフィー

位相コントラストトモグラフィーの基礎的な知識は，既に 2.2 節で解説した．この章では，実際に位相コントラストトモグラフィーを実施するための技法を見ていく．これには，大きく分けて，① X 線の伝播に基づく方法 (Propagation-based method)，②ツェルニケ位相差顕微鏡 (Zernike phase contrast microscope)，③結晶やプリズム，回折格子などの各種干渉計 (Interferometer) を用いる方法，④ X 線ホログラフィー (X-ray holography) などがある．いずれも，産業用 X 線 CT スキャナーでの利用は限られており，その利用は，シンクロトロン放射光施設での X 線マイクロ・ナノトモグラフィーが中心と言える．本節では，広く用いられている上記①，②を中心に解説し，③，④に関しても触れることにする．

5.2.1 X 線の伝播に基づく方法

2.2.2 節 (2) では，屈折コントラストイメージングについて既に述べた．屈折コントラストイメージングも位相コントラストを利用する重要で有用な手法である．技法としては単純なのでここでは触れないが，第 2 章を参照されたい．この章では，試料の透過像から位相分布をより積極的に回復する手法について述べる．このためには，まず試料と検出器との距離を充分にとり，フレネル回折により，試料内部の界面を強調した画像を取得する．次に，X 線の波面の変形を表現する強度輸送方程式 (Transport of intensity equation: TIE) を解くことにより，位相情報を回復する．この手法は，干渉計など特殊な素子が不要で実用しやすいという点で，優れた技法と言える．

(1) 強度輸送方程式

最初に，図 5.21 のように座標を定義する．試料から検出器までの距離を z とし，その位置での X 線強度を $I(x,y,z)$ と表記する．また，試料の位相分布を $\phi(x,y)$ とする．このとき，強度輸送方程式は，以下のように表される[23]．

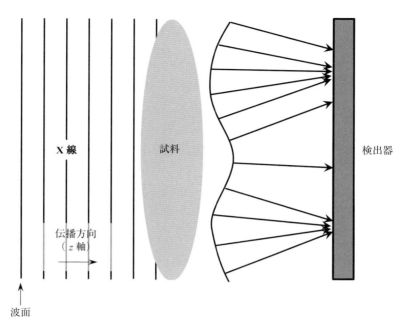

図 5.22 X線の平行ビームが物体に入射するとき，物体を透過することでX線の波面が変化することで計測されるX線の強度が局所的に変化することを表す模式図

$$k\frac{\partial I(x,y,z)}{\partial z} = \nabla_\perp \cdot [I(x,y,z)\nabla_\perp \phi(x,y)] \tag{5-21}$$

ここで，k は波数で，$k = \lambda/2\pi$ である。また，$\nabla_\perp$ は，(x,y) 面内でのベクトル微分演算子で，下記のように表される。

$$\nabla_\perp = \left(\frac{\partial}{\partial x}, \frac{\partial}{\partial y}\right) \tag{5-22}$$

式 (5-21) は，X線強度の伝播方向に関する微分が位相分布と関係付けられることを示している。この式の物理的な意味は，少しわかりにくいかもしれない。しかし，図 5.22 の模式図により，その概略を理解したい[24]。図 5.22 の検出器上部および下部のように，波面の曲率が正（凸）の領域では，X線の伝搬に伴って検出器の位置で計測される局所的なX線の強度は，減少することになる。逆に，検出器の上部および下部のように波面の曲率が負の場合，X線の強度は，増加する。ただし，式 (5-21) 左辺にあるX線が伝播する方向のX線強度の微分は，直接計測できる量ではない。そこで，図 5.21 のように，検出器を前後に動かし，$z = z_1$ と $z = z_2$ などと，光軸に沿った異なる位置でX線の強度分布を計測することになる。そして，次式のように，それらの強度分布の差分を計算することで，z 方向の偏微分を近似する。

$$\frac{\partial I(x,y,z)}{\partial z} \cong \frac{I(x,y,z_1) - I(x,y,z_2)}{\Delta z} \tag{5-23}$$

式 (5-21) から位相分布 $\phi(x,y)$ を求めることができれば，X線強度の計測から位相コントラストトモグラフィーが可能になる。

(2) 単一距離位相回復法

検出器の位置を前後に動かして複数の画像を得るのは，実験手順として煩雑で，データ処理でも精密

な位置合わせの必要性が生じるなど，手間がかかる．1枚だけのX線透過像を用い，ある仮定の下で強度輸送方程式を解いて位相回復(Phase retrieval)をすることができれば，簡便でロバストな実験技法となる．これを可能にする技法がいくつか報告されている[25]．例えば，X線の吸収がないと仮定するブロニコフの方法[25]や，X線の吸収が小さいとするグロソ等[25]や鈴木[26]等の手法，均一な単相材料を仮定するパガニンの方法[25]などである．これらは，いずれも1999年～2006年と，2000年前後に提案された手法である．本節では，単一距離位相回復法(Single-distance phase retrieval method)として，現在広く使われているオーストラリアCSIROのパガニンの手法を紹介する．この手法は，2002年に発表されたものである[27]．

まず，試料が均一な単相材であると仮定すると，試料中の位相分布と試料の厚み$t(x,y)$の間には，下記の関係がある[28]．

$$\phi(x,y) = -\frac{2\pi\delta}{\lambda}t(x,y) \tag{5-24}$$

ここでは，単色光で平面波，ないしは波面の曲率が非常に小さい場合を仮定する．また，式(2-31)で定義したフレネル数が大きな場合，つまり幾何光学近似が成り立ち，屈折が支配的となるような領域を想定する．これは，観察対象とする試料の内部構造に注目し，そのサイズを図5.21に示すようにDとするとき，以下に示す近接場の条件(Near-field condition)が成り立つことを意味する．

$$z \ll \frac{D^2}{\lambda} \tag{5-25}$$

パガニンは，これらの諸条件の下で，試料の厚み分布が次式で与えられることを示した．

$$t(x,y) = -\frac{1}{\mu}\ln\left(F^{-1}\left\{\frac{F[\frac{I(x,y)}{I_0(x,y)}]}{1+z\delta\mu^{-1}(u^2+v^2)}\right\}\right) \tag{5-26}$$

ここで，μは線吸収係数，$I_0(x,y)$は検出器の位置での入射X線強度，(u,v)は実空間(x,y)に対する逆空間の直交座標表示である．試料が均一でない場合でも，複素屈折率の実部と虚部の比β/δが一定のときには，上式が成立する．そこで，式(5-24)を用いることで，以下のように位相分布を求めることができる[25]．

$$\phi(x,y) = \frac{1}{2}\ln\left(F^{-1}\left\{\frac{F[\frac{I(x,y)}{I_0(x,y)}]}{\frac{\beta}{\delta}+(\frac{\lambda z}{4\pi})(u^2+v^2)}\right\}\right) \tag{5-27}$$

この式は，逆空間の像にフィルタリングし，これを逆フーリエ変換することで位相分布が得られることを示している．

ところで，科学研究の画像解析に広く用いられ，無料で利用できる画像処理ソフトウェアImageJ[29]でも，パガニンの手法による単一距離位相回復のアルゴリズムがプラグインとして組み込まれ，2014年2月から公開されている．そこで，少しカメラ長を長めにしてイメージングしたX線透過像が手許にあれば，このソフトウェアとプラグインを用いて位相コントラストイメージングの効果を簡便に試してみることができる．ただし，下記に示す応用例のように，吸収コントラストで可視化できないような内部構造について，画像処理によってその内部構造を基地から分離できる程度の高コントラストで可視化するには，イメージングや位相回復の適切な条件の選定が必要になる．

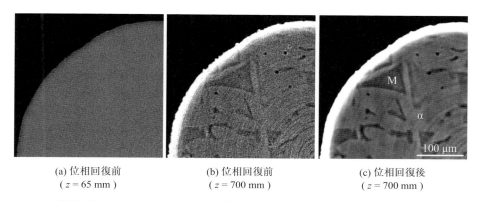

(a) 位相回復前　　　　(b) 位相回復前　　　　(c) 位相回復後
(z = 65 mm)　　　　(z = 700 mm)　　　　(z = 700 mm)

図 5.23 フェライト（図中 α）とマルテンサイト（図中 M）からなる DP 鋼を SPring-8 で撮像し，3D 再構成したもの。円柱試料の約 1/4 の領域を仮想断面で示した。(a) のカメラ長 65 mm は，吸収コントラストトモグラフィーに対して最適化したもの。(b) と (c) の 700 mm は，位相コントラストトモグラフィーで両相のコントラストと空間分解能のバランスを考慮して得られたこの場合の最適値[31]

パガニン等は，銅を分散したポリカーボネートのような複相材料にも式 (5-27) のアルゴリズムを適用し，その有効性を示している[30]。これは，両相の屈折率の差のみが画像のコントラストに影響するためである。同様に，図 5.23 は，シンクロトロン放射光施設で DP 鋼と呼ばれる 2 相組織を有する鉄鋼材料の可視化にこの技法を適用した例である[31]。この場合，鉄のフェライト相とマルテンサイト相の化学成分にはほとんど差がないものの，それらの密度は，それぞれ 7.87 g/cm^3 と 7.76 g/cm^3 と 1.4 % ほどの差がある。パガニンの手法を適用することで，このわずかな密度の違いを利用して 2 つの相の分離ができ，この材料のミクロ組織と破壊挙動の関係が研究されている。

単一距離位相回復法には，他の位相コントラストトモグラフィー法の技法と比べて，コントラストが比較的低いという点と，式 (5-26) がローパスフィルターとして機能するため，空間分解能が有意に低下するという 2 つの短所がある。例えば，図 5.23 の研究では，カメラ長が短い図 5.23 (a) の場合の空間分解能は，約 1 μm であった。一方，最適なカメラ長まで検出器を離して画像を取得し，位相回復処理を行った図 5.23 (c) の場合，空間分解能は，試料内部の界面での実測値で，約 2.8 μm にまで低下している。そのため，参考文献 [31] の研究では，材料に負荷を加えながら，ミクロ組織を観察するための高コントラスト・低空間分解能の位相コントラストトモグラフィーと，材料の損傷を観察するための低コントラスト・高空間分解能の吸収コントラストトモグラフィーのイメージングの計測を同時に繰り返して行い，これらを組み合わせることで材料の破壊挙動を評価している。

同じ鉄鋼でも少し材料は異なるが，同じ放射光施設で同様の実験条件で 2 相ステンレス鋼をイメージングした場合の空間分解能，コントラスト，S/N 比を図 5.24 に示す[32]。2 相間のコントラストと空間分解能は，トレードオフの関係にある。つまり，コントラストを向上させようとすると，空間分解能は，低下することになる。この場合，空間分解能は，$\sqrt{zD}$ 程度になる。そのため，参考文献 [31] と [32] では，空間分解能とコントラストとのバランスを考えて，あらかじめ最適なカメラ長を選定している。ちなみに，この材料で 2 相組織をなすフェライト相とオーステナイト相は，密度がそれぞれ 7.65 g/cm^3 と 7.71 g/cm^3 である。両相間の密度差は，図 5.23 の DP 鋼の場合よりもさらに小さく，約 0.8 % しかない。このように，単一距離位相回復法は，合金元素の濃化，結晶構造の違い，空隙の存在などによるわずか

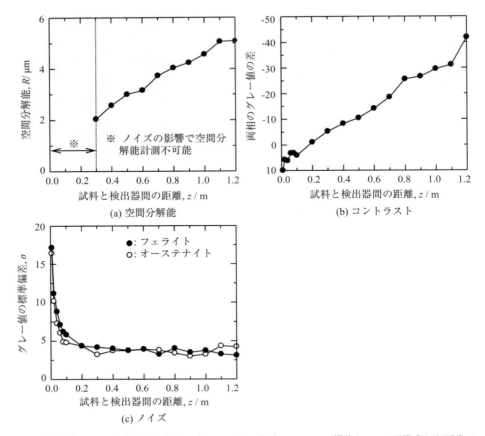

図 5.24 フェライトとオーステナイトからなる 2 相ステンレス鋼を SPring-8 で撮像し，3D 再構成した画像で，空間分解能，両相のコントラスト，ノイズを計測したもの。空間分解能は，両相の界面におけるグレー値の遷移を微分したものの FWHM（半値全幅：Full width at half maximum）により得ている[32]

な密度差があれば，それを簡便な実験により可視化できるため，材料や部材の内部構造を理解するための非常に有用なイメージング手法と言える。

単一距離位相回復法は，メイヨ等により，ラボレベルの CT にも適用されている。彼らは，フィールドエミッションガンの SEM 内で電子線をターゲットのタンタル膜に当てることで X 線を発生させ，ポリマー球を観察している[33]。得られた画像にパガニンの位相回復法を適用し，位相コントラストによる内部観察に成功している[33]。この手法は，産業用 X 線 CT スキャナーでも，今後，重要になると思われる。

5.2.2 ツェルニケ位相差顕微鏡

1930 年代に位相差観察法を考案したオランダ人のツェルニケ[34]は，1953 年にノーベル物理学賞を授けられている。彼の提案は，中心に穴の開いた位相板 (Phase plate) を対物レンズの後の焦点の位置（後側焦平面 (Back focal plane)）に置き，0 次光と高次光が $\pi/2$ だけ位相差をもつようにすることで，位相コントラストを得るものである。光学顕微鏡だけではなく，電子顕微鏡でもこの技法が用いられている。また，X 線に関しては，フレネルゾーンプレートの登場によって X 線顕微鏡が用いられるようになるに

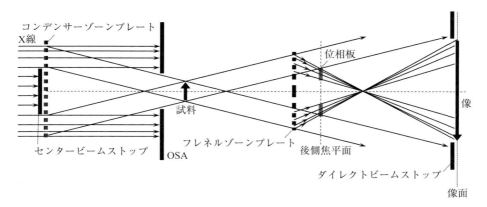

図 5.25 ケーラー照明とフレネルゾーンプレートを用いた結像光学系にツェルニケ位相板を組み合わせた位相コントラストトモグラフィーのセットアップの模式図

つれ，初めは軟X線で，そしてその後には硬X線でも利用されるようになっている．また，フレネルゾーンプレートだけではなく，複合屈折レンズなど，他のX線集光素子を用いた結像光学系にも応用されている[35]．

近年，5.1.1 節で解説したフレネルゾーンプレートを用いた結像光学系が広く用いられるようになっている．それに伴い，実効原子番号がかなり違う内部構造や空隙など，これまで投影型X線トモグラフィーでは吸収コントラストで充分に可視化できていた内部構造でも，結像光学系による高空間分解能観察ではコントラストが著しく低下し，観察やその後の画像解析に支障を来すことが多くなっている[111]．ツェルニケ位相差顕微鏡は，高空間分解能化によるコントラスト低下を簡便かつ有効に補える手法として重要である[111]．これは，特にケーラー照明を用いた場合，フレネルゾーンプレートの後側焦平面で0次光と回折光を空間的に分離しやすいため，フレネルゾーンプレートを用いた結像光学系とのマッチングがよいためである[111]．

ツェルニケ位相差顕微鏡のセットアップの模式図を図 5.25 に示す．ここでは，図 5.10 (b) のケーラー照明を用いる場合を考える．フレネルゾーンプレートの後側焦平面には，輪帯状のスポットが形成される．この形状に合わせた位相板を置き，0次光のみに位相変調を与えることで，0次光の位相を回折光の位相に対して $\lambda/4$ だけ進ませる（ネガティブコントラスト (Negative contrast)）か，または $\lambda/4$ だけ遅らせる（ポジティブコントラスト (Positive contrast)）ことを考える．0次光の位相を回折光の位相に対して $\lambda/4$ だけ進ませると，回折光は逆に $\lambda/4$ だけ遅れる．遅れた部分が透過像では明るくなるため，ブライトコントラスト (Bright contrast) とも呼ばれる．この意味では，もう一方はダークコントラスト (Dark contrast) である．この場合，あるレベルまでは，位相差が大きいほど強いコントラストが得られる．また，位相板を光軸から外せば，そのまま吸収コントラストイメージングが実施できる．ちなみに，位相板の光軸方向の位置の調整は，あまりシビアではないとされる．

ツェルニケ位相差顕微鏡で得られるコントラストと位相変化が比例するのは，位相変化が小さな場合に限定される[111]．位相差が大きな場合には，逆にコントラストが低下したり，コントラストが得られなかったり，あるいは明暗が逆転することさえあり得る．また，図 5.26 に示すように，内部構造の界面近傍に，ハローと呼ばれるエッジを強調するようなアーティファクトが現れるため[111]，界面近傍の微細構

250　第 5 章　応用イメージング技法

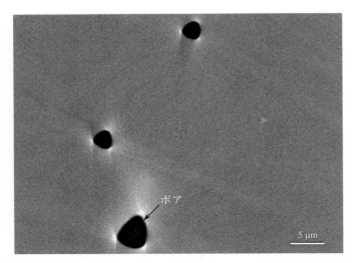

図 5.26　ツェルニケ位相差顕微鏡を用いた位相コントラストトモグラフィーで得られた画像の例。SPring-8 BL20XU で X 線エネルギー 20 keV の結像光学系を用いて Al-Zn-Mg 合金中のポア（空隙）を観察したもの。内部構造の界面近傍に，ハローと呼ばれるアーティファクトが見られる

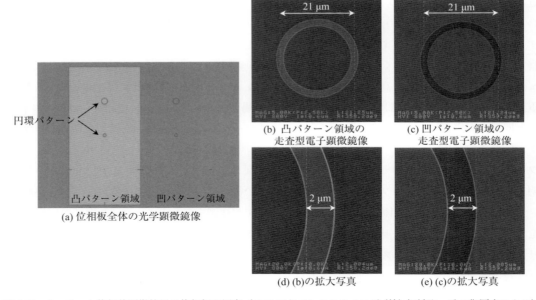

図 5.27　ツェルニケ位相差顕微鏡用の位相板の写真（NTT アドバンステクノロジ（株）板橋聖一氏の御厚意による）

造の観察が困難になる。したがって，ツェルニケ位相差顕微鏡で得られた画像を評価する場合には，これらの点を注意する必要がある。

最後に，位相板の実例を図 5.27 に示す。竹内等が 8 keV の X 線エネルギーの場合に用いた位相板は，NTT アドバンステクノロジ社製で，厚さ 0.96 µm のタンタルに輪帯幅 4 µm のパターンを描いたものとそれを反転したパターンであり，それぞれネガティブコントラストおよびポジティブコントラスト用に用

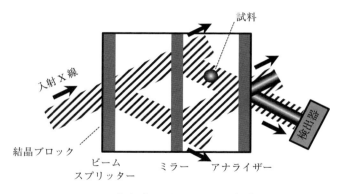

(a) トリプルラウエ (LLL) タイプ

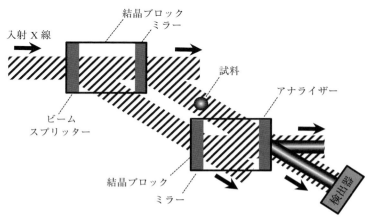

(b) 2つの結晶ブロックを用いるタイプ

図 5.28 結晶を用いた 2 種類の干渉計による位相コントラストイメージング法の模式図[36]

いられる[111]。この場合，位相板の厚みは，X 線エネルギーに合わせて調整することになる。

5.2.3 干渉計を利用した方法

(1) 結晶干渉計

図 5.28 に結晶干渉計 (Crystal interferometer) を用いる位相コントラストイメージング法の例を示す[36]。ボンゼ・ハート干渉計 (Bonse-Hart interferometer) を用いた X 線位相コントラストイメージングは，1995 年に百生によって初めて報告されている[37]。図 5.28 (a) は，ボンゼ・ハート干渉計の典型的な例で，等間隔で並ぶビームスプリッター，ミラー，アナライザーから構成されている。まず，入射 X 線ビームは，ビームスプリッターでブラッグ回折により，2 本のビームに分岐する。このビームスプリッターは，モノクロメーターの役割をも併せ持つ。ビームスプリッター，ミラー，アナライザーは，3 枚の薄板であり，シリコン単結晶の 1 つのインゴットから削り出して作られる。そのため，ビームスプリッターの後ろの薄板でも，何ら調整することなくブラッグ条件が自動的に満たされる。最後に，アナライザーの位置で，光路長が同じ 2 本のビームが干渉する。一方の光路上に試料をセットすれば，検出器の位置で干渉縞を観測することができる。図 5.28 (a) のセットアップでは，生体試料の場合に，その熱が薄板を熱

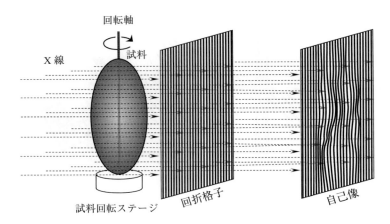

図 5.29 タルボ干渉計を用いた位相コントラストトモグラフィーの模式図。タルボ効果による自己像の形成と，試料の挿入による自己像の変形を示す

膨張させたり，結晶ブロックのサイズの制約により視野が制限されるという欠点がある[36]。これらの欠点を改善したものが，図 5.28 (b) に示す，結晶ブロックを 2 つに分けた結晶干渉計である[36]。

結晶干渉計による計測で得られるのは，あくまで干渉図形であり，位相分布自体は得られない。位相分布を得るためには，例えば，干渉計の光路上に位相板を挿入して複数の干渉図形を取得し，位相シフト量を算出するなどの必要がある。この手法は，縞走査法 (Fringe scanning technique) と呼ばれる。

結晶干渉計による手法は，密度分解能の高い位相コントラストイメージングを可能にする。例えば，日立製作所の米山等は，フォトンファクトリーの 17.8 keV の単色 X 線を用い，図 5.28 (b) に示した干渉計による生物の観察を行い，位相のばらつきの標準偏差から，イメージングシステムの密度分解能を 0.3 mg/cm^3 と推測している[38]。生体材料の密度は，1 g/cm^3 程度なので，これは，0.03 % 程度に相当すると思われる。一方で，この手法は，複数回のビーム分岐を必要とするため，X 線強度的にはかなり不利となる。また，動力学的効果により X 線が結晶中で拡がる効果のため，空間分解能も 10 µm 以上になる[39]。このため，この手法は，基本的に X 線マイクロ・ナノトモグラフィーには向かないものと考えてよい。

(2) タルボ干渉計

クロテンスは，1997 年にタルボ効果 (Talbot effect) による位相コントラストイメージングを初めて報告している[39]。彼はベルギー人で，ESRF のビームライン科学者である。タルボ効果とは，空間的にコヒーレントな光が回折格子などの周期的構造をもつ物体を透過するとき，物体から特定の距離 d_T だけ下流の位置に，その周期的構造に対応した強度分布をもつ自己像が形成される現象を指す[40]。このとき，回折格子の前に試料を置くと，図 5.29 のように，試料による位相シフトにより自己像に歪みが生じる。この自己像が観察される位置に 2 つ目の回折格子を置くと，2 つ目の回折格子のすぐ後ろに置いた検出器により，モアレ縞が観察されることになる。2 つ目の回折格子には，通常，1 つ目と同じ周期のものが用いられる。幸いなことに，モアレ縞のフリンジ間隔は，回折格子の周期より大きいため，高空間分解能の検出器は必要としない。d_T は，タルボ距離 (Talbot distance) と呼ばれ，以下のように表される。

$$d_\mathrm{T} = \frac{2mp^2}{\lambda} \tag{5-28}$$

ここで，p は回折格子の周期，m は自然数である．ここで観察できるのは，やはり干渉図形である．したがって，位相分布を得るための何らかの追加的な手法が必要になることは，結晶干渉計の場合と同じである．

一般には，上記のタルボ干渉計を用いた位相コントラストイメージングでは，空間的なコヒーレンス長が回折格子の周期長を上回る程度のコヒーレンスを必要とする[40]．ちなみに，既に第 2 章で式 (2-35) を用いて見積もったように，SPring-8 の標準アンジュレータ光源で X 線エネルギー 10 keV のときの空間的コヒーレンス長は，約 390 μm である．このことから，タルボ干渉計は，主としてシンクロトロン放射光施設で用いられることになる．ただし，マイクロフォーカス管を用いる試みも，一部では報告されている[41]．

コーンビームによる拡大は，高空間分解能検出器を用いなくても高空間分解能画像を得ることができる技法として，位相コントラストイメージングにおいても，その有用性は大きい．ここで，マイクロフォーカス管によるコーンビームを用い，用いる回折格子の間隔が充分に狭い場合のシステムの空間分解能を考えると，下記のように表される[42]．

$$\sigma_{\text{sys}}^2 \approx \left(1 - \frac{1}{M}\right)^2 \sigma_{\text{src}}^2 + \frac{1}{M^2}\sigma_{\text{det}}^2 + \frac{1}{2}\sqrt{\frac{\lambda L}{M}} \tag{5-29}$$

ここで，σ_{sys}^2，σ_{src}^2，σ_{det}^2 は，それぞれシステムとしての点拡がり関数（7.5.2 節で説明），X 線源の分布，および検出器の空間分解能の分散である．また，L はカメラ長，M は拡大倍率で，R_{so} を X 線源 − 試料間の距離として，$M = (R_{\text{so}} + L)/R_{\text{so}}$ という関係を満足する．上式右辺の第 3 項は，X 線回折に関するものである．一般に，フレネル数が大きい場合，空間分解能は，$2\sigma_{\text{sys}}$ になるとされる[43]．したがって，高い X 線エネルギーで観察倍率が大きい場合，X 線源の焦点サイズが空間分解能を規定することになる．一方，観察倍率が比較的小さい場合には，検出器の空間分解能が影響することになる．また，フレネル数が小さい（つまり伝播距離が長い）場合，フレネルゾーンサイズが空間分解能を規定する[43]．式 (5-29) は，タルボ干渉計に限らず，X 線の伝播に基づく位相コントラストイメージング法一般に対して，システムとしての空間分解能を与えるものである[42]．

タルボ干渉計を用いた方法がシンクロトロン放射光に向くのに対し，X 線管球に適した手法が図 5.30 に示すタルボ・ロー X 線干渉計 (Talbot - Lau X-ray interferometer) である．これは，2006 年にファイファー等によって提案されたものである[44]．図 5.30 (a) に示すタルボ干渉計の 2 つの回折格子に加え，図 5.30 (b) に示すように，X 線源の近くに仮想的な線光源の配列を作る 3 つ目の回折格子を挿入する．この場合，部分的にコヒーレントな X 線を作るため，3 つ目の回折格子の周期を充分に小さくする必要がある．そして，図 5.31 に示すように，3 つ目の回折格子の隣り合うスリットを通過する X 線が作る自己像が 1 周期ずれて重なり合うように回折格子の周期を決めることがポイントである．このとき，図 5.31 では，$p_1 = p_3 l_1/l_2$ を満足する．タルボ・ロー X 線干渉計を用いれば，X 線源の焦点サイズは，ミリメートルオーダーまで大きくすることができる．ファイファー等は，実際に実効焦点サイズ 0.8×0.4 mm の線源を用い，ポリマー球などを位相コントラストにより観察している[44]．一方，図 5.31 からもわかるように，これと引き替えに空間分解能がある程度低下することは，避けられない．

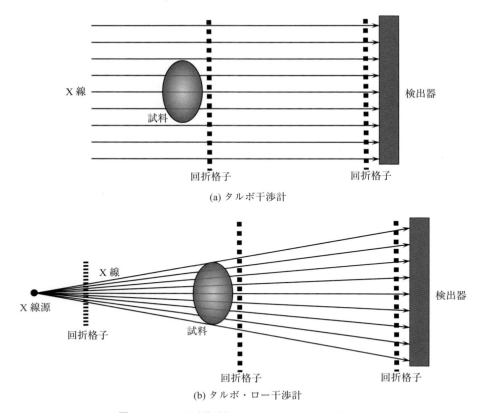

図 5.30　タルボ干渉計とタルボ・ロー干渉計の模式図

(3) プリズム

英国ブリストル大のラング等は1999年に[45]，またSPring-8の鈴木等は2002年に[46]，それぞれシンクロトロン放射光を用いたX線プリズムの干渉計を報告している．いずれも11～15 keVの単色X線を用い，ラング等はダイヤモンドの，鈴木等はアクリル製のプリズムを用いた実験であった．第2章で見たように，炭素のような軽元素では，複素屈折率のβ/δの値は，広いX線エネルギーにわたって1000程度となる．したがって，ポリマーなどの軽元素からなる材料で角柱を作り，表面を研磨すると，それは硬X線をほとんど吸収することなく屈折させることができるX線プリズムとして機能する．図5.32に示すように，視斜角θ_1で頂角θ_2のプリズムに入射したX線は，偏角θ_3だけ傾斜した波面を形成する．そこで，図5.32のように，X線ビームの半分だけプリズムで屈折させて像面で2つのビームを重ねることで，干渉計として利用することができる．頂角$\theta_2 = \pi/2$の場合，偏角は，次のように表される[46]．

$$\theta_3 = \frac{\delta}{\tan\theta_1} \tag{5-30}$$

ここで，θ_1を5°，X線エネルギーを15 keVとすると，プリズムの材質がアクリルの場合で13.5 μrad，ダイヤモンドの場合で23.2 μradの屈折角が得られることになる．これにより，プリズムから下流10 mの位置では，それぞれ135 μm，および230 μmのビームの横方向へのシフトが生じる．つまり，プリズムでのX線の吸収を考えても，この程度の視野サイズの位相コントラストイメージングが可能になることが

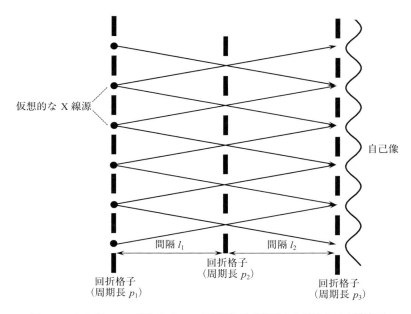

図 5.31 タルボ・ロー干渉計で 3 つの回折格子が配列する様子を示す模式図

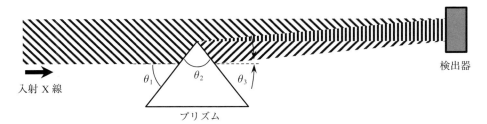

図 5.32 X 線プリズムを用いた位相コントラストイメージング法の模式図。頂角 θ_2 のプリズムに視斜角 θ_1 で入射した X 線が θ_3 だけ屈折して進む。プリズムの横をそのまま直進した X 線と図の検出器の位置で重なり干渉縞を作る

わかる。また，視斜角は，2.2.1 節 (1) で述べた全反射の臨界角以上となる[47]。その範囲では，式 (5-30) より，視斜角が小さいほど偏角を大きくすることができる。

この手法は，充分な空間的コヒーレンスと単色性，それに比較的長いプリズム～検出器間距離を必要とするため，その利用は，シンクロトロン放射光に限定される。プリズム表面は，平滑かつ鏡面にする必要がある。しかし，鈴木等は，ホームセンターで売られている安価な可視光用のプリズムを用いており[47]，プリズムの準備に特別な技術や高価な素材などは必要としない。この他，鈴木等は，X 線プリズムを用いた空間的コヒーレンスの計測や X 線ホログラフィーへの応用も報告している[47]。

5.2.4 X 線ホログラフィー

ハンガリー人のノーベル物理学賞受賞者であるガーボールにより 1948 年に発明されたホログラフィー

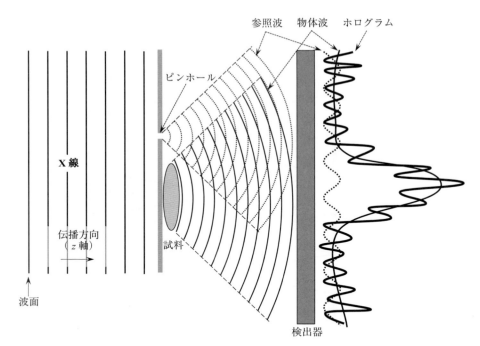

図 5.33 フレネルゾーンプレートを使わないシンプルな X 線ホログラフィーの模式図。X 線の平行ビームが物体に入射し，物体を透過することで X 線の波面が変化する。これをピンホールからの参照波と像面で干渉させることにより，ホログラムを得る

は[48]，X 線でも広く応用されている．特に，ESRF では，1999 年頃にクロテンスが報告したホロトモグラフィー (Holotomography) の技術が広くユーザーに利用されている．

X 線ホログラフィーは，コヒーレント X 線を用いた技法で，シンクロトロン放射光施設の利用が必要となる．X 線ホログラフィーでは，図 5.33 に示すように，試料から散乱された X 線（物体波：Object wave）と参照波 (Reference wave) を干渉させることで，干渉による X 線の強弱分布を記録するホログラム (Hologram) を取得する．この計測をいくつかのカメラ長で行うことで，試料の吸収・位相分布を求めることができる．

また，これとは別に，蛍光 X 線ホログラフィー (X-ray fluorescence holography) と呼ばれる手法もある．これは，計測したい元素の吸収端より高いエネルギーの X 線を照射し，物質中の特定の元素により蛍光 X 線を発生させ，これによりホログラムを取得するものである．蛍光 X 線は，原子から球面波として等方的に放射され，その後散乱されずに進む X 線と，放射された後，周囲の原子によって散乱されて進行する X 線があり，それらは，検出器の位置で干渉する．そして，検出器を試料の周囲で走査してホログラムを得た後，蛍光 X 線を発生させた原子の周囲の結晶構造を再構成する．蛍光 X 線ホログラフィーには，コヒーレントな X 線を必要としないという利点もある．詳細に関しては，専門的になるので，林等の解説を示してここでは割愛する[49]．

ホロトモグラフィーは，鉄鋼やアルミニウムなどの組織観察へ適用した例が報告されている．下記に紹介するのは，いずれも ESRF での実験例である．2004 年にボールビー等は，ビームライン ID19 でエネルギー 20.5 keV の X 線を用い，AA6061 アルミニウム合金中にアルミナ粒子が分散した金属基複合材

料の観察を行っている[50]。この場合の画素サイズは 1.9 μm であり，空間分解能は 4 μm 程度と推察される。この実験では，カメラ長 12 mm と 100 mm の 2 水準で透過像を取得している[50]。一方，トルナイ等は，2012 年に ESRF のビームライン ID22NI でアルミニウム合金鋳物の中の Mg_2Si 粒子と鉄のアルミナイド粒子を観察している[51]。この場合，カークパトリック－バエスミラーを用いたコーンビームによる拡大観察を行い，画素サイズを 60 nm としている[51]。透過像は，カメラ長を 29.68 ～ 44.61 mm の間で 4 段階に変化させて取得している[50]。また，同じ年にランドロン等は，ID22NI でマルテンサイト／フェライトからなる DP 鋼の観察を行っている[52]。この場合の X 線エネルギーは 29 keV で，画素サイズは 100 nm である[52]。彼らは，無負荷のときには 2 相組織を明瞭に観察できているが，負荷をかけながら観察したときには，再構成後にフリンジが残留して 2 相の観察はできていない[52]。

上記 2 例のアルミニウムの観察は，2.2.2 節 (2) で述べた屈折コントラストイメージングで充分に可視化できるような内部構造と思われる。また，DP 鋼の破壊のその場観察では，5.2.1 節 (2) で紹介したように，単一距離位相回復法を用いることで，負荷をかけても 2 相の可視化・分離ができることが示されている[31],[32]。この章で紹介したように，現在では様々な位相コントラストイメージング手法が利用できる。しかし，特定の課題に対して，どの位相コントラストイメージング手法を用いるべきか，あるいは通常の吸収コントラストイメージング法ないしは屈折コントラストイメージング法を適用すべきかは，どの技法が利用しやすいかという研究環境の問題から切り離して検討すべきである。特に，DP 鋼の例のように，たとえ高い密度分解能が期待できる高度な位相コントラストイメージング法を用いたとしても，観察条件によっては，より簡便な技法の方がむしろ有効である場合もあるので，充分に注意が必要である。

5.3　高速トモグラフィー

ここでは，撮像の速度を上げて短時間で 3D 画像を取得する手法である高速トモグラフィー (Fast tomography) 法を概観する。高速トモグラフィーの「高速」という表現は，一般に再構成プロセスなどを含めず，透過像のセットを取得する速度のみを念頭に置いたものである。高速トモグラフィーを必要とするニーズは，産業用 X 線 CT スキャナーでは，工場の製造ラインなどでの製造欠陥の全数検査，ないしは内部構造や内部欠陥の評価・解析のための時間短縮・効率化を目指したスループットの向上であろう。一方，シンクロトロン放射光施設での X 線トモグラフィーでは，科学研究で重要な各種現象のその場観察の実現であろう。図 5.34 には，様々な科学研究分野で 3D 可視化すべき動的な現象の代表例をまとめた。

参考までに，図 5.35 には，初めて高速トモグラフィーの論文が発表された 2003 年以降の X 線トモグラフィーの高速化の流れを，空間分解能の指標である画素サイズも合わせて示した。これは，原著論文を文献データベース (Scopus) で検索し，手元の論文と合わせてグラフにしたものである。縦軸が対数であることに注意すると，高速化の流れは加速的に，しかも現在でもなお進行していることが理解できる。この恩恵で，近年では，例えば金属の凝固過程や凝固中の晶出相の生成と成長挙動など，これまで可視化できなかった各種現象が 3D で評価・解析できるようになっている。

表 5.2 には，X 線源，検出器，試料回転ステージについて，X 線トモグラフィーを高速化するための各種方策をその実施例を参考文献とともにまとめた。参考文献の発行年にも注意しながら参考にするとよい。

258　第 5 章　応用イメージング技法

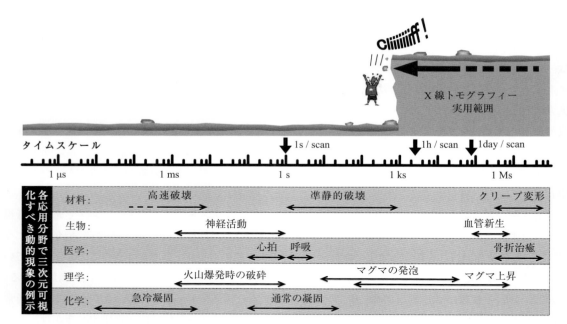

図 5.34　各科学研究分野で 3D で可視化すべき代表的な動的現象を模式的にまとめたもの。一般に，X 線トモグラフィーの撮像には，X 線源，回転ステージ，検出器，データ取得方法のいずれか，ないしはそれらの複数にまたがる高速化の障害があり，限界（図中のクリフ）が定まる。それを解決するような対策を講じることで，上記の現象が可視化できるようになる

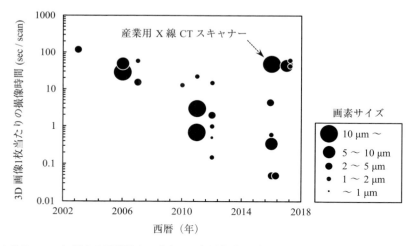

図 5.35　高速トモグラフィーに関する原著論文のまとめ。年別推移の形で，3D 画像 1 枚当たりの撮像に要する時間をプロットした。なお，画素サイズは，各プロット点の大きさで表示した。1 件を除いて，すべてシンクロトロン放射光を用いたものである

5.3.1　シンクロトロン放射光施設

既に 4.1.5 節 (5) で述べたように，SPring-8 のビームライン BL20XU の第 1 実験ハッチで分光器に Si (111) 面を用いた場合には，10^{13} [photons/s/mm^2] のフラックスが得られる。一方，モノクロメーターを

表 5.2 高速 X 線トモグラフィーを実現するための諸対策のまとめ

構成機器とその特徴			高速化対策
X 線源	X 線管	出力	・高出力で小実効焦点サイズの X 線管の採用[63]
	シンクロトロン	バンド幅	・準単色（アンジュレータ）[53]~[55] ・白色（ウィグラー[56],[57]） ・白色（スーパーベンディングマグネット[58]）
回転ステージ		撮像シーケンス	・連続回転[53],[54],[57],[63],[65],[66] ・ヘリカルスキャン
		回転数	・高速回転（600 pm[58],[65]）
検出器		種別	・CCD に代わり CMOS カメラ使用[53],[54],[59],[65],[66]
		検出方式	・フォトンカウンティング検出器[63]
		ビニング処理	・有[54],[60]~[62]

用いずに，アンジュレータからの放射光を 2 枚のミラーで成形した後のフラックスは，X 線エネルギー 12.4 keV のときに 10^{15} [photons/s/mm^2] となり，モノクロメーターを用いる場合と比較して，2 桁程度高くなる[53]．この場合，バンド幅は 2% 程度で，準単色光となる[53]．メンケ等[54]，およびシュアイ等[55]も，英国のシンクロトロン放射光施設 Diamond でアンジュレータからの準単色光を用いた実験を行っている．一方，ラメ等，および筆者等は，ESRF でウィグラーからの白色光を用いた高速トモグラフィーの実験を行っている[56],[57]．著者等の実験では，ESRF のビームライン ID15A でウィグラーからの白色 X 線を 60 keV にチューンし，2×10^{14} [photons/s/mm^2] のフラックスを得ている[57]．また，ゼフレは，スイスのシンクロトロン放射光施設 SLS の TOMCAT でスーパーベンディングマグネット (Superbending magnet) からの白色光を用いた実験で，残光の影響を評価している[58]．スーパーベンディングマグネットは，強い磁場をもつ偏向電磁石である．SLS の TOMCAT の場合には，2.9 テスラの偏向電磁石で，偏向電磁石を出てすぐの所で 10^{13} [photons/s/0.1% bw] のフラックスが 15~22 keV の広いエネルギー範囲にわたって得られる[59]．ちなみに，SPring-8 の偏向電磁石は，0.68 テスラである．

アンジュレータからの準単色光を用いる場合には，線吸収係数分布を計測するときの定量性をある程度犠牲にすることになる．また，ウィグラーやスーパーベンディングマグネットの白色光を用いる場合には，イメージングの目的を内部構造の形態の可視化と割り切る必要がある．しかし，準単色光ないし白色光の利用は，X 線トモグラフィーの高速化には絶大な効果がある．また，これら用いる光源の違いによって，ビームサイズ，X 線エネルギー，およびその分布にも大きな差異が出る[53]．例えば，ウィグラーの場合にはビームの発散角が大きく，アンジュレータの場合のように，ビームをミラーなどで拡げる必要がない[53]．一方，図 4.44 で見たように，アンジュレータの基本波は輝度が高く，ウィグラーに比べて比較的低い X 線エネルギーにピークをもつ．したがって，鉄など軽金属以外の金属の場合には，ウィグラーの利用が有効である．ただし，ウィグラーからのシンクロトロン放射光は，図 4.44 のように低エネルギー成分を多く含むため，後述するビームハードニングと呼ばれるアーティファクトを生じやすい[53]．これが観察上の問題となる場合には，大幅なフラックスの低下を承知の上でモノクロメーターを利用する必要が生じる．

ゼフレ等は，上記の TOMCAT の実験で，シンチレーターの残光の影響を評価している[58]．彼らが用いたのは，LuAG (Ce) であり，代表的なシンチレーター用物質とその特性をまとめた表 4.14 の中でも，減衰時間が 58 ns と比較的短い材料である．この論文によれば，シンチレーターの厚みが 300 μm の場合

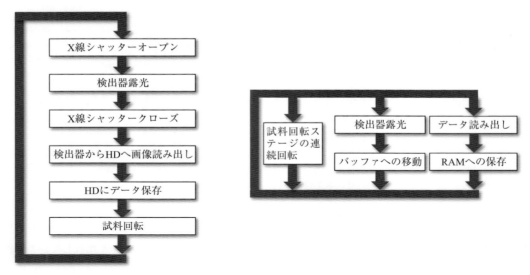

(a) ステップ・アンド・シュート型の撮像の例　　(b) オンザフライ型の撮像の例

図 5.36　回転ステージに関する撮像ステップの順序の例。試料回転ステージを透過像取得ごとに止めるデータ収集法と試料回転ステージの連続回転によるデータ収集法の比較

には，最大強度の約 0.1 % の残光が照射停止後 150 ms でも見られた。一方，その厚みを 20 μm，ないし 100 μm とすると，照射停止後 25 ms でも最大強度の 0.1 % まで低下する。このため，発光強度も考え，高速トモグラフィー用の LuAG (Ce) の厚みとしては，100 μm が最適であると結論している。

5.3.2　産業用 X 線 CT スキャナー

既に 4.1.2 節 (5) で見たように，X 線管球の輝度は，最大出力を焦点サイズ（面積）で除することで求められる。したがって，なるべく大きな出力で，かつ小さな実効焦点サイズの管球を選定することが重要である[63]。そこで，図 4.26 を改めて見てみると，X 線管球の実効焦点サイズと X 線出力との間には，ある程度の相関がある。しかし，図 4.26 では，特に焦点サイズが小さい X 線管球で，両者の関係にかなりのばらつきがあることがわかる。例えば，焦点サイズ約 4 μm の管球では，出力最大のものと最小のものとの間に，実に 44 倍以上の差がある。これは，表 4.3 で見たように，X 線管の冷却方式の違いなどによるものであろう。

5.3.3　X 線源以外の技術要素

回転ステージと検出器の同調に関する撮像ステップの順序に関しては，多くの研究例が図 5.36 のように，試料回転ステージを透過像取得ごとに止めるデータ収集法（ステップ・アンド・シュート：Step-and-shoot data acquisition method）ではなく，試料回転ステージの連続回転によるデータ収集法（オンザフライ：On-the-fly data acquisition method）を行っている[53],[54],[57],[63]。後者は，特に高速トモグラフィーを標榜しない場合でもよく用いられるようになっている。この理由を定量的に考えてみる。例えば，筆者がよく用いる視野幅 1 mm，1800 投影／180° のイメージング条件では，隣り合う 2 枚の透過像

の間で，試料回転ステージの連続回転によるブレが視野の最外周部で0.87μm，角柱試料の外縁部ではおよそ0.5μmだけ生じる．しかし，この場合の3D画像の空間分解能は約1μmであり，この程度のブレがあっても，空間分解能はほとんど影響を受けないことがわかる．

ちなみに，参考文献[57]の著者等の実験では，1024×2048 pixelの透過像450枚（Voxel約 $(1.6\,\mu m)^3$：空間分解能4.1μm）を試料回転ステージ，およびその上に設置した引張試験機をいずれも連続動作させながら収集している[57]．このときの撮像の速度は，22.5 sec/scanであった[57]．材料試験を撮像の度に一時停止して変位を固定すれば，緩和現象により必然的に除荷が生じる．力学的に考えると，破壊力学のパラメーターで全歪み理論と呼ばれる考えに基づくJ積分を計測する場合の妥当性は，材料を除荷する場合には担保されない．その対策として，この研究では，連続取得した3D画像からJ積分を直接計測することに成功している．これにより，従来の負荷－変位固定（一部除荷）－観察を繰り返す手法では計測できなかった，静止亀裂，および進展中の亀裂先端の応力場特異性が明らかになっている[57]．

次に，検出器に関しては，近年ではCCDカメラからsCMOSカメラへの代替が進んでいる[53],[54],[59]．4.4.2節の(3)および(4)で見たように，今日ではCMOSカメラでも高い量子効率，低ノイズ，広いダイナミックレンジなどの特性が実現され，sCMOSカメラとして利用されている．これらの基本的な特性と，グローバルシャッター技術などとの組み合わせにより，sCMOSカメラは，高速撮像における重要な要素技術となっている．また，クンポヴァ等は，産業用X線CTスキャナーにおける高速トモグラフィーの実施例を2016年に報告している[63]．これは，上記の試料回転ステージの連続回転によるデータ収集法や高出力のマイクロフォーカスX線管などの高速化対策にテルル化カドミウムをセンサーとするX線フォトンカウンティング検出器を組み合わせたものである．また，GEは，図3.3 (b)の医療用CTスキャナーのように，X線管および64ラインのラインセンサーカメラが一体となったガントリーが試料の周りをヘリカル状に回転/スライドする産業用高速X線CTスキャナーを販売している[64]．これにより，最高15秒という高速スキャンを可能にしている．

5.4　元素濃度のトモグラフィー

式(2-9)で見たように，何種類かの原子が混合した合金や化合物の場合，その質量吸収係数は，合金や化合物の化学成分とその量比を用いて混合則で与えられる．また，一般に構造材料は，通常3種類以上の成分元素からなる．そのため，材料中に空隙などがないものと仮定し，さらにX線トモグラフィーの計測により線吸収係数の3D分布が正確に再構成できたとしても，これから逆に各成分元素の3D濃度分布を求めることはできない．ここでは，吸収端差分イメージング（Absorption - edge subtraction imaging）および蛍光X線トモグラフィー（Fluorescent X-ray tomography）などを用いた物質内部の化学成分の3Dマッピング法などについて紹介する．

5.4.1　吸収端差分イメージング

医療用X線CTスキャナーでは，異なる2つのX線エネルギー範囲で撮像した透過像を用い，特定部位のコントラストを向上させる技術が既に1970年代には発表されている[67]．この年代では，管球の電圧を変えて連続して撮像していた．その後，1980年代には1スキャンの間に管電圧を急変させる技術

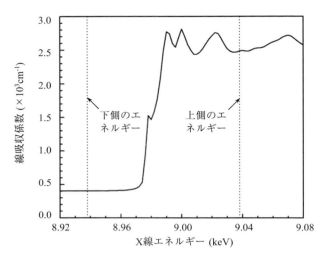

図 5.37 銅の K 吸収端近傍における X 線吸収スペクトル。純度 99.99％ の純銅を用い，8×0.6 mm の X 線ビームサイズで計測したもの[69]

が，1990 年代には異なる X 線エネルギー範囲で発光するシンチレーターを 2 層重ねた検出器が，2000 年代には高低 2 水準の X 線エネルギー範囲をもつ 2 つの X 線管球を搭載した X 線 CT スキャナーが，そして 2010 年代にはエネルギー弁別型フォトンカウンティング検出器の利用が，それぞれ発表されている[68]。これらは，図 4.2 と表 4.2 で見た管電圧とターゲット材料が X 線のエネルギー分布に及ぼす影響や，4.4.5 節 (3) で見たフォトンカウンティング検出器による X 線エネルギースペクトルの計測などを利用したものである。これらの技術は，産業用 X 線 CT スキャナーやシンクロトロン放射光を用いて行う X 線トモグラフィーでも重要であり，実際に様々な用途で実用されている。

図 2.4 で見たように，例えば鉄の 7 keV 付近など，吸収端の付近では線吸収係数がジャンプする。それ以外の X 線エネルギー範囲では，2.1.2 節で述べたように，支配的な吸収機構が徐々に遷移し，低エネルギーでの線形の領域と高エネルギーでのフラットな領域が存在する。これらの領域では，線吸収係数は，X 線エネルギーに対して緩やかな変化しか示さない。そこで，特定の元素の吸収端を挟んで高低 2 水準の X 線エネルギーで透過像を撮像し，それらの差分をとることで，その元素の濃度の 3D マッピングが可能になる。ただし，画素差分前の画像の位置合わせ，および画素値の補正を精密に行う必要がある。また，シンクロトロン放射光施設で単色光を用いれば，元素濃度の定量性が担保でき，SEM-EDX と同程度の検出能（0.5 mass % 程度）と再現性が得られることが明らかになっている。そのため，吸収端差分イメージングは，材料内部のミクロ組織や欠陥，元素濃度の空間的な不均一性，およびその力学的性質への影響評価などに活用されている。原理的には，シンクロトロン放射光施設で得られる X 線エネルギー範囲に吸収端をもつ元素，すなわち K 吸収端で言えば，バナジウム（K 吸収端：5.46 keV）からランタン（K 吸収端：38.92 keV）程度までの元素が対象になる。また，L 殻の吸収端が使えれば，より原子番号の大きな元素も対象になる。

一例として，8.98 keV に K 吸収端をもつ銅を含み，N 成分からなるアルミニウム基合金について，銅の吸収端差分イメージングを行うことを考える[69]。図 5.37 に銅の K 吸収端近傍の X 線吸収スペクトル

を示す[69]。吸収端の付近から高エネルギー側の領域に，X線吸収微細構造と呼ばれる微細構造が見られる。計測の再現性を担保するため，この微細構造を避けつつ，吸収端からなるべく近いX線エネルギーでイメージングする。図5.37の例では，吸収端±0.1 keVのX線エネルギーを採用している。ここで，X線エネルギーEでの質量吸収係数μ_{m}^{E}は，適切な条件で吸収コントラストイメージングした透過像セットの再構成によって得られ，以下のように表される。

$$\mu_{\mathrm{m}}^{8.88} = x_{\mathrm{Cu}}\mu_{\mathrm{m,Cu}}^{8.88} + \sum_{i=1}^{N-1} x_i \mu_{\mathrm{m},i}^{8.88} \tag{5-31}$$

$$\mu_{\mathrm{m}}^{9.08} = x_{\mathrm{Cu}}\mu_{\mathrm{m,Cu}}^{9.08} + \sum_{i=1}^{N-1} x_i \mu_{\mathrm{m},i}^{9.08} \tag{5-32}$$

ここで，$\mu_{\mathrm{m,Cu}}^{E}$と$\mu_{\mathrm{m},i}^{E}$は，それぞれX線エネルギーEでの銅，およびその他の成分元素の質量吸収係数，x_{Cu}とx_iは，それらの質量分率である。$\mu_{\mathrm{m},i}^{8.88}$と$\mu_{\mathrm{m},i}^{9.08}$の違いは，式(2-10)のヴィクトリーンの式などによって補正することができる。例えば，アルミニウムとシリコンの吸収係数は，X線エネルギー8.88 keVと9.08 keVの間で，いずれもおよそ3％の差がある。これを補正した後，式(5-32)から式(5-31)を差し引くことにより，x_{Cu}は，以下のように求められる。

$$x_{\mathrm{Cu}} = \frac{\Delta\mu}{\left(\mu_{\mathrm{m,Cu}}^{9.08} - \mu_{\mathrm{m,Cu}}^{8.88}\right)\rho_{\mathrm{alloy}}} \tag{5-33}$$

$\Delta\mu$は，各画素での差分により求められる。また，ρ_{alloy}は，合金の密度である。SPring-8のBL20XUで空間分解能約1.3 μmの計測を行った場合，銅濃度の検出限界は約0.5 mass％，計測の再現性は±0.1 mass％であることが確認されている[69]。

図5.38は，このようにして得られたAl - 5％Cu合金内部の銅濃度の3Dマッピングである[69]。アルミニウムの鋳造時に生成する粗大な晶出物や凝固偏析による不均質な銅分布が見られ，それが熱処理によりかなり均質化される様子がわかる。通常の化学分析では，溶体化処理後の合金元素濃度は，ほぼ均一に見えるのが普通である。しかし，図5.38(b)のマッピングをよく見れば，充分な熱処理後にも，銅濃度に若干の不均質性が残っていることがわかる。これが構造材料としての機械的性質やそのばらつきに関係しているものと考えられ，実用上重要な知見と言える。その他にも，ポーラス材料の強度評価への応用が報告されている。ポーラス材料では，製造プロセスでの急冷凝固により，普通の構造材料と比較して著しい合金元素の偏析が生じる。ポーラス材料のセル壁への亜鉛偏析とその破壊時の亀裂進展経路との関係がこの手法により明らかにされている[70]。

ところで，産業用X線CTスキャナーでも，テルル化カドミウムやテルル化亜鉛カドミウムをセンサーとするX線フォトンカウンティング検出器を用いた吸収端差分イメージングの試みが報告されている。イーガン等は，HEXITECと呼ばれるX線フォトンカウンティング検出器をマイクロフォーカス管の市販産業用X線CTスキャナーに組み込み，吸収端差分イメージングを試みている[71]。HEXITECは，2006年に英国EPSRCが組織したコンソーシアムにより開発された検出器である。これを用いれば，エネルギー3〜200 keVのX線について，ピークの半値全幅(FWHM: Full width at half maximum) 1 keVで計測ができるとされる[71]。彼らは，アルミナ触媒中のパラジウム（吸収端：24.35 keV）の3D分布や，金を含む熱水鉱脈から採取した鉱石中の金（吸収端：80.725 keV）と鉛（吸収端：88.005 keV）の空間分

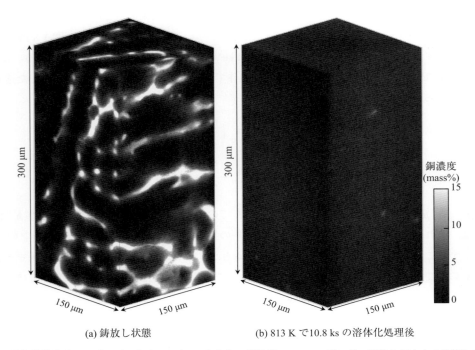

(a) 鋳放し状態　　　　　　　(b) 813 K で10.8 ks の溶体化処理後

図 5.38　K 吸収端差分イメージングによる Al-5% Cu 合金中の銅濃度の 3D マッピング。鋳込んだままの状態とそれに溶体化処理を施したものの比較

布を可視化している。パラジウムのイメージングでは，K 吸収端の近傍を 0.24 keV ステップで計測している。この場合の 3D 画像の画素サイズは 53 〜 65 μm とやや粗いが，小さな試料では，5 μm 程度の画素サイズでイメージングが可能であると結論している。

5.4.2　XANES トモグラフィー

　吸収端差分イメージングからさらに計測と解析を深化させ，図 5.37 のように吸収端の近傍に見られる吸収スペクトルの特徴を利用した 3D イメージングも行われている。これは，X 線吸収端近傍構造 (X-ray absorption near edge structure) と呼ばれ，XANES（ゼインズ）と略される。これは，有機分子の場合の NEXAFS とほぼ同義である。計測としては，単色 X 線を用い，ある元素 A の吸収端近傍で X 線エネルギーを変化させながら透過像を連続的に取得する。これにより，図 5.37 のような吸収端近傍における X 線吸収スペクトルが個々の画素ごとに得られる。次に，元素 A を含む既知の化合物の吸収端近傍構造のデータに得られた情報をフィッティングすれば，画素ごとに元素 A を含む化学種の量比が得られる。試料を回転させながら 2 次元的な化学種マッピングを連続的に取得し，最後にこれらを 3D 再構成すれば，化学種の量比の 3D マッピングが得られる。

　例えば，メイラー等は，ニッケルを含む化合物に XANES トモグラフィーを適用している[72]。彼らは，シンクロトロン放射光施設 SSRL でニッケルの吸収端近傍を 0.5 eV ステップでスキャンし，縦，横，奥行きとも 15 μm 程度の視野で金属ニッケルと酸化ニッケルの量比を 3D マッピングすることに成功している。彼らの実験は，コンデンサーゾーンプレートとフレネルゾーンプレートを用いた結像光学系の

セットアップを用いたもので，数十 nm レベルの空間分解能を達成している．画像再構成には，3.3.1 節で紹介した代数的再構成法を用いている．この手法では，X 線エネルギーを変化させるため，得られる多数の透過像の精密な位置合わせが不可欠であり，データ取得後の細やかなデータ解析が欠かせない．特に，メイラー等の実験では，エネルギーの変化により，得られる画像の倍率が微妙に変化するので，これを考慮した高度な画像間のマッチングが必要となる．

5.4.3 蛍光 X 線トモグラフィー

試料に X 線を照射し，試料を回転させながら励起される蛍光 X 線を順次イメージングする．そして，得られた画像セットから試料内の微量元素 3D 空間分布を再構成する手法を蛍光 X 線トモグラフィーと呼ぶ．この最初の報告が 1987 年にボアッソー等によってなされている[73]．ボアッソー等による実験は，シンクロトロン放射光施設 NSLS で蜂の中の鉄とチタンの分布を見たものであった．そのすぐ後の 1989 年には，シサーリオにより，X 線管球を用いた研究例が報告されている[74]．蛍光 X 線トモグラフィーは，吸収端差分イメージングと比べて検出限界がはるかに低く，多元素を同時に計測できるなどのメリットがある．蛍光 X 線トモグラフィーの適用可能性は，発生する蛍光 X 線の強度に依存する．これは，既に式 (2-15) で見たように，蛍光収率で評価できる．したがって，塩素（原子番号 17）程度以降の元素のマッピングが行われることが多い．

図 5.39 に JASRI の大東等が SPring-8 の BL37XU で行った実験時のセットアップの模式図を示す．この場合は，カークパトリック－バエスミラーで集光したビームを走査する走査型蛍光 X 線顕微鏡である．放射光の直線偏光性（軌道面内に偏光しているということ）を利用すると，入射 X 線と直交する方向でコンプトン散乱の強度が極小になり，蛍光 X 線強度と散乱 X 線バックグラウンドの強度比が最大となる．そのため，図 5.39 では，検出器が入射 X 線と直交する方向に配置されていることがわかる．

図 5.40 は，大東等が上記のセットアップを用いて海洋性プランクトン内のヨウ素などの 3D 分布を計測したものである[75]．観察対象のプランクトンは，体長約 500 μm である．この場合，入射 X 線エネルギーを 10 keV とし，ヨウ素，塩素，カリウム，カルシウム，鉄，亜鉛の同時測定を行っている．計測は，ヘリカルスキャン（360° 回転で 1 μm 並進）で，水平方向に 3 μm，125 ステップ，垂直方向には 0.1 μm ステップで走査し，試料を 2.4° ステップで 180° 回転する間に 150 投影の透過像を撮像している．また，この撮像には，70.6 時間を所要している．つまり，優れた空間分解能や検出能と引き換えに，測定時間が非常に長いという実用上の問題点もあることがわかる．

ところで，蛍光 X 線トモグラフィーで難しいのは，入射 X 線と蛍光 X 線がともに試料自身に吸収されるという点である．例えば，試料内部で濃度の高い領域と低い領域が計測されたとき，2 つの領域の試料横断面内の位置関係によっては，真の濃度の大小関係すら逆転することもあり得る．大東等は，単に元素の分布を可視化するだけではなく，元素濃度の正確な計測を行うため，入射 X 線と蛍光 X 線の自己吸収の補正にこだわった研究を報告している[76]．

この他，最近では，産業用 X 線 CT スキャナーでテルル化カドミウムをセンサーとする X 線フォトンカウンティング検出器を用いた報告がなされている[77]．これは，低照度下で X 線エネルギースペクトルの計測ができるという，フォトンカウンティング検出器の特徴を活かした蛍光 X 線トモグラフィーと言える．

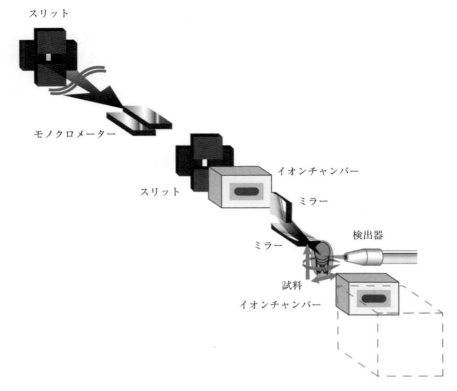

図 5.39 蛍光 X 線トモグラフィーのセットアップの模式図（分子科学研究所 大東琢治氏の御厚意による）

5.5 多結晶トモグラフィー

　ここでは，多結晶組織の結晶粒をイメージングし，各結晶粒の結晶方位を計測する，ないしは各結晶粒内部の局所的な結晶方位をマッピングできるような手法を紹介する．一般に，隣り合う結晶粒同士の境界である結晶粒界の厚みは，たかだか数原子層程度と考えてよい．つまり，1 nm のオーダーとなる．これまで見てきたように，X 線結像光学系を用いて 3D イメージングできる空間分解能のレベルは，それより 2 桁程度は大きい．そのため，結晶粒界を X 線トモグラフィーで直接イメージングすることはできない．また通常は，結晶粒の結晶方位などの違いによって X 線の位相や吸収が変化することにより，結晶粒そのものが可視化できることもない．ただし，結晶粒界の形態だけをイメージングしたいのであれば，5.5.1 節の液体金属修飾法 (Liquid metal wetting technique) が簡便である．一方，結晶粒の形態だけではなく結晶方位も計測したい場合には，X 線回折を応用した技法，ないしは X 線トモグラフィーと X 線回折を組み合わせた手法を用いる必要がある．実際，このための技法がいくつか提案されている．しかしながら，いずれも詳しい X 線回折の知識と複雑なアルゴリズムの理解が必要で，本書の範囲を超える．したがって，ここでは文献を示してその概略のみを紹介する．

5.5 多結晶トモグラフィー　267

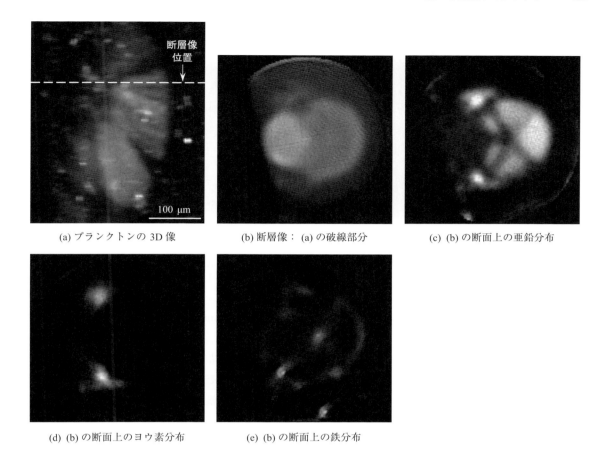

図 5.40　蛍光 X 線トモグラフィーの実施例。海洋性プランクトン内のヨウ素の 3D 分布（分子科学研究所 大東琢治氏の御厚意による）

5.5.1　液体金属修飾法

　以前から，"Gallium enhanced microscopy" として，アルミニウムの結晶粒界にガリウムを拡散浸透させ，走査型電子顕微鏡などを用いて観察する手法が知られている。2000 年に ESRF のルードウィック等は，アルミニウムとガリウムの大きな線吸収係数の違いを利用し，結晶粒界を X 線トモグラフィーで 3D 観察して報告している[78]。

　結晶粒界を観察したい金属と結晶粒界の修飾に用いる金属の組み合わせは，液体金属脆化という現象を生じる固体金属と液体金属の組み合わせから選択できる。つまり，脆化という金属の破壊をもたらすネガティブな現象を破壊寸前で止め，粒界修飾によるイメージングというポジティブな効果として活用するものである。

　以下では，最もよく使われるガリウムによるアルミニウム結晶粒界の可視化を例にとって説明する。ガリウムは，常温，常圧では固体の金属結晶であるが，融点は 29.8 ℃と低い。溶融したガリウムに固体アルミニウムを触れさせると，アルミニウムの結晶粒界にガリウムが迅速に浸透することが知られている。この粒界拡散については，粒界方位差依存性や粒界面内における異方性が知られる。例えば，ガリ

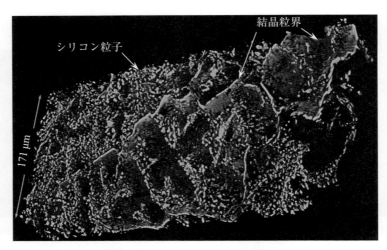

図 5.41 Al-7% Si 合金の結晶粒界のガリウムによる可視化.図中には,粒状の共晶シリコン粒子も示されている.デンドライトアームの間隙にシリコン粒子が存在し,デンドライトを取り囲むように結晶粒界が存在する様子がよくわかる

ウムは,粒界に沿って 8.8 μm/s,粒界から粒内に向かって 0.3 〜 0.7 nm/s の速度で拡散することが報告されている[79].両者には,約 1 万倍の差があることになる.

図 5.41 は,筆者等が SPring-8 の BL47XU で行った可視化実験の結果である.アルミニウム鋳物合金のデンドライトとシリコン粒子はよく観察されているが,ここではそれらと結晶粒界の空間的な位置関係がよく理解できる.実験手順としては,試料の表面にガリウムを塗布した後,表面をスクラッチして酸化膜を局部的に除去する.ガリウムの融点以上の温度に数分程度保持する間に,結晶粒界にガリウムが拡散浸透する.最後に,いわゆるメタルアーティファクトを避けるため,表面に付着した余分なガリウムを粘着テープなどで除去すれば,図 5.41 のような結晶粒界の 3D 画像が得られる[80].安定的にガリウムを拡散させるため,水酸化ナトリウム中でアルミニウムとガリウムを接触させる例もある.液体金属修飾法は,多結晶組織の簡便な 3D 解析の手法として用いることができる他,各種損傷・破壊現象と多結晶組織の関係の評価にも用いることができる.

また,この技術は,産業用 X 線 CT スキャナーであっても,マイクロフォーカス管を用いた高空間分解能なものであれば,実施可能な汎用技術と言える.

5.5.2 回折コントラストトモグラフィー

回折コントラストトモグラフィー (Diffraction contrast tomography: DCT) は,比較的シンプルな計測と短時間の解析で,結晶粒のおおよその形態と方位が非破壊で得られる技法である.2007 年に,ESRF のルードウィック等が提案している[81].実験セットアップの模式図を図 5.42 に示す[82].基本的には,試料の横幅をカバーできる程度の幅をもった X 線ビームを照射し,通常の X 線トモグラフィーよりかなり大きな視野の検出器を設置する.著者等が SPring-8 でアルミニウム合金の水素脆化を対象に行った実験では,2,046 × 2,046 画素の CMOS カメラを用い,6.3 mm × 6.3 mm の範囲を撮影している[83].X 線を照射しながら試料を 180° ないし 360° 回転すると,各結晶粒は次々にブラッグ条件を満たして X 線を回折する.図 5.42 のように,X 線を回折する結晶粒の透過像は暗くなり(消衰:Extinction),X 線が回折さ

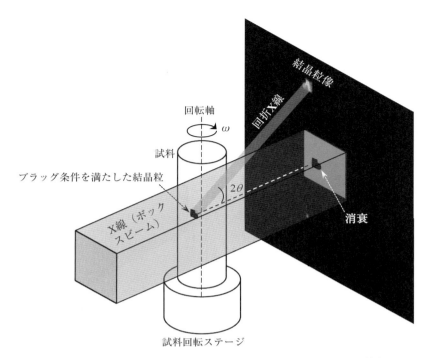

図 5.42 回折コントラストトモグラフィー法の実験セットアップの模式図

れた方向に結晶粒像が投影される．これを画像として逐次記録する．試料を 360° 回転してフリードルペアー (Friedel pair) を活用すると，より高精度な計測が可能になる[82]．フリードルペアーとは，図 5.43 に示すように，1 つの結晶粒の (h,k,l) 面と $(\bar{h},\bar{k},\bar{l})$ 面から，ちょうど 180° 離れた試料回転角で計測される 1 組の回折像を指す．試料を回転しながら行う X 線回折の計測を図 5.43 のように示すと，フリードルペアーは，平行で向きが逆の散乱ベクトル（Scattering vector：散乱 X 線の波数ベクトルから入射 X 線の波数ベクトルを引いたもの），および回折ビームをもつ．また，2 つの回折像を結ぶ線分上に元の結晶粒が位置することがわかる．これを利用すれば，2 重回折 (Double diffraction) などによるデータを除去したうえで，誤りなく結晶粒と回折像を対応させることができる．さらに，結晶粒の幾何学的な形態，結晶方位，および試料中での位置情報が整合するものを同一の結晶粒からのフリードルペアーとしてラベル付けする．他の結晶粒の回折像と重なったもの，検出器の撮像範囲の外に回折されたもの，コントラストが低いものを除いても，結晶粒を 3D 再構成するのに充分な数の回折像が得られる．各結晶粒の 3D 再構成には，3.3.1 節で紹介した代数的再構成法が用いられる[82]．

図 5.44 には，著者の研究室の平山等が SPring-8 の BL20XU で Al-Zn-Mg 合金の結晶粒を 3D 可視化した例を示す．結晶粒界に隣接する結晶粒の重なりやギャップが若干あるものの，結晶粒の 3D 形態が概ね正しく再構成されていることがわかる．

ルードウィック等は，2013 年になって，マイクロフォーカス管を用いて回折コントラストトモグラフィーをラボレベルで実現している[84]．現在では，市販の産業用 X 線スキャナーで回折コントラストトモグラフィー用のモジュールや解析ソフトウェアを組み込んだ製品も利用できるようになっている．マクドナルド等は，産業用 X 線スキャナーでチタン合金の回折コントラストトモグラフィー実験を行い，

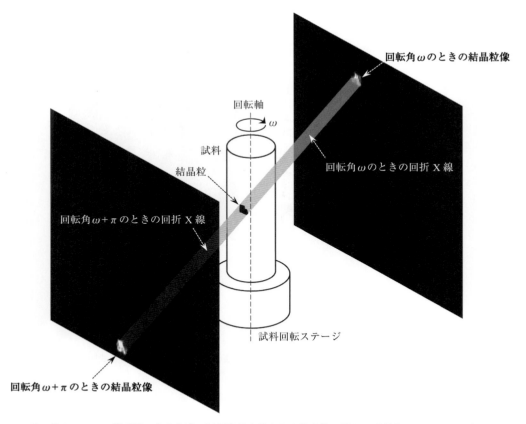

図 5.43 フリードルペアーの模式図。ある角度で回折条件を満たした結晶粒に関し，試料をさらに 180° 回転して同じ結晶粒からの回折像を記録する。次に，それを試料ごと 180° 戻して 1 つ目の回折像に重ねると，試料を固定しながら仮想的にビームと検出器を回転させる座標系となる。2 つの結晶粒像を結ぶ線分上に X 線を回折させた結晶粒が位置する。また，試料中の結晶粒の位置を知ることなく回折角が求められる

粒径 40μm 程度までの結晶粒の 3D イメージングが可能であると結論している[85]。

5.5.3　3D - XRD

　3D - XRD 法は，デンマークのリソ国立研究所のポールセン等が開発した X 線回折のみに基づく非破壊の多結晶組織可視化法である[86]。図 5.45 に示すように，異なるカメラ長をもつ 2 台の検出器を準備するか，それとも 1 台のカメラでカメラ長を数水準に変化させる。試料を回転させながら厚み 5 ～ 10μm に絞った水平ビームを試料に照射し，回折斑点を 2 次元検出器で記録する。計測後，回折斑点を結晶粒内の各位置と対応付け，結晶方位を実空間で 3D マッピングする。同じ結晶方位をもつ領域を結晶粒として判別し，異なる結晶方位をもつ領域の境界を結晶粒界と判定して結晶粒形状を可視化する。3D - XRD 法は，これまで金属材料の再結晶挙動，高温での結晶粒成長挙動，および変形時の結晶格子回転などの研究に応用されている[86]。シンクロトロン放射光施設 APS では，この手法を高エネルギー X 線回折顕微鏡 (High - energy X-ray diffraction microscopy: HEDM) と呼び，特に多結晶材料の変形や損傷の解析を目的として手法開発や応用研究を進めている[87]。

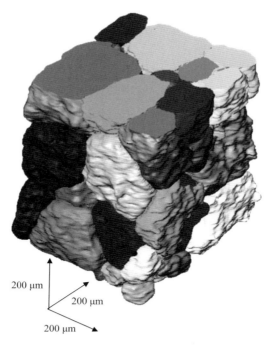

図 5.44　回折コントラストトモグラフィーにより得られた多結晶組織の 3D 像の例

一例として，図 5.46 に（株）豊田中央研究所の林等によるマイクロビームを使った走査型 3D - XRD 法の実施例を示す[88]。観察対象の材料は，一般的な鉄鋼材料 (SPCC) である。実験は，SPring-8 の BL33XU（豊田ビームライン）で行われ，50 keV の単色 X 線をカークパトリック−バエスミラーで集光して走査している。この実験により，最小で 5 μm 程度の結晶粒が捉えられていることがわかる。

3D - XRD 法は，X 線回折実験による間接的なイメージング手法という意味で，本書の守備範囲からははずれるが，ご興味のある方はポールセンの優れた成書を参照されたい[86]。

5.5.4　X 線回折援用結晶粒界追跡 (DAGT)

DAGT (Diffraction - amalgamated grain-boundary tracking: DAGT) 法は，筆者等が変形・破壊を結晶学的に解析するために開発した手法である。DCT や 3D - XRD は，X 線回折現象を利用した手法なので，試料を塑性変形させると検出器面内，および試料回転角方向（図 5.42 の ω 方向）に回折斑点が拡がり，同時に回折 X 線の強度は低下する。このため，結晶方位の計測や結晶粒の 3D 形状の決定が困難，ないしは不可能になる。DAGT 法は，X 線トモグラフィーに 5.5.1 節で紹介した液体金属修飾法を援用した結晶粒界追跡法 (Grain boundary tracking technique: GBT)[89] を基本とする。そして，これに細束 X 線による X 線回折の計測を組み合わせ，試料の塑性変形中でも結晶粒の形態変化を高い精度で知ることができる手法としたものである[90]。

DAGT 法の実験を図 5.47 に模式的に示す。まず，試料を 180° 回転させながらペンシルビーム（5 〜 10 μm 程度）を走査し，X 線回折図形を取得する。次に，試料を変形・破壊させながら，その過程を X 線トモグラフィーにより連続的に 3D イメージングする。その後，液体金属による粒界修飾を行い，再

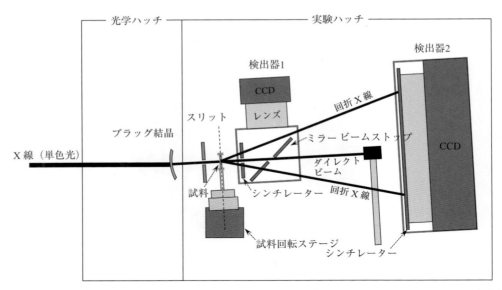

図 5.45 3D-XRD 法の実験セットアップの例を示す模式図。これは，小林等が ESRF のビームライン ID11 で実験を行ったときのもの

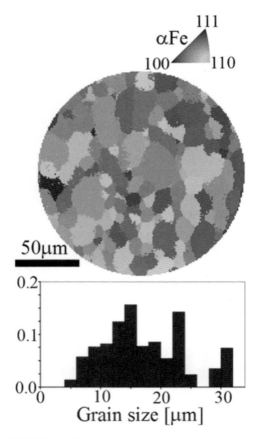

図 5.46 走査型 3D-XRD 法による鉄鋼材料の結晶方位マッピングと結晶粒径のヒストグラム（(株)豊田中央研究所 林雄二郎氏の御厚意による）[88]

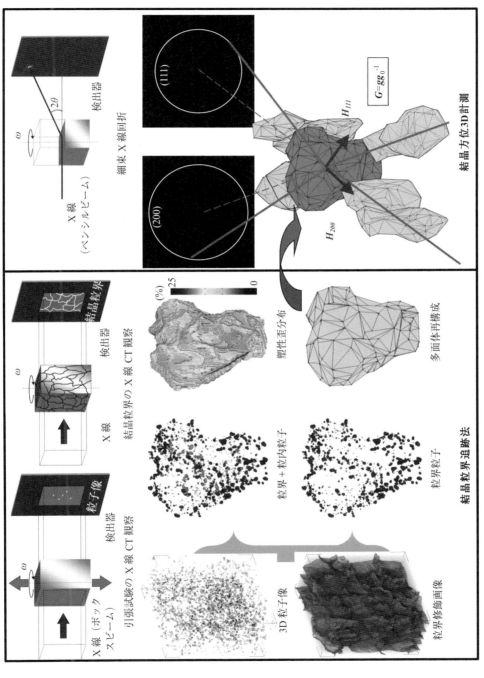

図 5.47 X 線トモグラフィーと液体金属修飾法を組み合わせた結晶粒界追跡法（左側）と細束 X 線を用いた X 線回折実験を組み合わせた DAGT 法のプロセスを示す模式図

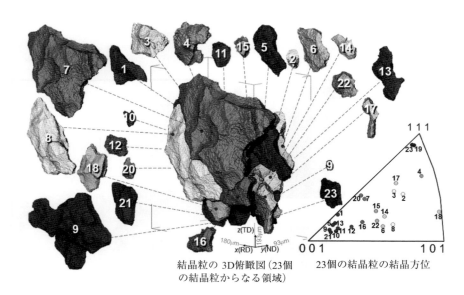

図 5.48 DAGT 法による結晶粒の可視化例[90]。Al-3％Cu 合金の結晶粒の 3D 表示（左）と対応する結晶方位分布（右：逆極点図）。原図はカラーなので，詳しくは原論文の図面を参照されたい

度 X 線トモグラフィーによる 3D 画像を取得する。このとき，粒界修飾前後の 2 枚の 3D 画像を参照し，観察できるすべての粒子の中で，粒界上に存在する粒子を特定する。アルミニウム合金では，観察できる粒子は 600 μm 角の観察領域で 10 万個にも達する。そして，連続取得した 3D 画像の中で，時間を遡りながらすべての粒界粒子の物理的な変位を追跡する。次に，隣り合う粒界粒子を面で連結することで，結晶粒の 3D 形状を多面体として再構成することができる。すべての粒界粒子の軌跡は負荷をかける前から破壊直前まで追跡できるので，材料が変形・破壊している間にすべての結晶粒の 3D 形状がどう変化するかを知ることができる。最後に，各結晶粒と X 線回折の斑点を関連付け，各結晶粒の内部の結晶方位分布を計算する。この手法では，粒内の粒子も含めた全粒子の物理的な変位が追跡できるので，材料内部の塑性歪みの 3D 分布，およびその変化も同時に可視化できる。

図 5.48 は，材料内部のある領域に存在する 23 個の結晶粒について，結晶粒の 3D 形状再構成と結晶方位測定を行った結果である[90]。DAGT 法では，各結晶粒内部の 3D 塑性歪み分布を各歪み成分に分けてマッピングできるため，各結晶粒の局所テイラー因子，シュミット因子などを算出し，局所的な変形挙動を調べることができる。図 5.47 の応用例では，1 つの結晶粒内部でも非常に不均一な塑性歪み分布が見られる。そして，複数の結晶粒をまたぐように塑性変形が伝播するような，多結晶材料における結晶粒の協調的な変形挙動が明らかになっている。

5.6　その他のトモグラフィー

これまでに紹介した手法以外にも，3.3 節で紹介した画像再構成法を利用した各種 3D イメージング技法が報告されている。その代表的なものは，X 線小角散乱 (X-ray small angle scattering) のトモグラフィーである。シュラー等は，2006 年に初めてこの手法を報告している[91]。X 線小角散乱トモグラフィーによ

5.6 その他のトモグラフィー　275

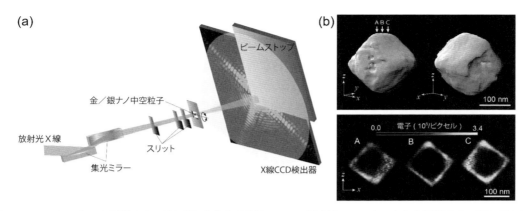

図 5.49 (a) コヒーレント回折イメージングによるトモグラフィーの概念図．(b) コヒーレント回折イメージングによるトモグラフィーを用いた金／銀ナノ中空粒子の観察像．(b) の上は，粒子表面の画像，(b) の下は，断層像である（大阪大学 高橋幸生氏の御厚意による）

り，材料中の粒子などのナノスケール構造の配向性を 3D で表示することができる．これを等方的な散乱をもたらすコロイドのような等方性試料に適用した場合，散乱強度を単純に積算することで，3D 再構成が可能である．しかし，配向などの異方性をもつ微細構造の場合，多くの回転軸について試料を回転させてデータを取得するなど，特殊な計測法や再構成法を必要とする．シャフ等は，2015 年にこのための手法を提案し，スイスのシンクロトロン放射光施設 SLS での実験により，歯の中でコラーゲン繊維の 3D 配向分布を計測することに成功している[92]．

チェン等は，5.2.3 節 (2) で紹介した X 線管球向きの位相コントラストイメージング手法であるタルボ・ロー X 線干渉計と回転陽極型の X 線管とを組み合わせ，産業用 X 線 CT スキャナーでも実施可能な，X 線小角散乱トモグラフィーの計測法を提案している[93]．この場合，3.3.4 節 (2) で紹介したフェルドカンプ法によるコーンビーム再構成が用いられている．

この他，X 線トポグラフィー (X-ray topography) を用いたトモグラフィーが実施されている．X 線トポグラフィーは，転位などの格子欠陥を X 線回折によりイメージングできる技術である．基本的には，単結晶材料を対象にし，材料中の結晶格子欠陥と完全結晶領域との間で X 線回折の強度が異なることを利用したものである．この X 線トポグラフィーの 3D 化の例としては，向出等がシンクロトロン放射光を用いてステップ・スキャニング・セクション・トポグラフィー (Step scanning section topography) 法を実施した研究[94]，およびルードウィックが提案したトポ・トモグラフィー (Topo - tomography) 法[95]が知られている．これらの手法は，対象がシリコンやセラミックスなどに限定され，よく用いられている鉄鋼やアルミニウム合金などの多結晶材では，転位分布は可視化できない．そこで，ここでは文献を示して詳細は割愛する．興味のある方は，SPring-8 の梶原の丁寧な解説があるので，そちらも参照されたい[96]．

5.1 節で紹介した結像型 X 線マイクロ・ナノトモグラフィー以外の高空間分解能 3D イメージング手法としては，コヒーレント回折イメージング (Coherent diffractive imaging: CDI) による X 線トモグラフィーが知られている[97],[98]．この手法では，図 5.49 (a) に示すように試料にコヒーレントな X 線を照射し，試料から離れた位置で回折強度パターンを計測する．この回折強度パターンは，試料関数と入射 X 線の波面を表現した照射関数のフーリエ変換の畳み込みで表すことができ，得られたデータに位相回復計算を

実行することで，図 5.49 (b) に示すような試料像が得られる．これにより，フレネルゾーンプレートなどの結像光学系を用いることなく，最高で 10 nm 程度の超高空間分解能で物質の内部構造を 3D イメージングできる．我が国では，大阪大学の高橋等が精力的に研究を進めている[97],[98]．これは，言わばレンズレスの高空間分解能 3D イメージング法と言え，X 線を用いた 3D イメージング法としては，空間分解能の面では旗艦的な存在と言える．特に，生体組織など，軽元素で構成される試料に対して有用とされる．この手法を実施するにはシンクロトロン放射光施設が不可欠であり，特に，高輝度で低エミッタンスのシンクロトロン放射光源が適している．

参考文献

[1] Y. Suzuki and H. Toda: Advanced Tomographic Methods in Materials Research and Engineering, ed. John Banhart, Oxford University Press, (2008), Section 7.1.

[2] 竹中久貴，小山貴久，高野秀和，篭島靖：光学, 42(2013), 289–295.

[3] A. Snigirev and I. Snigireva: C. R. Physique, 9(2008), 507–516.

[4] 戸田裕之：SPring-8 重点パートナーユーザー課題・利用課題実験報告書（課題番号 2017A0076），実験課題名「構造材料の 4D イメージング技術およびその周辺解析技術のさらなる高度化」, (2017), (https://user.spring8.or.jp/apps/experimentreport/detail/21890/ja).

[5] NTT Advanced Technology Corporation: http://www.ntt-at.com/product/x-ray_FZP/（2018 年 3 月に検索）

[6] Applied Nanotools Inc.: https://www.appliednt.com/x-ray-zone-plates/（2018 年 3 月に検索）

[7] V. De Andrade, J. Thieme, P. Northrup, Y. Yao, A. Lanzirotti, P. Eng, Q. Shen: Nuclear Instruments and Methods in Physics Research Section A: Accelerators, Spectrometers, Detectors and Associated Equipment, 649(2011), 46–48.

[8] J. Kirz: Journal of the Optical Society of America, 64(1974), 301–309. (doi:10.1364/JOSA.64.000301.125)

[9] A. Takeuchi, K. Uesugi, Y. Suzuki, S. Itabashi and M. Oda: Journal of Synchrotron Radiation, 24(2017), 586–594.

[10] Y. Suzuki, A. Takeuchi, K. Uesugi and M. Hoshino: AIP Conference Proceedings 1365, 160(2011); doi: 10.1063/1.3625329. (online: https://doi.org/10.1063/1.3625329)

[11] 竹内晃久，鈴木芳生，上杉健太朗：均一視野ゼルニケ型位相コントラスト X 線顕微鏡の開発 (J-GLOBAL ID：200902254194013128), KEK Proceedings, (2008), 35–38.

[12] ZEISS Xradia 810 Ultra, https://www.zeiss.co.jp/microscopy/products/x-ray-microscopy/xradia-810-ultra.html#inpagetabs_da30-6（2018 年 3 月に検索）

[13] 宇留賀朋哉，野村昌治：放射光ビームライン光学技術入門, 大橋治彦，平野馨一編，日本放射光学会, (2008).

[14] The Center for X-Ray Optics (CXRO), Lawrence Berkeley National Laboratory (LBNL), X-ray interactions with matter calculator, URL http://henke.lbl.gov/optical_constants/（2018 年 3 月に検索）

[15] 山内和人，三村秀和，森勇藏：表面科学, 22(2001), 152–159. (DOI https://doi.org/10.1380/jsssj.22.152)

[16] 青木貞雄，竹内晃久：放射光, 10(1997), 194–199.

[17] A. Snigirev, V. Kohn, I. Snigireva and B. Lengeler: Nature, 384(1996), 49–51.

[18] B. Lengeler, C.G. Schroer, M. Richwin, J. Tummler, M. Drakopoulos, A. Snigirev and I. Snigireva, Applied Physics Letters, 74(1999), 3924–3926.

[19] C.G. Schroer, J. Meyer, M. Kuhlmann, B. Benner, T.F. Gunsler, B. Lengeler, C. Rau, T. Weitkamp, A. Snigirev and I. Snigireva: Applied Physics Letters, 81(2002), 1527–1529.

[20] Y.I. Dudchik, F.F. Komarov, M.A. Piestrup, C.K. Gary, H. Park and J.T. Cremer, Spectrochim. Acta, Part B, 62(2007), 598–602.

[21] S. Bajt, M. Prasciolu, H. Fleckenstein, M. Domaracký, H. N. Chapman, A.J. Morgan, O. Yefanov, M. Messerschmidt, Y.D. Kevin, T. Murray, V. Mariani, M. Kuhn, S. Aplin, K. Pande, P. Villanueva-Perez, K. Stachnik, J.P.J. Chen, A. Andrejczuk, A. Meents, A. Burkhardt, D. Pennicard, X. Huang, H. Yan, E. Nazaretski, Y.S. Chu and C.E. Hamm: Light: Science & Applications, 7(2018), 17162. (Doi:10.1038/lsa.2017.162)

[22] H.C. Kang, H. Yan, R.P. Winarski, M.V. Holt, J. Maser, C. Liu, R. Conley, S. Vogt, A.T. Macrander and G.B. Stephenso: Applied Physics Letters, 92(2008), 221114.

[23] M. R. Teague: Journal of the Optical Society of America, 73(1983), 1434–1441.

[24] 石塚和夫：顕微鏡, 40(2005), 188–192.

[25] A. Burvall, U. Lundström, P. A.C. Takman, D.H. Larsson and H.M. Hertz: OPTICS EXPRESS, 19(2011), 10359.

[26] Y. Suzuki, N. Yagi and K. Uesugi: Journal of Synchrotron Radiation, 9(2002), 160–165.

[27] D. Paganin, S.C. Mayo, T.E. Gureyev, P.R. Miller and S.W. Wilkins: Journal of Microscopy, 206(2002), 33–40.

[28] T. Weitkamp, D. Haas, D. Wegrzynek and A. Rak: Journal of Synchrotron Radiation, 18(2011), 617–629.

[29] ImageJ ホームページ：https://imagej.nih.gov/ij/plugins/ankaphase/（2018 年 4 月に検索）

[30] T.E. Gureyev, A.W. Stevenson, D.M. Paganin, T. Weitkamp, A. Snigirev, I. Snigireva and S.W. Wilkins: Journal of Synchrotron Radiation, 9(2004), 148–153.

[31] H. Toda, A. Takijiri, M. Azuma, S. Yabu, K. Hayashi, D. Seo, M. Kobayashi, K. Hirayama, A. Takeuchi and K. Uesugi: Acta Materialia, 126(2017), 401–412.

[32] H. Toda, F. Tomizato, R. Harasaki, D. Seo, M. Kobayashi, A. Takeuchi and K. Uesugi: ISIJ International, 56 (2016), 883–892.

[33] S.C. Mayo, T.J. Davis, T.E. Gureyev, P.R. Miller, D. Paganin, A. Pogany, A.W. Stevenson and S.W. Wilkins: Optics Express, 11(2003), 2289–2302.

[34] F. Zernike: Zeitschrift für technische Physik, 16 (1935) 454–457.

[35] Y. Kohmura, K. Okada, A. Takeuchi, H. Takano, Y. Suzuki, T. Ishikawa, T. Ohigashi and H. Yokosuka: Nuclear Instruments and Methods in Physics Research A, 467–468(2001), 881–883.

[36] A. Momose: Optical Express, 11(2003), 2303–2314.

[37] A. Momose: Nuclear Instruments and Methods in Physics Research Section A: Accelerators, Spectrometers, Detectors and Associated Equipment, 352(1995), 622–628.

[38] A. Yoneyama, A. Nambu, K. Ueda, S. Yamada, S. Takeya, K. Hyodo and T. Takeda: 11th International Conference on Synchrotron Radiation Instrumentation (SRI 2012), Journal of Physics: Conference Series 425, (2013), 192007.

[39] P. Cloetens, J.P. Guigay, C.De Martino and J. Baruchel: Optical Letters, 22(1997), 1059–1061.

[40] 百生敦：放射光, 23(2010), 382–392.

[41] M. Engelhardt, J. Baumann, M. Schuster, C. Kottler, F. Pfeiffer, O. Bunk and and C. David: Applied Physics Letters, 90(2007), 224101.

[42] S.W. Wilkins, Y.I. Nesterets, T.E. Gureyev, S.C. Mayo, A. Pogany and A.W. Stevenson: Philosophical Transactions of the Royal Society A: Mathematical, Physical and Engineering Sciences, 372(2013), 20130021 (http://dx.doi.org/10.1098/rsta.2013.0021).

[43] E. Gureyev, Y.I. Nesterets, A.W. Stevenson, P.R. Miller, A. Pogany, and S.W. Wilkins: Optical Express 16(2008), 3223–3241.

[44] F. Pfeiffer, T. Weitkamp, O. Bunk and C. David: Nature Physics, 2(2006), 258–261.

[45] A.R. Lang and A.P.W. Makepeace: Journal of Synchrotron Radiation, 6(1999), 59–61.

[46] Y. Suzuki: Japanese Journal of Applied Physics, 41(2002), L1019.

[47] 鈴木芳生：放射光, 18(2005), 75–83.

[48]　D. Gabor: Nature, 161 (1948), 777–778.

[49]　林好一，高橋幸生，松原英一郎：まてりあ, 40(2001), 801–807.

[50]　A. Borbély, F.F. Csikor, S. Zabler, P. Cloetens and H. Biermann: Materials Science and Engineering A 367(2004), 40–50.

[51]　D. Tolnaia, G. Requena, P. Cloetens, J. Lendvai and H.P. Degischera: Materials Science and Engineering, A 550(2012), 214–221.

[52]　C. Landron, E. Maire, J. Adrien, H. Suhonen, P. Cloetensc and O. Bouaziz: Scripta Materialia, 66(2012), 1077–1080.

[53]　K. Uesugi, T. Sera and N. Yagi: Journal of Synchrotron Radiation, 13(2006), 403–407.

[54]　H.P. Menke, M.G. Andrew, J. Vila-Comamala, C. Rau, M.J. Blunta and B. Bijeljic: Journal of Visualized Experiments, 120(2017), e53763, 1–10.

[55]　S. Shuai, E. Guo. A.B. Phillion, M.D. Callaghan, T. Jing, P.D. Lee: Acta Materialia: 118(2016), 260–269.

[56]　O. Lame, D. Bellet, M.Di Michiel, D. Bouvard: Nuclear Instruments and Methods in Physics Research B, 200(2003), 287–294.

[57]　H. Toda, E. Maire, S. Yamauchi, H. Tsuruta, T. Hiramatsu and M. Kobayashi: Acta Materialia: 59(2011), 1995–2008.

[58]　K.Z. Zefreh: Proceedings of 2016 IEEE Nuclear Science Symposium, Medical Imaging Conference and Room-Temperature Semiconductor Detector Workshop (NSS/MIC/RTSD), (2016). doi: 10.1109/NSSMIC. 2016.8069830.

[59]　R. Mokso, F. Marone and M. Stampanoni: AIP Conference Proceedings 1234, 87(2010), 87–90. doi: 10.1063/1.3463356.

[60]　E. Maire, V. Carmona, J. Courbon and W. Ludwig: Acta Materialia, 55(2007), 6806–6815.

[61]　N. Limodin, L. Salvo, M. Suéry and M.Di Michiel: Acta Materialia, 55(2007), 3177–3191.

[62]　N. Limodin, L. Salvo, E. Boller, M. Suéry, M. Felberbaum, S. Gaillie'gue and K. Madi: Acta Materialia, 57(2009), 2300–2310.

[63]　I. Kumpová, M. Vopálenský, T. Fíla, D. Kytýř, D. Vavřík, M. Pichotka, J. Jakůbek and V. Veselý: Proceedings of 2016 IEEE Nuclear Science Symposium, Medical Imaging Conference and Room-Temperature Semiconductor Detector Workshop (NSS/MIC/RTSD), (2016). doi: 10.1109/NSSMIC.2016.8069950.

[64]　GE ホームページ：https://www.gemeasurement.com/inspection-ndt/radiography-and-computed-tomography/speedscan-ct-64（2018 年 5 月に検索）

[65]　K.J. Dobson, S.B. Coban, S.A. McDonald, J.N. Walsh, R.C. Atwood and P.J. Withers: Solid Earth, 7(2016), 1059–1073.

[66]　R. Daudin, S. Terzi, P. Lhuissier, J. Tamayo, M. Scheel, N.H. Babu, D.G. Eskin and L. Salvo: Acta Materialia, 125(2017), 303–310.

[67]　R.A. Rutherford, B.R. Pullan and I. Isherwood: Neuroradiology, 11(1976), 23–28.

[68]　W.A. Kalender: Computed Tomography: Fundamentals, System Technology, Image Quality, Applications, 3rd Edition, Wiley Interscience, Bellingham, WA, (2011), 316.

[69]　H. Toda, T. Nishimura, K. Uesugi, Y. Suzuki and M. Kobayashi: Acta Materialia, 58(2010), 2014–2025.

[70]　Q. Zhang, H. Toda, Y. Takami, Y. Suzuki, K. Uesugi and M. Kobayashi: Philosophical Magazine, 90(2010), 1853–1871.

[71]　C.K. Egan, S.D.M. Jacques, M.D. Wilson, M.C. Veale, P. Seller, A.M. Beale, R.A.D. Pattrick, P.J. Withers and R.J. Cernik: Scientific Reports, 5(2015), 15979. doi:10.1038/srep15979.

[72]　F. Meirer, J. Cabana, Y. Liu, A. Mehta, J.C. Andrews and P. Pianetta: Journal of Synchrotron Radiation, 18(2011), 773–781.

[73]　P. Boisseau and L. Grodzins: Hyperfine Interactions, 33(1987), 283–292.

[74] R. Cesareo and S. Mascarenhas: Nuclear Instruments and Methods in Physics Research Section A: Accelerators, Spectrometers, Detectors and Associated Equipment, 277(1989), 669–672.

[75] T. Ohigashi, Y. Terada, A. Takeuchi, K. Uesugi, and K. Kubokawa: Journal of Physics: Conference Series, 186 (2009), 012093.

[76] T. Ohigashi, N. Watanabe, H. Yokosuka, and S. Aoki: AIP Conference Proceedings, 705(2004), 1352–1355.

[77] C. Yoon, Y. Kim and W. Lee: IEEE Transactions on Nuclear Science, 63(2016), 1844–1853.

[78] W. Ludwig and D. Bellet: Materials Science and Enineering. A, 281(2000), 198–203.

[79] W. Ludwig, E. Pereiro-López and D. Bellet: Acta Materialia, 53(2005), 151–162.

[80] M. Kobayashi, H. Toda. K. Uesugi, T. Ohgaki, T. Kobayashi, Y. Takayama and B.G. Ahn: Philosophical Magazine, 86(2006), 4351–4366.

[81] W. Ludwig, E.M. Lauridsen, S. Schmidt, H.F. Poulsen and J. Baruchel: Journal of Applied Crystallography, 40(2007), 905–911.

[82] W. Ludwig, P. Reischig, A. King, M. Herbig, E.M. Lauridsen, G. Johnson, T.J. Marrow and J.Y. Buffière: Review of Scientific Instruments, 80(2009), 033905. doi: 10.1063/1.3100200.

[83] K. Hirayama, Y. Sek, T. Suzuki, H. Toda, K. Uesugi and A. Takeuchi: Material, special issue "In-Situ X-Ray Tomographic Study of Materials", (2018), under review.

[84] A. King, P. Reischig, J. Adrien and W. Ludwig: Journal of Applied Crystallography, 46(2013), 1734–1740.

[85] S.A. McDonald, P. Reischig, C. Holzner, E.M. Lauridsen, P.J. Withers, A.P. Merkle and M. Feser: Scientific Reports, 5(2015), 14665. doi:10.1038/srep14665

[86] H.F. Poulsen: Three-Dimensional X-Ray Diffraction Microscopy, Mapping Polycrystals and their Dynamics (Springer Tracts in Modern Physics), Springer, Berlin, (2004).

[87] U. Lienert, S.F. Li, C.M. Hefferan, J. Lind, R.M. Suter, J.V. Bernier, N.R. Barton, M.C. Brandes, M.J. Mills, M.P. Miller, B. Jakobsen, and W. Pantleon: Advanced Materials Analysis, Part II Research Summary, JOM, 63(2011), 70–77.

[88] 林雄二郎，広瀬美治，妹尾与志木，吉田友幸：SPring-8/SACLA 利用者情報, 22(2017), 8–13.

[89] H. Toda, Y. Ohkawa, T. Kamiko, T. Naganuma, K. Uesugi, A. Takeuchi, Y. Suzuki, M. Kobayashi: Acta Materialia, 61(2013), 5535–5548.

[90] H. Toda, T. Kamiko, Y. Tanabe, M. Kobayashi, D.J. Leclere, K. Uesugi, A. Takeuchi and K. Hirayama: Acta Materialia, 107(2016), 310–324.

[91] C.G. Schroer, M. Kuhlmann, S.V. Roth, R. Gehrke, N. Stribeck, A. Almendarez-Camarillo and B. Lengeler: Allpied Physics Letters, 88(2006), 164102.

[92] F. Schaff, A. Malecki, G. Potdevin, E. Eggl, P. B. Noël, T. Baum, E. G. Garcia, J. S. Bauer, and F. Pfeiffer: Nature, 527(2015), 353–356.

[93] G.-H. Chen, N. Bevins, J. Zambelli and Z. Qi: Optical Express, 18(2010), 12960–12970.

[94] T. Mukaide, K. Kajiwara, T. Noma and K. Takada: Journal of Synchrotron Radiation, 13(2006), 484–488.

[95] W. Ludwig, P. Cloetens, J. Härtwig, J. Baruchel, B. Hamelin and P. Bastie: Journal of Applied Crystallography, 34(2001), 602–607.

[96] 梶原堅太郎，飯田敏，向出大平，川戸清爾：日本結晶学会誌, (2012), 12–17.

[97] A. Suzuki, S. Furutaku, K. Shimomura, K. Yamauchi, Y. Kohmura, T. Ishikawa and Y. Takahashi: Physical Review Letters, 112(2014), 053903.

[98] Y. Takahashi, N. Zettsu, Y. Nishino, R. Tsutsumi, E. Matsubara, T. Ishikawa and K. Yamauchi: Nano Letters, 10(2010), 1922–1926.

第6章 X線CTスキャナーと応用例

　第4章では，X線CTスキャナーを構成する各種機器や技術要素に関して網羅的に解説した。また，産業用X線CTスキャナーで用いることができる応用技術は，第5章にも記述がある。一般的なX線CTスキャナーのユーザーは，X線トモグラフィーの様々な技術要素を理解した上で各種構成機器を吟味・選定し，産業用X線CTスキャナーを自前で組み上げるということは，極めて稀であろう。そのかわり，市販のX線CTスキャナーを選定し，所属する機関に導入するのか，それとも大学や公的な研究機関，民間の計測請負会社などに計測を委託する，ないしはそのような機関の装置を借用するかのいずれかであろう。

　市販のX線CTスキャナーは日進月歩で，毎年のように，より高性能で，より高機能な製品が発売される。したがって，本書のような基盤技術の専門書に市販のX線CTスキャナーのスペックなどの解説を載せるのは，あまりふさわしくないようにも思える。しかしながら，X線CTスキャナーの性能は，第4章で述べた各種構成機器や各種技術要素のみでは語り尽くせないものがある。つまり，第4章や第5章などで記述しきれなかった各要素技術の組み合わせの仕方，各要素技術を統合するための技術，細やかな気配りや工夫，高度でユーザーフレンドリーなソフトウェアなどが，往々にしてX線CTスキャナーのシステムとしての長所，汎用性，特徴的な用途を規定する。そこで本章では，本書が年月を経たときの陳腐化を敢えて覚悟の上，本稿を執筆している時点で市販されている最新のX線CTスキャナーを紹介し，その優れた利用例も合わせて紹介したい。これらのX線CTスキャナーは，そのうち少し古く見えるようになるかもしれない。しかし，そこに盛り込まれている技術や工夫は，必ずそれ以降のX線CTスキャナーでも有効に活用されているか，それともそれらをベースに発展していくものと期待する。

　この章の執筆にあたっては，多くのX線CTスキャナーのメーカーを訪問し，各社の製品の特徴や特筆すべき応用例などを直接取材した。また，日本の非破壊検査機器メーカーの業界団体である日本検査機器工業会(JIMA)の放射線部門（本書執筆時点の部門長：島津製作所 夏原正仁氏）にも協力をいただいた。

6.1 汎用産業用X線CTスキャナー

代表的な産業用X線CTスキャナーのスペックを表6.1に，また表6.1に記載されたX線CTスキャナーのうち，汎用性の高い産業用X線CTスキャナーの外観写真を図6.1に示す。メーカーには，普段，カタログにも記載されていないような詳細なスペックを本書のために開示いただいた。第4章の各種構成機器の記述と合わせて見ると，産業用X線CTスキャナーがより深く理解できる。

表6.1に記載した14機種は，X線管球を用いた産業用X線CTスキャナーの代表的な管電圧範囲をカバーしている。この中には，反射型のターゲットでタングステンを用いているものが多い。ただし，管球の冷却方式は，その出力によって異なっている。低出力の線源では空冷でよいが，出力が上がると水冷，油冷が用いられる。また，X線管には，密閉型のものと開放型のものがある。開放型のものは，フィラメント切れ時にフィラメント交換が可能であるが，密閉型は管球ごと取り替える必要がある。最近では，密閉型管球をいったん回収し，フィラメント交換をして返納するようなメンテナンス形態をとっている所もある。X線源の放射窓の材料には，ベリリウムなどの原子番号の小さな物質を用いたものが多く，窓材料が低エネルギーX線を吸収することによる弊害を避けることができる。また，高エネルギーX線を必要とする装置では，窓材料としてアルミニウムが用いられている。

図6.2は，表6.1に記載した管電圧225 kVのX線CTスキャナー（（株）島津製作所製 inspeXio SMX225CT FPD HR）を用い，繊維強化プラスチック(FRP)を可視化した例である。このX線CTスキャナーは，大型で高解像度のフラットパネルディテクター（1400万画素相当）を備えている。管電圧が225 kVと比較的高いものの，X線源の放射窓に採用した特殊なカーボン板の恩恵で，低エネルギーX線を利用できる。これにより，プラスチックをカーボンファイバーやグラスファイバーで強化した複合材料（それぞれ，CFRPとGFRP）や不織布なども明瞭に可視化できる。これには，組み込まれているフラットパネルディテクターのダイナミックレンジが広いことも貢献している。図6.2の(a)と(b)を比べると，検出器のダイナミックレンジの違い（14 bitと16 bit）が画質にどのように効くのか実感できる。このようなCFRPやGFRPの繊維配向の計測も，オプションのソフトウェアで簡便に実施できる。図6.2 (b)は，CFRTP（炭素繊維強化熱可塑性樹脂）である。産業用X線CTスキャナーは，CFRTPを取り扱う上で重要な繊維配向乱れの制御を可能にする計測技術環境を提供すると言える。この他，図6.3に示すように，このX線CTスキャナーは，リチウムイオン電池の変形解析や，セパレーターの高空間分解能・高コントラスト観察などにも利用されている。このように，高空間分解能・高コントラストが得られる一方で，検出器の改良やソフトウェアの更新などにより，最短33 sec/scanの高速トモグラフィーと最短5 secの高速画像再構成が可能となっている。

図6.4は，真珠のイメージングである。これは，表6.1のRX SOLUTIONS製の装置(DeskTom130)を用いて観察したものである。真珠は，炭酸カルシウムや酸化カルシウムなどの無機質を主成分とする軽材料である。図6.4では，真珠核と真珠層，およびその境界層がきれいに可視化できている。特に，わずかに組成の異なる真珠核・真珠層と境界層とがきれいに分離できていることがわかる。この可視化により，境界層が破壊されて真珠表面の変形に結びつく様子が示されている。

多くのX線CTスキャナーは，試料径よりかなり小さな関心領域の撮像にも対応している。これによ

6.1 汎用産業用 X 線 CT スキャナー　283

表 6.1　代表的な X 線 CT スキャナーのスペックの詳細

	メーカー	島津製作所			ニコン	
	型名	inspeXio SMX-90CT Plus	inspeXio SMX225CT FPD HR	XT H 225 ST	XT H 450
X 線源	形式	密閉管	開放管	開放管	開放管
	出力 (W)	～10	～135	225	450
	管電圧 (kV)	～90	～225	225	450
	管電流 (mA)	0.11	0.6	0〜2	0〜2
	焦点サイズ (μm)	5	4〜	3	80
	最大ビーム径 (μm)	-	7	-	-
	ターゲット材	タングステン	タングステン	タングステンなど	タングステン
	ターゲット形式	反射型	反射型，円筒形状	反射型	反射型
	ターゲット角 (°)	45	45	-	-
	照射角度 (°)	20	-	-	-
	フィルター	各種	各種	鋼など	鋼
	窓材料	ベリリウム	特殊カーボン	ベリリウム	アルミ
	管球の冷却方法	空冷	水冷	水冷	油冷
ステージ	回転ステージ耐荷重 (kg)	2	12	50	100
	回転軸傾斜の可否	否	可（オプション）	可	否
検出器	検出器形式	FPD	FPD	FPD	FPD / CLDA
	シンチレーター	CMOS	アモルファス	-	-
	検出器画素数	1,000 × 1,000	3,000 × 3,000	2,000 × 2,000/4,000 × 4,000	2,000 × 2,000/4,000 × 4,000
	素子サイズ (mm)	50 × 50	139 × 139	200/100	200/100/400
	ダイナミックレンジ	12 bit	16 bit	-	-
	最高空間分解能 (μm)	10	4	-	-
	オフセットスキャン可否	可	可	-	-
総合	3D 描画ソフトウェア	有り	有り	-	-
	画像解析ソフト	VGStudio	VGStudio	VGStudio	VGStudio
	設置寸法 (mm)	830 × 601 × 587	2,170 × 1,350 × 1,857	2,414 × 1,275 × 2,202	3,616 × 1,828 × 2,249
	装置重量 (kg)	250	3,100	4,200	14,000

284　第6章　X線CTスキャナーと応用例

表 6.1 代表的な X 線 CT スキャナーのスペックの詳細（続き）

	オムロン	RX SOLUTIONS		カールツァイス	
	VT-X750	DeskTom130	EasyTom150	ZEISS Xradia 810 Ultra	ZEISS Xradia 520 Versa
	密閉管	密閉管	密閉管	開放管	密閉管
	~39	~40	~75	875	10
	~130	~130	~150	35 (実効値: 5.4 keV)	160
	~0.3	~0.3	~0.5	25	0.075
	10~	5	5	75	-
	-	-	-	75	-
	タングステン	タングステン	タングステン	クロム	タングステン
	-	反射型	反射型	回転陽極型	透過型
	45	-	-	-	0
	各種	各種	各種	-	各種
	ベリリウム	ベリリウム	ベリリウム	Be	ダイヤモンド
	空冷	空冷	空冷	水冷	空冷
	4 (ワーク搬送コンベア)	2	30	1	25
	否	可 (オプション)	可 (オプション)	-	-
	FPD	FPD	FPD	集光素子 (FZP)+光学レンズ+CCD	光学レンズ + CCD (FPD)
	-	CsI なし Gadox	CsI なし Gadox	-(特許技術)	-(特許技術)
	-	1,920 × 1,536	1,920 × 1,536	1,024 × 1,024	2,048 × 2,048 (CCD)
	-	127 × 127	127 × 127	-	-
	14 bit	16 bit	16 bit	16 bit	16 bit
	6 / pixel	4	5	0.05	0.7
	否	可	可	可	可
	有り	有り	有り	有り	有り
	VGStudio, VGStudioMAX	VGStudio, VGStudioMAX	VGStudio, VGStudioMAX	オプション (ORS Dragonfly Pro)	オプション (ORS Dragonfly Pro)
	1,550 × 1,925 × 1,645	1,250 × 800 × 1,800	2,100 × 1,100 × 2,000	2,180 × 1,200 × 2,170	2,170 × 1,190 × 2,090
	2,970	700	2,000	2,600	2,468

表 6.1 代表的な X 線 CT スキャナーのスペックの詳細（続き）

	日立製作所		日本装置開発	アールエフ	ヤマハ発動機
	HiXCT-1M	HiXCT-9M	CTH200 FPD	NAOMi-CT	YSi-X TypeHD
X線源	小型電子線形加速器	小型電子線形加速器	密閉管	密閉管	密閉管
管電圧 (kV)	-	-	～150	～500	～39
管電流	950	9,000	～200	50～100	～130
焦点サイズ	-	-	～0.75	2～10	～0.3
出力	2,000	1,600	20	500	16～
					～50
ターゲット	タングステン	タングステン	タングステン	タングステン	タングステン
ターゲット形式	透過型	透過型	反射型	反射型	反射型
ターゲット角度	-	-	40	5	45
フィルタ	45	30	各種	-	100
フィルタ材	なし	なし	特殊ガラス	Cu	各種
					ベリリウム
冷却方式	空冷	水冷	空冷	油冷, 空冷	空冷
最大被写体サイズ	100	100	10	10	2 (ワーク搬送コンベア)
回転	-	-	否	否	否
検出器	-	-	FPD	FPD	FPD
検出器種類	ラインセンサー	ラインセンサー	アモルファス	CSI	-
素材	Si 半導体	Si 半導体			-
画素数	750～	750～	1,025×1,025	1,232×1,216	-
画素サイズ	-	-	200×200	100	-
ビット数	-	-	16 bit	12 bit	14 bit
分解能	16 bit	16 bit	-	5 LP/mm	7
スライス	200	200	可	-	否
多断面	可	可	-	-	有り
3D表示	-	-	有り	有り	有り
画像処理ソフト	有り	有り	有り	有り	-
	VGStudio	VGStudio			
装置サイズ (mm)	830×601×587	6,000×6,000×6,000	1,550×1,092×1,413	623×338×297.5	1,710×1,883×1,705
装置質量 (kg)	60,000～80,000（遮蔽含み）	15,000（遮蔽なし）	1,860	50	2,900

286　第 6 章　X 線 CT スキャナーと応用例

図 6.1　表 6.1 に記載した市販の X 線 CT スキャナーの外観写真。(a) 表 6.1 の島津製作所製 inspeXio SMX-90CT Plus 型。(b) 同じく inspeXio SMX225CT FPD HR 型（いずれも（株）島津製作所 夏原正仁氏の御厚意による）。(c) および (d) 表 6.1 の（株）ニコン製 XT H 225 ST 型および XT H 450 型（いずれも（株）ニコン 風間哲氏の御厚意による）。(e) および (f) 表 6.1 の RX SOLUTIONS 製 DeskTom130 型および EasyTom150 型（いずれも（株）精工技研 足立亘氏の御厚意による）。(g)（株）アールエフ NAOMi-CT 型（（株）アールエフ 小平計美氏の御厚意による）

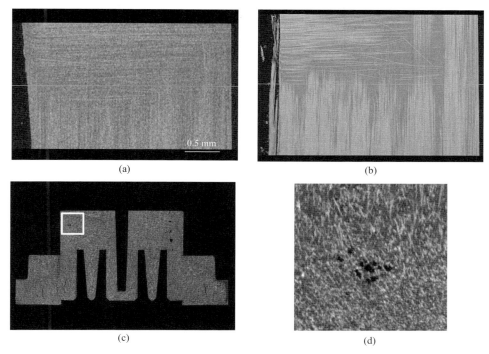

図 6.2 (a) は，CFRP を 14 bit のフラットパネルディテクターを備えた X 線 CT スキャナーで可視化した場合の断層像。(b) は，表 6.1 に記載した 16 bit のフラットパネルディテクターを備えた X 線 CT スキャナー（（株）島津製作所製 inspeXio SMX225CT FPD HR 型）で可視化した例。(c) 同じ装置で GFRP を見たもの。(d) は (c) の囲み部分の拡大（いずれも（株）島津製作所 夏原正仁氏の御厚意による）

り，電子基板など，検出器の視野に収まらない大物試料の局所・高倍率観察が可能になる。図 6.3 は，そのような観察例の 1 つである。また，図 6.5 は，表 6.1 の RX SOLUTIONS 製の装置 (DeskTom130) を用いて電子基板のハンダ付け部分を観察したものである。マイクロフォーカス管の利用により，破壊に繋がりかねないハンダ中のポアの存在が確認できる。

表 6.1 の装置は，多くがオフセットスキャンに対応している。3.3.5 節 (1) で解説したように，オフセットスキャンにより，試料サイズを X 線ビームの幅の整数倍に拡げることが可能である。この場合，付属のソフトウェアがオフセットによる複数枚の透過像を自動で高精度に継ぎ合わせてくれる。ただし，X 線の透過能に注意が必要なことは言うまでもない。

ところで，表 6.1 では，マイクロフォーカス X 線管を用いた X 線 CT スキャナーが多いことがわかる。高空間分解能化のニーズは，産業用 X 線 CT スキャナーでも根強いものがある。マルチフォーカスと称して，異なる焦点サイズ／出力の 2 つの管球を搭載した製品も登場している。その用途としては，最近拡がりを見せている積層造形の分野，前述の CFRP や GFRP における繊維の配向の評価，考古学における各種評価など，枚挙にいとまがない。例えば，低エネルギー X 線を用いた考古学分野の高空間分解能イメージングでは，古代の樹木が針葉樹か広葉樹かの判別や，それをさらに一歩進めて材種の特定まで解析されている。表 6.1 には，X 線管の焦点サイズと X 線 CT スキャナーの最高空間分解能を表示した。一般には，前者が空間分解能の指標として用いられることが多いのが現状である。しかし，X 線管の焦

288　第 6 章　X 線 CT スキャナーと応用例

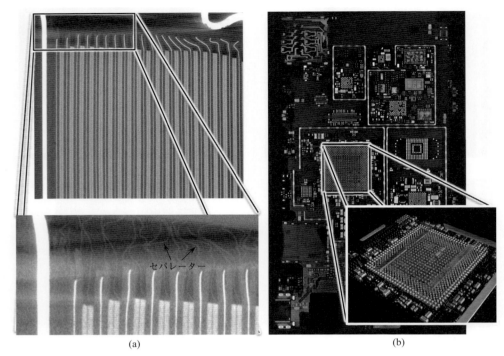

図 6.3　(a) は，リチウムイオン電池の変形やセパレータを高空間分解能・高コントラストで観察した例。また，(b) は，スマートフォンの電子基板の観察とその中の CPU 部分の高倍率観察。いずれも，図 6.2 と同じ X 線 CT スキャナー（（株）島津製作所製 inspeXio SMX225CT FPD HR 型）で可視化した例（（株）島津製作所 夏原正仁氏の御厚意による）

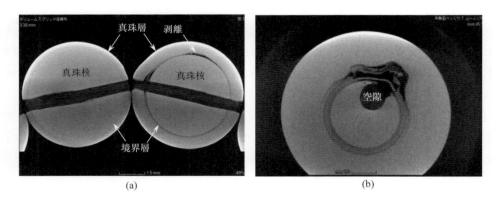

図 6.4　表 6.1 の RX SOLUTIONS 製の装置 (DeskTom130) を用いて観察した真珠内部の構造。(a) の右側の真珠，および (b) の真珠では，真珠核と真珠層の間の境界層が破壊している様子がわかる（（株）精工技研 足立亘氏の御厚意による）

　点サイズは X 線 CT スキャナーの空間分解能を規定する要因の 1 つに過ぎないことには注意が必要である。ここではメーカーから提供されたままのデータを掲載しており，装置としての最高空間分解能がどのように計測・評価されたかはフォローしていない。本書を読まれた読者であれば，空間分解能とは何で，どのように計測されるかは理解されていると思う。所望する 3D イメージングとその条件に近い試料のサンプル断層像を入手し，ご自分で評価されることをお薦めする。

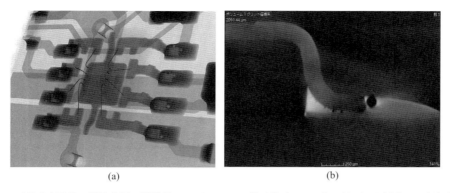

図 6.5 (a) ハンダ付け完了後の電子基板の透過像。(b) は，ハンダ付け部分の 3D 像で側面から観察した仮想断面。用いた装置は，表 6.1 に示した RX SOLUTIONS 製 DeskTom130 型（（株）精工技研 足立亘氏の御厚意による）

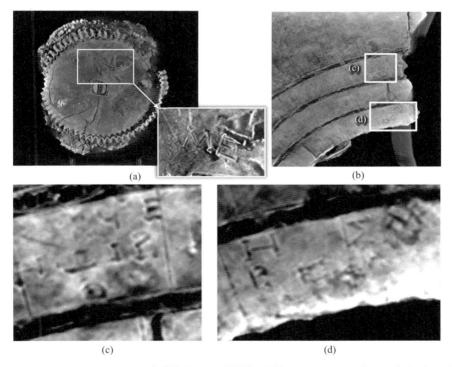

図 6.6 (a) は，ギリシャのアンティキテラの古代遺跡からの発掘品の全景。(b) は，その一部。(c) および (d) は，(b) の一部をさらに拡大したもの。(c) と (d) では，この遺物がカレンダーであることを示す文様が見られる。これは，表 6.1 の管電圧 450 kV の X 線 CT スキャナー（（株）ニコン製 XT H 450 型）で可視化した例（（株）ニコン 風間哲氏の御厚意による）

図 6.6 は，表 6.1 でも高エネルギーの X 線を利用できる管電圧 450 kV の X 線 CT スキャナー（（株）ニコン製 XT H 450 型）を用い，ギリシャのアンティキテラの古代遺跡から発掘された考古学遺物を観察した例である。この装置は，管電圧 450 kV ながら，焦点サイズが比較的小さな X 線管を備えるというユニークな特徴をもっている。このため，高 X 線エネルギー・高出力の割には高空間分解能が得られ，最高で 200 μm 程度の空間分解能が得られるとされる。この X 線 CT スキャナーを用いることで，比較

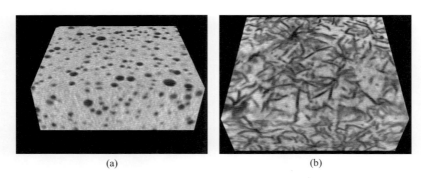

図 6.7 (a) は，球状黒鉛鋳鉄，(b) は片状黒鉛鋳鉄でそれぞれ黒鉛を抽出したもの。微細な片状黒鉛もよく観察できる。観察には，管電圧 300 kV の X 線 CT スキャナー（東芝 IT コントロールシステム（株）製 TOSCANER-33000μFD-Z II 型）を用いた（東芝 IT コントロールシステム（株）岩澤純一氏の御厚意による）

的大きな遺物の表面で錆などに埋もれた細かな文様を可視化することが可能になった。この観察によって，用途不明であった考古学遺物が世界最古の天文カレンダーであることが明らかになった。産業用 X 線 CT が学術上重要な貢献を果たした良い例と言える。

図 6.7 は，もう少し管電圧の小さな 300 kV の X 線 CT スキャナーの適用例である。こちらの装置は，X 線焦点と X 線照射窓との距離を約 5 mm と短くしたマイクロフォーカス管を搭載し，X 線管の陽極電力に応じて焦点寸法を自動的に変化させることで，X 線の透過能と比較的高い空間分解能のバランスを実現している。図 6.7 は，片状黒鉛鋳鉄，および球状黒鉛鋳鉄の各材料を約 2 mm に切り出した試験片の 3D 像である。それぞれの材料の黒鉛部分を抽出して表示している。細長い片状黒鉛を充分な空間分解能で可視化できていることがわかる。

表 6.1 の装置の多くでは，試料回転ステージの傾斜に対応している。これにより，3.3.5 節 (3) で解説したラミノグラフィーの実施が可能になる。実際，ソフトウェア的にもラミノグラフィーに対応した X 線 CT スキャナーが多く市販されている。例えば，電子基板，自動車用のアルミニウムや鉄鋼製の外板，航空機用の金属／FRP 複層材料の薄板など，通常の撮像法では X 線ビームの範囲に収まらない板状の試料のイメージングが可能である。

表 6.1 の検出器の項に注目すると，検出器にフラットパネルディテクターを用いた製品が多いことがわかる。一般に，イメージインテンシファイアーは，比較的低価格で効率が高く，フレームレートが高いというメリットがある。しかし，フラットパネルディテクターのダイナミックレンジは広く，イメージインテンシファイアーのような歪みも少なく，有効視野が大きいという長所がある。近年の低価格化と相まって，現在ではフラットパネルディテクターの採用が増加している。また，表 6.1 の管電圧 450 kV の装置（（株）ニコン製 XT H 450 型）には，ラインセンサーカメラを備えたモデルもある。4.4.2 節 (1) で述べたように，ラインセンサーカメラを用いる場合，ラインセンサーカメラの視野分だけ試料に X 線が入射するように，コリメーターで X 線ビームをファンビームに成形する。平行ビームやコーンビームの場合には，高エネルギー X 線の前方散乱により試料全面からの散乱 X 線が検出器の画素に入射し，コントラストや空間分解能が低下する。ファンビームの利用により，これを有効に防止することができる。

図 6.8 は，ラインセンサーカメラを用いた場合とフラットパネルディテクターを用いた場合で画質がどのように異なるのかを示した模式図である。ラインセンサーカメラを用いるイメージングでは，試料

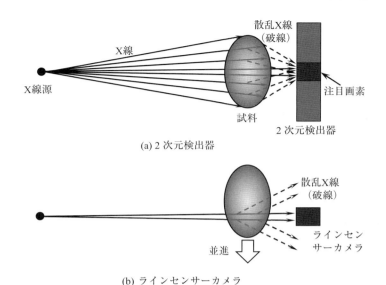

図 6.8 高エネルギー X 線を用いてイメージングするときにラインセンサーカメラを備えた装置とフラットパネルディテクターなどの 2 次元検出器を備えた装置で画質の違いを示す模式図

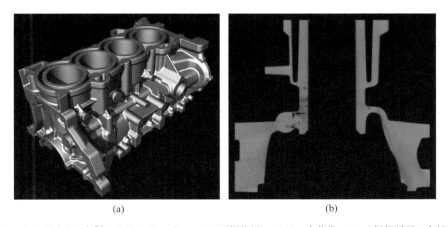

図 6.9 アルミニウムダイカスト製のシリンダーブロックの可視化例。(a) は，全体像。(b) は仮想断面で内部の鋳巣などの製造欠陥を可視化したもの。観察には，管電圧 450 kV の X 線 CT スキャナー（東芝 IT コントロールシステム（株）製 TOSCANER-24500twin 型）を用いた（東芝 IT コントロールシステム（株）岩澤純一氏の御厚意による）

を 500～2000 レイヤーにわたって上下に走査することが必要になるため，撮像の時間は必然的に長くなる。しかし，試料の上下方向の領域から来る散乱 X 線の影響がなくなるため，ノイズレベルが低い高画質の画像が得られる。ただし，ラインセンサーの長手方向で隣接する領域から来る散乱 X 線は避けられないため，試料－検出器間隔の調整などは必要になる。

図 6.9 は，やはりラインセンサーカメラを用いたアルミダイカスト製のシリンダブロックの観察例である。コーンビーム方式による X 線 CT スキャナーで高 X 線エネルギーのものでは，X 線の散乱により，直線状の部品の輪郭が樽型に膨らんで見えることがある。ラインセンサーカメラの利用により，歪みがない幾何学的に正確な 3D 像が得られている。用いた X 線 CT スキャナーでは，ラインセンサーカメラ

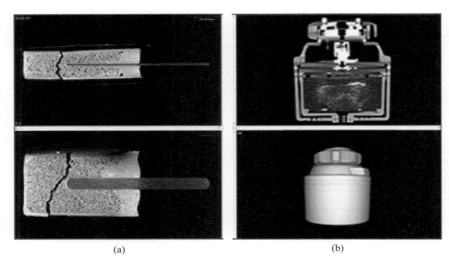

図 6.10 (a) は，アイスクリーム内部の気泡分布．(b) は，浄水器の内部構造観察．いずれも小型軽量の装置（(株)アールエフ NAOMi-CT 型）での観察例（(株)アールエフ 小平計美氏の御厚意による）

を2列装備し，その2列の間を補間して3つ目の断層像を計測することもできる．また，ラインセンサーカメラに用いるシンチレーターの厚みを増すことで，アルミニウムに対して 300 mm 程度の透過を充分な S/N 比で得ることができる．このため，図 6.9 のようなアルミニウム製の部品では，外径 100 mm の部品内部の ϕ0.3 mm 程度のドリル穴も検出することができる．これは，焦点寸法に対するターゲット許容電力が大きな X 線管を用いるという工夫によるものである．

表 6.1 の装置の中には，普及の進む歯科用の X 線 CT スキャナーから技術移転し，部品の流用により数百万円程度と低価格を特徴とするものもある．図 6.1 (g) はその一例である．本体は約 50 kg と軽く，デスクトップに置ける大きさで，カートなどで移動しながら家庭用電源で使用することができるという特徴がある．応用例として，図 6.10 に示すように，食品開発の基礎研究，スポーツやグローブのフィット感の確認など，これまで高価な産業用 X 線スキャナーを利用する機会の少なかった分野での利用が進んでいる．

6.2 高エネルギー産業用 X 線 CT スキャナー

国内では，MeV 級の X 線エネルギーをもつ X 線 CT が 1980 年代から開発・製品化されている．その線源としては，小型電子線形加速器が用いられる．国内では，工業製品として 950 kV，3 MV，6 MV，9 MV の線源を用いた装置が利用できる．図 6.11 には，市販製品の一例を示す．これは，表 6.1 にスペックが記載されている製品である．過去には，12 MV の線源を備えたものも作られていたが，今は存在しない．MeV 級のエネルギーをもつ X 線は，物質の透過力が強いため，通常の X 線検出器では感度低下が避けられない．このため，MeV 級のエネルギーをもつ X 線専用のラインセンサー検出器や検出回路が開発され，実装されている．これにより，低ノイズ，広いダイナミックレンジによるアーティファクトの少ない画像の取得が可能である．X 線ビームの形式としては，ファンビームとなる．例えば，駆動電

図 6.11 表 6.1 に記載した市販の高エネルギー産業用 X 線 CT スキャナーの例。写真は，(a) が（株）日立製作所製 HiXCT-9M 型の装置外観，(b) および (c) が同じく HiXCT-1M 型のそれぞれ遮蔽コンテナ外観と，制御盤および操作装置外観（（株）日立製作所 佐藤克利氏の御厚意による）

圧 9 MV の X 線 CT スキャナーでは，鉄鋼材料で 32 cm 程度，アルミニウム合金で 96 cm 程度の厚みの試料まで観察することができる。視野は，一般的に ϕ600〜800 mm，高さ 500〜1000 mm 程度で，耐荷重 100 kg 程度の試料回転ステージが用いられる。高エネルギー X 線 CT スキャナーでは，高エネルギー X 線の装置外への漏洩を防ぐため，入念な遮蔽が必要になる。例えば，950 kV の装置では，鋼板による遮蔽コンテナの中に機器を設置するため，装置の総重量は，60〜80 トンにも達する。また，9 MV 機では，もはや鋼板では遮蔽しきれず，コンクリート厚さ 2 m 程度の鉄筋コンクリート製遮蔽建屋を建設する必要が生じる

ところで，計測方式としては，ローテート／ローテート方式のいわゆる第 3 世代 CT の他，第 2 世代のトランスレート／ローテート方式，およびダブルローテート方式と呼ばれる新方式[2]も用いられる。ローテート／ローテート方式は高速撮像が特長で，10 sec/slice 程度の高速撮像ができる。一方，トランスレート／ローテート方式は，広視野撮像に適しているものの，撮像時間が長くなる。また，ダブルローテート方式は，高速撮像と高精細撮像を両立する撮像で，ローテート／ローテート方式と比べ，撮像時間は約 4 倍必要であるが，空間分解能は 1.5 倍になるとされる。

図 6.12 には，スキャン方式の違いによる画質の差を示す。計測方式の工夫により，開口量が小さく検出の難しい脆性な鋳鉄部品中の亀裂もきれいに可視化できていることがわかる。また，図 6.13 には，自動車部品の 3D イメージング例を示す。高エネルギー X 線を用いながらもノイズとアーティファクトが

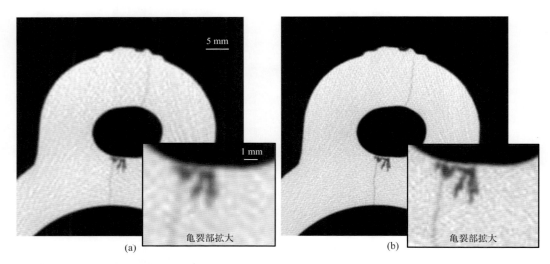

図 6.12 高エネルギー産業用 X 線 CT スキャナーを用いた鋳鉄部品中の鋳巣および亀裂の観察例。(a) は，ローテート／ローテート方式（画素サイズ 0.4 mm，1,500×1,500 画素，スキャン時間 15 sec），(b) は，ダブルローテート方式（画素サイズ 0.2 mm，3,000×3,000 画素，スキャン時間 50 sec）で撮像したもの。これらは，(株)日立製作所製 HiXCT-9M-SP 型を用いた ((株)日立製作所 佐藤克利氏の御厚意による)

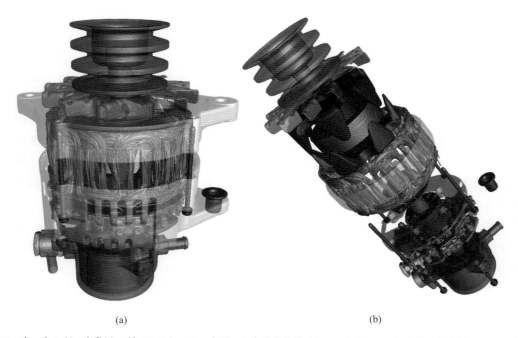

図 6.13 高エネルギー産業用 X 線 CT スキャナーを用いた自動車部品（オールタネーター）内部の観察例。(a) は，外側のアルミニウム製部品を半透明にして内部のコイルを 3D 観察したもの。(b) は，構成部品をセグメント化し，組み付け状況がわかるように分離して示したもの。これらは，(株)日立製作所製 HiXCT-9M-SP 型を用いた ((株)日立製作所 佐藤克利氏の御厚意による)

図 6.14　自動車レベルの大型製品をそのままスキャンできるドイツのフラウンホーファー EZRT の XXL-CT なる X 線 CT スキャナー（フラウンホーファー研究所トーマス・ケスラー氏の御厚意による）

充分に低減されており，大物の自動車部品内部の可視化だけではなく，構成部品のセグメント化や抽出・分離による評価も可能である。

　ところで，ドイツのフラウンホーファー EZRT では，より大型の製品をそのままスキャンできる XXL-CT なる X 線 CT スキャナーを運用している。これを図 6.14 に示す。XXL-CT は，自動車，貨物用コンテナ，航空機の胴体，大型船舶のエンジンなどをそのまま 3D イメージングできる装置である。幅 3.2 m，高さ 5 m で荷重 10 トンの被写体を乗せることができる回転ステージと 9 MeV の高エネルギー X 線を組み合わせ，焦点サイズ約 3 mm で 3D イメージングが可能である。自動車の場合には，回転ステージ上に立てて 3D イメージングする。このような大型構造物用の CT スキャナーの用途は，ますます増えるものと思われる。

6.3　高分解能産業用 X 線 CT スキャナー

　通常のマイクロフォーカス管を用いて高空間分解能を訴求する産業用 X 線 CT スキャナーは，6.1 節で紹介した。これ以外に，5.1 節で述べた結像型 X 線マイクロ・ナノトモグラフィーで用いられる X 線集光素子を利用した産業用 X 線 CT スキャナーが市販されている。

　図 6.15 は，5.1.1 節で紹介したフレネルゾーンプレートを用いた結像光学系とコンデンサーゾーンプレートを用いた照明系を備えた産業用 X 線 CT スキャナーで，市販のリチウムイオン 2 次電池の電極シート内の活物質を可視化した例である。図 6.15 では，内部の 3D 構造と粒子間の空隙が明瞭に観察できる。これにより，微細な閉空孔，開空孔の観察と定量評価がなされており，リチウムイオン電池を充放電するときにリチウムイオンの吸蔵や放出に伴って 1 次粒子間の粒界が剥離する様子など，リチウム

図 6.15 市販のリチウムイオン 2 次電池から電極シートを取り出し，電極内活物質の 3D 構造（左）と粒子間空隙（右）を高空間分解能で可視化した例．カールツァイス（株）製 ZEISS Xradia 810 Ultra 型（図 6.16）を用いたもの（カールツァイス（株）速水信弘氏，Benjamin Hornberger 氏，Stephen T. Kelly 氏，および Hrishikesh Bale 氏の御厚意による）

イオン 2 次電池の性能と劣化挙動に深くかかわる内部構造が観察できる．この観察に用いたのは，表 6.1 にも記載した図 6.16 の装置である．この装置では，最外輪帯幅 35 nm のフレネルゾーンプレートを用い，公称最高空間分解能 50 nm を得ている．図 6.15 の観察では，試料は直径約 64 μm で，撮像時の空間分解能は，150 nm とされる．メーカーでは，これをナノ分解能 X 線顕微鏡と称し，マイクロフォーカス X 線 CT のミクロンレベルの空間分解能と，電子顕微鏡のナノオーダー領域の中間領域における 3D イメージングを補間するとしている．この装置では，約 0.9 kW の高輝度 X 線源を用いることで，3.5 keV の単色 X 線を発生させている．装置メーカーによれば，X 線管のターゲットにクロムを用い，$K_{\alpha 1}$ 線，$K_{\alpha 2}$ 線とフレネルゾーンプレートの組み合わせにより，エネルギー分解能：$\Delta E/E = 1.7 \times 10^{-3}$ 程度の単色になる．これにより，フレネルゾーンプレートを用いた結像光学系を市販の産業用 X 線 CT スキャナーで実現している．光路内には位相板を挿入し，5.2.2 節で解説したツェルニケ位相差顕微鏡としている．試料回転ステージには，4.5 節で紹介したようなその場観察用デバイスを搭載したステージを用いることができ，引張，圧縮，ナノインデンテーションなどのその場観察が可能である．試料サイズにかなりの制約はあるものの，高分子やセラミックス，バッテリーなどの材料開発や石油，鉱物などの天然資源調査，生物工学など，多岐にわたって応用されている．

6.4 高機能産業用 X 線 CT スキャナー

吸収コントラストトモグラフィーでは，マイクロフォーカス管を備えた産業用 X 線 CT スキャナーを用いることで，かなり高い空間分解能が得られることは前節で紹介した．しかしながら，様々な観察対

図 6.16 表 6.1 に記載した市販の高空間分解能産業用 X 線 CT スキャナーの例。これは，カールツァイス（株）製 ZEISS Xradia 810 Ultra 型（カールツァイス（株）速水信弘氏の御厚意による）

象に対して，コントラストが低く観察ができない，ないしは定量的な評価に支障を来すことが往々にしてある。5.5 節で紹介した多結晶組織のトモグラフィー法のうち，5.5.2 節の回折コントラストトモグラフィー法は，産業用 X 線 CT スキャナー専用のモジュールや解析ソフトウェアを組み込んだ製品を用いることで，ラボレベルでも実施できる。

図 6.17 は，多結晶鉄の結晶組織を 3D 可視化した例である。$100\,\mu m$ 程度の結晶粒径を有する結晶粒が隙間や重なりがなく，きれいに 3D 可視化できている。これにより，結晶組織の 3D 形態の正確な把握ができるだけではなく，再結晶・成長挙動や結晶組織と各種力学的性質・腐食特性などとの関係など，様々な物理現象の結晶学的な評価が可能になっている。

図 6.18 は，図 6.17 の撮像に用いた産業用 X 線 CT スキャナーの外観写真である。装置の基本構造は，通常のマイクロフォーカス管を備えた産業用 X 線 CT スキャナーと同じである。この装置では，シンチレーターと光学顕微鏡の対物レンズを用いた，シンクロトロン放射光を用いた X 線トモグラフィーのような検出器を採用している。つまり，マイクロフォーカス管による幾何学的な X 線の拡大投影と，可視光変換後の光学的結像を併用していることになる。通常，マイクロフォーカス管を用いたマイクロトモグラフィーでは，$10\,\mu m$ 以下の空間分解能を達成するために，100：1 オーダーの幾何学的拡大倍率を必要とする。一方，この装置では，コーンビーム光学系による幾何学的倍率は 1 〜 10 倍に抑え，可視光変換後に拡大することで，より大きな作動距離を実現している。これにより，4.5 節で紹介したその場観察用デバイスの中でも，比較的大型の試験機などを用いた材料試験や加熱・通電下のその場観察などが実施できる。回折コントラストトモグラフィーでは，開口板とビームストップを設置することで，0 次光を遮蔽しながら回折光のみを検出する。そして，試料を回転させながら，図 6.17 (c) に示したような X 線回折パターンを取得する。これにより，結晶粒径最小約 $40\,\mu m$，結晶方位の角度分解能 $0.5°$ の精度で，

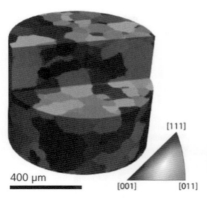
(a) 多結晶組織の3D像と逆極点図

(b) 左を半割としたもの

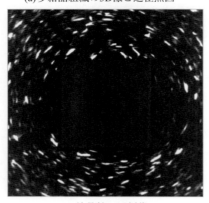
(c) 結晶粒の回折像

図 6.17　(a) と (b) は，多結晶鉄の多結晶組織の 3D 像．各結晶粒の色は，(a) に添えた逆極点図で示した結晶方位を示す．撮影に用いたのは，カールツァイス（株）製 ZEISS Xradia 520 Versa 型（表 6.1 および図 6.18 参照）（カールツァイス（株）速水信弘氏の御厚意による）

　結晶の座標，方位，およびサイズや形態などの幾何学的情報を取得できる．同じ試料について，通常の吸収コントラストトモグラフィーの撮像も行うことができるため，回折コントラストトモグラフィーにより得られる結晶組織と吸収コントラストトモグラフィーにより得られる亀裂などの関係も，直接的に評価することができる．

6.5　インライン検査用装置

　インライン検査は，大量生産を行う製造ライン上を流れる製品や部品，基板などの寸法や形状の計測，欠陥の有無の判別，品質確認などを目的とする．これにより全数検査がなされれば，不良品が製品として出荷されるのを防止でき，製品の信頼性向上に大きな威力を発揮する．これまで，インライン検査には，人による検査の他，可視光のカメラによる外観検査，X 線などを用いた透過像による検査，ロボットによる計測などが行われてきた．4.4.2 節 (1) で紹介したラインセンサーカメラは，透過像によるイン

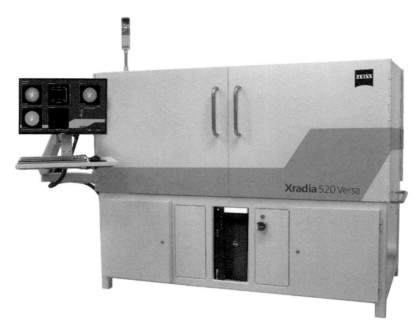

図 6.18 表 6.1 に記載した市販の高機能産業用 X 線 CT スキャナーの例。これは，カールツァイス（株）製 ZEISS Xradia 520 Versa 型（カールツァイス（株）速水信弘氏の御厚意による）

ライン検査に広く活用されている。

21 世紀に入り，自動車部品，半導体，電子基板の製造工程などで，X 線 CT スキャナーないし類似の技術がインライン検査に用いられている。半導体の製造工程では，後工程にあたるウェハーの実装行程が主な対象となる。また，電子基板に多数あるハンダ付け部分も，ハンダの濡れ不良，スルーホールの充填不足，ハンダ量過小など，多くの製造欠陥を生む原因となる。図 6.19 は，そのような高速 X 線 CT 型自動検査装置の一例である。そのスペックは，表 6.1 に記載されている。基板類を対象とするために出力は小さく，空冷の密閉管タイプのマイクロフォーカス管を用いている。高空間分解能が得られるため，量産検査だけではなく，量産検査ではじかれた不良品の解析も，この 1 台でこなすことができる。この装置は，平行 CT と呼ばれる特殊な計測方式を採用している点がユニークである[1]。これは，回転ステージではなく，XY ステージでカメラと試料が基板と平行に円軌道上を旋回する。そのため，4 sec で 1 枚の 3D 画像を取得できる高速トモグラフィーが実現されている。図 6.19 の装置はインライン検査用であるが，オフライン検査用には 0.3 μm/pixel とされる高空間分解能装置も用いられる。図 6.20 は，図 6.19 の装置を用いてはんだの接合強度の保証を行った例である。数百個のハンダ付け部分から，1 カ所の不良部が検知されており，その部分の内部には，ポアのような欠陥が明瞭に認められる。

一方，図 6.21 も電子基板のインライン検査に特化した検査装置で，X 線トモグラフィー，X 線透視検査，可視光および赤外線による顕微鏡観察，およびレーザー距離計測を組み合わせた構成となっている[3]。これにより，電子基板の製造ラインにインライン設置し，微細なハンダ接合部を検査できる程度の高空間分解能で X 線トモグラフィー観察を行いながら，可視光および赤外線によるマークなどの認識，レーザー距離計による X 線観察の基準面計測を同時に行うことができる。これだけの検査を同時に行い

図 6.19 表 6.1 に記載した市販のインライン検査用 X 線 CT スキャナーの外観写真。オムロン（株）製 VT-X750 型（オムロン（株）杉田信治氏の御厚意による）

ながらも，製造ラインのサイクルタイムに追従できる高速撮像を特徴とする．図 6.22 は，これら各種検査で得られる情報をまとめたものである．ヒートシンク内のボイドの存在やリードのバックフィレットなどの各種製造欠陥の検出だけではなく，シリアル番号認識や部品取り付け違いの検出など，様々な不良品のはじき出しとトレーサビリティーの担保を同時に無人で行うことができる．また，密閉管を用いながらも，フィラメント切れ時に X 線管をフィラメント交換して再度組み付けるなどのメンテナンス上の工夫もされている．

一方，図 6.23 は，通常の X 線トモグラフィーによる撮像に対応した X 線 CT スキャナーである．そのスペックは，表 6.1 に記載されている．この装置は，出力の大きな X 線管を用い，アルミニウム合金製部品などの製品の全数検査に用いられる．通常の X 線トモグラフィーでありながら，1 min/scan と自動車部品などの製造ラインのスピードに対応した高速撮像が可能である．アルミダイキャスト製品内部にある鋳巣などの内部欠陥をこの装置を用いて観察した例を図 6.24 に示す．この装置は，アルミニウムダイキャストの鋳造ラインなど，精密機器にとって温度や粉塵などの使用環境が過酷な場所にも設置される．鋳造部品が装置の内部に入ってから製品の良否が判定されるまで，ダイキャストマシンの生産サイクルと同期しながら検査が行われる．作業員による手動の検査だけでなく，産業用ロボットとの組み合わせによる完全自動検査も行われている．製品検査は，全数の良否を即時，自動で判定するとともに，各種数値データが自動で保存・記録され，その後の欠陥の寸法計測などに利用できる．

6.5 インライン検査用装置　301

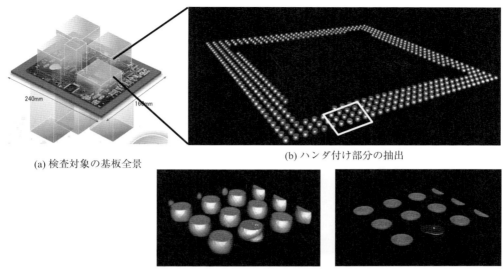

(a) 検査対象の基板全景　　(b) ハンダ付け部分の抽出

(c) 上図の囲み部分の拡大

図 6.20　表 6.1 に記載した市販のインライン検査用 X 線 CT スキャナー（オムロン（株）製 VT-X750 型）を用いた電子基板のハンダ付け部分の検査例（オムロン（株）杉田信治氏の御厚意による）

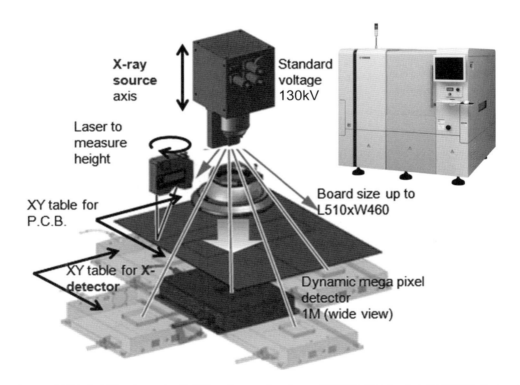

図 6.21　表 6.1 に記載した市販のインライン検査用 X 線 CT スキャナーの外観写真（右上），および可視光検査，レーザー変位センサと X 線撮像系を共存させた内部レイアウト。ヤマハ発動機（株）製 Ysi-X 型（ヤマハ発動機（株）角田陽氏の御厚意による）

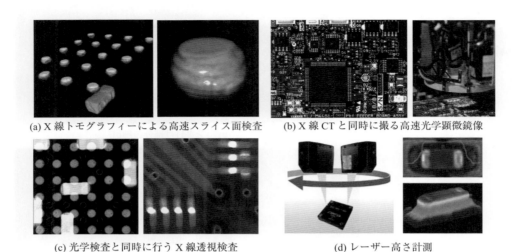

(a) X線トモグラフィーによる高速スライス面検査　　(b) X線CTと同時に撮る高速光学顕微鏡像

(c) 光学検査と同時に行うX線透視検査　　(d) レーザー高さ計測

図 6.22 表 6.1 に記載した市販のインライン検査用 X 線 CT スキャナー（ヤマハ発動機（株）製 Ysi-X 型）を用いた電子基板の検査例。X 線トモグラフィー，X 線透視，光学顕微鏡観察，赤外線観察，レーザー検査を同時に実施することができる（ヤマハ発動機（株）角田陽氏の御厚意による）

図 6.23 表 6.1 に記載した市販のインライン検査用 X 線 CT スキャナーの外観写真。日本装置開発（株）製 CTH200FPD 型（日本装置開発（株）木下修氏の御厚意による）

(a) 検査用テストピース

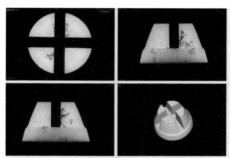
(b) 仮想断面および 3D 像による鋳巣の検査

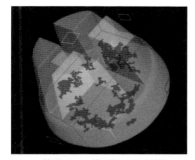
(c) 鋳巣の 3D 描画による評価

図 6.24 表 6.1 に記載した市販のインライン検査用 X 線 CT スキャナー（日本装置開発（株）製 CTH200FPD 型）を用いたアルミニウムダイキャスト部品の検査例（日本装置開発（株）木下修氏の御厚意による）

6.6　シンクロトロン放射光を用いた X 線トモグラフィー

ここでは，SPring-8 やフォトンファクトリーのいくつかのイメージング用ビームラインにおける技術の現状と最近の応用例を紹介する。

6.6.1　投影型 X 線トモグラフィー

SPring-8 の場合，投影型 X 線トモグラフィーは，主として BL20XU と BL20B2 の 2 つのビームラインで実施できる。前者はアンジュレータを用いたビームラインで高空間分解能に，後者は偏向電磁石を用いたビームラインで広視野のイメージングに向く。いずれのビームラインでも，$2,048 \times 2,048$ 画素，$6.5\,\mu m \times 6.5\,\mu m$ の浜松ホトニクス製 sCMOS カメラが主に用いられている。これに前者の場合には，BM-3 と呼ばれるビームモニターが組み合わせられることが多い。ちなみに，ビームモニターは，シンチレーターと可視光用レンズおよびミラーを組み合わせたものである。後者では，BM-2 が用いられる場合が多い。異なるビームモニターを組み合わせることで，実効画素サイズを変化させることができる。いずれの場合も，後に図 7.15 で見るように，画素サイズ（BL20XU の投影型 X 線トモグラフィーでは約 $0.5\,\mu m$）のちょうど 2 倍が実効空間分解能となる[23]。つまり，7.5.1 節 (2) で述べるサンプリング定理に基づくナイキスト周波数が空間分解能を律速している。

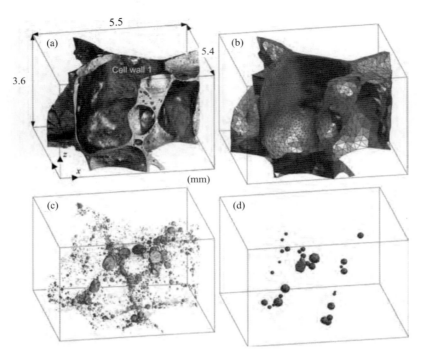

図 6.25 SPring-8 の BL20B2 を用いた観察例。BL20B2 で X 線エネルギーを 20 keV とし，実験ハッチ 1 で実効画素サイズ 2.73 μm の 3D イメージングを行ったもの[4]。観察対象は，発泡アルミニウムである。(a) および (c) は，発泡金属のセル壁と内部の気泡を表す。(b) および (d) は，イメージベースシミュレーション用に表面抽出したもの（STL ファイル）

　図 6.25 には，BL20B2 を用いたイメージング例を示す[4]。金属材料でも，9 割以上を空隙が占めるポーラス金属であれば，偏向電磁石を用いたビームラインが適している。この場合の実効画素サイズは 2.7 μm で，空間分解能 5.4 μm，視野の幅と高さはいずれも 5.4 mm となっている。発泡金属のセル壁の複雑で不規則な構造が可視化できるだけではなく，内部に存在する水素が析出したミクロポアもきれいに可視化できている。この研究では，8.6 節で述べる 3D イメージベースシミュレーションを援用することで，発泡金属の変形・破壊挙動を解明している。

　なお，これ以上の空間分解能を志向する場合には，BL20XU を用いることになる。図 6.26 は，鉄鋼材料の高温でのクリープ破壊挙動を可視化したものである。この場合の実効画素サイズは 0.5 μm で，空間分解能約 1.0 μm，視野の幅と高さがいずれも約 1 mm となっている。9％クロムを含む耐熱鋼を溶接した後，高温に暴露すると，熱影響部でタイプIVボイドと呼ばれる損傷が生じる。これは，650℃で 70 MPa の負荷をかけ 17220 時間経過後に観察したものである。特定の旧オーステナイト粒界に損傷（クリープボイド）が発生し，これまで意識されていなかった結晶粒内のボイドの発生も認められる。微細なボイドが非常に鮮明に捉えられており，第 8 章，第 9 章の各種 3D/4D 解析手法が利用できる。

　図 6.27 は，ヒト大脳の前頭葉皮質の内錐体細胞層を BL20XU で観察したものである。観察は吸収コントラストにより，X 線エネルギーを 12 keV としている。この場合の実効画素サイズは 0.51 μm で，実効空間分解能 1.2 μm を得ている。図 6.27 の上側が脳表に相当する。この観察では，大脳皮質と海馬に存

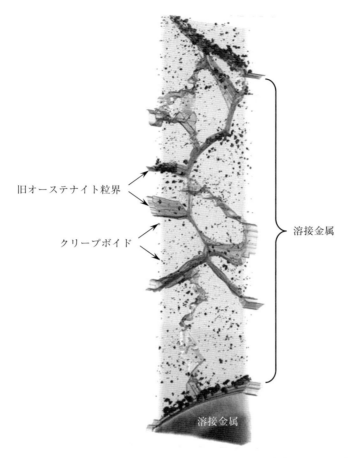

図 6.26 SPring-8 の BL20XU を用いた観察例。X 線エネルギーを 37.7 keV とし，実験ハッチ 1 で実効画素サイズ 0.5 μm の 3D イメージングを行ったもの。観察対象は，高クロム耐熱鋼の溶接材のクリープによるタイプ IV 損傷

在する主要な興奮性の神経細胞である錐体ニューロンが明瞭に観察される[5]。

6.6.2 結像型 X 線トモグラフィー

SPring-8 のいくつかのイメージング用ビームラインでは，2000 年代半ばから結像型 X 線トモグラフィーの実験装置がユーザーに公開されている。それから 10 年以上にわたり，8 ～ 10 keV と比較的低い X 線エネルギーを用いたイメージングが各種用途に利用されてきた。図 6.28 は，その初期の頃に実施されたアルミニウム中の析出物の観察結果である[6]。この研究では，Al-Ag 合金中の析出物を高空間分解能観察している。当時は，結像型 X 線トモグラフィーの実験はもっぱら BL47XU で行われ，照明系は拡散板を通した平行ビームであり，ケーラー照明などは未だ用いられていなかった。この場合，実効画素サイズは 88 nm で，その倍程度の実効空間分解能を得ていた。しかし，9.8 keV という X 線エネルギーの制約のため，試料サイズは 56.8 μm (H) × 35.3 μm (V) と髪の毛より細く，試料の作製と取り扱いにはずいぶん難儀した。

その後も SPring-8 では結像型 X 線トモグラフィーの研究開発が精力的に続けられ，2017 年からは X

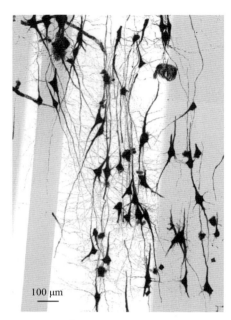

図 6.27 ヒト大脳の前頭葉皮質の内錐体細胞層を SPring-8 の BL20XU で観察したもの[5]。X 線エネルギーは，12 keV（東海大学 水谷隆太氏の御厚意による）

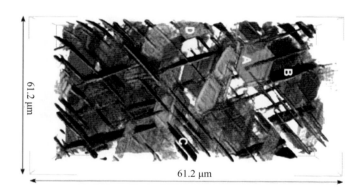

図 6.28 SPring-8 の BL47XU を用いた観察例[6]。X 線エネルギーを 9.8 keV とし，実効画素サイズ 88 nm の 3D イメージングを行ったもの。観察対象は，Al-Ag 合金過時効材の時効析出物である

線エネルギー 20 keV の，そして 2018 年からは同じく 30 keV の 3D イメージングが実現されている。現在では，BL20XU を中心に，BL47XU，BL37XU でも結像型 X 線トモグラフィーが実施可能である。現在の主流は，図 5.25 で見たケーラー照明とフレネルゾーンプレート，ツェルニケ位相板を組み合わせた位相コントラスト結像型 X 線トモグラフィーである。SPring-8 では，微細加工の難しい高エネルギー用コンデンサープレート，フレネルゾーンプレート，位相板の 3 種のデバイスを揃えている。特に，5.1.1 節 (3) で述べたアポダイゼーション・フレネルゾーンプレートの実用化は，高エネルギーの結像型 X 線トモグラフィー実現の鍵である。BL20XU では，現在，投影型と結像型をワンタッチで切り替えられる。空間分解能に関しては，他の施設の結像型 X 線トモグラフィーと大差はないようである。ただし，他の

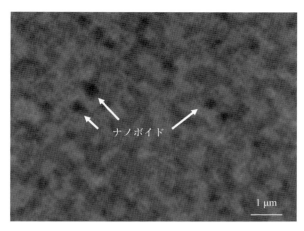

図 6.29 SPring-8 の BL20XU を用いた A7150 アルミニウム合金の水素脆化時に発生するナノボイドの観察例。X 線エネルギーを 20 keV とし，実効画素サイズ約 60 nm の 3D イメージングを行ったもの

報告例では，空間分解能の計測に際し，後に 7.5.3 節 (1) で述べるように画像データからテストオブジェクトの周期構造の 1 周期を正しく認識して計測せず，その半分を空間分解能として表示している場合も多い。性能の比較には，十分に注意が必要である。

図 6.29 は，アルミニウム合金の水素脆化のときに発生するナノボイドの観察例である。結像型 X 線トモグラフィーと投影型 X 線トモグラフィー，それに HAADF-STEM を組み合わせることで，数 nm 〜 10 μm 程度と，マルチスケールに及ぶ高密度のナノボイドの生成が観察されている[7]。このような直接観察だけではなく，ナノボイドの発生と成長は，後に図 9.13 で見るような静水圧引張歪みの発生としても捉えられている[7]。

図 6.30 は，図 6.27 で投影型 X 線トモグラフィーを用いて観察したヒト大脳の前頭葉皮質（別の検体）を結像型 X 線トモグラフィーにより観察したものである。この場合の実験は，BL37XU を用いて行い，X 線エネルギーは 8 keV で行った実効空間分解能 100 nm の観察である。これは，吸収コントラストによるイメージングである。ヒト大脳の前頭葉皮質の錐体ニューロンと周辺の神経突起が明瞭に観察される。また，神経突起には，棘突起も観察される。棘突起は，脳の神経活動などにより形成したり消滅したりし，この数や形態観察は，神経回路形成のメカニズムを知る上で重要である。

6.6.3 位相コントラストトモグラフィー

現在，SPring-8 のイメージングビームラインで用いられているのは，投影型 X 線トモグラフィーと 5.2.1 節 (2) の単一距離位相回復法を組み合わせたものか，6.6.2 節で述べたツェルニケ位相差顕微鏡を用いた結像型 X 線トモグラフィーである。まず，前者の例として，パガニンの方法を用いた DP 鋼の観察例を図 6.31 に示す[8]。これは，マルテンサイトとフェライトの 2 相組織を呈する DP 鋼で，マルテンサイトがかろうじて 3D ネットワークを組むような体積分率の材料について，引張負荷下の変形，損傷，破壊挙動を観察したものである。この場合，マルテンサイト相中の炭素濃度は 0.33 % なのに対し，フェライトでは 0.001 % と炭素濃度は低い。これにより，マルテンサイト相とフェライト相は，それぞれ 7.87 g/cm^3 と 7.76 g/cm^3 となり，約 1.4 % の密度差が生じる。図 6.31 のイメージングは，この密度差

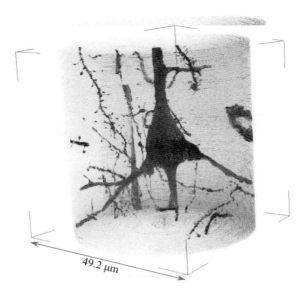

図 6.30 図 6.27 で投影型 X 線トモグラフィーで観察したヒト大脳の前頭葉皮質の内錐体細胞層を SPring-8 の BL37XU で結像型 X 線トモグラフィーで観察したもの[5]。X 線エネルギーは，8 keV である（東海大学 水谷隆太氏の御厚意による）

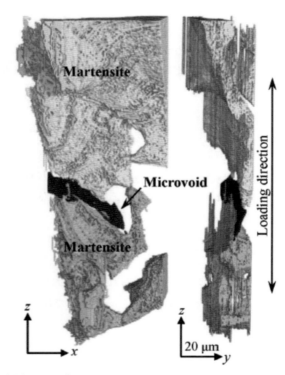

図 6.31 SPring-8 の BL20XU を用いた DP 鋼のマルテンサイト相損傷挙動のその場観察例[8]。X 線エネルギーを 37.7 keV とし，実効画素サイズ 0.5 μm として 3D イメージングを行ったもの。図の灰色部分がマルテンサイト相で，黒色部分は，マルテンサイト相が破断して生じた亀裂状のボイド。なお，原図はカラーなので，詳しくは原論文の図面を参照されたい

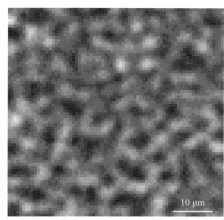 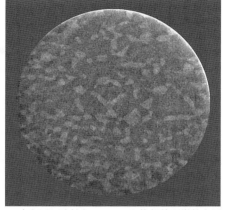

(a) 投影型X線トモグラフィーによる画像をパガニン法で位相回復したもの

(b) 左と同じ試料をツェルニケ位相差顕微鏡を用いた結像型X線トモグラフィーで観察したもの

図 6.32 SPring-8 の BL20XU を用いた TRIP 鋼中のオーステナイト相の観察例[8]。X 線エネルギーを 20 keV とし，試験片を引っ張りながらオーステナイト相の変形誘起相変態をその場観察したもの。(b) の実効画素サイズは，60 nm である。(a) は，比較のために実効画素サイズ 0.5 μm の投影型 X 線トモグラフィーで撮像後，パガニン法で位相回復したもの。同じ倍率で表示してある

を利用したものである。この手法では，フェライト－パーライト鋼で，密度差約 0.4 % の 2 相組織の分離まで成功している[9]。

図 6.32 は，ツェルニケ位相差顕微鏡で TRIP 鋼中の残留オーステナイト相を可視化したものである。投影型顕微鏡をパガニン法で位相回復した図 6.32 (a) では，オーステナイト相の存在は可視化できているものの，その形態は明瞭ではない。一方，ツェルニケ位相差顕微鏡を用いた結像型 X 線トモグラフィーでは，オーステナイト相の形態が充分な空間分解能とコントラストで可視化できている。この研究では，オーステナイト相が徐々に変態する様子が捉えられており，ミクロ組織設計に必要な知見が得られるものと期待される。

6.6.4 高速トモグラフィー

高速トモグラフィーについては，筆者が ESRF で白色 X 線を用いて行った実験の例を紹介する。図 6.33 は，A2024 アルミニウム合金の破壊靱性試験のその場観察を行ったものである[10]。亀裂進展に伴う亀裂進展駆動力分布の変化がわかる。金属材料の破壊のその場観察では，X 線トモグラフィーの撮像ごとに変位を固定すると，緩和現象により除荷が生じてしまう。除荷を伴う実験では，得られた 3D 画像への弾塑性解析適用の妥当性が担保されない。この研究では，白色光，高速で読み出し可能なカメラ，タイムロスを少なくした撮像プロセスなどにより，1 撮像を 22.5 秒と，当時としてはかなり高速化したセットアップを適用した。研究内容としては，中断無く一定の変位速度で実施する破壊靱性試験で亀裂の進展をその場観察するとともに，亀裂先端の歪み場を解析している。これにより，単色 X 線を用いた場合と遜色のない空間分解能を担保しながら，3D 画像 1 枚当たりの撮像時間を 1/50 以下に短縮している。得られた画像中には，亀裂だけではなく，粒子などのミクロ組織も明瞭に可視化されていた。これにより，図 6.33 に示すように，亀裂先端の鈍化と先鋭化という，亀裂先端の応力場特異性に対応する亀

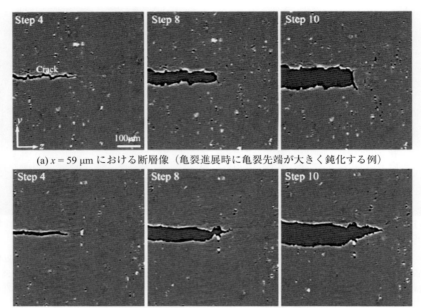

(a) $x = 59\,\mu m$ における断層像（亀裂進展時に亀裂先端が大きく鈍化する例）

(b) $x = 577\,\mu m$ における断層像（亀裂進展時に亀裂先端が先鋭化する例）

図 6.33 ESRF のビームライン ID15A を用いた A2024 アルミニウム合金疲労予亀裂材の破壊靱性試験のその場観察[10]。この研究では，除荷することなしに連続的に引っ張り負荷をしながら高速トモグラフィー観察をすることで，進展亀裂先端の鈍化（上段）および先鋭化（下段）が観察されている

裂先端形状が明瞭に可視化でき，さらに亀裂進展に伴う応力場特異性の遷移の様子とその空間的な拡がりも明らかにされている。

6.6.5 元素濃度のトモグラフィー

図 6.34 は，純 3 元系の Al-Si-Cu 合金の高温溶体化処理材に 5.4.1 節で紹介した吸収端差分イメージングを適用し，ミクロ組織中の銅濃度の空間的な分布を求め，破壊との関係を調べたものである[11]。この場合，銅の K 吸収端上下の X 線エネルギー（上側：9.038 keV，下側：8.938 keV）で 3D 画像を得て画素差分した。溶体化処理温度を 773 K 〜 824 K と変化させたとき，Al-Si-Cu 純 3 元系合金では，807 K で溶体化処理した試料が最も高い強度を示し，規格にある熱処理条件（T6 処理）と比較し，12 % 以上の引張強度の改善と 1/5 程度の溶体化処理時間の短縮が達成できる[11]。この温度は，3 元共晶温度以上の温度域に相当し，図 6.34 に示すような局部的な溶融による銅の濃化，ポアの生成・成長，および基地の銅濃度の大幅な上昇が観察された。この研究では，共晶融解により生じたポアは材料特性を劣化させ，亀裂進展の優先経路となることも確認されている[11]。しかしながら，3 元共晶温度以上でも短時間の熱処理とすれば，局部融解の悪影響よりも銅濃度上昇による析出量増加の効果が上回り，材料特性向上に結びつくものと明らかにされた[11]。

この他，やはり鋳物である発泡金属のセル壁の合金元素分布の可視化[12]や鉄鋼中のタングステン濃度分布のマッピング[13]に吸収端差分イメージングが活用されている。

ところで，フォトンファクトリーの PF-AR NW2A ビームラインでは，結像型 XAFS トモグラフィーの

6.6 シンクロトロン放射光を用いた X 線トモグラフィー　311

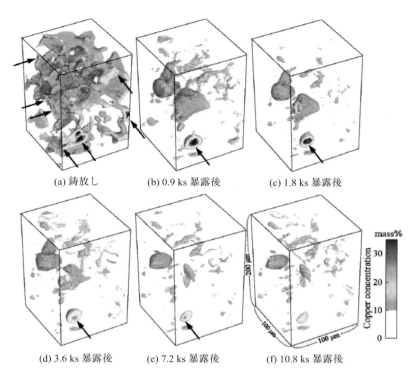

(a) 鋳放し　　(b) 0.9 ks 暴露後　　(c) 1.8 ks 暴露後

(d) 3.6 ks 暴露後　　(e) 7.2 ks 暴露後　　(f) 10.8 ks 暴露後

図 6.34 溶体化処理温度を 773 K ～ 824 K と変化させたときに Al-Si-Cu 純 3 元系合金で最も高い強度が得られた 807 K での溶体化処理中のミクロ組織変化．吸収端差分イメージングで銅濃度分布を 3D マッピングしたもの[11]．なお，原図はカラーなので，詳しくは原論文の図面を参照されたい

セットアップが利用できる．図 6.35 は，そのセットアップを示す．このビームラインでは，カールツァイスの X 線顕微鏡 Xradia Ultra を導入しており，5 ～ 11 keV の X 線エネルギーが利用できる．図 6.36 は，Yb-Si-O を砕いた直径 10 ～ 20 μm の粒子を観察したものである[14]．Yb の L_{III} 吸収端近傍の 8.9 ～ 9.06 keV で 36 水準の X 線エネルギーにおいて X 線トモグラフィー撮像し，画素サイズ 48.8 nm の 3D 画像としたものである．この研究では，試料内部の Yb の化学状態をきれいに分離することに成功している[14]．

6.6.6　多結晶組織のトモグラフィー

図 6.37 は，5.5.4 節で紹介した X 線回折援用結晶粒界追跡法（DAGT 法）を航空機用アルミニウム合金の結晶学的な疲労亀裂進展に応用した例である[15]．ミクロ組織には鈍感とされる疲労亀裂伝播の IIb 段階でも，疲労亀裂伝播は結晶組織の影響を大きく受け，結晶方位の大きな差をもつ粒界で亀裂が偏向やツイストを呈する様子が明らかとなった．また，微視的には，結晶粒界や亀裂先端近傍の亀裂閉口パッチによる加減速も見られた．特に，特定の結晶方位に沿って進展する場合に，亀裂伝播速度が高くなることが示された．

図 6.38 は，DAGT 法を引張変形中の損傷発生の解析に適用した例である[16]．粒界四重点における静水圧歪分布の存在が計測されている．この影響を見やすくするため，粒界近傍の領域の変形をユニット

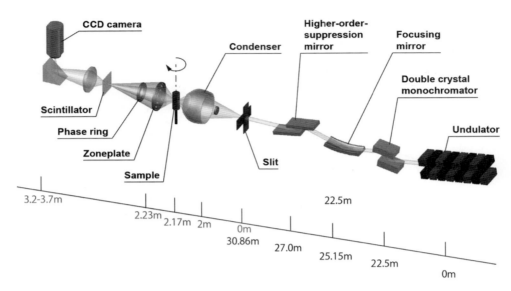

図 6.35 フォトンファクトリー（PF-AR NW2A ビームライン）で利用できる結像型 XAFS トモグラフィーのセットアップ（KEK 木村正雄氏の御厚意による）

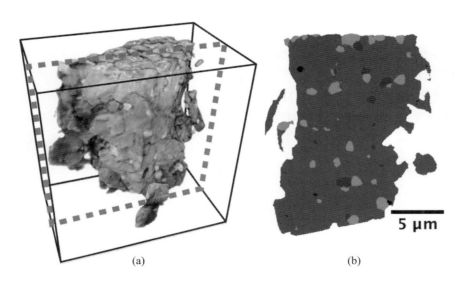

図 6.36 $Yb_2Si_2O_7$ 酸化物板を高温で加熱した試料の X 線顕微鏡測定結果。(a) X 線エネルギー 8.98 keV での 3D 画像。(b) X 線 CT と X 線吸収分光を組み合わせた測定 (XAFS-CT) により Yb の化学状態を分離した結果（(a) の点線の断面部分に相当）。参考文献に同様の観察でカラーの図面があるので，参考文献の図面も参照されたい[14]（KEK 木村正雄氏の御厚意による）

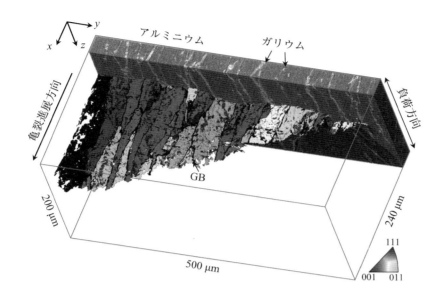

図 6.37 A7075 アルミニウム合金中の疲労亀裂進展と結晶組織の関係[15]。DAGT 法による結晶組織 3D イメージングと亀裂伝播挙動の連続観察を組み合わせた研究例。安定亀裂成長するとされる領域で結晶組織の影響が見られる。なお，原図はカラーなので，詳しくは原論文の図面を参照されたい

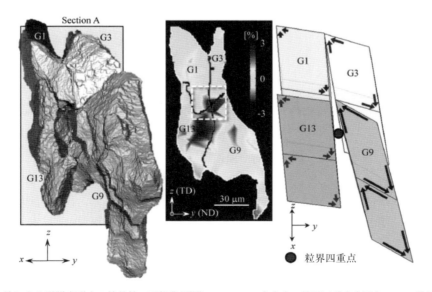

図 6.38 DAGT 法による引張変形中の結晶粒の可視化例[16]。Al-3％Cu 合金中の粒界四重点を囲む 4 つの結晶粒の 3D 表示（左）と仮想断面で表示した 3D 歪みマッピング（9.2.3 節参照）。右：結晶粒に見立てた 4 つのユニットボックスを DAGT 法で計測された歪みを与え，変位を 5 倍に強調したもの。粒界四重点の近傍の静水圧引張による空隙の生成が模擬されている。原図はカラーなので，詳しくは原論文の図面を参照されたい

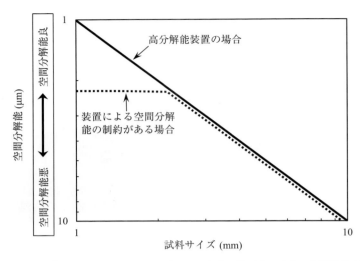

図 6.39 空間分解能と試料サイズのトレードオフ。サンプリング定理に基づくナイキスト周波数が空間分解能を全試料サイズ範囲で律速している場合と，装置による空間分解能の制約がある場合の 2 ケースを模式的に示したもの。なお，検出器の画素数を 2,000 画素，試料回転ステージの回転ステップもそれに相当する角度増分と想定した

ボックスに置き換えてみると，結晶粒 9 (G9) で特に大きなせん断変形が働いており，その他 3 つの結晶粒は，比較的協調的に変形していることがわかる[15]。このミスマッチにより発生する静水圧引張は，ボイドの発生や伝播を促進し，マクロな破壊の起点になることが示されている[15]。

6.7　装置・条件の選定

6.7.1　装置選定

　これまで学んできたように，X 線トモグラフィー装置の空間分解能は，投影型 X 線トモグラフィーの場合には最高で 1 μm 弱であり，高空間分解能の光学顕微鏡のレベルに等しい。また，表面観察用に普及している走査型電子顕微鏡と比べると，結像型 X 線トモグラフィーは，2 桁程度空間分解能が劣る。そのため，X 線トモグラフィーでは，往々にして実効的な空間分解能に近いサイズの内部構造やミクロ組織を観察することになる。また，走査型電子顕微鏡や光学顕微鏡，実体顕微鏡などでは，簡便に倍率を変えて観察ができるという特徴がある。一方，X 線トモグラフィーでは，倍率の変更はできないか，それともかなりの制約がある。例えば，コーンビーム CT では，見かけ上，倍率を自由に変化できることが多い。しかし，倍率を上げて小さな構造を見ようとすると，試料が視野からはみ出してしまう。そのような場合，3.3.5 節 (2) で見た特殊な画像再構成法を用いない限り，画質劣化は無視できない。ここで抑えておくべき事項として，空間分解能と撮像視野のトレードオフ (Trade-off between spatial resolution and field of view) がある。例えば，表 6.1 にまとめた各種 X 線 CT スキャナーは，1,000 〜 4,000 画素の 2 次元検出器を備えたものが多い。高空間分解能が担保された装置を用い，7.5.1 節 (2) で述べるサンプリング定理に基づくナイキスト周波数が空間分解能を律速しているとき，図 6.39 の実線に示すように，試

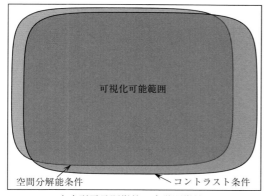
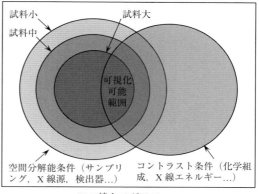

(a) 走査型電子顕微鏡や光学顕微鏡など　　(b) X線トモグラフィー

図 6.40 従来の科学・工学用の観察法である走査型電子顕微鏡や光学顕微鏡とX線トモグラフィーの観察を比較したもの。外枠の四角が全体を規定する。また，内部の図形は，空間分解能，ないしコントラストが制約条件となり，観察対象が可視化できない（図形の外側）か，可視化できるか（図形の内側）が決まる。左右の図形が重なる部分は，それぞれの手法で観察対象が可視化できる範囲を示す。(b) のX線トモグラフィーの場合，試料サイズにより可視化可能範囲（内部構造や内部組織のサイズ）が大きく影響を受ける

料サイズをこの画素数で割り，2倍したものが空間分解能を規定する。このとき，試料サイズが2倍になると，空間分解能は2倍悪化する。ただし，X線源，試料回転ステージ，検出器など，装置に関する要因が影響する場合は，図6.39の点線のように空間分解能が頭打ちとなることがわかる。

このようなX線トモグラフィーの制約を模式的に示したのが図6.40である。走査型電子顕微鏡や光学顕微鏡では，可視化できる範囲が広いため，特段の配慮なしによい観察ができる機会が多い。一方で，X線トモグラフィーでは，可視化できる内部構造・ミクロ組織の化学組成，密度，サイズなどがX線CTスキャナー自体の性能に加え，X線エネルギーや試料サイズ，X線の輝度など，様々な撮像条件の影響を受けて変化する。

このため，X線トモグラフィーに汎用的な観察法としての側面は，あまり期待できない。まずは，「大は小を兼ねる」式の考えは捨て，最も重要な観察対象を絞り込み，そのために最適なX線エネルギー，空間分解能，撮像の技法を本書で学んだ基礎的な知見の上に立って検討し，用いるべき装置や撮像条件，試料を吟味することが求められる。図6.41は，これを概念的に示したものである。従来の表面観察機器には，ブラックボックス試料をホワイトボックスにする役割を期待できた。つまり，見当さえつかなくとも，とりあえず見てみれば，何か情報が得られるかもしれないという期待である。ただし，実際に得られるのは表面特有の情報で，しかも個々の構造や組織は評価できないため，見えている情報を平均するなどして評価に供される。その意味で，正確に内部構造や現象の把握・理解はできないため，図6.41(a)では，終着点をグレーボックスとしている。一方，X線トモグラフィーは，ある程度内部がわかったグレーボックス試料を対象に，それを完全にホワイトボックスにするものと考えられる。X線トモグラフィーでは，往々にして，「見たい試料（ブラックボックス）があったが，よく見えなかった」という話しを聞く。これは，多くの場合，技術的には可視化できるはずのものが，現実には装置や撮像の条件，試料などに関する未検討，ないし事前の検討不足により，徒労に終わったものであろう。

ただし筆者の経験でも，X線トモグラフィーを用いながら，図6.41(a)のようにあらかじめわかって

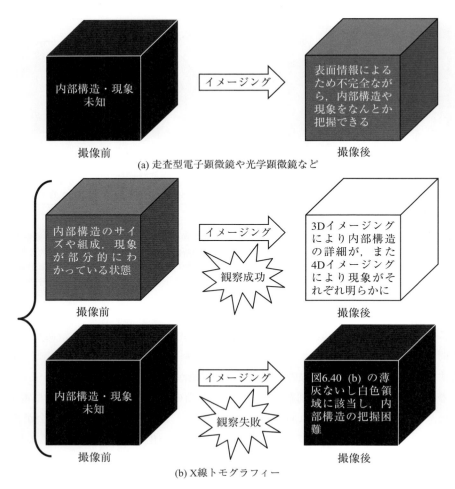

図 6.41 従来の科学・工学用の観察法と X 線トモグラフィーの観察を観察前に必要な情報（ブラックボックス〜グレーボックス）と観察による成果（ブラックボックス〜ホワイトボックス）という観点で模式的に表したもの

いる内部構造ではない新たな発見があり，それが大きな成果に繋がったことは少なからずある．代表的な例が，文献 [17] で報告したアルミニウム中の高密度ポアの発見である．これは，もともとアルミニウム中の疲労亀裂を観察する 2001 年のシンクロトロン放射光実験中に，偶然，直径 10 μm 以下の高密度な微小水素ポアの存在に気がついたものである[18]．このようなポアは，従来の断面観察では，切断や研磨といった試料調整プロセスで研磨粉により埋められるなどして，観察できなかった．その後，アルミニウム合金の強度，疲労，高温損傷などがミクロポアに支配されている例が多く見つかり[19]，金属の損傷・破壊の研究だけではなく，水素脆化や応力腐食割れの研究や新材料開発にまで繋がっている．

これまで見たように，X 線トモグラフィーでは，いかに最適な「筆を選ぶ」かが観察成功のためのポイントになる．一方で，本章で見てきたように，産業用 X 線 CT スキャナーの高機能化は，着実に進んでいる．中には，X 線源や検出器を複数備えたり，X 線エネルギーを大きく変化させることができる装置もある．とは言え，依然として 1 台の装置がカバーできる範囲には限りがある．また，産業用 X 線 CT スキャナーは高価であり，観察対象に合わせて何台も装置を準備することは，難しいであろう．その場

合，全国の工業技術センターなどに導入が進んでいる各種X線CTスキャナーを合わせて活用するとか，シンクロトロン放射光施設の設備を利用するなど，より積極的なアプローチを期待したい。シンクロトロン放射光施設は，使用経験のない方には，非常に敷居が高いかもしれない。しかしながら，多くの施設がほとんど無料で使用でき，わずか数時間の実験で，産業用X線CTスキャナーをいくら駆使しても得られないような高度で豊富な情報が得られる点は見逃せない。得られるデータの構造やサイズは同様なので，データの取り扱いが難しいという懸念は，必要ない。産業用X線CTスキャナーのユーザーは，すでに3Dイメージングを経験し，3D画像の何らかの評価や解析に習熟している。したがって，シンクロトロン放射光施設特有の状況に慣れさえすれば，実際の障壁は，それほど高くはない。

6.7.2　3Dイメージングの実際

以下では，投影型X線トモグラフィーに話しを絞り，実際のX線トモグラフィーの計測を見てみたい。可視化に際してまず留意する事項は，以下のことが考えられる。

1) 試料，部品，製品は，サイズ的に観察可能か
2) その試料サイズをX線が充分に透過するか
3) 関心のある内部構造，ミクロ組織を観察するのに充分な空間分解能か
4) 関心のある内部構造，ミクロ組織を観察するのに充分なコントラストが得られるか

このうち，1)を優先すると，これにより6.7.1節で記述した空間分解能と撮像視野のトレードオフにより，まず空間分解能が制約される。そのことで，3)が満たされなくなる可能性が出てくる。したがって，まずは，内部構造や内部組織をある程度把握し，3)を満足できるX線CTスキャナーと投影数などの撮像条件の検討を行いたい。そのためには，実体顕微鏡，光学顕微鏡や走査型電子顕微鏡などを補助的に用いたり，文献や書籍の情報を活用するなどして，多かれ少なかれ先験的なアプローチ(A piori approach)をとる必要がある。次に，2)と4)の条件が満たされるかは，第2章や第5章で学んだ知識，第7章で詳述する知識を用いて評価する。条件1)に関しては，インライン検査は別として，試料を切断してから観察することも選択枝に入れて検討したい。無論，X線トモグラフィーの最大の長所の1つは，試料の切断，研磨や様々な化学的・物理的前処理なしに，そのまま内部や外形を観察できる点にある。しかしながら，それに無下にこだわるよりも，切断して複数回観察した後で3D画像を接続するという労を惜しまず，微細な内部構造を確実に把握することが肝要である。

6.7.3　試料サイズとX線エネルギーの選定

グロジンスによれば，フォトンノイズが支配的な場合，透過像の撮影に必要な入射X線強度 I_0 は，以下のように表される[20]。

$$I_0 wLt = \frac{DBe^{\mu D}}{w(w\mu)^2 \left(\frac{\sigma}{\mu}\right)^2} \tag{6-1}$$

なお，左辺は試料を通過するビームの面積 wL（w：画素サイズ，L：ビームの透過長さ）と露光時間 t を掛けて入射光子数の形になっている。また，D は円筒状試料の直径，μ は平均の線吸収係数，B は再構成アルゴリズムに依存する定数で約2[20]，σ は画像信号の標準偏差（フォトンノイズ）である。

試料内で線吸収係数分布を均一と仮定すると，上式は，$\mu D = 2$[20]ないし$\mu D = 2.22$[21]の場合に極小値をとる．この条件で，S/N比一定なら最小の露光時間で済み，露光時間一定ならS/N比が最高となる．これは，式(6-1)より，透過率I/I_0が11～14％に相当する．式(2-10)のようにμはλに依存するため，透過率がこの程度になるように用いるX線エネルギーを調整するとよい．例えば，直径1mm程度の純アルミニウム試料に対して，X線エネルギー14～16 keVが透過率11～14％に相当する．通常，アルミニウム合金は銅，亜鉛，鉄など，原子番号がアルミニウムよりかなり大きな元素を合計で数～10％程度含む．そのため，著者は，アルミニウム合金のイメージングに，通常X線エネルギー20 keVを用いている．また，検出器などに起因するノイズの影響が大きい場合には，最適なμDの値はいくぶん小さくなり，20～30％などと，より大きな透過率が必要になる．最近になって，ヴォパレンスキーは，シンプルな解析で$\mu D = 1$，透過率$I/I_0 = 37％$が最適値であると報告している[22]．大胆な仮定の下の解析ではあるが，こちらの方が実験事実に近いように思われる．

参考文献

[1] 深見久郎，森田俊雄，仲村義平，堀井豊，野田久登，酒井將行，荒川伸夫，林秀之，吉田邦雄，村上清：特許公報，X線検査方法，X線検査装置およびX線検査プログラム，出願番号2009002814．

[2] 佐藤克利，出海滋：特許公報，コンピューター断層撮影装置及びコンピューター断層撮影方法，特許第3653992号．

[3] 伊藤康通（出願人ヤマハ発動機株式会社）：特許公開公報，特開2013-142678, 2013年7月22日公開．

[4] H. Toda, M. Takata, T. Ohgaki, M. Kobayashi, T. Kobayashi, K. Uesugi, K. Makii and Y. Aruga: Advanced Engineering Materials, 8(2006), 459–467

[5] R. Mizutani, R. Saiga, S. Takekoshi, M. Arai, A. Takeuchi, and Y. Suzuki: Microscopy Today 23(5) (2015), 12–17.

[6] H. Toda, K. Uesugi, A. Takeuchi, K. Minami, M. Kobayashi and T. Kobayashi: Applied Physics Letters, 89(2006), 143112.

[7] H. Su, H. Toda, R. Masunaga, K. Shimizu, H. Gao, K. Sasaki, Md.S. Bhuiyan, K. Uesugi, A. Takeuchi and Y. Watanabe: Acta Materialia, 159(2018), 332–343.

[8] H. Toda, A. Takijiri, M. Azuma, S. Yabu, K. Hayashi, D. Seo, M. Kobayashi, K. Hirayama, A. Takeuchi, K. Uesugi: Acta Materialia, 126(2017), 401–412.

[9] 戸田裕之，徐道源：第3.4節「位相コントラストイメージングによる二相鋼の破壊挙動解析」，しなやかで強い鉄鋼材料，エヌ・ティー・エス, (2016), 185–198.

[10] H. Toda, E. Maire, S. Yamauchi, H. Tsuruta, T. Hiramatsu and M. Kobayashi: Acta Materialia, 59(2011), 1995–2008.

[11] H. Toda, T. Nishimura, K. Uesugi, Y. Suzuki and M. Kobayashi: Acta Materialia, 58(2010), 2014–2025.

[12] Q. Zhang, H. Toda, Y. Takami, Y. Suzuki, K. Uesugi and M. Kobayashi: Philosophical Magazine, 90(2010), 1853–1871.

[13] M. Kobayashi, H. Toda, A. Takijiri, A. Takeuchi, Y. Suzuki and K. Uesugi: ISIJ International, 54(2014), 141–147.

[14] Y. Takeichi, T. Watanabe, Y. Niwa, S. Kitaoka and M. Kimura: Microscopy and Microanalysis, 24(2018), 484.

[15] H. Li, H. Toda, K. Uesugi, A. Takeuchi, Y. Suzuki and M. Kobayashi: Materials Transactions, 56(2015), 424–428.

[16] H. Toda, T. Kamiko, Y. Tanabe, M. Kobayashi, D.J. Leclere, K. Uesugi, A. Takeuchi and K. Hirayama: Acta Materialia, 107(2016), 310–324.

[17] H. Toda, T. Hidaka, M. Kobayashi, K. Uesugi, A. Takeuchi, K. Horikawa: Acta Materialia, 57(2009), 2277–2290.

[18] H. Toda, I. Sinclair, J.-Y. Buffière, E. Maire, K.H. Khor, P. Gregson and T. Kobayashi: Acta Materialia, 52(2004), 1305–1317.

[19] H. Toda, T. Inamori, K. Horikawa, K. Uesugi, A.Takeuchi, Y. Suzuki and M. Kobayashi: Materials Transactions, 54(201), 2195–2201.

[20] L. Grodzins: Nuclear Instruments & Methods in Physics Research, 206(1983) 541–545.

[21] W. Graeff and K. Engelke: Handbook of Synchrotron Radiation, Vol. 4, Elsevier, Amsterdam, (1991), 361–405.

[22] M. Vopálenský, D. Vavřik and I. Kumpová: Proceedings of the 7th Conference on Industrial Computed Tomography, Leuven, Belgium (iCT 2017), (2017), 7 pages.

[23] 戸田裕之，小林正和，久保貴司，茂泉健，杉山大吾，山本裕介，原田俊宏，林憲司，半谷禎彦，村上雄一朗：軽金属, 63(2013), 343–349.

3D画像の基礎

第 7 章

　これまで，X線の基礎から始まり，画像再構成や各種構成機器，各種応用技術，3Dイメージングの実際などを順次，学んできた。そこで，満を持して実際に3Dイメージングを行ってみる。これまでの知識を活用し，産業用X線CTであれば適切な装置が選定されており，それがシンクロトロン放射光を用いたX線トモグラフィーであれば，適切な構成機器が配置されているものとする。撮像の条件も，しっかりとした基礎知識と方針の下，確定しているはずである。もし，用いた装置が最新の産業用X線CTスキャナーであれば，ユーザーフレンドリーなソフトウェアがある程度，撮像の条件を自動で決めてくれるかもしれない。しかしながら，得られた3D画像を見て撮像の成否を自分で判断したり，より良い条件を模索したりする力量のありなしやで，そのイメージングがほとんど徒労に終わるか，それとも偉効を奏するか，大きな差が出るのがX線トモグラフィーというものである。

　我々は，元来，内部・外部が複雑な形をしたもの，X線吸収の程度の異なる様々なパーツ，領域やミクロ組織が入り組んだものを把握したいがために，X線トモグラフィーを選択したはずである。そのような場合，いつも同じ条件で，ないしあらかじめ決められた条件で，あるいはまったくの自動で，最適な画質の画像にたどり着くのは難しい。加えて，X線トモグラフィーでは，得られる3D画像に特有のアーティファクトが現れる。これを知ることも，必須の事項となる。また，産業用X線CTスキャナーやシンクロトロン放射光を用いたX線トモグラフィーでは，様々な材質と試料サイズを1台の装置で取り扱わざるを得ない場合が多い。これに対して，医療用X線CTスキャナーの被写体は人体に限られており，どの病院でも，同じ臓器の疾患などを同じ水準の画質で診断することを志向する。このため，医療用X線CTスキャナーでは，装置の特性としての画質の評価が重要となる。一方，産業用X線CTスキャナーやシンクロトロン放射光を用いたX線トモグラフィーでは，様々な材質や試料サイズを用いた場合に得られる一枚一枚の3D画像の画質評価が欠かせない。適切な画質評価がなされてこそ，観察したい内部構造が過不足なく3D画像に反映されているのかや，サイズやコントラストの面で観察できる限界はどこにあるのかが把握できる。

　本章の目的は，3D画像を深く理解し，得られた3D画像を見るだけで，その3D画像の善し悪しや撮像中に生じた不具合などをおおよそ理解できるようにすることである。また，3D画像をより詳しく解析し，その善し悪しを定量的に把握することも，スペースを割いて見ていきたい。

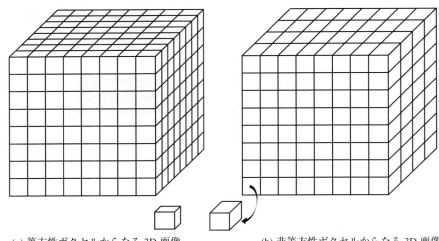

(a) 等方性ボクセルからなる 3D 画像   (b) 非等方性ボクセルからなる 3D 画像

図 7.1 3D 画像の構造を表す模式図。(a) と (b) では，画像の視野サイズおよび手前の面の縦横のボクセルのサイズは等しく，奥行き方向のボクセルの長さのみ異なっている

7.1 3D 画像の構造

2 次元画像を構成するピクセル (Pixel) に対応する 3D 画像の画素は，ボクセル (Voxel) と呼ばれる。ボクセルは，立方体とは限らない。医療用 X 線 CT スキャナーでは，ラインセンサーカメラの素子の小型化がなされるまでは，人体の体軸方向の計測ピッチ（スライス厚み）が長い非等方性ボクセル（図 7.1 (b) 参照：Anisotropic voxel）が普通であった。一方，シンクロトロン放射光や産業用の X 線 CT スキャナーでは，通常は 2 次元検出器を用いて立方体の等方性ボクセル（図 7.1 (a) 参照：Isotropic voxel）からなる 3D 画像を取得する。この場合，検出器の縦横の画素サイズと可視光に変換する前後の拡大倍率によって決まる実効画素サイズ（いわゆる画素サイズ）が 3D 画像のボクセルの大きさを規定する。医療用 X 線 CT スキャナーでは，人体の体軸に直交する断層が診断に用いられることが多いが，シンクロトロン放射光や産業用の X 線 CT スキャナーでは，ほとんどの場合，直交する 3 方向の断層は，いずれも重要である。そのため，等方性ボクセルが必要になり，図 7.2 に示す任意断面表示 (Multi planar reconstruction: MPR) などを用いてすべての方向で画像の示すところが評価される。

画像のファイル形式としては，TIFF や BMP，JPEG といった汎用フォーマットの 2 次元画像のスタックの形，ないしは医療画像の標準的フォーマットである DICOM などが用いられている。

X 線トモグラフィーで得られる画像は，ビット深度 (Bit depth) という点では，主に 16 bit（$2^{16} = 65,536$ 階調），12 bit（$2^{12} = 4,096$ 階調）と 8 bit（$2^8 = 256$ 階調）が用いられる。例えば，吸収コントラストトモグラフィーでは，再構成された線吸収係数分布が 8 bit などのグレースケール (Grey scale) で表現される。また，位相コントラストトモグラフィーや各種応用イメージング技法では，各手法で計測される量の分布が表示される。図 7.3 は，線吸収係数が中心から離れるにしたがって漸次変化するような物体をイメージングし，白（グレー値で 255）から黒（グレー値で 255）までの 8 bit グレースケールで示したもの

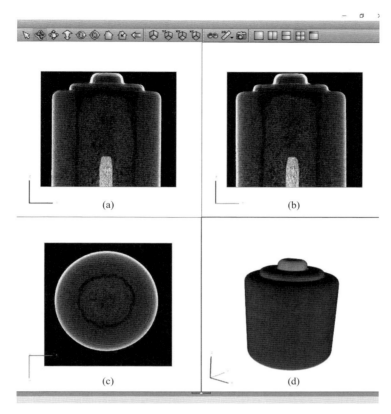

図 7.2　乾電池の 3D 画像の MPR による表示の例。(a) x-z 断面，(b) y-z 断面，(c) x-y 断面，(d) 3D 像

である。また，あるグレー値 (Grey value) を閾値 (Threshold value) として二値化 (Binalization) したものが図 7.3 (d) である。これは，1 bit の白黒濃淡画像といえ，構造のサイズや形態などの評価に用いられる。3D 画像のビット数が減れば，情報は失われるものの，データ量が減り，取り扱いが容易になる。例えば，$2,048 \times 2,048$ 画素の画像で 8 bit の場合のデータ量は 4.2 MB であるが，16 bit の場合には，その倍の 8.4 MB になる。イメージングの目的が数種の構造の分布を表示するだけであれば，8 bit で充分な効果が得られる。一方，例えば 100 倍以上の画素値の違いを表現したい場合，あるいは多くの構造を区別したい場合，またある構造がグレー値の分布をもち，それを見たい場合などには，16 bit 画像など，よりビット深度の大きな画像を用いることになる。したがって，ケースバイケースで判断すべきである。3D 画像は，これら白黒濃淡画像や二値画像 (Binary image) の他，複数のスカラー量やベクトル量を表現することもできる。例えば，RGB（赤，緑，青）の 3 成分，それぞれに濃淡をもつカラー画像も表現可能である。

X 線トモグラフィーでは，フォトンノイズなど，様々な種類のノイズが不可避であることは，第 4 章で既に述べた。また，後述のように，様々なアーティファクトも避けられない。そのため，撮像したままの 3D 画像のグレースケールの範囲は，画像再構成ソフトウェアのデフォルトでは，線吸収係数の最小値と最大値を上下端とするなど，必要以上に広い線吸収係数の範囲をカバーしている可能性が高い。そこで，図 7.4 のように，実際に観察すべき複数の内部構造の線吸収係数に合わせたグレースケールに変更することが必要になる。またそのとき，必要に応じて，図 7.4 のように同時にビット数も低減する

(a) 物体の線吸収係数分布　　(b) 左を8bitのデジタル画像としたもの

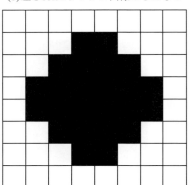

(c) 右上をグレー値の分布で表したもの　　(d) 上の画像を閾値150で二値化したもの

図7.3 線吸収係数の勾配がある試料の画素による表示とグレー値分布を示す模式図

ことになる．例えば，物体中にいくつかの構造が含まれている場合，最もグレー値の小さな構造 A を黒（8bit のグレー値で 0）にし，最もグレー値の大きな構造 B を白（8bit のグレー値で 255）になるように飽和させれば，明暗はっきりとした 3D 画像が得られる．ただし，構造 A や B のグレー値分布を見たいときには，見たいグレー値の分布が 8bit のグレー値の範囲に収まるようにする必要がある．そのため，解析対象とする構造ごとに異なるグレースケールの範囲を用いることも，珍しくはない．いずれにしても，把握できるすべての内部構造がどのグレー値に相当するかを常に把握しながら 3D 画像を眺めたり，評価することが基本となる．

ところで，グレースケールの範囲の変換は，線形に行うのが普通である．しかし必要があれば，図 7.5 や図 7.6 に示すように非線形の階調変換関数 (Grey-level transformation function) を用いることもできる．代表的なものは，下記のガンマ補正 (Gamma correction) で，入力のグレー値 g_{in} と出力のグレー値 g_{out} の関係は，以下のようになる．

$$g_{out} = g_{max}\left(\frac{g_{in}}{g_{max}}\right)^{\frac{1}{\gamma}} \tag{7-1}$$

ここで，g_{max} は，グレー値の最大値である．γ 値が 1 より大きい場合，階調変換関数は，図 7.5 のように上に凸になる．この場合，出力画像は全体に明るくなり，明るい部分のグレー値の差は小さくなる一方で，暗い部分のグレー値の差は大きくなる．逆に，γ 値が 1 より小さい場合，階調補正関数は下に凸に

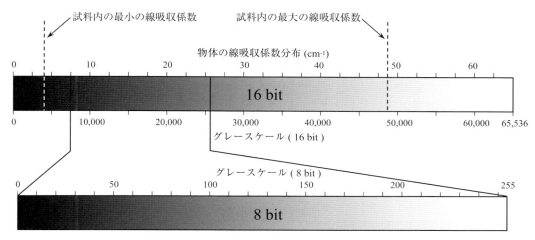

図 7.4 16 bit の画像から 8 bit の画像への変換と，同時に行うグレースケール範囲の変更

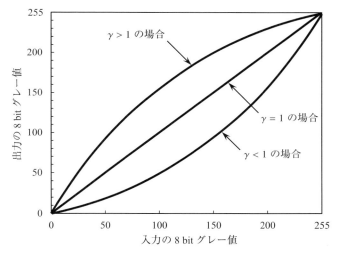

図 7.5 ガンマ補正に用いる階調変換関数。ガンマ値が 3 水準に異なる場合の階調変換関数の例を示す

なり，明るい部分のグレー値の差が強調されることになる。また，図 7.6 (a) に示すような S 字型の階調変換関数を用いると，図 7.6 (c) に示すように，中間のグレー部分にあるコントラストの低い構造のコントラストを高くし，見やすくすることができる。

図 7.7 (a) は，アルミニウム鋳物合金のミクロ組織を X 線トモグラフィーで可視化したものを断層で表示したものである。この図面は，16 bit で撮像したものを 8 bit に変換している。また，図 7.7 (b) は，8 bit 変換後のグレー値のヒストグラムである。この試料には，灰色に見えるアルミニウム基地に分散するポア（内部は水素：グレー値で 0），鉄を含む金属間化合物（グレー値で 255）と，アルミニウムに近いグレー値を呈するシリコン粒子が含まれている。ポアは，ヒストグラム上でも明瞭に判別できるが，その他の相は，グレー値のヒストグラム上ではピークとして判別できない。得られた 3D 画像とヒストグラムを突き合わせ，関心のある構造がグレー値のヒストグラムのどの辺りに位置し，それを 3D 画像の中

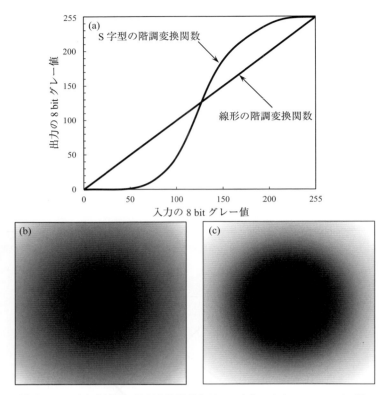

図 7.6 図 7.3(b) の画像を (a) に示す非線形の階調変換関数を用いて変換したもの。(b) は元画像。(c) は変換後の画像

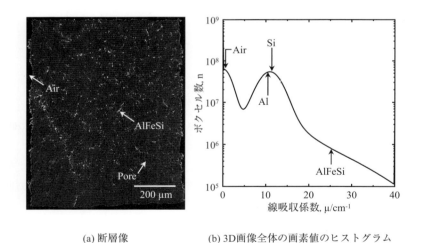

(a) 断層像　　　　　　　　(b) 3D画像全体の画素値のヒストグラム

図 7.7 (a) Al-7％Si アルミニウム鋳物合金の X 線トモグラフィーによる断層像。SPring-8 のイメージングビームライン BL20XU を用い，X 線エネルギー 20 keV で撮像したもの。(b) 8 bit 変換後のグレー値のヒストグラム

でいかに表現すべきかを予備的に検討することは，非常に重要である。

　X 線トモグラフィーで得られた 3D 画像がカバーする線吸収係数の範囲を変更したり，フィルターを掛けるような操作は，日常的に行われている。最後に，このような画像の取り扱いに関して，注意喚起

をしておきたい。画像の切り貼りや画像の一部分のみの加工は言うに及ばず，非線形の階調変換など，より広汎な画像データの二次的加工に際しても，慎重な配慮を望みたい。，例えば，階調変換であれば用いた階調変換関数を明示するなどして，その処理の目的と方法を第三者が検証可能な形で示すということである。なぜなら，不用意なデータの加工は，研究者の場合には研究不正，技術者の場合にはデータの改ざんとみなされかねないからである。画像から得られる結果が変わるような変更は，到底許されない。これは，科学技術の根幹を形作る信頼・信用に直接かかわるものである。成果を急ぐあまり，意図するとしないとにかかわらず，白を黒と言い含めてしまわないよう，本書で学ぶ基礎知識の上に立って，着実に，謙虚に，3D 画像と向き合いたい。

7.2　3D 画像の吟味

まず，画像の吟味法について述べる前に，3D 画像の画質について述べる。産業用 X 線 CT スキャナーに関連する専門用語を定めた日本工業規格（JIS B7442：2013）でも，画質という言葉の定義はなされていない[1]。また，それよりかなり先行して 1991 年には初版が制定されている医療用 X 線トモグラフィーに関する医用放射線用語（最新版は 2012 年）でも，画質に関する定義は記載されていない[2]。2012 年に発刊された医用画像工学ハンドブックでは，「画質の定義はあいまいで，依然として検討中の課題である」旨の記述がある程度である。なかには，「画質＝解像度」とする向きもあるが，それでは少し偏りがある。画質に関する最も一般的な理解は，空間分解能，検出能，ノイズ，コントラスト，およびアーティファクトなどのすべてを考慮したものといったあたりであろう。これら個々の因子は，客観的な尺度により再現性の担保されるような手法で定量的に評価されるべきものである。本章では，これらを順次見ていくことになる。一方，画質という言葉で表現すると，その研究や開発で 3D 画像を用いる目的や意義も踏まえ，ある程度主観も交えて，これらを総合的に判断することになる。

ところで，X 線トモグラフィーの計測後，第 3 章で述べたいずれかの画像再構成手法で 1 断層，ないしは全データの画像再構成を行う。そのとき，再計測の必要などがないか，7.6 節で後述するアーティファクトは問題にならないかなどと，3D 画像の画質をまずは目視で調べることになる。そこで，何か予期せぬ理由で撮像を失敗したと判断される場合，その理由を調べ，計測をやり直す必要に迫られる。その際，3.2.1 節で見たように，サイノグラムを調べるか，得られた透過像のスタックを早送りの動画として確認することが有効である。後者は，産業用 CT スキャナーであれば，装置に付属のソフトウェアで実行できるかもしれない。また，シンクロトロン放射光施設の X 線トモグラフィーであれば，CCD や sCMOS カメラを制御し，画像を取得するためのソフトウェアに付属する画像処理機能[4]や，シンクロトロン放射光施設のビームラインなどで公開されているソフトウェア[5]でも実施できる。これらが利用できない場合には，一般的な画像処理ソフトウェアでも，同様の評価が可能である。たとえば，画像処理ソフトウェア ImageJ でも，画像を TIFF 画像のスタックの形式でインポートすれば，簡便に透過像の確認が可能である[6]。図 7.8 には，そのような確認の様子を示す。

その他に，簡便にできる画質劣化のチェック方法として，0°と 180°の透過像の比較がある。透過像の取得が 0°〜180°の範囲であっても，0°像と 180°像は同じである。その違いは，回転軸に対して左右反転になっていることと，撮影された時刻がほぼ X 線トモグラフィーの 1 スキャンの撮像時間分だけずれ

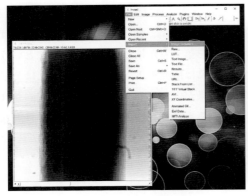 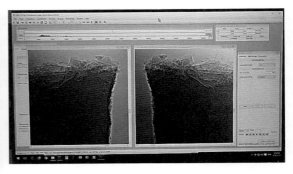

(a) ImageJによる透過像の確認　　　　　(b) シンクロトロン放射光施設における透過像の確認

図 7.8 (a) は，ImageJ を用いて透過像を早送りの動画で確認している画面のスクリーンショット。(b) は，SPring-8 のビームライン BL20XU での実験風景。X 線トモグラフィーの計測後，浜松ホトニクス (株) 製のソフトウェア HiPic を用いて，0°と 180°の透過像の比較をしているところ

ていることである。前者は，システムとしてのアライメント，つまり回転軸と検出器軸との傾き，回転軸の検出器中心からの横方向のずれの評価に利用できる。また，後者は，撮像時間内に生じた試料のドリフトや変形の程度を教えてくれる。図 7.9 には，それを模式的に示した。試料や試料ホルダーなどの熱膨張，塑性変形，クリープ変形などによる試料のゆっくりとした動きは，サイノグラムや透過像の動画を一見しただけでは，検知しにくい。しかし，0°と 180°の透過像の比較からは，明瞭かつ簡単に判別できる。

表 7.1 は，撮像中に生じ得る代表的なトラブルをまとめたものである。表 7.1 には，それらトラブルの原因を調べることができる主な手法もまとめてある。トラブルシュートに活用されたい。

7.3　ノイズ

これまで 4.4.1 節などで見てきたように，X 線イメージングでは，様々な原因によりノイズが発生する。ノイズは，X 線で計測した 3D 画像では不可避である。X 線トモグラフィーの計測，画像処理，画像解析を通じ，ノイズとうまくつきあっていくためには，まずノイズの定量的な把握が必要である。

7.3.1　標準偏差

ノイズの最も簡便な評価法は，3D 画像のグレー値の標準偏差 (Standard deviation) を計算することである。これは，RMS 粒状度 (RMS granularity) とも呼ばれる。n 画素の 3D 画像では，標準偏差 SD は，下記のように表される。

$$SD = \sqrt{\frac{1}{n}\sum_{i=1}^{n}(g_i - \overline{g})^2} \tag{7-2}$$

ここで，g_i は i 番目の画素のグレー値，$\overline{g}$ は全画素のグレー値の平均である。これを正規化した正規化標準偏差 (Normalized standard deviation) NSD も，ノイズの評価に用いられる。

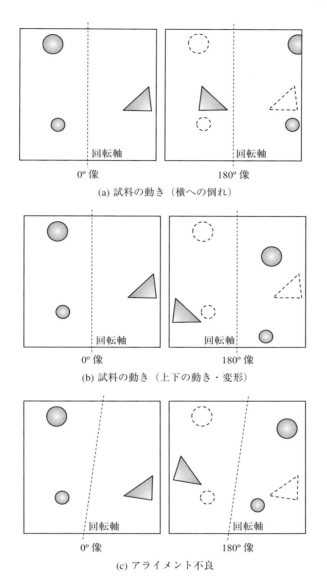

図 7.9　0° 像と 180° 像の 2 枚の透過像の比較による画質低下原因の判別の模式図。(a), (b) は, 試料やそれを支えるホルダーなどの変形や上下ないし左右への移動などが生じる場合。(c) は, 試料回転ステージの回転軸と検出器のアライメントが合っていない場合。回転軸が垂直で, かつ 0° 像と 180° 像に写る同一の構造が回転軸について対称の位置にあるのが正常な状態

$$NSD = \frac{1}{\overline{g}} \sqrt{\frac{1}{n} \sum_{i=1}^{n} (g_i - \overline{g})^2} \tag{7-3}$$

　例として，露光時間が異なる複数の 3D 画像で標準偏差を実際に計測してみる。露光時間が短か過ぎる画像には，必然的にノイズが多く乗ることになる。図 7.10 (a) 〜 (d) の画像の標準偏差は，図中に書き込んである。標準偏差を用いることで，ノイズの多寡をうまく表現することができることがわかる。しかしながら，ノイズ以外の部分のグレー値分布が異なるような場合には，単純に標準偏差では評価でき

表 7.1 撮像中に生じ得る代表的なトラブルとその種別，それらの原因を調べる手法．産業用 X 線 CT (ICT) とシンクロトロン放射光を用いた X 線トモグラフィー (SRCT) のどちらで問題になるトラブルかをまとめた．表中，SRCT は，シンクロトロン放射光を用いた X 線トモグラフィーを，ICT は，産業用 X 線 CT をそれぞれ意味する

トラブル	種別	主な確認法	関連する技法
空間分解能不足	画質	3D 画像で空間分解能計測	すべて
高ノイズレベル	画質	3D 画像で S/N 比計測	すべて
光量不足	画質	3D 画像で S/N 比計測	すべて
コントラスト不足	画質	3D 画像でコントラスト計測	すべて
回転ステージ偏心・面振れ	画質	3D 画像で空間分解能計測	主に SRCT
X 線ビームの強度揺らぎ	画質	サイノグラム，透過像動画など	主に SRCT
X 線ビームむら・スペックルノイズ	画質	透過像	主に SRCT
アライメント不良	アーティファクト	透過像（0°像／180°像比較）	SRCT
回転角度の欠損	アーティファクト	サイノグラム，透過像動画など	主に SRCT
試料ドリフト	アーティファクト	透過像（0°像／180°像比較）	すべて
試料の変形・変化	アーティファクト	透過像（0°像／180°像比較）	すべて
試料の視野からのはみ出し	アーティファクト	3D 再構成像	すべて
ビームハードニング	アーティファクト	再構成像（断層像）	主に ICT
リングアーティファクト	アーティファクト	再構成像（断層像）	すべて
メタルアーティファクト	アーティファクト	再構成像（断層像）	すべて
散乱アーティファクト	アーティファクト／画質	3D 画像で S/N 比計測など	すべて
アンダーサンプリング	アーティファクト	再構成像（断層像）	すべて
コーンビームアーティファクト	アーティファクト	再構成像（断層像）	ICT
回転中心のずれ	アーティファクト	再構成像（断層像）	すべて
屈折アーティファクト	アーティファクト	再構成像（断層像）	主に SRCT

ないことは，容易に想像がつく．例えば，図 7.11 に示す 2 種類の試料では，試料 A の 3D 画像の方は，ノイズは少ないが，内部構造のグレー値の変動が多い．一方，試料 B の構造は，比較的均一であるが，画像の S/N 比が悪い．この場合，両者の標準偏差を実際に計測すると，いずれもグレー値で 13 となる．また，グレー値の平均値も 48.5 で等しいため，正規化標準偏差も両方 0.27 となる．そのような場合には，次節で述べるノイズパワースペクトルを用いた評価が必要になる．

7.3.2 ノイズパワースペクトル

ノイズパワースペクトル (Noise power spectrum: NPS) は，以前はウィナースペクトル (Wiener spectrum: WS) とも呼ばれたが，現在では，国際電気標準会議 (IEC) の規格でノイズパワースペクトルと呼称が統一されている[7]．

ノイズを評価したい画像 $g(x,y)$ の 2 次元フーリエ変換 $F(u,v)$ は，式 (3-5) で定義される．ここで，(u,v) を実空間 (x,y) に対する周波数空間の角周波数の直交座標表示とする．ノイズパワースペクトル NPS の数学的な定義を 2 次元で示すと，次式のようにフーリエ変換の絶対値の 2 乗となる[8]．

$$NPS(u,v) = \lim_{X,Y \to \infty} \frac{1}{XY} \left\langle \left| \int_{-X/2}^{X/2} \int_{-Y/2}^{Y/2} g(x,y) e^{-2\pi i(xu+yv)} \, \mathrm{d}x\mathrm{d}y \right|^2 \right\rangle \tag{7-4}$$

ここで，X, Y は，それぞれ x および y 方向の試料サイズである．したがって，x および y 方向の画素サイズを Δx および Δy，画素数を同じく N_x および N_y とすると，$X = \Delta x N_x$，$Y = \Delta y N_y$ である．式 (7-4) の山括弧は，画像の無限集合の平均を意味する．また，ノイズパワースペクトルは，自己相関関数のフー

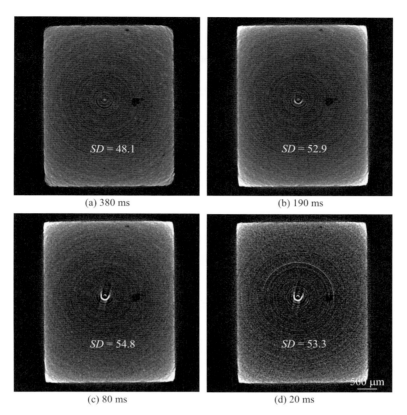

図 7.10 同一の試料の 3D イメージングで露光時間を変化させてノイズ量を変化させたときの標準偏差によるノイズの計測結果。7.6 節と同じ装置，同じ撮像条件で撮像したもの

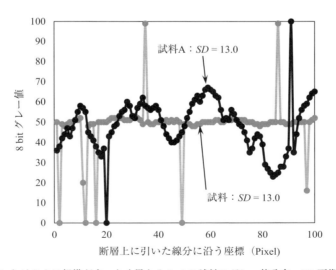

図 7.11 内部の構造，ないしはミクロ組織がまったく異なる 2 つの試料のグレー値分布。3D 画像のある断層上で線分を引き，その線分に沿うグレー値の分布をプロットしたもの。試料 A は内部構造の X 線吸収の変化が大きいものの，画像の S/N 比は良好である。一方，試料 B は内部構造が比較的均一であるものの，ノイズの多い画像しか得られていない

リエ変換であることが知られている．式 (7-4) は，平均が 0 となるガウシアンの場合にのみ有効で，また現実には無限の大きさをもつ画像も存在し得ない[8]．したがって，実際の画像中の関心領域でノイズパワースペクトルを計測することを考えると，2 次元の場合には，下記のようになる．

$$NPS_{2D}(u,v) = \frac{\Delta x \Delta y}{N_x N_y} \left\langle \left| DFT_{2D}\{g(x,y) - \overline{g(x,y)}\} \right|^2 \right\rangle \tag{7-5}$$

ここで，DFT は，第 3 章でも出てきた離散フーリエ変換である．上式は，もちろん (x,y) 断面だけではなく，(y,z) 断面，(z,x) 断面などにも適用できる．また，ある関心領域の 3D ノイズパワースペクトルは，下記のようになる．

$$NPS_{3D}(u,v,w) = \frac{\Delta x \Delta y \Delta z}{N'_x N'_y N'_z} \left\langle \left| DFT_{3D}\{g(x,y,z) - \overline{g(x,y,z)}\} \right|^2 \right\rangle \tag{7-6}$$

ここで，$\overline{g(x,y)}$ および $\overline{g(x,y,z)}$ は平均値で，いずれの式でも画像のトレンド除去のために減算している．また，N'_x, N'_y, N'_z は，関心領域のサイズ（画素数）である．1 次元のノイズパワースペクトルは，通常，2 次元ノイズパワースペクトルで同一空間周波数（各同心円の円周）で NPS の平均をとり，NPS の空間周波数に対する分布を求めたものである．

$$NPS_{1D}(\omega) = \int_0^{2\pi} NPS_{2D}(\omega, \theta) \, d\theta \tag{7-7}$$

ここで，角周波数を ω として，座標を極座標 (ω, θ) に変換した．

　これら次元の異なるノイズパワースペクトルの計測例を図 7.12 に示す．一般に，直感的に評価しやすい 1 次元のノイズパワースペクトルが用いられることが多い．いずれの次元で評価する場合も，関心領域を複数とり，その平均を求めて評価する必要がある．m 個の領域で NPS の平均をとる場合の計測誤差 e_{NPS} は，以下のように与えられる[9]．

$$e_{NPS} = \sqrt{\frac{1}{m}} NPS \tag{7-8}$$

したがって，誤差を少なくするためには，非常に多くのサンプリングが必要になる．例えば，100 領域のデータの平均をとることで，ようやく誤差は 1/10 にまで減少する．図 7.13 は，サンプリング数を変えて 1 次元ノイズパワースペクトルを見たものである．誤差を減らすために同一画像の中で多くの関心領域で計測したり，いくつもの画像セットを準備する必要がある．図 7.13 には，5 区間の移動平均処理を施したデータも合わせて示している．大まかな傾向を把握するため，このようなデータ処理もしばしば行われる．移動平均処理により 1 領域のみの計測でも大まかな傾向は見て取れるが，100 領域の計測と比べると不正確である．

　図 7.14 は，図 3.27 および図 3.28 でアルミニウム－銅合金の投影データに各種再構成フィルターを適用してフィルター補正逆投影法で再構成した画像の 1 次元のノイズパワースペクトルである．図 7.13 の縦軸，横軸は，それぞれノイズの程度と空間周波数を表す．この画像は，シンクロトロン放射光を用いて計測した画像であるが，低空間周波数の粗いノイズから高空間周波数の細かいノイズまで，幅広く分布していることがわかる．なかでも，ラマチャンドラン－ラクシュミナラヤナンフィルターやシェップ－ローガンフィルターのように高空間分解能が得られるフィルターでは，幅広い空間周波数範囲でノイズ量が増加している．一方，比較的空間分解能が低いハミングフィルター，ハンフィルター，パルツェンフィルターでは，ノイズがかなり少ないことがわかる．

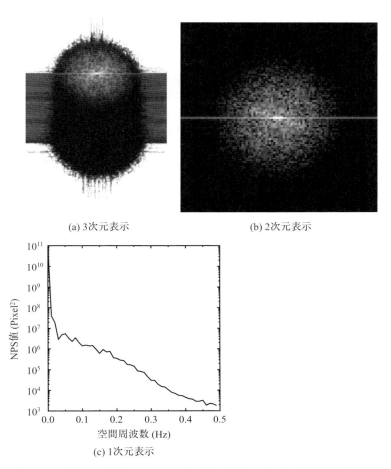

(a) 3次元表示 (b) 2次元表示

(c) 1次元表示

図 7.12 図 7.10 (a) に示した 3D 画像のノイズパワースペクトルを 1 次元, 2 次元, 3 次元で表示したもの。1 次元のデータは, (b) のデータを円周方向に平均したもの

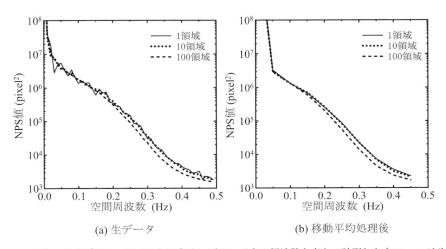

(a) 生データ (b) 移動平均処理後

図 7.13 図 7.12 の 1 次元ノイズパワースペクトルをサンプリングする領域数を変えて計測したもの。(a) は生データで, (b) は, 5 区間の移動平均処理を施したデータ

334　第7章　3D画像の基礎

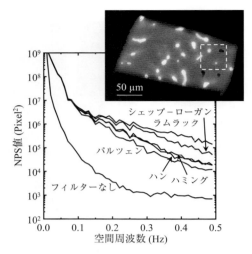

図 7.14　第3章の図3.27と図3.28で再構成フィルターの評価に用いた2次元画像の1次元ノイズパワースペクトル。再構成フィルターによるノイズの違いを比較できる。写真の白枠の領域で計測した

上記のような NPS の計測は，ImageJ や MATLAB などのパッケージソフトウェアを使うことができれば，比較的簡単である。ImageJ でも，NPS 計測用のプラグインが公開されている[10]。また，そのような解析用ソフトウェアの利用に慣れていなくとも，日本 CT 技術学会が公開している CT 画像計測プログラムのような既製のソフトウェアを用いれば，より簡便に評価できる[10]。日本 CT 技術学会のソフトウェアには，後述する MTF の計測機能も含まれている。これには，参考文献に示した非会員用の体験版の他，同学会の会員になれば，より多彩な機能を体験できるようである[11]。

7.4　コントラスト

7.4.1　基本的考え方

冒頭で述べたように，医療用 X 線 CT スキャナーでは，3D 画像の画質を通して装置の特性を評価することが重要である。この場合，ファントムと呼ばれる標準化された基準器がある[12]。これを計測することで，コントラストを含めた画質を評価して装置の経時的な性能変化を日常的に把握することができる。コントラストに関しては，コントラスト分解能と呼ばれる用語が産業用 X 線 CT 装置の用語を定めた日本工業規格に規定されている。それによると，コントラスト分解能とは，「濃度分解能画像のノイズを考慮して，ある部分とその背景とを，それらの産業用 CT 値（平均値）の差を用いて識別できるとき，識別の限界となる産業用 CT 値の差」であるとしている[1]。基地と観察対象のコントラストが低い場合，ノイズが大きな影響をもつ。これは，特に医療用 X 線 CT スキャナーでは，X 線源や検出器，再構成関数などが常に同様とみなせるからである。具体的には，前節で記述した標準偏差やノイズパワースペクトル，コントラストノイズ比 (Contrast-to-noise ratio) などにより評価される。このように，人体の同じ部位を見た場合の視覚的な印象を定量的に表す指標として，コントラストが評価される。ちなみに，コン

トラストノイズ比にはいくつかの定義があるので，興味のある方は，成書を参照されたい[13]。

一方，産業用 X 線 CT スキャナーやシンクロトロン放射光を用いた X 線トモグラフィーでは，多種多様な材質や試料サイズを用いた場合に得られる 3D 画像をあまねく画質評価することが重要となる。適切な画質評価がなされてこそ，得られた 3D 画像に観察したい内部構造が過不足なく反映されているかや，サイズやコントラストの面で観察できる限界はどこにあるのかが把握できる。

ここでの画質評価では，X 線源や検出器，再構成手法やそれらに関する諸条件が大きく異なる画像を評価する必要もある。この場合，コントラストが得られる原理も，吸収コントラストトモグラフィーにおける線吸収係数差だけではなく，2.2 節や第 5 章で述べた様々な技法によるものがある。そこで，著者の経験によれば，産業用 X 線 CT スキャナーやシンクロトロン放射光を用いた X 線トモグラフィーでは，ノイズ，アーティファクト，コントラストの評価は，独立して行うのが賢明と考える。また，視覚的な評価が基本となる医療用 X 線 CT スキャナーの場合とは異なり，産業用 X 線 CT スキャナーやシンクロトロン放射光を用いた X 線トモグラフィーでは，第 8 章で述べるセグメンテーションによる 3D 描画，形態やサイズの定量的評価・計測などを目的とする場合が多い。そのため，第 8 章で述べる適切なフィルター処理などを施した後，ノイズやアーティファクトの影響も排しながら，試料内部の異なる相，異なる領域などを正確にセグメンテーションできるかがコントラストの良否の終極的な尺度になる。産業用 X 線 CT スキャナーやシンクロトロン放射光を用いた X 線トモグラフィーでは，同じような試料を切断・研磨するなどして，走査型電子顕微鏡など，より高空間分解能で化学組成などの豊富な情報が簡便に得られる機器を用い，あらかじめ 2 次元的に観察しておくことが望まれる。X 線トモグラフィーの限られた空間分解能やコントラストで多様な試料を観察することを考えると，観察したい構造の存在とその詳細を極力，あらかじめ把握しておきたい。

7.4.2 定量評価

コントラストの一般的な尺度としては，いくつかのものが知られている。その一つであるウェーバーコントラスト (Weber contrast)：C_W は，以下のように表される。

$$C_W = \frac{g_f - g_m}{g_m} \tag{7-9}$$

ここで，g_f と g_m は，それぞれ観察対象の領域／相と基地（背景）のグレー値である。ウェーバーコントラストは，小さな領域が均質な基地中に分散する場合に適している。また，マイケルソンコントラスト (Michelson contrast)：C_M は，以下のように表される。

$$C_M = \frac{g_h - g_l}{g_h + g_l} \tag{7-10}$$

ここで，g_h と g_l は，それぞれ観察対象の 2 つの領域で，グレー値が高い方と低い方の領域のグレー値である。マイケルソンコントラストは，明暗 2 相が存在する場合に適している。また，画像のパターンがランダムで粒状の場合には，式 (7-2) が RMS コントラストとして用いられる。いずれの場合も，ノイズではなく，観察対象の構造のもつグレー値を用いることには注意が必要である。コントラストの計測には，いくつかある計測方法から，試料内で関心のある構造の性状や空間的分布に適したものを選定するのがよい。

表 7.2 産業用 X 線 CT スキャナーとシンクロトロン放射光を用いた X 線トモグラフィーで空間分解能を律速する可能性のある主な因子。* 印は，サンプリング定理によるナイキスト周波数に関連する項目

種別	因子
X 線管など	実効焦点サイズ
	透過率（X 線エネルギー）
結像光学系 拡大投影法	X 線集光素子の空間分解能
	倍率
	照明系
試料回転ステージ	回転ステージ偏心・面振れ
	試料ドリフト
検出器 ファイバーオプティクス 光学レンズ	実効画素サイズ *
	各種ノイズ
	シンチレーター厚み
	シンチレーター阻止能
	可視光の回折限界
試料	固定不足によるドリフト
	材料の変形・変態など
撮像条件	光量（露光時間）
	回転ステップ *
再構成	再構成フィルター
	コーンビーム再構成でのデータ欠損
	位相回復プロセスでのフィルタリング効果
その他	各種アーティファクト
	フレネル回折によるぼけ

　産業用 X 線 CT 装置の用語を定めた日本工業規格には，空気の CT 値（この規格の中では任意スケールのグレー値を指す）を基準にしてマイケルソンコントラストを算出するよう記述されている[1]。その場合，図 7.4 に示したグレースケールやビット深度の変更で，空気や観察対象の構造をスケール外に設定した場合には，正しく計算されないので注意が必要である。

7.5　空間分解能

7.5.1　基礎的事項

(1) 装置としての空間分解能と 3D 画像の空間分解能

　空間分解能とは，位置的に近接した 2 点を独立した 2 点として識別できるかという判定にかかわる指標で，識別できる最小の間隔をもって規定される[1]。X 線トモグラフィー装置の空間分解能は，走査型電子顕微鏡や透過型電子顕微鏡など，我々が普段実験室で使い慣れている 2 次元可視化用機器と比べ，劣っている場合が多い。そのため，X 線トモグラフィーでは，往々にして実効的な空間分解能に近いサイズの内部構造を評価する必要に迫られる。したがって，自分が今行っている 3D イメージングで得られる実効的な空間分解能を正しく把握していることが肝要である。

　X 線トモグラフィーでは，表 7.2 にまとめたように，X 線源，試料回転ステージ，結像光学系であれば X 線集光素子，検出器などの多種多様な要因のうち，最も低い精度をもたらす 1 つの因子が律速段階的

(a) 入れ子状の空間分解能試験用治具。右端が空間分解能計測用に使う中心部分

(b) (a)の治具を組み合わせた様子

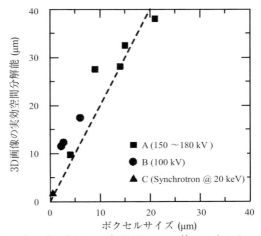

(c) 左の治具を用いて計測した3つのX線CTスキャナーの空間分解能

図 7.15 2機種の産業用 X 線 CT スキャナー（装置 A と装置 B），および SPring-8 BL20XU におけるシンクロトロン放射光トモグラフィー（装置 C）で 3D 画素サイズと実効空間分解能の関係を (a) と (b) に示す入れ子状のテストピースを用いて計測し，比較したもの[14]。図中の点線は，サンプリング定理を表す直線である

に X 線 CT スキャナーとして到達できる最高の空間分解能を規定する。これは式 (5-29) や式 (7-30) でも確認できる。これに加え，空間分解能は，試料，撮像条件，各種ノイズや各種アーティファクトなどにも大きな影響を受ける。本来，システムとしての性能を表す空間分解能は，条件によって程度や種類が異なるノイズ，アーティファクトや撮像条件の影響とは切り離して評価すべきものと考えられる。しかしながら，X 線トモグラフィーでは，ノイズやアーティファクトは不可避と言ってよい。また，試料や撮像の条件次第で，画質への影響だけではなく，可視化の可否にまで影響する。そのため，実際に採用できる撮像の条件・状況の下で得られる 3D 画像を用いて空間分解能を計測し，その装置，その試料，その撮像条件に特有の，しかも試料内部の関心領域における局所的な空間分解能を評価する必要がある。

ところで，医療用や産業用の X 線トモグラフィーでは，空間分解能に関する複数の尺度があり，その定義にヴァリエーションや，時として混乱があるように思われる。例えば，解像度，解像力，空間分解能，鮮鋭度，検出能といった用語である。画像に対するものを解像度ないし解像力，装置のスペックを空間分解能と表す向きもある。しかし本書では，先に述べた理由で，X 線トモグラフィーの出口である 3D 画像で計測できる空間分解能を総合的な空間分解能として評価する。また，空間分解能とは異なる尺度として，検出能の定義を正しく把握しておく必要がある。

表 7.2 の諸条件のうち，装置に関する各種要因は，これまで第 4 章および第 5 章で見てきた。ただし，残念ながら，産業用 X 線 CT スキャナーの空間分解能は，表 7.2 の各事項を踏まえた総合的なスペックとして，カタログなどに最高空間分解能などの形では明示されないことが多い。多くの場合，X 線管の焦点サイズ，ないしは実効画素サイズが空間分解能の代わりに，また時として空間分解能そのものとして表示される。以下の例でもわかるように，これらは，いずれも大きな誤りを含んでいる。

図 7.15 は，図 7.15 (a) および (b) のように，試料サイズをロシアの入れ子人形・マトリョーシカよろし

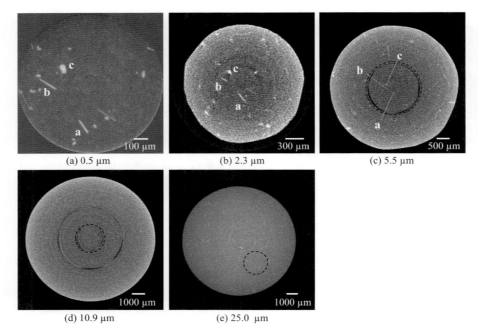

図 7.16 図 7.15 に示した 2 機種の産業用 X 線 CT スキャナー（装置 A と装置 B），および SPring-8 BL20XU におけるシンクロトロン放射光トモグラフィー（装置 C）で 3D 画素サイズを変化させて図 7.15 左側の入れ子状のテストピースの同じ位置を見たもの[14]。画素サイズ 0.5 μm は装置 C を，同 2.3 μm と 5.5 μm，10.9 μm は装置 B を，同 25 μm は装置 A を用いたもの。図中，a と b は，アルミニウム中の Al_3Ti の針状粒子，c は，TiB_2 粒子。(c) ～ (e) の破線の円は，(b) の試料と同じ領域を示している。(a) のみは，(b) の試料の一部を関心領域撮像したもの

く変化させながら，2 機種の産業用 X 線 CT スキャナーとシンクロトロン放射光を用いた X 線トモグラフィー（SPring-8 の高分解能イメージングビームライン BL20XU）で同じ試料の同じ位置を観察，比較した貴重なデータである[14]。図 7.15 (c) の破線は，次節で述べるサンプリング定理に基づく画素サイズと空間分解能の関係である。産業用 X 線 CT スキャナー A と B では，画素サイズを変化させると空間分解能が変化し，いずれの装置でも，X 線管の焦点サイズは空間分解能を律速していないことがわかる。産業用 X 線 CT スキャナー A とシンクロトロン放射光を用いた X 線トモグラフィーでは，いずれの計測点も，概ね破線上に位置している。これは，次節で述べるサンプリング定理に基づくナイキスト周波数が空間分解能を律速していることを意味している。一方，産業用 X 線 CT スキャナー B の空間分解能は，サンプリング定理により規定される水準より 1.5 ～ 2.5 倍程度，悪くなっている。これは，表 7.2 の * 印以外の因子が実効的な空間分解能を支配することを意味する。このような場合，空間分解能を律速している因子は何かを見つけ，適切な対策を講ずれば，その差に相当するかなりの空間分解能向上が見込まれることにもなる。

　図 7.16 は，図 7.15 の 3 種類の装置を用い，画素サイズを変えながら同じ試料の同じ位置を撮像し，比較したものである。装置が高空間分解能仕様になるほど，また同じ装置（図 7.16 (b) ～ (d)）では画素サイズが小さくなるほど，微細な構造がよく可視化できていることがわかる。図 7.16 (b) では明瞭に見えていた構造が，画素サイズが約 5 倍になる図 7.16 (d) では，まったく見えていない。当たり前のことではあるが，十分な空間分解能を得るためには，試料サイズを必要最小限にし，試料を X 線管球に極力近

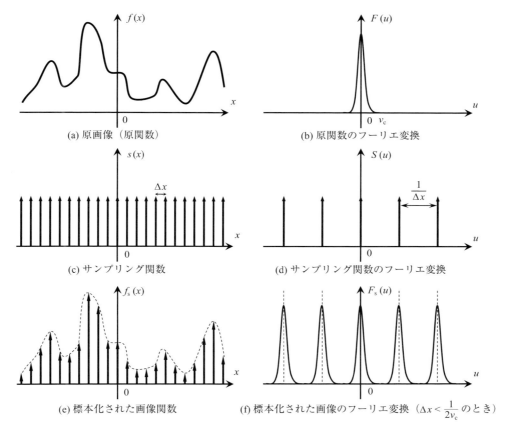

図7.17 1次元の画像を検出器を用いてイメージングするときの実空間および周波数空間でのスペクトルの模式図。サンプリング関数は，検出器の画素サイズによって決まるサンプリングピッチ Δx により規定されるデルタ関数列である。この場合，$\Delta x < 1/(2\nu_c)$（オーバーサンプリング）が満足され，原画像は正確に再構成できる

づける必要がある。このことは，産業用X線CTのユーザーには，あまり意識されていないことが多い。

平行ビームを用いた投影型X線トモグラフィーに関し，表7.2にある諸条件を改善していくと，X線のフレネル回折とX線を可視光に変換した後のレイリーの回折限界が空間分解能のボトルネックになる。これらは，空間分解能の物理的な限界を規定するため，投影型X線トモグラフィーの最高空間分解能は，1 μm弱を上回ることができない。図7.15のシンクロトロン放射光を用いたX線トモグラフィーの例でも，画素サイズが約0.5 μmのとき，実効空間分解能で約1 μmとなり，空間分解能の物理的限界に達していることがわかる。

(2) サンプリング定理

X線トモグラフィーでは，試料の中の観察したい構造のサイズより空間分解能が充分に小さくなるように，3D空間で x, y, z どの方向にも短い周期でサンプリングを行う必要がある。まず，簡単のため，1次元の画像でこれを考える。図7.17 (a) は，1次元の画像を表す。実在する物体は，原子レベルまで拡大して観察しても連続している。一方，デジタル画像は，連続した物体を離散化して表現したものと言える。このように連続関数を離散関数でマッピングすることをサンプリング (Sampling) と称する。検出器

によりデジタル画像を取得するプロセスは，次式のようにサンプリング関数 $s(x)$ を原関数 $f(x)$ に掛けることになる．

$$f_s(x) = f(x)s(x) \tag{7-11}$$

ここで，$f_s(x)$ は，標本化された画像で，図 7.17 (e) のようになる．サンプリング関数 (Sampling function) は，くし形関数 (Comb function) とも呼ばれ，図 7.17 (c) のようにデルタ関数が周期 Δx で規則正しく並んだような形をしている．

$$s(x) = \sum_{n=-\infty}^{\infty} \delta(x - n\Delta x) \tag{7-12}$$

この関数列のピッチが空間分解能を規定する．原関数 $f(x)$ のフーリエ変換は，図 7.17 (b) のように，原画像に含まれる空間周波数成分が ν_c 以下に収まっているか，それとも帯域制限されているものとする．この ν_c をカットオフ周波数 (Cutoff frequency) と呼ぶ．また，サンプリング関数をフーリエ変換した $S(x)$ は，図 7.17 (d) のように，やはりくし形を呈する．

$$S(x) = \frac{1}{\Delta x} \sum_{n=-\infty}^{\infty} \delta\left(u - \frac{n}{\Delta x}\right) \tag{7-13}$$

式 (7-11) でサンプリング関数を掛ける操作は，周波数空間では，以下のようにサンプリング関数を畳み込むことと等価である．

$$F_s(u) = F(u) * S(u) = \frac{1}{\Delta x} \sum_{n=-\infty}^{\infty} F\left(u - \frac{n}{\Delta x}\right) \tag{7-14}$$

つまり，図 7.17 (f) のように原関数をフーリエ変換することで得られる $F(u)$ は，標本化することにより，周期的に繰り返されるものとなる．これから原画像のスペクトルを取り出すには，下記の矩形関数を用いる．

$$H(u) = \text{rect}(u\Delta x) \tag{7-15}$$

これを用いて以下のように周波数空間でフィルタリングすると，正確に原画像のフーリエ変換が得られる．

$$F(u) = H(u)F_s(u) \tag{7-16}$$

最終的に，上式の逆フーリエ変換により，次式が得られる．

$$f(x) = \sum_{n=-\infty}^{\infty} f(n\Delta x) \, \text{sinc}\left\{\frac{\pi}{\Delta x}(x - n\Delta x)\right\} \tag{7-17}$$

つまり，周期 Δx でサンプリングした画像に sinc 関数を掛けて加算することで，原関数が再生されることになる．これをサンプリング定理 (Sampling theorem) と呼ぶ．

　図 7.18 (b) では，隣り合うスペクトルが重なり，式 (7-16) のようにフィルタリングをしても，原関数がうまく再生できない．この現象はエイリアシング (Aliasing) と呼ばれる．サンプリング数が不足する状況は，アンダーサンプリング (Undersampling) と表現される．この場合，本章で後述するエイリアシングアーティファクトが画像に乗ることになる．一方，図 7.18 (c) では，スペクトルは，充分に離れている．この状態は，オーバーサンプリング (Oversampling) である．サンプリング周波数 $1/\Delta x$ の半分のナイ

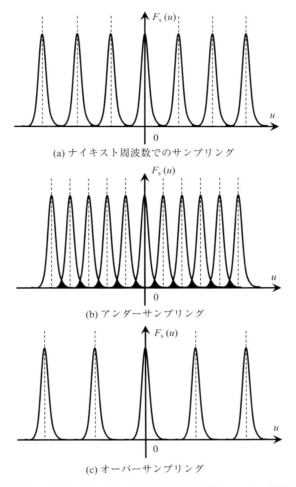

図 7.18 1次元の画像を検出器を用いてイメージングし，標本化された画像をフーリエ変換したもの。サンプリング周波数が異なる3つのケースを描いた模式図

キスト周波数 (Nyquist frequency) f_N が $f_N = \nu_c$ を満たす図 7.18 (a) は，データ量を抑えながら正確に画像再構成できる最適な条件と言える。

$$f_N = \frac{1}{2\Delta x} \tag{7-18}$$

つまり，原画像の最大周波数成分 ν_c がわかっているとき，この2倍 ($2\nu_c$) より細かくサンプリングすれば，原画像を正確に復元できる。通常，試料の中には材料のミクロ構造など，マルチスケールにわたる微細構造がある。したがって，式 (7-16) の意味を現実に沿って述べると，「観察したい内部構造をイメージングするために必要な空間分解能を意識し，その半分以下のピッチで計測すべき」と表現できる。

図 7.19 は，2次元のケースである。2次元の場合も考え方は，まったく同じである。つまり，縦横2方向について，x 方向と y 方向の計測のピッチ $\Delta x, \Delta y$ を検出器の画素サイズによって制御することになる。この場合，式 (7-17) は，下記のようになる。

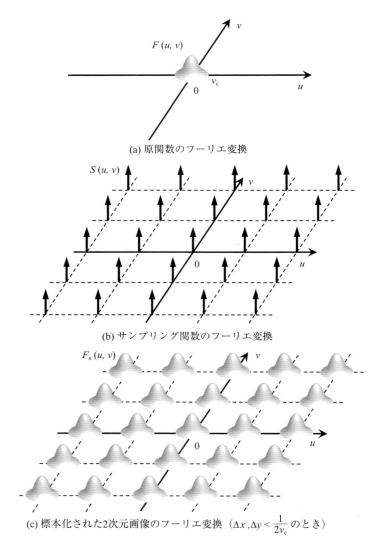

(a) 原関数のフーリエ変換

(b) サンプリング関数のフーリエ変換

(c) 標本化された2次元画像のフーリエ変換 ($\Delta x, \Delta y < \frac{1}{2v_c}$ のとき)

図 7.19 2 次元検出器を用いてイメージングするときの周波数空間でのスペクトルの模式図。サンプリング関数は，検出器の画素サイズによって決まるサンプリングピッチ $\Delta x, \Delta y$ により規定されるデルタ関数列である。この場合は，$\Delta x, \Delta y < 1/(2v_c)$（オーバーサンプリング）が満足され，原画像は，正確に再構成できる

$$f(x, y) = \sum_{n=-\infty}^{\infty} \sum_{m=-\infty}^{\infty} f(n\Delta x, m\Delta y) \operatorname{sinc} \left\{ \frac{\pi}{\Delta x}(x - n\Delta x) \right\} \operatorname{sinc} \left\{ \frac{\pi}{\Delta y}(y - m\Delta y) \right\} \tag{7-19}$$

第 3 章の図 3.42 (a) で見たように，実際の X 線トモグラフィーの計測では，X 線の入射方向と直交するように試料回転ステージの回転軸を置く。この回転軸を中心に，試料を 180° 回転させながら，2 次元検出器を用いて多数回，透過像の連続撮像を行う。したがって，試料回転ステージの回転軸に対応する円筒座標 (r, φ, z) で，r, z 方向には検出器の実効画素サイズを，また φ 方向については試料回転ステージの回転ステップ（距離として表示した間隔）を，それぞれナイキスト周波数を上回るように決定する必要がある。例えば，視野の幅と高さが D で 180° 回転中に M 枚の透過像を取得する撮像では，視野端部において，φ

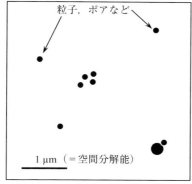
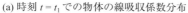
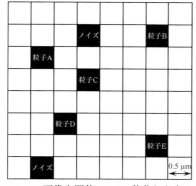
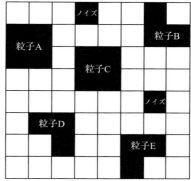

(a) 時刻 $t = t_1$ での物体の線吸収係数分布　　(b) 左を8bitのデジタル画像としたもの

(c) (b)の画像を閾値240で二値化したもの　　(d) 時刻 $t = t_2$ $(t_2 > t_1)$ での二値化画像

図 7.20　空間分解能 1 μm（実効画素サイズ 0.5 μm）のセットアップを用い，微細な粒子 A 〜 E ((b) の画像でグレー値 0) を含む材料（同じくグレー値 255）を 3D イメージングする模式図。得られた画像が (b)。(c) は，これを二値化したもの。ある時間経過後，成長した粒子を再度観察したのが (d)。(b) の画像には，2 点のノイズと 5 つの微細構造，ないしその集合体が含まれている。(d) の画像では，(b) で見られた位置にノイズは見えず，微細構造は成長している。そのため，いずれの構造も空間分解能を超えてその形態がはっきりと認識できる

方向の理想的な空間分解能は $\pi D/M$ となる。水平・垂直方向ともに画素数 N の検出器で計測するとして，r 方向，z 方向ともに，空間分解能の最高値は，$2D/N$ となる。多くの場合，検出器の画素数の選択は，それほどフレキシブルではない。そこで，もし等方的な空間分解能を得たいなら，投影数は $\pi N/2$ となる。ただし，実際には，光源から検出器に至るまでの様々な因子がこれらに重畳し，実効的な空間分解能が決定されることは，既に述べたとおりである。また，試料のサイズは，視野サイズより多かれ少なかれ小さいので，r 方向のサンプリングピッチは，試料サイズと視野サイズの比に応じて，これより粗くて良いことになる。

(3) 検出能

空間分解能と検出能 (Detectability) は，まったく異なる指標である。検出能が空間分解能を下回ることはないが，その逆はあり得る。つまり，検出能は，条件によっては画素サイズの数分の一という小さな値をとることも可能である。検出能は，空間分解能の他，撮像の技法と条件，試料の構造，ノイズなどに大きな影響を受ける。

図 7.20 は，これを模式的に示したものである。ここでは，空間分解能 1 μm の装置・条件で直径 0.3 〜

0.6 μm の粒子やポアなどを含む図 7.20 (a) のような材料を 3D イメージングする場合を考える。ノイズやアーティファクトの影響が少ない場合，微細構造を含む画素のグレー値が変化し，図 7.20 (c) の二値化により，その中に微細構造を含む画素を特定・分離することができる。この段階では，ノイズやアーティファクトと微細構造とを区別することはできない。しかし，図 7.20 (d) のように，これらの構造を成長させながら同じ場所を繰り返し観察するとか，他の観察・分析技法を援用することで，空間分解能以下の微細構造を検出できるかどうかを検証することができる。この場合にとり得る閾値の最大値を 8 bit のグレー値で 240 とすると，この場合の検出能は，0.27 μm となる。これは，空間分解能の 1/3 を下回る水準である。検出能は，構造のサイズだけではなく，被検出対象の構造と基地の線吸収係数などにも影響を受けることがわかる。また，画素を跨ぐ位置にある微細構造は，そうでない構造よりも検出しにくいなど，位置の影響も受けることになる。つまり，検出能は，3D 画像中で均一ではない。

ところで，2.2.2 節 (2) で述べた屈折コントラストイメージングで生じる白黒濃淡のフリンジを利用すれば，界面を強調して表示できるだけではなく，微細構造のもつグレー値を大きく増減できるため，微細構造の検出能が向上する効果を期待できる。

検出能は，特別なモデル試料を準備しない限り，実験的に直接計測することは難しい。しかしながら，上述のように，試料，イメージングの原理，観察対象とする試料の内部の微細構造，撮像条件などに関する深い理解と補助的な確認手段の援用により，3D 画像を取り扱う各過程で，おおよその検出能のレベルを検討し，意識しておくとよい。そうすれば，有意義な情報が含まれた，一見ノイズのように見える重要な特徴点をフィルタリング処理などで誤って切り捨ててしまうような間違いも起こりにくくなるであろう。

7.5.2 空間分解能の評価

(1) PSF，LSF と ESF

X 線 CT スキャナーで撮像された画像がぼけることを数学的に表現すると，ぼけのない原画像とインパルス応答との畳み込みと考えることができる。画像の場合のインパルス応答を点拡がり関数 (Point spread function: PSF) と呼ぶ。X 線 CT スキャナーや画像再構成など，空間分解能に関するすべての情報を加味した結果として，空間分解能は，ある有限の値をとる。これにより，PSF は，試料中の無限小の点がどのように拡がって撮像されるかを示す。したがって，PSF は，数学的には，以下のようにデルタ関数を撮像したものとして表される。

$$PSF(x, y) = R\{\delta(\xi, \eta)\} \tag{7-20}$$

ここで，関数 $R(\xi, \eta)$ はシステムの応答，座標 (x, y)，(ξ, η) は，それぞれ検出器，および試料座標である。上述のように，画像 $g(x, y)$ は，以下のように畳み込み積分で表される[15]。

$$g(x, y) = \iint_{-\infty}^{\infty} f(\xi, \eta) PSF(x - \xi, y - \eta)\, d\xi d\eta \tag{7-21}$$

図 7.21 (a) は，PSF を模式的に示したものである。また，図 7.22 (a) は，点状の構造の原画像とそれが撮像された後の画像を示す[16]。PSF の拡がりの幅が狭ければ，画像のぼけが少なく，空間分解能に優れることになる。

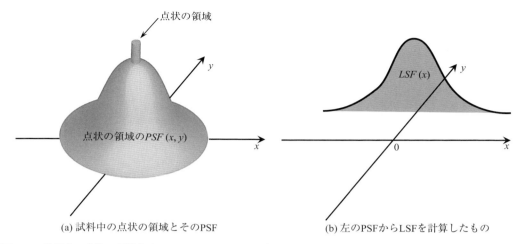

(a) 試料中の点状の領域とそのPSF　　　(b) 左のPSFからLSFを計算したもの

図 7.21　試料中の点状の領域とその PSF，およびその 1 次元プロファイルに対応する LSF の関係を示した模式図

ところで，画素サイズよりも小さな点状の構造をイメージングすることは，例えば医療用 CT スキャナーの評価では，直径 0.1 mm 程度の金属ワイヤーを空気中に浮かせたファントムなどを用いれば可能である．しかし，産業用 X 線 CT スキャナー，特に実効画素サイズの小さなマイクロフォーカス管を用いたものでは，実用的に容易でない．例えば，ドイツの QRM Gmbh 社からは，マイクロトモグラフィー用として，空気中に直径 3，10，および 25 μm のタングステンワイヤーを浮かせたテストオブジェクトが販売されている[17]．しかし，これで評価できるのは，空間分解能がせいぜい数十 μm レベルまでに限定される．

PSF が図 7.21 のように等方的であれば，これを 1 次元で表現することもできる．これを線拡がり関数 (Line spread function: LSF) と呼ぶ．LSF を模式的に図 7.21 (b) に示す．図 7.22 (b) には，その場合の画像も示した[16]．画像は，式 (7-21) と同様に，原画像と LSF の 1 次元の畳み込みとして表示できる[15]．

$$g(x) = \int_{-\infty}^{\infty} f(\xi) LSF(x - \xi) \, d\xi \tag{7-22}$$

LSF の計測には，幅の狭いスリットを用いることができる．PSF と LSF の間には，次式のような関係がある[15]．

$$LSF(x) = \int_{-\infty}^{\infty} PSF(x, y) \, dy \tag{7-23}$$

したがって，LSF のある位置 x での値は，同じ x 座標における y 軸に平行な面の断面積になる．また，LSF の拡がりの幅と空間分解能の関係は，PSF と同じである．PSF は，2 次元等方性となる場合が多く，その場合には，LSF も左右対称となる．

同様に，2 相の界面がぼける効果は，エッジ拡がり関数 (Edge spread function: ESF) により評価することができる．これを図 7.22 (c) に示す[16]．数学的には，階段関数の応答として表される．また，ESF の導関数が LSF となる[15]．

$$\frac{d}{dx} ESF(x) = LSF(x) \tag{7-24}$$

図 7.22 からもわかるように，ESF は，LSF と同様に，1 次元の空間分解能の尺度となる．実用的な点に

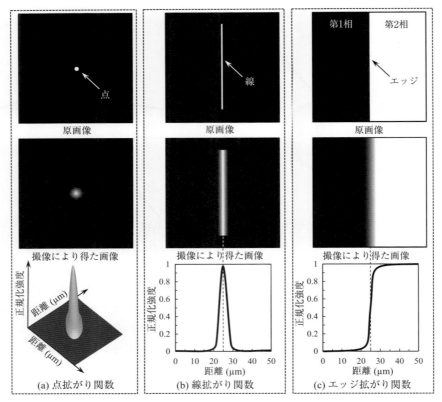

図 7.22 PSF，LSF，および ESF で表した原画像，原画像のぼけ，およびそれぞれの関数の形を表す模式図

注目すると，試料中にはエッジが必ず含まれており，狭いスリットを準備しなければならない LSF と比べ，ESF の計測は，より汎用性があるものと言える。

PSF，LSF，および ESF は，いずれも実空間において空間分解能を記述する関数である。実用的には，PSF や LSF の半値全幅 (FWHM) を求めることで，空間分解能の指標とすることができる。図 7.23 は，これを模式的に示したものである。2 つの特徴点が半値全幅程度に近づいた場合，図 7.23 (b) のように，2 つの特徴点による PSF ないし LSF のプロファイルが部分的に重なってできるプロファイルが計測される。図 7.23 (b) の場合，まだ中央に凹みがあるため，2 つの特徴点をかろうじて区別することが可能である。これよりも 2 点間の距離が近い場合（図 7.23 (c)），2 点の分解はできなくなる。また，先に述べたように，ESF の微分により LSF が求められるので，ESF も半値全幅による空間分解能の評価に利用できる。

(2) MTF

前節で述べた PSF，LSF，および ESF を周波数空間に変換し，変調伝達関数 (Modulation transfer function: MTF) により空間分解能を評価することも，また一般的に行われている。この節では，これを概観する。

次式のように，PSF を式 (3-5) のように 2 次元フーリエ変換することにより，周波数空間における空間分解能評価の指標である光学伝達関数 (Optical transfer function: OTF) が得られる。

$$OTF(u, v) = F\{PSF(x, y)\} \tag{7-25}$$

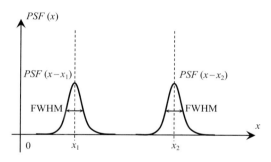
(a) 2点間の距離がPSFの半値全幅よりも大きい場合

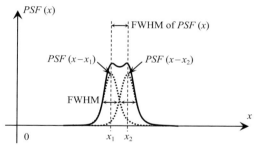
(b) 2点間の距離がPSFの半値全幅程度の場合

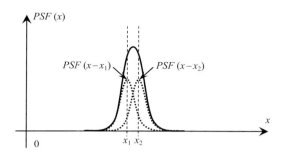
(c) 2点間の距離がPSFの半値全幅よりも小さい場合

図 7.23 PSF，LSF および ESF による空間分解能評価の妥当性を示す模式図。PSF の場合で，2 点間の距離が PSF の半値全幅よりはるかに大きい場合，同程度の場合，狭い場合の 3 つのケースを示している

逆に，PSF は，OTF のフーリエ逆変換により得られる。OTF は複素数であり，その絶対値は，次式のように MTF となる。一方，OTF の位相部分は，位相伝達関数 (Phase transfer function: PTF) と呼ばれる。

$$OTF(u,v) = MTF(u,v)\,\mathrm{e}^{-iPTF(u,v)} \tag{7-26}$$

一般に，PSF は等方的な形をもつので，位相成分である PTF は 0 になる。そして，MTF は，次式のように PSF と関係付けられる。

$$MTF(u,v) = |OTF(u,v)| = |F\{PSF(x,y)\}| \tag{7-27}$$

MTF は，このように 2 次元の関数である。しかしながら，一般には視覚的な評価のしやすさを考えて，周波数空間の原点を通るある軸に沿った 1 次元のプロファイルとして評価されることが多い。その場合，MTF は，次式のように，LSF，ESF と関連付けられる。

$$MTF(u) = F\{LSF(x)\} = F\left\{\frac{\mathrm{d}}{\mathrm{d}x}ESF(x)\right\} \tag{7-28}$$

これにより，LSF や ESF を計測することで，MTF の評価が可能とわかる。一般には，MTF は，周波数空間の原点の値 $LSF(0)$ を用い，$MTF(u)$ を 0 〜 1 の範囲に正規化して表示する。

MTF による評価の例を図 7.24 に示す。図 7.24 の横軸は，空間周波数である。空間周波数の関数である MTF により，解像特性が空間周波数の関数として変化する様子を評価することができる。つまり，ある空間周波数で $MTF(u) = 1$ に近いほど，解像特性が優れることを意味する。図 7.24 のように，$MTF(u)$

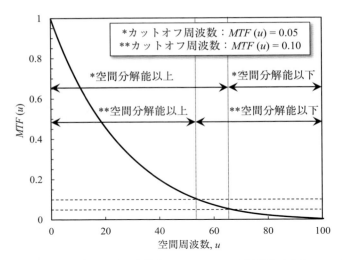

図 7.24 MTF を用いた空間分解能評価の例を示す模式図。カットオフ周波数を変えた 2 つの解析例を示している

の値が 0.05, 0.10, ないし 0.20 のときの空間周波数の値をもって空間分解能を規定する場合が多い。これらは，それぞれ 5 % MTF, 10 % MTF などと表記される。

ところで，最終的に 3D 画像で計測される空間分解能とそれを規定する表 7.2 の諸因子の関係は，既に 7.5.1 節 (1) で述べた。これを MTF で表すと，次式のようになる[18]。

$$MTF_{total}(u) = MTF_1(u) \cdot MTF_2(u) \cdots MTF_k(u) \cdots \tag{7-29}$$

ここで，MTF_{total} は総合的な MTF，k は，表 7.2 の諸因子のうち k 番目の因子であり，$MTF_k(u)$ は，それに対応する MTF である。ただし，検出器，X 線源などの諸因子ごとに，図 7.24 のような MTF と空間周波数の関係がある。この場合，すべての u および v について，$MTF_{total}(u) \leq MTF_k(u)$ の関係を満足する。また，空間分解能が LSF の半値全幅で表される場合，次式のように表 7.2 の諸因子と総合的な LSF の半値全幅の関係が得られる[18]。

$$FWHM_{total} = \sqrt{FWHM_1^2 + FWHM_2^2 + \cdots + FWHM_k^2 + \cdots} \tag{7-30}$$

したがって，最終的な空間分解能を律速する因子 A に関する半値全幅 $FWHM_A$ に対し，ある因子 B による半値全幅 $FWHM_B$ が $FWHM_B/FWHM_A = 0.1$ の場合，総合的な FWHM に及ぼす $FWHM_B$ の影響は，たかだか 0.5 % に過ぎないことになる。つまり，空間分解能の向上には，空間分解能を律速するような因子の特定と，その因子に対する空間分解能の向上対策こそが実効性を有することが理解できる。合わせて式 (5-29) も参照されたい。

7.5.3 空間分解能の計測

空間分解能計測法の代表的なものを下記に概説する。これ以外にもいくつか手法があり，またそのヴァリエーションも多岐にわたる。同様の材料・計測法で得られた 3D 画像を同じ手法を用いて評価する場合には問題はないが，異なる空間分解能計測手法で得られた空間分解能値を比較する場合には，十

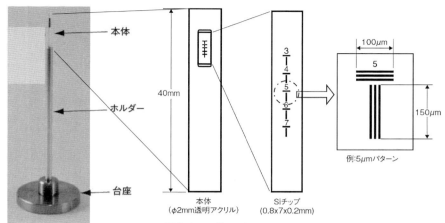

(a) JIMAが提供するX線CT用テストチャート

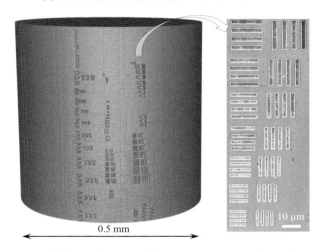

(b) 著者がFIBを用いて自作した3Dテストチャートの3D像

図 7.25 X線CT用3Dテストオブジェクトの例。(a) は，（一社）日本検査機器工業会 (JIMA) が出している空間分解能計測用テストオブジェクト（JIMAカタログより：JIMA掲載許可済)[19]。(b) は，著者が用いている，ステンレスワイヤー表面にFIBで溝加工して自作したもの。右側はその一部の拡大図（X線CTによる3D像)[21]

分な注意が必要である。そのため，論文や報告書には，用いた空間分解能計測手法とその付帯条件は，必ず詳述したい。

(1) 3Dテストオブジェクト

2次元のテストチャートは，基板上に，基板とは吸収係数が大きく異なる川の字状の領域からなるパターンを形成して作製される。これは，マイクロフォーカス管などの透過像による焦点の調整，産業用X線CTスキャナーの維持管理などに用いられている。これとは別に，3Dのテストチャートとも言うべき空間分解能計測用の試験片が市販されている。図 7.25 (a) は，日本検査機器工業会 (JIMA) が出している空間分解能計測用テストオブジェクト（Test object：医療用語のファントムに相当する）である[19]。シリコンチップに半導体用の精密加工で上下，および水平方向に3本ずつ溝を作り，削った溝に金を埋め，

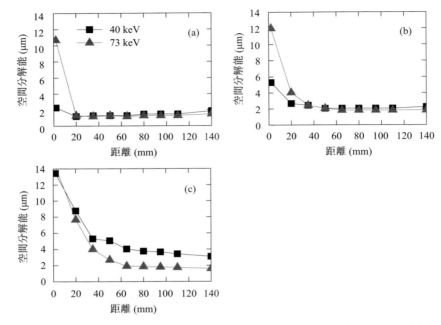

図 7.26 鉄鋼の X 線トモグラフィーによる 3D イメージングを SPring-8 の BL20XU で行い,試料と検出器の距離を変化させながら 2 水準の X 線エネルギーで空間分解能を計測した例[21]。試料回転ステージの回転軸に対応する円筒座標 (r, φ, z) で,z および φ 方向(それぞれ,図 (a) と (b))には図 7.25 (b) の 3D テストオブジェクトを用いて,また r 方向(図 (c))については 7.5.2 節 (1) で述べたエッジ拡がり関数を用いて計測した

シリコンチップ自体をさらに直径 2 mm のアクリル棒に埋め込んだ構造となっている。ラインおよびライン間のスペースは,3, 4, 5, 6, 7 μm となっている。3D のテストオブジェクトにはドイツ製のものもあり,ライン幅で 1 μm ピッチで 1 〜 10 μm の 10 水準のもの,および 5, 10, 15, 20, 25, 30, 50, 100, 150 μm の 9 水準のものの 2 種類がある[20]。これらは,シリコンを単純に溝加工しただけなので,JIMA 製のものは,海外でもよく用いられるという。

図 7.25 (b) は,著者が鉄鋼の 3D イメージングに用いているテストオブジェクトである。直径 0.5 mm のステンレスワイヤー上に FIB (Focused ion beam) 加工で溝を入れたもので,線幅 0.5 〜 5.9 μm の間で 28 水準の空間分解能計測ができる。図 7.25 (b) のテストオブジェクトを用いてシンクロトロン放射光による X 線トモグラフィーで鉄鋼材料を可視化した場合の空間分解能を図 7.26 に示す[21]。この場合には,図 7.25 (b) に示すテストオブジェクトで 2 方向の,そして 7.5.2 節 (1) で示すエッジ拡がり関数で残り 1 方向の空間分解能をそれぞれ計測し,空間分解能を 3D で評価している。カメラ長が短い場合,特に高エネルギー X 線のとき,X 線の前方散乱による空間分解能の低下が著しいことがわかる。また,垂直方向の空間分解能は,水平方向よりも優れることもわかる。これは,この場合,フロントエンドスリットにより規定される水平方向のビームサイズが 400 μm であるのに対し,垂直方向は 15 μm であり,水平方向は半影によるぼけが避けられないためである[21]。

テストオブジェクトを用いて最も簡単に空間分解能を計測する方法は,明暗のパターンが 3D 画像の仮想断面上で識別できなくなる限界を主観的に決めることである。ただし,その場合には,個人の判断基準などによる曖昧性が入る余地がある。そのため,7.5.2 節 (2) で述べたように,MTF がある値になる

ときの空間周波数をもとに空間分解能を決定することも多い．その手順は，次式のようにテストオブジェクトの溝部分とその間隙部分との間のコントラストを求め，入出力のコントラスト比を求めるというものである[18]．

$$MTF(u) = \frac{\frac{g_{\max}(x) - g_{\min}(x)}{g_{\max}(x) + g_{\min}(x)}}{\frac{f_{\max}(x) - f_{\min}(x)}{f_{\max}(x) + f_{\min}(x)}} \quad (7\text{-}31)$$

ここで，$f_{\max}(x)$ と $f_{\min}(x)$ は，それぞれ原関数 $f(x)$，つまり試料の最大値と最小値，$g_{\max}(x)$ と $g_{\min}(x)$ は，それぞれ画像 $g(x)$ の最大値と最小値である．この手法では，テストオブジェクトが精度良く作製されていれば，異なる装置の比較などが充分な再現性を担保して実行できる．また，得られた画像からの主観的判断で，空間分解能計測の妥当性を容易に検証できるという長所もある．一方で，テストオブジェクトがもつ特定の空間周波数でしか計測できないため，その空間周波数の近傍に装置の性能がなければ，空間分解能の計測精度が問題になる．また，計測に際しては，画像データからテストオブジェクトの周期構造の1周期を正しく認識し，その整数倍の長さを正確に計測する必要がある[22]．そのため，式(7-18) のように，サンプリング定理を満たすサンプリング周波数でこれを計測することが求められる[22]．しかしながら，空間分解能近傍の空間周波数では，テストオブジェクトの周期構造1周期当たりに数画素しかサンプリング点がないことも多い．そのような場合に計測精度を高める手法がいくつか報告されている．必要であれば参照されたい[22]．

(2) エッジ応答

7.5.2 節 (1) で解説したエッジ拡がり関数を解析する手法は，特殊なデバイスを用いずに観察対象とする試料の 3D 画像から直接空間分解能を計測できる長所があり，広く用いられている．この手法では，試料表面や試料内部のエッジ部分，つまり試料と空気などとの境界部分における画素値の遷移（エッジ応答）を計測する．このように ESF を求めた後，ESF を微分して LSF を計算し，その半値全幅を求めるか，さらに LSF をフーリエ変換して MTF を求める．ASTM E1570-11 では，MTF による方法を推奨している．ESF は，得られる画像中の画素値の遷移を次式などで表されるシグモイド関数で近似して求める．

$$ESF(x) = \frac{a}{1 + e^{(-bx+c)}} + f \quad (7\text{-}32)$$

ここで，a, b, c, f は係数で，S字曲線の並進，拡大，遷移領域の幅などを決める．シグモイド関数の係数を変化させて空間分解能の異なる3水準のESFを模式的に表したのが図7.27である．遷移領域の幅として現れる空間分解能の違いが式 (7-32) の係数の違いでよく表現できることがわかる．この他，エッジ応答を利用して空間分解能を計測している過去の文献では，多項式近似や誤差関数[23]，ガウス関数と指数関数の和[24]などが用いられている．近似の精度がMTFの計測精度に直接影響するので，最適な関数を選定する必要がある．

ところで，エッジ応答を評価する場合も，テストオブジェクトの場合と同様に，式 (7-18) のサンプリング定理を満たすサンプリング周波数でエッジをまたぐ画素値の遷移を計測する必要がある．しかしながら，サンプリング定理によるサンプリングピッチが空間分解能を規定するような高空間分解能装置の場合，エッジを挟む画素値の遷移領域に数画素しかサンプリング点（画素）がないことも多い．そのような場合に計測精度を高める手法が報告されている．代表的なものが傾斜エッジ法である．この手法は，

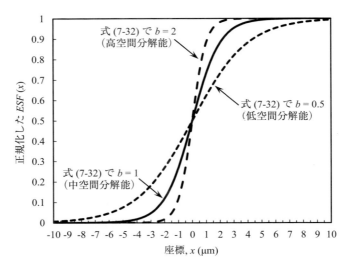

図 7.27 シグモイド関数の関数形。式 (7-32) で $a = 1$, $c = f = 0$ とし，b を変化させて空間分解能が高中低 3 水準の正規化した ESF を表現したもの

ISO12233 でも規格されている[25]。傾斜エッジ法では，2 次元検出器の画素に対して 1.5 〜 3° 程度とわずかに傾いて配向する真っ直ぐなエッジや 2 相界面，表面などでエッジ応答を計測する。傾斜により，界面に沿う画素ごとにアライメントが少しずつずれることになる。図 7.28 にこれを模式的に描いた。界面に沿う 3D 画像の画素サイズよりかなり小さなサンプリングピッチで界面に沿う方向にデータを積算することで，エッジをまたぐ画素値プロファイルを高密度に計測し，合成 LSF を求めることができる。多くの場合には，前述のように，エッジ応答と形状が近い関数にフィッティングして ESF を近似する。一方，ISO12233 の場合には，空間を画素サイズの 1/4 に区切り，その中にあるデータを平均して離散的なデータを得る。

　傾斜エッジ法を適用するためには，試料内部に空間分解能を充分に下回る程度に平滑な表面や界面がある必要がある。そうでなければ，同様に平滑なエッジをもつ物体を空間分解能計測のためのテストオブジェクトとして準備する必要がある。

　図 7.29 は，SPring-8 を用いて得た，高純度アルミニウム合金の 3D 画像である。図 7.29 (b) では試料－検出器間距離を意図的に長くとり，屈折コントラストイメージングにより試料と空気の界面（試料表面）に白黒濃淡のフリンジを出して界面を強調している。この場合の 3D 画像のボクセルサイズは 0.5 μm であり，実効空間分解能は 1 μm 程度である。図 7.30 は，図 7.29 の画像で界面での画素値の遷移を式 (7-32) で近似して ESF を得た後，これを微分して LSF を計算したものである。図の中央には，計測した ESF のデータを直接微分して得た LSF も合わせて示している。この場合，ESF から直接求めた LSF は，左右対称ではないことが明らかである。これは，主としてアルミニウムと空気との界面における X 線の屈折によるものと思われる。この他，産業用 X 線 CT スキャナーの場合の代表的なアーティファクトであるビームハードニングなどでも，同様に非対称な LSF が生じる。LSF の非対称性は，図 7.30 で試料－検出器間の距離が長い場合には，より顕著になっている。このように，試料表面の基材－空気界面での屈折やアーティファクトが顕著な場合，試料内部の異相界面と試料表面とでは，異なる空間分解能が計測さ

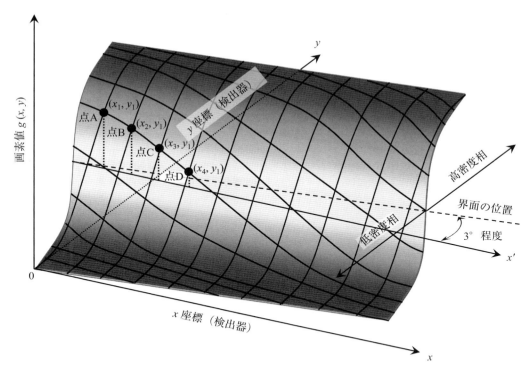

図 7.28 検出器の座標に対してわずかに傾けて高密度相と低密度相の界面（エッジ）を配向させたときの界面に沿う画素値の 2 次元的計測の様子を表す模式図．図中の点 A 〜 D などは，同じ y 座標 (y_1) で x 軸に添って並ぶ計測点 ($x_1 < x_2 < x_3 < x_4$) である．点 A から点 D にかけて，画素サイズをかなり下回るピッチで少しずつ曲面（つまり大画素値である高密度相の端面）から遠ざかるため，画素値が徐々に減少していることがわかる

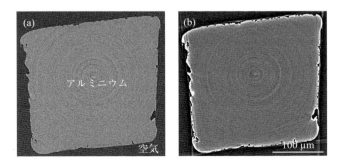

図 7.29 SPring-8 のビームライン BL20XU においてシンクロトロン放射光を用いて行う X 線トモグラフィーで撮像した純アルミニウム (99.999 %) の断層像（生データ）．X 線エネルギー 20 keV で撮像し，再構成はハンフィルターを用いたフィルター補正逆投影法による．(a) は，試料−検出器間距離が 3 mm の場合，(b) は，同じく 55 mm の場合の画像である（九州大学 清水一行氏の御厚意による）

れることには，充分に注意が必要である．

図 7.31 は，ESF を直接微分して得た LSF，および ESF を曲線近似してそれを微分して得た LSF をともにフーリエ変換して求めた MTF である．図 7.30 では，LSF のアンダーシュート（裾野が両側で負のピークをもつこと）が見られる．これは，図 7.31 では MTF の 1 以上へのオーバーシュートをもたらしている．LSF のアンダーシュートの原因は，エッジ部分を強調したり，エッジ部分にアーティファクトが

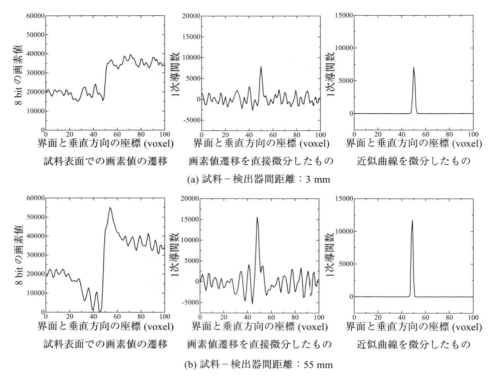

図 7.30 図 7.29 の 3D 画像でアルミニウム－空気界面で画素値の遷移を計測し（左），それを直接，微分して LSF を得たもの（中），および界面での画素値の遷移をシグモイド関数でフィッティングし，それを微分したもの（右）（九州大学 清水一行氏の御厚意による）

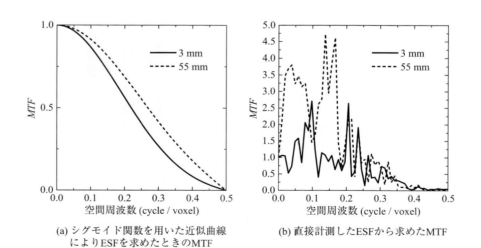

図 7.31 図 7.30 の LSF をフーリエ変換して求めた MTF。界面での画素値の遷移をシグモイド関数でフィッティングし，それを微分して得た LSF から求めた MTF と，界面での画素値遷移を直接，微分して得た LSF から求めた MTF との比較（九州大学 清水一行氏の御厚意による）

表 7.3 図 7.29 の画像から図 7.30 のデータを用いて計測した空間分解能。2 水準の試料－検出器間距離に対して，それぞれ LSF の半値全幅から求めた空間分解能，および $MTF(u)$ の値が 0.05，0.10，ないし 0.20 のときの空間周波数の値をもって規定した空間分解能の比較（九州大学 清水一行氏の御厚意による）

(μm)

ESF の計測方法	撮像時の試料－検出器間距離	半値全幅	MTF		
			5 % MTF	10 % MTF	20 % MTF
シグモイド関数によるフィッティング	3 mm	1.1	1.2	1.3	1.5
	55 mm	1.0	1.1	1.1	1.3
計測値そのまま	3 mm	1.2	1.2	1.3	1.3
	55 mm	1.4	1.2	1.3	1.4

乗るような再構成時のフィルター関数の使用や，X 線の界面での屈折，ビームハードニング・アーティファクトの生成などである。また，LSF の裾野部分の変動は，MTF では，曲線の激しい変動になって現れている。また，シグモイド関数でフィッティングした場合には，裾野部分は平坦なので，カーブの変動は現れないこともわかる。

表 7.3 では，このようにして求めた空間分解能の値を比較した。LSF の半値全幅を用いて空間分解能を計測する場合は，シグモイド関数で近似曲線を得た場合に確からしい空間分解能値が得られている。MTF による計測では，図 7.31 の低空間周波数領域の大きな曲線の変動にもかかわらず，近似曲線でも，計測データをそのまま用いた場合でも，ほぼ同様の値が得られている。この場合は，5 % MTF が半値全幅による計測値と近く，確からしい空間分解能を与えることがわかる。いずれにせよ，計測方法によって 5 割程度の誤差があるので，同じ計測方法・計測条件で空間分解能を比較することが重要である。

7.6 アーティファクト

この節では，X 線トモグラフィーでは避けて通れないアーティファクト (Artifact) に関して，産業用 X 線 CT スキャナーおよびシンクロトロン放射光を用いた X 線トモグラフィーでよく見かけるものを網羅的に紹介する。ここでは，筆者が自由に利用できるマイクロトモグラフィー用の産業用 X 線 CT スキャナー（Skyscan 1172：X 線管の管電圧 20 ～ 100 kV，スポットサイズ < 5 μm，検出器：14 bit 冷却 CCD）を用い，故意にアーティファクトが発生するような条件で撮像ないし再構成し，図面にまとめた。また，SPring-8 での実験で見られたアーティファクトも加えてある。これらを充分に頭に入れ，X 線トモグラフィーでは避けて通れないアーティファクトと上手につきあいたい。

7.6.1 X 線と物体の相互作用によるアーティファクト

(1) ビームハードニング

図 7.32 は，産業用 X 線 CT スキャナーを用いて管電圧 80 kV で数ミリ厚のアルミニウムを撮像した画像である。このうち，図 7.32 (a) は，フィルターなしで撮像したものである。特に X 線のパスが長くなる角部を中心に，試料表面付近で画素値が大きくなっている。アルミニウムの組織は断面上で完全に均一であり，この変色は，ビームハードニングと呼ばれる，X 線が単色でないときに現れるアーティファクトである。図 7.10 を見ると，露光時間を適正値 (380 ms) から減少させた場合，ビームハードニングが顕著になっていることがわかる。

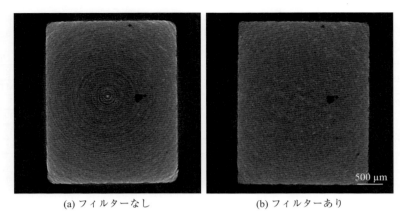

(a) フィルターなし　　(b) フィルターあり

図 7.32　アルミニウム製試験片を Skyscan 1172 で撮像し，再構成した断層像。投影枚数は 1800 枚／180°，露光時間は 380 ms，ボクセルサイズは 4.6 µm である。(b) では，厚さ 0.5 mm のアルミニウム製フィルターを用いた

　X線管を用いる場合，図 4.18 や図 4.55 で見たように，発生する X 線のエネルギーは分布をもつ。用いた X 線 CT スキャナーの場合，80 keV までの幅広い範囲に X 線エネルギーが分布する。また，図 2.4 および図 2.10～図 2.14 で見たように，線吸収係数は，X 線エネルギーに対して強い依存性をもつ。低 X 線エネルギーの X 線は表面直下で吸収され，比較的高いエネルギーの X 線のみが内部に透過することで X 線スペクトルの変化が生じる。

　式 (2-5) では，入射 X 線の強度と線吸収係数を X 線エネルギーの関数として表したときの透過 X 線強度を見た。この場合，投影データ p は，以下のようになる。

$$p = \log\left(\frac{I}{I_0}\right) = -\log\left(\int_E I_0(E)\, e^{-\int_0^L \mu(z,E)\mathrm{d}z}\mathrm{d}E\right) \tag{7-33}$$

このように，単色光でない場合，投影は，透過長さと非線形な関係にあることが理解できる。

　ビームハードニングを防止するためには，投影データを理論的ないし実験的に求めた校正曲線で校正するか[26]，それとも試料と X 線源の間にフィルターを挿入するとよい。図 7.32 (b) は，厚さ 0.5 mm のアルミニウム製フィルターを入れて撮像したものである。フィルターの挿入により，ビームハードニングがかなり除去できていることがわかる。なかには，図 4.53 のようにフィルターを自動で選択してくれる機能を備えた装置もある。なお，フィルターを挿入した場合には，フラックスが減少して S/N 比が悪化することも考慮する必要がある。

　X 線管を用いた場合でも，X 線管のターゲット材料とフィルター材料の適切な組み合わせにより準単色光を得ることでビームハードニングを防止する試みもある。例えば，ジェニソン等は，ターゲットをモリブデン，管電圧を 50 kV とし，100 µm 厚のモリブデンフィルターと組み合わせることで，モリブデンの K_α 線 (17.4 keV) 付近の準単色光を得ている[27]。

(2)　X 線の散乱の影響

　図 2.10～図 2.13 で見たように，高い X 線エネルギーではコンプトン効果が支配的になり，前方散乱の傾向が強まる。これは，X 線イメージングでは，画質などに悪影響を与える。6.1 節で見たように，産業用 X 線 CT スキャナーで X 線管の管電圧が高い場合に，ラインセンサーカメラの方がフラットパネル

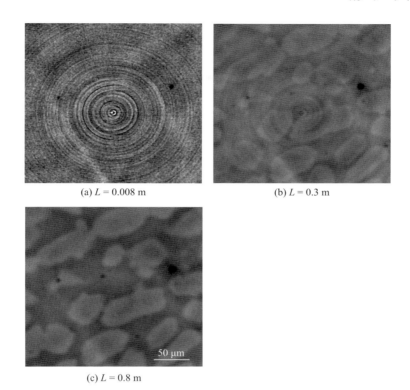

図 7.33 鉄鋼の X 線トモグラフィーによる 3D イメージングを SPring-8 の BL20XU で行い，試料と検出器の距離 L を変化させながら計測した例[21]。試料は，2 相ステンレス鋼である。なお，用いた X 線エネルギーは，37.7 keV である

ディテクターよりも高画質が得られるのもこの理由による。

既に，図 7.26 では高エネルギー X 線で試料−検出器間隔が小さい場合，空間分解能が著しく低下することを見た。この場合の 3D 画像を図 7.33 (a) に示す。前方散乱の影響で S/N 比が著しく低下していることがわかる。これは，空間分解能の低下だけではなく，線吸収係数の計測にも影響する。筆者等の経験では，鉄鋼材料を単色光でイメージングする場合，X 線エネルギーがおよそ 40 keV 以上の場合にこの影響が顕著になる。これを避けるには，図 7.33 (b), (c) のように，試料−検出器間を適切に離せばよい。ただし，離しすぎると図 7.26 のように徐々に空間分解能は低下するので，注意が必要である。

(3) X 線の屈折の影響

2.2.2 節 (2) では，幾何光学の現象である X 線の屈折現象を利用したイメージング法として，屈折コントラストイメージングを紹介した。屈折現象は，界面や表面の輪郭強調など正の効果だけではなく，アーティファクトを生じるという負の効果もある。このアーティファクトは，特にシンクロトロン放射光を用いた X 線トモグラフィーではしばしば見られるものである。

図 7.34 は，その代表的な例をまとめたものである。図 7.34 (a) は，亀裂面と X 線ビームが平行な場合に，亀裂付近とその前方に生じるアーティファクトである。亀裂近傍のアルミニウム基地の画素値は大きく変動しており，亀裂の正確なセグメンテーションや亀裂先端位置座標の特定を難しくする。また，亀裂面には，A 部のように屈折コントラストによる輪郭強調が過剰に生じている。これは，疲労亀裂閉

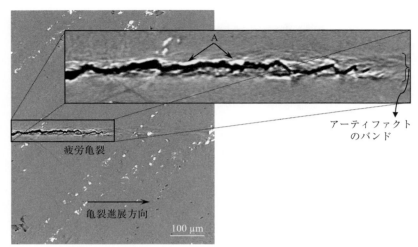

(a) X線ビームに平行に進展する亀裂付近のアーティファクト

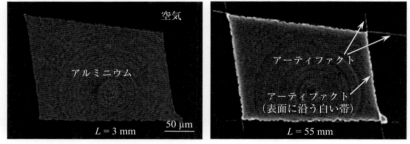

(b) 平坦な試料表面によるアーティファクト

図 7.34 X線の屈折によるアーティファクトの例。(a) は，A7075 アルミニウム合金中の疲労亀裂先端付近とその拡大。(b) は Al-Cu 合金。実験は，SPring-8 の BL20XU で行い，試料と検出器の距離は，(b) の左図以外は 55 mm とした。なお，X線エネルギーは，いずれも 20 keV である（筆者の研究室の卒業生（現 NTN（株））山内翔平氏，および九州大学 清水一行氏の御厚意による）

口などを調べる場合の大きな妨げとなる。同様のアーティファクトは，図 8.25 (a) でも認められる。

一方，図 7.34 (b) は，平滑な試料側面で X 線が屈折することによるアーティファクトである。右図では，表面の延長線上に，実際には存在しない白い線が見えている。試料と検出器をベタ付けにした左図では，そのようなアーティファクトは見られない。また，試料と検出器間の距離が長い右図では，屈折コントラストイメージングでは界面強調のために有効に利用するフリンジが過剰に生じている。この場合，試料表面の正確な位置や形状の把握をかえって妨げることになる。

(4) メタルアーティファクト

図 7.35 は，5.5.1 節で述べた液体金属修飾法のためにアルミニウム表面に液体ガリウムを塗布し，余剰なガリウムが表面に付いている場合の断層像である。図 2.4 で見たように，ガリウムとアルミニウムの線吸収係数は，X線エネルギー 10 keV 以上で数十倍もの差がある。X線吸収が大きいガリウムの周りでは，ガリウムを中心として放射状にストリークが伸びている。これがストリークアーティファクトと称される場合もある。しかし，ストリークを引く要因は他にもたくさんあるので，ここでは医療用 X 線

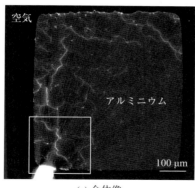
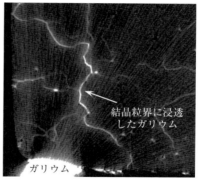

(a) 全体像　　　　　　　(b) (a)の四角部拡大

図 7.35　メタルアーティファクトの例。アルミニウム合金の表面に X 線吸収の大きなガリウムが付着しており，ガリウムの周囲にアーティファクトが生成している。なお，実験は，SPring-8 の BL20XU で行い，試料と検出器の距離は 55 mm，X 線エネルギーは 20 keV とした

CT スキャナーで，例えば人体と金属インプラントの組み合わせのときに現れるメタルアーティファクト (Metal artifact) という用語をそのまま用いることにする。

　メタルアーティファクトが生成する機構は，そう単純ではない。つまり，高 X 線吸収相の存在により，ビームハードニングないし光子の枯渇によるアーティファクト，散乱，屈折の影響，検出器の特性など，様々な要因が重畳する。

7.6.2　装置に起因するアーティファクト

(1)　リングアーティファクト

　これまで見た断層像で，図 5.23，図 7.10，図 7.16，図 7.32，図 7.33 などでは，z 方向を試料回転軸に平行にとる直交座標系で，x-y 面の断層像にリング状のアーティファクトが見られた。これをリングアーティファクト (Ring artifact) と称する。なお，リングアーティファクトの中心は，回転中心である。リングアーティファクトは，X 線トモグラフィーではポピュラーなアーティファクトで，検出器の一部の画素が非線形な応答を示すことにより現れる。検出器の電気的ないしは熱的な不安定性，X 線ビームの変動，露光時間不足などがある場合には，さらに強調されて現れる。リングアーティファクトが回転中心付近に出る場合，可能であれば，試料ないし試料の中の重要な観察対象領域を視野の中でオフセットするとよい。

　リングアーティファクトの除去には，8.1 節で学ぶ通常のフィルタリングなどは適さない。リングアーティファクトを除く目的で設計されたフィルターが 2000 年頃から各種報告されており，これを用いるとよい。ImageJ でも，プラグイン Xlib でリングアーティファクト除去フィルターの試行が可能である[28]。

(2)　アライメントの狂いによるアーティファクト

　図 7.36 は，試料回転ステージの回転軸と検出器軸のずれを示している。例えば，シンクロトロン放射光実験で，検出器のあおり角の調整不足などで試料回転ステージの軸と検出器軸が傾いている場合などが考えられる。また，試料回転ステージないしその周囲が剛性不足で，たとえ試料重量が試料回転ス

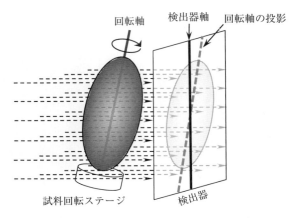

図 7.36 検出器と試料回転ステージの軸がずれている状況の説明図

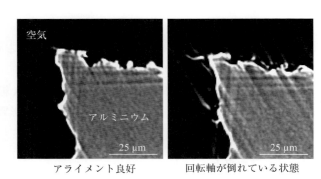

(a) 試料表面部

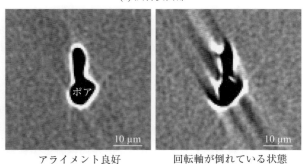

(b) 試料内部のポア部分

図 7.37 検出器と試料回転ステージの軸がずれている場合のアーティファクト．この場合には，検出器軸が回転軸に対して 0.258°（9 pixel）ずれている．試料は，アルミニウム合金である．実験は，SPring-8 の BL20XU で行い，試料と検出器の距離は 25 mm，X 線エネルギーは 20 keV とした

テージの耐荷重以下だとしても，試料回転ステージが沈み込みながら傾くことも想定される．図 7.37 は，アライメントの狂いがあるときの画像である．この場合，検出器面上端で回転軸と検出器軸が 9 pixel，角度にして 0.258° と比較的大きくずれていた．このような場合，試料表面，内部構造とも，形状さえ正しく計測できていない．また，画質も大きく低下している．この状態では，画像の定量的な解析は困難

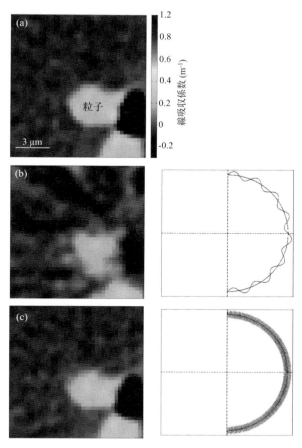

図 7.38 試料回転ステージの偏心が再構成像におよぼす影響のシミュレーション[29]。試料は，アルミニウム合金で，図はその中の粒子を拡大した図。実験は，SPring-8 の BL47XU で行い，試料と検出器の距離は 25 mm，X 線エネルギーは 20 keV とした。(b) と (c) の右側の図形は偏心のパターンを示す

と言える。軸の傾きが図 7.36 の方向であれば，透過像の段階で傾きの分だけ画像を回転することで補正できる。一方，傾きが X 線ビームと平行な方向であれば，補正は困難である。

(3) 試料回転ステージ偏心の影響

4.3.1 節で述べた試料回転ステージの位置精度は，画質の悪化に繋がる重要な因子である。明瞭なアーティファクトを生成させるものではないので，かえってやっかいな存在と言える。図 7.38 には，筆者等が結像型トモグラフィーの初期の頃に行った試料回転ステージの偏心の解析を紹介する[29]。まず，図 7.38 (a) は，実効画素サイズ 88 nm で撮像した結像型トモグラフィーによるアルミニウムミクロ組織の一部である。試験片表面には，X 線吸収の大きな微細粒子を付着させ，その軌跡を計測して試料回転ステージの偏心量を実測している。それによると，試料を載せて 180°回転したときの偏心量は，最大で 0.4 pixel，平均で 0.15 pixel であった。この程度では，空間分解能には影響しない。その場合の粒子画像が図 7.38 (a) である。図 7.38 (b), (c) は，図中右に示すように，回転ステージがゆっくりと偏心したとき（22.5°周期），および小刻みに偏心した場合（0.6°周期）を想定したものである。偏心の軌跡に基づき透

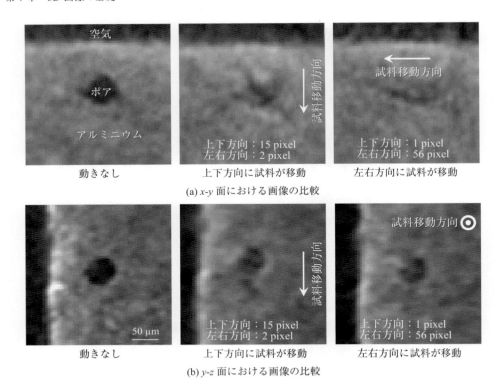

図 7.39 画質におよぼす試料の動きの影響。アルミニウム製試験片を Skyscan 1172 で撮像し，再構成した断層像。露光時間は 380 ms，ボクセルサイズは 4.6 μm である。試料をセロテープで固定して自重で上下（z 方向），左右方向（x 方向）どちらかに試料をドリフトさせた。図中の移動量は，0°～180° を撮像している間の全移動量

過像を回転・並進させ，各場合に得られる再構成像を計算した。いずれの場合も，偏心量は ±3 pixel とした。図からわかるように，同じ偏心量でも，周波数が高い場合の影響は小さく，ゆっくりと偏心したときに粒子形状が大きく変化していることがわかる。

(4) 試料のドリフト

　スキャン中に試料自体が時間依存性の変形や変化を呈してアーティファクトが生じる場合もあるが，多くの場合は，試料の固定不良による。図 7.39 は，故意に上下ないしは左右（検出器面方向）に試料を動かした結果である。試料がドリフトした方向を断層像で見ると，ポアの形状が大きく流れ，図 7.39 (a) の右図などではポアの存在の確認も難しい。一方，試料のドリフト方向と直交する断層では，図 7.39 (b) の右図のように，試料が大きくドリフトしているにもかかわらず，何とかポアの存在が確認できる。試料のドリフトが疑われる画像が得られれば，7.2 節で述べたように，0° 像と 180° 像の比較を行えばよい。空間分解能が高い観察では，それに応じた試料固定方法や試料ドリフト対策が必要になる。特に，結像型トモグラフィーでは，試料の温度的安定，および力学的安定（クリープ変形，応力緩和現象など）に十分に配慮する必要がある。また，そのような場合には，高速トモグラフィーによる撮像時間の短縮も効果的である。

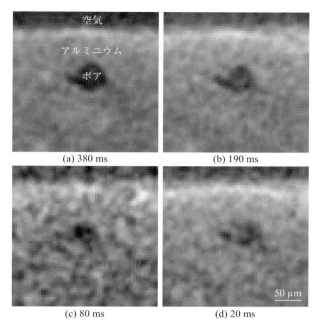

図 7.40 画質におよぼす露光時間の影響。アルミニウム製試験片を Skyscan 1172 で撮像し，再構成した断層像。投影枚数は 1800 枚／180°，ボクセルサイズは 4.6 μm である

(5) コーンビームアーティファクト

3.3.4 節で見たように，コーンビームによるイメージングでは，z 軸方向に原点から離れるに従って，データが取得できない影の領域が存在する。このデータ欠損のため，画像再構成の精度が低下する。産業用 X 線 CT スキャナーでは，コーン角が大きくなるほど，つまり高倍率を稼ごうとするほど，また中心から上下に離れた断層ほど，この影響が大きくなる。

7.6.3 撮像条件に起因するアーティファクト

(1) 露光時間，投影枚数，角度欠損の影響

図 7.40，図 7.41 は，図 7.32 と同様に，産業用 X 線 CT スキャナーを用いてアルミニウム合金をイメージングしたときに，露光時間および投影枚数を極端に変化させたものである。かなりの拡大像となっている。両者の適正値は，露光時間は 380 ms，投影枚数は，サンプリング定理から 1,800 投影程度となる。いずれの場合も，アーティファクトではないが，画質に大きな影響が出ている。投影数と露光時間が減少するにつれて，S/N 比，空間分解能，コントラストとも，大きく低下している。この場合には，いずれも最適値の半分以下に落とした場合，内部構造の形状も変化している。図 7.41 の実験の場合には見られなかったが，投影数を減らすと，エイリアシングアーティファクト (Aliasing artifact) と呼ばれるアーティファクトが見られる場合がある。通常，試料の全断面，ないしはアンダーサンプリングとなっている領域に，高吸収係数をもつ領域を基点にストリークの列が拡がりながら配列する。この対策は，単に投影数を適正値まで増やせばよく，通常の X 線トモグラフィーでは大きな問題になることはない。

次に，図 7.42 は，180° の回転角のうち，ある範囲の投影が得られない場合（角度欠損）の再構成像

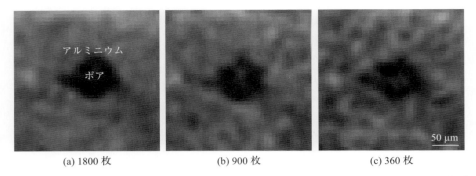

図 7.41 画質におよぼす投影枚数の影響。アルミニウム製試験片を Skyscan 1172 で撮像し，再構成した断層像。露光時間は 380 ms，ボクセルサイズは 4.6 µm である

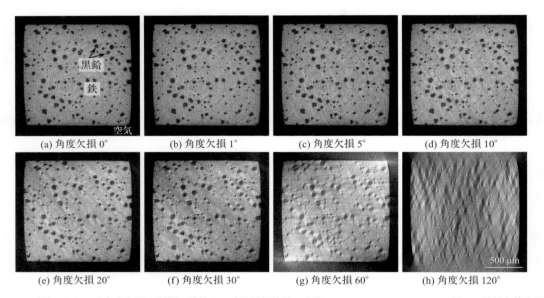

図 7.42 画質におよぼす角度欠損の影響。試料は，球状黒鉛鋳鉄。実験は，SPring-8 の BL20XU で行い，試料と検出器の距離は 120 mm，X 線エネルギーは 37.7 keV，ボクセルサイズは 1.4 µm とした

である．例えば，ある方向の試料のサイズが非常に大きい場合，あるいは in-situ 観察の装置の一部が影を作る場合がこれに相当する．図 7.42 のデータは，実際には 1°～120° のデータを I_0 画像と入れ替えて再構成した．30° 程度までの欠損の場合，目視では組織の観察が可能である．10° 以下であれば，黒鉛などミクロ組織の形態はあまり大きくは変化していない．しかし，詳細に調べると，わずかな角度欠損であっても画質は低下し，特に空間分解能ぎりぎりの微細構造やコントラストの弱い構造の観察には影響が出てくる．

(2) X 線ビーム径の影響

3.3.5 節の特殊な画像再構成法の解説の中で，大径試料に細束 X 線を照射して取得した不完全な投影データから，関心領域部分のみの画像再構成を行う技法を説明した．意図せず視野からはみ出すような大径試料を用いて通常の再構成法を適用した場合，アーティファクトが現れる．図 7.43 は，その一例で

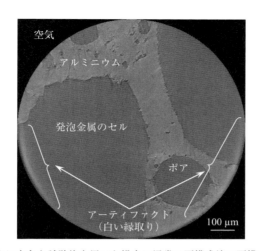

図 7.43 視野サイズよりもはるかに大きな試験片を用いた場合に通常の再構成法で再構成した画像中に見られるアーティファクト。この場合，試料は直径 7 mm の発泡アルミニウム合金で，ビーム幅は 1 mm である。実験は，SPring-8 の BL47XU で行い，試料と検出器の距離は 55 mm，X 線エネルギーは 20 keV とした

ある。視野の外縁部に白い縁取りができていることがわかる。画像評価への影響が大きければ，専用の再構成法を適用するか，視野を拡げるか，それとも試料を小さくするという対策が必要になる。しかし，アーティファクトが現れる位置が限定されているので，そのままでも評価に支障ない場合も多い。

7.6.4 再構成に起因するアーティファクト

図 7.44 は，再構成中心をずらした場合のアーティファクトである。粒子やポア，表面の突起などに注目すると，回転中心がずれている場合には，音叉のような形状をしたアーティファクトができ，ずれ量の増加とともにそのサイズが大きくなる。逆方向にずれれば音叉の方向は反転するので，回転中心がどちらにずれているかもこれで判別できる。いずれにせよ，いかに画質が悪くとも，回転中心に最も近い座標を特定して再構成することは，X 線トモグラフィーの基本中の基本である。粒子やポアなど目安となる構造が写る断層を探して精密な再構成を心掛けたい。

参考文献

[1] 日本工業規格「産業用 X 線 CT 装置–用語」, JIS B7442(2013).
[2] 日本工業規格「医用放射線機器–定義した用語」, JIS Z4005(2012).
[3] 医用画像工学ハンドブック, 日本医用画像工学会, (2012). ISBN-13: 978–4990666705.
[4] 例えば，浜松ホトニクス（株）製ハイパフォーマンス画像制御システム HiPic ユーザーマニュアル, http://www-bl20.spring8.or.jp/detectors/manual/ （2018 年 6 月に検索）
[5] 例えば，SPring-8 BL20：透過像ムービーの作り方（2010.07.06 版，txt 形式）, http://www-bl20.spring8.or.jp/xct/manual/make-movie.txt （2018 年 6 月に検索）
[6] ImageJ ホームページ：https://imagej.nih.gov/ij/docs/guide/146-26.html#toc-Subsection-26.6 （2018 年 6 月に検索）
[7] INTERNATIONAL STANDARD IEC, 62220-1, First edition, 2003-10, "Medical electrical equipment -Characteristics of digital X-ray imaging devices - Part 1: Determination of the detective quantum efficiency"

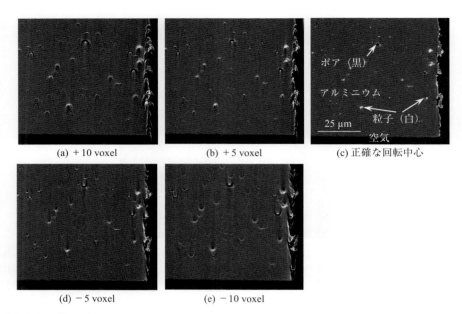

図 7.44 再構成中心のずれによるアーティファクト。アルミニウム製試験片を Skyscan 1172 で撮像し，再構成した断層像。露光時間は 380 ms，ボクセルサイズは 4.6 μm である。再構成中心を (c) では正確に合わせ，それ以外は図に付した量だけずらして再構成した

[8] K.M. Hanson: Proc. SPIE 3336, Physics of Medical Imaging, edited by J.T. Dobbins III and J.M. Boone, (1998), 243–250.

[9] D.R. Dance, S. Christofides, A.D.A. Maidment, I.D. McLean, K.H. Ng: Diagnostic Radiology Physics: A Handbook for Teachers and Students, intenational atomic energy agency, (2014), p.78.

[10] I. Elbakri, "SU-GG-I-121: JDQE: A User-Friendly ImageJ Plugin for DQE Calculation, Medical Physics, 37(2010), 3129.

[11] CT 画像計測プログラム CTmeasureBasic ver.0.97b2 2016.8.22, 日本 CT 技術学会, http://www.jsct-tech.org/index.php?page=member_ctmeasurefree（2018 年 6 月に検索）

[12] 日本工業規格「X 線 CT 装置用ファントム」, JIS Z 4923(2015).

[13] 市川勝弘, 村松禎久：標準 X 線 CT 画像計測, オーム社, (2018), 119.

[14] 戸田裕之, 小林正和, 久保貴司, 茂泉健, 杉山大吾, 山本裕介, 原田俊宏, 林憲司, 半谷禎彦, 村上雄一朗：軽金属, 63(2013), 343–349.

[15] F.R. Verdun, D. Racine, J.G. Ott, M.J. Tapiovaara, P. Toroi, F.O. Bochud, W.J.H. Veldkamp, A. Schegerer, R.W. Bouwman, I.H. Giron, N.W. Marshall, and S. Edyvean: Physica Medica, 31(2015), 823–843.

[16] "10. Spatial Resolution in CT", Journal of the ICRU, 12, 1, (2012), Report 87. doi:10.1093/jicru/ndt001, Oxford University Press.

[17] Micro-CT Wire Phantom: QRM Gmbh, http://www.qrm.de/content/pdf/QRM-MicroCT-Wire.pdf（2018 年 7 月に検索）

[18] T.M. Buzug: Computed Tomography: From Photon Statistics to Modern Cone-Beam CT, Springer, Berlin, Germany, (2008).

[19] X 線 CT 用解像度試験片 Au 吸収体 (JIMA RT CT-01) カタログ：日本検査機器工業会 (JIMA), http://www.jima.jp/content/pdf/catalog_rt_ct01_j.pdf（2018 年 7 月に検索）

[20] MicroCT Bar Pattern Phantom: QRM Gmbh, http://www.qrm.de/content/pdf/QRM-MicroCT-Barpattern-Phantom.pdf（2018 年 7 月に検索）
[21] D. Seo, F. Tomizato, H. Toda, K. Uesugi, A. Takeuchi, Y. Suzuki, M. Kobayashi: Applied Physics Letters, 101(2012), 261901.
[22] 市川勝弘，國友博史，櫻井貴裕，大橋一也，杉山雅之，宮地利明，藤田広志：日本放射線技術学会雑誌，58(2002), 1261–1267.
[23] S. M. Bentzen: Medical Physics, 10(1983), 579–581.
[24] F. F. Yin, M. L. Giger and K. Doi: Medical Physics, 17(1990), 960–966.
[25] Photography - Electronic still-picture cameras - Resolution measurements, 2000(E). ISO Standard 12233.
[26] P. Hammersberg and M. Mangard: Journal of X-ray Science and Technology, 8(1998), 75–93.
[27] P.M. Jenneson, R.D. Luggar, E.J. Morton, O. Gundogdu and U. Tuzun: Journal of Applied Physics, 96(2004), 2889–2894.
[28] Image J プラグイン Xlib, https://imagej.net/Xlib（2018 年 9 月に検索）
[29] 小林正和，杉原慶彦，戸田裕之，上杉健太朗：軽金属, 63(2013), 273–278.

3D画像処理と3D画像解析

第 8 章

　これまで学んで来たように，X線に関する深い基礎知識をベースに，最新のハードウェアを適切に選定し，時として先端的な応用イメージング技法をも駆使しながら，2次元の透過像のセットを獲得したとする。その上で，細心の注意を払いながら画像再構成を行うことで，空間分解能，検出能，ノイズ，コントラスト，およびアーティファクトなどのすべての面で，これ以上は望めないような高画質な3D画像を得ることができたとする。ところが，画像処理に関する理解が足りず，産業用X線CTスキャナーに付属の，ないしは市販の専用ソフトウェアなどを用いて，やみくもに3D画像を処理してしまえば，これまで蓄えてきた知識，最新のソフトウェア・ハードウェア技術，怠らなかった準備や配慮は，たちまち水泡に帰してしまう。例えば，かすかに写る微細構造をノイズとみなして不用意なフィルタリングやセグメンテーションで除去してしまったり，微妙にコントラストの異なる2つの構造を同一として処理してしまったり，枚挙にいとまがない。筆者は，これまでそういう事例を研究室の内外で見かけ，何度も残念な思いにかられた覚えがある。

　各種画像処理や画像解析は，決して万能な魔法の杖ではない。闇夜を照らす灯りのように，それを適用して何かが初めて明らかになるということは，きわめて稀である。生画像の段階で人間の目で精査することを怠らず，何が写っているのか，あるいは写っている可能性があるかを事前に充分に検討・把握しておきたい。その上で，それをより確かなものとしたり，定量的に把握したり，図面などとして効果的に表現したりすることができる補助的な手段が各種画像解析・画像処理である。この段階でも，常に空間分解能，検出能，ノイズ，コントラスト，およびアーティファクトという5つの項目をしっかりと意識しておきたい。

8.1　フィルタリング

　X線トモグラフィーで得られる画像にはノイズやアーティファクトがつきもので，またコントラスト不足や空間分解能不足など，様々な現実問題に悩まされることも多い。期待よりも悪い画質の画像からノイズなどを除去したり，特定の構造を抽出して定性的な評価を容易にしたり，後で解説するセグメンテーションを可能にして定量的な評価を促したりするのがフィルター(Filter)をかける操作，つまりフィ

表 8.1 主な空間フィルター・周波数フィルターとその機能の概要

種別	名称	主な機能
平滑化フィルター	移動平均フィルター	ある範囲の平均値に置換
	加重平均フィルター	対象画素の画素値の重み係数を用いてぼけを抑制
	ガウシアンフィルター	対象画素を中心にガウス分布に従うよう重み付け
	メディアンフィルター	ある範囲の中央値に置換。エッジをある程度保存
	バイラテラルフィルター	エッジ保存に重点を置く平滑化フィルター
エッジ検出・強調フィルター	微分フィルター	1次微分。エッジ検出と同時に，ノイズにも影響される
	プリューウィットフィルター	1次微分と平滑化処理の組み合わせで特定方向のエッジ抽出
	ソーベルフィルター	1次微分と重み付き平滑化処理の併用で特定方向のエッジ抽出
	ラプラシアンフィルター	2次微分を利用し，方向に依存せずエッジを抽出
	ログフィルター	ガウシアンフィルターとラプラシアンフィルターの組み合わせ
	鮮鋭化フィルター	元画像から平滑化データを差し引き，高周波成分を強調
周波数フィルター	ローパスフィルター	低周波成分を通過させ，高周波成分をカット
	ハイパスフィルター	高周波成分を通過させ，低周波成分をカット
	バンドパスフィルター	特定範囲の周波数成分を残し，上下をカット

ルタリング (Filtering) の意義である。フィルター処理には，3D画像を対象とするものと，2D画像を対象にするものがある。また，空間フィルタリング (Spatial filtering) と周波数フィルタリング (Frequency filtering) の2種類がある。画像中の画素の集合体に何らかの演算を施し，演算の結果を元に画素を再配置する処理を空間フィルタリングと呼ぶ。一方，特定の周波数成分の除去や周期性をもつノイズの除去などを目的に，フーリエ変換後，周波数空間でフィルタリングを行い，逆フーリエ変換により出力画像を得る処理を周波数フィルタリングと呼ぶ。

代表的なフィルターの種類と概要を表8.1に示す。この節では，フィルタリングの目的別に代表的なフィルターの基本的なアルゴリズムとその効果を概観する。3D画像のフィルタリングと2次元画像のフィルタリングは基本的に同様なので，この節では定式化，および適用例が見やすい2次元のフィルタリングを例に紹介する。

8.1.1 平滑化フィルター

7.1節で見た階調変換が処理対象の画素の画素値のみを見てその濃淡の度合いを変化させるのに対し，平滑化フィルター (Averaging filter) では，処理対象とする画素の周辺の情報を含めて新しい画素値を計算し，処理対象の画素の画素値として割り当てる。表8.1に示すように，平滑化フィルターの中には，移動平均フィルター (Moving average filter) や加重平均フィルター (Weighted average filter) のような線形フィルター (Linear filter) の他，メディアンフィルター (Median filter) やバイラテラルフィルター (Bilateral filter) のような非線形フィルターがある。

線形フィルターとは，次式のように，原画像 $f(x,y)$ に大きさ $(2w+1) \times (2w+1)$ の重み係数行列（カーネル (Kernel) とも呼ぶ）$h(m,n)$ を適用することにより，フィルタリング後の画像 $g(x,y)$ を得る処理を言う。

$$g(x,y) = \sum_{m=-w}^{w} \sum_{n=-w}^{w} f(x,y)h(m,n) \tag{8-1}$$

これは，数学的には，マスク関数を原画像に畳み込み積分することに相当する。この操作をラスタース

キャンしながら全画素の画素値を変換することで，画像全体のフィルタリングを行う．移動平均フィルターは，次式のように，線形フィルターの中でもフィルターの重み係数がすべて等しいものを指す．この場合，フィルタリング後に明るさを保存するため，係数の和が1になるように規格化することになる．

$$h_{\mathrm{m.a.}} = \frac{1}{9} \begin{bmatrix} 1 & 1 & 1 \\ 1 & 1 & 1 \\ 1 & 1 & 1 \end{bmatrix} \tag{8-2}$$

この処理は，局所領域の平均をとることに等しく，画像内の全体で画素値の変化が滑らかになる．また，ノイズがその中に含まれていれば，有効に低減される．ただし，フィルタリングにより画像もぼけてしまう．特に，マスクのサイズが大きくなると，画像のぼけの程度が顕著になる．また，点状や線上の構造が消滅したり，エッジがシャープではなくなるといった画像の劣化も生じる．

加重平均フィルターは，次式のように，処理対象とする中心の画素にかかる重み係数行列の係数を大きくすることにより，移動平均フィルターよりも元の情報を保持する傾向を強くしたものである．また，ぼけ具合も若干抑制されることになる．

$$h_{\mathrm{w.a.}} = \frac{1}{16} \begin{bmatrix} 1 & 2 & 1 \\ 2 & 4 & 2 \\ 1 & 2 & 1 \end{bmatrix} \tag{8-3}$$

また，表8.1のガウシアンフィルター (Gaussian filter) は，加重平均フィルターのうち，重み係数行列の係数が中心画素をセンターとする釣り鐘形を呈するガウス関数に従うようにしたものである．フィルター係数の重みは，平均0，分散σ^2のガウス関数になる．2次元のガウス関数を次式に示す．

$$h_{\mathrm{Gauss}}(x, y) = \frac{1}{2\pi\sigma^2} \exp\left(-\frac{x^2 + y^2}{2\sigma^2}\right) \tag{8-4}$$

分散σ^2を変化させれば，図8.1のようにガウス関数の形を変化させることができる．なお，式(8-3)は，ガウシアンフィルターの形になっている．図8.2は，ノイズの多い画像にガウシアンフィルターをかけたときのノイズの低減を画像と画素値のヒストグラムで示したものである．8 bitの画素値で0および255のいわゆるソルト・アンド・ペッパーノイズ，および中間程度の画素値をもつノイズが両方とも低減され，フィルター適用前は見えなかった空気のピークが試料金属のピークの横に現れている．また，図8.3は，様々なサイズのカーネルをもつガウシアンフィルターを1回，ないし2回かけたときの画像の変化である．フィルターを強くかけるとノイズの除去は進むものの，点状に見える微細構造やシャープなエッジの保持は，難しくなることがわかる．

線形フィルターは，微細構造を除去する効果が大きく，この意味では，ローパスフィルターとも考えられる．線形フィルターのネガティブな効果が問題になるときには，非線形フィルターの使用を検討するとよい．このうち，メディアンフィルターは，局所領域における画素値分布の中央値を出力するものである．特に，エッジなどの構造を顕著に改変することなく，画素値変化の激しいスパイク状のノイズを有効に除去することができる．ただし，細い線状の構造や角部は，保存されにくい．

一方，エッジのぼけを有効に防ぐことができるのがバイラテラルフィルターである．これは，次式で

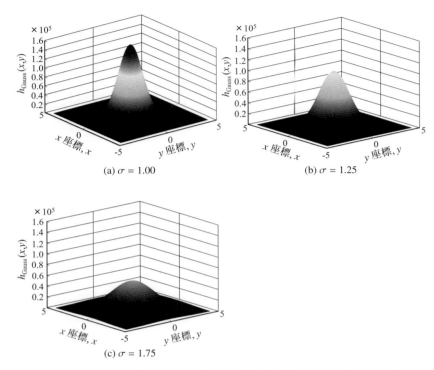

図 8.1 2次元のガウス関数の形状。異なる3水準の標準偏差の値を用いたときの関数形を比較したもの

表される。

$$h_{\text{BL}}(x,y) = \frac{\sum_{m=-w}^{w}\sum_{n=-w}^{w} f(x+m, y+n) \exp\left(-\frac{m^2+n^2}{2\sigma_1^2}\right)\exp\left(-\frac{\{f(x,y)-f(x+m,y+n)\}^2}{2\sigma_2^2}\right)}{\sum_{m=-w}^{w}\sum_{n=-w}^{w} \exp\left(-\frac{m^2+n^2}{2\sigma_1^2}\right)\exp\left(-\frac{\{f(x,y)-f(x+m,y+n)\}^2}{2\sigma_2^2}\right)} \tag{8-5}$$

σ_1 はガウシアンフィルターの係数と同じで，σ_2 は中心画素との画素値との違いを表す標準偏差である。いずれもフィルタリングの結果を制御するために変化させる。したがって，式 (8-5) の分子にある最初の指数関数は，ガウス関数の重みに画素間距離を反映するものである。一方，2 つ目の指数関数は，同じくガウス関数に処理対象とする中心画素との画素値の違いを反映するものである。後者は，輝度値の差の絶対値 $|f(x,y) - f(x+m, y+n)|$ が大きいほど 0 に近くなり，逆に画素値が同程度であれば重みが大きくなる。つまり，エッジでは，最初のガウス関数が規定する空間的な重みが大きくても画素値の差が規定する重みは小さくなり，ぼけが生じにくい。また，式 (8-5) の分母は，係数の和が 1 になるように規格化する目的で挿入される。バイラテラルフィルターは，最近では比較的よく用いられるが，計算に多くの時間を要するという問題がある。

最後に，本節で紹介した各種平滑化フィルターを実際の X 線トモグラフィーの画像にかけた結果を図 8.4 で比較する。各種フィルターのノイズ除去，およびエッジの保存の様子が実際の画像で比較できる。フィルターのパラメーターを変化させると効き方が異なってくるので，あくまで参考として見ていただきたい。露光時間が短い場合には，うっすらと金属部分に構造（2 相組織）が見えているが，空気とチタンの界面のぼけだけではなく，2 相組織の可視化の可否も変化していることがわかる。

8.1 フィルタリング 373

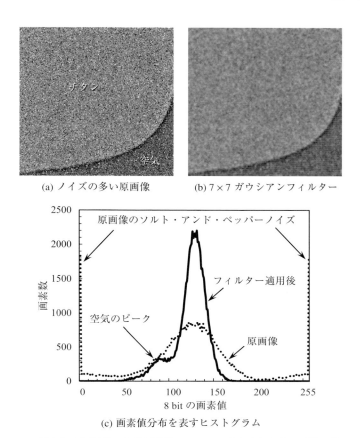

(a) ノイズの多い原画像 (b) 7×7 ガウシアンフィルター

(c) 画素値分布を表すヒストグラム

図 8.2 X 線トモグラフィーで得られる断層像に各種平滑化フィルターをかけたときの画像の違い。フィルタリングにより空気のピークが現れ，大まかなセグメンテーションが可能になる

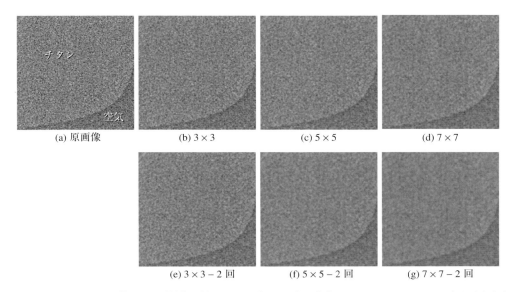

(a) 原画像   (b) 3×3   (c) 5×5   (d) 7×7

(e) 3×3−2回   (f) 5×5−2回   (g) 7×7−2回

図 8.3 X 線トモグラフィーで得られる断層像に様々なサイズのカーネルをもつガウシアンフィルターをかけたときの画像の違い。下段は，各フィルターを 2 回かけたときの画像

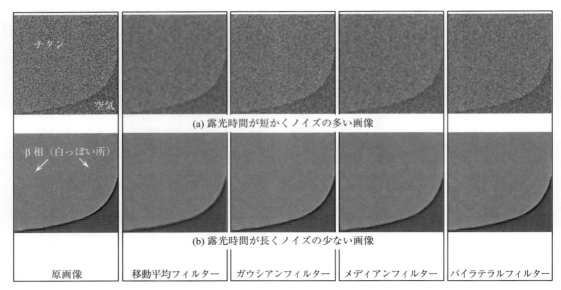

図 8.4 X線トモグラフィーで得られる断層像に各種平滑化フィルターをかけたときの画像の違い

8.1.2 エッジ検出・強調フィルター

図 8.5 に示すように，基地中に異なる線吸収係数の領域がある場合，画素値分布の 1 次微分をとると，その境界（エッジ）を強調する画像を得ることができる．これが表 8.1 の微分フィルター (Differential filter) である．デジタル画像は離散的なデータからなるため，実際には，差分をとって近似する．そして，x, y の 2 方向に別々に差分し，それぞれ y 方向，x 方向のエッジを検出する．1 次微分の 1 階の前進 1 次差分近似は，以下のように表される．

$$\frac{\partial f}{\partial x}(x, y) \approx f(x+1, y) - f(x, y) \quad (x 方向) \tag{8-6}$$

$$\frac{\partial f}{\partial y}(x, y) \approx f(x, y+1) - f(x, y) \quad (y 方向) \tag{8-7}$$

これらは，それぞれ下記のような線形フィルター $h_{\text{diff}}^x, h_{\text{diff}}^y$ を用いることで，単純に計算できる．

$$h_{\text{diff}}^x = \begin{bmatrix} 0 & 0 & 0 \\ 0 & -1 & 1 \\ 0 & 0 & 0 \end{bmatrix} \quad (x 方向) \tag{8-8}$$

$$h_{\text{diff}}^y = \begin{bmatrix} 0 & 1 & 0 \\ 0 & -1 & 0 \\ 0 & 0 & 0 \end{bmatrix} \quad (y 方向) \tag{8-9}$$

しかしながら，1 次微分を行うと，画素値が急激に変化するノイズ部分がエッジと同時に強調されることは，容易に想像できる．ノイズの影響を抑制するため，これに平滑化処理を加えたものが表 8.1 のプリューウィットフィルター (Prewitt filter) である．この線形フィルター $h_{\text{Prwt}}^x, h_{\text{Prwt}}^y$ を以下に示す．

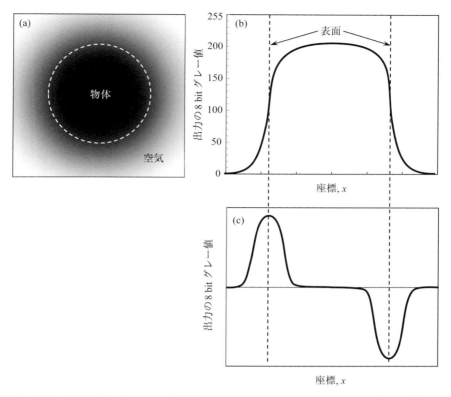

図 8.5 (a) 画像中の構造（黒色部分）と (b) その画素値のプロファイル，および (c) その 1 次微分の模式図。1 次微分をとることにより，エッジが検出できる

$$h_{\text{Prwt}}^{x} = \begin{bmatrix} -1 & 0 & 1 \\ -1 & 0 & 1 \\ -1 & 0 & 1 \end{bmatrix} \quad (x \text{ 方向}) \tag{8-10}$$

$$h_{\text{Prwt}}^{y} = \begin{bmatrix} -1 & -1 & -1 \\ 0 & 0 & 0 \\ 1 & 1 & 1 \end{bmatrix} \quad (y \text{ 方向}) \tag{8-11}$$

この平滑化で処理対象とする画素に重み付けをした平滑化を行うのが表 8.1 のソーベルフィルター (Sobel filter) である。x 方向のもの h_{Sobel}^{x} は，以下のようになる。

$$h_{\text{Sobel}}^{x} = \begin{bmatrix} -1 & 0 & 1 \\ -2 & 0 & 2 \\ -1 & 0 & 1 \end{bmatrix} \quad (x \text{ 方向}) \tag{8-12}$$

ソーベルフィルターのエッジ検出感度は，プリューウィットフィルターより高いものの，ノイズの影響を受けやすいという問題もある。

また，表 8.1 のラプラシアンフィルター (Laplacian filter) では，2 次微分を利用する。そして，これを 2

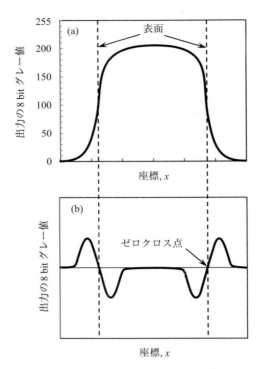

図 8.6 (a) エッジ部分における画素値のプロファイル，および (b) その 2 次微分の模式図。2 次微分をとることにより，エッジが検出できる

階の前進 1 次差分近似する。

$$\frac{\partial^2 f}{\partial x^2}(x,y) \approx f(x+1,y) - f(x,y) - \{f(x,y) - f(x-1,y)\} \quad (x \text{ 方向}) \tag{8-13}$$

$$\frac{\partial^2 f}{\partial y^2}(x,y) \approx f(x,y+1) - f(x,y) - \{f(x,y) - f(x,y-1)\} \quad (y \text{ 方向}) \tag{8-14}$$

2 次微分をとると，図 8.6 のようにエッジを挟んで上に凸のピークと下に凸のピークが現れる。エッジの位置は，両者の境界で値が 0 になる点（ゼロクロス点：Zero-crossing point）に相当する。これを利用すれば，画素値の遷移が緩やかな場合でも，エッジが検出できる。ラプラシアンは，2 次元の直交座標に対して，以下のように表される。

$$\nabla^2 f(x,y) \approx f(x-1,y) + f(x,y-1) - 4f(x,y) + f(x+1,y) + f(x,y+1) \tag{8-15}$$

この場合の線形フィルター $h_{\nabla^2}^2$ は，以下のようになる。

$$h_{\nabla^2}^2 = \begin{bmatrix} 0 & 1 & 0 \\ 1 & -4 & 1 \\ 0 & 1 & 0 \end{bmatrix} \tag{8-16}$$

これは，2 次元画像の場合に，処理対象の画素に対して，上下左右の 4 つの画素について 2 次微分を計算した 4 近傍フィルターである。これに加え，斜め方向の 4 つの画素も考慮したもの（8 近傍フィルター）

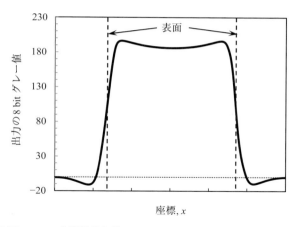

図 8.7 図 8.6 (a) の原画像から同 (b) の 2 次導関数を差し引いたエッジ強調画像における画素値のプロファイル。なお，縦軸のグレースケールの範囲は，図 8.5 と図 8.6 から変更した

は，以下のようになる。

$$h_{\nabla^2}^4 = \begin{bmatrix} 1 & 1 & 1 \\ 1 & -8 & 1 \\ 1 & 1 & 1 \end{bmatrix} \tag{8-17}$$

ただし，単純に X 線トモグラフィーの画像にラプラシアンフィルターを適用すると，ノイズの周囲がエッジと認識されて界面の検出がうまく行かない場合が多い。そこで，ガウシアンフィルターをかけてノイズを低減してからラプラシアンフィルターをかける，表 8.1 のログフィルター (Laplacian of Gaussian filter: LoG filter) が用いられる。

ところで，次式のように，原画像からその画像にラプラシアンフィルターをかけて求めた 2 次微分画像を差し引くことにより，原画像中のエッジ部分の画素値変化を強調した画像が得られる。

$$g(x, y) = f(x, y) - \nabla^2 f(x, y) \tag{8-18}$$

これは，表 8.1 の鮮鋭化フィルター (Sharpening filter) である。8 近傍の鮮鋭化フィルターは，以下のようになる。

$$h_{\text{Sharpng}}^8 = \begin{bmatrix} -1 & -1 & -1 \\ -1 & 9 & -1 \\ -1 & -1 & -1 \end{bmatrix} \tag{8-19}$$

鮮鋭化フィルターをかけると，図 8.7 のように界面近傍に画素値のアンダーシュートとオーバーシュートが対になって生じ，エッジの傾斜角度も大きくなる。図 8.8 は，図 3.18 (d) で故意にフィルター補正なしに再構成したためにかなりぼけている断層像に 8 近傍の鮮鋭化フィルターをかけたものである。原画像では確認しにくい内部構造の存在が何とか確認できるようになることがわかる。

8.1.3 周波数フィルター

図 8.9 にローパスフィルター (Low pass filter) を示す。周波数空間で，特定の周波数以上を遮断してから

 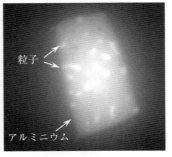

(a) 図 3.18 (d) のぼけた原画像　　(b) 鮮鋭化フィルター適用後

図 8.8　図 3.18 (d) の断層像に鮮鋭化フィルターをかけたときの画像の変化。試料は，アルミニウム中に粒子が分散したもの

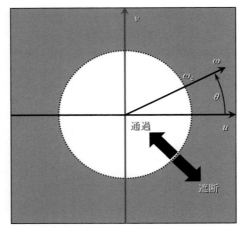

図 8.9　周波数空間において，ある特定の周波数以上を遮断するローパスフィルターを示す模式図

逆フーリエ変換するものである。そして，特定の周波数以下を遮断すればハイパスフィルター (High pass filter)，ある周波数範囲のみを通過させればバンドパスフィルター (Band path filter) となる。また，フーリエ変換後の $F(u,v)$ にやはりフーリエ変換したフィルター関数 $H(u,v)$ を以下のように単純に掛け算すると，例えば高周波数領域を強調する高域強調フィルターなど，様々なフィルターを作ることができる。

$$G(u,v) = F(u,v)H(u,v) \tag{8-20}$$

　図 8.10 は，アルミニウム材料のミクロ組織の 3D 画像にわざとソルト・アンド・ペッパーノイズを載せてからローパスフィルターをかけたものである。ミクロ組織を大きく改変することなく，ノイズ成分のみをうまく除去できていることがわかる。また，基地部分に着目すると，若干の平滑化がなされていることもわかる。

　この他，最適フィルタリング理論に基づき，劣化した画像の復元を目的としたウィナーフィルター (Wiener filter) なども用いられる。いわゆる逆フィルターを畳み込むことで，ぼけの回復による原画像のある程度の復元が可能である。しかしながら，同時にリンギングと呼ばれる波状のアーティファクトが乗ったり，ノイズが強調されたりする傾向もある。第一義的には，その X 線 CT スキャナーを構成する

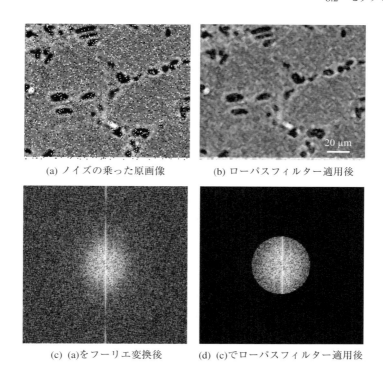

図 8.10 X線トモグラフィーで得られた断層像(アルミニウム-シリコン合金:図2.22)にわざとソルト・アンド・ペッパーノイズを載せ,ローパスフィルターをかけたもの

各種機器を考えて,当然得られるべき空間分解能のレベルを生データの段階で得ておくのが肝要である。しかしながら,何らかの理由でぼけが避けられない場合には,そのようなフィルターの利用も考えられる。興味のある方は,専門書を参照されたい[1]。

8.2　セグメンテーション

　セグメンテーション (Segmentation) は,3D画像に写る内部構造や内部組織の形態を定性的に把握したり,また画像解析して画像情報を定量的に取り扱う上で,まず第1に行うべき基本的な画像処理である。異なる構造や組織などを別の領域として分離する画像操作を意味する。最も単純なセグメンテーションは,適切な閾値を設定し,複数の領域,構造,組織などを分離することである。それがうまく行かないときには,いくつかの手法の中から必要な手法を選ぶことになる。いずれにせよ,セグメンテーションの試行結果のみに目を奪われず,原画像の画素値分布を把握してセグメンテーションの妥当性を意識することが肝要である。

　ここで示す多くの手法は,ImageJなどでも簡単に実行可能である。手持ちの2次元画像などで試してみれば,どの処理方法が自分の画像に適しているかを判断できる。また,プログラミング言語Python用には画像処理に特化したライブラリー scikit-image があり,ここで述べるセグメンテーションだけではなく,前節のフィルタリング,第9章の座標系変換,8.5節の画像解析など,様々な機能が利用できる[2]。

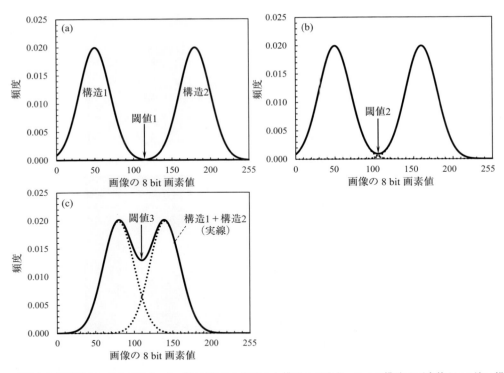

図 8.11 試料中の画素値のヒストグラム。いずれの場合も構造 1 と構造 2 があり，2 つの構造の画素値が (a) 遠い場合，(b) やや近い場合，(c) 近い場合をそれぞれ模式的に示している

8.2.1 閾値を用いた単純なセグメンテーション

内部構造などの境界を規定する閾値を用いたセグメンテーションでは，適切な閾値の選定が鍵となる。以下では，これを中心に述べる。

図 8.11 は，2 つの内部構造からなる試料を 3D イメージングし，8 bit 画像で示す単純な例である。図 8.12 は，その場合の画素値の空間分布とセグメンテーションの結果を模式的に描いたものである。画素値分布は，いずれの相でも正規分布と仮定し，ここではランダムに割り当てている。図 8.11 (a) では，2 つの構造の画素値分布の曲線が離れており，矢印で示す閾値 1 で問題なくセグメンテーションが可能である。図 8.11 (b) では，2 つの構造の画素分布の曲線が若干重なっているが，ヒストグラムの谷の部分に相当する閾値 2 を用いることで，かなりの精度でセグメンテーションができる。この場合，閾値 2 以下の画素は，構造 2 には 0.5 ％ 程度しか含まれない。一方，図 8.11 (c) では，2 つの構造の画素分布の曲線が大きく重なり，ヒストグラムの谷は確認できるが，その谷に相当する画素値を閾値 3 としてセグメンテーションしても，精度良く 2 つの構造を分離できない。この場合，構造 1 のおよそ 1 割が構造 2 とされてしまい，構造 2 の約 1 割の領域も構造 1 と誤認される。実際にこの状態を模擬した図 8.12 (d) では，構造 1 の形がセグメンテーション後にかなり変わってしまっていることが明白である。

2 つの構造の画素値分布が重なっている場合のいくつかの例を図 8.13 に模式的に示す。いずれの構造の画素値も正規分布とし，構造 1 の画素値分布の標準偏差のみを変化させている。図 8.13 (a) のように，

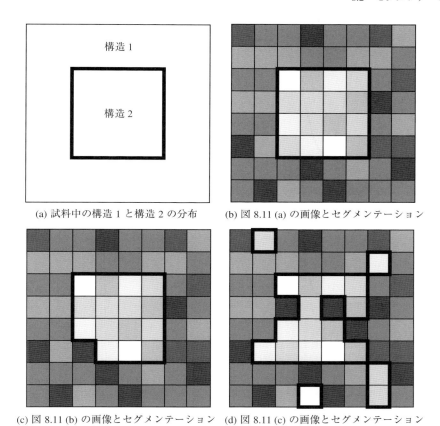

(a) 試料中の構造 1 と構造 2 の分布　(b) 図 8.11 (a) の画像とセグメンテーション

(c) 図 8.11 (b) の画像とセグメンテーション　(d) 図 8.11 (c) の画像とセグメンテーション

図 8.12 図 8.11 のヒストグラムに相当する 3D 画像中の画素値分布と試料中の構造 1 と構造 2 の実際の空間分布を示す模式図。(b) ～ (d) 中の太線は、図 8.11 の各閾値を用いたときのセグメンテーションの結果を表す。(c) は、原画像中の構造 2 の分布がほぼ再現できているが、(d) は (a) との違いが大きいことがわかる

2 つの構造の画素値分布の拡がりや高さがほぼ等しい場合、画素値分布の谷底の位置、および構造 1 と構造 2 のピーク間の中点は、ほぼ等しい。一方、図 8.13 (b) から (c) へと構造 1 の画素値分布がより大きな拡がりをもつにつれて、谷底の位置を閾値としてセグメンテーションを行うと、構造 1 の中で無視できないほど多くの部分が構造 2 として割り当てられると同時に、構造 1 の多くの画素が構造 1 としては識別されないことがわかる。そのような場合、3D 画像の画素値分布（実線）から 2 つの構造の画素値分布（点線）をカーブフィッティングにより求め、その交点（縦方向の破線の位置）を求めた方がより良い分割ができることがわかる。フィッティングが困難な場合、図 8.13 (c) に示すように、ヒストグラムの谷間よりは、2 つのピークの間の中点を用いる方がより良い。ただし、両者の分率を実際とあまり変えずに分離したいのか、それともどちらかの構造をできるだけ漏れなく抽出したいのかなど、セグメンテーションの目的によって最適な閾値が異なることには注意が必要である。

P タイル法 (Percentile method) と呼ばれる手法は、特定の相や構造の分率の情報を用い、閾値を推定する手法である。図 8.14 (a) で構造 1 と構造 2 は、いずれもある程度、裾野が広い画素値分布をもつため、かなりの重なりがある。構造 1 の分率を同じ試料、ないしは同じ材料や部品の違う試料で光学顕微鏡や走査型電子顕微鏡などを援用して計測し、構造 1 がその分率となるように閾値を決める。構造 1 が材料

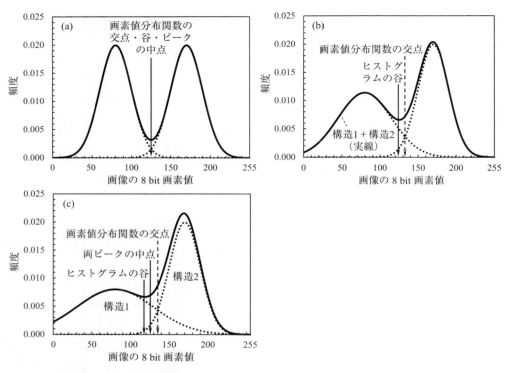

図 8.13 試料中の画素値のヒストグラム。いずれの場合も構造 1 と構造 2 があり，2 つの構造の画素値分布が重なっている。構造 1 の画素値分布の拡がりが (a) 小さな場合，(b) やや大きい場合，(c) 大きい場合をそれぞれ模式的に示している

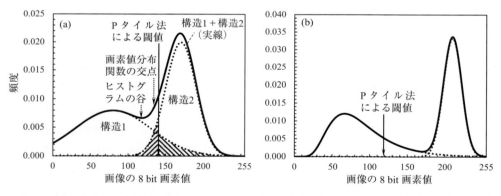

図 8.14 P タイル法によるセグメンテーションの効果を画素値のヒストグラムで見るための模式図。基地の中に広い裾野をもつ第 2 相（この場合には構造 1）が存在するときの例。(a) は，構造 1 と構造 2 の画素分布がそれぞれ対称な場合。(b) は，構造 1 の画素分布が非対称の場合

のミクロ構造であれば，X 線回折などの情報も用いることができる。ただし，図 8.14 (a) からわかるように，これは，P タイル法で決定した閾値（図中の実線の矢印）の左右で，それぞれの構造で誤ってセグメンテーションされる部分の面積を等しくするだけに過ぎず，メリットは少ない。このようなときに P タイル法が効力を発揮するのは，3D 画像の画素値分布から 2 つの構造の画素値分布をカーブフィッティ

ングすることが何らかの理由により難しい場合である．一方，図 8.14 (b) のように，構造 1 の画素値分布が非対称な場合を考える．これは，例えば，ノイズの混入，不均一な元素分布，空間分解能以下の微細構造（粒子やポアなど）の分布などがあり，それが構造 1 の画素値分布で主に上側にのみ影響する場合に相当する．P タイル法は，このように 1 つの構造の画素値分布を非対称にするような因子の除去には，ある程度有効である．また，2.2.2 節 (2) で述べた寸法の定量性が失われるような X 線の屈折や発散，コーンビームによる拡大投影などの影響がある場合に，それを補正する目的では，特に有効と言える．

この他，画素値の分散を考える大津法 (Otsu method) もよく用いられる．これは，ある閾値を採用したときに分離される複数の領域で，領域 i の画素値の分散 σ_i^2 を最小にし，領域 i と領域 j の間の画素値の分散 σ_{ij}^2（分離された領域ごとに求めた画素値の平均値の分散）を最大にするような閾値を決定するものである[3]．ここで，画像全体の画素値の分散 σ_t^2 は，$\sigma_t^2 = \sigma_i^2 + \sigma_{ij}^2$ となる．この評価のため，分離度 (Degree of separation) S を以下のように定義する．

$$S = \frac{\sigma_{ij}^2}{\sigma_i^2} = \frac{\sigma_{ij}^2}{\sigma_t^2 - \sigma_{ij}^2} \tag{8-21}$$

ここで，σ_t^2 は一定なので，σ_{ij}^2 を最大化するように閾値を決めればよいことがわかる．σ_{ij}^2 は，領域 i の画素数 N_i と画素値の平均 g_i^m 用いて表される[3]．2 領域への分割の場合は，以下のようになる．

$$\sigma_{ij}^2 = \frac{N_1 N_2 (g_1^m - g_2^m)^2}{(N_1 + N_2)^2} \tag{8-22}$$

この手法は，画素値分布が正規分布になるという仮定に基づいていることには，注意が必要である．

単一の閾値を用いる手法は，画像に明るさの勾配があるときには良い結果をもたらさない．このような場合には，場所によって異なる閾値を用いる手法がいくつか提案されている．このような処理では，工業製品の製造工程での自動検査などに用いられるマシンビジョンが進んでいる．例えば，さしわたし数画素の微小領域で画素値の平均を計算して局所的な閾値を計算する方法[4],[5]や，近接画素の画素値と閾値が線形に比例するとするものなどがある[6]～[8]．このなかで，ニブラックは，近傍領域の画素値の平均と標準偏差を用い，以下のように閾値 t を求めている．

$$t = k\sigma_i + g_i^m \tag{8-23}$$

ここで，k は定数で，ニブラックは 0.18 を用いている[5]．場所によって異なる閾値を用いる手法は，いずれも微小領域内の明るさの勾配は無視できるという仮定に基づいている．実際の X 線トモグラフィーの 3D 画像に応用した文献も挙げておくので，必要な方は参照されたい[9]～[12]．

8.2.2 エッジ検出フィルターの利用

画素値に基づきセグメンテーションする代わりに，8.1.2 節で紹介したエッジ検出ができるフィルターを活用し，複数の構造の境界を特定してセグメンテーションすることも可能である．この場合，エッジの検出が完全な場合には，そのまま後述する穴埋め処理を行えば，セグメンテーションができる．一方，エッジが不連続な場合には，これも後述するウォーターシェッド処理を施せばよい．

この手法は，内部構造にはっきりとしたコントラストがある場合に適している．しかし，微小な構造など，あまり多くのエッジがある場合には精度が担保できない．

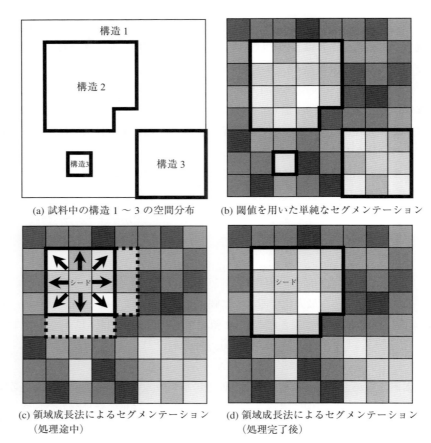

図 8.15 図 8.11 (a) のヒストグラムに相当する 3D 画像中の画素値分布と試料中の内部構造の空間分布を示す模式図。(b) 中の太線は，図 8.11 の閾値を用いたときの単純なセグメンテーションの結果を表す。(c), (d) は，領域成長法を用いたときの処理途中と処理完了後

8.2.3 領域成長法

領域成長法 (Region growing technique) は，ある基準画素（シード：Seed）を手動，ないしは自動で選定し，隣接画素と基準画素の画素値の差などの成長基準を適用し，基準となる画素から順次領域を成長させることで，基準画素が属する内部構造のみを抽出するという処理である。この場合，画素値の上下限を設定することもできるし，どちらか一方のみを基準とすることもできる。後者の場合には，8.2.1 節の閾値を用いる単純なセグメンテーションと実質的に同じ基準になる。ただし，閾値の適用法の違いにより，図 8.15 に模式的に示すように，抽出される領域は異なってくる。図 8.15 では，単純な閾値の適用では，4 つの内部構造がすべて抽出されるのに対し，領域成長法では，シードとして指定した画素がある構造 2 のみが抽出されることがわかる。シードとして用いる画素の選定と成長基準はリンクしており，当然のことながら，異なる画素値をもつ画素を選定すれば，セグメンテーションの結果は異なってくる。また，抽出される領域に基準外の画素値をもつノイズがあれば，その部分は抽出領域から除かれる。これが問題となる場合には，穴埋めなどの処理が必要となる。

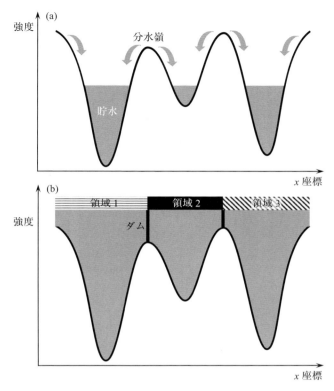

図 8.16 ウォーターシェッド法の模式図。(a) は，ウォーターシェッド法の処理途中。(b) は，ウォーターシェッド法の処理完了後

8.2.4 ウォーターシェッド法

ウォーターシェッド法 (Watershed method) とは，図 8.16 の 1 次元の例のように，抽出する領域の中心を地形の起伏の谷と，また領域同士の境界を地形の尾根とそれぞれみなし，山地に降り注ぐ雨水が分水嶺を境に両側に流れ込むように，その尾根を境界として領域分割する処理である。

ウォーターシェッド法の適用例を図 8.17 に示す。これは，5.5.1 節で紹介した液体金属修飾法によりアルミニウム合金の結晶粒界をガリウムで修飾し，これを SPring-8 で投影型 X 線トモグラフィーにより可視化したものである。図 8.17 の二値化した画像には，ノイズや結晶粒内に存在する分散粒子による白い点や，ガリウムの浸透不足による不連続な結晶粒界が見られる。この場合，このままウォーターシェッド法を適用しても，結晶粒を正しく抽出することはできない。そこで，適切な前処理や後処理が必要になる。一般的には，前処理の方が行われる。例えば，図 8.17 (b) では，まず次節で述べる膨張・縮退処理により，ノイズや粒子を除去している。各種フィルターなども同じ目的で用いられる。その後，図 8.17 (c) の距離変換 (Distance transform) を行う。これは，画素値をその画素から背景画素までの最短距離に置き換える処理である。この段階では，図 8.17 (c) の結晶粒 A のように長く伸びた結晶粒では，結晶粒 A などにある 4 つの矢印のように，グレー値の谷が過剰に生じている。これに，図 8.17 (d) のように H-minima 変換 (H-minima transform) を適用すると，設定した H 値よりも小さな画素値をもつ画素値の谷

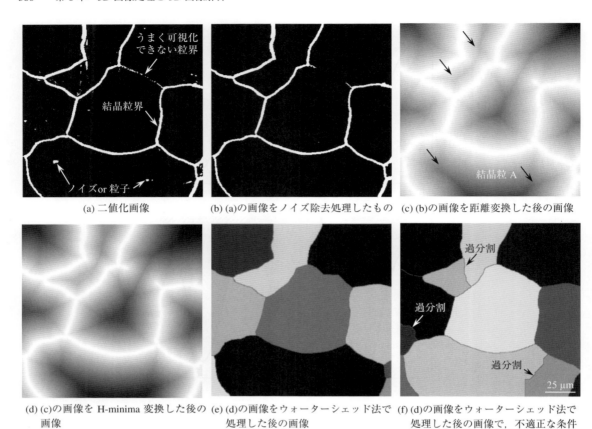

図 8.17 アルミニウム合金の結晶粒界の 3D 像を取得し，その不連続な粒界やノイズの存在を処理した上で，ウォーターシェッド法で処理することにより結晶粒ごとに領域分割した例。(f) には，処理条件が適切でない場合に生じる結晶粒の過分割の例を示している

を低減することができる。これにより，図 8.17 (e) のように，最終的に多結晶組織を結晶粒ごとに正しく分割することができる。図 8.17 (f) は，H-minima 変換の設定値を故意に不適切なものとし，結晶粒 A などが過剰に分割された状態を再現したものである。過分割が生じているかどうかは，原画像と比較しながら検証すればよい。

　ウォーターシェッド法は，図 8.17 のようにエッジ抽出が不完全な場合，および図 8.18 に模式的に示すように，同一の物質からなる内部構造が接触ないし近接して X 線トモグラフィーではその境界を可視化できないような場合（次節の図 8.22 参照）に，特に効力を発揮する。

　ちなみに，距離変換は，二値化した画像に適用する画像処理である。距離変換は，3D 構造の厚みなどの寸法計測の他，上記のようにウォーターシェッド法やスケルトン変換の前処理としても用いられる。図 8.19 は，分岐をもつ構造に距離変換を施したものである。図 8.19 (c) は，これをさらにスケルトン変換したものである。図 8.19 (c) は，厚み 1 画素の細線で，これとその図形の距離値から，逆距離変換により原図形を復元することができるという性質がある。距離変換は，ノイズなどに強いという性質があり，ノイズの影響を避けたいときにも有効である。

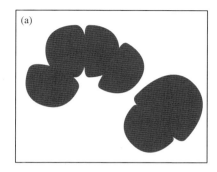 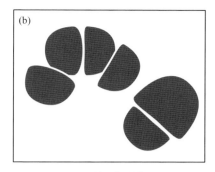

図 8.18 ウォーターシェッド法の適用が効果的な例。(a) は，ウォーターシェッド法の処理前。(b) は，ウォーターシェッド法の処理完了後

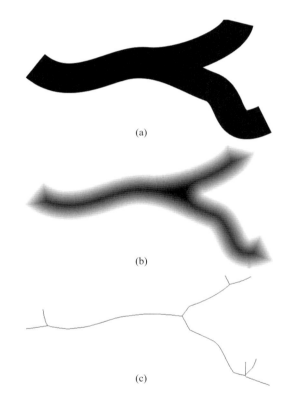

図 8.19 (a) は，分岐のあるモデルで，それを距離変換したのが (b)。ここでは，黒い構造の中で，8 bit 画素値で 255 の最近接画素までの距離が大きいほど暗く表示している。また，(c) は，それをさらにスケルトン変換したもの

8.2.5 機械学習を利用したセグメンテーション

　最近では，より高度な情報利用によるセグメンテーションとして，機械学習を利用したセグメンテーションも X 線トモグラフィーで利用されつつある。これは，X 線トモグラフィーの情報量の多さをうまく活用したものと言える。詳細は割愛するが，ImageJ でも 2017 年にスペインバスク大学の研究者が公開した WEKA セグメンテーションと呼ばれるプラグインが有名で，2 次元と 3D の両方で実行できる[13]。

例えば，複雑でノイズやアーティファクトの多い画像について，走査型電子顕微鏡や光学顕微鏡，EBSD などのデータに基づき学習させてからセグメンテーションを行うことで，セグメンテーションの確度を上げることができる。

8.3 各種画像処理

二値化した画像に適用できる画像処理のうち，代表的なものを紹介する。

8.3.1 膨張・縮退処理

膨張処理 (Dilation)，縮退処理 (Erosion) は，数学的には，ミンコフスキー和 (Minkowski sum)，およびミンコフスキー差 (Minkowski difference) に基づくものである。画像中の内部構造に対応する画素の集合 A と，対称図形など単純な形状をした構造要素に対応する画素の集合 B を考える。前者の要素 a と後者の要素 b について，ミンコフスキー和とミンコフスキー差は，以下のように表される。

$$A \oplus B = \{a + b : a \in A, b \in B\} \tag{8-24}$$

$$A \ominus B = \{a - b : a \in A, b \in B\} \tag{8-25}$$

ここで，$\oplus$ および $\ominus$ は，ミンコフスキー和およびミンコフスキー差を表す。これらは，それぞれ集合 A を要素 b 分だけ全方向に平行移動したものの和集合，および積集合に相当する。ミンコフスキー和では構造要素より小さな穴や内部構造間の間隙が埋められ，ミンコフスキー差では構造要素より直径や幅が小さな要素が除かれることが理解できる。

図 8.20 は，膨張処理および縮退処理の効果を 2 次元で模式的に示している。この場合，2 次元で上下左右の 4 近傍の膨張・縮退を適用している。ただし，斜め方向も含めた 8 近傍がより一般的である。図 8.21 には，4 近傍および 8 近傍の構造要素を示しておく。図 8.20 (a) の原画像では，穴の空いた複雑な粒子とノイズが写っている。これにまず膨張処理を施すと，図 8.20 (b) のように内部の穴が埋められ，また近接して位置していた粒子とノイズが連結している。これに縮退処理をかけた図 8.20 (c) では，穴は埋められたままで，ノイズとの連結も残っている。これは，演算記号では，$(A \oplus B) \ominus B$ と表記される。一方，最初に縮退処理を施した図 8.20 (d) では，閉じていた粒子が開口し，同時にノイズが消滅している。こちらは，$(A \ominus B) \oplus B$ である。次に，これに膨張処理をかけた図 8.20 (e) では，原画像にあったノイズおよび突起などの複雑な形状が消滅している。また，図 8.22 では，わずかに連結した内部構造をもつ画像に $(A \ominus B) \oplus B$ の演算を施している。膨張・縮退処理の組み合わせにより，内部構造がきれいに分離できていることがわかる。内部構造を分離することで，図 8.22 (a) では困難であった粗大粒子の真のサイズ，形状が計測できるようになる。

このように，膨張処理と縮退処理を同じ回数行うことにより，ノイズの除去，開口，穴埋め，内部構造の分離などの処理を行うことができる。また，さらに図 8.20 の画像同士の差分を取れば，ノイズや穴の検出なども可能である。ただし，図 8.20 の例では，原画像の粒子の面積が 57 pixel であるのに対して，膨張後に縮退した場合には 65 pixel，縮退後に膨張した場合には 47 pixel と，サイズも大きく変化している。このように，膨張処理と縮退処理の順序により結果はまったく異なるし，形状やサイズも変化する

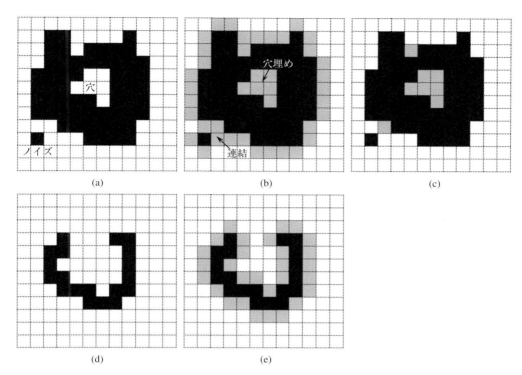

図 8.20 (a) は，原画像。それに膨張処理を施したのが (b)。(b) に縮退処理を施したのが (c)。(a) の原画像にまず縮退処理を施したのが (d)。(d) に引き続いて膨張処理を施したのが (e)。ここで，灰色の画素は，膨張処理により新たに内部構造の一部となった画素を示す

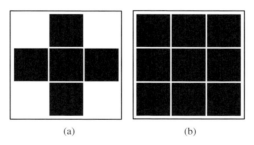

図 8.21 膨張処理および縮退処理に用いる (a) 4 近傍，および (b) 8 近傍の構造要素

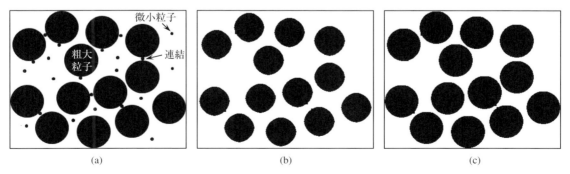

図 8.22 (a) は，微小な粒子と粗大な粒子が混在した原画像。それに縮退処理を施して連結部分と微小粒子を除去したのが (b)。(b) に膨張処理を施したのが (c)

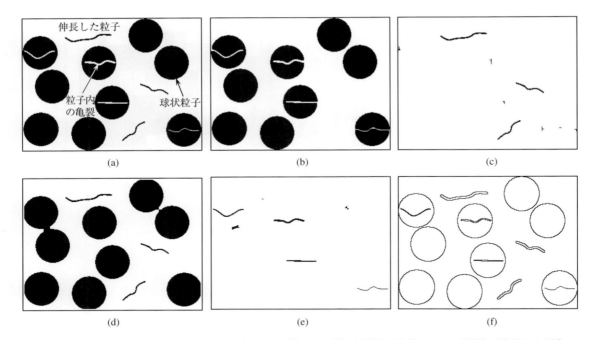

図 8.23 (a) は，伸長した粒子と球状の粒子が混在した原画像。原画像に縮退処理を施してから膨張処理を施した画像 (b) を原画像 (a) から画素差分して得た画像が (c)（トップハット変換）。原画像に膨張処理を施してから縮退処理を施した画像 (d) から原画像 (a) を画素差分して得た画像が (e)（ボトムハット変換）。また膨張処理した画像から縮退処理した画像を画素差分して得た画像が (f)

ことには充分に注意が必要である。

8.3.2 膨張・縮退処理画像の差分

　原画像を膨張処理した画像から縮退処理した画像を画素差分することにより，内部構造の外殻を表示することができる。また，膨張処理後に縮退処理をかけた画像（$(A \oplus B) \ominus B$）と縮退処理後に膨張処理をかけた画像（$(A \ominus B) \oplus B$）をそれぞれ原画像から画素差分することで，欠陥や亀裂などの細かな内部構造を抽出することができる。前者はボトムハット変換 (Bottom-hat transformation) と呼ばれ，$(A \oplus B) \ominus B - A$ と表記される。また，後者はトップハット変換 (Top-hat transformation) と呼ばれ，$A - (A \ominus B) \oplus B$ と表記される。

　球状の粒子を主体とし，細長く伸びた粒子と球状粒子内の亀裂がある画像を図 8.23 (a) に示す。これにトップハット変換を施すことにより，伸長した粒子のみが抽出できることがわかる。一方，原画像にボトムハット変換を施した場合，粒子内部の亀裂のみが抽出できている。また，膨張処理した画像から縮退処理した画像を画素差分した図 8.23 (f) では，伸長した粒子と球状粒子，および亀裂の輪郭が抽出できていることがわかる。

8.3.3 細線化処理

　距離変換以外の細線化 (Thinning, Skeletonization) 処理のアルゴリズムもいくつか提案されている。ヒ

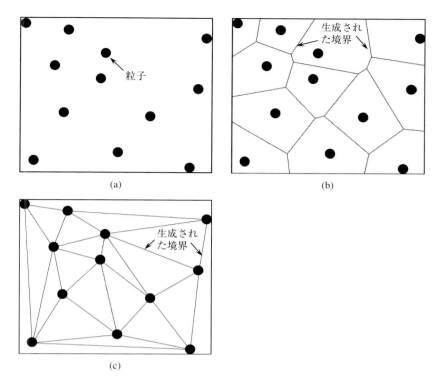

図 8.24 (a) は，微小な粒子が空間に分散した原画像．それにボロノイ分割を施して空間を分割したのが (b)．ドロネー分割を施したのが (c)

ルディッチの細線化 (Hilditch thinning) がその代表的な例である[14]．これは，画像の内部構造と基地の境界にある画素がいくつかの条件を満たすかどうかを逐次判定していき，条件を満たす画素のグレー値を 1 から背景の 0 に変換することで，最終的に線幅が 1 画素の図形を得るものである．その他にもいくつか文献を挙げておくので参照されたい[15],[16]．

8.3.4 空間分割

図 8.24 (a) に示すように，空間に粒子などの孤立した特徴点がある場合に，これを基準にして空間を分割する手法をボロノイ分割 (Voronoi tessellation) と呼ぶ．2 次元の場合には，図 8.24 (b) のように凸多角形，3D の場合には凸多面体がそれぞれ隙間や重なりなく空間に配置される．なお，凸多角形とは，すべての対角線がその多角形の内部に存在するような多角形を指す．また，凸多面体は，どの辺をまたぐ 2 面角も π 未満になるような，自己交叉がない多面体を指す．ボロノイ分割では，生成される図形の数は特徴点の数に等しく，元の特徴点に応じたラベリングがなされる．また，分割された各領域は，凸領域となる．その他，図 8.24 (b) で隣接する特徴点 3 個を選ぶと，その中に入る多角形の 3 重点から各特徴点までの距離は等しくなるという性質もある．

ボロノイ分割のためのアルゴリズムは，各種報告されている．例えば，各点からその他すべての点に線分を引き，その線分を二等分するような平面を描く．平面によって囲まれ得る最小の図形がその特徴点に対応するセルとなるように空間を分割すれば，ボロノイ分割になる[17]．また，膨張処理を利用した

簡便なアルゴリズムも報告されている[18]。

一方，図 8.24 (a) で隣接する特徴点同士を繋くことでも，空間分割は可能である。これは，ボロノイ分割で生成された図 8.24 (b) の図形で，図 8.24 (c) のように隣接する 2 つの図形でそれらがもつ特徴点同士を線分で結べばよい。2 次元の場合は三角形，3D の場合は四面体が分割の単位になる。このような空間分割は，ドロネー分割，ないしドロネー三角形分割（Delaunay triangulation，ないしは Delaunay tessellation）と呼ばれる。図 8.24 (a) の特徴点の結び方は，何も図 8.24 (c) のものには限定されない。しかし，すべての可能な空間分割パターンの中で，細長い三角形を極力排し，三角形の 3 つの内角のうちで最小の内角を最大にできるのが図 8.24 (c) のドロネー分割である。ここで，図 8.24 (c) で三角形の 3 頂点に位置する 3 つの特徴点が乗る円を考えると，他の特徴点は，その円の内部には位置しない。また，ボロノイ分割で生成される線分は，ドロネー分割で生成される三角形の辺の垂直二等分線になっている。隣接する 4 個の特徴点が同一円周上に位置せず，それらが凸四角形を形成するとき，ドロネー分割は，一意的に決定される。逆に，正方形の 4 つの頂点に関するドロネー分割が 2 通り可能で一意的に決まらないことは，容易に理解できる。

ドロネー分割のアルゴリズムは，各種報告されている[19]。例えば，既にドロネー分割された領域に新しい特徴点を一つずつ加えて再分割する逐次添加法や，2 次元の凸包を構成する分割統治法，図形を一つずつ順に求める包装法などである[19]。ドロネー分割は，有限要素法解析のためのモデル生成の他，次章で紹介する 3D 歪みマッピングで歪みを計算する基準となる四面体を生成するのにも利用されている。図 8.24 からわかるように，ボロノイ分割の場合には，空間分割される領域の外縁は試料外縁に等しくなるのに対し，ドロネー分割の場合には，最外部の特徴点を結ぶ辺，ないし面になり，分割されない領域が外縁部に残されることになる。これは，実際に 3D 歪みマッピングをする際に，表面からある深さまでは歪み値が得られないことを意味し，注意すべき点である。

8.4　3D 描画

本書の読者は，3D 描画をホームメイドのソフトウェアで実施するというよりは，X 線 CT 装置に付属の，ないしは市販などの 3D 描画ソフトウェアを活用するであろう。また，Mathematica や MATLAB などの数値解析ソフトウェアの 3D 描画機能も利用することができる。3D 描画を本格的に学びたい方のためには成書を挙げておき[20]，ここでは X 線トモグラフィーで重要な 3D 描画アルゴリズムを概観する。医療用 X 線 CT スキャナーで得られる 3D 画像の表示に用いられる最大値投射法や平均値投影法などは，本書では割愛する。

8.4.1　仮想断面表示

X 線トモグラフィーによる画像を確認する最も確実な手法は，図 8.25 のように，適切なグレースケール範囲の変更とビット数の低減を経た画像の仮想断面の評価である。仮想断面は，検出器面上の座標を基準とした x-y, y-z, z-x 平面以外に，任意の平面および曲面を用いることができる。各種フィルタリングやセグメンテーション，画像処理を経た画像では，重要な構造，特に微細，ないしは低コントラストな内部構造が欠落する可能性がある。最初から 3D 描画ではなく，物理的に重要な意味をもつ方向の仮

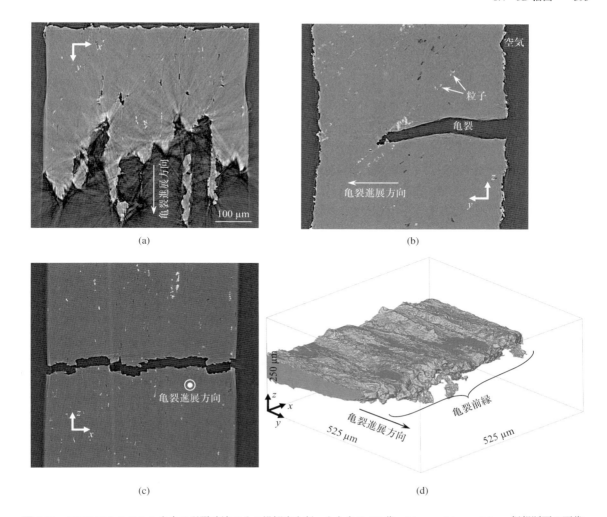

図 8.25 A7075 アルミニウム合金の引張破壊のその場観察を行ったときの 3D 像。(a) x-y, (b) y-z, (c) z-x 仮想断面の画像, および (d) 3D 像を 3D 描画ソフトウェアで表示したもの。亀裂の他, 白および暗灰色の粒子が結晶粒界上に配列する様子がわかる。x-y 断面のアーティファクトは, X 線の屈折によるものである（九州大学 清水一行氏の御厚意による）

想断面を選定した後, 断層像をある方向に連続して表示しながら全断層を丁寧に観察し, まずは内部構造の完全な把握を心掛けたい。MPR による画像の精査により, 観察者の脳内に, おおよその 3D 画像が構築されるであろう。特に初見の 3D 画像では, 3D 描画は, それを補ったり, 効果的に表現したりする目的で用いた方がよい。

8.4.2 サーフェスレンダリング

3D 画像に含まれる試料の表面や試料内部の内部構造間の界面を抽出してポリゴン化し, 3D 描画する手法をサーフェスレンダリング (Surface rendering) と呼ぶ。サーフェスレンダリングは, 表面や界面の輪郭が明瞭な 3D 画像に対して有効である。第 6 章で紹介した各種応用例の 3D 画像も, 多くはサーフェス

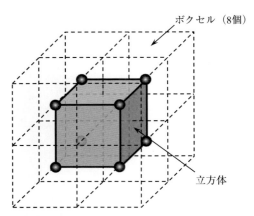

図 8.26 マーチングキューブ法の表面決定の基準となる立方体（灰色）を構成する 8 個のボクセル（破線）。8 個のボクセルの中心が立方体の 8 つの頂点に相当する。8 個のボクセルの画素値によって，ポリゴンを決定するための基本パターンが決まる

レンダリングにより描画されている。表面や界面の抽出には，セグメンテーション技術が用いられる。抽出した試料や内部構造の表面は，ポリゴン (Polygon) に置き換える。この場合，主として三角形を用いて曲面を表現する。サーフェスレンダリングでは，仮想光源を出た光線が試料や内部構造の表面と最初に交わる交点を求め，交点の画素の形態を用いて物体の表面を表示する。さらに，特定の方向からの光線により陰影を付けることで，3D 構造の立体感を表現することができる。

等方性ボクセルからなる 3D 画像をポリゴンデータに変換するアルゴリズムとしては，1987 年にローレンセンとクラインによって発表されたマーチングキューブ法 (Marching cubes algorithm) がよく知られている[21]。マーチングキューブ法では，図 8.26 のように隣接した 2×2×2 個のボクセルを単位とし，各ボクセルの中心を頂点とする立方体を考える。次に，表面や界面の抽出基準となる閾値と 8 個のボクセルがもつ画素値の大小関係を調べ，画素値の方が大きいときにはその頂点に 1（内部），逆に小さいときには 0（外部）を割り当てる。8 つの頂点における 0 と 1 の組み合わせは 256 通り考えられるが，反転対称性と回転対称性を考慮すると，図 8.27 のように 15 通りに減少する。なお，タイプ 0 は，すべての頂点の値が 0 となり，表面や界面がその立方体には交差しないことを意味する。図 8.27 の 15 個の基本パターンのライブラリーを用いることで，画素値の等値面 (Isosurface) を用いた試料や内部構造の表面の決定を簡便に行うことができる。ただし，マーチングキューブ法では，図 8.27 から理解できるように，構造が閉じずに内部に穴が残る場合がある点には注意が必要である。

慣用のマーチングキューブ法が今でも多用されているが，より高速で，より高精細なサーフェスレンダリング法が各種提案されている。しかし，高精細な 3D 描画技法となるほど，計算量は加速度的に大きくなる傾向にある。

8.4.3 ボリュームレンダリング

(1) レイキャスティング

3D 空間に分布する画像データを透視画像に変換することで物体内部の情報を可視化できるようにする手法をボリュームレンダリング (Volume rendering) と呼ぶ。関心領域に注目しつつも，その周囲の領域

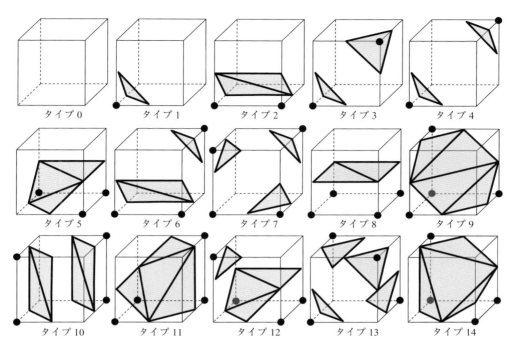

図 8.27 マーチングキューブ法で表面形状を決定するための 15 個の基本パターン．ただし，黒丸は内部の点を表し，丸のない頂点は，外部であることを表す

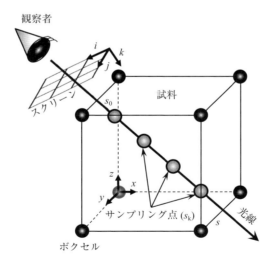

図 8.28 レイキャスティングの説明図．光線をスクリーンのピクセル (i, j) から試料座標 (x, y, z) で規定される試料へ投げかける．離散的に配列するサンプリング点で輝度を順次累積することで，視点に到達する輝度を求める

を半透明にして描画すれば，内部構造とその周囲，あるいは試料表面との位置関係を人間が直感的に把握しやすくなる．このため，光線が試料を通過する際の X 線の吸収を考慮して光を追跡する．

図 8.28 にレイキャスティング (Ray casting) の概略を示す．視点から出た光線はスクリーン上のある画素を通過し，位置 s_0 で物体に入射し，位置 s で出て行く．物体を表現するボクセルには，画素値と不透

明度 (Opacity) が設定されており，光線に沿って画素値と不透明度を積算する．この場合の積算は，光線に沿って一定間隔で並ぶサンプリング点で行う．サンプリング点での画素値と不透明度は，ボクセルのデータから線形補間法で求めることができる．

強度 I の X 線が強度 q の光源から出て真の吸収 κ の試料中を透過する場合，X 線の散乱を無視すると，X 線の放射伝達方程式 (Equation of radiative transfer) は，以下のような微分方程式で表される[22]．

$$\frac{\partial}{\partial s}I = -\kappa I + q \tag{8-26}$$

これは，以下のように解析的に解くことができる[22]．

$$I(s) = I(s_0)\,e^{-\tau(s_0,s)} + \int_{s_0}^{s} q(s')\,e^{-\tau(s',s)}\mathrm{d}s' \tag{8-27}$$

ここで，s' は，試料内部の光線上にある．また，τ は光学的深さ (Optical depth) であり，試料中の位置 s_1, s_2 を用いて，以下のように表される[22]．

$$\tau(s_1, s_2) = \int_{s_1}^{s_2} \kappa(s)\,\mathrm{d}s \tag{8-28}$$

式 (8-27) を図 8.28 のように等間隔に並ぶサンプリング点で離散化すると，以下のようになる[22]．

$$I(s_k) = I(s_{k-1})\,e^{-\tau(s_{k-1},s_k)} + \int_{s_{k-1}}^{s_k} q(s)\,e^{-\tau(s,s_k)}\mathrm{d}s \tag{8-29}$$

ここで，$e^{-\tau(s_{k-1},s_k)}$ は透明度であり，$1 - e^{-\tau(s_{k-1},s_k)}$ は不透明度である．基本的に，上式右辺の第 1 項は，光源から来る光に透明度を掛けたものであり，第 2 項は，試料の X 線吸収を記述する．これがボリュームレンダリングの基本となる式である．

バーツ等は，レイキャスティング法とマーチングキューブ法を直接比較して報告している[23]．それによれば，レイキャスティング法は奥行き感をうまく出すことができ，形状も把握しやすいが，マーチングキューブ法の方が微細な形状をよく保持する．微細形状は，標準的なレイキャスティング法では損なわれることがあり，これをオーバーサンプリングで補う必要があるとしている．

(2) テクスチャベースボリュームレンダリング

3.4 節では，近年，GPU が高速な画像再構成のために活用されていることを紹介した．GPU のグラフィックス表示のための様々な画像処理・表示機能は，3D 描画においてもかなり有効である．GPU を用いたボリュームレンダリングのためには，テクスチャベース法 (Texture-based method) が用いられる．テクスチャベース法では，まず 3D 画像をテクスチャに変換し，GPU のビデオメモリに読み込む．次に，図 8.29 に模式的に示すように，スライスと呼ばれる視線に対して垂直なポリゴンにテクスチャをマッピングする．このようにして 3D 画像を新たにスライスのスタックとして再構成した後，視点から遠いスライスから順に画素値を加算して 3D 描画を行う．これにより，GPU を活用した高速画像処理による 3D 描画が可能になる．なお，テクスチャベースボリュームレンダリングの処理には，2 次元のものと 3D のものがある．文献を挙げておくので，必要な方は参照されたい[24]．

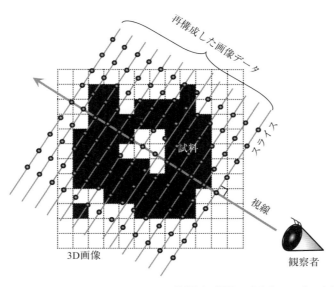

図 8.29 2次元のテクスチャベースボリュームレンダリングの説明図。視線に垂直なスライスを準備し，3D 画像をスライスのスタックとして再構成した後，画素値を順に加算して 3D 描画を行う

8.5 幾何学的定量解析

"*God created everything by number, weight and measure.*" というニュートンの言葉がある。3D 画像に限らず，各種画像データがあれば，それを画像解析して何らかの数値で表現し評価することは，理工学のならいである。図 8.30 (a) のように，表面や切断面，薄膜などを2次元で見てきたこれまでの学術アプローチでは，サンプリングによる計測と平均化による評価が当たり前であった。また，得られた平均値を元に内部構造や組織を単純化，抽象化して解析することが普通であった。

ところが，X 線トモグラフィーを用いて 3D 画像を得ながらも，従来と同様の 2 次元ベースの解析を適用する例が多く見られる。これは，まったく宝の持ち腐れであり，残念でならない。例えば，比較的球に近い球状黒鉛鋳鉄中の黒鉛と非常に伸長しているアルミニウム合金鋳物中の共晶シリコン粒子のサイズと形状を 3 次元と 2 次元で計測して比較したものを図 8.31 に示す。3D 画像の仮想断面を 2 次元で計測した場合，アルミニウム中の伸長した共晶シリコン粒子では，実際にはほとんど存在しない円に近い単純形状として評価される粒子が劇的に増える。また，球状黒鉛鋳鉄では，黒鉛サイズがかなり小さく計測されてしまう。これらの傾向は，内部構造の 3D 形状が複雑であればあるほど，顕著になる。

図 8.30 (b) に示したように，3D で観察するメリットは，(1) 現実の複雑な構造やその不均一な分布をそのまま評価できること，(2) 内部構造や組織の全数の把握ができること，(3) 外乱などの下で時間とともにどう変化するかを把握できることであろう。(1) は，2 次元観察に基づく図 8.30 (a) の「単純化」，「抽象化」および「平均化」と，また (2) と (3) は「サンプリング」と，それぞれ対極にあると言える。サンプリングによるアプローチは，特に，内部構造や組織のうち限られた数，ないし極端な場合には 1 つの構造・組織の振る舞いが全体の挙動や特性を規定する場合には，まったく役に立たない。このような例

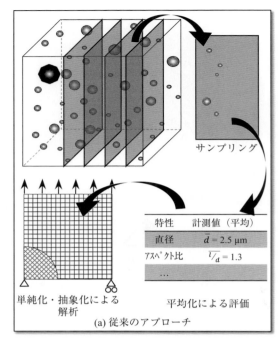 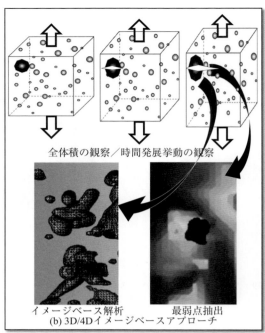

図 8.30 (a) 従来の断面・表面の 2 次元観察による評価解析,および (b) 3D 画像ないしその連続取得(4D 観察)による学術アプローチの違いを示す模式図。特に,(a) の上図左側に見える比較的大きなミクロ組織(黒:粒子や製造欠陥など)が材料のマクロ特性を支配するような場合,従来のアプローチでは,内部組織・構造とマクロな特性との関係を評価できない

としては,表面や内部のミクロ欠陥など,単一の起点から亀裂が発生して伝播する疲労破壊のような例が挙げられる。また,内部欠陥のサイズが正規分布のような分布を呈する場合に,ある大きさ以上の欠陥をもつ製品を検出し不良品として除去したいような場合も,全数,全体積の可視化・評価以外に有効なアプローチはない。

3D 画像の画像解析の基本となるのは,8.4.2 節で紹介したマーチングキューブ法などのポリゴン化技法である。いったん表面の形態が求められると,体積や表面積,長さの計測を精密に行うことができる。3D 画像の画像解析は,昨今では,3D 描画ソフトウェアなどにも付属しているし,ImageJ や MATLAB などのパッケージソフトウェアも利用できる。パッケージソフトウェアでは,MATLAB の Image Processing Toolbox や ImageJ の各種プラグインなどのライブラリーが利用できる。

表 8.2 は,著者が用いている MATLAB ベースのホームメードソフトウェアで解析できる項目を示している。これには,材料内部に分散するミクロ組織のサイズ,形態,空間的分布に関する様々なパラメーターが含まれている。ここでは,シュミット因子など結晶方位に関する様々なパラメーター(数十個)は特殊なので,除いて表示している。表 8.2 の中には,サイズや形状,空間分布を計測するためのパラメーターがそれぞれ多数含まれている。これは,本書で繰り返し触れてきたように,X 線トモグラフィーでは産業用の装置かシンクロトロン放射光による X 線トモグラフィーかによらず,装置の空間分解能の制約から,実効的な空間分解能に近いサイズの内部構造を可視化することが多いという理由による。

8.5 幾何学的定量解析　　399

表 8.2　著者が用いている MATLAB ベースのホームメードソフトウェアで解析できる項目の一覧

Category	Microstructural parameter	Remark
Category I **Size** (9 parameters in total)	D; V; S	Equivalent diameter, volume, and surface area of a particle, respectively.
	B; L; W; T	Minimum volume bounding box; length of a particle (measured along x axial-direction); width of a particle (measured along y axial-direction); thickness of a particle (measured along z axial-direction).
	$O = \dfrac{O_1 + O_2 + O_3}{3}$	Average length of three principal axes.
	G	Geodesic distance.
Category II **Shape** (24 parameters in total)	$O_4 = \dfrac{O_3}{O_1}; O_5 = \dfrac{O_2}{O_1}; O_6 = \dfrac{O_3}{O_2}$	Aspect ratio of length of principal axes.
	θ	Angle that is according to the first principal axes.
	$f_1 = \dfrac{L}{W}; f_2 = \dfrac{L}{T}; f_3 = \dfrac{W}{T}$	Aspect ratio of Bounding box.
	f_4, f_5, f_6	Deviations from spherical shape.
	f_7, f_8, f_9	Deviations from cubic shape.
	$f_{10} = \dfrac{\pi G^3}{216V}$	Elongation index.
	p_2, p_3, p_4	First moment invariant of a particle. This defines the center of objects.
	p_5, p_6, p_7	Second moment invariant of a particle. This represents the deviation from the center of object.
	p_8	Third moment invariant of a particle.
	p_9	Forth moment invariant of a particle.
	C	Mean Curvature of a particle.
	E	Euler Number of a particle. It describes the connectivity of a particle.
Category III **Distribution** (16 parameters in total)	d_2, d_3, d_5	Average distance within each k-nearest neighborhood (k=2, 3, 5).
	$De = \dfrac{N}{V}$	Density
	$K(t) = \dfrac{|B|}{N^2} \sum_{i=1}^{N} \sum_{i \neq j} w(i,j)^{-1} I(\|x_i - x_j\| \leq t)$	K-function: average number of cells within distance t with the univariate K-function defined in 3D. For examples, $w(i,j) = \exp\left(-\|x_i - x_j\|^2\right)$
	$G(t) = \dfrac{1}{N} \sum_{i=1}^{N} I(y_i \leq t)$	G-function: cumulative nearest neighbor function, measuring the fraction of nearest-neighboring distances that are less than or equal to t
	$F(t) = \dfrac{1}{g} \sum_{i=1}^{g} I(y_i \leq t)$	F-function: the distance from each grid point to its nearest neighboring cell is measured. g grid points placed at regular intervals.
	$I = \sum_{i=1}^{N} \sum_{j=1}^{N} a_{ij}(x_i - \bar{x})(x_j - \bar{x}) / (S^2 \sum_{i=1}^{N} \sum_{j=1}^{N} a_{ij})$	Global spatial auto-correlation: $S^2 = \dfrac{1}{N}\sum_{i=1}^{N}(x_i - \bar{x})^2$, x_i is the ith pore, $\bar{x} = \dfrac{1}{N}\sum_{i=1}^{N} x_i$ is the average of the x_i. a_{ij} is the adjacency criterion.
	$I = \dfrac{N}{2\sum_{i=1}^{N}\sum_{j=1}^{N} a_{ij}} \dfrac{\sum_{i=1}^{N}\sum_{j=1}^{N} a_{ij}(x_i - \bar{x})(x_j - \bar{x})}{\sum_{i=1}^{N}(x_i - \bar{x})^2}$	Moran's I statistics
	$C = \dfrac{N}{2\sum_{i=1}^{N}\sum_{j=1}^{N} a_{ij}} \dfrac{\sum_{i=1}^{N}\sum_{j=1}^{N} a_{ij}(x_i - x_j)^2}{\sum_{i=1}^{N}(x_i - \bar{x})^2}$	Geary's C statistics: based on the weighted sum of square difference between observations, which is defined by:
	$G(t) = \sum_{i=1}^{N}\sum_{j=1}^{N} a_{ij}(t) x_i x_j / \sum_{i=1}^{N}\sum_{j=1}^{N} x_i x_j$	Getis's global statistics
	l_2, l_3, l_5	Local volume fraction
	d_m	Average distance within each cluster.
	l_m	Local volume fraction

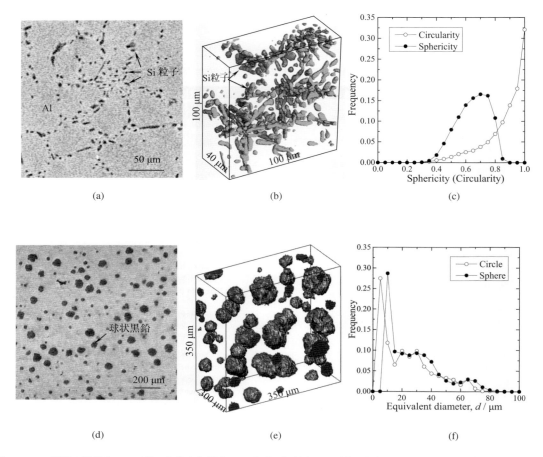

図 8.31 3D 画像の解析を 3D で行った場合と従来の 2 次元の解析を 3D 画像の仮想断面に適用した場合との違い。(a) と (b) は，Al-7％Si 合金のそれぞれ仮想断面と 3D 像（同一試料，同一画像データ）。(d) と (e) は，球状黒鉛鋳鉄のそれぞれ仮想断面と 3D 像（同一試料，同一画像データ）。(c) は，前者の形状（球状度と円形度）を比較したもの。(f) は，後者のサイズ（球ないし円相当直径）を比較したもの（九州大学 清水一行氏の御厚意による）

　図 8.32 は，同一材料中の同一の構造を 3D 画像の空間分解能を落としながら可視化し，そのサイズを定量解析したものである。ここに写る組織は，長手および幅方向のサイズは 3D 画像の空間分解能を大きく上回っているものの，厚みが乏しい。そのため，組織の厚みに対して空間分解能が低い場合，体積を計測して直径に換算した数字は大きく減少して計測精度が低くなる。一方，組織をちょうど囲むバウンディングボックスを配置してその長辺を組織のサイズとした場合には，一見不正確な計測に見えるものの，実際には低空間分解能での計測の場合でも，計測精度の低下が有効に抑えられていることがわかる。このように，ブレインストーミング的に列挙した多数のパラメーターから数学的により有意な相関があるパラメーターを統計的手法により選定することで，内部構造とマクロ特性の関係をより明確にすることができる。

　表 8.2 にある様々な古典的幾何学，および微分幾何学や位相幾何学などの現代幾何学に関する基礎知識の解説は，スペースの関係で割愛する。必要な方は，専門の成書を参照されたい[25]〜[27]。

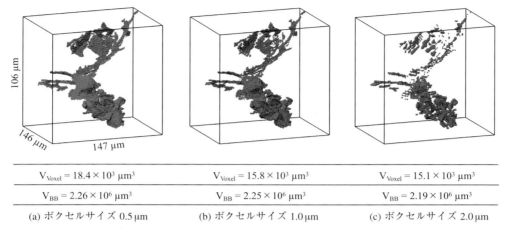

図 8.32 シンクロトロン放射光を用いた X 線トモグラフィーの実験で，アルミニウム合金中の粒子を撮影したもの。より小さな粒子を可視化することを模擬して，同一材料中の同一粒子の撮像を空間分解能を 3 水準に変化させて行った。画像中に写る粒子のサイズを計測するにあたり，体積の精密計測 (V_{Voxel})，および粒子をちょうど取り囲む直方体の箱（バウンディングボックス）の体積で代用したもの (V_{BB}) の 2 種類の計測法を比較した

8.6　3Dイメージベースシミュレーション

　ミクロな組織・内部構造などとマクロな特性・挙動の関係を見ることは，その現象の原理を探求したり，特性を制御したりする上で重要な学術アプローチである。マクロな特性や挙動にかかわる何らかの物理量がミクロ組織や内部構造のレベルで直接的に計測できれば，理想的である。例えば，次章で紹介する 3D 歪みマッピングや 5.4 節で紹介した元素濃度の 3D マッピングなど，3D イメージングに付随する各種応用イメージング・画像解析技法がそれに相当する。しかし，それが叶わない場合には，3D イメージングと各種数値解析を連成させて局所的な物理量を計算により求めることも非常に有効である。これを 3D イメージベースシミュレーション (3D image-based simulation) と称する。変形や破壊などを解析する構造解析の他，鋳造・凝固解析，流体，伝熱，電磁界，元素の拡散など，様々な計算対象が考えられる。

　図 8.33 は，アルミニウム–シリコン合金を SPring-8 の BL47XU で撮像して得た 3D 画像から亀裂とシリコン粒子の相互作用を見るため，弾塑性有限要素法の 3D イメージベースシミュレーションを行ったときの解析モデル作成プロセスである[28]。この場合，亀裂は 1 つであるが，粒子は 1 枚の 3D 画像に数万個写っている。これではモデルの要素数が多過ぎるので，亀裂先端での損傷のみを見る目的で，ある領域の粒子 100 個程度に限定してモデルを作成している。始めに，数値解析の対象とする内部構造を抽出した後，その表面形状を三角形メッシュの集合体で近似する。これは，STL (Standard triangulated language) と呼ばれるファイル形式となる。STL ファイルは，すべての三角形メッシュの頂点の座標と法線ベクトルからなるデータとなっている。昨今の 3D プリンターの普及により，X 線トモグラフィーで得られた画像データを STL 形式に変換するニーズは，確実に増えている。そのため，3D 画像から STL ファイルへの変換は，各種 3D 描画ソフトウェアや MATLAB，ImageJ だけではなく，様々な有償・無償

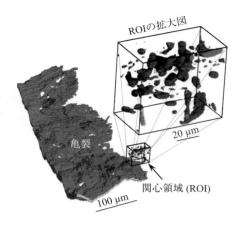

(a) 3D 画像（内部構造のサーフェスレンダリング）

(b) 関心のある内部構造の抽出（この場合は，亀裂と粒子（特定の領域のみ））

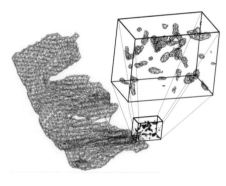
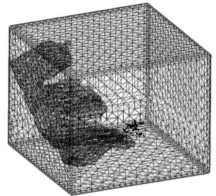

(c) 表面メッシング

(d) 数値解析用 3D モデル

図 8.33 シンクロトロン放射光を用いた X 線トモグラフィーの実験で，アルミニウム合金中の粒子および亀裂を撮影したものが (a)。これから，(b) 数値解析の対象とする関心のある構造を抽出し，(c) その表面形状を三角形メッシュの集合体で近似し，(d) それを元に内部まで 3D 要素で分割し，数値解析用の 3D モデルを作成するプロセスを示した図[28]。原図はカラーなので，詳しくは原論文の図面を参照されたい

のソフトウェアが利用できる。また，例えば STL ファイルから数値解析用の 3D モデルを作成するには，数値解析用の各種プリプロセッサーが利用できる。図 8.33 の場合には 126,000 個の四面体要素で試料を分割しているが，多い場合には 100 万要素レベルの数値解析も行われている。

ところで，表面メッシュのサイズや性状は，数値解析の精度に大きな影響がある。表面メッシュから数値解析用の 3D メッシュを生成するには，高品質で欠陥のない表面メッシュを必要とする[29]。また，メッシュの粗さは，充分な数値解析精度が得られる程度に細かく，また合理的な計算量に収まる程度に粗くなければならない。特に，三角形メッシュの接続性[30]や歪な要素形状[31]の修正，および要素数の制御は重要で，かつもっとも時間と労力を要するプロセスとなる。最近では，このメッシュ形状修正用の市販ソフトウェアもある。

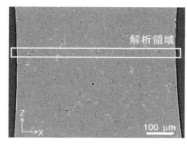 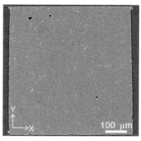

(a) シンクロトロン放射光によるX線トモグラフィーの断層像：左右は，それぞれ縦断面と横断面

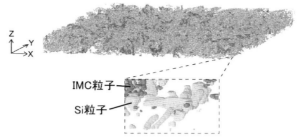

(b) 解析領域におけるシリコン粒子と金属間化合物粒子の分布

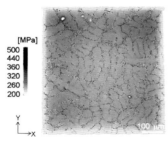 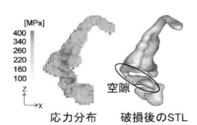

(c) 横断面の第1主応力分布 　(d) 破損粒子の第1主応力分布と破損後のSTLファイル

図 8.34 ボクセルをそのまま数値解析用の要素として用いたイメージベース有限要素法解析の例。AC4CH アルミニウム合金中のシリコンや金属間化合物粒子の応力と破断の関係を解析した（福井大学 桑水流理氏および寺西正輝氏の御厚意による）

これとは別に，直接，ボクセルを数値解析用の要素として用いる手法も開発されている[32]。表面の形状がギザギザなまま残ることや，三角形メッシュのように解析精度をメッシュの粗さで制御できないというデメリットはあるものの，メッシュ修正の必要がなく，モデルが簡便に作成できるという特徴がある。図 8.34 は，そのようにして図 8.33 と同様な材料の粒子応力と粒子破断の様子を比較検討する研究を行った例である[32]。図 8.34 (b) と (d) の画像では，数～10 μm 程度の大きさの粒子が 0.5 μm のボクセルで表現されていることがわかる。この場合には，ボクセルのサイズは粒子よりもかなり小さく，粒子表面の曲率も小さくはないため，このような手法でうまく数値解析ができている。

最後に，3D イメージベースシミュレーションの実施例をいくつか紹介しておく。図 8.35 は，これまで

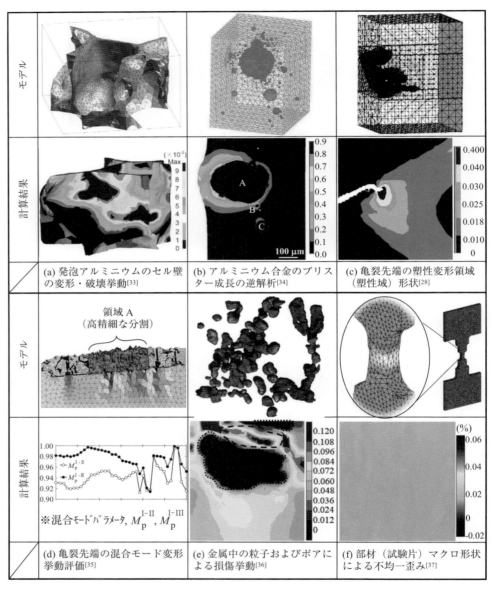

図 8.35 3D イメージベースシミュレーションの様々な応用例。材料の変形・破壊，および製造欠陥の成長などの構造解析の事例[28],[33]～[37]。原図はカラーなので，詳しくは原論文の図面を参照されたい

著者の研究室で産業用 X 線 CT スキャナーおよびシンクロトロン放射光を用いた X 線トモグラフィーの 3D 画像を用いて行った各種 3D イメージベースシミュレーションの代表的な解析モデルと計算結果をまとめたものである[33]～[37]。いずれも構造解析で，図 8.35 (b) 以外は弾塑性解析，図 8.35 (b) は，粘塑性解析である。図 8.35 (a) と (f) は，それぞれミクロ（発泡金属の厚さ 10μm 以下のセル壁）およびマクロ（試料の外形）レベルで直接計測できない局所的な応力・歪みの分布を計算したものである。前者は発泡金属の複雑な破壊挙動の解明に，また後者は水素によるナノボイド生成を証明するための解析データと

して役立っている。図 8.35 (b) では，ブリスター内部のガス圧を振って多数回計算を行い，X 線トモグラフィーで得られたブリスター（製造欠陥）の成長挙動を説明できるガス圧を逆解析的に求めている。結果として，水素だけではなく，鋳造時に混入した高圧の二酸化炭素や窒素ガスの寄与が解明されている。さらに，図 8.35 (c) では，ミクロ組織を考慮せずに亀裂形状だけをモデル化することで，亀裂，ミクロ組織双方による不均一な亀裂先端の変形を，また図 8.35 (d) では，複雑な亀裂形状に起因する開口－面内せん断－面外せん断の混合モード亀裂進展駆動力をそれぞれ評価している。いずれも，現実の構造材料の複雑な破壊挙動の理解に貢献している。図 8.35 (d) では，解析精度を上げるため，亀裂先端近傍の中央部分（図中の領域 A）のみを細かいメッシュで分割し，それ以外は漸次，粗いメッシュで分割することで，解析精度と計算コストのバランスをとっている。最後に少し変わった所で，図 8.35 (e) では，X 線トモグラフィーでは計測・評価できない局所的な損傷の指標（応力歪みの三軸性や粒子内弾性応力など）を計算し，構造材料のミクロ組織最適化に資する元データを得ている。これにより，次章で紹介するリバース 4D 材料エンジニアリングによる構造材料のミクロ組織最適化が達成されている。

このように，3D イメージベースシミュレーションを援用することで，X 線トモグラフィーによる観察と評価を強力に補うことができ，各種物理現象の原理原則に鋭く迫り，指導原理を示唆するような高度な解析が可能になる。

8.7　3D 表現

　3D プリンター，3D ディスプレイなどの機器は，X 線トモグラフィーで得られる 3D 画像の評価に有効である。この分野の発展は最近とみに著しいので，陳腐化を恐れ，ここではその重要性を指摘するに留めておく。

　筆者の部屋にもいくつかの 3D モデルがあるが（図 8.36），普通のディスプレイで見るのとは違い，微細構造や 3D 複雑構造を手に取り眺めることで，視覚的な把握が非常に容易になる。ここでも，3D プリンターの積層間隔などの空間分解能と 3D 画像の空間分解能の関係は，3D プリント時にしっかりと把握しておく必要がある。現在では，ABS 樹脂，ポリプロピレン，ナイロン，アクリル，エポキシ，石膏，金属などと，用いることができる素材も多岐にわたる。なかには，透明で内部が観察しやすいもの，着色できるものもあり，多様な評価が可能である。また，単に鑑賞するだけではなく，クレーで作成した複雑曲面などを X 線トモグラフィーで画像データとし，その STL ファイルを作成して 3D プリンターで造形するというデジタルものつくりは，複雑形状・少量生産の新しい製造プロセスとして大いに期待される。また，3D プリンターで製作した製品の加工精度を高空間分解能の X 線 CT スキャナーで評価するなど，3D プリンターと X 線トモグラフィーのかかわりは，今後もますます重要になるものと思われる。

　3D ディスプレイは，液晶シャッターを備えたアクティブな 3D メガネやパッシブ型の偏光方式の 3D メガネとの組み合わせで，一般のテレビにも普及してきた。しかし，今は民生用としては一段落した感がある。これも 3D プリンター同様，3D 複雑構造の視覚的な把握を補助する効果が大きく，うまく活用するとよい。図 8.37 は，2 つの LCD をハーフミラー方式で繋いだ本格的な高精度 3D ディスプレイを用い，高精細な X 線トモグラフィーの 3D 画像を観察している様子である。

(a) 亀裂の3Dモデル　　　(c) 鉄鋼材料（DP鋼）の引張試験後の破断面と破面直下のボイドの分布

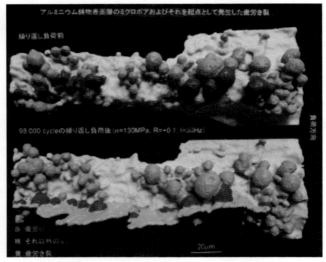

(b) アルミニウム鋳物の表面欠陥からの疲労亀裂発生

図 8.36 X線トモグラフィーにより得られた3D画像の3Dプリント例。(a)と(c)は石膏を，(b)は透明樹脂を用いたモデルである

8.8 効果的なプレゼンテーション

　前節で3D表現の重要性に触れた。複雑な内部構造の評価やデモンストレーションには，2次元の断層像を順に連続表示したり，3D画像を回転・並進，拡大・縮小などしながら連続表示するアニメーションの活用も有効である。最近では，高性能なグラフィックボードを搭載したノートパソコンが市販されており，オフィスの外でこのような3D画像の表示の仕方を活用する効果的なプレゼンテーションを手軽に行うことができる。また，研究者の場合には，学術誌の電子化により，学術論文の掲載時に論文図面以外にアニメーションファイルなどを補助的な説明資料として提出し，論文とともに表示できるようになっている。自ら訴える力をもつ3D画像を扱う研究者は，是非これも積極的に活用したい。

図 8.37 X 線トモグラフィーにより得られた 3D 画像をハーフミラー方式の高精度 3D ディスプレイで評価している様子。筆者の研究室にて

参考文献

[1] 西山清：最適フィルタリング（システム制御シリーズ），培風館，(2001).

[2] scikit-image ホームページ，https://scikit-image.org/ （2018 年 9 月に検索）

[3] N. Otsu: IEEE Transactions on Systems, Man and Cybernetics, 9(1979), 62–66.

[4] C.K. Chow and T. Kaneko: Computers and Biomedical Research, 5(1972), 388–410.

[5] W. Niblack: An introduction to digital image processing, Englewood Cliffs, NJ, USA: Prentice-Hall, (1986), 115–116.

[6] W. Oh and W.B. Lindquist: IEEE Transactions on Pattern Analysis and Machine Intelligence, 21(1999), 590–602.

[7] K.V. Mardia and T.J. Hainsworth: IEEE Transactions on Pattern Analysis and Machine Intelligence, 6(1988), 919–927.

[8] O. Wirjadi: Berichte des Fraunhofer ITWM, Nr. 123 (2007). Page 2.

[9] O. Brunke, S. Oldenbach and F. Beckmann: The European Physical Journal Applied Physics, 29(2005), 73–81.

[10] A.J. Burghardt, G.J. Kazakia and S. Majumdar: Annals of Biomedical Engineering, 35(2007), 1678–1686.

[11] D.S. Feeney, J.W. Crawford, T. Daniell, P.D. Hallett, N. Nunan, N. K. Ritz, M. Rivers and I.M. Young: Microbial Ecology, 52(2006), 151–158.

[12] S. Ramaswamy, M. Gupta, A. Goel, U. Aaltosalmi, M. Kataja, A. Koponen and B. V. Ramarao: Colloids and Surfaces A: Physicochemical and Engineering Aspects, 241(2006), 323–333.

[13] I. Arganda-Carreras, V. Kaynig, C. Rueden, W. Kevin, J. Eliceiri, A. Schindelin, H. Cardona and S. Sebastian: Bioinformatics (Oxford Univ Press), (2917), doi:10.1093/bioinformatics/btx180 (on Google Scholar).

[14] C. J. Hilditch: Machine Intelligence, Ed. By B. Meltzer and D. Mitchie, Chap. 22, Edinburgh University Press, Edinburgh, Scotland, (1969), 403–420.

[15] M.V. Nagendraprasad, P.S.P. Wang and A. Gupta: Digital Signal Processing, 3(1993), 97–102.

[16] P.S.P. Wang and Y.Y. Zhang: IEEE Transactions on Computation, C-38(1989), 741–745.

[17] K.J. Kurzydlowski and B. Ralph: The quantitative description of the microstructure of materials, CRC Press, Boca Raton, Florida, (1995), 184–189.

[18] L. Vincent: Proceedings of the 1991 IEEE Computer Society Conference on Computer Vision and Pattern Recognition,

Maui, Hawaii, (1991), 520–525.
[19] P. Su and R. Drysdale: Computational Geometry: Theory and Applications, 7(1997), 361–386.
[20] 倉地紀子：CG Magic：レンダリング，オーム社, (2007).
[21] W.E. Lorensen and H.E. Cline: ACM SIGGRAPH Computer Graphics, 21(1987), 163–169.
[22] J. Ohser and K. Schladitz: Advanced Tomographic Methods in Materials Research and Engineering, ed. John Banhart, Oxford University Press, (2008), Section 3.
[23] D. Bartz and M. Meißner: Proceedings of Volume Graphics '99, Swansea, (1999), 33–48.
[24] K. Engel, M. Hadwiger, J. Kniss, J.M. Lefohn, C.R. -Salama and D. Weiskopf : Real-Time Volume Graphics, In ACM SIGGRAPH Course 28, (2004).
[25] G. Lohmann: Volumetric Image Analysis, John Wiley & Sons and Teubner Publishers, New Jersey, (1998).
[26] E. Kreyszig: Differential Geometry (Dover Books on Mathematics) 1st Edition, Dover Publications, New York, (1991).
[27] W Thurston: Three-Dimensional Geometry and Topology, Princeton University Press, Princeton, NJ, (1997).
[28] L. Qian, H. Toda, K. Uesugi, M. Kobayashi and T. Kobayashi: Physical Review Letters, 100(2008), 115505.
[29] 伊達宏昭：精密工学会誌, 74(2008), 1264–1268.
[30] C.S. Chong, A.S. Kumar and H.P. Lee: Finite Element Analysis and Design, 43(2007), 1109–1119.
[31] E. Bechet, J.C. Cuilliere and F. Trochu: Computer-Aided Design, 34(2002), 1–17.
[32] 寺西正輝，桑水流理，小林正和，戸田裕之：日本機械学会論文集, 84(2018), 18–00028.
[33] H. Toda, M. Takata, T. Ohgaki, M. Kobayashi, T. Kobayashi, K. Uesugi, K. Makii and Y. Aruga: Advanced Engineering Materials, 8(2006), 459–467.
[34] H. Toda, P.C. Qu, S. Ito, K. Shimizu, K. Uesugi, A. Takeuchi, Y. Suzuki and M. Kobayashi: International Journal of Cast Metals Research, 27(2014), 369–377.
[35] H. Toda, E. Maire, S. Yamauchi, H. Tsuruta, T. Hiramatsu and M. Kobayashi: Acta Materialia, 59 (2011), 1995–2008.
[36] 細川明秀，栗野貴輝，戸田裕之，上杉健太朗，竹内晃久，鈴木芳生：軽金属, 64(2014), 611–612.
[37] H. Su, H. Toda, R. Masunaga, K. Shimizu, H.Y. Gao, K. Sasaki, M.S. Bhuiyan, K. Uesugi, A. Takeuchi and Y. Watanabe: Acta Materialia, 159(2018), Accepted.

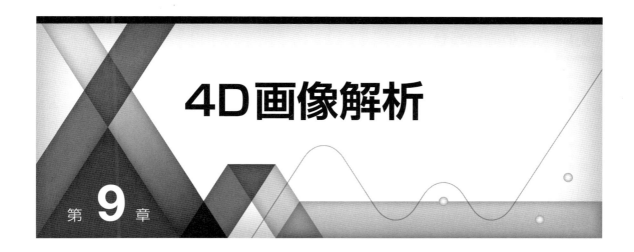

4D画像解析

第 9 章

　走査型電子顕微鏡や透過型電子顕微鏡など，我々が普段実験室で使い慣れている2次元の可視化用機器では，ディープサブミクロン以下の厚みしかないような薄膜を用いたり，材料表面を評価しなければならないという制約がある。薄膜や表面では，往々にしてバルクの材料とはまったく異なる挙動が現れる。この違いは，力学的には，平面応力状態だとか，異相界面と表面の交線における応力特異性といった言葉で説明することができる。一方，X線トモグラフィーでは，4.5.1節で述べた各種材料試験機や加熱・冷却装置などのハードウェア，および5.3節で詳述した高速トモグラフィーなどの撮像技法を活用することで，充分な大きさの試料でその内部が外乱や時間経過によりどのように変化するかを多数の3D画像のセットとして記録することができる。これを4D観察と称する。ここで，3Dに時間軸を足したものを4D（4次元：Four dimension）と称する。3Dという言葉が今や人口に膾炙しているように，4Dという言葉も産婦人科の医院や少し凝った映画の上映法として，我々になじみのある言葉になりつつある。4D観察は，産業用X線CTスキャナーでももちろん可能であるし，高輝度X線を利用できるシンクロトロン放射光を用いたX線トモグラフィーでは，さらに容易である。そして，8.4節で見た3D描画技法を活用し，必要があれば，得られた4D画像は後で何度でも見直すことができる。それだけではなく，同一試料の3D画像を画素差分して内部構造の微妙な変化を露わにしたり，4D画像解析により何らかの物理量を用いて各種時間発展挙動を定量的に評価したりすることもできる。

　そのような4D画像利用の第一歩は，連続的に取得した同一試料の3D画像を位置合わせ（レジストレーション：Registration）により，評価・解析できるようにすることである。本章では，まず位置合わせの基礎について述べた後，粒子追跡(Particle tracking)や力学的な歪み，各種破壊力学的パラメーターなどの4Dマッピング法について述べる。また，最後には，筆者がリバース4D材料エンジニアリングと称する機械学習的技法の4D画像への応用についても触れる。これらは，筆者が住む材料工学や機械工学とは異なる分野に属する研究者・技術者には，すこし退屈かもしれない。しかし，同種の技法を学び，それぞれの分野で利用するための参考にしていただきたい。

9.1 位置合わせ

ここで述べる位置合わせには，X線トモグラフィーで連続取得した3D画像同士の位置合わせの他，8.6節で述べた3Dイメージベースシミュレーション用の解析モデル同士，解析モデルと3D画像，あるいは第8章で述べた各種応用技法で得た3D画像同士など，様々な用途がある。この基本となるのは座標系変換であり，それには，線形，非線形の各種技法がある。この節では，これを紹介する。位置合わせが正確かどうかは，その後の4D画像解析の成否を決める鍵となる。そのため，これをできる限り慎重かつ適切に行うのはもちろんのこと，位置合わせ結果の評価やそれに基づく位置合わせの改善も重要である。

9.1.1 アフィン変換

2つの画像を位置合わせするとき，どちらかを固定画像，もう一方を移動画像とし，移動画像を各方向に並進，回転，拡大・縮小，せん断変形させることで，固定画像にうまく重ね合わせることができる。アフィン変換 (Affine transformation) は，行列 A を乗じベクトル t を加算することで，ある点 $P(x,y)$ を点 $P'(X,Y)$ に写像する線形変換である。アフィン変換により，物体は，並進，回転，拡大・縮小，せん断，およびこれらを組み合わせた変形を受ける。2次元のアフィン変換は，下式のように6つのパラメーターを用いて記述できる。

$$\begin{pmatrix} X \\ Y \end{pmatrix} = \begin{pmatrix} a_{11} & a_{12} \\ a_{21} & a_{22} \end{pmatrix} \begin{pmatrix} x \\ y \end{pmatrix} + \begin{pmatrix} b_x \\ b_y \end{pmatrix} \tag{9-1}$$

ここで，拡大縮小のとき，行列 A は $\begin{pmatrix} a_{11} & 0 \\ 0 & a_{22} \end{pmatrix}$ となる。せん断の場合には，その方向により $\begin{pmatrix} 1 & a_{12} \\ 0 & 1 \end{pmatrix}$，$\begin{pmatrix} 1 & 0 \\ a_{21} & 1 \end{pmatrix}$，ないしは $\begin{pmatrix} 1 & a_{12} \\ a_{21} & 1 \end{pmatrix}$ となる。せん断変形とは，図9.1のように角度変化を生じる変形を指す。また，回転角 θ の場合の回転行列は，$\begin{pmatrix} \cos\theta & -\sin\theta \\ \sin\theta & \cos\theta \end{pmatrix}$ となる。いくつかの基本的な変形が組み合わさるときには，それらを掛け合わせることで写像を合成すればよい。

式(9-1)に斉次座標を導入することで，次式のように，変換行列 R の積のみで表現できる。

$$\begin{pmatrix} X \\ Y \\ 1 \end{pmatrix} = \begin{pmatrix} a_{11} & a_{12} & b_x \\ a_{21} & a_{22} & b_y \\ 0 & 0 & 1 \end{pmatrix} \begin{pmatrix} x \\ y \\ 1 \end{pmatrix} \tag{9-2}$$

また，3Dの場合に斉次座標による表現は，12個のパラメーターを用いて次式のように表される。

$$\begin{pmatrix} X \\ Y \\ Z \\ 1 \end{pmatrix} = \begin{pmatrix} a_{11} & a_{12} & a_{13} & b_x \\ a_{21} & a_{22} & a_{23} & b_y \\ a_{31} & a_{32} & a_{33} & b_z \\ 0 & 0 & 0 & 1 \end{pmatrix} \begin{pmatrix} x \\ y \\ z \\ 1 \end{pmatrix} \tag{9-3}$$

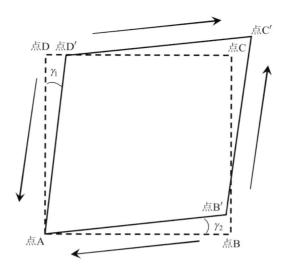

図 9.1 せん断変形を説明する模式図。元は正方形 (ABCD) であったものが菱形 (AB'C'D') にせん断変形したと仮定する。この場合，形状の歪みは，両側の角度 γ_1, γ_2 で表され，せん断歪みは，$\gamma = \gamma_1 + \gamma_2$ と表される

X 線トモグラフィーによる 3D 画像で試料が変形していない場合には，剛体変換により，3 方向の並進と 3 軸周りの回転だけで位置合わせできる。この場合，x, y, z 軸周りの回転では，変換行列 R は，それぞれ以下のようになる。

$$\begin{pmatrix} 1 & 0 & 0 & 0 \\ 0 & \cos\theta & -\sin\theta & 0 \\ 0 & \sin\theta & \cos\theta & 0 \\ 0 & 0 & 0 & 1 \end{pmatrix}, \begin{pmatrix} \cos\theta & 0 & \sin\theta & 0 \\ 0 & 1 & 0 & 0 \\ -\sin\theta & 0 & \cos\theta & 0 \\ 0 & 0 & 0 & 1 \end{pmatrix}, \begin{pmatrix} \cos\theta & -\sin\theta & 0 & 0 \\ \sin\theta & \cos\theta & 0 & 0 \\ 0 & 0 & 1 & 0 \\ 0 & 0 & 0 & 1 \end{pmatrix} \quad (9\text{-}4)$$

行列の積には交換法則が成立しないので，回転の順序によって変換の結果が異なることには注意が必要である。

　一方，不均一に変形した場合には，B-spline 法などの非線形変換のアルゴリズムが必要となる[1]。しかしながら，筆者の研究分野では，よほど極端に変形した物体の画像をその変形前後で位置合わせするのでもない限り，X 線トモグラフィーの 3D 連続画像で非線形変換は，必要ない。なぜなら，極端な変形があれば，3D 画像の撮影枚数を増やして画像間の差を少なくすることができる。また，位置合わせの目的は，定性的な画像の評価ではなく，多くの場合，連続画像中の同一特徴点の検出にあるためである。つまり，いったん位置合わせ後の画像で特徴点が追跡できれば，試料の局所的な変形の力学解析は，拡大縮小などの変換を施す前の画像で行うことになる。そのため，3D 画像全体に非線形変換のアルゴリズムを適用するよりは，3D 画像全体をいくつものサブ領域に分割し，各領域で線形変換により位置合わせをして特徴点を検出した方が効率的な場合が多い。

9.1.2　各種位置合わせ手法

　最初に，表 9.1 に各種位置合わせ法をまとめておく。これは，同じ装置を用いて同じ試料を連続撮像する場合などを想定したものである。つまり，同じ試料の吸収コントラスト像と位相コントラスト像と

表 9.1 X線トモグラフィーによる連続取得 3D 画像を位置合わせするための手法の概略

種別	明瞭なランドマークの有無	画素情報の利用	概要	特徴
ランドマーク利用	あり	特徴点のみ	ランドマークを用いた位置合わせ	・正確で迅速 ・検証は容易 ・特徴点の変化・変形などがある場合には，要注意
	なし：内部構造を解析して特徴的な線分ないし点を抽出	特徴点のみ	ランドマークを定義・抽出する位置合わせ	・比較的正確で迅速 ・形状変化がある場合には利用できない
ランドマーク非利用	なし	試料ないし内部構造の表面のみ	試料そのものや内部構造の形状を利用	・比較的迅速 ・形状変化がある場合には，要注意
	なし（*あり）	画像全体	画素値分布の類似性関数を基準に位置合わせ（相互情報量など）	・内部構造が大きく変化する場合には，適用できない ・場合によって計算時間が長い ・ランドマークが利用できる場合にも，変形が非常に不均一な場合には，利用する価値あり*
上記の組み合わせ	あり	手法による	ランドマークで予備的な位置合わせを行い，類似性関数を主に利用	・計算時間短縮可能 ・ランドマークの位置変化や変形がない場合には，不要

の，あるいは異なる試料の位置合わせなどは，別に考える必要がある．

　シンクロトロン放射光施設でのX線トモグラフィーや産業用X線CTスキャナーなどで得られた3D画像で位置合わせを行う場合，最も基本的なものは，粒子や埋め込まれた部品，ポアなどの穴など，試料内で閉じており，かつはっきりとした界面をもつ領域の重心を計測し，それをランドマーク(Landmark)として位置合わせする手法である．金属やセラミックス，ポリマーなど，およびそれらを組み合わせた部品や基板，工業製品などでは，対応関係が明瞭なランドマークとなる特徴点が数点〜数十点利用できる場合が多く，8.5節の幾何学的定量解析の要領で特徴点の重心位置が容易に計算できる．したがって，あまりに局所的な変形が大きい場合でもなければ，単純にそれらの位置のずれを最小化するように位置合わせすればよい．一方，明瞭な孤立状のランドマークが得られないような場合，シリオンは，内部構造の表面の凹凸で波頂線と呼ばれる山脈の尾根のような線分を定義したり，極値点と呼ばれる特徴点を定義し，これを用いて3D画像間の位置合わせを行うことを提案している[3]．一方，筆者等は，内部構造の表面凹凸の凹部，凸部のそれぞれ谷底と頂点をガウス曲率変化により定義し，位置合わせや3D歪みマッピングに用いている[4]．これらもランドマークを用いた位置合わせのヴァリエーションと言える．適当なランドマークが利用できない場合には，外部に粒子などを付着させておき，これを利用して位置合わせなどを行うのも，よく行われる手法の一つである．

　他方，医療用画像などに代表されるように，内部構造と基地の境界が不鮮明でランドマークが再現性をもって認識できない場合のために，様々な手法が提案されている．ここでは，医療用CTスキャナーで得られた画像の位置合わせ手法を網羅した優れた解説書を挙げておく[2]．ランドマークが使えない場

合，表面や内部の構造をセグメンテーションし，必要であればこれを弾性的に変形させた上で位置合わせに用いることができる。また，試料や内部構造が細長いものなど，明瞭な方向性をもつものであれば，主軸を求めて重心と主軸を用いることで位置合わせすることができる。

ランドマークを用いることができない場合の位置合わせの主流は，何らかの類似度関数 (Similarity function) を定義した上で，2 枚の 3D 画像のすべての画素のグレー値を用いてこの類似度関数を計算しながら位置合わせをするものであろう。例えば，2 つの 3D 画像で対応する位置の画素値の比の分散や画素値のヒストグラムのエントロピー，ないしは残差の絶対値か二乗和などを反復的に最小化するというものである[2]。この中で実用上重要なものは，相互情報量による位置合わせである。情報論の定義では，ある事象 i ($i = 1 \sim n$) が発生する確率を p_i とすると，ある情報源から得られる情報量の期待値（平均情報量）はエントロピー H と呼ばれ，以下のように表される。

$$H = -\sum_{i=1}^{n} p_i \log p_i \tag{9-5}$$

画像の場合には，画素のもつ画素値が情報で，画素サイズが情報量となり，画素がある画素値をもつ確率を画素値のヒストグラム p_i を用いて取り扱うことになる。また，8 bit 画像では，$n = 256$ となる。ここで，2 つの事象が同時に起きる場合の結合エントロピー $H(X, Y)$ を定義する。これは，2 つの画像（情報源 X, Y）で画素値の組み合わせが (x, y) となる確率，つまり同時確率を $p(x, y)$ として，以下のように定義される。

$$H(X, Y) = -\sum_{x,y} p(x, y) \log p(x, y) \tag{9-6}$$

さらに，これらに基づき相互情報量 (Mutual information) $I(X, Y)$ を定義すると，情報源 X, Y の重なりの程度を表すことができる指標となる。

$$I(X, Y) = H(X) + H(Y) - H(X, Y) \tag{9-7}$$

ここで，X と Y が独立のときには，$I(X, Y) = 0$ となる。3D 画像の位置合わせでは，相互情報量を計算することで，2 つの画像の統計的な依存性を定量的に表すことができる。

図 9.2 (b) は，図 9.2 (a) の画像を故意に少し傾け，元の画像とそのまま重ね合わせた場合の両画像の画素値の関係を示す 2 次元ヒストグラムである。位置合わせが正確な場合（回転なし）には，ヒストグラム上で一直線上に並んでいる。一方，両画像のわずかのずれで 2 次元ヒストグラムが大きく変化し，相互情報量値も敏感に変化する。相互情報量などを用いた手法は，位置合わせだけではなく，ランドマークを用いた他の位置合わせ手法の精度を評価する目的でも用いられる。

9.2　粒子追跡

8.5 節の幾何学的定量解析，および 9.1 節の位置合わせを行った後，図 9.3 に模式的に示すように，連続する 3D 画像内で同一の特徴点を見つけて対応させることができれば，そこから様々な力学的情報が計算できる。このような同一特徴点の抽出と対応付けを追跡 (Tracking) と呼ぶ。多くの場合，何らかの粒子状を呈する独立した内部構造を追跡することが多く，これを粒子追跡 (Particle tracking) と称する。

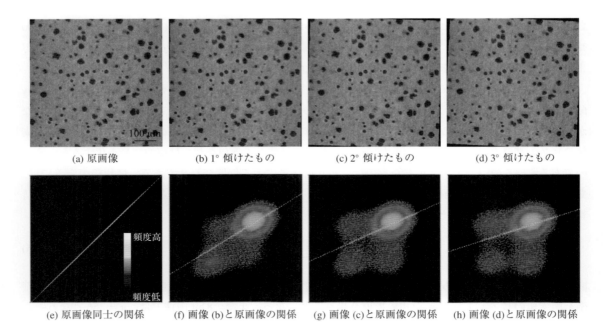

図 9.2 位置合わせの出来不出来の効果を見るため，X線トモグラフィーで得られる3D像を故意に1方向に回転させ，これをそのまま原画像と重ね合わせ，原画像と回転画像の画素値の関係を評価した．上段は，用いた画像，下段は，2次元ヒストグラムである

表 9.2 SPring-8でX線マイクロトモグラフィーによる観察を行った場合に，3D画像に見られる金属ミクロ組織の数密度．材料は，金属の中でも活性で，かつ一般に水素を過飽和に含むため，金属間化合物の粒子や水素が析出したポアをミクロレベルで多く含むアルミニウム合金である．純度の高い純アルミニウムから工業用の各種合金まで幅広い材種をリストアップした．右列は，シンクロトロン放射光を用いたX線マイクロトモグラフィーの標準的なサイズの視野に写る内部構造の個数を示す

材料	ミクロ構造の種別	個数（1 mm³ 当たり）
純アルミニウム (99.999 %)	ポア	3,036
工業用純アルミニウム (A1050)	ポア	10,375
Al-Cu-Mg 合金 (A2024)	粒子	150,185
	ポア	63,111
Al-Mg 合金 (A5XXX)	ポア	20,160
Al-Mg-Si 合金 (A6061)	ポア	21,184
Al-Zn-Mg-Cu 合金 (A7075)	ポア	28,852

　ところで，シンクロトロン放射光を用いたX線トモグラフィーなどの高空間分解能X線CTスキャナーで各種構造用金属材料を観察すれば，非常に多くの内部構造を観察することができる．表9.2は，各種アルミニウム合金で9ボクセル以上の体積をもつ粒子やポアなどのミクロ構造の数を示したものである．純度99.999％の純アルミニウムでさえ，1枚の3D画像の視野内に数千個のミクロポアが観察できる．その数は，合金元素濃度が高い高力アルミニウム合金では，数十万個レベルに達する．このような内部構造，ないし工業製品などであれば，それを構成する多数の小さな部品を粒子追跡すれば，高温暴露，変形・破壊，経時変化など，各種外乱下のそれらの変化を個別に把握することができる．材料の破壊や工業製品の故障などは，数百，数千，数万個の内部構造が一斉に破壊ないし機能停止するのではな

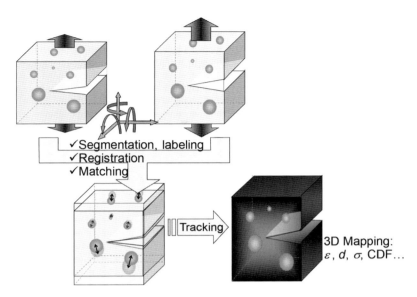

図 9.3 連続する 3D 画像内で同一の特徴点を見つけ対応させる粒子追跡を全粒子に対して行った上で,その結果を基に様々な力学量の 3D マッピングを行う 4D 画像解析を説明する模式図[7]

く,そのうちのごく少数,あるいは極端な場合には,どこか 1 個の最弱な内部構造のみが全体の特性や機能を左右する。粒子追跡は,そのように局所的な事象が支配する現象を記録した一連の 3D 画像から真実を抽出するのに威力を発揮する。また,粒子追跡の結果を解析して力学量などを計算して 3D マッピングすれば,そのような局所的な現象を定量的に理解することが可能になる。本節以降では,そのための手法と応用例を紹介する。

なお,表 9.3 には,粒子追跡を必要とすると想定される粒子の様々な変化のパターンをまとめた。状況に応じて,時間経過に沿った粒子追跡と時間を遡る粒子追跡,および粒子が見えない場合の粒子追跡のいずれかを適用することになる。

9.2.1　2 フレーム間の粒子追跡

(1)　基本的手法

まず,8.5 節の幾何学的定量解析の手法に基づき,表 9.2 で見たような構造・機能材料のミクロ構造や工業製品の構成部品などを解析し,必要に応じて様々な古典的幾何学,微分幾何学,ないし位相幾何学などの現代幾何学に基づくパラメーターを計算しておく。これらは,サイズ,形状,空間分布に分類できるが,ここではそのうちサイズと形状に関するパラメーターを利用する。ニールセン等の手法では,重心位置と体積を利用している[5]。一方,筆者等は,形状の効果も考慮するため,重心位置と体積,表面積を利用している[6]。また,追跡を行う試料の特性により,内部構造にサイズ分布があるもの,形状の分布があるもの,それら両方があるもの,ないしはいずれもないものなどが想定される。そのため,筆者等は,下記のマッチング確率パラメーターを定義し,その中の係数 $\alpha, \beta, \gamma\,(\alpha+\beta+\gamma=1)$ の最適値を試料ないし画像ペアーごとに求め,粒子追跡の精度を担保している[6]。

表 9.3 粒子追跡が必要になるときの粒子やボア，領域など内部構造の消長のパターンと適用技法，および実際の事例などをまとめたもの．図中，右向きの黒矢印は時間軸の順方向の粒子追跡を適用すべき場合を，左向きの黒矢印は時間を遡る追跡を適用すべき場合を示す．いずれの場合も，9.2.1 節 (1) の手法を活用する．一方，灰色の大きな矢印は，「見えない粒子」の粒子追跡法（9.2.1 節 (5)）の手法を適用する必要がある段階を示す

パターン	3D 画像撮像の撮像段階（時系列）					事例
	$n-2$ 段階	$n-1$ 段階	n 段階	$n+1$ 段階	$n+2$ 段階	
A：成長，拡大	○ →	○ →	○ →	○ →	○	・粒子の成長・膨張 ・粒子の移動
B：発生・成長	○ ←	○ ←	○ ←	○ ←	○	・粒子の析出 ・損傷，亀裂の発生 ・微小部品の組み付けなど
C：消滅	○ →	○ →	○ ⇒	○ ⇒	○	・粒子の固溶，ボアの圧壊 ・亀裂の閉口 ・部品の脱落
D：成長・合体	○○ ←	○○ ←	○ ←	○ ←	○	・粒子の成長・膨張による合体 ・粒子の移動による合体 ・距離の近い部品のイメージング
E：分裂	○ →	○ →	∞ →	○○ →	○○	・粒子・部品などの破壊
F：消滅後再発生	○ →	○ →	○ ⇒	○ ⇒	○	・粒子の固溶と再析出 ・ボアの圧壊と再生成
G：外乱下で存在なし	○ ←	○ ←	○ ←	○ ←	○	・破断面（$n+2$ 段階）による破壊前の破壊経路（〜$n+1$ 段階）予測 ・可視化できない生成過程の解析

$$M_\mathrm{P}^{i,j} = \alpha M_\mathrm{L}^{i,j} + \beta M_\mathrm{S}^{i,j} + \gamma M_\mathrm{V}^{i,j} \tag{9-8}$$

ここで，m 段階目の 3D 画像中で番号 i とラベリングされた粒子と $m+1$ 段階目の 3D 画像中で番号 j とラベリングされた粒子とのマッチング確率パラメーターを $M_\mathrm{P}^{i,j}$ としている．また，重心位置，表面積，体積に関するパラメーターをそれぞれ $M_\mathrm{L}^{i,j}$，$M_\mathrm{S}^{i,j}$，$M_\mathrm{V}^{i,j}$ としている．$M_\mathrm{S}^{i,j}$ と $M_\mathrm{V}^{i,j}$ は，粒子 i と粒子 j のそれぞれ表面積および体積の比をとって正規化したものである．$M_\mathrm{L}^{i,j}$ は，以下のように定義している[6]．

$$M_\mathrm{L}^{i,j} = \begin{cases} (r_\mathrm{s} - d_{i,j})/r_\mathrm{s} & (d_{i,j} \leq r_\mathrm{s}) \\ 0 & (d_{i,j} > r_\mathrm{s}) \end{cases} \tag{9-9}$$

ここで，$d_{i,j}$ は，位置合わせ後の粒子 i と粒子 j の距離，r_s は，粒子追跡における探索範囲で，あらかじめ試料に応じて定めた最適値を用いる[6]．

(2) クラスターマッチング

力学量の 3D マッピングのためには，粒子追跡の精度は，限りなく 100％ に近付ける必要がある．なぜなら，例えば歪みの 3D マッピングを行う場合，仮に異なる粒子同士が同一のものと誤って対応付けられてしまった所には大きな歪み値が計算され，その点が最弱点として評価・解析の主な対象とされて

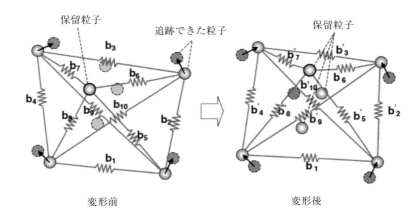

図 9.4 粒子が凝集したような領域に局所的に適用する修正バネモデルの模式図。隣り合う粒子を仮想的なバネで結び，試料の変形前後で求められるこの領域の全弾性エネルギーを最小化するように粒子の対応を決める[6]

しまうためである。これを避けるためには，粒子が密集している場所でも，誤りなく粒子追跡が行われなくてはならない。筆者等は，そのような目的でクラスターマッチング (Cluster matching) を適用する[6]。

クラスターマッチング法の1つである修正バネモデル (Modified spring model) では，図 9.4 に模式的に示すように，凝集した多数の粒子を結ぶ N_{sp} 個の仮想バネを用いる。前の段階で撮像された 3D 画像と後の段階の 3D 画像の中に写る粒子の位置によって決まる相対ベクトル（それぞれ $b_k, b_{k'}$）から，全仮想バネの弾性エネルギーの和 E_{sp} を計算する。

$$E_{sp} = \frac{1}{N_{sp}} \sum_{k=1}^{N_{sp}} \frac{|b_{k'} - b_k|}{|b_k|} \tag{9-10}$$

そして，$M_P^{i,j}$ の絶対値が近く，粒子追跡の誤りが懸念されるデータで変形前後の 3D 画像間の粒子の対応関係を順次変化させながら E_{sp} を計算し，最終的に E_{sp} を最小化するように粒子の対応を求める。こうすることで，たとえ粒子が凝集した場所で不均一な局所変形が生じていたとしても，連続する2つの 3D 画像間で同一の粒子を正しく対応付けることができる。

(3) 粒子の軌跡予測

塑性変形する金属のくびれ変形に代表される不均一で大きな試料の変形などは，時として粒子追跡を困難にする。そのような場合，前節までに述べた手法に加え，粒子の軌跡予測を行うのが有効である[7]。最も単純な軌跡予測は，試料がマクロ的に呈する引張，せん断，ねじりなどの変形をあらかじめ移動画像に施すことである。それ以外に，亀裂先端の弾性ないし弾塑性応力場の解を用いて粒子変位を予測する方法[7]や，試料のミクロ・マクロの変形様式にかかわらず，各粒子の軌跡を個別に非線形に定式化して軌跡予測する方法などが報告されている[7]。

(4) 応用例

図 9.5 には，膨張黒鉛が圧縮された後に復元する過程をその場観察した実験の模式図を示す[8]。黒鉛層間に硫酸を侵入させ，結晶面間が c 軸方向に虫状に膨張するため，膨張黒鉛と呼ばれる。この材料を圧

418　第 9 章　4D 画像解析

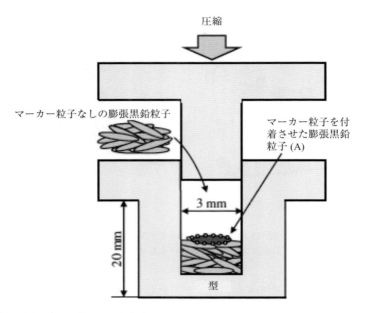

図 9.5　膨張黒鉛の固化，圧縮，復元過程のその場観察の実験概要．型とパンチをポリマーで作製し，一連の過程を SPring-8 の投影型 X 線トモグラフィーでその場観察した．その際，膨張黒鉛の内部や表面に X 線トモグラフィーで識別できる構造・組織がないため，膨張黒鉛表面にマーカー粒子を添加したもの（上図 A）を準備することで，その変形挙動を定量的に把握した[8]．

縮したときの弾性的な反発は，広くシール材などで産業的に利用されている．しかしながら，材料の内部構造が複雑で変形の様子のその場観察もできないため，形状復元の機構はこれまで明らかではなかった．そこで筆者等は，型とパンチを X 線透過能が大きなポリマーで作製し，その中に充填した膨張黒鉛粒子の固化，圧縮，復元といった一連の過程を SPring-8 の投影型 X 線トモグラフィーでその場観察した[8]．これは，表 9.3 のパターン A に相当する．その際，膨張黒鉛の内部や表面に X 線トモグラフィーで識別できるような構造・組織がないため，特に固化した後では，変形の定量化はおろか，膨張黒鉛粒子の形態の把握さえできない．そこで，図 9.6 (a) および (b) に示すように，膨張黒鉛表面にあらかじめ人為的にマーカー粒子を付着させ，その変形挙動を図 9.6 (c) および (d) に示すように可視化するとともに，図 9.6 (e) に示すように定量的に把握した[8]．

図 9.6 (a) からわかるように，固化後の膨張黒鉛粒子の形態は，これまで報告されてきた芋虫状ではなく，それが細かく分裂した平板状であった．膨張黒鉛の平板は，固化過程で隣接ワームにより大きく湾曲し，圧縮によって湾曲部が戻るように変形する．従来，c 軸方向への単純な圧縮と回復が膨張黒鉛粒子の復元機構と考えられていたが，3D の変位および歪み分布から膨張黒鉛粒子には歪みが複雑に生じており，膨張黒鉛粒子の膨張と曲げ変形，粒子間に働く摩擦力などの相互作用が組み合わされて復元をもたらすことが明らかになった[8]．

次に，材料の破壊を解析した例を見てみよう．材料にマクロな破壊が生じる前にはその予兆があり，そのさらに前にはわずかな兆候が認められるはずである．初期の兆候はわずかな変化に過ぎず，一般に検知や評価が難しい．しかし，それを忠実に記録した 3D 画像のセットがあれば，画像を何度も見返し

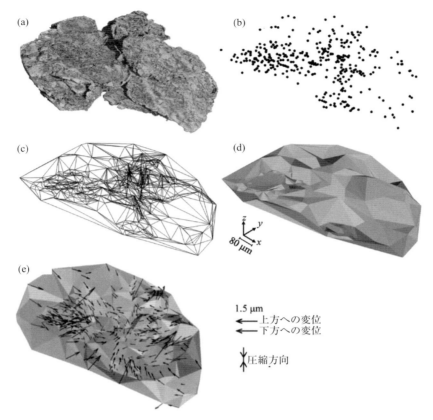

図 9.6 (a) 膨張黒鉛の 1 つの粒子と (b) その表面に付着させたマーカー粒子（重心位置を黒丸で表示），および (c) と (d) それを面で結んで再構成した膨張黒鉛粒子形状．(e) は，固化・圧縮後，復元過程の各マーカー点の変位を示すベクトル．原図はカラーなので，詳しくは原論文の図面を参照されたい．面法線方向の復元（膨張）よりも曲げ変形が卓越しており，膨張黒鉛粒子の復元中の変形は，非常に複雑であることがわかる[8]

て初期の兆候を定性的に把握することは可能であろう．さらにそこから一歩進め，微視亀裂や微視的な損傷が明瞭に見える破壊直前の段階からそれらを，時間を遡って追跡することで，亀裂や損傷の発生起点を特定したり，合体挙動を正しく評価したりすることができる．これは，表 9.3 では，パターン B および D に相当する．

図 9.7 は，Al-Mg 合金を比較的高速・高温で引っ張ったときに見られる損傷とその発達を可視化したものである．当然，破壊直前には非常に多くの損傷が見られるが，そのうち粗大で試料の破壊を支配するものは，初期に生じたものである．時間を遡る損傷のトラッキングにより，すべての損傷がいつ発生したかを正確に特定することができる．図 9.8 は，そのような解析結果をまとめたものである．この場合，破壊直前に 5.5.1 節で紹介した液体金属修飾法を適用し，図 9.7 (b) に示すような結晶粒界 3D 像を得ている．これにより，損傷の発生起点が結晶粒界か粒内か，そして分散粒子などに寄生したものかそうではないかをすべてのボイドについて調べている．現実の物質の挙動を 3D 画像で見ると非常に複雑で，何が支配的なのか把握できないことが多い．しかし，このような解析により，結晶粒界上にある分散粒子に寄生して発生したボイドが大きく成長し，最終的な破壊に直結することがわかった．このような知

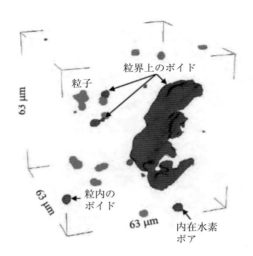 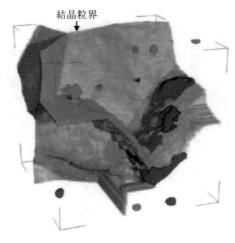

(a) 変形中に観察されたボイドと粒子　　　　(b) 左の図に結晶粒界像を重ねたもの

図 9.7　Al-Mg 合金の 500 ℃，歪み速度 10^{-2} s^{-1} の引張試験における損傷の発生，成長挙動の観察結果[9]。(a) は，負荷中に，ある領域内で観察されたボイドをその領域にある粒子とともに示したもの。右図は，それに液体金属修飾法で得られた結晶粒界の 3D 像を重ねたもの。原図はカラーなので，詳しくは原論文の図面を参照されたい

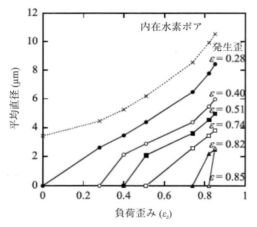 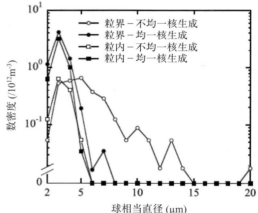

(a) 各負荷ステップで発生したボイドの成長挙動　　(b) 負荷歪み 13 % のときのボイドサイズのヒストグラムを発生起点（粒界ないし粒内）および発生形態（粒子に寄生：不均一核生成，ないしは粒子とは無関係：均一核生成）ごとに分けたもの

図 9.8　図 9.7 の 3D 画像セットの解析結果[9]。(a) は，観察されたすべてのボイドを時間を遡って追跡し，その発生段階を特定し，各発生段階ごとの成長挙動をまとめたもの。(b) は，発生起点を結晶粒界かどうか，そして粒子に寄生して発生したのかを調べてヒストグラムにしたもの。結晶粒界上で粒子に寄生して発生したボイドが粗大に成長していることがわかる

見を得た後，図 9.7 (b) のように 3D 画像を見直せば，その妥当性を検証することも容易である。これがイメージベース解析の長所と言える。

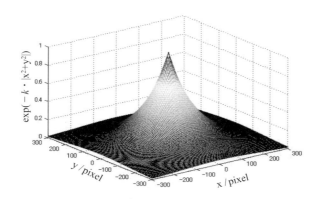

図 9.9 動径基底関数の関数形。この形は，係数 k により大きく変化する

(5) 見えない粒子の追跡法とその応用例

「(3) 粒子の軌跡予測」に相当する技法のうち，精緻な技法は，たとえ粒子が見えなくなっても，本来その粒子があるはずの位置を継続して追跡し続けることができる。これは，表 9.3 のパターン B，C，F，および G に相当する。ここでは，そのような技法の一例を紹介する[7]。それは，基本的には 3D 離散データ補完 (3D scattered data interpolation) である。

$$u_i = \sum_{j=1}^{N} c^j g(\|p_i - p_j\|) \tag{9-11}$$

ここで，u_i は粒子変位，N は粒子数，$\|\cdot\|$ は粒子間のユークリッド距離，$g(\|\cdot\|)$ は動径基底関数 (Radial basis function)，p_i と p_j は粒子 i と j の位置，c^j は，ここで求めるべき補完係数である。動径基底関数は，図 9.9 のような形をしており，中心からの距離 r の関数で，係数 k により依存する。基本的には，全粒子に関して，各粒子を中心とする動径基底関数によって変位場が表現されることになる。

$$\begin{pmatrix} u_x^1 & \cdots & u_x^N \\ u_y^1 & \cdots & u_y^N \\ u_z^1 & \cdots & u_z^N \end{pmatrix} = \begin{pmatrix} c_x^1 & \cdots & c_x^N \\ c_y^1 & \cdots & c_y^N \\ c_z^1 & \cdots & c_z^N \end{pmatrix} \begin{pmatrix} g(\|p_1 - p_1\|) & \cdots & g(\|p_1 - p_N\|) \\ \vdots & \ddots & \vdots \\ g(\|p_N - p_1\|) & \cdots & g(\|p_N - p_N\|) \end{pmatrix} \tag{9-12}$$

ガウシアン関数のような適切な動径基底関数を用いることで，式 (9-12) は常に正定値となり，補正係数 c^j は，式を解くことで求められる。いったん c^j が得られれば，見えない粒子の変位 u は局所的な変位場に従っているものと仮定し，次式により計算できる。

$$u = \sum_{i=1}^{N} c^j g(\|P - p_i\|) \tag{9-13}$$

ここで，P は，見えない粒子の初期位置である。

この手法は，これまでにショットピーニング[10]や熱間圧延[11]によりいったん消滅した水素ミクロポアが熱処理により水素ガスとして再析出しないかの評価や，破断面の時間を遡る軌跡予測により負荷前の 3D 画像で破壊起源を特定する研究[12]などに活用されている。

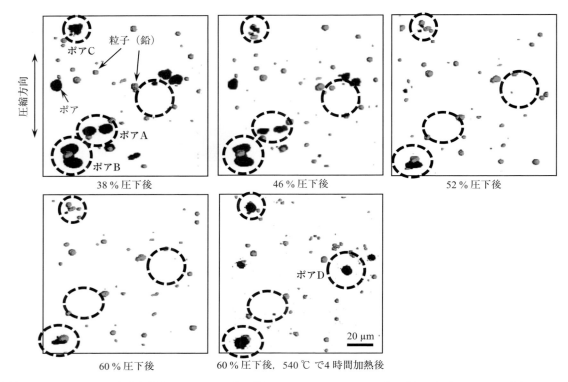

図 9.10 Al-4Mg-0.05Pb 合金を常温において圧下率で最大 60% まで圧延し，その後，高温で保持した場合の内在ポアの消滅，残留，再発生挙動[11]。ポア A は圧延により消滅し，熱処理によっても再発生しなかったもの。ポア B は，圧延しても消滅せず残留し続けたもの。ポア C は圧延によりいったん消滅し，その後の熱処理によって同じ位置に再発生したもの。ポア D は，熱処理により新たに発生したもの。参考文献には，同様の観察でカラーの図面があるので，参考文献の図面も参照されたい

図 9.10 は，圧延によりいったん消滅した後，再熱処理で同じ位置に水素ガスが析出することで再生成したポア（図中のポア C）を示している[11]。消滅前のポアと再発生後のポアが同一場所かどうかを同定する目的で，式 (9-13) は利用できる。

図 9.11 は，高強度アルミニウム合金で，破壊の起源となったミクロ構造を特定した研究例である[12]。破断面は材料の破壊後に初めて現れる面であり，材料の破壊前には存在しない。弱いミクロ組織は，材料の塑性変形中に徐々に損傷を受け，やがては破壊に至る。その弱い初期組織を特定することは，とても重要である。図 9.11 では，初期のミクロ組織で長く伸びたパンケーキ状の材料組織の終端がたまたま横方向に配列するような領域の水素ポアが最終的に破壊を支配することを示している。この場合，破壊起点を特定した後，破面上の一つ一つのディンプルパターンと対応させることで，その破壊機構がどの程度支配的かを定量的に評価している。

9.2.2 階層的追跡法

青木と中澤は，全粒子のうち，1% 程度をランドマークとして利用し，弛緩整合法を用いて 3D 画像間のマッチングを行っている[7],[13]。また，残りの粒子をノンランドマークと称し，ランドマークのマッチ

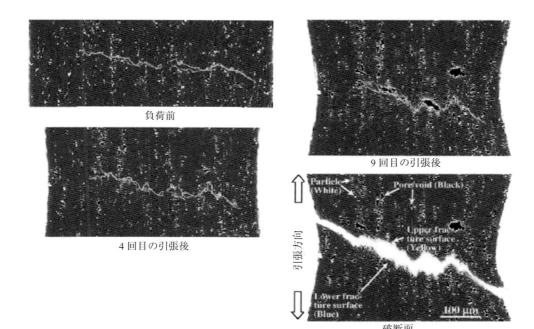

図 9.11 高強度アルミニウム合金の延性破壊で破面（亀裂）の座標を高密度な座標点として記録した後，3D 離散データ補完を用い，破断面の座標を時間を遡って負荷前の画像まで軌跡予想した結果。これにより，破面と負荷前のミクロ組織をマッチングさせることができ，破壊起点を精密に特定することができた。なお，原図はカラーなので，詳しくは原論文の図面を参照されたい[12]

ング結果を利用して動径基底関数を用いた移動ベクトルの推定からマッチングを行っている。これにより，3D 画像の位置合わせと粒子追跡を同時に行うことが可能となる[7],[13]。

今，時間的に前の画像のランドマーク粒子と後のランドマーク粒子を $A = \{a_1, a_2, \ldots, a_N\}$ と $B = \{b_1, b_2, \ldots, b_M\}$ とする。A の中の粒子 a_i と B との確率ベクトルを $p_i = [p_{i(1)}, p_{i(2)}, \ldots, p_{i(M)}]^T \hat{I} R^M$ と表す。ここで，$\sum_{k'} p_{i(k')} = 1$ である。もし，粒子 a_i と粒子 b_k の体積（それぞれ V_i，V_k）が許容値 RC 以下であれば，以下のように確率ベクトルを初期化する[7]。

$$p_{i(k)}^{0'} = \begin{cases} 1 & \text{if } \left|\frac{V_k - V_i}{V_i}\right| \le RC \\ 0 & \text{otherwise} \end{cases} \qquad p_{i(k)}^{0} = \frac{p_{i(k)}^{0'}}{\sum_{k'} p_{i(k')}^{0'}} \tag{9-14}$$

次に，時刻 t における確率マトリックスを更新係数 $q_i(k)$ によって更新する[7]。

$$p_{i(k)}^{t+1} = \frac{q_{i(k)} p_{i(k)}^t}{\sum q_{i(k')} p_{i(k')}^t}, \qquad q_{i(k)} = \sum_{j \in \zeta_i} \max(\gamma_{ij}(k, l) p_{j(l)}^t) \tag{9-15}$$

ただし，$\gamma_{ij}(k, l)$ は，マッチングの良否を判定する評価関数である。$e_{ij}(k, l)$ は，2 個のランドマーク粒子の距離を d として，それぞれ以下のように表される[7]。

$$\gamma_{ij}(k, l) = \max\left(1 - \frac{1}{W} e_{ij}(k, l), 0\right) \qquad e_{ij}(k, l) = \frac{\|d_{kl} - d_{ij}\|}{\|d_{ij}\|} \tag{9-16}$$

式 (9-15) からわかるように，最も確からしい A と B の粒子のマッチングは，現在の確率ベクトルに $\gamma_{ij}(k,l)$ を掛けたものが最大になる組み合わせとなる．もし，$e_{ij}(k,l) = 0$ であれば，$\gamma_{ij}(k,l) = 1$ となり，逆に $e_{ij}(k,l)$ がその限界値 W 以上であれば，$\gamma_{ij}(k,l) = 0$ となる．

なお，この後に行うノンランドマークのマッチング法は，9.2.1 節 (5) の手法と同じである[7]．

9.2.3 3D 歪みマッピング

(1) 技法

通常，アルミニウム合金では，9.2.1 節や 9.2.2 節の手法で，1 枚の 3D 画像の 1 視野当たり，数〜10 万個の粒子を追跡することができる．次に，8.3.4 節で紹介したドロネー分割を利用すれば，追跡できた粒子を頂点とする多数の四面体で試料内部を分割することができる．変形が微小と仮定すると，1 つの四面体内で垂直歪み ($\varepsilon_x, \varepsilon_y, \varepsilon_z$) とせん断歪み ($\gamma_{xy}, \gamma_{yz}, \gamma_{zx}$) を 4 頂点 i, j, k, l に位置する粒子の変位 (u_i, v_i, w_i)，(u_j, v_j, w_j)，(u_k, v_k, w_k)，(u_l, v_l, w_l) から計算できる[6],[7]．

$$\{\varepsilon_x\ \varepsilon_y\ \varepsilon_z\ \gamma_{xy}\ \gamma_{yz}\ \gamma_{zx}\}^t = [\mathbf{B}_i\ \mathbf{B}_j\ \mathbf{B}_k\ \mathbf{B}_l]\{u_i\ v_i\ w_i\ u_j\ v_j\ w_j\ u_k\ v_k\ w_k\ u_l\ v_l\ w_l\}^t \tag{9-17}$$

ここで，式 (9-17) の $[\mathbf{B}_i]$ は，以下のように与えられる．

$$[\mathbf{B}_i] = \frac{1}{6V} \begin{bmatrix} o_i & 0 & 0 \\ 0 & p_i & 0 \\ 0 & 0 & q_i \\ p_i & o_i & 0 \\ 0 & q_i & p_i \\ q_i & 0 & o_i \end{bmatrix} \tag{9-18}$$

ここで，V は四面体の体積である．o_i, p_i, q_i は，以下の通りである．

$$o_i = y_k z_j + y_l z_k + y_j z_l - y_k z_l - y_j z_k - y_l z_j \tag{9-19}$$

$$p_i = x_l z_j + x_j z_k + x_k z_l - x_j z_l - x_l z_k - x_k z_j \tag{9-20}$$

$$q_i = x_l y_k + x_j y_l + x_k y_j - x_j y_k - x_k y_j - x_l y_k \tag{9-21}$$

ただし，$x_j, y_j, z_j, x_k, y_k, z_k, x_l, y_l, z_l$ は，四面体の頂点 j, k, l の座標である．$i \to j$，$j \to k$，$k \to l$，$l \to i$ と順に入れ替えれば，$[\mathbf{B}_j]$，$[\mathbf{B}_k]$，$[\mathbf{B}_l]$ も同様に求めることができる．

この他，3D デジタル画像相関法 (Digital volume correlation) も 3D 歪みマッピングに用いることができる．こちらは市販のソフトウェアも販売されている．詳しくは，解説論文に譲ることにする[7]．

(2) 応用例

3D で塑性歪みを可視化できる手法はほとんどないので，3D 歪みマッピングを適用すれば，これまでに気がつかなかった材料内部の特異な挙動に気がつくことも多い．図 9.12 は，アルミニウム合金を圧延している所を ex-situ 観察 (ex-situ observation) したものである[11]．ちなみに，4.5.1 節で紹介した in-situ 観察が試料回転ステージ上で外乱を加えるのに対し，ex-situ 観察では，試料回転ステージから試料を取り

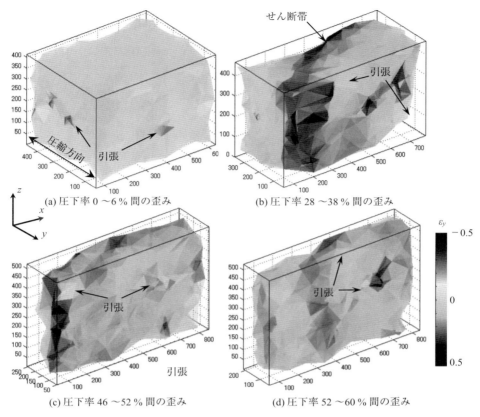

図 9.12 Al-4Mg-0.05 Pb 合金を常温で最大 60％圧下率まで圧延し，その後，高温で保持した場合の内在ポアの消滅，残留，再発生などの挙動を評価するために 3D 歪みマッピングを適用した例．圧延による圧縮方向の垂直歪みを表示している．参考文献には，同様の観察でカラーの図面があるので，参考文献の図面も参照されたい[11]

外して少し外乱を加え，また試料回転ステージに戻して観察するという作業を繰り返し行う．この場合は，吸収コントラストトモグラフィーであるが，元々，用いた材料には粒子追跡できるような粒子が乏しかった．そのため，材料作製段階で圧延による圧縮変形に影響しないような軟質で微細な鉛粒子を人為的に添加し，微細かつ高密度に分散させている．これにより，3D 歪みマッピングが可能になった．圧延中のアルミニウム合金は，均一に圧縮されるのではなく，図 9.12 (b) に典型的に見られるようにせん断帯が中央に走り，所々引張を示す[11]．これが，充分な圧延を施しているにもかかわらず，製造欠陥が圧壊されずに材料中に残留する原因となる．

歪みマッピングは，塑性変形の可視化という用途に限らず，様々な使い道がある．図 9.13 は，水素脆化を呈しやすい高 Zn 含有量（約 10％）の Al-Zn-Mg 系合金の引張試験中の 3D 歪みマッピングである[14]．この 3D 歪みマッピングにより，塑性歪みが引張の早期から，標点間の一部に局在化することが明らかになっている．それだけではなく，この材料では直径で数 nm 〜約 10 μm の範囲に及ぶ高密度のナノボイドが存在する．これは，透過型電子顕微鏡観察，5.1.1 節で紹介したフレネルゾーンプレートを用いた結像型 X 線ナノトモグラフィー，および通常の X 線マイクロトモグラフィーといった 3 つの技法を組み合わせたマルチスケール観察により明らかになった[14]．ナノボイドが生成すれば，材料のわずか

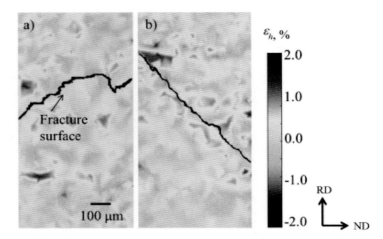

図 9.13 高 Zn の Al-Zn-Mg 系合金に放電加工で水素をチャージし，引張試験をしたときの静水圧歪み分布．(a) は，負荷歪みが 2.1 〜 6.8％ の間（保持時間 0.53 ks），(b) は同じく 1.1 〜 5.5％（同じく 3.34 ks）のデータである．いずれも最大で 1％ 以上，平均でも 0.2％ 程度の静水圧引張の歪みが見られる．これらは，材料内部に直径数 nm 〜数 μm のナノボイドが高密度に生成したことに起因している．なお，原図はカラーなので，詳しくは原論文の図面を参照されたい[14]．

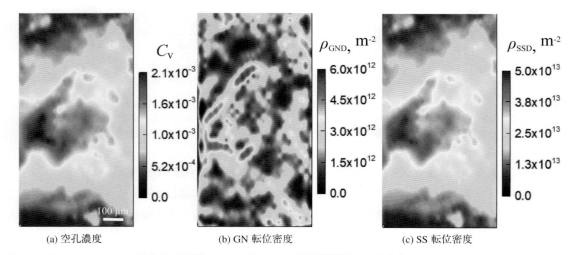

(a) 空孔濃度　　(b) GN 転位密度　　(c) SS 転位密度

図 9.14 高 Zn の Al-Zn-Mg 系合金に放電加工で水素をチャージし引張試験をしたときの 3D 歪みマッピングのデータを用い，転位密度と原子空孔濃度の分布を計算したもの．負荷歪みは 4.4％ である．計算では，SS 転位，GN 転位とも，らせん転位と刃状転位の密度が同じと仮定している．なお，原図はカラーなので，詳しくは原論文の図面を参照されたい[15]．

な膨張があるはずである．図 9.13 は，これを静水圧歪みの形で 3D 歪みマッピングにより空間分布として捉えたものである．

最後に紹介するのは，3D 歪みマッピングによる転位密度の計測である．言うまでもなく，塑性歪みは転位の活動によりもたらされるもので，両者はナノとマクロという視点の違いに過ぎない．図 9.14 は，3D 歪みマッピングから SS 転位（統計的に蓄積する転位：Statistically stored dislocation）と GN 転位（幾何学的に必要な転位：Geometrically necessary dislocation）を計算したものである[15]．例えば，SS 転位の

密度 ρ_{SSD} は，相当塑性歪み ε_p から以下のように求められる[16]。

$$\rho_{SSD} = \frac{\sqrt{3}\varepsilon_p}{bl} \quad (9\text{-}22)$$

ここで，l は転位の平均自由行程，b はバーガースベクトルである。また，GN 転位の密度 ρ_{GND} は，以下のようになる[17]。

$$\rho_{GND} = \bar{r}\frac{\eta_p}{b} \quad (9\text{-}23)$$

ここで，$\bar{r}$ は Nye の係数 (1.9)，η_p は塑性歪み勾配である。図 9.14 では，らせん転位のジョグの活動による原子空孔濃度の上昇も見積もっている。このように，材料中の転位密度が 3D マップの形で計測できるので，水素が転位，結晶粒界，析出物，原子空孔，ポアなどの水素トラップサイトにどのようにトラップされているかが亀裂先端などの局所領域のレベルで評価できる[15]。

9.2.4 局所破壊抵抗マッピング

(1) 粒子追跡に基づく方法

9.2 節の粒子追跡ができれば，3D 歪みマッピング以外にもその活用法が拡がる。その 1 つが応力拡大係数や J 積分といった破壊力学パラメーターの直接計測である。筆者が知る限り，X 線トモグラフィーと粒子追跡を組み合わせた手法以外，亀裂前縁に沿う局所的な破壊抵抗や亀裂進展駆動力を直接計測する手法はない。図 9.15 は，疲労亀裂とその前縁近傍のミクロなポアの分布を示している[18]。筆者は，シンクロトロン放射光を用いた X 線トモグラフィーの最初の実験で，このポアを追跡して応力拡大係数の高密度マッピングを試みた[18]。その結果の一部を図 9.16 に示す[18]。これは，モード I（開口）の亀裂進展駆動力のマッピングである。一般に，弾性破壊力学の範囲では，モード I，II および III の応力拡大係数 k_I，k_{II} および k_{III} は，x，y および z 方向の変位 u_x，u_y，u_z と下記のように結びつけられる。

$$u_x = \frac{1+\nu}{E}\sqrt{\frac{2r}{\pi}}\left\{k_I\cos\frac{\theta}{2}\left[1-2\nu+\sin^2\left(\frac{\theta}{2}\right)\right] + k_{II}\sin\frac{\theta}{2}\left[2(1-\nu)+\cos^2\left(\frac{\theta}{2}\right)\right]\right\} + (1-\nu^2)\frac{Tr\cos\theta}{E} \quad (9\text{-}24)$$

$$u_y = \frac{1+\nu}{E}\sqrt{\frac{2r}{\pi}}\left\{k_I\sin\frac{\theta}{2}\left[2(1-\nu)-\cos^2\left(\frac{\theta}{2}\right)\right] + k_{II}\cos\frac{\theta}{2}\left[1-2\nu-\sin^2\left(\frac{\theta}{2}\right)\right]\right\} - \nu(1+\nu)\frac{Tr\cos\theta}{E} \quad (9\text{-}25)$$

$$u_z = 2\frac{1+\nu}{E}\sqrt{\frac{2r}{\pi}}k_{III}\sin\frac{\theta}{2} \quad (9\text{-}26)$$

ここで，r および θ は亀裂先端から粒子までの距離と角度，E はヤング率，ν はポアソン比，T は T 応力である。基本的に，1 個の粒子の変位から 1 組の局所的な応力拡大係数が計算できる。亀裂前縁に沿う亀裂進展駆動力は非常に不均一で，亀裂が大きく先行した所や進展が大きく遅れた所などが複雑に入り組み，亀裂の複雑な前縁形状を形作っている。また，参考文献 [18] では，モード II（面内せん断）およびモード III（面外せん断）の亀裂進展駆動力のマッピングも行っている。その研究では，疲労亀裂の理解にとって非常に重要な亀裂開閉口の局所的な挙動を可視化するとともに，破面粗さ誘起亀裂閉口の発生をモード II およびモード III の局所的な亀裂進展駆動力の変化という，その発生起源と直接関連付けて評価している[18]。

図 9.17 は，このような解析を弾塑性破壊力学の範囲で行ったものである[19]。計算に用いる式は省略するが，J 積分の場合も，導出原理は図 9.16 の場合と同様である。

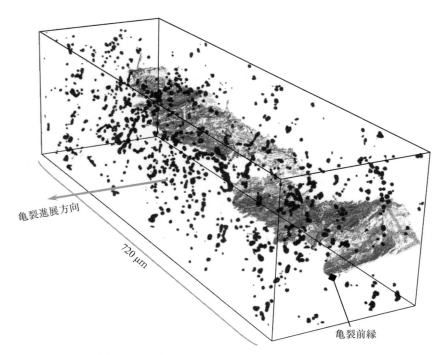

図 9.15 A2024 アルミニウム合金を疲労破壊させたときの亀裂先端部分の拡大[18]。粒子状の黒いものはポアである。ポアは，平均直径 3.6μm で，上記の囲みの中に 805 個存在する。最も初期に粒子追跡により破壊力学パラメーターを求めた実験である

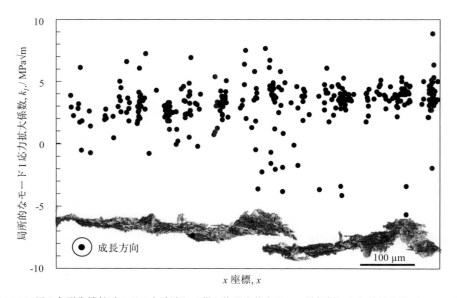

図 9.16 図 9.15 に写る亀裂先端付近のポアを追跡して得た物理変位を元に，逆解析により破壊力学パラメーターを求めた例[18]。応力拡大係数のような破壊力学パラメーターを亀裂前縁に沿い高密度に 3D マッピングした初めての研究

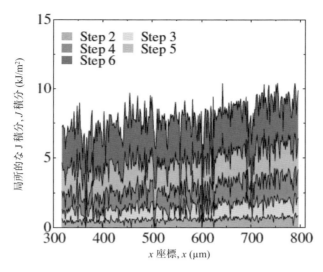

図 9.17 A2024 アルミニウム合金疲労予亀裂材を準備し，破壊靱性試験のその場観察を行って亀裂前縁に沿う J 積分の分布を 3D マッピングした結果[19]．亀裂進展に伴う亀裂進展駆動力分布の変化がわかる

(2) 亀裂開口プロファイルに基づく解析

亀裂先端開口変位 (Crack-tip opening displacement: CTOD) は，亀裂先端近傍の塑性変形により亀裂先端部が開口することを利用し，亀裂先端の開き量をもって塑性変形の程度を評価するパラメーターである．応力拡大係数や J 積分と同様に，CTOD でもその臨界値を求めて破壊基準として用いられる．ただし，実際には，試験片表面部分を除いては CTOD を直接計測する実験計測手段はないので，計測できる亀裂口元の開口量から推定するしかない．しかし，X 線マイクロトモグラフィーを用いれば，3D 画像の空間分解能が開口量より充分に小さければ，CTOD の亀裂前縁に沿う分布を直接精密計測することが可能である．

図 9.18 は，アルミニウム合金の破壊靱性試験で CTOD を実測した例である[20]．亀裂の偏向を考え，亀裂先端に近い直線状のセグメントを検出し，これを元に亀裂先端点を特定して CTOD を計測するアルゴリズムを実装している．図 9.19 は，このようにして求めた亀裂前縁に沿う亀裂進展駆動力である．この材料は 2 相組織からなっており，図の右半分の共晶組織部分では破壊抵抗が低く亀裂が先行して進行するのに対し，中央の α-Al 相部分は破壊抵抗がかなり高く，亀裂が停滞することがわかる．CTOD の計測結果から，両相の破壊抵抗は，実に 10 倍も異なることが明らかになった．

9.3　リバース 4D 材料エンジニアリング

最後に，第 8 章，第 9 章で得られる内部構造の定量評価やイメージベースシミュレーション，4D 画像解析などを組み合わせた X 線トモグラフィー・ベースの材料設計開発法[21]を紹介しておく．これが適用できる前提条件は，関心のある材料や工業製品の各種挙動を規定するミクロ組織や内部構造がきちんと 3D 画像に記録できることである．これを満たせば，用いる装置は，シンクロトロン放射光施設で

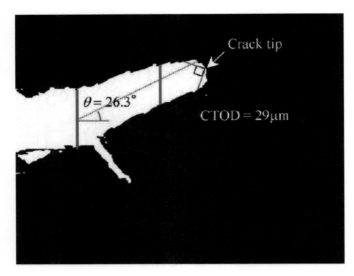

図 9.18 Al-6.7% Si-0.31% Mg アルミニウム合金疲労予亀裂材の破壊靱性試験のその場観察を行って，ある断面での亀裂先端開口変位 (CTOD) を計測した例[20]

も，産業用の X 線 CT スキャナーでもよい．複雑な 3D ミクロ組織を 8.5 節の幾何学的定量解析の要領で多数のパラメーターで表現した後，粗視化により限られた数のパラメーターの組み合わせで表示する．これが，材料設計の設計変数となる．次に，最適化したい材料特性を目的変数として選定し，最適値，最悪値，およびある組織形態のときの特性値予測などを行う．これを図 9.20 下段に模式的に示す．設計変数を振ったときの目的変数の変化は，実験によるトライアル・アンド・エラーではなく，8.6 節で述べた 3D イメージベースシミュレーションにより求める．ただし，現在のところ，高精細な 3D 画像を取得することは可能であるが，それをそのまま用いたイメージベースシミュレーションは，特にそのモデル作りにコストと労力がかかる．そのため，限られたデータ点数，つまり少数の計算モデルの作成とそれを用いたシミュレーションによる最適化が必要で，この点が一番の技術課題となる．このような材料開発プロセスは，図 9.20 上段の慣用の材料開発プロセスとは対照的に，既存の材料の内部構造から始まって材料設計へと遡る通常とは逆の経路を取る．このため，これをリバース 4D 材料エンジニアリング (Reverse 4D materials engineering: R4ME) と称している．

図 9.21 は，A2024 アルミニウム合金の粒子破壊および水素ミクロポアの成長による延性破壊にリバース 4D 材料エンジニアリングを適用した例である．最終的には，粒子とポアを合わせて 5 つの設計変数に粗視化した後，これらと破壊のしやすさを表す目的変数との関係を代理モデルで表している．図 9.21 は，その 5 つの設計変数のうち，目的変数との相関がより強い 2 つのパラメーターを選定し，応答曲面を 3D グラフとして描いたものである．ミクロ組織の変化に伴い破壊抵抗は大きく変化し，明瞭な最適組織，および最弱組織の存在が見られる．この最適組織が得られるよう，X 線トモグラフィーを援用しながら材料開発を行うことで，特殊な装置や特殊な素材に頼ることなく，優れた性能をもつ材料や工業製品を手にすることができると期待される．

X 線トモグラフィーにより得られる 3D/4D 画像は，現実の材料や工業製品のミクロ組織，内部構造を

9.3 リバース 4D 材料エンジニアリング　431

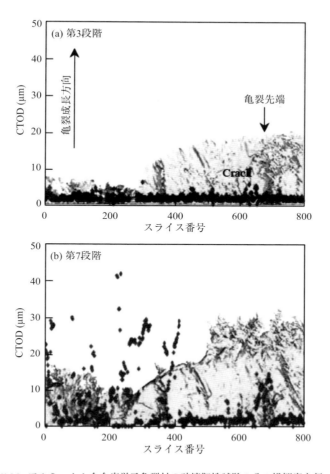

図 9.19 Al-6.7% Si-0.31% Mg アルミニウム合金疲労予亀裂材の破壊靱性試験のその場観察を行って，亀裂前縁に沿う CTOD の分布を 3D マッピングした結果[20]。亀裂進展に伴う亀裂進展駆動力分布の変化がわかる。なお，原図はカラーなので，詳しくは原論文の図面を参照されたい

図 9.20 リバース 4D 材料エンジニアリングの内容を示す模式図[21]

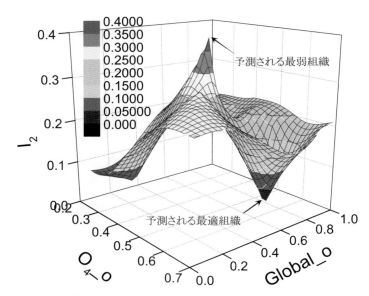

図 9.21 A2024 アルミニウム合金の粒子破壊および内在水素ミクロポアの成長による延性破壊を対象に，リバース 4D 材料エンジニアリングを適用した例．この場合には，アルミニウム部分の全相当塑性歪みが 0.05 を超える領域の体積率 (I_2) を材料の壊れやすさの指標（目的変数）とした．粒子，およびポアのサイズ，形状，空間分布を表す各 45 個の幾何学的パラメーターを用い，統計解析により最終的に 5 個のパラメーターを選定した

忠実に表すことができ，4D 観察やそれに伴う各種解析により，現実の現象をも正しく理解できる．しかしながら，現実の材料，工業製品，物理現象は非常に複雑で，ややもすれば本質が何なのか，かえってわかりにくいこともある．リバース 4D 材料エンジニアリングのような手法を用いることで，図 9.21 で見たように，物質や工業製品と各種現象の関係を正しく評価でき，またわかりやすく解釈することができる．またそれだけではなく，ものつくりのための確度の高い指針を得ることができ，その高度化にまでつなげることができる．

参考文献

[1] B. Zitová and J. Flusser: Image and Vision Computing, 21(2003), 977–1000.
[2] J.B.A. Maintz and M.A. Viergever: An Overview of Medical Image Registration Methods, Utrecht University, Information and Computing Sciences, (1998).
[3] J.-P. Thirion: International Journal of Computer Vision, 18(1996), 121–137.
[4] H. Toda, A. Takijiri, M. Azuma, S. Yabu, K. Hayashi, D. Seo, M. Kobayashi, K. Hirayama, A. Takeuchi, K. Uesugi: Acta Materialia, 126(2017), 401–412.
[5] S.F. Nielsen, H.F. Poulsen, F. Beckmann, C. Thorning and J.A. Wert: Acta Materialia, 51(2003), 2407–2415.
[6] M. Kobayashi, H. Toda, Y. Kawai, T. Ohgaki, K. Uesugi, D.S. Wilkinson and T. Kobayashi: Acta Materialia, 56(2008), 2167–2181.
[7] H. Toda, E. Maire, Y. Aoki and M. Kobayashi: Journal of Strain Analysis for Engineering Design, 46(2011), 549–561.
[8] H. Toda, K. Tsubone, K. Shimizu, K. Uesugi, A. Takeuchi, Y. Suzuki, M. Nakazawa, Y. Aoki and M. Kobayashi: Carbon, 59(2013), 184–191.

[9] H. Toda, Z. A. B. Shamsudin, K. Shimizu, K. Uesugi, A.Takeuchi, Y. Suzuki, M. Nakazawa, Y. Aoki and M. Kobayashi: Acta Materialia, 61(2013), 2403–2413.

[10] H. Toda, T. Yamaguchi, M. Nakawaza, Y. Aoki, K. Uesugi, Y. Suzuki and M. Kobayashi: Materials Transactions, 51(2010), 1288–1295.

[11] H. Toda, K. Minami, K. Koyama, K. Ichitani, M. Kobayashi, K. Uesugi and Y. Suzuki: Acta Materialia, 57(2009), 4391–4403.

[12] H. Toda, H. Oogo, K. Horikawa, K. Uesugi, A.Takeuchi, Y. Suzuki, M. Nakawawa, Y. Aoki and M. Kobayashi: Metallurgical and Materials Transactions A, 45A(2014), 765–776.

[13] 中澤満，小林正和，戸田裕之，青木義満：電気学会論文誌 A, 131(2011), 1–9.

[14] H. Su, H. Toda, R. Masunaga, K. Shimizu, H. Gao, K. Sasaki, Md.S. Bhuiyan, K. Uesugi, A. Takeuchi and Y. Watanabe: Acta Materialia, 159(2018), 332–343.

[15] H. Su, H. Toda, K. Shimizu, K. Uesugi and A. Takeuchi: Acta Materialia, (2018), under review.

[16] S. Brinckmann, T. Siegmund and Y. Huang: International Journal of Plasticity, 22(2006), 1784–1797.

[17] E. Martínez-Pañeda, C.F. Niordsona and R.P. Gangloff: Acta Materialia 117(2016), 321–332.

[18] H. Toda, I. Sinclair, J.-Y. Buffiere, E. Maire, K.H. Khor, P. Gregson and T. Kobayashi: Acta Materialia, 52(2004), 1305–1317.

[19] H. Toda, E. Maire, S. Yamauchi, H. Tsuruta, T. Hiramatsu and M. Kobayashi: Acta Materialia, 59(2011), 1995–2008.

[20] H. Toda, S. Yamamoto, M. Kobayashi, K. Uesugi and H. Zhang: Acta Materialia, 56(2008), 6027–6039.

[21] 戸田裕之，バトレス，ラファエル，桑水流理，小林正和，細川明秀：軽金属, 64(2014), 518–524.

寸法・形状計測

第10章

　産業用X線CTスキャナーは，各種工業製品や部品などの内部および外部の寸法・形状を計測する目的で用いられることが多くなってきた。つまり，いわゆる3次元測定機 (Coordinate measuring machine: CMM) として位置付けられている。今では，計測用X線CTスキャナーと称する製品も市販されている。また，そのための計測精度評価方法の標準化も図られている。

　ところで，現代の工業製品は，図面では表現しきれないような複雑な外部形状をもち，微細で高度に制御された内部構造をもつものが多い。したがって，できあがった製品の寸法・形状を計測・管理したり，内部欠陥を把握して品質を担保したいというニーズは，ますます大きくなっている。製品の寸法・形状の計測を3Dで行うことができれば，製品が設計通り作られているか，あるいは規格などに準拠しているかの明瞭な判定が可能となる。特に，他に計測する手段がない製品・部品の内部構造に関しては，切断による評価が主として行われ，非常にコストと手間がかかる割にはきちんとした評価が難しい。これについては，X線トモグラフィーの果たす役割は，非常に大きい。またX線トモグラフィーには，光沢をもつ表面による光の反射やオーバーハングをもつ構造，表面粗さなど，従来の接触式や光学式の寸法・形状計測法の場合には妨げとなっていた各種因子には影響されることなく，外部形状の安定した精密計測ができるというメリットがある。一方で，従来の計測法などではあまり問題とならなかった試料サイズと空間分解能のトレードオフ（7.5.1節），X線特有の各種ノイズおよびアーティファクトの存在など，X線トモグラフィー特有の各種事項の存在は見逃せない。これらをX線トモグラフィー法の弱点としないためには，本書で学んできた各事項を深く理解した上で適切な配慮の下に3Dイメージングを行うべきという点は，寸法・形状計測においても何ら変わりはない。

　寸法・形状計測の代表的な応用例は，中空部品などの肉厚や穴径の計測であろう。得られた部品や製品の3D画像とCADの3Dモデルとを9.1節で述べた位置合わせ法により重ね合わせれば，両者がどの部位でどの位異なるのかを定量的に把握することができる。図10.1は，その実施例を示したものである。現物は自動車のベルハウジング鋳物である。このような評価は，特に部品・製品の試作段階では重要であるし，試作から大量生産への移行段階でも必要になる。また，X線トモグラフィーを用いることで，以上のような評価が図6.13のように，いくつもの部品を組み付けた状態でも可能になる。さらに，実測した3D部品形状を用いて各種シミュレーションを行うことで，製品の性能と実形状，製造方法の

(a) 3D CAD による設計形状　(b) X線トモグラフィーから得られた鋳物のポリゴンデータ　(c) 現物と設計形状との形状誤差を示すコンターマップ

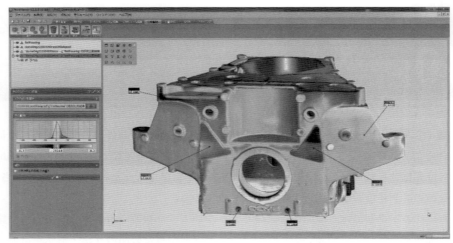

(d) リバースエンジニアリング用ソフトウェアを用いた (c) の解析の様子（パソコン画面）

図 10.1　X線 CT スキャナーを用いたリバースエンジニアリングの実例。日本ビジュアルサイエンス（株）製の PointMaster V5.5 を用いた解析例。（日本ビジュアルサイエンス（株）滝克彦氏の御厚意による）

関係を明らかにし，形状の最適化や性能のばらつきの制御にまで繋げることができる。このように，X線トモグラフィーが提供する 3D データは，現在の CAD (Computer aided design) / CAM (Computer aided manufacturing) / CAE (Computer aided engineering) による工業製品の設計，解析，製造プロセスと非常にマッチングがよい。

一方，内部欠陥の計測を必要とする代表的な例は，アルミニウムなどの鋳造材やポリマー射出成形材の充填不足，引け巣，ポロシティー，亀裂などの検出であろう。このような場合，それらを内包する部品を単に製造ラインからはじき出すだけではなく，無害なものはそのまま流すといった効率的な判断をしっかりとした根拠に基づいて行うことができる。この他，3D プリンターによる部品の製造など，新しいものつくりの形態においても，X線トモグラフィーによる寸法・形状計測の重要性は，小さくはない。

我が国は，高精度で高い信頼性を有する工業製品を生産することで発展してきた。これを今後も維持・発展させるためには，X線トモグラフィーの積極的かつ効果的な利用を推進したい。

10.1　装置技術

計測用 X 線 CT スキャナーの装置技術上の特徴を挙げると，図 10.2 のようになる。装置内の温度制御

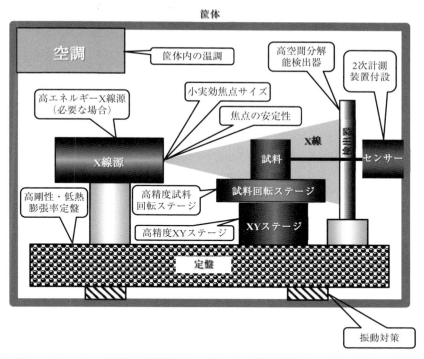

図 10.2　計測用 X 線 CT スキャナーで重要な装置技術上のポイントを構成機器ごとにまとめたもの（吹き出しで示した 10 項目）

（20 ℃ ± 0.5 ℃ 程度[1]），振動抑制の工夫，高剛性・低熱膨張の台座による位置安定性の保証[1]は，計測用 X 線 CT スキャナーに特有の配慮と言える。温調は，立ち上がり時の試料ドリフトを抑えるため，24 時間連続で運転される。また，振動対策は，筐体内外の対策だけではなく，時として設置環境の評価とその対策も含まれる。次に，高空間分解能検出器やマイクロフォーカス線源，高精度位置決めステージの採用は，高空間分解能を得る手段として一般的なものである。7.5 節で見たように，X 線トモグラフィーでは，X 線源，試料回転ステージ，結像光学系であれば X 線集光素子，検出器などの多種多様な要因のうち，最も低い精度をもたらす 1 つの因子が律速段階的に X 線 CT スキャナーとして到達できる最高の空間分解能を規定する。ただし，3 次元測定機としての X 線 CT スキャナーは，空間分解能というよりは，計測精度 (Accuracy) およびトレーサビリティー (Traceability) が重要になる。この場合，計測精度には，真値からのずれ，および計測の度にどの程度データがばらつくかの 2 つの要素がある。焦点の位置的安定性，およびレーザー干渉計など校正・確認用の 2 次計測装置の付設は，トレーサビリティーの担保のために必要となる。これに関して，ボクセルサイズは精密に校正をとる必要があり，装置が自動で校正を行って計測値に反映するような市販の装置も見られる。また，リアルタイムで焦点位置の変動がないように制御されている装置もある。特に大物製品・部品を計測対象とする場合には，高エネルギー X 線源の採用，大型・高精度で耐重量のある位置決めステージを採用する必要がある。

寸法・形状計測においても，比較的高エネルギーの X 線源を用いて大物部品・製品を計測対象とする場合と，小物部品・製品をマイクロトモグラフィーにより計測するという 2 つのニーズがある。図 10.2

を見るとわかるように，いずれの場合も，装置技術は第4章で見たものを基本とし，X線トモグラフィーの原理・原則や各構成機器の考え方に特別なところはない。つまり，X線CTスキャナーの各種構成機器や再構成，各種画像処理法などと3D画像の空間分解能，ノイズ，コントラストなどとの関係を本書で充分に理解しており，試料の熱ドリフトや振動などに関する若干の付加的配慮をしていれば，何も計測用X線CTスキャナーと称する製品でなくても，各X線CTスキャナーの性能に応じた寸法・形状計測は可能である。計測用と一般イメージング用のX線CTスキャナーが大きく異なる点は，上記のハードウェア上の配慮の他，ユーザーフレンドリーな各種ソフトウェアによるサポートと計測精度の保証であろう。前者は，例えば大量の計測点の評価を同時かつ高速に行うとか，評価レポート作成のサポートといった点である。また，インライン検査として製造ラインに設置し，製品や部品の全数検査を行う場合など，産業用ロボットによる試料のハンドリングや高スループットに対応する高速撮像・高速画像解析が必要となる。後者については，次節で触れる。

10.2　計測精度

10.2.1　標準化

　X線CTスキャナーを計測用に用いる場合，国際的な標準試験規格があり，それに基づき市販のX線CTスキャナーの性能が表示されたり，X線CTスキャナーの日常的な保守・点検，校正などが行われれば，X線CTスキャナーの3次元測定機としての信頼性は高くなる。しかし，そのような観点では，現在はその過渡期にあると言える。

　まず，X線トモグラフィーそのものの試験規格に関しては，ISO 15708-1:2017には用語の定義が，ISO 15708-2:2017には原理と装置，試料について，ISO 15708-3:2017には産業用X線CTスキャナーの操作と得られる画像の解釈に関して，またISO 15708-4:2017には寸法・形状計測を含めたX線トモグラフィーの検査および装置に関する評価が，それぞれ記載されている。特に，ISO 15708-4:2017には，寸法・形状計測に関する精度についても記述がある。

　一方，2018年現在，寸法・形状計測に関してドイツ国内の試験規格であるVDI/VDE 2617-13[6]およびVDI/VDE 2630-1.3[7]がドイツ以外のX線CTスキャナーにも適用される傾向にある。これらは，3次元測定機の測定精度評価法のISO規格であるISO 10360を計測用X線CTスキャナーに適用するためのガイドラインである。また，VDI/VDE 2630-1.1:2016-05[8]には，基礎的事項と定義が，そしてVDI/VDE 2630-1.2:2016-07[9]にはX線CTスキャナーによる形状計測に関する影響量がそれぞれ記述されている。これらを用いれば，計測用X線CTスキャナーの性能評価および基準器の定義に基づき，異なるX線CTスキャナーの比較が可能になる。松崎によれば，これらの規格を適用して問題がないのかは，国際的な議論の的となっている[1]。

　計測用X線CTスキャナーの性能評価に関するISO（国際標準化）は，長さ測定誤差，および局所的な測定誤差を代表するプロービング誤差を対象としている[10]。その時点の最新の標準化動向を調べて利用したい。

表 10.1 計測用 X 線 CT スキャナーの計測精度に影響する可能性のある様々な因子とその分類

大分類	小分類	原因
撮像系	X 線源	動き
		経時変化
		固定不良
		ビームハードニング
		管電圧
	位置決めステージ	回転軸アライメント
		耐荷重不足
		偏心量
		面振れ
		繰返し位置決め精度
	検出器	ビーム方向アライメント
		角度のアライメント
		平面度
		感度・ダイナミックレンジ
		空間分解能
		ノイズ特性
		画素サイズ（校正不良）
環境	筐体・定盤	温度
		剛性
	設置環境	振動
観察対象	試料	化学組成
		サイズ
		変形
		動き
		表面粗さ
		固定不良
		ビームハードニング
条件	計測条件	投影数・露光時間
		拡大倍率とその補正
		フィルター選択
後処理	再構成	コーンビームアーティファクト
		再構成フィルター
	画像処理	フィルタリング
		その他の各種画像処理

10.2.2 計測精度の不確かさ

ここでは，上述の各種構成機器や計測後の再構成，および 3D 画像のハンドリングに関わる計測精度の不確かさ (Uncertainty in measurement accuracy) の評価を述べる．また，X 線 CT スキャナーの寸法・形状測定特性を評価するための基準器にも触れる．表 10.1 には，撮像のハードウェア，計測環境，試料，計測条件，再構成や各種画像処理に関し，計測精度に影響する可能性のある様々な因子を網羅的に列挙した．この中で，自分が今行っている計測で影響の大きなもの，無視できるものをあらかじめ勘案することが必要である．

もし，あらかじめ形状やサイズが既知の基準器があり，これを定期的に計測して試料の寸法・形状の計測に反映することができれば，トレーサビリティーは担保されたと言える．つまり，計測結果が毎回

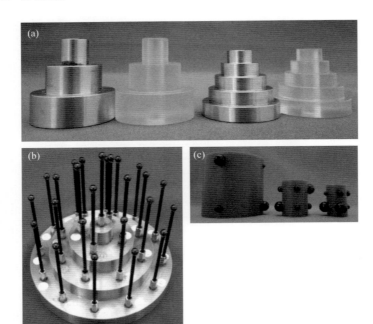

図 10.3 計測用 X 線 CT スキャナーの計測精度評価に用いられる (a) ステップゲージ，(b) フォレストゲージと呼ばれる基準器。(c) は，高橋氏自作のもの（群馬県立群馬産業技術センター 髙橋勇一氏の御厚意による）

必ず同じと証明されるのか，計測結果に基づき X 線 CT スキャナーが精密に校正されるのか，それとも計測データ自体を補正できるということである。このためには，他の 3 次元測定機，ないしは寸法・形状計測に用いる X 線 CT スキャナーよりもはるかに高い実効空間分解能，高い精度が担保されている他の X 線 CT スキャナーを用いて基準器の形状やサイズが計測され，確認されている必要がある。また，再現性を担保するためには，多数回繰り返して計測し，結果のばらつきを統計的に評価することになる。

基準器には，様々な形状のものが用いられる。その代表的なものとして，図 10.3 に示すフォレストゲージと呼ばれる多数の球がステーに支えられて林立したもの，およびステップシリンダーと呼ばれる多段の段付き中空円筒が用いられる。基本的には，球を計測すればプロービング誤差を評価することができ，あらかじめ距離がわかった 2 点間を計測すれば寸法誤差の評価ができる。フォレストゲージは，一度の計測で多くのデータが得られるようになっている。また，ステップシリンダーでは，材料の厚みが変化したときの影響を見ることができる他，内部に空いた穴の計測により，内部構造の評価も保証できる。

VDI/VDE 2630-1.3 では，球径を計測したときの最大半径 R_{max} と最小半径 R_{min} の差を形状プロービング誤差 (Form probing error) として評価する。また，あらかじめ求めた直径の真値からのずれをサイズプロービング誤差 (Size probing error) として評価する。この他，球のサイズや計測方法，誤差の計算の仕方などが規定されている。距離の誤差に関しては，円筒に 4 つの球が並んで取り付けられた基準器を用い，球間の距離を計測して求めることが示されている。

VDI/VDE 2630-2.1 では，校正された基準器を用いて計測時の誤差 U を評価するための手法が記述されている。その中では，U は，様々な誤差の要因から以下のように表される[11]。

$$U = k\sqrt{u_{\text{cal}}^2 + u_{\text{p}}^2 + u_{\text{w}}^2 + u_{\text{b}}^2} \tag{10-1}$$

ここで，u_{cal} は基準器を他の 3 次元計測手法を用いて校正するときの不確かさ，u_{p} は計測方法の再現性に関する不確かさ，u_{w} は試料とその製造プロセスのばらつきに起因する不確かさ，u_{b} は計測方法の手順の不確かさである．また，k は，信頼性区間によって変化する係数であり，95.45 % 信頼性区間の場合には，$k = 2$ となる．

表 10.1 には，u_{cal} は含まれていない．一方，その他の因子は，実際には表 10.1 のように多岐にわたるので，対象とする X 線 CT スキャナー，計測条件，試料，データ処理法などを精査して，式 (10-1) の実質的な意味を十分に理解しておく必要がある．例えば，ヒメニス等は，マイクロトモグラフィー装置を対象に，式 (10-1) の手法を適用している[12]．彼らは，u_{w} および u_{b} を以下のように表している[12]．

$$u_{\text{w}} = \sqrt{u_{\text{w}_1}^2 + u_{\text{w}_2}^2} \tag{10-2}$$

$$u_{\text{b}} = \sqrt{u_{\text{b}_1}^2 + u_{\text{b}_2}^2} \tag{10-3}$$

ここで，u_{w_1} は試料の力学特性のばらつきに関する不確かさ，u_{w_2} は試料の熱膨張係数のばらつきに関する不確かさである[12]．また，u_{b_1} は計測中の温度変動に関する不確かさ，u_{b_2} は表面位置特定に関する不確かさである[12]．彼らによれば，光学式の 3 次元測定機を用いた場合の u_{cal} は 2.5 〜 2.7 µm 程度となり，U に占める割合が最も大きくなる．また，10 回計測に対する u_{p} は 0.5 〜 1.8 µm 程度とそれに次ぐ．一方，クリーマ等も焦点サイズ 8 µm のマイクロトモグラフィー装置について，同様に計測の不確かさを調べている[13]．それによると，直径 2 mm の球間の距離を計測した場合にはヒメニス等と同様の結果が得られているが，球の直径を計測した場合には，u_{b} が 8.2 〜 13.2 µm と非常に大きくなっている．

最後に不確かさと 3D 画像の空間分解能の関係の観点からまとめる．ヒメニス等の場合，3D 画像の実効画素サイズは 8 µm であり，サンプリング定理から，3D 画像の空間分解能は，最高でも 16 µm と見積もられる．それに対し，不確かさは 5.6 〜 7.0 µm と，空間分解能の半分以下になっている．クリーマ等の場合，実効画素サイズは 13 µm であり，空間分解能の最高値は 26 µm である．このとき，不確かさは球間距離では 2 〜 5 µm と空間分解能の 1 〜 2 割であるが，球直径に対しては 16 〜 26 µm と，同程度になっている．このように，不確かさは，同じ試料でも測定する部位が異なるだけで 10 倍というレベルで大きく変動することは，頭に入れておく必要がある．

これらの研究から，まずは基準器を高精度で校正できることが肝要とわかる．次に，ケースごとに不確かさを支配する因子が異なることを理解し，その因子をもたらす物理的な要因を表 10.1 のレベルで把握しておきたい．そして，できれば，その因子がもたらす不確かさのレベルも把握しておきたい．また，その不確かさは，比較的把握しやすい X 線 CT スキャナーや 3D 画像の実効空間分解能とは大きく異なることには注意が必要である．

10.3　リバースエンジニアリング

リバースエンジニアリングの一般的な意味は，ソフトウェアを含む工業製品を分解したり解析したりし，その製品の材質や加工熱処理，構成部品の形状や機能，仕様などを理解し，これを積極的に利用す

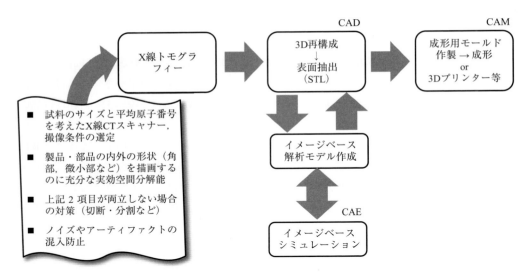

図 10.4 X 線 CT スキャナーを用いたリバースエンジニアリングの流れと 3D イメージングのポイントをまとめた模式図

るものつくり法である。例えば，企業が他社製品を購入し，分解して徹底的に解析することで，同等の製品を作ったり，あるいは製品技術を自社製品の設計や開発に利活用することができる。ただし，この章で扱うのは，工業製品を X 線トモグラフィーで 3D イメージングし，得られたデジタルデータをものつくりに活用するという狭義のリバースエンジニアリングである。例えば，数十年前と違い，自動車の外板は，複数の複雑な曲面で滑らかに構成されている。これを CAD で描いても，人間はモニター上ではその形状を捉えきれない。そこで，クレイモデルで自動車外観を作り，デザイナーが人間の感性で人の手により修正した後，これを計測して 3D データとし，最終的に金型の図面を作成する。この金型を用いればものつくりができるし，3D データを用いればその CAE による解析が可能である。

図 10.4 は，リバースエンジニアリングの流れとリバースエンジニアリングを行うために必要な X 線トモグラフィーの要点をまとめた。また，図 10.5 には，その実例を示した。この中で，CAE では，構造解析，鋳造凝固解析，流体，伝熱，電磁界，物質の拡散など，様々な計算対象が考えられる。8.6 節では，STL ファイルや構造解析に関して説明したが，それ以外の CAE や CAM に関しては，本書の範囲を超えるので割愛する。

3D イメージングに関しては，6.7 節を中心に，これまで述べてきた 3D イメージングの考え方や注意点と同じ配慮が必要である。つまり，対象とする工業製品や部品のサイズ，および空隙も含めたそれらの平均原子番号を考えれば，必要となる撮像視野，X 線の透過能を考慮した X 線 CT スキャナーの選定，および撮像時に用いる X 線エネルギーの設定ができる。特に，製品や部品のサイズが大きい場合，鉄など平均原子番号の大きな材質の場合には，4.1.3 節で述べた小型電子加速器を備えた X 線 CT スキャナーなどが必要になり，より大がかりになる。次に，製品・部品の内外の形状を考え，ピン角部の再現性，および最も幅の狭い微小部のサイズと形状，微小部同士の分離性などを考え，必要とする 3D 画像の実効空間分解能を決定する。これらが両立しない場合は，6.7 節で述べたように，切断やアッセンブリーの分割など，3D イメージング前に何らかの工夫が必要となる。また，8.6 節で触れたように，三角形メッ

(a) 工業製品などの現物
（この場合には虫の標本）

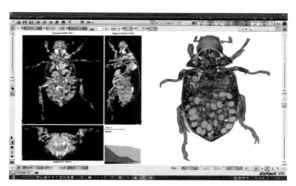
(b) X 線トモグラフィーによる画像データ化。3D 画像描画ソフトウェアによる MPR 表示（左）と 3D 像（右）

(c) 3D 画像データに基づき透明薄板を積層させた立体模型

図 10.5 リバースエンジニアリングの実例。ここでは，工業製品や部品ではなく，虫の標本を 3D イメージングし，表面抽出した後，3D 画像データを用いて 3D モデルを作製した。金属の鋳造・鍛造，プラスティックの射出成形，および 3D プリンターなど，様々な製造プロセスが利用できる（日本ビジュアルサイエンス（株）滝克彦氏の御厚意による）

シュの接続性や歪な要素形状の修正，および要素数の制御は，大変時間と労力を要するものとなる。この他，3D イメージングにはつきもののノイズやアーティファクトをあらかじめ充分に把握し，それらを極力，3D 画像処理やセグメンテーションの過程で消去しておくことも肝要である。

参考文献

[1] 松崎和也：産総研計量標準報告, 9(2016), 311–321.

[2] ISO 15708-1:2017: Non-destructive testing – Radiation methods for computed tomography – Part 1: Terminology, 2017.

[3] ISO 15708-2:2017: Non-destructive testing – Radiation methods for computed tomography – Part 2: Principles, equipment and samples, 2017.

[4] ISO 15708-3:2017: Non-destructive testing – Radiation methods for computed tomography – Part 3: Operation and interpretation, 2017.

[5] ISO 15708-4:2017: Non-destructive testing – Radiation methods for computed tomography – Part 4: Qualification, 2017.

[6] VDI/VDE 2617-13: Accuracy of coordinate measuring machines characteristics and their testing - Guideline for the application of DIN EN ISO 10360 for coordinate measuring machines with CT-sensors, 2011.
[7] VDI/VDE 2630-1.3: Computed Tomography on Dimensional Measurement - Guideline for the Application of DIN EN ISO 10360 for Coordinate Measuring Machines with CT Sensors, 2011.
[8] VDI/VDE 2630-1.1: Computed tomography in dimensional measurement - Fundamentals and definitions, 2016.
[9] VDI/VDE 2630-1.2: Computed tomography in dimensional measurement Influencing variables on measurement results and recommendations for computed tomography dimensional measurements, 2018.
[10] 経済産業省産業技術環境局計量行政室，国立研究開発法人産業技術総合研究所，株式会社日立製作所：次世代3次元内外計測の評価基盤技術開発プロジェクト評価用資料, (2016).
[11] VDI/VDE 2630-2.1, Computed tomography in dimensional measurement: Determination of the uncertainty of measurement and the test process suitability of coordinate measurement systems with CT sensors, 2015.
[12] R. Jiménez, M. Torralba, J.A. Yagüe-Fabra, S. Ontiveros and G. Tosello: Sensors, 17(2017), 1–21.
[13] A. Kraemer and G. Lanza: Procedia CIRP, 14th CIRP Conference on Computer Aided Tolerancing (CAT), 43(2016), 362–367.

索　引

【数字，アルファベット】
$\Delta\theta_1$　147
$1/f$ ノイズ　171, 172
2 結晶分光器　146
2 重回折　269
3D - XRD　270
3D 離散データ補完　421
4D　409
4 次元　409
4 相駆動　170

ADU　157
API　90
ASIC　215

CCD カメラ　6, 156
CDS　172
CIC ノイズ　173
CMOS カメラ　10, 157
CUDA　92

DAGT　271
DCT　268
DN　157

EEM　239
EM-CCD　173
ESF　345
ex-situ 観察　424

FET　180
FOP　167

GAGG　200
Gallium enhanced microscopy　267
GGG　203
GN 転位　426
GPU　90
GSO　206

H-minima 変換　385

in-vivo 観察　219
in-vivo トモグラフィー　11

keV　8, 15
kTC ノイズ　172

LSF　345
LSO　203
LuAG　204
LuAP　204

MOS　168
MOS キャパシター　168
MTF　346

OSA　228

P43　191
P46　204
PSF　344
P タイル法　381

RMS 粒状度　328
RTS ノイズ　185

S/N 比　6, 58
SART　57
sCMOS　185
SIRT　58
SS 転位　426
STL　401

TDI　164
TFT　188

XANES　264
XY ステージ　151
X 線管球　44, 103
X 線吸収端近傍構造　264
X 線集光素子　226
X 線集光ミラー　30

X 線小角散乱　274
X 線小角散乱トモグラフィー　274
X 線トポグラフィー　275
X 線ホログラフィー　38, 244
X 線ラマン散乱分光法　25

YAG　196
YAP　204
YSO　206

Z ステージ　154

【あ行】
アインシュタインの関係式　23
アキュムレーション　174
アクティブピクセルセンサー　182
アッベの正弦条件　233
アーティファクト　249, 259, 268, 330, 340, 355, 379
アフィン変換　410
アブソーバー　143
アポダイゼーション・フレネルゾーンプレート　230
アモルファスセレン　188
アンジュレータ　136
アンダーサンプリング　340
暗電流　160

位相回復　246
位相コントラストイメージング　37, 243
位相シフト　31, 33
位相伝達関数　347
位相板　248
位置合わせ　85, 86, 409
イットリウムアルミニウムガーネット　196
イットリウムアルミニウムペロブスカイト　204
イットリウムシリコンオキサイド　206

446　索　引

移動平均フィルター　370
イメージインテンシファイアー　156
イメージベースシミュレーション　304, 401
イメージングプレート　156
色収差　230
陰極　103, 104
インコヒーレント散乱　21
インターライントランスファー　170
インテリア CT　86
インパルス応答　74

ヴァンデグラフ起電機　120
ヴィクトリーンの式　19
ウィグラー　6, 136
ウィナースペクトル　330
ウィナーフィルター　378
ウェーバーコントラスト　335
ウォーターシェッド法　385
ウォームギア方式　152
ウォルターミラー　236
裏面入射型　174, 176

エアスピンドル　153
エアベアリング　152
エイリアシング　340
エイリアシングアーティファクト　363
エイリアシングノイズ　160
液体金属修飾法　266
エッジ拡がり関数　345
エネルギー圧縮システム　127
エネルギー積分型検出器　212
エネルギー分解能　146, 148, 296
エミッタンス　127, 128
塩化ランタン　203

大津法　383
オージェ電子　24
オージェ電子分光法　24
オージェフリー発光　196
オーバーサンプリング　340
オフセットスキャン　84
オンザフライ　260

【か行】
開口数　209, 226, 231, 234
開口率　162
回折　26
回折格子　145
回折コントラストトモグラフィー　268

回折次数　227
回折縞　35
階調変換関数　324
回転楕円面　236
回転ピッチ　162
回転放物面　236
開放型 X 線管球　103
ガウシアンフィルター　371
科学用 CMOS　185
拡散板　235
カークパトリック－バエスミラー　226
影の領域　80
過剰ノイズ　159
画像再構成　11, 43, 47
加速管　121
画素数　162
活性化物質　196
カットオフ周波数　67, 340
価電子帯　194
荷電粒子　22, 97
ガドリニウムアルミニウムガリウムガーネット　200
ガドリニウムシリコンオキサイド　206
カーネル　74, 370
ガリウムガドリニウムガーネット　203
下流シャッター　148
干渉計　244
関心領域　1, 86
間接変換方式　188
完全結晶　145
管電圧　98
管電流　108
感度　157
ガンマ線ストッパー　148
ガンマ補正　324

輝度　120, 124, 135, 138, 140
キノフォルム型　232
逆投影法　59
逆ラドン変換　47
ギャップ　137
吸収コントラストトモグラフィー　16
吸収端　18, 20, 22, 23
吸収端差分イメージング　261
球面収差　230
強度輸送方程式　244
距離変換　385
近軸近似　233
近接場の条件　246

空間的コヒーレンス　17
空間電荷　108
空間フィルタリング　370
空間分解能　110, 117, 226, 237, 234, 253, 314, 336
空間分解能と撮像視野のトレードオフ　314
空乏層　168
くし形関数　340
屈折　17
屈折コントラストイメージング　37
クライストロン　121
クライン－仁科の断面積　20
クラスターマッチング　417
クリティカル照明　234
グレースケール　322
グレー値　86, 323
グローバルシャッター　185

蛍光　23
蛍光 X 線　23
蛍光 X 線トモグラフィー　261
蛍光 X 線ホログラフィー　256
蛍光収率　24
計算ノイズ　160
形状プロービング誤差　440
計測精度　437
計測精度の不確かさ　439
ゲイン　157
結晶干渉計　251
結晶粒界追跡法　271
結像型 X 線トモグラフィー　38
結像光学系　225
ケーラー照明　234
ゲルマニウム酸　196
原子吸収係数　18
原子断面積　18
検出能　343
減衰距離　189
減衰時間　157

高エネルギー X 線回折顕微鏡　270
光学的深さ　396
光学伝達関数　346
光学ハッチ　142
光子計数　164
高次光　31, 140
光子収率　198
構造化シンチレーター　163, 192
光束ゲイン　166

後側焦平面　248
高速トモグラフィー　6, 257
光束密度　133
高調波　139
光電陰極　165
光電吸収　21
光電効果　22
光電子　23
光電子顕微鏡　23
光電子増倍管　165
光電子分光　23
光電変換膜　188
光電面　165
後方散乱　25
光量　6
小型電子加速器　120
固定パターンノイズ　160
ゴニオステージ　151
コヒーレンス長　35
コヒーレント回折イメージング　275
コヒーレント散乱　21
コマ　239
コリメーション　132
コールドエミッション　110
コーン角　81
混合則　18
コンデンサーコイル　119
コンデンサーゾーンプレート　234
コントラストノイズ比　334
コンプトン効果　24
コンプトン散乱　24

【さ行】
最外輪帯幅　230
再構成法　86
歳差運動　152
サイズプロービング誤差　440
細線化　390
最大事後確率推定−期待値最大化　58
サイノグラム　48
最尤推定−期待値最大化　58
サーフェスレンダリング　393
サブセット化による期待値最大化法　58
酸化トリウム　115
酸化鉛　189
残光　201
3次元測定機　435
参照波　256
三対子生成　21

サンプリング　339
サンプリング間隔　75
サンプリング関数　340
サンプリング定理　66, 314, 336, 337, 339
散乱ベクトル　269
シェップ−ローガンフィルター　69
シェーディング　157
時間的コヒーレンス　41
時間分解能　157
閾値　323
自己束縛励起子　196
仕事関数　104
自己誘起ドリフト　169
実験ハッチ　142
実効原子番号　198
実効焦点　111
質量吸収係数　18
シード　384
縞走査法　252
視野　84
修正バネモデル　417
収束角　234
集束コイル　119
周波数フィルタリング　370
縮小率　166
縮退処理　388
準単色光　138
消衰　268
焦点距離　228
焦点深度　231
ショットキー効果　105
ショットノイズ　158
試料回転ステージ　84
シンクロトロン放射光　6, 124
シンチレーター　6, 192
ステーショナリー／ローテート方式　44
ステップ・アンド・シュート　260
ステップ・スキャニング・セクション・トポグラフィー　275
ストークスシフト　195
スネルの法則　30
スーパーベンディングマグネット　259
スペックルノイズ　38, 145
スミア　171
スライダーモジュール　151
スライドガイド　152

スラスト軸受け　152
スリット　2, 142
スリップリング　154
正規化標準偏差　328
制動放射　98
セクターコンデンサーゾーンプレート　235
セグメンテーション　379
セレン化カドミウム　189
ゼロクロス点　376
ゼロパディング　86
鮮鋭化フィルター　377
線吸収係数　16, 19
線形加速器　121
線形性　157
線形フィルター　370
先験的なアプローチ　317
センタービームストップ　229
全反射　30
線拡がり関数　345
前方散乱　25
全放射パワー　133
相関2重サンプリング　172
相互コヒーレンス　41
相互情報量　413
挿入光源　136
束縛エネルギー　19
阻止能　189
ソースフォロワアンプ　180
ソーベルフィルター　375

【た行】
第1フレネルゾーンの半径　36
第2世代CT　44
第3世代CT　44
第4世代CT　44
第5世代CT　44
第6世代CT　45
第7世代CT　46
耐荷重　152
代数的再構成法　53
ダイナミックレンジ　10, 157
対物絞り　119
ダイレクトドライブ方式　153
ダーウィン幅　147
楕円筒面　236
ダークコントラスト　249
ダークノイズ　160

ターゲット角　111
多層膜　145
多層膜ラウエレンズ　226
畳み込み　60
畳み込み逆投影法　74
畳み込み積分　73
畳み込み定理　73
タリウム活性化ヨウ化セシウム　191
タルボ距離　252
タルボ効果　252
単一距離位相回復法　246
タングステン酸カドミウム　196
タングステン酸カルシウム　198
単色X線　16
単色性　41
弾性散乱　21

逐次再構成法　53
蓄積リング　124
チャイルドーラングミュアの式　108
中央断面定理　50
中性子　122
中断観察　217
直接変換方式　188

ツェルニケ位相差顕微鏡　244

ディチューン　147
テクスチャベース法　396
デジタル画像相関法　424
テストオブジェクト　349
デッドタイム　162
デュアルエネルギー　164
デュエーン－ハントの法則　98
テルビウム活性化酸硫化ガドリニウム　191
テルル化亜鉛カドミウム　189
テルル化カドミウム　189, 213
電位の井戸　168
電界効果トランジスター　180
電界電子放出　109
電荷移動　196
電荷共有　216
電気双極子放射　129
点光源　38
電子シンクロトロン　125
電子・正孔対　160
電子・正孔対生成エネルギー　190
電子増倍式CCD　173
電子対生成　21

電子ビーム露光　229
伝導帯　194
伝播に基づく方法　244
点拡がり関数　60, 344

トゥイの条件　82
投影型X線トモグラフィー　6
投影定理　50
投影データ　47
透過像取得ごとに止めるデータ収集法　260
動径基底関数　421
統計的逐次再構成法　58
同時代数的再構成法　57
同時逐次再構成法　58
等値面　394
等方性ボクセル　322
特性X線　101
トップハット変換　390
トポ・トモグラフィー　275
トムソン散乱　22
トランスレート／ローテート方式　44
トレーサビリティー　437
ドロネー分割　392

【な行】
ナイキスト周波数　66, 340
内部光電効果　168

二値化　323
二値画像　323
任意断面表示　322

ネガティブコントラスト　249
熱拡散　169
熱雑音　171
熱電子　104
熱電子銃　121
熱電子放出　104

ノイズ　157
ノイズパワースペクトル　330

【は行】
ハイパスフィルター　378
バイラテラルフィルター　370
白色X線　98
薄膜トランジスター　188
波長シフター　138
発光中心　196
発光ピーク波長　198

発散角　38
発生効率　101
波面　33
ハレーション　166
半影　111
半値全幅　263
バンチャー　121
反跳電子　24
バンドパスフィルター　378
バンド幅　146
ハンフィルター　69

ピクセル　322
ビスマス　196
非弾性散乱　21
ビット深度　322
非等方性ボクセル　322
ビニング処理　162
微分フィルター　374
ビームシャッター　143
ビームハードニング　149
標準偏差　328
ヒール効果　112
ヒルディッチの細線化　390
ピンクビーム　138
ピンホール　7

ファイバーオプティックプレート　167
ファン角　77
ファンパラ変換　77
ファンビーム　6, 44
フィラメント　103
フィルター　31, 369
フィルター補正逆投影法　59
フィルタリング　369
フィルファクター　162
フェルドカンプ法　82
フェルミーディラック分布　104
フォトダイオード　163
フォトンカウンティング　164, 212
フォトンカウンティング検出器　212
フォトンノイズ　158
複合屈折レンズ　226
複素屈折率　31
フッ化カルシウム　202
フッ化バリウム　196
物体波　256
不透明度　395
ブライトコントラスト　249
フラウンホーファー回折　33

フラックス　73, 134
フラットパネルディテクター　10, 156
フラットフィールド補正　160
フーリエ断面定理　50
フーリエ変換法　51
フリードルペアー　269
プリューウィットフィルター　374
フリンジ電界ドリフト　169
フルフレームトランスファー　173
ブルーミング　159
フレネル回折　33
フレネル数　36
フレネルゾーンプレート　6, 226
フレームインターライントランスファー　174
フレームトランスファー　174
フレームレート　10, 157
フローティングディフュージョンアンプ　171
フロントエンド　142
分光感度特性　165
分光器　145
分離度　383

平滑化フィルター　370
平均化　161
平均自由行程　24
平面波　35
並列計算　90
へき開　201
ベータトロン　120
ヘリカルスキャン　45
ベリリウム窓　142
ペルチェ素子　161
ベルトドライブ方式　153
変換比　157
偏向電磁石　6, 128
ペンシルビーム　44
偏心量　152
変調伝達関数　346
弁別器　215

ポアソン統計　158
放射性同位体　120
放射伝達方程式　396
放射パワー　133
膨張処理　388
傍熱式　107
飽和電荷量　159
ボクセル　58, 322
ぼけ　60, 111, 230, 344, 345, 346, 350

ぼけ関数　60
ポジティブコントラスト　249
ボトムハット変換　390
ポリゴン　394
ボリュームレンダリング　394
ボールベアリング　152
ホログラム　256
ホロトモグラフィー　256
ボロノイ分割　391
ボンゼ・ハート干渉計　251

【ま行】
マイクロチャンネルプレート　166
マイクロトモグラフィー　5
マイクロフォーカスX線源　11, 116, 118, 119
マイケルソンコントラスト　335
マグネトロン　121
マーチングキューブ法　394
窓関数　69

密閉型X線管球　103
ミンコフスキー差　388
ミンコフスキー和　388

無中断観察　217

メインビームシャッター　142
メタルアーティファクト　359
メディアンフィルター　370
面振れ　152

モズリーの法則　101
モデルベース逐次再構成法　58
モノクロメーター　31
モル吸収係数　18

【や行】
ヨウ化水銀　189
ヨウ化ナトリウム　198
ヨウ化鉛　189
ヨウ化リチウム　201
陽極　103
陽電子消滅　26
読み出しノイズ　160
四極電磁石　128

【ら行】
ライナック　121
ラインセンサーカメラ　156
ラジオアイソトープ　120
ラドン空間　48

ラドンの定理　47
ラドン変換　47
ラプラシアンフィルター　375
ラマチャンドラン－ラクシュミナラヤナンフィルター　67
ラマン散乱　25
ラミノグラフィー　87
ラム－ラックフィルター　67
ランドマーク　412
ランベルト・ベールの法則　16

リセットノイズ　171
リチャードソン－ダッシュマンの式　106
リニアック　121
リバース4D材料エンジニアリング　430
リビニング　77
粒子追跡　409, 413
領域成長法　384
量子化　185
量子化誤差　185
量子化ビット数　185
量子検出効率　158
量子効率　157
量子ノイズ　158
臨界角　30
リングアーティファクト　359
類似度関数　413
ルテチウムアルミニウムガーネット　204
ルテチウムアルミニウムペロブスカイト　204
ルテチウムシリコンオキサイド　203

励起状態　101
励起電圧　101
レイキャスティング　395
レイリー散乱　22
レイリーの回折限界　226
レンズの公式　233
連続X線　98
連続回転によるデータ収集法　260

ローカルCT　86
ログフィルター　377
露光時間　162
六極電磁石　128
ローテート／ローテート方式　44
ローパスフィルター　377
ローリングシャッター　185

Memorandum

Memorandum

著者紹介

戸田　裕之（とだ　ひろゆき）

略　歴：1987年 京都大学工学部冶金学科卒，同年鈴木自動車工業（株）材料研究所，1997年
　　　　豊橋技術科学大学工学部生産システム工学系講師，2006年同教授，2013年九州大学
　　　　工学研究院機械工学部門教授を経て
現　在：九州大学大学院工学研究院機械工学部門主幹教授，博士（工学）
専　門：構造・機能材料，3D イメージングとその応用
主　著：Advanced Tomographic Methods in Materials Research and Engineering（分担，Oxford，
　　　　2008），Metal and ceramic matrix composites（分担，Institute of Physics Pub.，2003），
　　　　金属材料の加工と組織（編集，共立出版，2010），アルミニウム合金の強度（分担，内
　　　　田老鶴圃，2000）など

X線CT　―産業・理工学でのトモグラフィー実践活用―
X-ray CT — Practical application of tomography in industry and science & engineering—

2019 年 2 月 28 日　初版 1 刷発行
2025 年 5 月 15 日　初版 3 刷発行

　　　著　者　戸田裕之　ⓒ2019　　　　　　　　　　　　　　　　　　（検印廃止）
　　　発行所　**共立出版株式会社**／南條光章
　　　　　　　東京都文京区小日向 4 丁目 6 番 19 号　　　　一般社団法人 自然科学書協会 会員
　　　　　　　電話 (03) 3947-2511 番（代表）
　　　　　　　〒112-0006/振替口座 00110-2-57035 番　　　　NDC 535
　　　　　　　URL　www.kyoritsu-pub.co.jp　　　　　　　　　ISBN 978-4-320-08222-9
　　　　　　　　　　　　　　　　　　　　　　　　　　　　　Printed in Japan

　　　　　　印刷：加藤文明社　　製本：ブロケード

JCOPY <出版者著作権管理機構委託出版物>
本書の無断複製は著作権法上での例外を除き禁じられています．複製される場合は，そのつど事前に，
出版者著作権管理機構（ＴＥＬ：03-5244-5088，ＦＡＸ：03-5244-5089，e-mail：info@jcopy.or.jp）の
許諾を得てください．

■機械工学関連書　　www.kyoritsu-pub.co.jp　共立出版

- 生産技術と知能化 (S知能機械工学 1) ……………山本秀彦著
- 現代制御 (S知能機械工学 3) ………………………山田宏尚他著
- 実践に活かす モデルベースシステムズエンジニアリングの基礎　西村秀和編
- 持続可能システムデザイン学 ……………………小林英樹著
- 入門編 生産システム工学 総合生産学への途 第6版　人見勝人著
- 機能性材料科学入門 ………………………………石井知彦他編
- Mathematicaによるテンソル解析 ………………野村靖一著
- 計算力学の基礎 数値解析から最適設計まで ……倉橋貴彦他著
- 工業力学 ………………………………………………上月陽一 監修
- 機械系の基礎力学 …………………………………山川 宏著
- 機械系の材料力学 …………………………………山川 宏他著
- わかりやすい材料力学の基礎 第2版 ……………中田政之他著
- 工学基礎 材料力学 新訂版 ………………………清家政一郎著
- 詳解 材料力学演習 上・下 ………………………斉藤 渥他共著
- 固体力学の基礎 (機械工学テキスト選書 1) ……田中英一著
- 工学基礎 固体力学 …………………………………園田佳巨他著
- 破壊事故 失敗知識の活用 …………………………小林英男編著
- 超音波工学 …………………………………………荻 博次著
- 超音波による欠陥寸法測定 …小林英男他編集委員会代表
- 基礎 振動工学 第3版 ……………………………横山 隆他著
- 構造振動学 ……………………………………………千葉正克他著
- 機械系の振動学 ……………………………………山川 宏著
- わかりやすい振動工学 ……………………………砂子田勝昭他著
- 繊維強化プラスチックの耐久性 …………………宮野 靖他著
- 工学系のための最適設計法 機械学習を活用した理論と実践 北山哲士他著
- 図解 よくわかる機械加工 …………………………武藤一夫著
- 材料加工プロセス ものづくりの基礎 ……………山口克彦他編著

- 基礎 精密測定 第3版 ………………………………津村喜代治著
- X線CT 産業・理工学でのトモグラフィー実践活用 ……戸田裕之著
- 図解 よくわかる機械計測 …………………………武藤一夫著
- 基礎 制御工学 増補版 (情報・電子入門S 2) ……小林伸明他著
- 詳解 制御工学演習 …………………………………明石 一他共著
- 基礎から実践まで理解できるロボット・メカトロニクス　山本郁夫他著
- Raspberry Piでロボットをつくろう！動いて、感じて、考えるロボットの製作とPythonプログラミング　齊藤哲哉訳
- ロボティクス モデリングと制御 (S知能機械工学 4) …川﨑晴久著
- 熱エネルギーシステム 第2版 (機械システム入門S 10) 加藤征三編著
- 工業熱力学の基礎と要点 …………………………中山 顕他著
- 熱流体力学 基礎から数値シミュレーションまで ……中山 顕他著
- 伝熱学 基礎と要点 …………………………………菊地義弘他著
- 流体工学の基礎 ……………………………………大坂英雄他著
- データ同化流体科学 流動現象のデジタルツイン (クロスセクショナルS 10) 大林 茂他著
- 流体の力学 …………………………………………太田 有他著
- 流体力学の基礎と流体機械 ………………………福島千晴他著
- 例題でわかる基礎・演習流体力学 ………………前川 博他著
- 流体機械 基礎理論から応用まで …………………山本 誠他著
- 流体システム工学 (機械システム入門S 12) ……菊山功嗣他著
- わかりやすい機構学 ………………………………伊藤智博他著
- 気体軸受技術 設計・製作と運転のテクニック ……十合晋一他著
- アイデア・ドローイング コミュニケーションツールとして 第2版 …中村純生著
- JIS機械製図の基礎と演習 第5版 ………………武田信之改訂
- JIS対応 機械設計ハンドブック …………………武田信之著
- はじめての3次元CAD SolidWorksの基礎 …木村 昇著
- SolidWorksで始める3次元CADによる機械設計と製図　宋 相載他著
- 無人航空機入門 ドローンと安全な空社会 ………滝本 隆著